KB019689

교양으로 읽는 세계 과

고대문명부터 첨단과학까지

교양으로 읽는
세계 과학사 지도

쑨자오룬 엮음 | 심지언 옮김

시그마북스
Sigma Books

교양으로 읽는

세계 과학사 지도

발행일 2024년 1월 2일 초판 1쇄 발행
엮은이 쑨자오룬
옮긴이 심지언
발행인 강학경
발행처 시그마북스
마케팅 정제용
에디터 최연정, 최윤정, 양수진
디자인 김문배, 강경희

등록번호 제10-965호
주소 서울특별시 영등포구 양평로 22길 21 선유도코오롱디지털타워 A402호
전자우편 sigmabooks@spress.co.kr
홈페이지 http://www.sigmabooks.co.kr
전화 (02) 2062-5288~9
팩시밀리 (02) 323-4197
ISBN 979-11-6862-193-0 (03400)

知识地图
作者: 孫肇倫

파본은 구매하신 서점에서 교환해드립니다.

* 시그마북스는 (주) 시그마프레스의 단행본 브랜드입니다.

들어가는 말

인류문명사에서 가장 자랑스러운 재산은 과학지식이라고 할 수 있다. 인류 자신보다 훨씬 오래된 우주의 신비와 인류 자신의 비밀을 밝혀내는 과학은 풍부한 지식의 세계를 만들어 낼 뿐만 아니라 인류가 지닌 비범한 지혜를 창조해 낼 수 있게 해준다. 인류가 자연의 역사를 탐구하고 발견하는 것은 지식을 통해 자신의 역사를 알아가는 과정이다.

고대 세계에 상대적으로 앞섰던 과학의 지식은 북아프리카의 나일강 유역과 서아시아의 두 강 유역, 동아시아의 황허강과 양쯔강 유역, 남아시아의 인더스강과 갠지스강 유역, 지중해 연안의 그리스와 로마에 나타났다. 7세기, 아시아 서부의 아라비아인 역시 고대 세계의 과학지식을 빠르게 발전시켰고 이러한 지식의 전파를 통해 서양 및 동양의 세계와 의사소통이 가능했다.

고대에는 수많은 과학기술의 성과, 예를 들어 양력과 음력, 절기, 해와 달, 주, 시간 단위의 구분, 항성의 구분과 명칭, 수학의 기초지식과 십진제 자릿수 기수법, 인도 · 아라비아 숫자, 제지술, 인쇄술 등이 모든 인류문명의 기초에 깊숙이 뿌리를 내리고 있다. 15세기부터 과학은 혁명적인 진전을 이루며 20세기에 들어서는 전 세계가 통하는 문화로 변모하였다. 이 과정에서 수학, 천문학, 화학, 물리학, 의학, 동식물학 등 각 분야의 과학이 각기 다른 각도와 수준에서 인간의 눈으로 보는 자연과 마음으로 생각하는 자연을 탐구하였으며 자연계에 대한 인식의 변화와 발전의 과정을 보여주었다.

과학을 탐구하고 발견해 가는 과정이 자연에 대한 지식을 늘려가는 동시에 과학과 인간의 상대적인 관계를 밝혀주기도 한다. 뿐만 아니라 과학 발전과정에서 형성된 인간의 관념을 인정해 주기도 한다. 하지만 다른 한편으로는 자연계의 궁극적인 진리의 가능성에 대한 인식을 부정하기도 하였다.

이러한 내용을 기초로 하여 이 책은 인류의 자연과학 발전을 전면적으로 다루면서 과학지식이 축적되어 온 과정의 전체적인 윤곽을 그려내고 있다. 구조 분석의 방법으로 과학 분야의 중요하고 의미 있는 체계에 대해 서술하고, 동서양의 과학지식 발전 궤도의 탐색을 통해 인류 자신을 포함한 지식 세계의 변천된 역사를 나타내고자 하였다.

엮은이 씀

KNOWLEDGE

Contents

4 과학혁명

5 과학기술의 고속 발전

1

과학의 기원

고대문명은 중국 및 유프라테스강, 티그리스강, 인더스강, 나일강 등 큰 강 유역에서 탄생하였고, 바로 여기에서 최초의 문화가 커나가기 시작했다. 인류는 이런 오랜 문명의 기초 위에 더욱 빛나는 과학시대를 향해 발전해 나갔다.

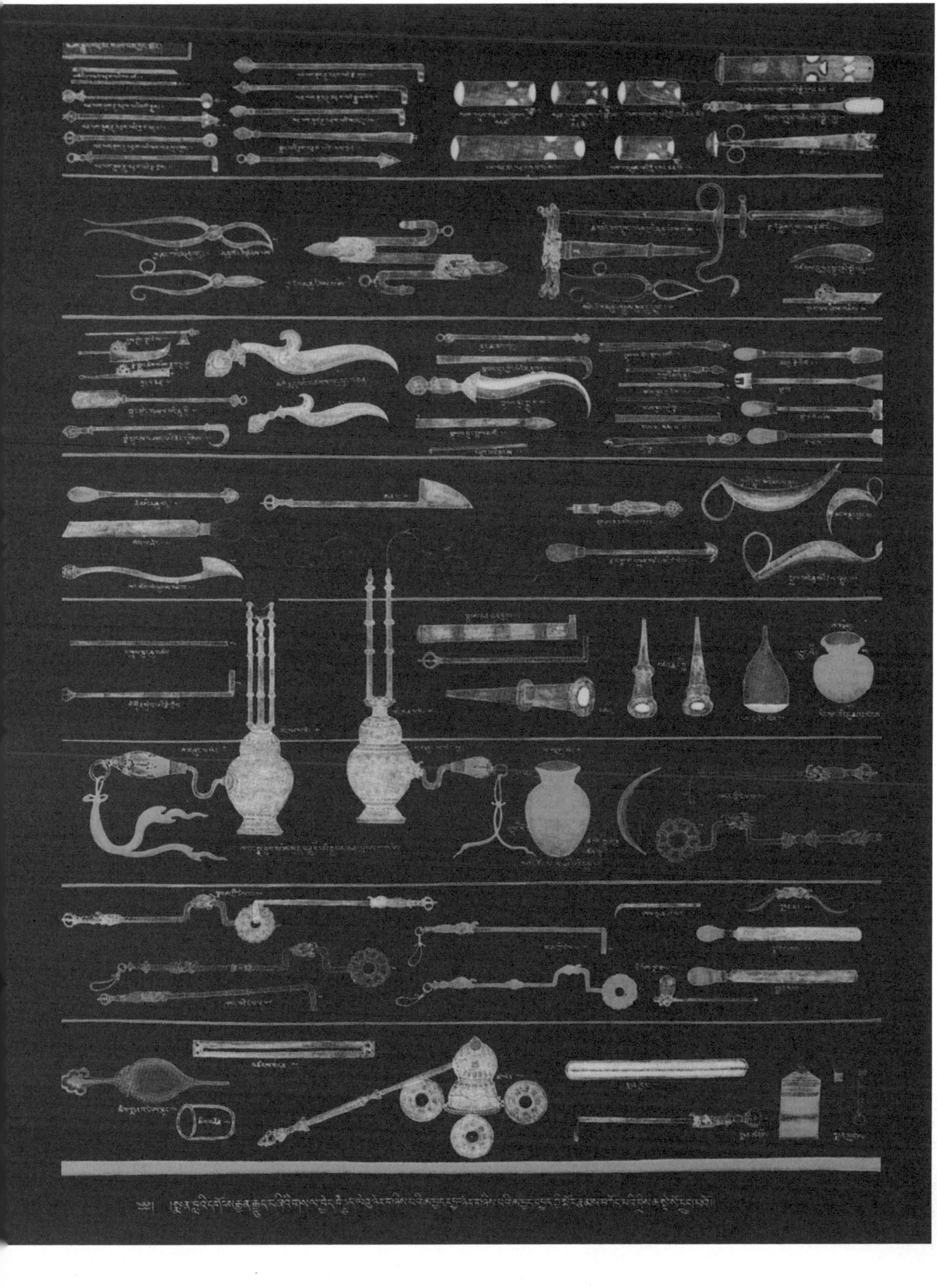

01 고대문명의 과학

중국

BC 7000년~BC 6000년, 중국 앙소(仰韶) 문화 시기에 가마에 굽거나 손으로 만들거나 틀에 끼워 만든 도기 존재

신석기시대에 중국은 청동기와 석기를 동시 사용. 청동기는 천연 홍동을 단련하여 사용

용산(龍山) 문화 시기에 양조법 터득

중국 문명의 직접적인 기원은 전설 속의 중국 서부 황허강 문명(염제), 중국 동부 양쯔강 문명(태호), 중국 북부 초원 문명(황제)으로 전해진다

1. 황허강 문명 : 농경생활 시작. 원시 형태의 나무쟁기, 나무삽, 나무호미 발명. 양잠, 실 및 풀을 약초로 사용
2. 양쯔강 문명 : 최초로 수레를 발명. 도기를 굽는 과정에서 청동 제련기술 발견
3. 초원 문명 : 최초로 말을 기르고 훈련 시작. 활과 화살 발명

◀ 영원한 필경사

엄숙한 표정으로 반듯하게 앉아 있는 사람은 고대 이집트 필경사이다. 제4왕조(BC 2620~BC 2520)에서 나온 것으로 석회암을 깎아 색깔을 입히고 수정과 나무로 눈을 만들었다. 필경사의 영원한 형상이자 문명 계승자에 대한 존중과 숭배를 나타내고 있다.

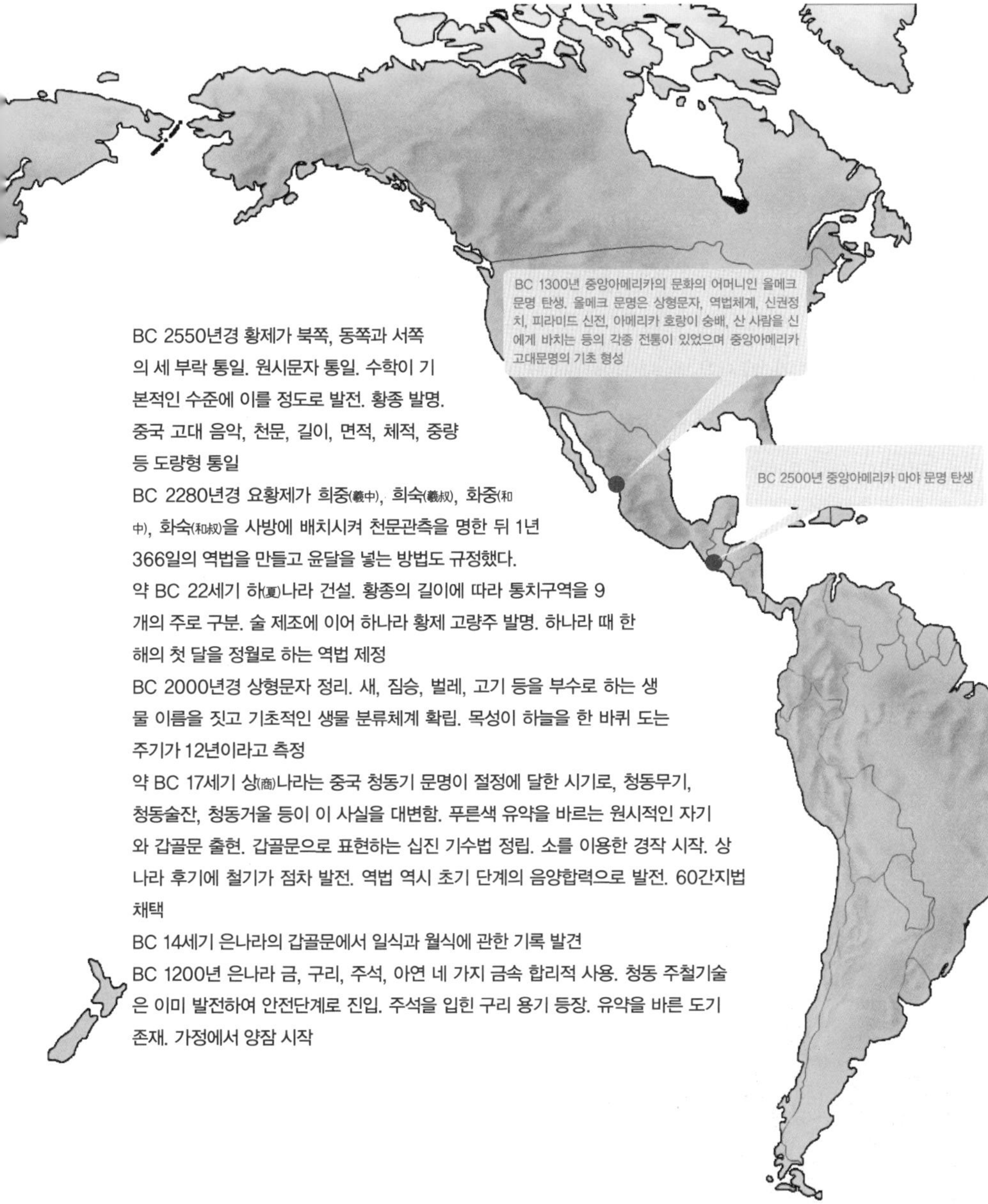

BC 2550년경 황제가 북쪽, 동쪽과 서쪽의 세 부락 통일. 원시문자 통일. 수학이 기본적인 수준에 이를 정도로 발전. 황종 발명. 중국 고대 음악, 천문, 길이, 면적, 체적, 중량 등 도량형 통일

BC 2280년경 요황제가 희중(羲中), 희숙(羲叔), 화중(和中), 화숙(和叔)을 사방에 배치시켜 천문관측을 명한 뒤 1년 366일의 역법을 만들고 윤달을 넣는 방법도 규정했다.

약 BC 22세기 하(夏)나라 건설. 황종의 길이에 따라 통치구역을 9개의 주로 구분. 술 제조에 이어 하나라 황제 고량주 발명. 하나라 때 한 해의 첫 달을 정월로 하는 역법 제정

BC 2000년경 상형문자 정리. 새, 짐승, 벌레, 고기 등을 부수로 하는 생물 이름을 짓고 기초적인 생물 분류체계 확립. 목성이 하늘을 한 바퀴 도는 주기가 12년이라고 측정

약 BC 17세기 상(商)나라는 중국 청동기 문명이 절정에 달한 시기로, 청동무기, 청동술잔, 청동거울 등이 이 사실을 대변함. 푸른색 유약을 바르는 원시적인 자기와 갑골문 출현. 갑골문으로 표현하는 십진 기수법 정립. 소를 이용한 경작 시작. 상나라 후기에 철기가 점차 발전. 역법 역시 초기 단계의 음양합력으로 발전. 60간지법 채택

BC 14세기 은나라의 갑골문에서 일식과 월식에 관한 기록 발견

BC 1200년 은나라 금, 구리, 주석, 아연 네 가지 금속 합리적 사용. 청동 주철기술은 이미 발전하여 안전단계로 진입. 주석을 입힌 구리 용기 등장. 유약을 바른 도기 존재. 가정에서 양잠 시작

인류문명은 약 BC 3500년부터 황허강, 티그리스강, 유프라테스강, 인더스강, 나일강 등 큰 강 유역에서 싹트기 시작했다. 그때부터 인류는 자연에 대한 탐구를 시작하였고 과학사상도 함께 움트기 시작했다. 초기 문명은 서로 영향을 주고받으면서 연관되지만 모든 문명은 결코 고정된 틀 안에서 똑같은 방식으로 발전하지 않았다. 과학 역시 구체적인 체계나 이론을 갖추고 있지 않았다. 고대문명은 중국 및 유프라테스강, 티그리스강, 인더스강, 나일강 등 큰 강 유역에서 탄생하였고, 바로 여기에서 최초의 문화가 커나가기 시작했다. 인류는 이런 오랜 문명의 기초 위에 더욱 빛나는 과학시대를 향해 발전해 나갔다.

파라오와 기술자 : 고대 이집트

▲ 모든 신의 왕

이집트의 많은 신들은 이집트인의 우주관 및 죽음, 탄생 등과 관계가 있다. 태양신 '라'는 이집트를 창조한 신으로, 이집트인들은 이집트의 모든 것이 태양신의 눈물로 만든 것이라고 생각했다. 태양신 라의 머리는 사냥매처럼 생겼으며 머리 위에는 둥근 태양빛의 고리가 달려 있고 모습이 때에 따라 변했다. 해가 뜰 무렵에는 아이로, 점심때가 되면 청년으로, 해가 질 무렵에는 노인으로 변했다가 죽고, 그 다음날 다시 태양과 함께 태어났다. 그림은 음악가가 신을 위해 연주하는 모습이다.

이집트는 인류가 최초로 문명에 눈을 뜨기 시작한 곳 중의 하나이다. BC 3500년경에 관개농업을 위주로 하는 문명이 나타나기 시작한 곳이 고대 이집트 왕국이다. 아프리카 동북부 지역 나일강 유역에 위치한 고대 이집트는 현재의 제1폭포와 아시우트 사이에 바다리안 문화와 나카타 제1기 문화를 만들었고 이 시기에 수렵에서 농경생활로 전환되었다. BC 3500년부터 BC 3100년까지 셈족의 발전과 계몽을 통해 이집트인들은 노예제 도시국가를 건설하고 상형문자를 발명하였으며 나카타 제2기 문화를 형성했다. 이로써 이 지역은 인류사상 가장 일찍 문명이 발생한 지역이 되었다.

문명의 연속 : 고대 이집트 문자

언어 및 문자와 그림으로 문화를 나타내고 전파한 것은 인류 초기 문명의 중요한 특징이다. 문자는 인간이 사고를 하고 이념을 창조하며 창작을 하는 도구가 되었다. 아울러 인류 존재의 방식이 되어 과학 전통에 각기 다른 발자취를 남겼다.

고대 이집트 문자는 상형문자의 일종으로, BC 3100년 고대 왕국 시기에 탄생했다. 수메르인의 설형문자, 중국의 갑골문과 마찬가지로 원시사회의 가장 간단한 그림의 변형으로 볼 수 있다. 이러한 문자들에는 새, 짐승, 인물들의 형상이 나타나고 채색까지 꼼꼼하게 되어 있는 것도 있고 작은 띠무

◀ 고대 이집트인의 가옥

고대 이집트인들은 파라오의 궁전이든 평민의 집이든 흙으로 빚은 벽돌로 지었으며 방의 개수를 몇 개로 하는지 어떻게 꾸밀 것인지는 주인의 재산에 의해 결정되었다. 부자들은 색이 화려한 벽화나 세라믹타일로 집을 장식하였고 목욕탕과 위생시설까지 갖추었다.

늬들이 그려져 있는 것도 있다. 판에 새겨진 상형문자는 문자인 동시에 아름다운 색채화로 변모했다.

BC 2133년에서 BC 1786년 사이, 상형문자에서 글쓰기에 더욱 간편한 형태로 발전한 '신관문자' 가 생겨나고, 그 후 또 다른 글자체인 '민중문자' 가 나타났다. 신관문자가 주로 제사를 지내는 계층에서 사용되었던 반면 민중문자는 일상생활에서 사용되었다. 상형문자를 쓸 때는 가로세로 구분 없이 사용이 가능했으며 왼쪽에서 오른쪽으로, 오른쪽에서 왼쪽으로도 사용할 수 있었다. 그러나 신관문자와 민중문자는 가로든 세로든 오른쪽에서 왼쪽으로밖에 쓰지 못했다. 고대 이집트에서는 신관문자와 민중문자가 동시에 사용되기도 했다.

고대 이집트인들은 신전이나 궁전 벽에 그리고 왕과 귀족 무덤 벽면에 문자를 새겨 넣었다. 돌 외에도 고대 이집트인들이 가장 중요하게 생각했던 도구는 파피루스였다. 파피루스를 잘라서 얇게 만든 다음, 가로세로로 평평하게 펼쳐 누른 뒤 햇볕에 말려 종이로 만들었다. 그렇게 만든 종이에 광택을 내고 송진으로 붙여 길게 만들어 말 수 있을 정도의 길이로 적당히 잘라 사용했다. 고대 이집트인은 파피루스를 직접 만들어 사용했을 뿐만 아니라 훗날의 그리스와 로마제국으로 대량 수출하기도 했다. 고대 그리스에서는 파피루스를 귀중한 물건으로 여겼기 때문에 중요한 문서를 쓸 때에만 사용했다.

▲ 이집트 상형문자
이집트의 상형문자는 지금으로부터 약 5,000년 전에 탄생했으며 고대 이집트인들은 세상에서 가장 일찍 상형문자를 사용한 사람들이다. 약 3,400년 전 이집트인은 이를 바탕으로 빠르고 쉽게 사용할 수 있는 문체를 만들었다.

▲ 세계에서 가장 오래된 목선
쿠푸 피라미드 남쪽에서 발굴된 이 목선은 세계에서 가장 오래되고 보관이 잘 된 목선이다. 고대 이집트인이 피라미드를 건설할 때 사용한 일종의 석회석이 이 배를 통해 나일강으로 운반되었다.

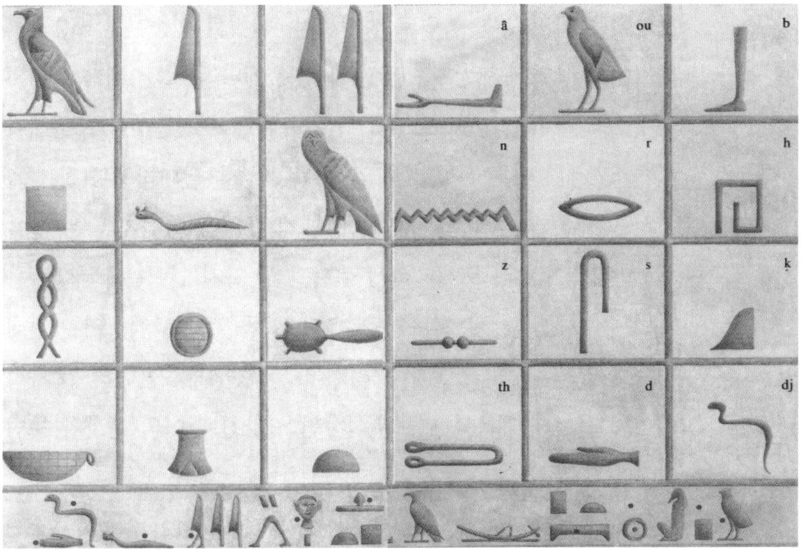

◀ 이집트 문자의 상형 기호
이 비문에는 총 1,419개의 상형 기호가 들어 있는데 그중 486개가 그리스어이다. 이 때문에 전문가들은 상형문자가 100% 표의문자가 아니며 표음의 역할도 한다는 것을 발견했다. 일부 기호는 발음을 나타내지만 일부 기호는 발음을 나타내지 않는다.

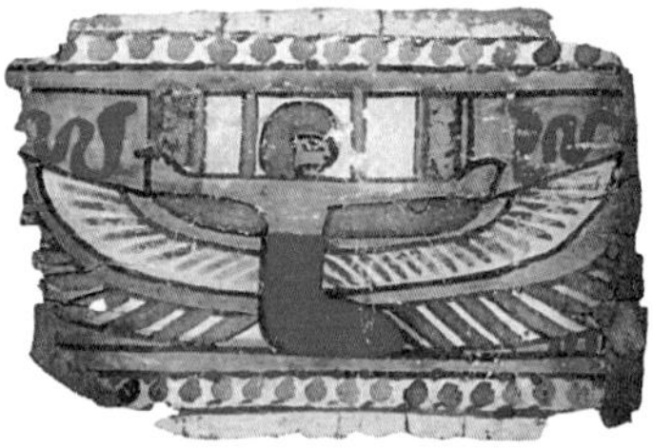

▲ 이집트의 교육(맨 위)
고대 이집트에서는 서기와 파라오는 상당한 권력을 쥐고 있었지만 고대 이집트 상형문자를 공부하는 것은 무미건조한 노동이나 다름없어 계속 하기가 힘들었다. 선생님이 먼저 가르친 뒤 어느 정도 숙련이 되면 정규 상형문자를 전수하는 것이 고대 이집트의 교육 방법이었다.

▲ 고대 이집트의 방직업(중간)
고대 이집트의 방직기술은 이미 아주 높은 수준이었다. 이집트에서 출토된 수많은 유물과 유적의 벽화는 고대 이집트에 방직업이 성행했다는 것을 말해주고 있다. 그림의 벽화는 중앙에 단정하게 앉은 이집트 여인이 베틀 앞에서 베를 짜고 있는 모습이다.

▲ 린드 파피루스(아래)
1858년 영국인 헨리 린드(A. Henry Rhind)가 발견한 고대 이집트 파피루스에 고대 이집트인들의 수학문제가 기록되어 있었다. 이는 고대 이집트인의 수학이 이미 상당한 성과를 얻었다는 것을 말해준다.

복잡한 상형문자는 쓰기가 매우 어려워 고대 이집트에서는 필경사가 전문직으로 자리 잡았다. 서기가 될 사람들에게 전문적인 훈련을 실시하는 학교도 있었다. 학생들은 필수 작품들을 반드시 베껴 써야 했고 어느 정도 기초가 쌓인 뒤에는 편지, 수학 연산 공식, 지명, 고유명사를 그대로 따라 썼다. 학생들의 이러한 베껴 쓰기 연습은 고대 이집트의 문헌이 보존되어 오는 중요한 이유이기도 하다. 고대 이집트의 서기는 일종의 특권을 누리고 있었는데 그것은 바로 세금을 내지 않아도 되는 것이었다. 서기는 사람들의 존경과 칭송을 많이 받았다.

고대 이집트 문자에는 알파벳과 유사한 24개의 부호가 있었다. 이는 훗날 페니키아인의 알파벳 문자에 직접적인 영향을 주었고, 페니키아인의 알파벳 문자는 또 그리스인의 알파벳 문자에 영향을 미쳤다. 현재 유럽 각국에서 사용되는 알파벳은 모두 그리스 알파벳에서 나온 것이다.

642년, 아라비아인이 이집트를 정복하게 되자 고대 이집트 문자는 자취를 감추게 되고 고대 이집트의 문자지식도 함께 사라져 버렸다.

1799년 8월, 나폴레옹의 병사 하나가 BC 196년에 만들어진 로제타석을 발견했다. 이집트 상형문자, 이집트 민중문자, 고대 그리스어가 상단에 새겨져 있었는데, 프톨레마이오스 5세가 아버지인 프톨레마이오스 4세로부터 왕위를 계승한 정통성과 프톨레마이오스 5세가 이룬 여러 가지 업적, 즉 세금을 감면하고 신전에 조각상을 세우거나 신전과 제사장들에게 후원을 아끼지 않은 일들이 그 내용이었다. 로제타석에 새겨진 세 가지 언어는 고대 및 문자의 수수께끼를 푸는 열쇠가 되었고, 그중 고대 그리스어는 현대인들도 읽을 수 있다. 고대 그리스어로 적힌 내용을 다른 두 가지 언어와 문자의 내용과 비교분석하면 사라진 언어의 문자와 문법 구조를 알 수 있다.

로제타석을 해독하려고 시도한 학자들은 수없이 많았다. 1822

년에 프랑스 학자인 샹폴리옹Jean-Francois Champollion이 이집트 상형문이 표의를 나타내는 한편 표음 역할도 한다는 사실을 최초로 밝혀냈다. 이 사실은 모든 이집트 상형문자를 해독하는 중요한 단서가 되었다. 샹폴리옹은 이로써 고대 이집트 언어학의 창시자로 인정받고 로제타석은 '이집트 문명으로 가는 열쇠' 로 추앙받게 되었다.

최초의 태양력 : 천문학과 수학

고대 이집트는 농경생활을 주로 했기 때문에 나일강이 범람하는 정확한 시기를 파악해야 했다. 따라서 기후를 토대로 계절을 구분하는 작업이 매우 중요했다. 이에 따라 천문학 관련 지식이 나날이 풍부해지면서 BC 2787년, 고대 이집트인들이 인류 역사상 최초로 태양력을 만

▶ 필기도구와 문자 기록 (위)
고대 이집트에서 상형문자를 읽고 쓸 줄 아는 사람들은 특별한 대접을 받고 그에 따른 권력도 부여받았다. 선생님이 되는 것은 당연한 일이었고 다시 학생들에게 상형문자 쓰는 방법을 전수함으로써 문명이 대대로 전해내려 오게 되었다. 그림은 당시의 필기도구였던 갈대로 만든 펜과 나무상자, 파피루스, 잉크통, 종이를 자르는 칼 등이다.

▶ 로제타석 (아래)
로제타석에는 고대 이집트 상형문자, 고대 이집트 민중문자, 고대 그리스어 등 세 종류의 문자가 새겨져 있다. 신성문자라고도 불리는 상형문자는 신에게 바치는 문자임을 나타내고, 민중문자는 말 그대로 당시 이집트 평민이 사용하던 문자이다. 고대 그리스어는 통치자들이 사용하던 문자로, 고대 이집트가 그리스 알렉산더 대제의 통치하에 있었던 한때의 역사를 반영한다.

▼ 아니의 파피루스
'아니의 파피루스(The Papyrus of Ani)' 는 가장 오래된 이집트의 『사자의 서(Book of the Dead)』이다. 고대의 서기가 죽은 자의 영혼을 위해 적은 경문으로, 보통 피라미드에 새기거나 묘에 써넣었다.

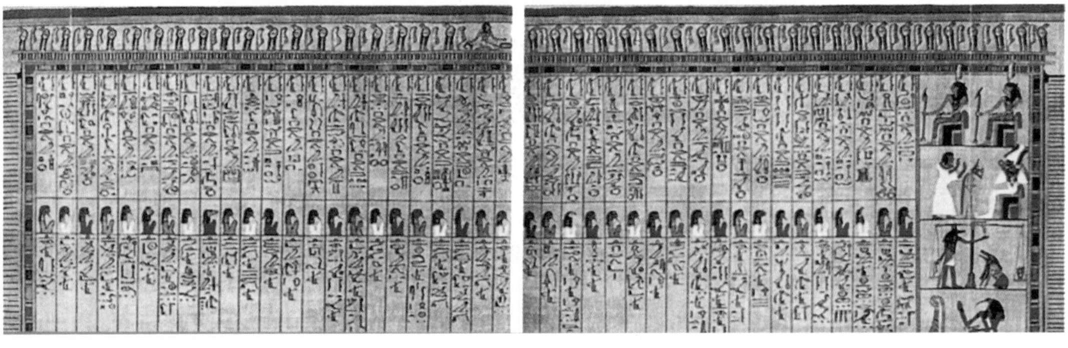

▲ **인류 역사상 최초의 태양력**
BC 2787년에 이집트인들은 이미 1년을 365일로 정하고 1년을 12개월로, 1개월을 30일로 나누고 나머지 5일은 축제나 기념일로 사용했다. 그리고 4년마다 천문력을 1일 뒤로 미루었다. 1개의 천문년이 365.25일인 것을 생각해 보면 고대 이집트인들이 사용한 이 역법은 완벽하고 훌륭한 역법이라고 할 수 있다.

▲ **고대 이집트 왕실 주척**
이것은 길이를 재는 도구로서 고대 이집트에서 사용하던 것으로 보인다. 1주척은 약 20.8센티미터이다.

들게 되었다. 시리우스별과 태양이 동시에 지평선에서 떠오르는 날을 한 해의 첫 번째 날로 정했으며, 1년은 세 계절 12개월, 1개월은 30일, 한 해의 끝에 5일을 추가해 1년을 365일로 정한 것이다. 이 역법은 매년 0.25일의 오차밖에 나지 않으며, 오늘날 세계에서 통용되고 있는 양력그레고리력의 시초가 된다.

매년 나일강이 범람된 후에는 새로 토지를 측량하고 구획을 정해야만 했다. 해마다 반복되는 이 작업은 고대 이집트인들이 기하학 방면에서 당시의 그 어떤 민족보다 실제 경험을 풍부하게 만들었고 수학 관련 지식을 쌓을 수 있는 기회를 제공했다. 수리시설 건설과 신전과 피라미드 건축은 이러한 수학지식을 응용할 수 있는 계기가 되었으며 지식이 한층 더 발전할 수 있었다. 고대 이집트인들은 십진법을 사용했다. 예를 들어, 고대 이집트인들은 222를 쓸 때 2를 세 번 반복해서 쓰는 것이 아니라 자릿수 위에 특수한 부호를 넣었다. 이집트인은 직사각형, 삼각형, 사다리꼴, 원의 면적뿐만 아니라 원의 지름과 같은 높이의 원기둥 그리고 윗면이 평평한 정사각뿔의 부피도 계산할 수 있었고, 원주율 π를 사용했다. 대수 방면에 있어서 고대 이집트인은 일원일차방정식과 비교적 간단한 일원이차방정식을 풀 줄 알았다. 이러한 지식들은 후에 고대 그리스의 수학 발전에 기초가 되었다.

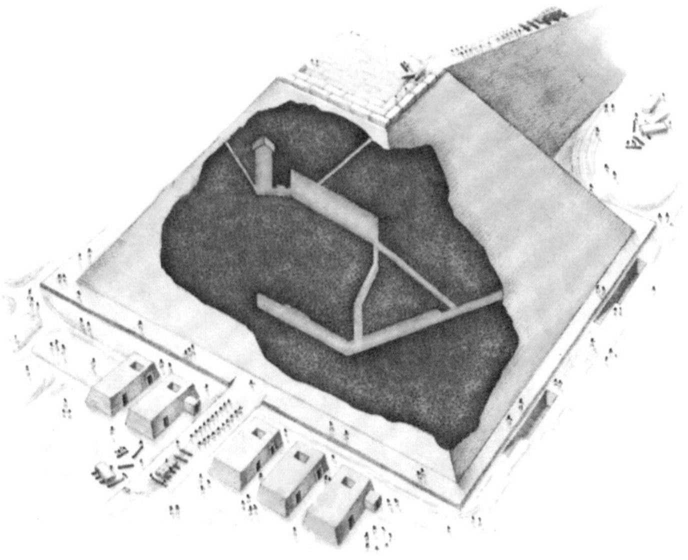

▶ **피라미드의 내부 구조**
쿠푸 피라미드는 세계 최대의 피라미드로, 높이가 146.5미터에 달하고 건설 기간만 20여 년에 이른다. 노예와 평민 등 수많은 사람들이 이 엄청난 건설작업에 동원되었다. 왕의 시체를 지하에 매장한 뒤 커다란 돌로 무덤의 길을 막고 묘실을 폐쇄했다.

부패되지 않는 미라의 숨겨진 비밀 : 고대 이집트의 의학과 약학

고대 이집트인은 사람이 죽은 후에도 다른 세상에서 계속 생활을 영위할 수 있다고 믿었기 때문에 죽은 사람을 미라로 만들었다. 미라를 제작하려면 풍부한 의학지식과 고도의 방부제 기술이 필요했다. 고대 그리스 역사학자 헤로도토스Herodotos는 미라 제작과정에 대해 기록하고 있다. 미라를 제작할 때 고대 이집트인들은 우선 금속으로 된 고리를 이용하여 뇌의 척수를 콧구멍으로 꺼낸 뒤, 돌로 만든 칼로 복부를 절개하여 내장을 꺼내거나 항문을 통해 내장을 꺼냈다. 이어서 야자로 빚은 술과 곱게 빻은 향료로 복부를 깨끗이 헹궈낸 뒤 몰약, 계피, 유향 등의 향료를 집어넣고 마지막으로 절개한 곳을 봉했다. 그런 다음 시체를 질산칼슘 속에 70일 동안 두어 근육이 분해되기를 기다렸다. 70일이 지나면 장인들은 다시 시체를 씻고 아마포로 시체의 머리에서 발까지 전체를 감싼 다음 다시 송진을 발랐다. 죽은 사람의 친척이나 가족은 인체 형태의 나무관에 시체를 넣어 묘실에 안장했다.

고대 이집트 의사는 안과질환, 치통, 설사, 폐질환 및 여성질환을 포함한 외과 수술이 가능하였고 각종 식물, 동물, 광물을 이용해 약을 만들었다. BC 1600년경에 이집트에서 발견된 에베루스 파피루스에는 내과질환을 포함한 47가지 종류의 질병의 증상 및 진단과 처방이 기록되어 있다. 또한 해부학, 생리학, 병리학에 관한 지식과 877개의 처방이 기록되어 있다. 이들 의학지식은 서양 의약학에 큰 영향을 미쳤다.

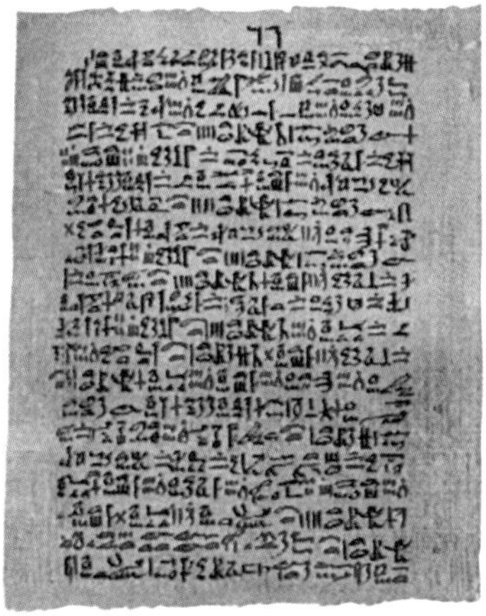

◀ **고대 이집트인의 의학서적**
BC 1600년경에 쓰인 고대 이집트의 에베루스 고문서는 고대 의학서이다. 폭 0.3미터, 길이 20.23미터로, 47개 질병의 증상과 진단 방법이 기록되어 있다. 내과, 부인과, 소아과의 여러 가지 질병을 다루고 있으며 여기에 실린 처방은 무려 877개나 된다. 이러한 풍부한 내용은 당시 이집트의 의학이 이미 무속신앙에서 분리되었다는 점을 시사해 준다.

▶ **「사자의 서」**
이 상형문자는 위에서 아래로 읽고, 표의성이 분명한 두 개의 말똥구리같이 생긴 기호는 말하고자 하는 의미를 나타낸다.

피라미드 : 풀리지 않는 수수께끼

▲ 미라 제작과정
미라를 만드는 과정은 복잡하고 어려우면서도 정교함을 요한다. 장인의 솜씨는 미라를 얼마나 살아 있던 때의 모습과 비슷한 형태로 유지할 수 있도록 만들 수 있느냐로 판가름 난다. 의학지식을 활용하여 천 년이 지나도 부패되지 않게 만들어야 한다. 고대 이집트의 부패방지기술은 당시의 높은 의학 수준을 보여준다.

고대 이집트인의 가장 뛰어난 기술은 오늘날까지 전해져 내려오는 거대한 피라미드와 신전이다. 피라미드는 고대 이집트 파라오국왕의 무덤으로, 고대 이집트의 건축사들이 방대한 규모와 간결하고 안정된 형태, 정확한 대칭과 선을 이용하여 피라미드의 웅장함과 장엄함 그리고 신비로움을 표현했다. 현존하는 70여 개의 피라미드 가운데 최대 규모의 피라미드는 BC 2600년에 세워진 쿠푸 피라미드이다. 돌 한 개의 평균 무게는 2.5톤인 쿠푸 피라미드는 총 230개의 돌로 만들어졌다. 돌과 돌 사이는 모르타르를 이용해 붙였지만 아주 조밀하다. 피라미드의 북쪽 정중앙에 입구가 있으며 입구에서 지하실로 이어지는 통로와 지평선이 30도의 각도를 이루며 북두칠성과 마주보고 있다. 쿠푸 피라미드는 세계 7대 불가사의의 대표적인 건축물이다.

고대 이집트의 신전 건축물 역시 매우 놀랍다. 현존하는 나일강 유역의 카르나크에 BC 14세기에 지어진 신전이 있는데 주 건축물의 면적은 약 5,000평방미터이며 134개의 거대한 원형 돌기둥이 세워져 있다. 그중 가장 큰 돌기둥 열두 개는 직경이 무려 3.6미터, 높이가 21미터에 이른다.

불과 3,000~4,000년 전이 석기와 청동기를 사용한 시대였음을 생각해 보면 고대 이집트에서 피라미드와 신전 등의 웅장한 건축물을 만들었다는 것은 기적이 아닐 수 없다.

티그리스강과 유프라테스강 유역 : 메소포타미아

티그리스강과 유프라테스강은 인류가 가장 일찍 문명을 향해 발걸음을 디딘 곳이다. 농업, 목축업, 수공업, 상업과 같은 인간의 생활과 설형문자, 과학기술, 학교교육, 종교와 신앙 등 각종 다양한 문화요소의 기원을 이곳에서 찾을 수 있다.

▲ 설형문자와 제작도구
설형문자 체계를 만들고 나서 수메르인들은 독특한 쓰는 기법을 개발했다. 손으로 써야 하는 작업량을 줄이기 위해 문자를 점토 인장에 새긴 것이다. 이 점토 인장은 원통형도 있는데 중국의 조판인쇄와 매우 유사하다. 원통 인장을 촉촉한 점토 위에 굴리면 문자가 새겨지는 원리이다.

메소포타미아 문명은 수메르 문명에서 시작한다. BC 4500년경, 관개농업이 메소포타미아 남부지역에서 흥행하였으며 얼마 지나지 않아 도시가 출현했다. 약 BC 3200년에 문자가 탄생하고 뒤이어 수메르 도시국가가 형성되었다. 그 후 2,000여 년 동안 바빌로니아와 아슈르인이 차례로 군사정복, 경제성장, 문화교류 등과 같은 방법으로 메소포타미아 문명을 끊임없이 발전시키고 전파했다. BC 9세기에서 BC 6세기 사이에 메소포타미아 문명은 최고 전성기를 이루고, BC 332년 그리스 마케도니아의 알렉산더 대제가 동방원정에 나서면서 그 후 메소포타미아 문명은 헬레니즘 문화로 접어들었다.

오늘날의 이라크, 이란 서부, 시리아 등의 지역이 고대 메소포타미아 문명의 핵심지역이었고, 중동의 다른 지역과 고대 메소포타미아 문명은 예로부터 밀접한 관계가 있었다. 터키, 이집트 등의 지역에서는 독립적인 고대문명이 발달하고 있었는데 그들은 정치, 경제, 문화에서 메소포타미아 문명과 오랫동

◀ 이슈타르 성문의 사자
고대 바빌로니아 제국의 수도였던 바빌로니아성은 오랫동안 이어진 전쟁과 약탈로 인해 신바빌로니아 때에 이르러서는 도시 전체가 완전히 폐허 상태가 되어버렸다. 네부카드네자르 2세가 즉위한 후 대대적인 공사를 진행해 거대한 규모의 신바빌로니아를 건설했다. 사방에 높고 거대한 성곽을 쌓았는데 그 가운데 가장 유명한 것이 이슈타르 성문이다. 성문 양쪽 벽에 노란색과 갈색의 유리 타일로 만든 사자와 황소 그림이 매우 아름답다.

안 교류를 하며 서로 영향을 미쳤고, 훗날 유대 문명, 페르시아 문명, 그리스 · 로마 문명, 기독교 문명 및 이슬람 · 아라비아 문명에도 커다란 영향을 미쳤다.

설형문자는 세모 모양의 뾰족한 갈대줄기, 나무막대기 또는 뼈로 만든 것을 펜으로 삼아 점토판에 쓴 일종의 문자로, 메소포타미아 문명의 문자를 말한다. 설형문자의 기원은 상형문자이다. BC 3500년경, 수메르인이 상형문자를 발명한 후로 사회가 발전함에 따라 상형문자로는 복잡하고 추상적인 개념을 표현하기가 무척 힘들었다. 이에 점진적으로 표의문자로 변했으며 형성문자도 나타났다. 형성문자는 하나의 부호로 같은 소리를 나타낸다. 수메르인의 도형부호가 이로써 2,000여 개에서 500여 개로 간소화되었다.

메소포타미아 평원에는 파피루스의 원료가 되는 식물이 자라지 않았기 때문에 이 지역 사람들은 글자를 부드러운 점토판 위에 적은 다음 말렸다가 보관했다. 당시의 관청이나 신전들마다 수많은 점토판 문서가 보관되어 있었다고 한다. 오늘날까지도 3만여 개의 점토판 문서를 볼 수 있다. 이러한 점토판 문서는 후에 바빌로니아인, 아슈르인, 페르시아인이 널리 애용하였으며 문화 교류와 전파에 중요한 역할을 했다.

설형문자의 해독은 1970년대에 이르러서야 큰 진전을 볼 수 있었다. 당시

▼ **플림턴 점토판 문서**
소장자의 이름을 따서 명명한 이 점토판 문서는 오른쪽 부분이다. 왼쪽 부분은 출토된 뒤에 안타깝게도 소실되었다. 점토판에 새겨진 문자는 바빌로니아어이며, 이를 근거로 하면 제작연대가 BC 1600년보다 더 빠르지는 않을 것으로 추정된다. '피타고라스의 수' 또는 '피타고라스'와 관련 있는 내용이어서 많은 사람들의 관심을 불러일으켰다.

▼ **최초의 알파벳**
세계 최초의 알파벳을 만든 사람은 우가리트 도시국가의 페니키아인이었다. 알파벳과 관련된 재미있는 전설이 있다. 당시 한 목공이 도구를 깜박 잊고 가지고 오지 않아서 나무에다가 무언가를 새겨놓았는데 그의 아내가 이 기호들을 보고 무슨 뜻인지 바로 알았다고 하는 이야기이다. 이 기호가 최초의 알파벳 초기 형태라고 전해진다.

▼ **페르시아의 금속판**
그림은 페르시아의 다리오 왕 때의 은판이다. 사람들은 설형문자를 파피루스나 점토판 외에 은판에도 썼는데, 여기에 새겨진 비문은 후기 설형문자의 전형적인 특징을 가지고 있으며 설형문자의 뛰어난 적응력을 반영하고 있다. 이 은판에 바빌로니아어(가운데), 이집트어(오른쪽), 고대 페르시아어(왼쪽)가 함께 쓰여져 있다.

◀ **종교의 중심 니푸르 성 복원도**
수메르의 모든 도시에는 그들만의 신이 존재했고 도시의 중심 건축물은 그 도시의 보호신과 여신의 신전이었다. 니푸르 성은 수메르의 아카드시대에 세워졌다. 아카드시대는 BC 3세기에 쇠퇴하기 시작하여 12세기에 완전히 사라졌으며, 위치는 수메르의 주신인 엔릴 신전이 있는 곳이다. 10년 동안의 발굴기간을 거쳐 6만여 개의 설형문자가 새겨진 점토판을 발굴하기도 했다. 점토판이 만들어진 시기는 BC 2500년경부터 BC 100년경까지로, 수메르 문명연구에 좋은 자료가 되고 있다.

발견된 베히스툰 석비The Behistun Inscription에는 페르시아어, 이집트어, 바빌로니아어 등 3개 국어로 페르시아 다리오 왕의 전쟁 공로에 대한 기록이 적혀 있었다. 페르시아어에 대한 지식으로 고대 바빌로니아의 문자를 이해할 수 있었다. 1962년 이후 점토판 문서의 수학 내용 해독에 획기적인 진전을 이루기 시작했다.

천국의 도시 : 바빌로니아 성과 공중정원

BC 7세기, 신바빌로니아 국왕 네부카드네자르 2세NebuchadnezzarII는 즉위한 뒤 다음과 같이 정중하게 맹세했다고 한다. “장엄하고 아름다운 바빌로니아여, 나는 그대를 나의 생명으로 여기며 나의 모든 힘을 다해 그대를 화려하고 강성하게 만들겠노라. 그대는 모든 국가의 공납을 받을 것이며 온 세상사람들이 그대에게 절을 할 것이다.”

네부카드네자르 2세는 고대 서아시아 신바빌로니아 왕국에서 가장 유명한 왕이다. 즉위 당시 예루살렘을 공격하여 유대의 국왕과 귀족, 일반 백성들을 바빌로니아로 데려왔는데 역사에서는 이 사건을 바빌로니아 유수라고 한다. 네부카드네자르 2세의 이름이 후세에게 남게 된 이유는 전 세계의 참배자들이 고개를 숙이는 신바빌로니아를 건설했기 때문이다. 신바빌로니아는 면적이 2,100에이커에 이르는 거대한 성으로, 사각형 모양에 둘레가 22.2킬로미

▼ **고대 바빌로니아의 제사장**
천문학 방면에 있어서 고대 바빌로니아인은 수메르인의 성과를 계승하고 계속 발전시키면서 더욱 완벽하게 만들었다. 당시 사람들은 항성과 5대 행성을 구분하고 황도를 관측해 내기도 했다. 그 이후 황도의 12궁을 구분하고 황도 12궁의 도형을 그렸다. 천문연구를 주지하는 사람들의 문제에서도 고대 바빌로니아 역시 수메르인과 마찬가지로 제사장이 천문과 역법 연구를 주도하고 완성시켰다. 그림은 고대 바빌로니아 제사장의 조각상이다.

▲ **세계 최초의 서사시 「길가메시」**
「길가메시(Gilgamesh)」는 서아시아 메소포타미아 문명 지역의 선민들이 창작한 우수한 문학작품으로 모두 3,000여 행으로 구성되어 있으며 12개의 점토판에 설형문자로 쓰여 있다. 아슈르바니팔 도서관에서 발굴되었다.

▲ **아슈르바니팔 조각상**
아슈르바니팔은 아시리아 제국의 마지막 왕으로 매우 훌륭한 인물이었다. 즉위 기간 동안 문화를 숭상하고 도서 수집을 좋아했으며 역사상 최초의 개인 도서관인 아슈르바니팔 도서관을 건립하기도 했다. 이 도서관의 건립 시기는 이집트의 유명한 알렉산드리아 도서관보다 400년이나 빠르다.

터에 이른다. 안팎으로 성벽이 둘러져 있고 360개의 탑루가 있다. 안쪽 벽 밖으로는 성을 보호할 수 있도록 만든 폭 20~80미터의 하천이 흐르고 있다. 또한 유프라테스강이 성벽 아래로 성을 통과해 흐른다. 성 전체에 구리로 만든 100개의 성문이 있다. 모든 성문의 문턱과 대들보는 청동으로 주조하였으며 성곽과 탑루에는 아름다운 부조를 새겨놓았다.

거대한 성곽 뒤로 고대 세계 7대 불가사의로 일컬어지는 '바빌로니아 공중정원'이 있다. 바빌로니아 공중정원은 네부카드네자르 2세가 메디아 출신 왕비 아미티스를 위해 만든 선물이다. 아미티스 왕비가 떠나온 산악 지대의 고향을 밤낮으로 그리워하자 네부카드네자르 2세가 명령을 내려 아미티스 왕비의 고향 풍경과 똑같이 만들게 한 것이다. 그리하여 층층의 계단식 화원을 짓고 그 안에 흙을 깔고 각종 기이한 꽃과 나무를 가득 심게 했다. 화원이 성벽보다 훨씬 높았기 때문에 멀리서 보면 마치 공중에 떠 있는 것처럼 보여서 '공중정원'이라고 이름 붙여졌다.

공중정원과 함께 빼놓을 수 없는 것이 바벨탑이다. 바벨탑은 『구약성서』에

▼ **공중정원 복원도**
바빌로니아를 재건한 네부카드네자르 2세는 바빌로니아의 공중정원을 건설하라는 명령까지 내렸다. 이 위대한 공중정원을 후세들은 세계 고대 7대 불가사의 중 하나로 손꼽고 있다. 마치 높다란 산처럼 보이는 공중정원은 전체가 정사각형 형태이며 한 변의 길이가 120여 미터, 높이가 25미터, 전체 7층으로 되어 있다. 돌기둥과 돌판을 한 층 한 층 쌓아올려 만들었으며 마치 허공에 떠 있는 것처럼 보인다. 물이 스며드는 것을 방지하기 위해 층마다 버드나무 가지를 엮어 만든 깔개에 동백기름을 발라 깔고 그 뒤에 다시 벽돌 두 겹을 올린 후 납을 주조하고 마지막에 비옥한 진흙을 고루 편 뒤 기이한 화초들을 심었다.

기원한다. 티그리스강과 유프라테스강 유역에 살던 사람들이 성을 지은 뒤 하늘에 닿을 수 있는 높은 탑을 만들려고 하였고 이 사실이 하느님을 분노하게 만들었다. 인간의 허영심과 자만심 때문에 크게 노한 하느님은 인간의 언어를 서로 통하지 못하게 하기로 결정했다. 이렇게 하여 의사소통이 불가능해진 인간들은 탑을 지을 수가 없었다. 사실 바벨탑은 네부카드네자르와 그의 부왕인 나보폴라사르 이전에 이미 존재하고 있었으며, 고대 바빌로니아 왕국의 몇몇 국왕들이 보수정비작업을 하기도 했다. 네부카드네자르 2세의 부왕인 나보폴라사르 왕이 신바빌로니아를 건설한 뒤 바벨탑을 다시 짓기 시작하였으며 비문에 이렇게 썼다. "바벨탑을 오랫동안 보수정비를 하지 못하였기 때문에 마르두크가 나에게 다시 지을 것을 명하였노라. 기전을 매우 견고하게 한가운데 만들고 꼭대기는 하늘을 찌를 듯해야 한다고 요구하였다." 그러나 나보폴라사르 왕이 만든 것은 15미터 정도밖에 되지 않아 네부카드네자르 2세가 탑 높이를 하늘과 견줄 정도로 높이겠다고 했다. 바벨탑은 8층이나 되는 높은 탑 위

▼ 파피루스 종이 제작과정

고대 이집트인들은 문자를 돌에 새기다가 점차적으로 돌을 대신해 파피루스를 이용하게 되었다. 이 종이는 갈대와 비슷한 식물인 파피루스로 만든 것인데 글을 쉽게 쓸 수 있다는 것이 특징이다. 그림은 고대 이집트인이 파피루스 종이를 만드는 과정이다. 파피루스 종이는 이집트 종이 모래풀과 마찬가지로 후세에게 귀중한 사료가 되었다.

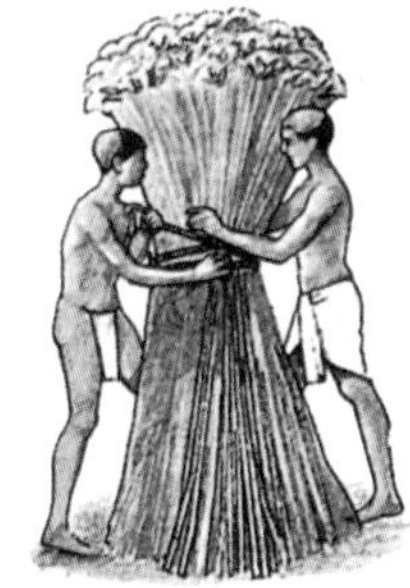

① 파피루스를 수집한다.

② 파피루스를 가능한 가늘고 길게 자른 뒤 가로와 세로로 딱딱한 판에 간다.

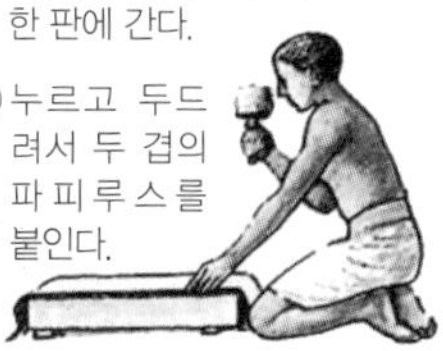

③ 누르고 두드려서 두 겹의 파피루스를 붙인다.

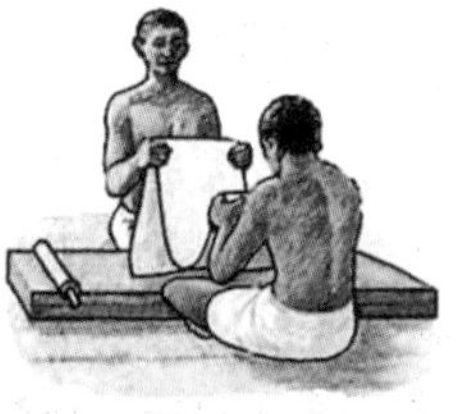

④ 이렇게 해서 만든 파피루스 종이를 이어서 길게 만든다.

▼ 수메르인, 우가리트인, 페니키아인의 자음대조표

수메르인이 발명한 설형문자는 인류문명 역사상 일대의 진전이 아닐 수 없으나 쓰는 것이 무척 번거로웠다. 우가리트 도시국가의 페니키아인은 설형문자를 기초로 30개의 알파벳을 이용한 문자를 발명하였고 훗날 다시 22개로 정리하였다. 이 알파벳 문자는 그 후 다시 고대 그리스인에 의해 개조되었으며 그리스 알파벳의 모태가 되었다. 유럽 여러 나라 알파벳의 시조라고 할 수 있는 것이 바로 이 페니키아 문자이다.

수메르인		우가리트인		페니키아인		수메르인		우가리트인		페니키아인	
	a		'a		'		šu		ḏ		
	bi		b		b		na		n		n
	gi		g		g		ṣu		ẓ		
	ḫa		ḫ				ša		s		s
	da		d		d		ḫa		'		'
	ḫe		h		h		pa		p		p
	wa		w		w		ṣa		ṣ		ṣ
	za		z		z		qa		q		q
	ḫa		ḥ		ḥ		ra		r		r
	ṭî		ṭ		ṭ		ša		š		š
	ya		y		y		ga		ǵ		
	ka		k		k		ti		t		t
	ṭî		ṯ				e		'i,'e		
	lu		l		l		u		'u,'o		
	ma		m		m		se		ś		

▼ 세계 최초 지도

수메르 도시국가의 하나인 니푸르에서는 사람들이 점토판에 글을 새겼다. 1884년 발굴된 니푸르 성 유적지에서 6만 개의 설형문자 점토판이 발견되었다. 점토판들의 연대는 BC 2500년경부터 BC 100년까지 2,000여 년에 걸쳐 분포되어 있다. 그중 일부 점토판에서는 세계 최초의 지도라고 할 수 있는 것이 발견되기도 했다.

▲ **아카드인의 점토 도장**
아카드인은 메소포타미아 평원 북부지역에서 생활하던 민족이었다. 수메르 문명이 점점 쇠퇴해지면서 아카드인의 세력이 강성해지기 시작했다. 약 BC 2371년 사르곤 1세가 아카드 왕국을 세운 뒤 끊임없이 대외적으로 영토를 확장하여 결국에는 메소포타미아 지역의 통일을 이룩했다. 그림은 아카드인이 만든 점토판 인장이다.

에 지은 것으로, 올라갈수록 좁아지는 형태이며 맨 위층에 마르두크 신전을 세웠다. 벽의 바깥쪽에 나선형의 계단을 만들어 탑을 따라 올라가면 탑 꼭대기에 이를 수 있도록 했다. 바벨탑의 탑기(塔基) 한 변의 길이는 90미터, 탑의 전체 높이가 약 90미터로 사람들은 하늘의 모든 신이 인간세상으로 내려오기 위한 발판 같은 곳이라 하여 '하늘의 정류장'이라고 불렀다.

메소포타미아에는 암석이 부족한 대신 아스팔트가 풍부했고 벽돌 굽는 기술 수준이 상당히 높았다. 이 덕분에 장인들은 벽돌과 아스팔트를 이용해 당시 세계에서 가장 화려하고 웅장하며 멋진 도시를 창조할 수 있었다.

점성술 속의 우주관 : 천문학과 수학

모든 농업문명은 천문관측을 토대로 만든 고유의 역법을 가지고 있다. 정확한 역법이 농업사회에 얼마나 필요하고 중요한지는 굳이 말하지 않아도 알 것이다.

BC 2000년, 메소포타미아인은 금성 운동의 주기성을 발견하고 태양이 지나가는 길을 뜻하는 황도의 개념을 알게 되었다. 또한 황도대를 12개의 성좌로 구분하고 성좌마다 각기 다른 달을 주었다. 성좌를 신화 속의 신이나 동물들의 이름을 따라 명명하고 특수한 부호로 표시하였는데, 이것이 오늘날까지 이어져 오는 황도 12궁이다. 그들은 또 달과 태양의 운행표를 만들었는데 이 표에서 해와 달의 운행 도수, 밤과 낮의 길이, 달의 운행 속도, 삭망월 길이, 연속합삭 날짜, 지평선에 대한 황도의 교각, 달의 위도 등을 알 수 있었다.

메소포타미아에는 BC 1000년부터 BC 300년까지 사용된 매우 정확한 역법이 있었다. 이곳의 역산가들

◀ **바벨탑**
'바벨'은 바빌로니아어로 '신의 문'이라는 뜻이다. 바빌로니아 성에서 가장 먼저 세워진 바벨탑은 BC 689년에 아시리아 국왕 센나케리브가 바빌로니아 성을 침공했을 때 파괴되었으며, 신바빌로니아 왕국이 건설된 후 네부카드네자르 2세의 명령으로 재건되었다. 새로 건립한 바벨탑은 높이 8층, 90미터에 이르며 탑기의 길이와 너비가 각각 90미터 정도에 이른다. 유감스럽게도 바벨탑은 현재 네모난 터만 남아 있다.

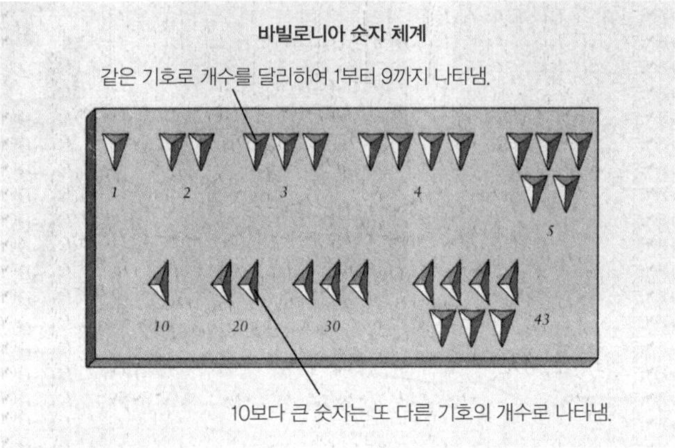

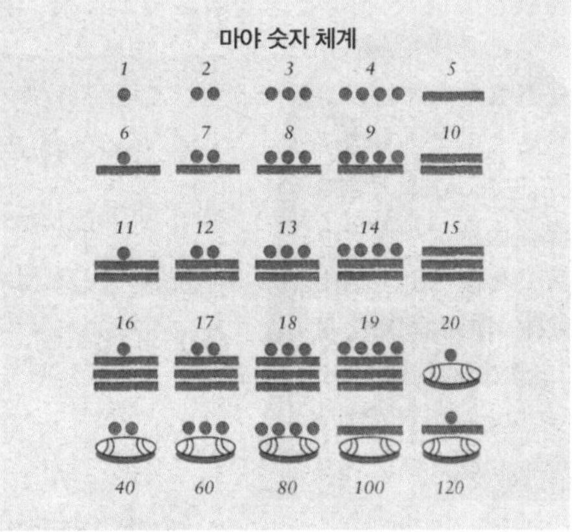

▲ **바빌로니아 숫자 체계** (왼쪽)
고대 바빌로니아에서는 숫자 세는 기호를 점토판에 새겼고 모든 숫자에 두 가지 기호만을 사용했다. 하나는 한자릿수를, 하나는 십의 자릿수를 나타냈다. 10보다 큰 숫자는 십의 자릿수를 나타내는 기호의 배수로 표시했다.

▲ **마야 숫자 체계** (오른쪽)
초기 문명, 대부분의 숫자 체계 기본수는 10이었다. 하지만 1000년경에 라틴아메리카에 거주하던 마야인은 20을 기본 단위로 하는 기초체계를 만들어 사용했다. 그림은 마야인이 사용한 숫자 기호이다. 마야인의 숫자 체계와 달리 티그리스강과 유프라테스강 유역은 10진법과 60진법을 기본으로 하는 기수 방법을 사용했다.

은 일찍이 수학을 이용해 수백 년 후에도 여전히 유효한 역법을 계산해 냈다. 1년에 12개의 태음월이 있으며, 354일이다. 여기에 일정한 간격으로 특별히 1개의 태음월을 넣어야 했는데 윤달을 말한다. 태음월을 넣는 이유는 계절을 결정 짓는 태양월과 태양년이 조화롭게 일치되게 하기 위해서였다.

고대 티그리스강 · 유프라테스강 유역 사람들은 고도의 계산기술을 가지고 있는 계산의 달인들이었다. 그들의 기수법은 10진법과 60진법을 함께 사용하는 것이었다. 계산을 간편하게 하기 위해 구구단표, 역수표, 제곱표, 제곱근표, 세제곱표, 세제곱근표 등 수많은 표를 만들었다. 일원일차방정식, 다원일차방정식을 풀었으며 일원이차방정식을 풀 수 있는 사람도 있었고 심지어 특수한 삼차방정식과 사차방정식과 지수방정식도 풀 수 있었다. 기하학 방면에 있어서 고대 티그리스강 · 유프라테스강 유역 사람들의 가장 큰 공헌은 60진법을 이용해 주각(周角)을 360도로 정하고, 1도를 60분으로, 1분을 60초로 나눈 데 있다. 이 방법은 현재까지 사용되고 있다. 그리스인과 유럽인은 16세기에 이르러서야 이 시스템을 수학 계산과 천문학 계산에 활용하였고 현재까지 60진법은 여전히 각도와 시간 등의 기록에 사용되고 있다. BC 1900년에서 BC 1600년 사이에 제작된 한 점토 문서플림턴 322호에 대수표가 기록되어 있었는데, 변의 길이가 긴 것은 정수의 직각삼각형의 빗변의 길이와 직각과 맞닿아 있는 한 변의 길이다. 이로써 다른 직각변의 길이를 측정할 수 있었는데 이것이 부정방정식 $x^2 + y^2 = z^2$이다. 메소포타미아의 기하학은 실제 측량과 밀접한 관계가 있었다. 그들은 이미 삼각형의 대응변 비율에 관한 지식을 알고 있었고, 간단한 평면도형의 면적과 정육면체의 부피를 계산할 줄 알았다.

원주를 360개로 등분한 것도 모두 메소포타미아 문명 덕분이다. 메소포타미아 기하학의 주요 특징은 대수성질에 있다. 그 예를 들어보면, 직각삼각형에 평행하는 횡단면으로 자른 선 문제를 언급하며 2차방정식을 이끌어냈고, 각뿔을 평면으로 자른 뒤 체적을 구하는 문제를 논하면서 3차방정식이 출현하게 된 것이다.

▲ **태양신과 함무라비**

『함무라비 법전』은 노예주의 통치를 옹호하기 위해 제정되었으며, 노예주, 자유민, 노예에 대해 각기 다른 규정을 적용하는 것을 주요 내용으로 하고 있다. 『함무라비 법전』의 돌기둥에 새겨진 앞부분은 아름다운 부조로 되어 있다. 고대 바빌로니아가 숭배한 태양신이 권력의 지팡이를 국왕 함무라비에게 수여하고 있는 모습인데, 당시 숭고함과 위대함의 상징이었던 함무라비를 표현하고 있다.

의학과 생물학

고대 티그리스강 · 유프라테스강 유역에 전해져 내려오는 의학 관련 점토서가 800여 개에 이른다. 약물과 안마 등 의사들이 사용한 수많은 치료 방법이 있으며 치료에 이용한 식물 약재만 해도 150여 종에 이른다. 일부 동물의 지방으로 고약을 만들어 치료에 사용하기도 했다. 당시 의사들이 감기, 위장병, 기생충병, 중풍, 안과질환 등을 치료했다는 기록이 있다.

또 그들은 일부 점토서에 100여 종의 동물과 250종에 달하는 식물의 명칭을 기록했으며 또한 동물에 관한 분류를 기록했는데 이는 세계 최초의 기록이다. 뿐만 아니라 대추야자의 생산량을 늘리기 위해 대추야자나무 꽃이 필 때 인공수분을 했다는 기록도 있다.

◀ **남미 잉카인의 새끼에 매듭짓는 기수법**

수에 대한 인식이 점차 명확해지면서 사람들은 어떤 방식을 이용한 사물의 속성을 나타내는 방법의 필요성을 느끼게 되었다. 이에 따라 각종 기수법이 나왔고 이 방법들은 수학의 발전과 함께 했다. 고대 바빌로니아에서 공식을 이용해 수를 표시한 것과 마찬가지로 고대 라틴아메리카의 잉카족도 자신만의 기수법인 새끼에 매듭짓는 기수법을 발명했다. 가는 새끼줄에 각종 다른 매듭을 지었는데 색깔, 위치, 크기에 따라 사물과 수량을 표시하였다.

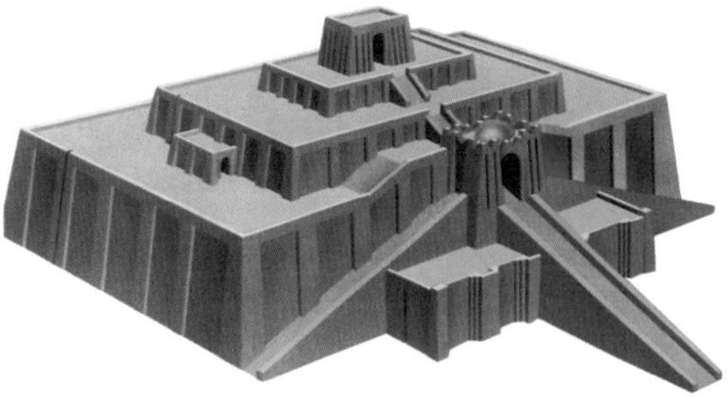

◀ **바빌로니아 마르두크 신전 모형**

BC 605년, 네부카드네자르가 신바빌로니아의 국왕에 올랐다. 그의 통치하에 신바빌로니아의 노예제 경제가 발전하였고 노예들은 농업을 비롯해 수공업과 상업에도 참여했다. 바벨탑과 공중정원은 바로 이 시기에 나타난 역사의 기적이다. 그림은 네부카드네자르 2세 통치 시기에 건축한 마르두크 신전의 모형이다.

달이 대지를 비추다 : 고대 인도

◀ **BC 2500년경의 채색도기**
고대 인도는 인도차이나 반도 전체를 가리킨다. 동남아 지역이라고도 불리는 오늘날의 인도, 파키스탄, 방글라데시, 네팔, 시킴, 부탄, 스리랑카 등을 포함하며, 아시아 남쪽에 위치한 인도차이나 반도는 거대한 역삼각형 모양이다. 인도인은 근면함과 지혜로 독특하고도 빛나는 인도 문명을 세웠고 문학, 철학, 자연과학 분야에서 인류문명을 위해 아주 큰 공헌을 했다. 그림은 고대 인도 시기에 제작한 채색도기이다.

구석기시대의 원시인류는 인도에서 생활하였다. BC 3500년 이후 농업문명이 인더스 평야에 널리 퍼지기 시작하였고, BC 2500년 전후로 인더스강 유역에 발달된 도시문명이 나타났으며 문자를 사용하기 시작했다. BC 1500년경에 베다시대가 시작되고, 인도 문명의 중심은 점차 서쪽에서 갠지스강 유역인 동쪽으로 옮겨갔다. 그 후 수백 년 동안 『리그베다』와 기타 베다 경전이 세상에 나타나면서 인도 문학과 철학의 기원이 되었다. 베다 문명은 훗날 힌두교의 발전과 인도 문명의 비약적인 발전에 토대를 마련하였다. BC 6세기, 여러 철학유파와 학설이 잇따라 생겨나면서 이 흐름에 따라 불교와 자이나교가 생겨났다. BC 3세기에는 마우리아 왕조의 아소카 왕 시대가 인도 역사상 최초의 통일을 이룩한 제국이 되었다. 3~6세기는 굽타 왕조 시대로, 인도 고대문명 발전의 최전성기였다. 이 시기에 과학, 문학, 예술 등 여러 분야에서 훌륭한 성과를 이루었으며 브라만교가 이 시기에 개혁을 통해 힌두교로 발전했다.

◀ **서사시 「라마야나」 삽화**
고대 인도 문학사에서 가장 오래된 서사시는 「마하바라타(Mahabharata)」와 「라마야나(Ramayana)」이다. 두 서사시는 BC 400년경의 것으로, BC 1400년에서 BC 1000년경까지 인도에서 발생한 일들을 서술한 작품이다.『마하바라타』는 각종 전기적인 이야기를 주제로 달마 지도무사나 국왕 또는 윤회하여 다시 이승에 태어나고 싶어하는 사람들이 행해야 하는 도덕적 규범을 설명하고 있다. 「라마야나」는 한 라마의 일생을 그리고 있다.

인도의 고대문명에서 가장 큰 특색은 종교 분야에서 찾아볼 수 있다. 종교는 인간의 정신생활의 중심이었다. 힌두교는 건축과 조각 분야에서, 불교는 건축과 조각, 회화 분야에서, 이슬람교는 건축과 회화 분야에서 각각 후세에 물려줄 만한 뛰어난 예술작품을 남겼다. 이로써 이 세 종교가 인도 문명의 3대 주류가 되었다.

아라비아 기수법 : 고대 인도인의 공헌

오늘날 세계에서는 십진법이라는 통일된 기수법이 널리 이용되고 있다. 그 기호는 1, 2, 3, … 9, 0이며 우리는 이것을 아라비아 숫자라고 부른다. 이 숫자의 발명은 인도인의 공으로 돌려야 한다.

인도는 약 BC 3세기에 이르러 수를 세는 기호를 사용하기 시작하였고 그 이후 점차적으로 십진법이 형성되었으며 6세기경에는 자릿수를 채택하였다. 인도인은 열 개의 상호 독립적인 부호를 만들어냈으며, 이는 완벽한 십진법에 없어서는 안 되는 중요한 부분이다. 특히 0이라는 기호의 발명은 더더욱 그러하다. 그 이전의 아주 오랜 기간 동안 0을 하나의 수로 보는 사람은 없었다. 그래서 명확한 기호를 만들지 않았던 것이다. 하지만 0이라는 기호가 없으면 수의 개념에 결함이 생긴다. 이 수의 기호를 어떻게 쓰는가는 그다지 중요하지 않다. 혼란을 일으키지 않고 또 쓰기 쉬우면

◀ **미술과 공예** (맨 위와 두 번째 그림)
인더스 밸리의 여성들은 화려한 장신구로 치장하는 것을 무척 좋아했다. 목걸이, 팔찌, 귀고리 등 이러한 장식품들은 모두 황금, 조개껍데기, 은, 홍옥 등으로 만들었으며 품질이 아주 훌륭했다. 대부분 빨간색이어서 검정색의 기하도형이나 꽃문양과 잘 어울리고 무척 아름다웠다. 이 그림은 화려하게 보석으로 치장한 인도 여성의 아름다운 자태를 담은 것이다.

◀ **싯다르타 왕자의 탄생** (세 번째와 맨 아래 그림)
싯다르타는 불교의 창시자이다. BC 565년에 태어난 싯다르타는 가비라 성의 왕자였다. 부족함 없이 풍족하고 걱정 없이 살고 있었지만 신분이 비천한 하천민의 빈궁한 생활을 접한 이후 그는 운명에 맡긴 고난과 생사에 대해 깊이 사고하게 되었다. 운명과 인간의 본질적인 관계를 이해하기 위해 29세가 되던 해에 아내와 아이를 떠나 이곳저곳을 돌아다니면서 인생 해탈을 추구하는 기나긴 여정을 시작했다. 아래 그림은 마야 왕후가 아무런 근심 없이 나무 아래에서 싯다르타를 안고 있는 모습이다.

그만이다. 이 점에서 인도인은 그것을 성공적으로 해낸 것이다.

8세기 이후, 인도의 기수법은 아라비아 국가로 전파되고 유럽인은 아라비아인으로부터 십진 자릿수와 그에 상응하는 숫자를 배웠다. 유럽인은 이 숫자 기호를 아라비아인들을 통해 처음 보았기 때문에 아라비아 숫자라고 불렀다. 1,000년이라는 오랜 세월 동안 전파되면서 숫자를 쓰는 방법도 다양한 변화를 거쳐 현재 쓰고 있는 형식으로 바뀌었다.

십진 자릿수와 기수법의 탄생은 수학의 기초에 튼튼한 바탕이 되었으며 간편하고 과학적인 십진 자릿수와 아라비아 기수법은 세계에 통용되었다. 이들은 인류의 지혜로움의 결정이자 수학 문명의 시작을 의미한다.

▲ **불타상**
석가모니가 지팡이를 들고 있는 모습을 중국식으로 그린 것이다. 인간의 최고 경지는 고행이 아니고 사치도 아니며 겸손과 중용이라는 것을 이미 깨달았을 때의 석가모니의 모습이다. 그림 배경의 난은 유가 사상과 군자도덕의 상징이다.

제7천국 : 고대 인도의 천문학

농업생산의 필요에 따라 인도는 일찍이 나름대로의 음양력을 발명했다는 기록이 『리그베다』 중 13월에 나온다. 『타이티리야-브라마나Taittirya-Brahmana』에는 1년을 봄, 더위, 비, 가을, 추위, 겨울 등 여섯 계절로 구분하고 있다. 또 다른 구분법도 있는데 1년을 겨울, 여름, 비의 세 계절로 구분하는 것이다. 『아이타레야-브라마나Aitareya-Brahmana』에는 1년을 360일 12개월로, 1개월을 30일로 나누고 있다. 하지만 사실상 달이 일주하는 데는 30일이 채 걸리지 않기 때문에 어떤 달은 30일이 되지 않는다. 인도인은 이것을 하루가 사라졌다고

▼ **고대의 재미있는 숫자 세는 법**
손가락으로 세는 것은 어쩌면 고대 세계 각지에서 가장 일찍, 가장 널리 통용되던 셈 방법이었을 것이다. 생산력이 향상되면서 사람들은 점차 배열이 비슷한 기호를 새기는 방법으로 큰 숫자도 표시하는 것을 배우게 되었다. 이 방법은 당시 수학에 있어서 획기적인 사건이었을지도 모른다. 하지만 숫자가 커질수록 기수하는 것도 날로 번거로워졌다. 그 후 인도인과 아라비아인들은 0~9 같은 기호를 다른 위치에 놓아 더욱 큰 숫자를 표시하는 방법을 발명했다. 그림은 고대의 여러 가지 기수 방법이다.

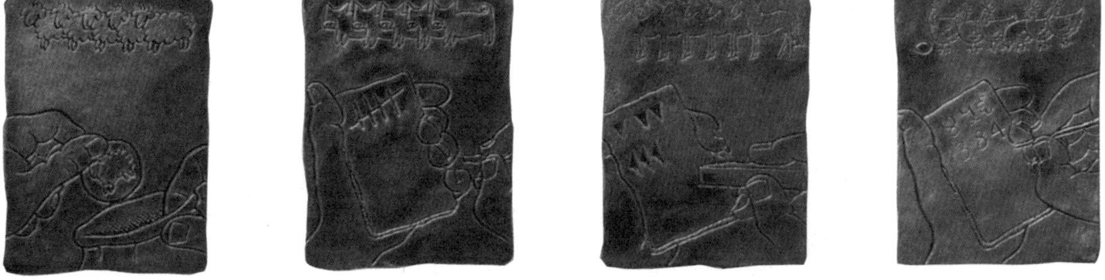

했으며 1년 동안 닷새가 사라진다고 보았다. 그러나 통념상 여전히 1년을 360일이라고 했다. 인도 고대에는 다양한 일력제가 있었다. 망종월은 보름달에서 다음 보름달이 나오기까지의 1개월을 말하며, 삭종월은 일월합삭에서 다음 합삭까지의 1개월을 말한다. 두 종류의 역법이 공존하고 있었지만 당시에는 전자가 더 유행했다.

인도의 달에 대한 명칭은 보름달이 떴을 때 하늘에 있는 별의 이름을 따서 붙였다. 한 해의 길이는 항성을 관찰하는 날을 이용해 결정지었다. 『베다-천문편』에는 이미 조화로운 주기로 년, 월, 일의 관계를 조정했다는 기록이 나온다. 하나의 주기는 5년, 1,830일, 62개의 삭망월이 존재한다. 그리고 하나의 주기에는 두 개의 윤달을 넣었고 하나의 삭망월은 29.516일, 1년은 366일이었다. 1세기 전까지 줄곧 이 역법을 사용했다.

태양과 달의 운동을 연구하기 위해 인도는 27개의 밤을 구분 방법으로 썼다. 그것은 황도를 27개로 등분한 것인데 '나샤트라'라고 불렀고 이는 달의 정거장이라는 뜻이다. 27수의 이름이 가장 먼저 나오는 곳은 『아이타레야-브

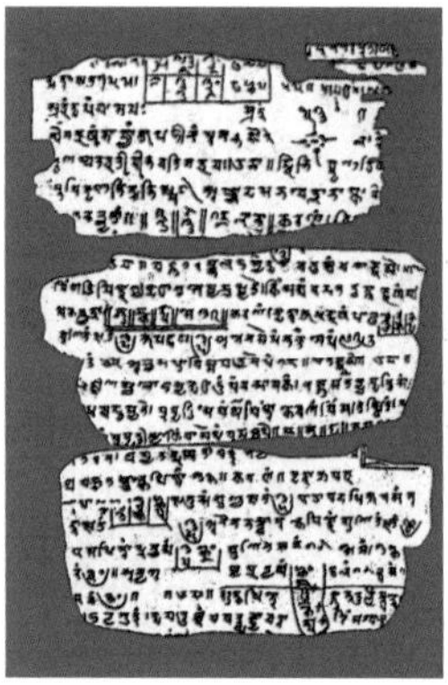

▲ **고대 인도 수학 친필 원고**
인도 수학의 문자에 관한 최초 기록은 베다시대로 거슬러 올라간다. BC 10세기에서 BC 3세기로 추정되는 자료가 여기 저기 흩어져 있다. 문자 기록 가운데 가장 대표적인 것이 브라만교의 경전인 『베다』이다. 여기에는 당시 생활을 보여주는 방대한 양의 자료가 들어 있고 인도의 초기 수학에 관한 기록도 많다. 『베다』에는 우주와 제단의 설계 및 측량에 관한 내용과 실용적인 기하 내용과 대수 계산 문제도 들어 있다. 이 부분의 내용을 담고 있는 것이 인도의 『승법경(繩法經)』이다. 그림은 1881년 고고학자들에 의해 발견된 고대 인도 수학 친필본으로, 분수, 제곱근, 수열, 수입과 지출, 이윤계산, 비율계산법 및 대수방정식 등을 다루고 있으며 '바크샤리' 친필본이라고 부른다.

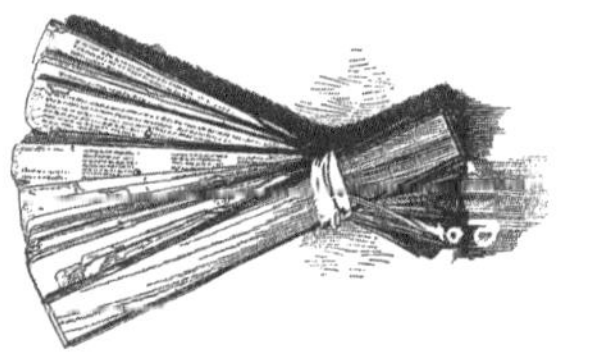

▶ **『릴리바티』의 종려잎 필사본**
바스카라는 고대 인도의 가장 위대한 수학자이자 천문학자이다. 오랫동안 우자인(ujjain)에서 천문대 일을 담당했다. 그의 저서 『릴리바티』와 『비자가니타』는 고대 인두 수학의 최고 수준을 지랑한다. 그림은 『릴리바티』의 종려잎 필사본이다.

▼ **『릴리바티』 필사본**
고대 인도 수학자 바스카라가 쓴 『릴리바티』는 13장으로 구성되어 있다. 이 책은 산술에 나오는 명사 용어를 읽은 뒤 정수, 분수의 사칙연산과 루트계산 및 각종 계산 법칙과 기교, 이율계산, 수열계산, 평면과 입체도형의 도량형 계산, 측량, 대수, 조합 등에 관해 토론했다. 책 제목과 관련해 전해오는 아름다운 전설이 있다. 바스카라의 딸 릴리바티가 점성예언가로부터 평생 결혼을 하지 못한다는 말을 들은 뒤 이 말이 사실로 굳혀지자 딸을 위로하기 위하여 딸의 이름을 자신의 저서 제목으로 정했다는 것이다. 오랫동안 훌륭한 명성으로 전해지는 책이 『릴리바티』이다.

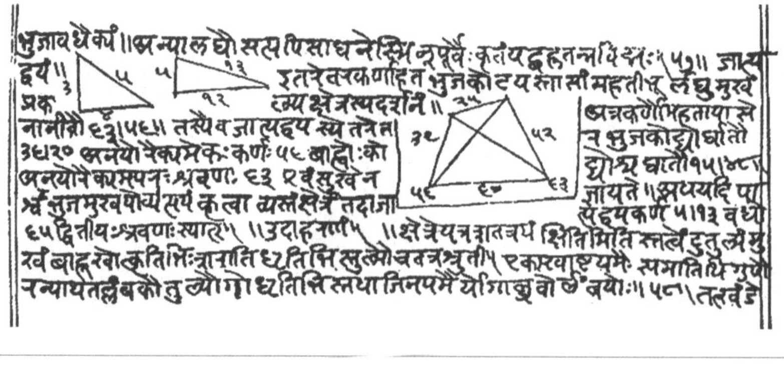

라마나』이다. 당시에는 묘성을 첫 번째 별로 여겼다. 서사시 『마하바라타』에서는 견우성을 첫 번째 별로 보았고, 그 후 백양궁양자리 β성을 첫 번째 별로 또 바꾸었으며, 이는 현재까지 계속 사용되고 있다.

인도의 27수 구분법은 등분이다. 하지만 각 수의 기점이 밝은 별이 있는 때가 아니다. 따라서 그들은 이 27수 범위 내에서 가장 높은 별을 연락별로 정하고 밤마다 연락별 이름을 명명했다. 인도에도 28수로 나누는 방법이 있었는데 늘어난 1수는 인마궁사수자리 α와 천응궁독수리자리 α 사이에 있었고 이름은 '아피지드' 이며 산스크리트어로는 '보리' 라는 뜻이다.

인도 고대 문헌에는 연대의 기록이 전혀 없어서 시대를 가늠하기가 힘들다. 베다를 BC 2500년경으로 간주하고 범서를 BC 12세기로 잡고 『베다-천문편』을 범서 후로 보는 사람도 있다. 그러나 이들을 모두 BC 5세기 전후로 보는 사람도 있다.

불교는 아주 오랫동안 인도에서 널리 전파되었다. 불경에서 표현한 전통 우주관념은 중국 고대의 개천설과 비교적 가깝다. 수미산은 천지의 정중앙이고 해와 달은 수미산 주위를 돌면서 지하로 떨어지지 않고, 한 바퀴 돌면 하룻밤이다.

이후 인도 천문학은 별다른 성과를 거두지 못했다. 하지만 굽타 왕조 시대 3~6세기에 불교가 쇠퇴하고 힌두교가 성행하면서 그리스의 천문학이 인도로 유입되어 인도의 천문학도 점차 활기를 띠기 시작했다. 인도의 유명한 천문학자 아리야바타가 나타났다. 그의 주요 저서 『아리야바타야』에는 중국 고대의 음력 정월 보름을 계산하는 방법과 비슷한 것이 실려 있다. 아리야바타는 해와 달, 5성 및 황백도의 승교점과 강교점의 운동을 계산하였고, 해와 달, 5성이 가장 느리게 지나는 지점과 가장 느릴 때의 속도에 대해서도 토론하였을

▲ 상대 갑골문의 십진승법누수제 기수법

BC 500년경 인류는 숫자 표기 방법에 관해 이미 완성 단계에 이르렀으며, 그리스 아티카 숫자와 중국의 산가지 숫자가 등장했다. 인류문명 역사상 아주 특별한 업적으로 여겨지는 이 기수체계의 출현은 수와 수 사이의 쓰기 연산을 가능하도록 하였고 이것을 기초로 초등 산술이 고대문명 지역에 발전하기 시작했다. 그림은 중국 허난성에서 출토된 갑골문으로, 십진승법누수제의 기수에 관한 내용을 담고 있다.

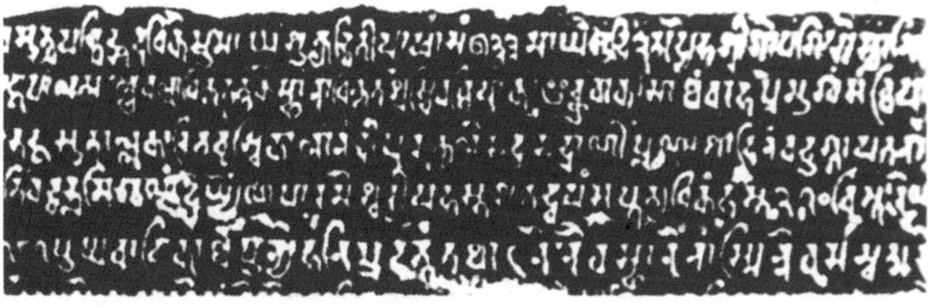

◀ 괄리오르비석 탁본

인도 숫자에서 영을 나타내던 점이 훗날 0으로 바뀌어 오늘날까지 사용되고 있다. 0은 수많은 변화를 거쳐 9세기에 완성된 것이다. 876년 괄리오르비석에 영을 나타내는 숫자 0이 뚜렷하게 새겨져 있다. 수학에서의 0의 의미는 다양하다. 없음을 뜻하기도 하고 자릿수에서는 자리가 비어 있다는 것을 의미하기도 하며 다른 수와 연산이 가능하다. 이 점이 수학사상 일대의 발명이다.

뿐만 아니라 일식과 월식을 예측하는 방법도 설명하였다.

아리야바타 이후 천문학자 바라하미히라가 등장하였다. 그는 자신의 주요 저서 『판차싯단티카』에 당시 인도 천문학의 정수를 거의 모두 수집하고 이전의 각종 역법을 소개했다. 자료를 모아서 엮은 책 속의 다섯 가지 역법 가운데 『수리야 싯단타』가 가장 유명하다. 이 책에서는 태양과 달의 지평시차, 원일점의 이동, 본륜(本輪) 등의 새로운 개념을 도입하고 태양, 달, 지구의 지름 계산 방법을 소개했다. 이 책은 인도 역법의 모범서로 인정받아 근대까지 줄곧 사용되었다.

그러나 바라하미히라 시대의 『수리야 싯단타』는 자료가 정교하지 않아 후세들이 계속해서 수정과 보완작업을 실시했다. 현재 전해지는 『수리야 싯단타』의 자료는 약 12세기의 것이다. 이 밖에 당시 인도 역법 대부분은 회귀년이 아니라 항성년을 사용하였고 근대까지 이어졌다.

중국 당대의 『개원점경(開元占經)』에 인도의 『구집력』이 번역되어 실려 있는데 『구집력』은 7세기경에 만들어진 비교적 선진적인 인도 역법이다. 해와 달, 5성에 나후(羅候)와 계도(計都)를 넣어 구요(九曜)라고 불렀다. 구집이라는 명칭은 여기에서 온 것이며, 나후와 계도는 인도 천문학자가 가상으로 만든 보이지 않는 천체이다. 실제로는 황노와 백도가 만나는 승교점과 강교점을 말한

▼ 『라마야나』 이야기

라마의 산책이라는 의미의 『라마야나』는 전체 7편으로 구성된 서사시로, 영웅 라마의 위대한 업적을 주제로 삼고 있다. 아리아인이 산맥을 넘어 남하하는 전 과정을 그린 것이다. 이 서사시는 편폭이 작으나 구성이 탄탄하며 줄거리가 단조롭지 않고 생동적이어서 『마하바라타』와 더불어 인도 문학과 세계 문학에 있어 빛나는 보석으로 평가받고 있다.

▲ **인도력**

인도력의 최초는 태양력이었다. 4세기 이후 성상학의 필요에 따라 개선하여 현재의 태양태음력이 되었다. 태양태음력은 역년을 여섯 개의 계절과 12개월로 나누는데, 매월 태양이 지나는 황도 12궁의 시간과 일치한다. 역년은 또 태양이 백양좌에 진입하는 시간을 시작으로 한다. 그림은 인도력의 설명 형식이다.

▲ **장사하는 상인**

『라마야나』와 어깨를 나란히 하는 또 한 편의 고대 인도 역사시 『마하바라타』는 고대 인도 시인들의 단체 작품이다. BC 5세기에 전체적인 윤곽을 잡고 AD 4세기에 이르러서야 원고를 탈고했다. 이 책은 모두 18편으로, 호메로스 서사시의 여덟 배와 맞먹는 길이이다. 인도의 최대 서사적 역사시이다. 벽화에 그려진 것은 역사시를 기록하던 시대의 상인들의 모습이다.

다. 『구집력』에는 해와 달의 운행과 일식, 월식 예측 계산 방법이 실려 있으며 춘분 삭일 밤부터 시작한다.

『구집력』은 천체를 360도로 나누고 1도를 60분으로 나누었다. 또 하나의 낮과 밤을 60각으로 나누고 1각을 60분으로 나누었다. 『구집력』은 19년에 일곱 번의 윤달을 넣고, 항성년을 365.2762일로, 삭망월을 29.530583일로 정했다. 또한 달의 지구 회전과 달 자전운동 체계를 이용해 해와 달이 균일하게 움직이지 않는 운동을 추산하고, 계산할 때는 삼각함수를 사용했다. 『구집력』에서는 원일점을 하지점 앞 10도로 정했다. 이후 12세기에 이르러 인도에 천문학자 바스카라A. Bhaskara가 출현하였고 그가 지은 『싯단타 시로마니』는 인도 천문학 발전에 커다란 영향을 미쳤다. 바스카라는 자신의 우주이론을 제시했다. 지구는 우주 한가운데에 위치하고 자력으로 공중에 있으며 지구상에 일곱 가지 중요한 기운이 있는데 그 기운이 달, 태양, 별의 운동을 가능하게 한다는 것이었다. 또한 그는 천체의 시직경 변화는 그들이 지구에 도착하는 거리가 다르기 때문이고 지구에 인력이 존재한다는 것을 인식했다. 인도 천문학은 역법 계산과 우주이론에 그들만의 독특한 특징을 가지고 있었지만 천체의 실제 관측을 중요시하지 않고 천문기구의 사용과 제조도 등한시했다. 오랫동안 겨우 평판 일구와 규표해시계 등과 같은 간단한 기구만을 만들었을 뿐이다. 18세기에 이르러서야 자이 싱 2세가 델리에 천문대를 세우고 열 개가 넘는 대형 회석 또는 금속구조의 천문기구를 설치했다.

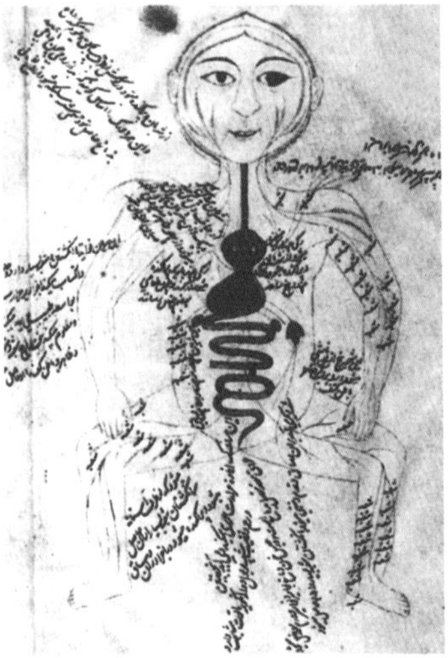

▲ 고대 소화계 해부도

의사들은 관찰을 통해 질병을 분류하고 증상들을 구분한다. 홍역과 천연두를 구분하기 위해 의사들은 아주 가까이 환자들과 접촉하고 상세한 기록을 하며 심지어 자신의 몸에 각종 약물 실험을 하기도 했다. 이리하여 해부학, 생리학, 외과학 및 치료학이 발전하기 시작했고 환자들이 질병에 걸리는 원인을 찾는 데 근거를 제공해 주었다. 이 고대 소화계 해부도는 현대 의학 수준에 근접할 정도로 정확성이 뛰어나다.

고대 인도의 의약학 및 화학

고대 인도의 의약학과 화학은 수학이나 천문학만큼 큰 업적을 세우지 못했다. 최초의 인도 의학서가 BC 4세기에 탄생하였고 이들 의학시는 약물의 명칭 및 용법을 서술했다. 그 후 2세기에 인도의 의학

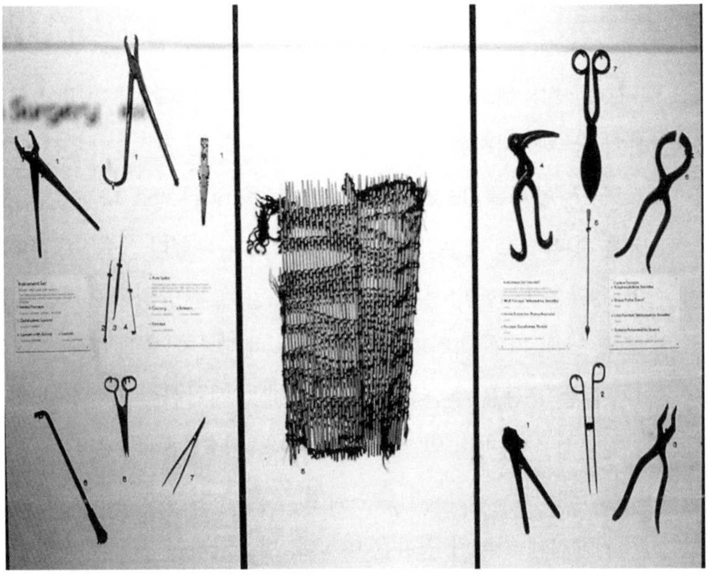

▶ 인도 초기 외과수술 도구

인도 의학자들은 음식물이 연소된 후 신체에 일곱 가지의 조직이 생기며, 혈액이 인체의 중요한 정신을 전달한다고 확신했다. 의학자들은 이 체계와 기관 사이의 관계를 설명할 수 있는 증거를 찾지 못했지만 신체가 수많은 내재적인 체계로 구성된다고 정확하게 보게 되었다. 같은 시기의 『아유르베다』에서 질병의 근원이 외부의 힘이나 생물체 때문이라고 여긴 이유는 육안으로 볼 수 있는 것이기 때문이었다. 그림은 인도 초기 외과수술 때 사용하던 각종 기구이며, 이 기구들의 변천사는 인도 의학의 발전 과정을 잘 보여주고 있다.

을 집대성한 『차라카 본집』과 5세기에 외과학을 다룬 『수슈루타 본집』이 자주 언급된다. 인도의 의학서가 고대 그리스 의학서의 영향을 받았을 것으로 추정되는 이유는 『차라카 본집』의 삼단논법이 아리스토텔레스에게서 가져온 것이기 때문이다. 『차라카 본집』은 인체의 3종 활력을 구분하고 있다. 첫 번째는 배꼽 아래의 기가 만든 작용에 의한 것, 두 번째는 배꼽과 심장 사이의 담즙을 억제하는 역할, 세 번째는 심장 이상의 점액에서 만든 작용이다. 이 3종 활력은 인체의 일곱 가지 기본요소인 암죽, 혈액, 근육, 지방, 골격, 골수, 정액의 근원이다. 일곱 가지의 상태와 숫자가 조화를 이루면 건강하고 그렇지 않으면 병이 생긴다고 했다.

외과학 서적 『수슈루타 본집』은 약 121종이나 되는 외과용 의료기기와 근대 이전의 모든 수술 방법에 대해서 서술했다. 이 책은 모기와 학질의 관계에 대해 관심을 기울였고 당뇨병 환자의 소변에서 단맛이 난다고 언급했다. 이 밖에 금, 은, 구리, 철, 주석의 작용에 대해서도 논했다. 후기에 선을 보인 7세기의 의학서 『바과바타』에서 최초로 수은을 언급했다.

인도를 다녀간 중국 승려의 기록에 의하면 연금술과 연단술은 7세기에야 인도에 출현했다고 한다. 인도 연금술과 연단술의 흥기는 브라만교가 인도에서 부흥한 이유와 관계가 있다. 왜냐하면 인도 연금술과 연단술의 주요 서적들은 모두 비밀스런 주문이었기 때문이다. 그렇게 생각하는 근거는 『베다』 경전이다. 이 경전은 불교를 반대하고 브라만교를 전파하는 것이 목적이었다. 인도의 연금술사는 매우 강한 성질을 가지고 있는 황산에 대해 이미 알고 있었다. 8세기에 쓰인 연금술서에서는 금속을 부식시킬

◀ **티베트 의학**
이 그림은 『사부의전대주람유리(四部醫典大注藍琉璃)』에 실린 삽화이다. 이 책은 17세기 티베트인이 이전 사람들의 주석을 기초로 해서 엮은 것이다. 의사가 환자를 치료할 때는 우선 환자의 먹은 음식과 행동을 살펴 병의 원인을 이해하고 증상을 판단하고 치료에 들어가야 한다는 내용이 들어 있다. 이 책은 수만 가지의 약물표본을 수집하였고 책 속에 나오는 의사들의 주장을 네 그루의 큰 나무로 형상화했다. 나뭇잎으로 식사, 행동, 약물, 관찰 상황을 해석하고 문자 설명도 덧붙였다. 티베트 의학 발전과 고대 인도 의학에는 어떤 연관성이 존재한다.

▶ **티베트 의료기구도**
이 그림은 『사부의전(四部醫典)』을 토대로 그린 것으로, 티베트 의학의 의료기구 90여 종을 수록했다. 항문경, 각종 외과 수술용 메스, 집게, 핀셋, 톱, 고리, 관상톱, 흡입기 등을 포함한 진단 기구, 외과수술 기구, 치료 기구가 실려 있다. 티베트 의료기술의 높은 수준을 반영하고 있다.

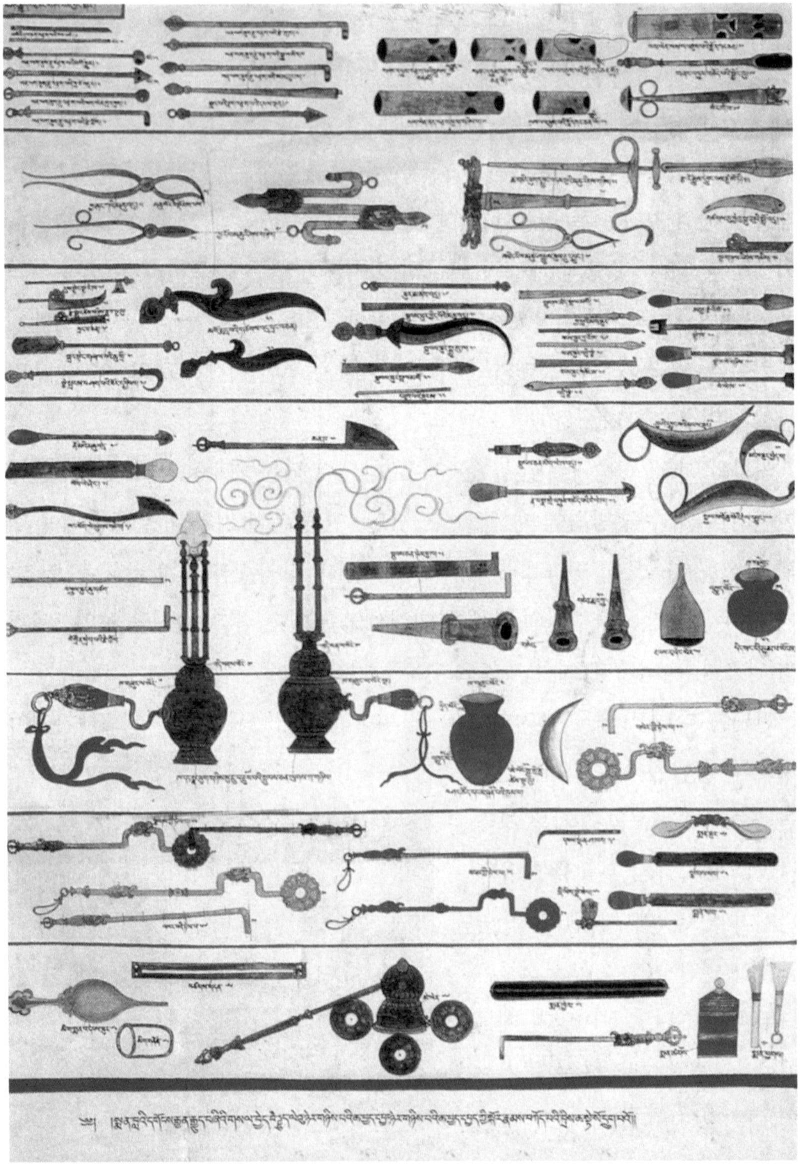

수 있는 액체를 언급하였고, 12세기라고 추정되는 비밀스런 주문이 들어 있는 책에는 황산철에서 어떻게 하면 이러한 액체를 배합할 수 있는지에 대해서 논했다. 이 밖에 약 780년 중국 당나라의 시인 단성식(段成式)은 자신의 저서 『유양잡조(酉陽雜俎)』에서 이렇게 말하고 있다. "브라만 국가에 '반다거' 물이라는 약 이름이 있는데 큰 산의 돌에서 난다. 풀, 나무, 금, 쇠를 녹일 수 있고 이것이 손에 묻으면 바로 문드러진다."

고대 인도 연금술은 불로장생 약을 만들고자 하는 것이 우선이었다. 인도인은 금과 불로장생 약을 제조할 때 배합의 가장 중요한 성분이 수은과 유황이라고 생각했다. 인도인이 수은을 양성으로, 유황을 음성으로 보았던 것과는 반대로 중국인은 수은을 음성으로, 유황을 양성으로 보았다. 수은과 유황 외에도 인도인은 5원소설을 가지고 있었는데, 여기서 말하는 5원소는 흙, 물, 공기, 불, 공간이다. 이 역시 고대 그리스인으로부터 전해졌을 가능성이 크다. 당시 인도에서 유행하던 원자론도 마찬가지이며 이러한 학설은 당시 브라만교와 자이나교에서 인기가 많았다.

고대 인도가 현대 의학에 기여한 가장 큰 공헌은 기수법과 대수연산법이다. 고대 인도의 다른 과학도 한동안은 베다 종교 전통의 영향을 받았다. 페르시아인 알 비루니al-Biruni는 1017년에서 1030년 사이, 산스크리트어로 된 문헌을 배우고 고대 인도 역사와 과학에 관한 글도 썼다. 당시 인도의 천문학과 수학에 대한 얘기를 나눌 때 알 비루니는 이렇게 말했다. "나는 단지 인도의 천문학과 수학 서적들을 진주조개와 멧대추, 옥과 자갈의 혼합물에 비유한다. 이 두 가지가 인도인의 눈에는 똑같이 보인다. 왜냐하면 인도인들은 엄격한 과학 연역법의 수준을 끌어올릴 수가 없기 때문이다."

02 상고시대 중국의 과학기술

중국

BC 12세기 중국 은나라 말, 주나라 초에 28수로 천체 구분. 「주례 · 추관 · 가항씨」에 양수를 이용해 불을 피우는 일을 전문적으로 담당하던 관원 존재. '동양수'는 오목형의 구리거울을 일컬음. 이것을 태양 아래에 두면 햇빛을 모아 불을 피울 수 있었음

BC 11세기 주나라 측경대 설립. 최초로 황도와 적도의 교각 측정. 규표로 해의 그림자 측정. 물시계로 시간 측정. 혼천의의 전신인 선기옥형 발명

「주비산경」 궁정학교의 교본으로 기하학의 피타고라스 정리에 대한 설명 기록. 최고 오래된 우주구조 학설인 개천설 제시

「시경 · 소아」에 세계에서 가장 빠른(BC 776년) 신빙성이 있는 일식에 관한 내용 기록

BC 722년부터 청나라 말까지 중국은 간지기일을 사용. 세계에서 최장기간 사용한 기일법

「상서 · 홍범」에서 최초로 오행설을 체계적으로 언급. 목금수화토를 청백홍흑황으로 표시. 우주색깔론 구성. 이를 바탕으로 천문학자들이 복희씨가 만든 8괘를 신비하고 모든 것을 포괄한 학설로 발전시킴. 중국 고대 수학자들 산가지 이용해 계산

「주례 · 천관」에 주나라 때의 의사를 질의, 수의, 식의, 양의 4분류함으로써 의학분과의 시초가 됨

서주 초기에 「역경」의 괘사와 효사 형성. 「역경」은 자연만물과 인류의 출현에 대해 추측을 하고, 우주가 하늘, 땅, 천둥, 바람, 물, 불, 산, 늪 등 여덟 가지 물질로 구성되어 있음을 제시, 분류의 개념 최초로 제시

「하소정」 1년 12개월의 달과 별의 모습, 계절기후, 농사, 제사 등을 기록한 중국 최초의 성상기후학

BC 720년~BC 706년 「춘추」에 37차례의 일식 발생 기록. 그중 33차례는 신빙성 있음

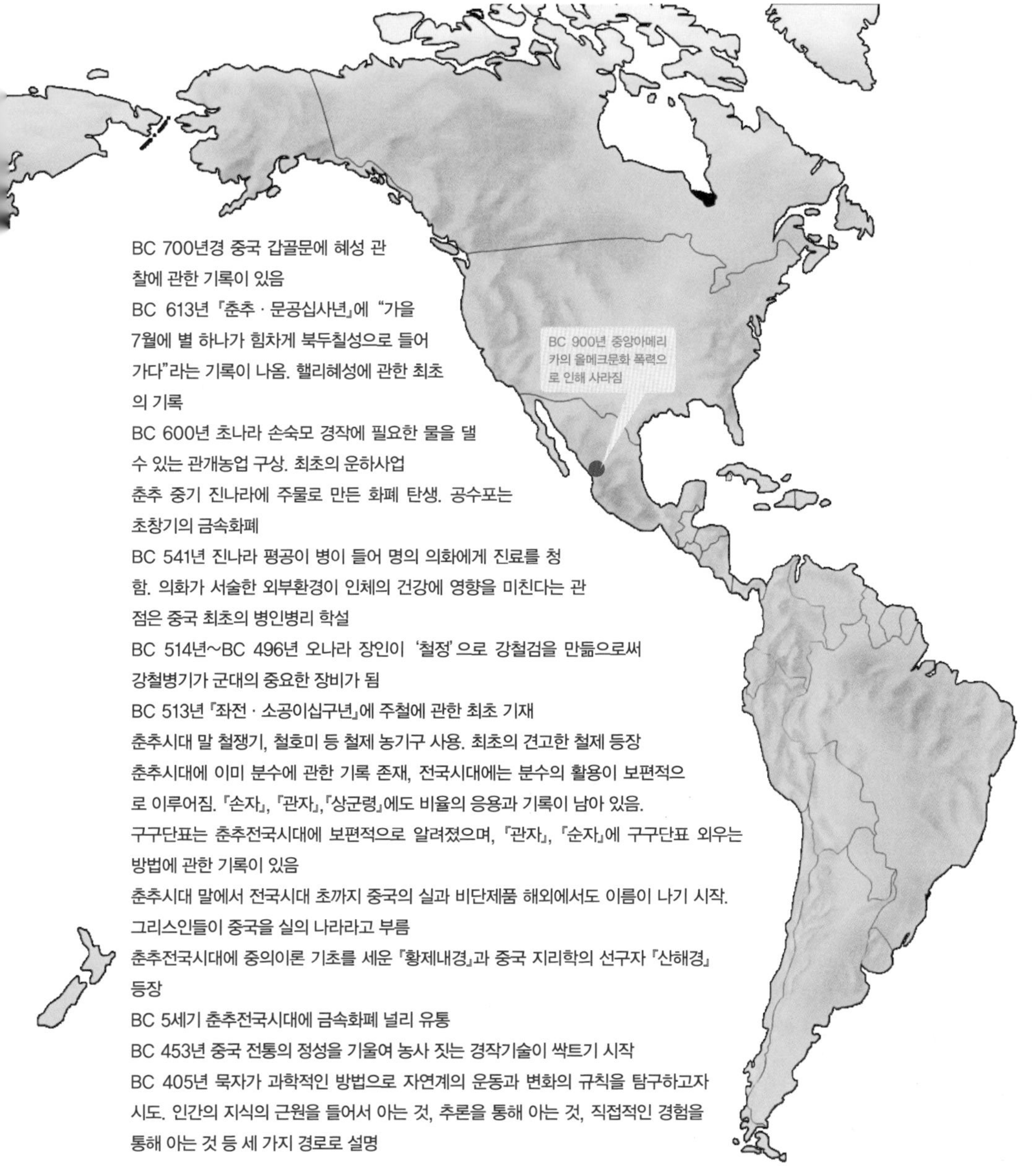

BC 700년경 중국 갑골문에 혜성 관찰에 관한 기록이 있음

BC 613년 『춘추 · 문공십사년』에 "가을 7월에 별 하나가 힘차게 북두칠성으로 들어가다"라는 기록이 나옴. 핼리혜성에 관한 최초의 기록

BC 600년 초나라 손숙모 경작에 필요한 물을 댈 수 있는 관개농업 구상. 최초의 운하사업

춘추 중기 진나라에 주물로 만든 화폐 탄생. 공수포는 초창기의 금속화폐

BC 541년 진나라 평공이 병이 들어 명의 의화에게 진료를 청함. 의화가 서술한 외부환경이 인체의 건강에 영향을 미친다는 관점은 중국 최초의 병인병리 학설

BC 514년~BC 496년 오나라 장인이 '철정'으로 강철검을 만듦으로써 강철병기가 군대의 중요한 장비가 됨

BC 513년 『좌전 · 소공이십구년』에 주철에 관한 최초 기재

춘추시대 말 철쟁기, 철호미 등 철제 농기구 사용. 최초의 견고한 철제 등장

춘추시대에 이미 분수에 관한 기록 존재, 전국시대에는 분수의 활용이 보편적으로 이루어짐. 『손자』, 『관자』, 『상군령』에도 비율의 응용과 기록이 남아 있음.

구구단표는 춘추전국시대에 보편적으로 알려졌으며, 『관자』, 『순자』에 구구단표 외우는 방법에 관한 기록이 있음

춘추시대 말에서 전국시대 초까지 중국의 실과 비단제품 해외에서도 이름이 나기 시작. 그리스인들이 중국을 실의 나라라고 부름

춘추전국시대에 중의이론 기초를 세운 『황제내경』과 중국 지리학의 선구자 『산해경』 등장

BC 5세기 춘추전국시대에 금속화폐 널리 유통

BC 453년 중국 전통의 정성을 기울여 농사 짓는 경작기술이 싹트기 시작

BC 405년 묵자가 과학적인 방법으로 자연계의 운동과 변화의 규칙을 탐구하고자 시도. 인간의 지식의 근원을 들어서 아는 것, 추론을 통해 아는 것, 직접적인 경험을 통해 아는 것 등 세 가지 경로로 설명

중국은 북쪽으로는 찬바람이 매서운 시베리아 벌판과 맞닿아 있고 동쪽과 남쪽으로는 드넓은 바다, 서쪽으로는 알타이 산맥과 곤륜 산맥, 고비 사막이 있고, 서남쪽으로는 히말라야와 접하고 있다. 높고 험한 산과 드넓은 바다가 폐쇄된 환경을 형성하게 되었지만 중국 선민들은 이러한 환경에서도 찬란한 문명을 꽃피웠다. 상고시대의 중국 과학기술은 서양이 멀리서 부러운 시선으로 바라볼 정도로 높은 수준을 꾸준히 유지하였으며 과학의 발견과 발명은 같은 시대의 유럽보다 훨씬 앞서 나갔다.

황제와 신농

▲ **화하 시조 황제**

황제는 중국 민족의 전설 속의 시조로 성은 공손이다. 헌원지구에 살았다고 해서 호가 헌원씨이다. 나라가 유웅에 있었기 때문에 유웅씨라는 이름도 있다. 훌륭하고 고상한 인품을 지녔던 황제는 서북 지역 유목 부족의 지도자로 추대되었다. 염제와 연합하여 치우가 이끄는 구려족과 싸워 이긴 뒤 신농을 대신하여 부락연맹이 우두머리가 되었다. 그림은 명나라 사람이 그린 『역대제왕명신상책(歷代帝王名臣像册)』에 실린 황제의 모습이다.

세계 4대 문명의 하나인 중국은 문화 차단이나 폐쇄 현상이 심하지 않았던 유일한 고대국가라고 할 수 있다. 중국의 역사는 BC 3000년 황허강 유역의 염제(炎帝)와 황제(黃帝)시대로 거슬러 올라간다.

염제는 중국 민족 시조의 한 사람으로, 적제, 열산씨, 신농씨 등으로 불리기도 하며, 화(火)를 다스리는 왕이라고 해서 염제라고 부른다. 염제는 어려서부터 총명하고 재치가 있었으며 파종하고 수확하는 일에 대해 잘 알고 있었다. 뿐만 아니라 쟁기를 만들고 오곡을 심어 농업생산의 발전을 촉진시켰으며 농경문화로 전환할 수 있는 토대를 마련했다. 시장은 중국 화폐와 상업 발전의 기원이 되었으며, 삼베로 옷을 만들어 백성들에게 입혔다. 이러한 것이 무지한 사회에서 문명사회로 나아가는 중요한 첫 걸음이 된 것이다. 또한 오현금(五弦琴)을 만들어 백성들을 즐겁게 해주었다. 오현금은 길이가 3척 6촌 6분이며 다섯 개의 현이 있는데 각각 궁, 상, 각, 치, 우라는 이름을 가지고 있었다. 각기 내는 소리는 천시의 넉을 말하고 신농의 화합을 나타내고 사람들을 기쁘

▼ **〈하방일람(河防一覽)〉**

이 그림은 1590년에 그려진 것으로 황허강의 전체 모습을 담고 있다. 남북 운하와 황허강을 함께 그려놓았다. 자연 지리와 하방작업을 상세하게 그리고 있으며 주민 지역은 행정등급에 따라 각기 다른 부호로 표시하고 명승고적은 상형부호로 표기했다. 하류는 두 선의 물결무늬로 표시하였다. 현존하는 중국 최대의 고대 황허강 수리 작업도이다.

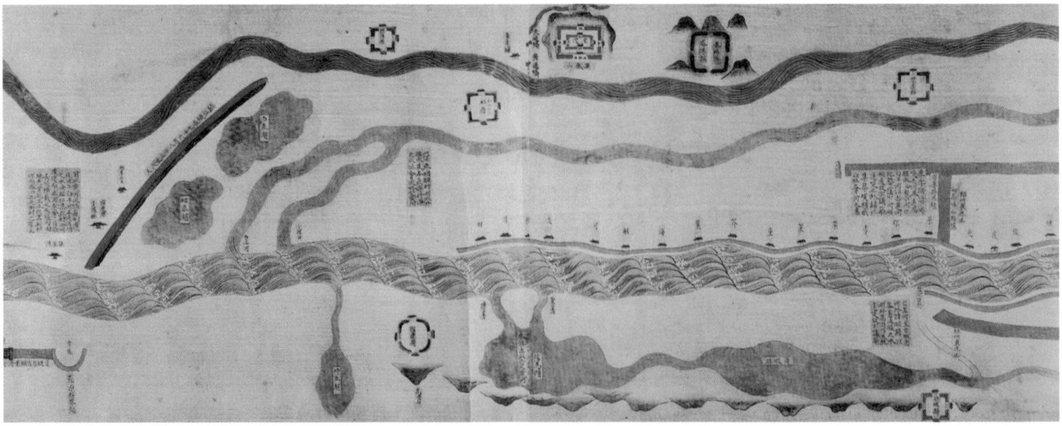

게 했다. 또한 나무를 깎아 활을 만들어 천하를 위협하였는데 염제가 최초로 만든 활과 화살은 야생 동물의 습격을 막을 수 있었을 뿐만 아니라 다른 부락이 쳐들어 올 때도 유용하게 이용되었다. 또한 도기를 만들어 백성들의 생활을 개선했다. 도기가 발명되기 전에 사람들은 식품을 가공처리할 때 불에 구울 수밖에 없었다. 하지만 도기가 생긴 이후 음식을 찌고 끓이는 것이 가능해지고 물품을 저장하고 술을 만들고 소독하기도 했다. 도기의 사용으로 생활이 편리해졌으며 음식 위생과 의약 발전에 큰 영향을 미치게 되었다. 염제는 백성들로 하여금 계절에 따라 농작물을 재배하게 했다. 염제는 역일(曆日)을 세워 낮과 밤을 만들어 달(月)과 날(日)을 정했다. 염제 때부터 중국은 농경사회로 접어들었다.

중국 민족의 시조인 황제는 호는 헌원씨(軒轅氏), 유웅씨(有熊氏)이고 성은 희(姬)이다. 일설에는 성이 공손(公孫)이며 희씨부락의 지도자였다는 말도 있다. 흙을 다스리는 것과 관련이 있어서 누런 흙이라는 뜻의 황제라고 불렀다. 전설에 의하면 상고시대 화하 민족의 주인이었고 오제의 첫 번째라고도 한다. 『사기 · 오제본기(史記 五帝本記)』에 "황제는 소전의 아들로, 성은 공손이고 이름은 헌원이며 황제는 헌원지구에 살았다"는 기록이 나온다. 헌원지구는 옛날에는 웅나라의 도성이었으며 황제의 아버지 소전은 웅나라 군주였다. 당시 치우가 폭력과 학대를 일삼자 염제 신농이 황제에게 도움을 청했다. 탁록에서 벌어진 전쟁에서 황제는 치우를 죽이고 52전을 치른 후에야 천하를 다스리게 되었다. 탁록지전은 화하 민족이 광대한 중원 지역을 근거로 생활할 수 있는 기초가 되었으며 또한 각 씨족부락을 융합할 수 있는 촉진제 역할을 했다. 기존의 부락들은 부락연맹으로 대체되었고 각 부락 간에 왕래하는 곳이 늘어나 협동 노동도 더욱 큰 규모로 이루어짐으로써 기술 교류와 발전을 북돋는 계기가 되었다.

▲ **삼황도**

'삼황(三皇)' 이라는 말이 가장 먼저 나오는 것은 『여씨춘추(呂氏春秋)』이고, 삼황이 누구인지 최초로 말한 사람은 진나라의 이사(李斯)이다. "옛날에 천황, 지황, 진황이 있었는데 그중 진황이 가장 고귀하다." 이후 『삼오역기(三五歷記)』에는 천황, 지황, 인황이라는 말이 나오고 『춘추위 · 운두추(春秋緯 · 運斗樞)』에서는 복희, 여와, 신농이라고 하며 『백호통의(白虎通義)』에서는 복희, 신농, 축융이라고 한다. 『통감외기(通鑒外記)』에서는 복희, 신농, 공공이라고 하고 『예위 · 함문가(禮緯 含文嘉)』에서는 또 수인, 복희, 신농이라고 불렀다.

◀ **창힐**

황제의 사관(史官)으로 알려진 창힐(蒼頡)은 원시문자를 집중적으로 사용하였기 때문에 민중에서 자발적으로 만들어진 글자와 부호를 정리할 수 있었다. 한자가 원시문자에서 과도기를 거쳐 규범적인 문자로 자리 잡는 과정에 큰 공을 세운 사람이 창힐이다. 『회남자 · 본경훈』에 "옛날에 창힐이 문자를 만드니 하늘에서 곡식이 비처럼 내리고 귀신이 밤에 울었다"라는 말이 나온다.

▲ **염제부락도 『산해경』 삽화**(위)
염제부락은 중국 고대의 가장 유명한 부락이다. 이 그림은 『산해경(山海經)』에 실린 것으로, 염제와 그 후예의 이야기를 담고 있다.

▲ **황제부락도 『산해경』 삽화** (아래)
이 그림은 『산해경』에 실린 그림으로, 황제와 종산 아들과의 전쟁, 황제와 치우와의 전쟁, 곤륜산, 헌원구 등 황제부락의 발원지와 집단거주지를 그렸다. 이 밖에 곤륜허(崑崙虛), 개명수(開明獸) 등도 묘사하고 있는데 황제부락 문화유산에 속한다.

황제시대 때 기술 분야에 커다란 발전을 이루게 되는데 농경기술이 서양에서 중국의 북방과 남방에 전래된 것이다. 누에를 길러 뽑은 실로 옷감을 만드는 방법과 도기 제작기술이 서양으로부터 유목민족이 생활하는 북방 황제부락까지 보급되었다. 동방의 작은 배와 평원 지역의 수레는 무거운 것을 운반하고 먼 곳을 갈 때 쓰였으며 나중에 개선되었다. 소와 말이 수레를 끄는 데 이용되고 원시문자가 통일되기 시작했다. 대신들은 역법 제정에 착수하고, 중국 고대의 음악, 천문, 길이, 면적, 체적, 중량 등의 도량형 단위도 이때 기초적인 통합을 이루게 되었다.

훗날 황제와 염제를 함께 일컬어 염황(炎黃)이라고 불린 이들이 대표하는 상고시대 문화는 중국 민족의 가장 주요한 고대의 원류가 되었다. 염제와 황제는 중국 민족의 최초 이미지를 만들었고 그들의 인품이나 인격은 중국 문화에 나타나는 '성인' 이나 '현자' 의 기준이 되었다. 이를 바탕으로 하여 사람들은 또 윤리도덕의 면에서 영향력이 큰 공자를 '성인' 이라고 부르고, 내적으로는 군자처럼, 외적으로는 왕처럼 행하는 것을 정치가의 가장 숭고하고 완벽한 경지로 보았다. 이것이 중국 문명 발전의 형태와 이상이 되었으며 독특한 중국 문화를 형성하는 밑바탕이 되었다.

▼ **도기 제작과정**
도기는 인류가 불을 사용하기 시작하면서 생긴 산물이다. 당시 인류는 불을 사용하고 익힌 음식을 먹게 되었다. 각종 방법으로 사냥해 온 짐승과 뜯어온 식물을 익혀 먹고 남은 음식과 마시는 물을 담아두는 용도로 도기를 사용했다. 그림은 도기를 굽는 과정으로, 재료를 씻고 반죽을 하고 형태를 만들어 가마에 넣어 굽는 모습이다.

세계 최고 문자 : 갑골문

◀ **기호가 새겨져 있는 석기**
가호(賈湖) 유적은 BC 7000년에서 BC 5800년까지의 신석기시대 문화유적이다. 이 유적지에서 발굴된 기호가 새겨진 석기에는 단일 기호가 새겨져 있는데, 은허갑골문과 주나라 금문에 나오는 글자와 상당히 비슷하여 한자 기원을 연구하는 귀중한 사료가 되고 있다.

거북이나 뼈 위에 새긴 문자를 일찍이 계문(契文), 갑골각사, 복사(卜辭), 귀판문(龜版文), 은허문자 등으로 불러왔으며 오늘날에는 이를 모두 통틀어 갑골문이라고 한다. 중국 상대(商代)와 서주(西周) 시기약 BC 16세기~BC 10세기에 거북 등껍질, 동물의 뼈에 문헌을 새긴 갑골문이 한자의 최초 형태이다. 갑골문은 상형, 지사, 회의, 가차, 형성, 전주 등 여섯 가지 종류의 한자 구조를 갖추었다. 뿐만 아니라 갑골문은 쓸 때 미적인 아름다움까지 내재되어 있었다. 왼쪽으로, 오른쪽으로, 옆에 쓰고 거꾸로 쓰는 등 고정형식이 정해져 있지 않았다. 글자 구조는 네모를 기본형태로 하고 있지만 여러 크기와 형태로 변화가 가능했다. 이 점이 서예의 발전을 이루는 근원이 되었다. 갑골문은 위에서 아래로, 오른쪽에서 왼쪽으로 썼으며 수천 년 동안 중국 서예의 기본을 확립했다.

상주시대의 왕들은 미신을 믿었기 때문에 모든 일에 거북 등껍질이나 동물 뼈를 가지고 점을 쳤으며, 그 다음에는 관련 일들을 거북 등뼈에 새겨 문서자료로 이용하고 왕실사관에 보관했다. 점친 내용을 새기는 것 외에도 갑골문헌에는 적은 양이지만 일반적인 일을 새겨놓은 것도 있다. 갑골문헌의 내용은 당시의 천문, 역법, 기상, 지리, 주변 나라, 혈통, 가족, 인물, 직업, 정벌, 형벌, 농업, 목축, 사냥, 교통, 종교, 제사, 질병, 보육, 재앙 등을 아우르고

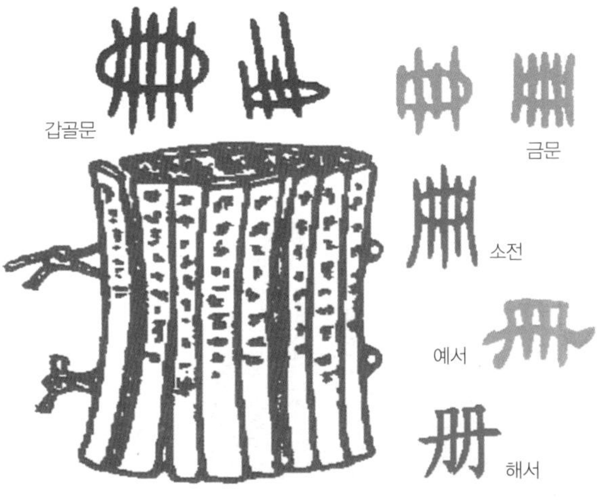

▶ **고대의 서적 '책'**
책(册)은 중국 고대의 저서를 말한다. 갑골문 속의 '책'은 죽간이나 나무 작대기를 네 개 또는 다섯 개로 엮은 형태이다. 금문과 갑골문은 기본적으로 같으며 가로로 된 선은 죽간이나 나무 막대기를 잇는 데 사용한 줄이나 가죽으로, '편(編)'이라고 부른다. 편과 죽간으로 이루어진 책은 중국 고대 도서의 특징을 생생하게 전해주고 있으며 3,000여 년 전의 중국에 이미 묶어서 엮은 형태의 도서가 존재했음을 말해준다.

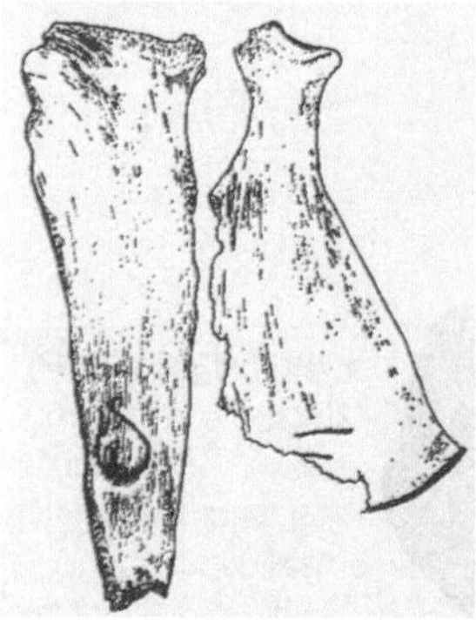

▲ 복골각부 (왼쪽)
복골각부(卜骨刻符)라는 것은 점을 치는 뼈에 기호를 새긴, 종교적으로 사용되는 물건을 말한다. 기호가 새겨진 복골은 현재까지 중국 초기의 것이 최초의 실물자료로 알려져 있다. 중국 고대 기호문자의 기원을 연구하는 데 중요한 가치가 있다.

▲ 좋을 '호' 자 (오른쪽)
갑골문과 금문에 나오는 회의문자의 형태를 가진 글자가 좋을 호(好)자와 아주 흡사하다. 호(好)에 관한 가장 일반적인 해석은 여자가 남자를 안고 있는 모습이라는 것이다. 여기서 여(女)는 어머니를, 자(子)는 아이를 말한다.

있어 중국 고대사회와 역사, 문화, 언어문자를 연구하는 최고의 자료이다. 은상(殷商)시대에 갑골문을 쓰는 일은 귀족 중에서도 지식인이 담당하였으며 이 사람들을 정인(貞人), 무사(巫史)라고 불렀다.

1899년 청나라 국자감 제주(祭酒)였던 왕의영(王懿榮)이 가족이 가져온 용골이라는 약에서 뭔가가 새겨져 있었던 흔적을 보고 청동기에 쓰여진 모양과 굉장히 흡사하다는 것을 발견하였다. 그 후 고증과 해석을 거쳐 상대의 문자임이 확인되었다. 갑골문의 발견은 학술계에 충격이었다. 한자의 역사를 BC 1700년의 은상시대로 앞당기고 문자학과 역사학 연구에 새로운 장을 열게 되었기 때문이다.

갑골문헌이 발견된 후 사람들은 그것을 복제하고 정리작업을 거쳐 책으로 엮었다. 최초의 갑골문헌을 엮은 사람은 장쑤성(江蘇省) 단도 사람 유악(劉鶚)이었다. 1903년 유악이 역사상 최초로 갑골문헌을 모아 엮은 『철운장귀(鐵運藏龜)』를 펴냈고 그 후 갑골문을 수록한 도서들이 연이어 출판되었다. 1980년대 곽말약(郭沫若)이 주필을 맡고 호후선(胡厚宣)이 총편집한 『갑골문합집(甲骨文合集)』이 출간되었다. 『갑골문합집』에는 연구 가치가 있는 것을 정선한 은허갑골 4만 1,956조각을 모두 다섯 시기로 구분하고 내용을 22부분으로 나누어 구성한 책으로 학술적 가치가 아주 높다.

◀ 소뼈에 새긴 글자
갑골문은 지금으로부터 3,000여 년의 역사를 가지고 있다. 하늘과 땅, 신령을 숭배하던 상(商)나라 사람들은 소나 거북이 아주 영험한 동물이라고 생각하였으며 양, 사슴, 돼지뼈 등을 이용해 궁금하거나 알고 싶은 것들을 귀신에게 물었다. 점을 친 이후에는 그 내용을 뼈 위에 기록했는데 이것이 갑골문이다.

하늘은 둥글고 땅은 네모지다 : 중국 상고시대의 우주관

중국에 천문학이 싹트기 시작한 것은 석기시대였다. 당시 사람들은 해가 뜨고 지고, 달이 차고 기우는 변화에 관심을 가지기 시작했다. 바꾸어 말하면, 시간과 방향에 대한 개념이 있었다는 것이다. 사람들은 도기에 해와 달, 별의 무늬를 그려 넣기도 했다. 상주시대 천문관측 자료가 조금씩 쌓이면서 사람들은 천체운행 규칙에 관한 언급을 하기 시작했다. 주로 하늘과 땅의 형상에 대한 문제에 대한 다양한 생각들이었으며, 하늘을 관찰하고 그 경험을 정리한 것이다. 이중에는 일반적인 수준을 넘어서는 사변의 색채를 띠고 있는 것도 있었다.

▲ 채색도기 문양
신점(辛店) 문명은 중국 간쑤성과 칭하이성에서 발견된, 약 BC 1300년에서 BC 1000년 사이의 청동기시대 문명이다. 신점 문명은 청동기를 이미 사용하고 있었지만 석기 및 도기도 여전히 많이 사용하였다. 그림은 타이완 타이베이 박물관에 소장되어 있는 신점에서 출토된 채색도기 문양인데, 산(山)자로 추정된다.

중국 고대 우주론은 개천, 혼천, 선야로 간추릴 수 있으며 그 후 흔천, 궁천, 안천이 생겨났고 이 여섯 개의 이론을 통틀어 개천육가(蓋天六家)라고 불렀다. 하지만 이 가운데 가장 주요한 것은 개천과 혼천이었다.

개천설의 최초는 주대(周代)에서 시작된다. "하늘은 덮개가 있고 둥글며 땅은 바둑판처럼 네모지다"라고 주장했다. 둥근 하늘과 네모난 대지는 같이 닿

▼ 목각 별자리 복원도
이 별자리 그림은 1974년에 중국 장쑤성에 위치한 서한시대 고분에서 출토되었다. 관찰자가 본 달, 태양, 모든 별과 은하 등이 담겨 있는 천체를 입체적인 형식으로 표현하였고, 월식과 혜성의 관계를 나타낸 것은 AD 66년의 예루살렘 혜성도와 비교해 100여 년이 앞선 것이다.

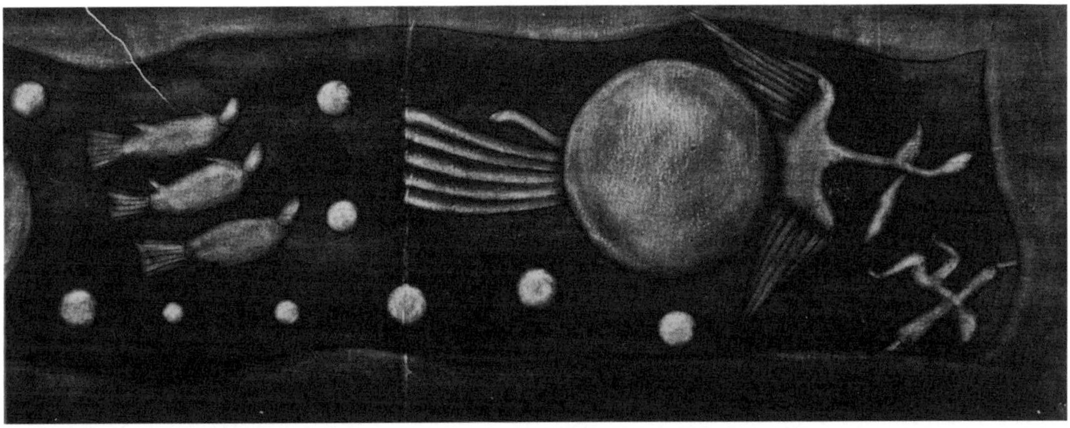

▲ **서한시대 마왕퇴한묘 칠관의 문양**
1972년 마왕퇴한묘에서 발굴된 칠관에 장식된 문양이다. 아래 그림은 죽은 사람의 발이 놓이는 부분이다. 쌍용은 태양과 하늘을 상징하는데, 이 그림의 의미는 죽은 사람의 발이 하늘을 걸어서 양기가 상승할 수 있도록 한 것이다. 위 그림은 죽은 사람의 머리가 놓이는 부분이다. 용 두 마리와 산이 그려져 있는데, 죽은 사람이 산에 들어가 좋은 복의 기운을 자손에게 남긴다는 것을 상징한다. 중국 고대의 음양오행 사상을 표현한 것이기도 하다.

▶ **옥벽**
옥벽(玉璧)은 옥규(玉圭), 옥장(玉璋), 옥황(玉璜), 옥호(玉琥), 옥종(玉琮)과 함께 육기(六器)로 불린다. 『주례(周禮)』에 "옥은 육기를 말하고 하늘과 땅을 나타낸다. 창벽(蒼璧)은 하늘을 뜻하고, 황종(黃琮)은 땅을 의미한다"는 내용이 나온다. 옛날 사람들은 하늘은 둥글고 땅은 네모나다고 생각했다. 하늘이 둥글고 색이 푸르기 때문에 창벽이라고 하였고, 땅은 누렇기 때문에 황종으로 표현하였다. 옛날 사람들은 옥의 색깔과 형태에 음양오행설을 적용하였고 이에 하늘과 땅, 온 세상에 제사를 지내는 예기(禮器)들이 생겨나게 되었다.

을 수가 없기 때문에 하늘은 결코 땅과 이어지지 않으며 큰 우산처럼 높이 떠 있고, 땅의 사방에 여덟 개의 기둥이 있어 그것을 받치고 있다고 했다. 하늘과 땅의 형상은 마치 지붕이 둥근 원형의 정자 형태를 갖추고 있다고 말한 사람도 나타났다. 공공(共工)이 불주산(不周山)의 화기를 건드린 이야기와 여와씨가 하늘을 메웠다는 신화가 이를 근거로 한 것이다. 전국시대에 이르러 개천설은 회의적으로 변하고 이에 "하늘은 삿갓이 덮은 모양이고 땅은 쟁반을 엎은 모양과 같다"로 바뀌었다. 이 말은 땅도 하늘도 모두 둥근 모양을 하고 있다는 것이며, 북극은 천궁의 중앙에 위치하고 해와 달과 별이 그 주위를 끊임없이 돌고 있다는 것이다. 서한시대에도 이 생각은 계속 이어지고 당시에 지어진 개천설을 다룬 대표적인 저서가 바로 『주비산경(周髀算經)』이다.

개천설은 일반적으로 해와 달과 별이 나타났다 사라졌다 하는 이유에 대해 "운행할 때 거리가 변하기 때문"이라고 해석했다. 즉, 멀어지면 보이지 않고 가까이 오면 반짝이기 때문에 보인다는 것이었는데 이 해석은 좀 억지스럽다. 그 후 서한(西漢)의 양웅(揚雄)이 '난개천팔사(難蓋天八事)'를 제기하며 개천설을 상력하게 부정했다. 하지만 중국 고대에는 개천설이 줄곧 영향력을 발휘하고 있었기 때문에 진(晉)나라 우용(虞聳)이 개천설을 이어받아 제기한 궁천론이 발전했다. 남북조시대에는 또 혼개합입설이 나타나기도 했다.

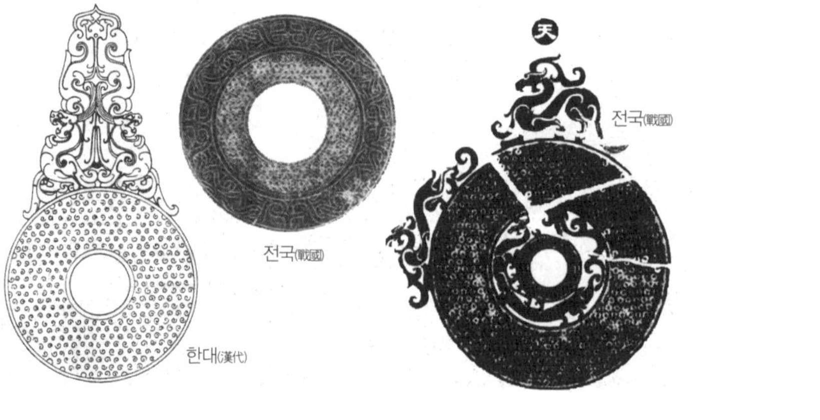

사실 개천설의 부족한 점은 천구의 절반만을 인정하여 우주의 화합과 대칭을 무시하고 위와 아래, 높고 낮음만을 절대화했다는 것이다. 개천설은 이 점 때문에 다른 반쪽의 지구는 논하지 않았다. 하지만 또 그래서 지구중심설이라는 착오를 범하지 않았다. 개천설은 대지의 운동을 부정하였으나 당시 개천설의 운명에는 직접적인 영향을 미치지 않았다.

개천설의 부족함을 보완하기 위하여 사람들은 혼천설을 제기했다. 전국시대의 신도(慎到)는 천구의 절반만을 논하는 개천설에 반대하고 천체가 탄환처럼 둥글다는 것을 명확하게 제시했다. 이는 혼천설의 중요한 사상적 기원이 되었고, 사람들은 28수 등 자료 관측을 정리하여 점차 하늘이 둥글다는 사실을 제기하기 시작했다. 그 후 대지가 둥글다는 것을 최초로 추정한 사람이 혜시(惠施)이다. 동한(東漢)의 장형은 혜시의 주장을 체계화하여 '혼천설' 우주이론으로 발전시켰다. 장형의 혼천설은 하늘과 땅은 마치 달걀 속의 흰자와 노른자의 관계와 같아서 땅이 하늘에 덮여 있고 가운데에 위치하며, 하늘의 형태는 남북으로는 짧고 동서로 긴 타원형이라고 보았다. 개천설에서 주장하는 반구형이 아니었다. 대지 역시 하나의 구형이며 이 구가 물에 떠 있어 회전하며 움직인다는 것이다. 그 후 또 어떤 사람은 지구가 공기 중에 떠 있다고도 했다. 혼천설은 소박한 지동설의 초기형태이다.

혼천설로 해와 달과 별의 운행과 출몰을 설명하는 것은 억지스럽지도 않고 간단하다. 혼천설은 해와 달과 별이 모두 천구에 붙어 있다고 본다. 낮에 해가 지구 쪽으로 떠오르면 별은 지구의 뒤쪽으로 지고, 밤에 해가 지구의 반대편으로 지면 별이 떠오른다. 이런 식으로 계속 반복되기 때문에 해와 달과 별이

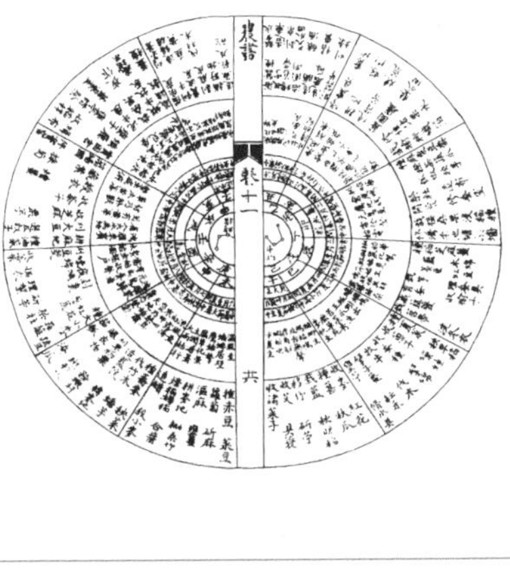

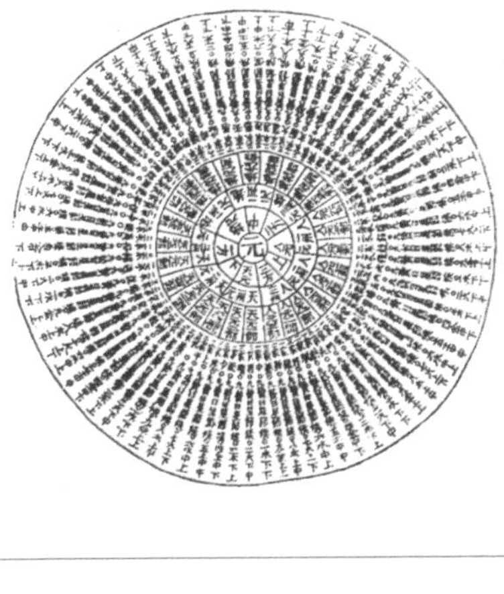

▼ **수시지장활법지도** (맨 왼쪽)
〈수시지장활법지도(授時指掌活法之圖)〉는 역법과 시간에 대한 간단한 정리이다. 이 그림은 별, 계절, 날씨와 기후에 따라 변하는 만물의 상태, 농사 순서를 융통성 있게 빈틈없이 유기적으로 연결시키고 시간과 절기, 계절과 기후에 상응하는 농사일을 함께 표시해 사용하기에 아주 편리하다.

▼ **태현도** (가운데)
선천도는 선천수를 나타내고 천도의 변화를 나타내는 선천수는 태현도(太玄圖)와 비교된다. 선천도는 천용지 지수의 혼천상(渾天象)이고 태현도는 지승천 지수의 개천상(蓋天象)이다.

▼ **서한시대의 명정** (오른쪽)
명정(銘旌)은 장례를 치를 때 죽은 사람의 영혼을 상징하는 것으로, 조문객의 인사를 받은 뒤 죽은 사람과 함께 매장된다. 마왕퇴에서 출토된 이 명정은 내용이 아주 풍부하다. 묘 주인의 모습 외에도 윗부분에는 하늘의 모습이 그려져 있고 아랫부분에는 거북과 뱀이 땅을 떠받치고 있다.

▲ 일월교식(日月交食) 화상석

나타나고 사라지는 것이다.

혼천설은 지구를 우주의 중심으로 보는데, 이 점은 고대 유럽에서 성행하던 지구중심설과 일치한다. 그러나 혼천설은 해와 달과 별이 모두 딱딱한 천구에 부착되어 있기는 하지만 천구 외에는 아무것도 없을 것이라고 여기지 않았으며 거기에는 또 다른 미지의 세계가 있다고 설명했다.

혼천설이 제기된 이후 바로 개천설의 자리를 대신하지 못하고 혼천설과 개천설이 팽팽하게 맞서며 논쟁이 끊이지 않았다. 하지만 우주구조 인식에 있어서 혼천설은 확실히 개천설보다 앞섰으며 여러 하늘의 형태를 해석하기에 편리했다. 한편, 혼천설을 지지하는 사람들의 손에는 당시 가장 앞서가는 천문관측기구인 혼천의가 있었다. 고대 중국에는 이러한 관측사실에 의거해 만든 역법이 상당한 정밀도를 갖추고 있었는데 이 점은 개천설과는 비교가 되지 않는 수준이었다. 이 밖에, 당시 천문학자들의 혼상(渾象)은 천체의 운행을 아주 생생하게 표현할 수 있었다. 사람들이 혼천설 사상을 인정하지 않으면 안 될 정도에 이르면서 혼천설이 점차적으로 우세한 자리를 점하게 되었다. 당나라에 이르러 천문학자 일행이 대지측량을 통해 개천설을 철저하게 부정하고 이로써 혼천설이 중국 고대 천문학 분야에서 수천 년 동안 최고의 자리에 군림하게 되었다.

우주 학설의 양대 산맥인 개천설과 혼천설은 각각 장단점이 있었다. 개천설은 지심설의 착오를 범하지 않았지만 대지의 운동을 부인한 반면, 혼천설은 대지의 운동을 인정했지만 지심설을 주장하는 듯한 경향이 있었다. 천체의 존재를 완전히 부인하고 하늘이 형태를 가지고 있다는 관념을 깬 선야설은 우주가 무한하다는 것을 명확하게 주장했다. 우주관에서 볼 때, 이 세 학설 가운데 선야설이 현대의 우주이론과 비교적 가까운 편이라고 할 수 있다.

▼ 복희씨 64괘 방원상 천지도

이 그림은 모두 64괘이며 둥근 원은 바깥에 있는 하늘을 뜻하고 네모난 것은 안에 있는 땅을 나타낸 것이다. 이렇듯 하늘이 둥글고 땅이 네모난 그림은 천지만물의 생성원리 설명에 이용된다.

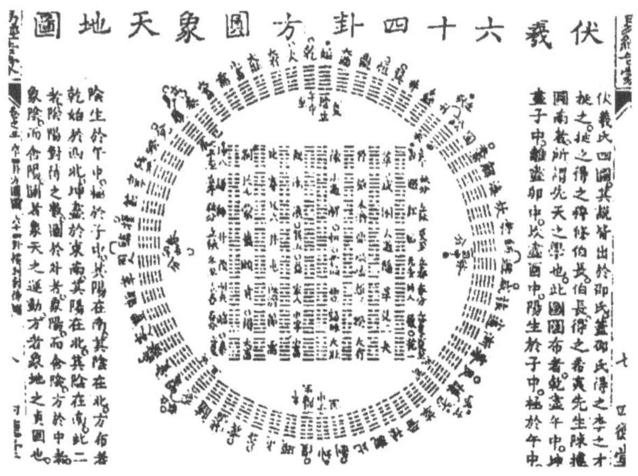

『역경』: 세상을 사고하는 근본

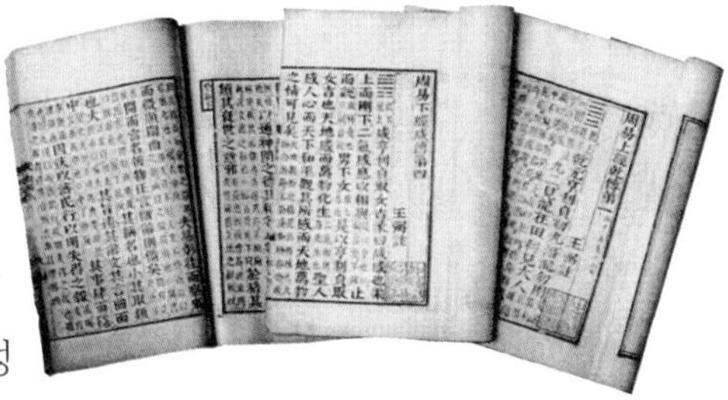

▲ 『역경』
여러 경전 가운데 으뜸인 『역경』은 13경 가운데 가장 심오하고 신비하며 중국 철학사상의 근원이기도 하다. 『역경』은 세상의 수많은 변화와 복잡한 일들을 추상적인 음과 양 두 개의 기본으로 나눈 것으로, 후세 중국철학의 발전에 커다란 영향을 미쳤다. 오늘날까지 학문을 연구하는 학자에서부터 길거리에서 점을 보는 점쟁이들까지 이를 기준으로, 참고로 하지 않는 이가 없다.

『역경(易經)』은 유가의 가장 중요한 경전 중 하나로, 오경 중의 최고이며 대도의 근원으로 존경받고 있다. 주역의 기원은 하도(河圖)와 낙서(洛書)이다. 상고시대 황허강에서는 등에 도형이 그려진 용마가 나타났고 낙수에서는 등에 문자가 새겨진 영험한 거북이 나타나 성인이 이를 근거로 8괘를 만들었다고 전해진다. 은나라 말에 주 문왕이 64괘의 단사를 썼고, 춘추시대에 공자가 『역전(易傳)』을 지었다. 진시황이 실시한 분서갱유 때 이사(李斯)가 『역전』을 의술점술서로 분류하는 바람에 다행히 난을 모면할 수 있었다.

『주역(周易)』은 『역경』과 『역전』 두 부분으로 나뉜다. 기본요소는 양효(—)와 음효(- -)이고 이효(二爻)를 겹쳐놓으면 8괘, 즉 건(乾), 곤(坤), 진(震), 간(艮), 이(離), 감(坎), 태(兌), 손(巽)이 된다. 8괘를 다시 겹치면 64괘가 된다. 태(泰)와 부

▼ 우주의 현상을 담은 8괘

『역경』의 8괘는 우주의 모든 현상을 담고 있다. 그 가운데 여덟 가지 현상이 하늘, 땅, 해, 달, 바람, 천둥, 산, 못이다. 공자는 『역경』의 「설괘전(說卦傳)」에서 "천지정위(天地定位)", 즉 "어느 방향에서든 하늘을 볼 수 있다"고 했으며 "뇌풍상박(雷風相薄)", 즉 "대기가 마찰하면 천둥을 일으키고 천둥이 쳐 요동치면 기류가 된다"고 했다. 또 "산택통기(山澤通氣)", 즉 "이 원리는 침구학의 응용과 완전 일치한다"고 하였으며, "수화불상사(水火不相射)", 즉 "불이 많으면 물이 마르고 물이 많으면 불이 꺼지므로 평형을 맞추기가 극히 힘들다"고 했다. 여기에 여덟 가지 현상의 상생상극의 관계가 들어 있다.

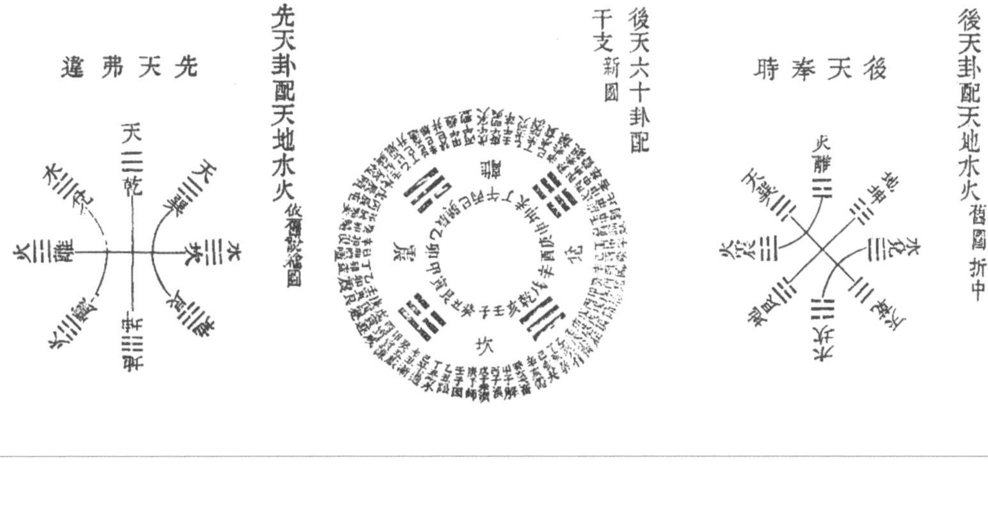

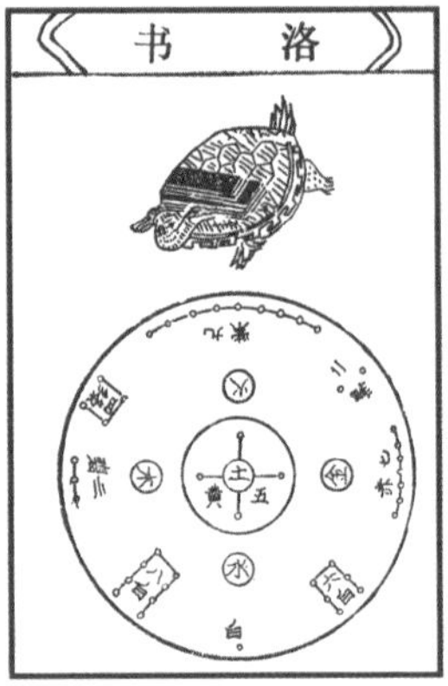

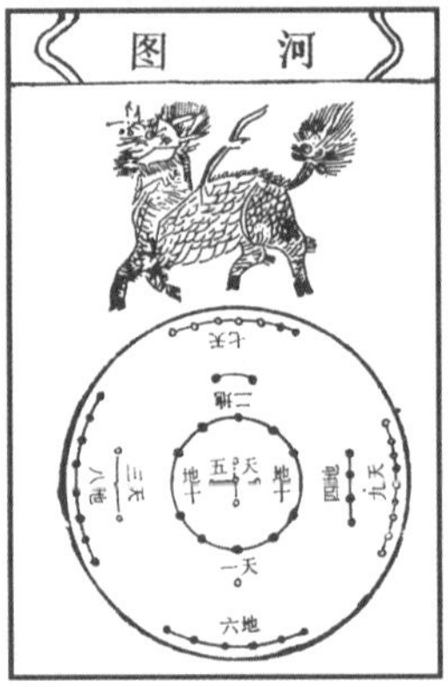

(否)는 괘마다 모두 여섯 개의 효가 있다. '경(經)'은 64괘의 괘상, 괘명, 괘사, 효사 네 부분이다. 괘사는 전괘의 뜻을 해석하고 효사는 효 하나하나의 뜻을 해석하는 것이다. 『역경』은 상하 2편이며 상경은 건에서 이까지 모두 30괘이고 하경은 감에서 미제까지 34괘인데 한나라 때부터 변하지 않고 전해진다.

『주역』에 대해서는 학계에서도 의견이 분분하다. 무서(巫書)라고 하기도 하고 사서(史書)라고 말하는 사람도 있으며 철학서로 간주하기도 한다. 『주역』의 탄생 및 응용범위에서 본다면 무서라고 하는 것도 그렇게 틀린 말은 아닌 것 같다. 이에 관한 것은 『좌전(左傳)』과 『국어(國語)』에서 대량의 기록을 찾을 수 있다. 한나라 이후 『주역』에도 변화가 찾아왔다. 점술 기능을 여전히 가지고 있었지만 도덕윤리의 기능이 통치자의 후한 점수를 받은 것 같다. 한 무제의 "백가를 배척하고 오로지 유교의 사상만을 존중하자"는 정책으로 '오경박사(五經博士)'를 설치함으로써 『주역』은 나라를 다스리는 경서로 자리를 잡게 되었다.

『주역』의 '주(周)'에는 두 가지 의미가 있다. 하나는 '주나라의 이야기를 담은 책'이고 또 하나는 그냥 단순히 '주나라'라는 뜻이다. 당나라의 경학자 공영달(孔穎達)이 『세본(世本)』 등의 책 내용을 근거로 이렇게 말했다. "신농은 연산씨라고도 하며 열산씨라고도 한다. 황제는 귀장씨라고도 한다." 여기서 볼 때 『주역』은 독립된 저서가 아니라 『연산(連山)』, 『귀장(歸藏)』을 기초로 변천되어 온 것이라고 볼 수 있다. 신농시대에는 『연산』이라고 불렀고 황제시대에는 『귀장』이라고 불렀으며 주나라 때 이르러 『주역』으로 불리기 시작한 것이다. 많은 사람들이 주나라설로 보고 있지만 '역(易)'자의 해석에 대해서는 오늘날까지도 명확하게 정해진 바가 없다. 중국 철학의 관점에서 볼 때 『주역』은 음양의 상호작용으로 인해 만물이 생성된다는 것을 설명하고 해석한 책이 틀림

◀ 하도낙서

하도낙서(河圖洛書)가 묘사하고 있는 것은 중국 전설 속의 하늘이 내린 그림이다. 이와 관련된 최초의 기록이 『상서 · 고명(尙書 · 顧命)』에 나온다. 『주역』에 "하가 그림을 그리고 낙이 글을 쓰니 성인이 보느니라"고 했다. 하지만 하도와 낙서에 대한 내용은 현재로서는 근거를 찾을 길이 없다. 한대(漢代)의 전설에 의하면, 복희씨 때 용과 말이 황허강에 나타났고 등에 하도를 가지고 있어 복희씨가 이것을 근거로 8괘를 그렸다고 한다. 하우(夏禹) 때 신령한 거북이 낙수에 나타났는데 등에 낙서를 가지고 있어 하우가 이를 근거로 홍범구주(洪範九疇)를 만들었다고 한다. 송나라 초 도사 진단(陳摶)은 용도(龍圖)가 하도(河圖)이며, 그 후 유목(劉牧)이 또 하도와 낙서 두 형태로 발전시켰다고 말한다. 송유(宋儒)는 "유목이 하도와 낙서를 서로 바꾸어놓아서 주희(朱熹)의 『주역본의(周易本義)』에 유목의 그림 명칭을 서로 바꾸어놓았지만 그림 방식은 변하지 않았다"고 주장했다.

없다. 부드러움과 강함이 함께 하면서 그 속에서 변한다는 것이 역(易)의 핵심사상이다.

춘추시대의 학자들은 『주역』의 경문이 심오하고 난해하여 해독하기가 매우 힘들다고 했다. 이에 경문을 해석한 책이 나왔는데 『역전』이라고 하는 주석서이다. 『역전』은 모두 7편으로 구성되어 있는데, 「단(彖)」 상하편, 「상(象)」 상하편, 「계사(系辭)」 상하편, 「설괘(說卦)」, 「잡괘(雜卦)」 및 「서괘(序卦)」이다. 옛날 사람들은 이 10편의 '전(傳)' 을 '경' 의 날개에 부속된다는 뜻으로 '십익(十翼)' 이라고 불렀고 '경' 의 내용을 해설하는 것이었다. 「단」은 『역경』의 괘명과 괘사에 대해 전문적으로 주석을 단 것이다. 「상」은 『역경』의 괘명 및 효사에 대한 주석이며, 「문언」은 '건' 과 '곤' 두 괘에 대해 더 나은 해석을 가한 것이다. 「계사」는 『역경』의 철학 강령으로, 내용이 깊고 넓으며 『역전』 10편 중 가장 중요하고 대표적인 글이다. 또한 역(易)의 탄생, 원리, 의의 및 역괘 점법 등의 완벽하고 체계적인 설명서로 『역경』 원문에서는 볼 수 없는 많은 사상을 설명했다. 「설괘」는 8괘 괘상에 대한 구체적인 설명을 해놓은 것으로 술수의 이론을 연구하는 기초이다. 「잡괘」는 64괘를 상반되게 또는 엇갈리는 형태를 두 개씩 종괘나 착괘로 배열하여 괘와 괘 사이의 관계를 보았다. 「서괘」는 64괘의 배열순서를 설명한 것이다. 사실 '전(傳)' 의 지은이는 경문 해석을 빌어 자신의 사상을 피력한 것이다.

『주역』은 내용이 풍부하고 다루고 있는 내용도 아주 광범위하다. 천문, 지리, 사람의 일상사 및 자연과학에서 사회과학까지, 생산에서 생활에 이르기까지, 제왕과 재상이 나라를 통치하는 방법에서부터 백성의 처세와 지켜야 할 도리에 이르기까지 아주 상세하게 다루었다. 일분위이(一分爲二), 대립과 통일의 우주관, 유물주의와 변증법의 방법

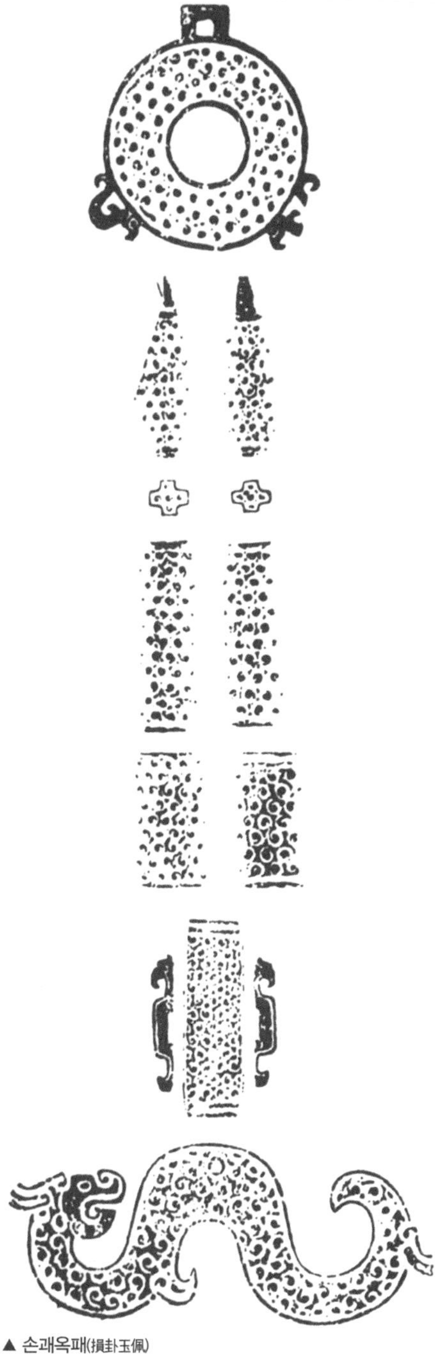

▲ 손괘옥패(損卦玉佩)
곤이 위에 있고 태가 아래에 있고, 위에 산이 있고 아래에 못이 있으면 손괘이다. 손괘는 군자의 도덕과 수양을 나타내는 괘이다.

론을 활용하여 우주만물의 발전과 변화의 법칙 및 대립과 통일의 법칙을 명시하였다. 뿐만 아니라 이 세계관을 활용하여 8괘를 통해 자연계 및 사회와 사람 본연의 각종 정보를 예측하는 것이다.

『주역』은 중국 민족의 선각자가 미개한 시대에 "우러러보는 것은 하늘을 보는 것이요, 내려다보는 것은 땅을 보는 것이니라"고 하여 만든 불후의 경전이다. 괘를 그리는 방식은 천지, 우주운동에 대해 형상을 모방하였고 천지만물의 생존원리를 밝혀낸 '천인지학(天人之學)'으로 불리는 중국 전통문화의 근원이자 모든 학술사상의 원천이다.

▲ 주역 오행

오행, 하도, 낙서, 괘도는 역학(易學)의 기본개념이자 『주역』의 중요 구성부분이다. 이들은 독립되어 하나의 학문을 이루기도 하고 서로 밀접한 관계가 있다. 선인들은 이 몇 가지 논리구조를 통해 『주역』의 이차원과 삼차원 관념으로 천지만물의 표준을 형상화했다. 그 가운데 오행방위설은 오행 학설의 중요한 내용으로 목, 화, 토, 금, 수는 각각 동, 남, 중, 서, 북 다섯 방향을 가리킨다. 오행도에서는 위가 남쪽이고 아래가 북쪽이며 왼쪽이 서쪽이고 오른쪽이 동쪽이다. 숫자는 이 다섯 방위의 태허 크기를 나타내고 전체 오행 방위는 이차원 공간의 방위이다.

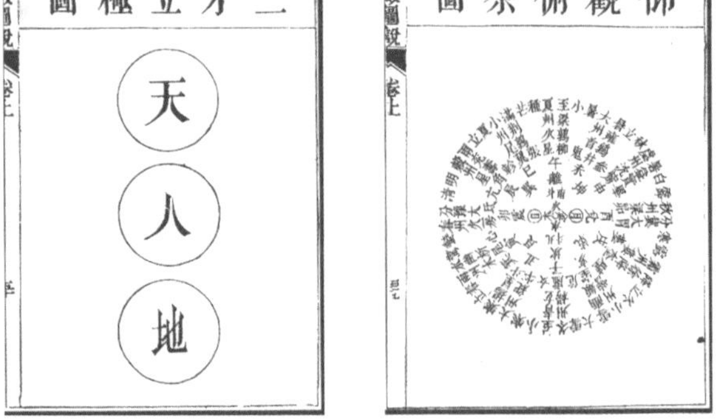

◀ 삼재입극도(三才立極圖)와 앙관부찰도(仰觀俯察圖)

『주역』에서 천도(天道), 지도(地道), 인도(人道)를 삼재(三才)라고 일컫던 것이 훗날 하늘과 땅과 사람으로 두루 쓰이게 되었다. 『주역』의 철학사상은 세상은 천지인 삼재가 이끌어가고 삼재는 모두 음과 양, 양면성을 지니고 있으며 서로 영향을 주고받는다는 것이다. 이 세 가지가 조화를 이룰 때 사람, 사회, 자연의 조화가 분명하게 드러난다. 그리고 이 세 가지의 관계를 인식하고 있는 상태에서 하늘을 우러러보고 땅을 내려다보아야만 다방면의 사고와 관찰을 진행할 수 있으며 많은 지식, 정확한 지식을 얻을 수 있다는 것이다.

24절기 : 천문학과 역법

16세기 이전, 유럽에서는 천문학이 아주 더디게 발전하고 있었다. 2세기부터 16세기에 이르는 1,000여 년 동안 거의 정체상태에 있었다고 해도 과언이 아니다. 이 시기 중국 천문학은 안정적인 발전을 이루었는데 과학적 성과를 크게 천문관찰, 기구제작 및 역법제정으로 나눌 수 있다.

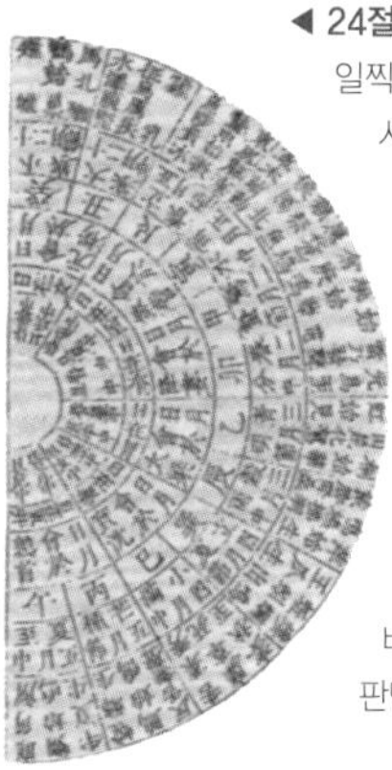

◀ **24절기도**
일찍이 서주(西周)시대 때부터 사람들은 규표를 이용해 해의 그림자를 측정하는 방법으로 사계절을 확정지었다. 전국시대 말에는 24절기를 확립하여 농업생산을 크게 촉진시키기도 했다. 오늘날까지 현대인들은 선인들이 사용하던 24절기를 바탕으로 계절이나 절기를 판단한다.

중국의 전설 속의 요 임금약 BC 24세기시대에 이미 하늘을 살펴 시간을 알려주는 일을 담당하는 천문관이 있었다. 그 당시 1년을 366일, 사계절로 나누고 윤달로 달과 계절을 조정했다. 앙소문화(仰韶文化) 시기 사람들은 사방으로 흩어지는 태양 이미지를 묘사할 때 태양 주위의 크고 작은 탄환이나 경사진 모양을 이루는 태양의 흑점도 그렸다.

중국 최초의 천문관찰은 태양, 달, 행성, 혜성, 신성, 항성 및 일식과 월식, 흑점, 홍염프로미넌스, 유성우를 포함한 보기 드문 하늘의 모습까지도 기록하고 있다. 세밀한 관찰과 기록의 정확성, 상세한 묘사는 놀라울 따름이다. 게다가 세계에서 최초로 가장 완벽한 천상의 기록을 가지고 있는 중국은 유럽 르네상스시대 이전 천문현상의 가장 정확한 관찰자이자 최고의 기록자 역할을 했다.

중국은 천문관측기구 제작에서도 수많은 측량기구를 창의적으로 설계하고 제작했다. 그 가운데 가장 오래

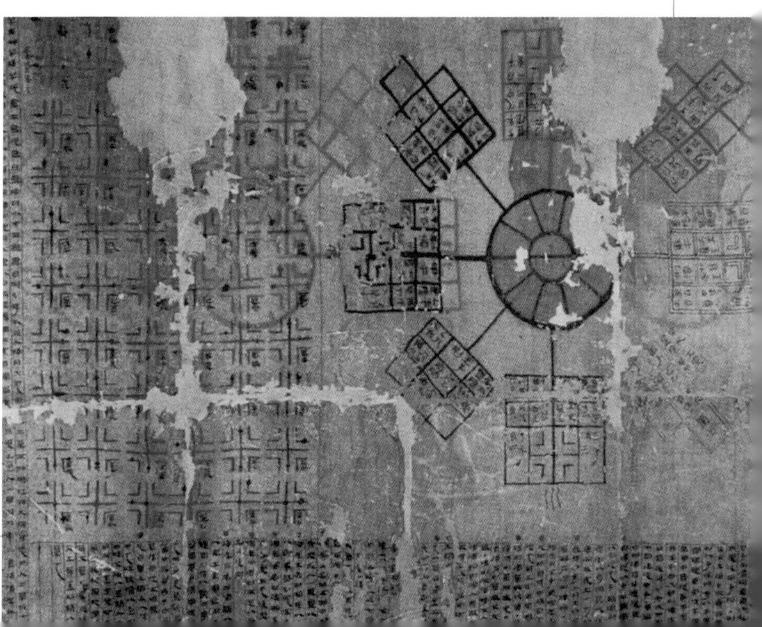

▶ **백서 천문기상잡점(天文氣象雜占)**
진한시대 천문성상과 관련된 점을 치는 책이다. 천인합일 사상을 나타내고 있을 뿐만 아니라 하늘의 모습이나 형태로 사람의 일을 판단하던 고대 중국인의 전통을 담고 있다.

▲ 견우직녀성
직녀성은 여름 밤하늘에서 가장 밝은 별 중 하나이다. 여름 밤하늘의 여왕이라고 불리는 직녀성은 거문고자리에 있으며 은하수 동쪽에 위치한 견우와 은하수를 사이에 두고 바라보고 있다. 산둥성에 있는 동한(東漢)시대의 석사(石祠)에 직녀성이 베를 짜는 여자의 모습으로 새겨져 있다. 베틀의 구조도 선명하게 잘 보인다.

되고 간단한 천문기구는 토표(土表)라고도 불리는 토규(土圭)이다. 토규는 해의 그림자 길이를 측량하는 데 쓰이던 기구로, 언제부터 사용되었는지는 알 길이 없다.

BC 240년 중국의 혜성에 관한 기록이 세계 최초의 핼리혜성 기록으로 여겨지고 있다. 이때부터 1986년까지 핼리혜성은 총 30차례 출현했다. 1973년, 고고학 관계자가 후난성 창사 마왕퇴의 한나라 고분에서 발견한 그림에 혜성이 아주 징교하세 그려져 있고 혜성뿐만 아니라 구름, 공기, 달이 별을 가리는 모습, 항성도 있다고 발표하였다. 이 옛 그림을 고증하고 연구한 천문학자들은 『천문기상잡점(天文氣象雜占)』이라고 이름을 붙이고, 현재까지 발견된 세계

▶ 항성도
청대의 항성도(恒星圖)는 천구를 분할해서 만들었다. 북천극과 남천극을 원심으로 적도경위도를 별자리의 좌표로 확정하고 세차일 때 황도와 적도의 교점이 동쪽으로 옮겨가는 것까지 고려했다. 이 그림은 북천성인데 윗부분이 북쪽이고 오른쪽이 동쪽이며 402개의 항성을 표시했다. 그림에 적경과 적위의 차가 각각 1도씩 나는 좌표가 있어 정확도가 높은 편이다.

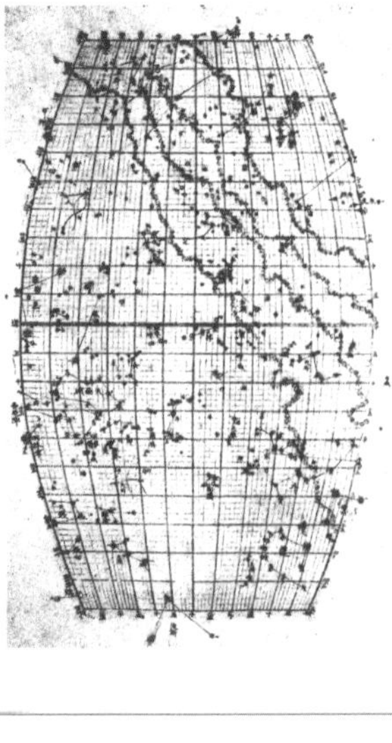

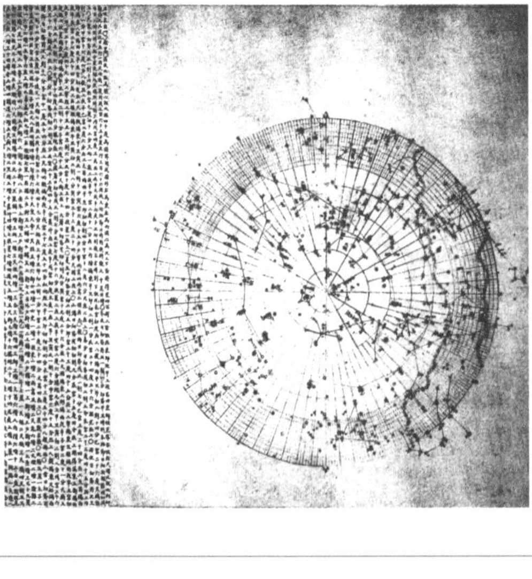

에서 가장 오래된 혜성 그림이라는 결론을 내렸다. 일찍이 2,000여 년 전의 선진시대에도 중국의 천문학자들은 각종 형태의 혜성에 대한 관측을 게을리하지 않았으며 꼬리가 세 개인 혜성과 네 개인 혜성 등을 그렸을 뿐만 아니라 오늘날 사용하는 천체 망원경으로도 보기 힘든 혜성의 핵까지도 상세히 그렸다.

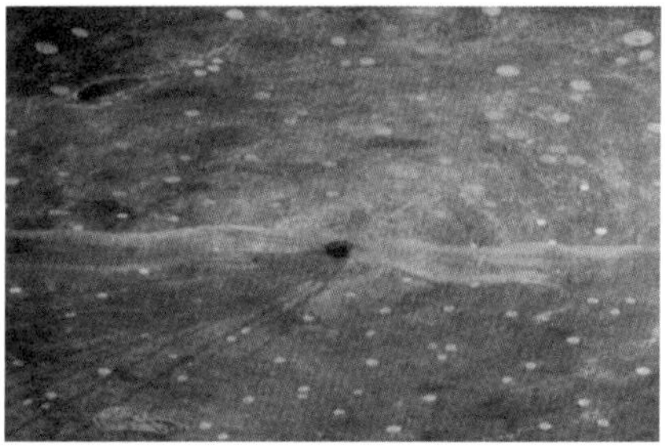

▲ 감덕천상도
감덕(甘德)은 전국시대 제(齊)나라 사람으로 당시 최고의 천문학자였다. 오랫동안 항성을 관측하여 세계에서 가장 오래된 성표(星表)를 제작함으로써 천체의 항성의 분포와 위치를 확정지었다. 이와 함께 또 행성의 회합주기 개념을 만들고 목성, 금성, 수성의 비교적 정확한 회합주기 수치를 측정했다. 당시는 아직 망원경이 발명되지 않은 때인데도 육안으로 목성의 위성인 유로파를 발견하였다. 이는 서양의 갈릴레오보다 2천 년이나 앞서는 기록으로, 천문학사상 기적으로 꼽힌다. 그림은 감덕이 관측한 것을 그림으로 표현한 천상도(天像圖)이다.

중국에는 또 태양의 흑점에 관한 기록이 많이 남아 있다. BC 140년경에 쓰인 『회남자(淮南子)』에 "해 속에 새가 있다"라는 기록이 있고, BC 165년의 한 기록에는 "해 속에 왕(王)자가 들어 있다"고 했다. 전국시대의 한 기록에는 또 "해 속에 사람이 서 있는 모습이 들어 있다"는 말이 나온다. 이보다 더욱 앞선 관찰과 기록은 갑골문자시대의 태양 흑점에 관한 기록으로 거슬러 올라가니 지금으로부터 무려 3,000여 년 전의 일이다. BC 28년부터 명나라 말의 1600여 년까지 모두 100여 차례의 상세하고 확실한 태양 흑점 기록이 있으며 이들 기록에는 명확한 일시는 물론 흑점의 형태, 크기, 위치와 분열, 변화 등이 아주 상세하게 묘사되어 있다.

관측자료가 점점 늘어나면서 전국시대에 천문학 전문저서가 나오기도 했다. 제나라의 감덕(甘德)이 쓴 『천문성점(天文星占)』 8권, 위나라의 석신(石申)이 쓴 『천문(天文)』 8권은 모두 행성의 운동과 항성의 위치에 관한 내용을 다루고

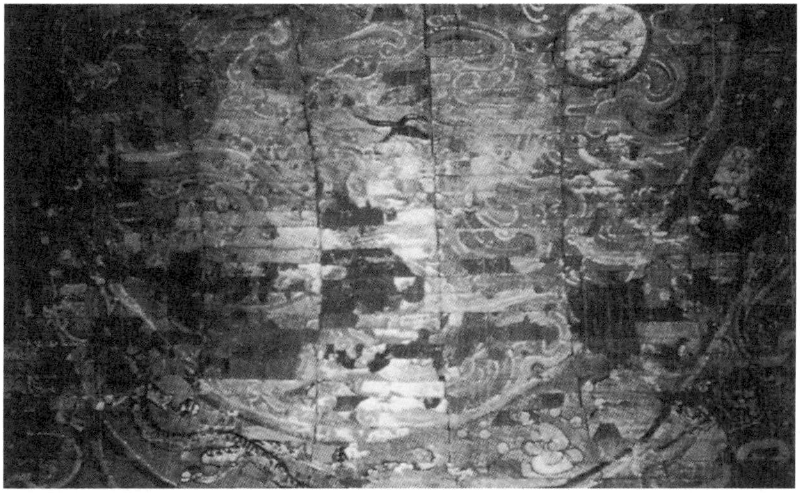

◀ 천상도
고대에 천문을 관찰하고 역법을 제정할 때 주요하게 사용하던 방법은 별과 운기를 보는 것이었다. 선인들은 별과 운기의 변화 및 일식과 월식의 출현, 이 모두가 하늘이 암시해 주는 길흉의 징조라고 생각했다.

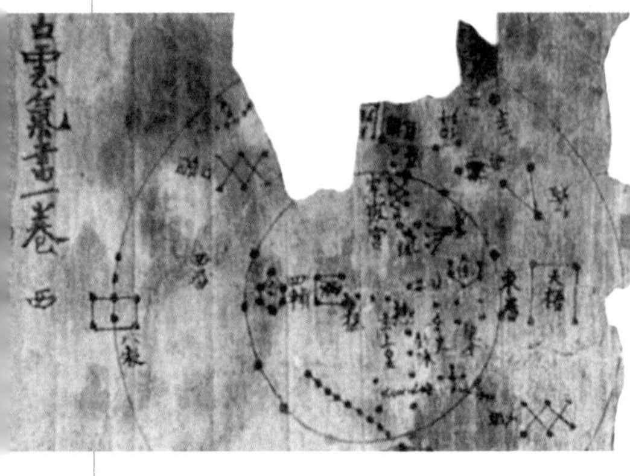

▲ **둔황 자미원 성도(星圖)**
중국 고대 때 하늘의 경계를 구분 짓는 방법으로 '3원 28수'와 '12진 3원', 이 두 가지를 주로 사용했다. 이들 방법은 주로 점성술에 많이 쓰였고 그중 3원은 북천(중앙)과 동궁, 남궁 근처를 말하며 28수의 별자리, 즉 자미원, 태미원, 천시원은 포함하지 않는다. 이 가운데 자미원은 중궁을 말하며, 사상(용, 호랑이, 거북, 공작)을 함께 일컫고 황룡과 대응한다. 황룡은 황제를 가리키고 최고 통치자를 의미하며 머리는 '성(星)'과 '장(張)' 두 별을 향하고 꼬리는 유(柳), 성(井) 두 별을 향하며 토(土)는 천하를 다스리는 제왕을 상징한다. 그림은 둔황에서 출토된 자미원과 관련된 별의 그림이다.

있다. 『감석성경(甘石星經)』이 바로 여기서 나온 것이다.

천문학과 연관이 있는 것이 역법이다. 춘추시대 후기에는 1년을 365.25일로 계산하고, 19년 동안 윤달을 일곱 번 사용했다. 이 역법은 고대 사분력이라고 하는데 실제 한 해의 길이에 비해 1년에 11분이 더 길다. 고대 로마인은 중국보다 500년 뒤늦은 BC 43년에서야 사분력을 알게 되었다.

농업생산의 필요에 따라 사람들은 평균 15일마다 하나의 절기를 만들어 1년을 24절기로 구분했다. 실질적으로는 태양의 위치와 시운동에 의거해 정한 일종의 역법이다. BC 104년 등평(鄧平) 등이 제정한 『태초력(太初曆)』에 정식으로 24절기를 정하고, 24절기의 천문적 위치를 명확히 했다. 태양이 황경 0도에서 황경을 따라 15도 움직이는 시간을 하나의 절기라고 했다. 매년 360도를 운행하니 1년에 24개의 절기를 지나고, 한 달에 두 개의 절기를 지난다. 매월 첫 번째 절기를 '절기'라고 하는데 입춘, 경칩, 청명, 입하, 망종, 소서, 입추, 백로, 한로, 입동, 대설, 소한이 절기에 속하고, 매월 두 번째 절기를 '중기'라고 하는데 우수, 춘분, 곡우, 소만, 하지, 대서, 처서, 추분, 상강, 소설, 동지, 대한이 이에 속한다. 절기와 중기가 15일마나 교대로 나타나며 오늘날에는 절기와 중기를 통틀어 '평기(平氣)'라고 부른다.

24절기는 태양 주년 시운동을 반영하며 절기는 현행 양력의 날짜에 기본적으로 고정되어 있다. 상반기는 6일과 21일이고 하반기는 8일과 23일로 1~2일 차이가 난다.

북조(北朝)시대 제(齊)나라의 장자신(張子信)은 태양의 시운동이 불규칙적이라는 것을 발견하였고, 수(隋)나라 때 유작(劉焯)은 자신의 『황극력(皇極曆)』에 이렇게 일정하지 않은 현상을 근거로 24절기의 개선을 제시하여 천체를 24등분했다. 태양이 1등분점에 도달하는 때가 한 절기의 시작이 되는 것이다. 이렇게 배열한 절기의 간격은 그다지 균등하지 않았고 이 방법을 정기(定氣)라고 불렀다. 정기는 주로 역법을 계산할 때 사용되었고 일용 역보에는 줄곧 '평기'가 사용되었으며 청대에 이르러서야 '정기'를 사용하기 시작했다.

『황제내경』: 음양이론과 오행 학설의 응용

◀ **황제상**
그림은 상아에 황제(黃帝)의 모습을 새긴 것으로, 황제는 전설 속의 중국 민족의 시조이자 중국 의약학의 창시자이다. 『황제내경』은 그의 이름을 빌어 쓴 의학경전이다.

중의학은 오랜 의료와 생활을 통하여 끊임없이 축적되어 온 내용을 반복해서 정리함으로써 점차적으로 형성된 독특한 이론의 의학체계이다. 중국이 세계 과학문명에 기여한 가장 위대한 공헌 중 하나가 바로 중의학이다.

하, 상, 주나라 시대에 이미 초기 형태의 의학이 존재하고 있었으며 무술(巫術)과 의학이 점차 분리되기 시작했다. 『주례(周禮)』에는 의사의 유형을 식의(食醫), 질의(疾醫), 수의(獸醫) 등으로 나누었고 당시의 의사는 병력 차트를 기록하는 것도 알고 있었던 것 같다. 고고학을 통해 그 당시 사용된 약물이 1백여 가지에 이르며 약물 복용 외에 목욕을 하거나 침을 맞거나 약을 바르는 등 치료 방법도 다양했을 뿐만 아니라 청결과 환경, 위생에 주의해야 한다는 것을 알고 있었다.

춘추전국시대 때 의료보건 지식이 점차 쌓이고 의학수준이 향상됨에 따라 인체해부, 병인병리, 질병의 진단과 치료 등에 대한 중의학의 인식이 크게 발전했다. 이로써 중국은 고유의 독특한 기초 이론체계를 세우기 시작하였는데 그 대표적인 것이 BC 3세기 전국시대 말에 쓰인 『황제내경(黃帝內徑)』이다.

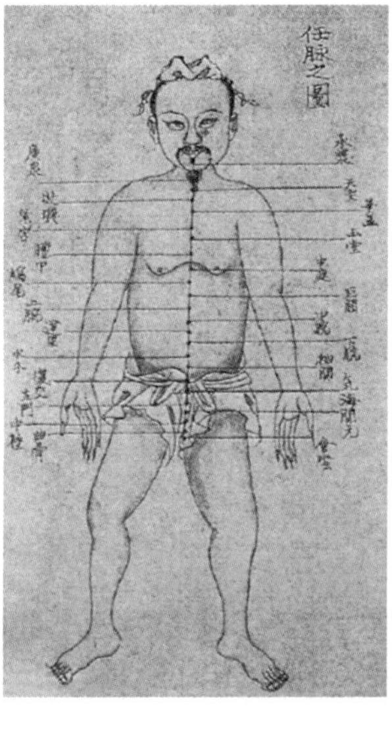

◀ **임맥도**
『황제내경』은 선진시기에 의학이론을 집대성한 저서로 『소문(素問)』과 『영추(靈樞)』 두 부분으로 되어 있다. 인체해부, 생리, 병리, 병인 및 진단 등 기초이론을 중점으로 다루고 있고 침구, 경락 및 위생보건 등 의학지식에 관해서도 상세하게 서술했다. 이 책에서는 인체는 완벽한 유기체이며 신체 간의 긴밀한 연계의 정체관이 중국 의학의 중요특징이라고 했다. 경락학 분야에서 경맥은 기혈을 운행하고 장부와 이어져 있으며 인체의 내부와 외부, 위와 아래를 소통시키는 경로라고 주장했다. 따라서 건강한 몸을 위한 비법은 경락을 소통시키는 것이다.

『황제내경』을 줄여서 『내경(內經)』이라고 부르며 황제와 신하들 기백, 뇌공, 귀여구, 백고 등의 이름을 빌어 의학에 관해 논한 의서이다. 『소문(素問)』과 『영추(靈樞)』 두 부분으로 나뉘며 각 81편으로 쓰여졌다. 전국시대 의학이론의 수준을 나타내는 것이 주요 내용이지만 일부 내용은 진한(秦漢)시대 및

▲ 『황제내경』

『황제내경』은 맥상 학설과 경락 학설에 대해 체계적이고 전면적으로 다루었다. 심장, 간, 비장, 폐, 신장이 인체에서 가장 중요한 다섯 개의 장부로 생명의 근본이며, 정, 신, 혈 등의 생명을 유지하는 중요한 요소가 모두 이 장기 안에 들어 있다고 제시했다. 이들 장기가 사람의 상대적인 음양의 평형을 유지하는 데 도움을 주기 때문에 건강을 유지할 수 있다고 보았다.

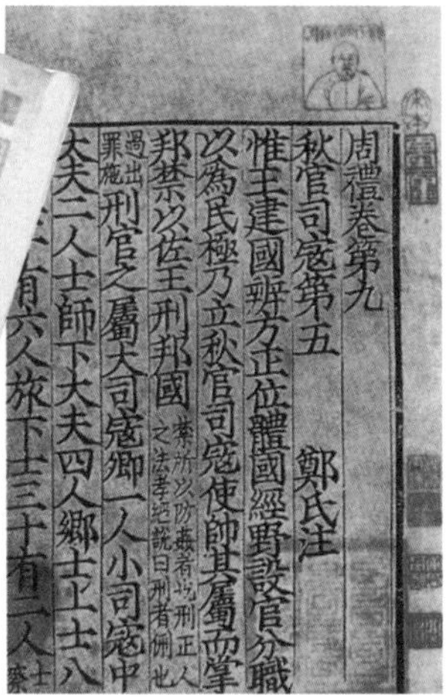

周禮卷第九
秋官司寇第五 鄭氏注
惟王建國辨方正位體國經野設官分職
以爲民極乃立秋官司寇使帥其屬而掌
邦禁以佐王刑邦國
刑官之屬大司寇卿一人小司寇中
大夫二人士師下大夫四人鄉士上士八
人中士有六人旅下士三十有二人

◀ 주례

『주례 · 천관(周禮 天官)』의 기록에 따르면 서주시대 때 벌써 의학을 질의(疾醫), 양의(瘍醫), 식의(食醫), 수의(獸醫)로 구분한 것으로 전해진다. 고대의 질의는 현대의 내과, 양의는 외과와 정형외과, 식의는 식품영양, 수의는 동물을 치료하는 현대의 수의과와 비슷하다. 이 밖에도 "질의중사팔인, 장양만민지질병(疾醫中士八人, 掌養萬民之疾病)"이라고 한 기록이 나오는데, 이 말은 당시 조정에 내과 질병을 담당하는 관원이 여덟 명 있었고 의료고시도 있어 치료 담당 관원들의 직급과 녹봉을 결정했다는 뜻이다.

육조(六朝)시대 사람들의 것일 수도 있다.

『황제내경』의 핵심위치를 차지하고 있는 경락과 침구는 마왕퇴의 백서 『족비십일맥구경(足臂十一脈灸經)』, 『음양십일맥구경(陰陽十一脈灸經)』, 『맥법(脈法)』, 『음양맥사후(陰陽脈死候)』 및 장가산의 『맥서(脈書)』, 나아가 편작의 경락 학설과 침구치료 경험을 계승하여 발전시킨 것이다. 침구치료에 있어서는 위에서 말한 의서와 『오십이병방(五十二病方)』 등 침구법만을 취하던 수준을 넘어서 『사기 · 편작전(史記 · 扁鵲傳)』에 기록된 치료 경험보다 훨씬 더 구체적이고 체계적이다. 『영추』는 경맥편, 경별, 경근으로 경락학을 더욱 더 완벽하고 체계적으로 서술했다. 「구침십이원 · 구침론」에서는 침구도구이 세삭에 대해서 설명하였고 「구침십이원 · 사객」 등에서는 침을 잡는 방법과 규칙을 설명했다. 「진요경동」, 「금례」 등에서는 침구의 금기사항 및 각종 질병의 침구치료법에 대해서 논했다. 『소문』의 내용을 살펴보면 기혈, 기부 골공, 수열혈 등 각 편에서 혈자리의 분포에 대해서 다루고 있고 「팔정신명」, 「이합신사」 등에서는 침구의 보법과 사법에 대해 설명했다.

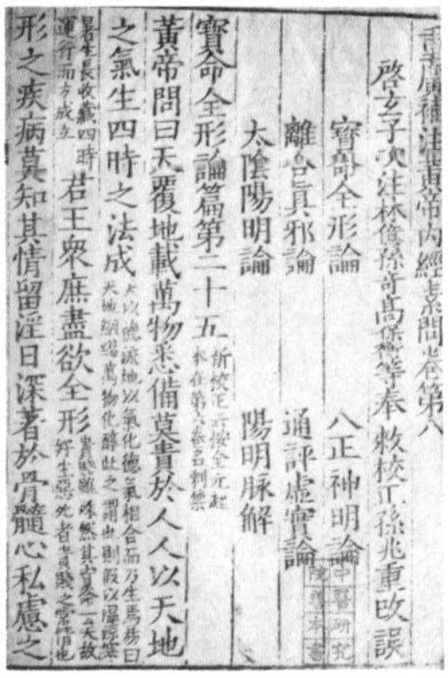

重廣補注黃帝內經素問卷第八
啓玄子次注林億孫奇高保衡等奉敕校正孫兆重改誤
寶命全形論 八正神明論
離合眞邪論 通評虛實論
太陰陽明論 陽明脈解
寶命全形論篇第二十五
黃帝問曰天覆地載萬物悉備莫貴於人人以天地
之氣生四時之法成 君王衆庶盡欲全形
形之疾病莫知其情留淫日深著於骨髓心私慮之

▲ 『황제내경 · 소문』

『소문(素問)』은 『황제내경』의 일부분이다. 현존하는 가장 오래된 중의이론서 가운데 하나로 대략 전국시대에 씌어졌다. 이 저서는 한 사람이 한 시대에 만든 것이 아니라 황제의 이름을 빌어 당시 여러 의사들이 모여 각자의 특기를 모아 공동으로 만든 것이다. 이런 연유로 중의학의 가장 중요한 경전 중의 하나가 된 것이다.

『황제내경』이 쓰여진 초기에는 『황제맥서』와 『편작맥서』 등 20여 종의 단행본이었다. 서한(西漢) 후기에 유향(劉向), 유흠(劉歆) 부자가 교정작업을 실시하였고 이주국(李柱國)이 『황제내경』 18권으로 만들었다. 동한(東漢) 초 반고(班固)가 『한서(漢書)』를 쓸 무렵에는 이러한 서적들의 판본이 여전히 완벽하게 보존되어 있었다는 사실이 『한서 · 예문지(漢書 · 藝文志)』에 기록되어 있다. 그러나 동한 말 장중경(張仲景)이 『상한잡병론(傷寒雜病論)』을, 위(魏)나라 말 황보밀(皇甫謐)이 『침구갑을경(鍼灸甲乙經)』을 쓸 무렵에는 『한서 · 예문지』에서 말하는 18권본 『황제내경』의 판본은 이미 존재하지 않는다. 『소문』과 『구권』 또는

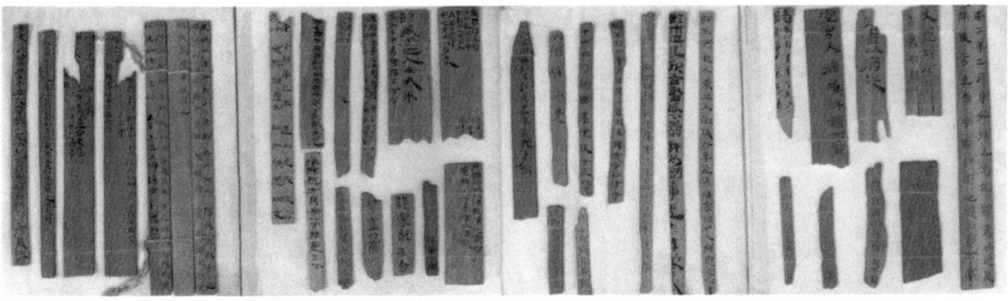

◀ 『치백병방』
1972년 11월 중국 간쑤성에서 출토된 『치백병방(治百病方)』은 대나무 조각에 글을 적은 죽간 의학서로, 모두 92개이며 그중 한 개에 우치백병방(右治百病方) 다섯 글자가 씌어 있어 이 죽간의 이름을 『치백병방』이라고 명명했다. 『치백병방』에 비교적 완벽한 처방이 30여 개, 약물 이름이 100여 개, 약의 형태로는 환약, 가루약, 환약, 단약 등이 있다. 이 밖에 많은 병명과 증상, 병의 변화 및 처방의 효과도 기술한 것으로 보아 서한(西漢)시대 임상의학이 높은 수준이었던 것으로 보인다.

『침경』 두 권으로 나누어지고 게다가 소실된 것도 있다.

『황제내경』의 출현은 중국 의학이 경험의학에서 이론을 갖춘 의학으로 승격된 것을 의미했다. 전국시대 이전의 의학 관련 성과물이나 업적을 종합정리하였고 전국시대 이후의 중국 의학 발전에 이론적인 지도서를 제공했다. 뿐만 아니라 정체관, 모순관, 경락학, 맥상학, 병인병기학, 양생 및 예방의학, 진단과 치료의 원칙 등 각 분야에서 중의학 이론의 기초를 마련했다.

『황제내경』은 세계적으로 널리 영향을 미쳤다. 일본, 조선 등에서는 『황제내경』을 의사들의 필독서로 정했고 일부 내용은 영어, 불어, 독어 등으로 번역되어 세계에 널리 전파되었다. 최근 들어 일부 유럽 국가와 미국의 침구협회나 조직에서도 『황제내경』을 침구사의 필독도서로 지정했다.

▼ 『침구봉원』 '구침도'
『침구봉원(鍼灸逢源)』은 『의종금감 침구심법요결(醫宗金監 鍼灸心法要訣)』에 이어 내용이 완벽하며 특색 있는 침구 종합서적으로 명대의 저서와 비교했을 때, 전체적인 내용은 『침구대성(鍼灸大成)』과 유사하지만 배열과 취합이 더욱 상세하고 중추와 급맥, 두 혈자리를 추가해 모두 361개의 혈자리를 실었다. 후세들은 경혈의 총 개수를 이 책에 따르고 있다. 뿐만 아니라 이 책에는 당시의 '태을신침(太乙新針)'과 '괄사법' 등 새로운 침구치료 경험도 실었다. 그림은 이 책에서 침구이론을 언급한 '구침도(九鍼圖)'이다.

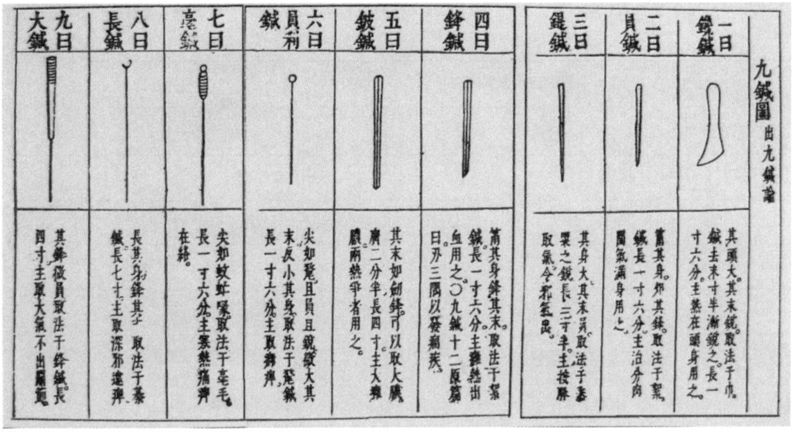

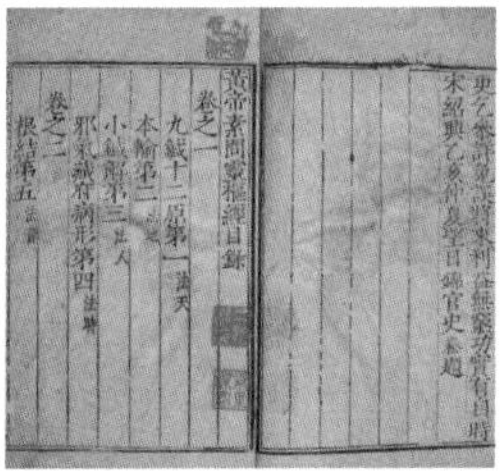

▲ 『황제내경 · 영추』
『영추(靈樞)』는 『침경(鍼經)』이라고도 불리며 옛날에는 『구권(九卷)』이라고 부르기도 했다. 『소문(素問)』과 함께 『황제내경』이라고 부른다. 이 책은 『소문』과 비슷하나 내용이 침구 관련 연구에 편중되어 있다. 진(晉)과 당나라 때는 그다지 널리 알려지지 않다가 송대에 이르러 24권 81편으로 구성되면서 민간에 널리 유행했다.

자취도 없이 사라진 물리학 : 『묵변』

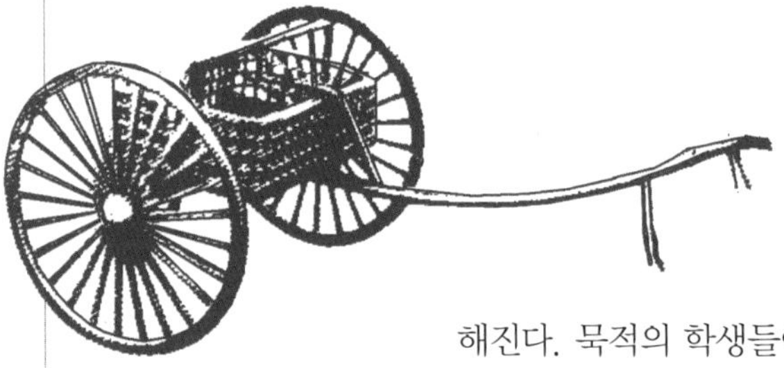

▲ 춘추시대의 수레 모형

묵가의 창시자 묵자(墨子)는 이름이 적(翟)이고 노(魯)나라 사람으로, 목공 출신이다. 묵가가 만든 '성을 지키는 기계'가 노반이 만든 것보다 정밀했다고 전해진다. 묵적의 학생들이 정치성, 학술성을 갖춘 단체를 만들었고 구성원 대다수가 사회의 하층민으로, 생산노동과 과학연구 활동에 종사하는 사람들이었다. 묵가 학파가 펴낸 『묵자(墨子)』는 모두 71편이던 것이 현재에는 53편만 전해진다. 그중 『경상(經上)』, 『경하(經下)』, 『경설상(經說上)』, 『경설하(經說下)』, 『대취(大取)』, 『소취(小取)』 이렇게 여섯 편을 『묵변(墨辯)』이라고 부르며 여기에는 중국 초기의 역학, 물리학 및 기하학의 연구 성과가 기록되어 있다. 역학 분야에 관한 내용으로는 시간과 공간관념 및 기계운동에 대한 것이 들어 있다. 『경상』에는 '미이시(彌異時)'와 '미이소(彌異所)'를 이용해 시간과 공간이라고 정의를 했다. 즉, 구체적인 시간(時)과 공간(所)을 종합하여 시간과 공간이 관념을 형성했다. 『경상』에서는 '운동'은 물체의 위치가 움직이는 것이며 '정지'는 물체가 어떤 곳에서 일정한 시간 동안 머무는 것이라고 여겼다. 물체운동은 반드시 시공에서 이루어져야 하고 운동과 시간, 공간 삼자 간에 밀접한 관계가 있다는 것이다.

『경상』에서는 힘을 형태가 흥분한 상태라고 정의를 내리고 물체가 운동하

▼ 수레의 육등차수

춘추시대의 물리학은 상당한 규모와 엄격한 제도를 갖추고 있었다. 『국유육지(國有六職)』의 제6질에 수레를 만드는 육등지수를 상세하게 설명하고 있는데 육등지수는 수레의 부위별로 적용되는 참고수치를 말한다. 또한 수레바퀴를 만들 때 반드시 지켜야 하는 기술적인 부분과 바퀴의 높이 확정에 대해서도 강조했다.

수레의 육등차수

등급	물건(또는 사람)	높이	차수
1	수레 뒤편 가로대	4척	4척(지면으로부터)
2	손잡이	4척	4척(뒤편 가로대로부터)
3	사람	8척	8척 − 4척 = 4척
4	팔모대창	1장 2척(1심 4척)	1장 2척 − 8척 = 4척
5	수레에 싣는 무기	1장 6척(2심)	1장 6척 − 1장 2척 = 4척
6	단창	2장(1상 4척)	2장 − 1장 6척 = 4척

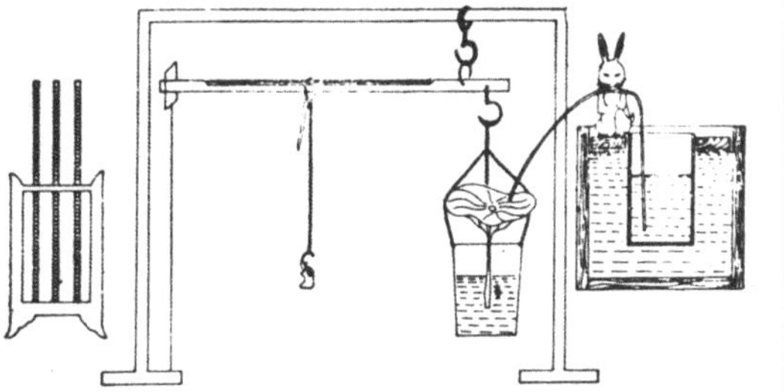

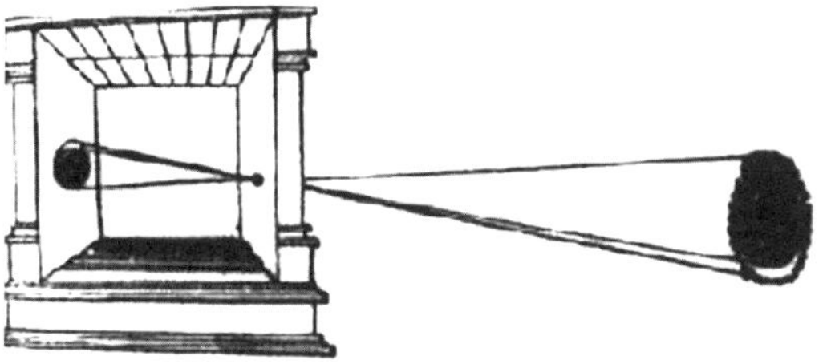

는 원인이 힘이라고 보았다. 힘을 체력으로 해석하는 사람도 있다. 즉, 체력을 빌어야만 인체가 움직일 수 있다는 것이다. 『경설』에는 물체의 중량도 힘이라고 하고 물체가 떨어지거나 또는 위로 들려지는 것은 모두 중력의 표현이라고 했다. 『경설』의 다른 부분에는 또 물체는 중력이 작용할 때만 떨어질 때 세로로 서게 된다고 했다. 힘, 무게, 운동 사이의 관계에 대해 묵가가 어느 정도 인식을 하고 있었다는 것을 알 수 있다. 힘의 평형현상에 대해서 『경설』은 머리카락에 물건을 매다는 것을 예로 들어 재료가 끊어지느냐 아니냐는 재료의 내력과 외력의 평형 여부에 의해 결정된다고 분석했다. 물체가 가라앉고 뜨는 것과 동그란 물체의 평형에 대해서도 조목조목 체계적으로 설명했다. 지렛대에 관해서 『경설』에서는 등비와 부등비 두 가지 실험에 대해 기술했다. 묵가는 또 양쪽 끝에 중량을 고정시키고 두 팔의 길이를 변동시켜 지렛대를 기울게 만들거나 또는 대들보에 힘을 실어 구부러뜨리는 실험을 진행하기도 했다. 이 밖에 바퀴, 경사면 등 간단한 기계에 대해서도 논했다.

▲ 지렛대원리의 응용 (맨 위)
묵가의 역학에 지렛대 평형원리에 대한 많은 기록들이 나온다. 예를 들면, 지렛대의 양쪽에 같은 무게의 물건과 저울추를 매달아놓았을 때 지렛점이 가운데에 있으면 지렛대는 평형을 이루게 된다는 것, 물건에 무게를 가할 경우 지렛점이 무거운 쪽으로 이동해야만 다시 한 번 평형을 이루게 된다는 것 등이다. 이것이 묵가에서 말하는 지렛대, 중력, 팔의 힘 등에 대한 인식이다. 그림은 남북조 시기의 도사 이란(李蘭)이 발명한 저울로, 지렛대의 평형원리를 응용한 것이다.

▲ 바늘구멍원리 (중간)
광학 분야에 대해 묵가가 연구한 가장 중요한 부분은 바늘구멍원리에 대한 해석이다. 빛을 받는 어둠상자의 한 면에 작은 구멍을 하나 내고 그 구멍을 마주한 채로 바깥에 서 있다. 구멍에 마주한 방 안의 벽에 사람의 그림자가 거꾸로 나타난다. 묵가는 광선이 직선으로 전파된다고 여겼다. 상반신이 위에서 구멍을 향해 쏘는 빛을 막기 때문에 윗부분의 그림자가 벽의 아래 부분에 비춰지는 것이다. 같은 원리로 아래의 그림자가 벽의 윗부분에 나타난다. 이 해석이 지금 보기에는 아주 원시적일지 모르지만 일부 관점은 현대 물리연구와 일치하기도 한다.

▲ 한나라 시기의 쌍원마차 (아래)
전국시대 말 이후부터 마차가 교통수단으로서의 기능이 강화되었다. 지위가 높거나 권력이 있는 사람이 행차할 때 한 무리의 마차가 따랐는데, 현령 행차 시에는 일곱 대의 마차가 따랐다. 이는 수레의 구조를 빠른 속도로 바꿔야 한다는 것을 말한다. 한 필의 말에 두 개의 끌채로 구성된 쌍원마차의 경우 멍에를 당기는 형태에서 가슴띠 형태로 바뀌었다. 멍에와 잡아당기는 줄을 분리하고 두 개의 줄을 연결하여 말 가슴 전체를 감는 가슴띠로 바꾼 것이다. 이렇게 해서 말이 있는 앞부분의 지렛점과 수레가 받는 힘을 분리시켜 한 부분에만 집중되던 힘을 목과 가슴으로 분담하게 되면서 마차를 타고 사용하는 데 더욱 편리하고 안전해졌다.

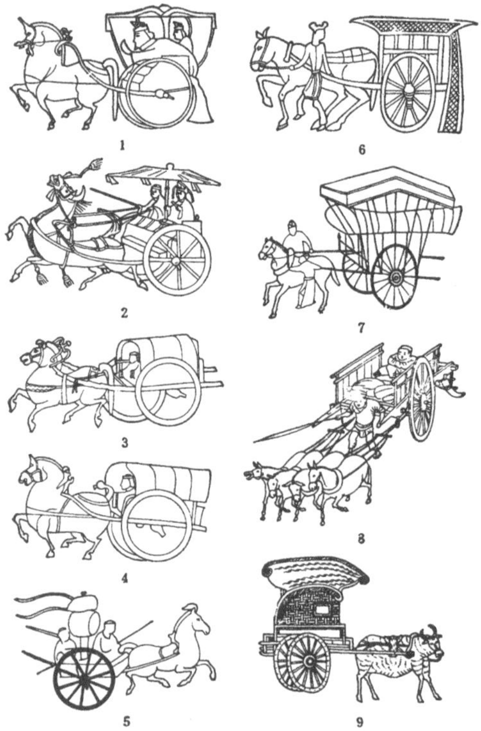

▲ **중국 한나라에서 송나라까지의 마차 매는 방법 변천사**

황제가 큰 바람이 땅 위에서 계속 굴러가는 모습에서 영감을 얻어 수레를 발명한 이후 고대 중국의 마차는 역사와 함께 발전했다. 고대 중국의 마차 매는 법은 마차의 형태에 따라 변했는데 크게 멍에 묶는 법, 가슴띠 묶는 법, 안장 묶는 법의 세 단계로 나뉜다. 유행한 시기는 각각 선진, 한대에서 송대까지, 원대에서 오늘날까지이다. 쌍원마차가 유행한 서한시기에 발명된 가슴띠 묶는 법은 원대에 이르러 안장 매는 법으로 변천하여 오늘날까지 이어져 오고 있다.

『경하』에는 서로 관련 있는 팔조(八條)로 기하광학 지식을 논술했다. 제1조는 그림자가 생기는 이유에 관한 것으로, 그 이유는 빛이 부족해서 생기는 것이라고 설명하였고, 제2조에서는 두 빛 아래에서 물체가 두 개의 그림자를 갖는다고 제시하였고, 제3조에는 바늘구멍 실험에 대해서 기록했다. 광선의 행진을 이용해 거꾸로 되는 이유를 설명하고 곳곳마다 빛의 직진현상을 표현했다. 또한 화살의 날아가는 모습을 생생하게 비유하고 빛이 물체를 쏘면 사람 눈으로 진입되어야 시각이 형성된다는 것도 인식했다. 제4조에는 재미있는 반사현상을 기술하였는데, 즉 반사 후의 빛이 인체를 비추면 땅 위에 떨어지는 그림자는 해와 사람 사이에 있다는 것이다. 제5조에서는 나무막대기를 바로 세워놓고 빛을 쏘아 땅 위 그림자의 길이의 변화에 대해 토론했다. 제6조에서는 평면경의 성상의 규칙에 대해서 논술하였고, 제7조에서는 오목렌즈의 성상에 관해 기록했다. 『경하』에 "오목렌즈는 그림자모습가 작으면 변하고 크면 반듯하다. 중앙의 밖에 있느냐 아니면 안에 있느냐를 말하고 있다"라고 나온다. 여기서 '중앙(中)'은 구면경의 중심과 초점 사이의 공간을 가리킨다. 사람이 멀리서 렌즈를 향해 걸어올 때 구심 밖에 있을 때는 자신이 축소된 거꾸로 된 모습이 보인다. 구심과 초점 사이를 걸으면 사람의 뒤에 있는 것 같기 때문에 보이는 것이 없다. 초점을 지나면 자

▶ **마차 보수정비 탁본**

차전은 고대 중국 특유의 전투형식으로 마차와 마차 사이의 간격을 줄이면서 진행하는 격투이다. 전차의 구성을 살펴보면 병사 세 명이 타는데, 왼쪽 병사가 활과 화살을 들고서 활쏘기를 책임진다. 이 병사가 마차의 우두머리이며 갑수(甲首) 또는 차좌(車左)라고 부른다. 오른쪽 병사는 창 또는 방패를 들고서 찌르기를 담당하며 차우(車右)라고 부르며, 중앙에 있는 병사는 마차를 조종하며 방어용 검을 지닌다. 작전에 들어가면 횡대로 펼치고 두 마차가 복잡하게 엉킬 때 차우가 창이나 방패로 상대방을 공격한다. 따라서 전쟁 시 전차는 좌회전만 가능했다. 그래야만 차우가 공격을 진행할 수 있기 때문이다. 그림은 한나라 사람들이 전쟁용 마차와 보통 인력거를 수리하고 정비하는 모습이다.

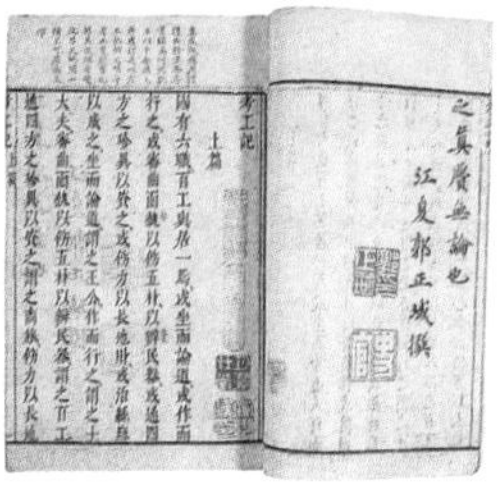

▲ **중국의 가장 오래된 수공업 관련 문서**

『고공기(考工記)』는 중국 최초의 수공업 공예기술을 기록한 정부의 문서이다. 역학(力學)과 성학(聲學)에 관한 지식도 기록되어 있어 선진시대 과학기술을 연구하는 중요한 문헌이다. 이 책은 훗날 『주례』에 실리게 된다.

신의 확대된 바른 모습을 볼 수 있다. 이 관찰은 사람과 사람의 눈을 등불, 흰색 화면을 이용한 실험이다. 제8조에는 오목렌즈 성상의 규칙을 기록했다. 제8조에서 볼 때 앞의 다섯 가지에서는 먼저 그림자가 생기는 이유에 관해서 논하고, 그다음 빛과 그림자의 관계를, 제3조에서는 바늘구멍현상으로 빛의 직진을 논증하고 이어서 빛의 반사를 설명하고 마지막에 빛, 물체, 그림자의 관계를 서술했다. 이렇게 해서 광학의 그림자이론 부분이 갖추어졌다. 뒤의 세 가지는 평면경, 오목경, 볼록경의 성상 규칙을 각각 논술한 것인데, 이는 바로 광학의 상론 부분의 기본내용이다. 이 여덟 가지를 모두 합치면 기하광학의 기초가 된다. 이들의 특징은 전체가 실험을 통해 기록을 충실히 하였을 뿐만 아니라 추측이나 억측 부분이 적다는 것이다. 그리고 앞뒤가 전체적으로 하나를 이루고 순서가 합리적이고 논리적이라는 점도 훌륭하다. 글자 수로는 300여 자에 불과하지만 2천여 년 전의 사회를 기준으로 할 때 최초이며, 가장 체계적인 기하광학에 관한 논술이라고 해도 과언이 아니다.

『묵변』은 물질이 나누어질 수 있는가에 대한 문제에 대해서도 논하였으며 원시적인 원소론과 물질불멸의 소박한 사상도 다루고 있다.

▼ **바퀴 제작** (왼쪽)

한대에는 완성된 바퀴에 엄격한 심사규정이 적용되었다. 원규(圓規)를 이용해 바퀴가 정확한 원형인지를 측정하고 곱자를 이용해 윤원과 바퀴가 수직을 이루는지를, 줄자를 이용해 바퀴살 상하가 정확하게 마주보는지를 측정하였으며 저울로 두 바퀴의 빈틈의 용적이 똑같은지를 측정했다. 측정한 모든 부분이 정확하면 이 장인을 국공(國工)이라고 칭하였는데 이는 오늘날 1급 엔지니어에 해당한다.

▼ **멍에로 끄는 방법** (오른쪽)

계사법은 가축을 차에 묶는 방법을 말한다. 중국 선진시대 때 사용한 멍에로 끄는 법은 두 멍에의 안쪽에 각각 줄을 묶고 수레 앞에서 하나로 만들어 차축에 연결했다. 마차를 몰 때 가축의 양쪽 어깨에 힘을 받게 되는 이 방법은 고대 중국 특유의 매는 방법이다. 같은 시기 서양의 매는 방법은 목에 매는 방법이었는데 마차를 끄는 말의 기도가 눌려 말이 힘을 제대로 발휘하지 못했다. 중국의 멍에 끄는 방법의 기원은 고대 자료를 보면 서주 또는 그보다 빠른 상나라 때로 거슬러 올라간다. 3세기 말 이탈리아에서는 당나귀 수레도 목에 매는 법을 사용했다고 한다. 그림은 멍에 끄는 방법을 이용한 마차의 형상화와 그에 대한 설명이다.

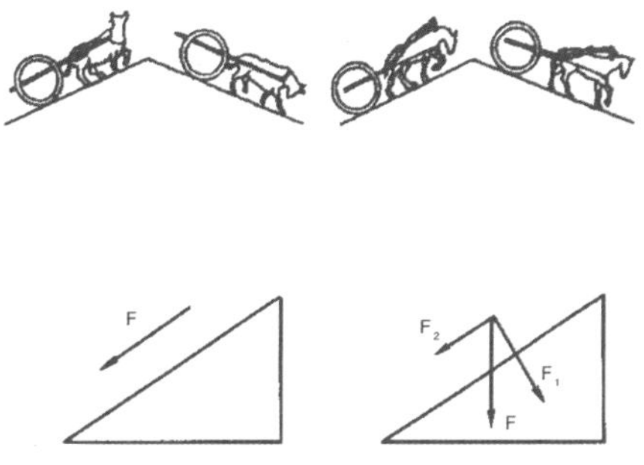

03 계몽시대 : 고대 그리스시대 과학

중국

BC 5세기~BC 3세기 전국시대에 철 제련기술 확립

BC 5세기~BC 3세기 『장자』에 "한 자의 막대기를 날마다 절반씩 꺾는다면 만 년이 지나도 다 꺾지 못한다"고 하는, 물질을 무한대로 나눌 수 있다는 관점이 나옴

BC 403년 이리 『법경』 저술. 빼기, 곱하기, 나누기 연산 다룸

BC 380년 '행기옥패명' 출현. 윗부분에 행기명문이 새겨져 있음

약 BC 379년 『고공기』 엮음. 선진시대 고서 가운데 중요한 과학기술 서적

BC 350년경 감덕과 석신 최초의 성표 제작. 후에 '감석성표' 라고 부름

BC 350년경 위나라의 석신이 일식과 월식이 천체 사이에서 가려져 나타나는 현상이라고 인식

BC 340년 노나라 시교가 『시자』에서 "사방과 위아래가 우(宇)이고 가고 오는 것이 주(宙)이다"라고 말하며 우주에 대한 정의를 내림

BC 330년 송나라 혜시가 제시한 천지일체, 천여지비, 산여택평은 "하늘은 둥글고 땅은 네모지다"는 천원지방설을 부정한 것이며, 지대무외는 우주의 무한한 공간에 대한 간결한 논술임

약 BC 311~BC 279년 연나라 소왕이 수리 담당관에게 배를 띄워 코끼리의 체중을 측정하게 함. 최초의 부력의 원리 활용

BC 4세기~BC 3세기 『주례 · 고공기』에 세계 최초로 합금성분에 관한 연구 수록

BC 3세기 『우공』 출현, 중국 고대의 중요한 지리서로 중국 각지 토양의 특징을 기록

BC 277년~BC 251년 진나라 이빙의 주지하에 도강언 건설. 강물을 끌어들여 성도 평원에 관개함. 세계사에서 가장 오래된 관개공사

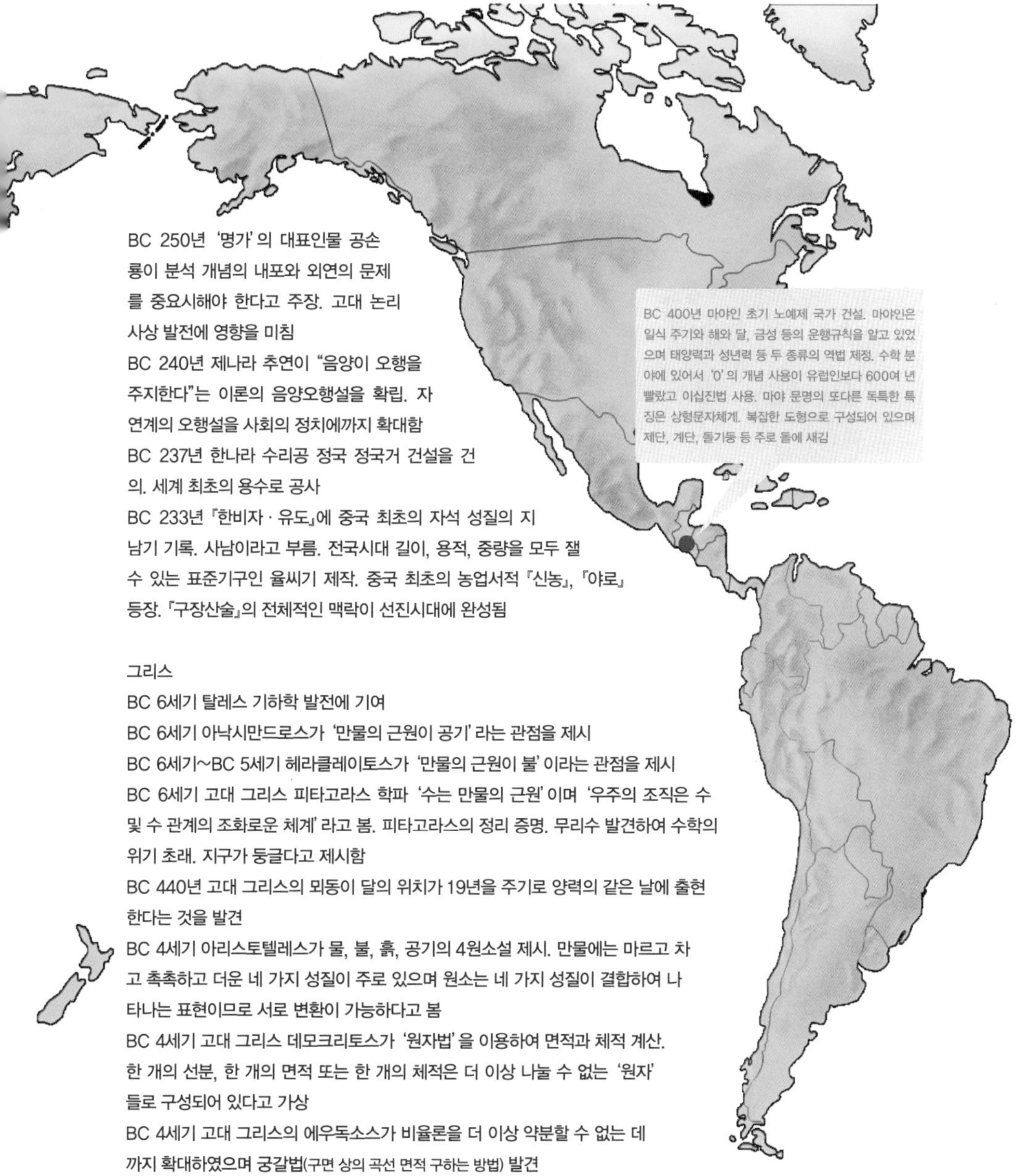

BC 250년 '명가'의 대표인물 공손룡이 분석 개념의 내포와 외연의 문제를 중요시해야 한다고 주장. 고대 논리 사상 발전에 영향을 미침

BC 240년 제나라 추연이 "음양이 오행을 주지한다"는 이론의 음양오행설을 확립. 자연계의 오행설을 사회의 정치에까지 확대함

BC 237년 한나라 수리공 정국 정국거 건설을 건의. 세계 최초의 용수로 공사

BC 233년 『한비자 · 유도』에 중국 최초의 자석 성질의 지남기 기록. 사남이라고 부름. 전국시대 길이, 용적, 중량을 모두 잴 수 있는 표준기구인 율씨기 제작. 중국 최초의 농업서적 『신농』, 『야로』 등장. 『구장산술』의 전체적인 맥락이 선진시대에 완성됨

BC 400년 마야인 초기 노예제 국가 건설. 마야인은 일식 주기와 해와 달, 금성 등의 운행규칙을 알고 있었으며 태양력과 성년력 등 두 종류의 역법 제정. 수학 분야에 있어서 '0'의 개념 사용이 유럽인보다 600여 년 빨랐고 이십진법 사용. 마야 문명의 또다른 독특한 특징은 상형문자체계. 복잡한 도형으로 구성되어 있으며 제단, 계단, 돌기둥 등 주로 돌에 새김

그리스

BC 6세기 탈레스 기하학 발전에 기여

BC 6세기 아낙시만드로스가 '만물의 근원이 공기'라는 관점을 제시

BC 6세기~BC 5세기 헤라클레이토스가 '만물의 근원이 불'이라는 관점을 제시

BC 6세기 고대 그리스 피타고라스 학파 '수는 만물의 근원'이며 '우주의 조직은 수 및 수 관계의 조화로운 체계'라고 봄. 피타고라스의 정리 증명. 무리수 발견하여 수학의 위기 초래. 지구가 둥글다고 제시함

BC 440년 고대 그리스의 뫼동이 달의 위치가 19년을 주기로 양력의 같은 날에 출현한다는 것을 발견

BC 4세기 아리스토텔레스가 물, 불, 흙, 공기의 4원소설 제시. 만물에는 마르고 차고 촉촉하고 더운 네 가지 성질이 주로 있으며 원소는 네 가지 성질이 결합하여 나타나는 표현이므로 서로 변환이 가능하다고 봄

BC 4세기 고대 그리스 데모크리토스가 '원자법'을 이용하여 면적과 체적 계산. 한 개의 선분, 한 개의 면적 또는 한 개의 체적은 더 이상 나눌 수 없는 '원자'들로 구성되어 있다고 가상

BC 4세기 고대 그리스의 에우독소스가 비율론을 더 이상 약분할 수 없는 데까지 확대하였으며 궁갈법(구면 상의 곡선 면적 구하는 방법) 발견

BC 4세기 아리스토텔레스 『천체에 관하여』 발표. 천동설 주장

BC 7세기부터 BC 3세기까지는 인류 역사상 최초의 중심을 이룬 시대이다. 이 시기에 동양과 서양에서는 석가모니, 공자, 노자, 소크라테스, 플라톤, 아리스토텔레스 등 사상가들이 동시에 대거 탄생했다. 현재의 동서양문명 기원은 거의 동시에 이루어졌고, 문명대국과 관련된 전설과 상상에서 나온 자연과학을 통해 이전의 유례없는 성과와 번영을 이루기 시작했다. 이것이 바로 고대 그리스의 과학이다. 실용적인 경험과 지식을 위주로 하던 중국 고대와는 달리 고대 그리스인은 사상이론체계의 확립을 더욱 중요시했다. 근대과학의 각 학과는 고대 그리스 과학과 사상에서 그 기원을 찾을 수 있다.

만물은 하나다 : 과학의 아버지 탈레스

▶ 탈레스

탈레스는 물질의 가장 기본적인 원소가 물이라고 생각했다. 그는 물이 일정한 온도 이하로 내려가면 얼음으로 변하고 일정한 온도 이상이 되면 공기로 변한다는 것을 관찰하였고, 대륙의 모든 땅이 물에 의해 경계가 구분된다고 했다. 따라서 지구 전체가 물 위에 떠 있는 것이라고 주장했다.

탈레스Thales는 서양철학사에서 최초 철학가로 손꼽히는 인물이며 당시의 자발적인 유물주의의 대표자이자 과학계몽가였다.

밀레토스 출생으로, 어릴 때 이집트로 가서 과학을 공부한 탈레스는 이집트에서 돌아온 후에는 기하학, 천문학, 기상학 등의 분야에 관한 연구를 하고 또 그 연구 성과를 실천에 응용했다. 전해지는 바에 의하면 그는 일식 예측에 성공하였고 물길을 나누어 진행한 수리공사 덕택으로 군대가 강을 건널 수 있게 돕는 등 많은 일을 했다. 해박한 학식의 소유자였던 그는 아테네의 솔론, 비아스, 피타코스, 킬론, 클레오브로스, 페리안드로스 등과 함께 당시 그리스 '칠현'에 속하기도 했다.

천문학 분야의 연구에 뛰어난 탈레스는 측량과 계산을 통해 태양의 지름이 대략 회기선의 1/720이라고 밝혔다. 이 수치는 현재 관측되고 있는 태양의 지

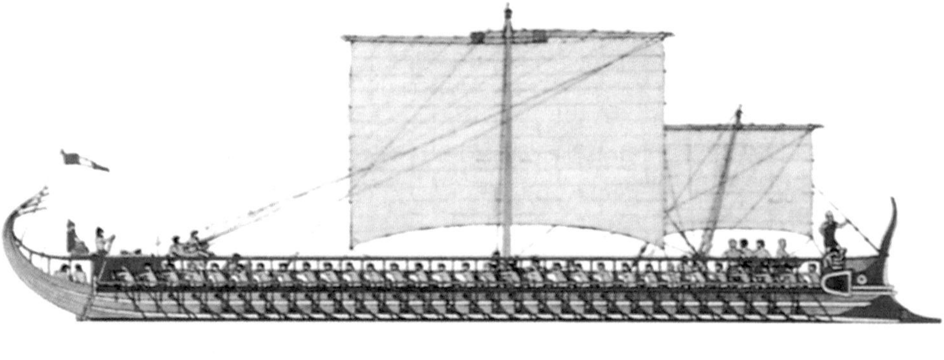

▲ 고대 그리스의 갤리선

막강했던 그리스 해군은 3단 노가 있는 갤리선으로 구성되었다. 전함 갤리선은 사각형의 돛에 의해 움직이며 선원과 전사 170여 명이 승선하였고 아주 빠른 속도로 노를 젓는 것과 적의 군함이나 배와 부딪히는 것이 주요 전술이었다.

▲ **고대 그리스 극장**
희극은 아테네에서 탄생했다. 따라서 아테네에 희극 공연을 할 수 있는 수많은 극장이 생겨났다. 애초에 극장은 주신을 축하하는 종교축제 때 공연과 노래, 연극을 하는 곳으로, 연극 관람이 끝나면 연기를 잘한 연기자와 작품에 상을 주던 곳에 지나지 않았다. 그 후 희극이 점차적으로 종교에서 독립해 나오면서 소포클레스와 같은 위대한 희극가가 탄생했다. 이에 따라 아테네의 극장도 자연스럽게 희극을 전문적으로 공연하는 장소로 탈바꿈했다.

름과 차이가 크지 않다. 태양과 달, 별들의 관찰과 연구를 통해 탈레스는 365일을 1년으로 확정하고 일식이 일어나는 원인을 정확하게 설명하며 일식 예측에 한 차례 성공하기도 했다.

수학 분야에 있어서 탈레스의 획기적인 업적은 명제 증명의 사고를 도입한 것이다. 이로써 명제증명은 그리스 기하학의 기본정신이 되었다. 객관적인 사물에 대한 사람들의 인식을 경험에서 이론으로 끌어올렸다는 것을 의미하고, 이는 수학사에 있어 아주 뛰어난 도약이자 발전이었다. 그 중요한 의의로 명제의 정확성을 확보한 점, 각 법칙 사이의 내재하는 연계성을 밝혀내면서 수학을 엄밀한 체계를 가진 구성으로 만들어 발전의 기틀을 닦은 점, 수학 명제

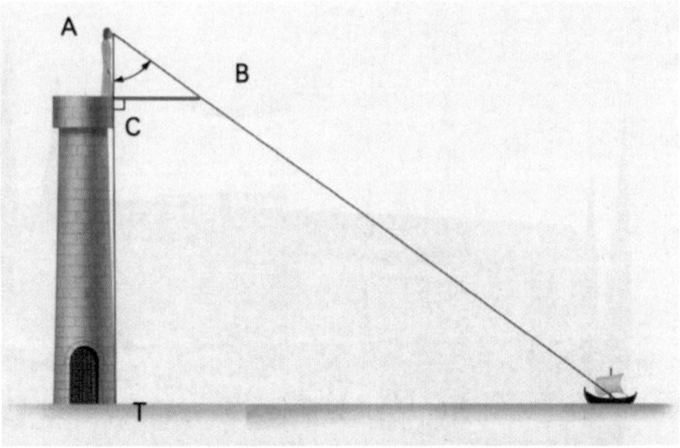

▲ 탈레스의 일식 예측 (위 왼쪽)

달이 태양과 지구 사이를 운행하다가 태양, 달, 지구 이 세 가지가 일직선상에 놓이게 되면 달은 태양빛을 가리게 된다. 이때 지구의 일부 지역에 음영이 형성되면서 부분적으로 또는 전체의 태양빛을 받지 못하게 되는 현상을 일식이라고 한다. 고대에는 과학이 발달하지 못한 탓에 일식현상이 종교적으로 해석되었다. 그림은 탈레스와 그가 예측한 일식을 표현한 것이다.

▲ 탈레스가 측량한 해상 선박 거리 (위 오른쪽)

수학 분야에서 탈레스가 세운 업적은 토지측량법과 닮음 삼각형 원리를 이용해 바다 위에 있는 배까지의 거리를 가늠하는 방법을 알 수 있게 되었다는 점을 들 수 있다. 그림에서 사람의 키, 즉 AC는 이미 알고 있고 BC 길이는 눈금을 통해 읽을 수 있으며 탑의 높이 CT는 측량이 가능하다. 삼각형의 닮음조건 AC : AT = BC : ST을 이용하여 바다 위에 떠 있는 배까지의 거리 ST를 구할 수 있다.

▲ 쿠푸 피라미드 (아래)

이집트의 수도 카이로 서남쪽에 위치한 쿠푸 피라미드는 이집트에 현존하는 최대 피라미드로 원래의 높이가 146.5미터였으나 바람과 비에 의해 꼭대기 부분이 침식되고 깎여 현재는 136.5미터에 이른다. 피라미드 근처에서 노동자의 무덤 등이 발견되었는데 무덤 속의 부장품 속에서 돌을 측량하고 계산하고 가공하는 도구들도 대량 쏟아져 나왔다. 전해지는 바에 따르면 피라미드의 높이를 정확하게 계산해 낸 최초의 인물이 탈레스라고 한다.

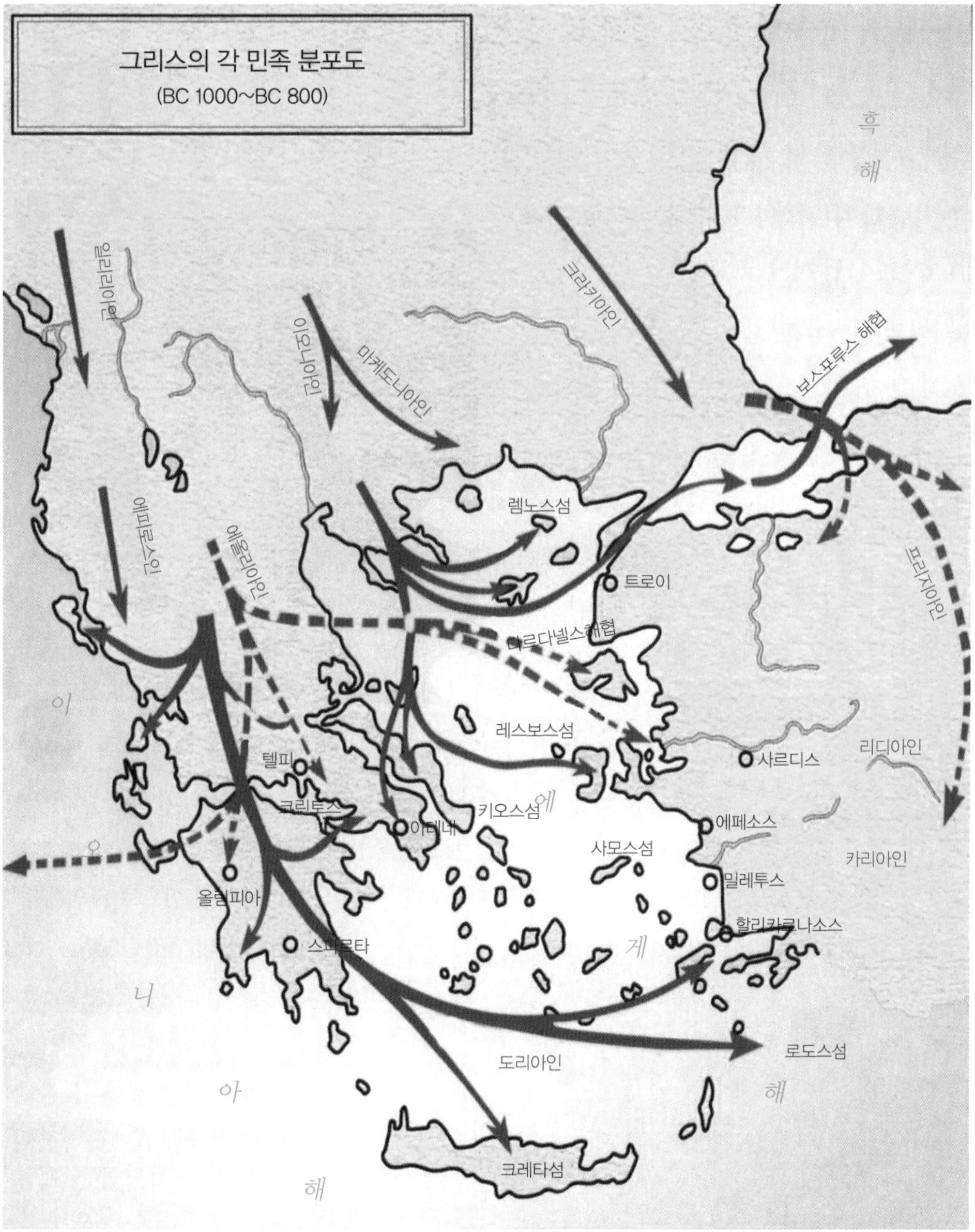

▲ **에게해의 그리스 세계**

에게해 연안에는 그리스의 도시들이 많았는데 그 가운데 대부분은 무역도시였다. BC 10세기, 에게해 지역의 인구성장이 가져온 압력은 문명의 발전을 가속화시키는 결과를 불렀다. 이런 상황은 식민지시대의 도래를 예고하였고 그리스 문명 역시 이 시기에 에게해 지역의 도시국가로 유입되었다.

에 충분한 설득력을 가지게 한 점을 들 수 있다. 그는 이로써 그리스 기하학의 선구자가 되었다. 이집트의 지면기하학을 평면기하학으로 변환시키고 수많은 기하학의 기본법칙을 발견했다. "원은 그 지름에 의해 2등분 된다", "같은 길이의 두 변을 갖는 삼각형의 밑변의 두 각은 같다", "교차하는 직선의 맞꼭지각은 같다", "반원에 내접하는 각은 직각이다", "밑변과 밑변에 관계된 두 각이 주어지면 삼각형이 된다" 등이 있다. 기하학 지식을 실천에 응용하기도 하고 유사 삼각형 원리를 이용해 피라미드의 높이를 증명하기도 했다.

탈레스의 철학관점을 한마디로 하면 "물은 만물을 낳고 만물은 물로 다시 돌아간다"로 표현할 수 있다. 그는 세상의 본질이 물이며 '물이 최고' 라고 여겼다. 그는 이집트인들로부터 홍수를 관찰하는 것을 배웠고 매년 나일강 강물의 범람에 관한 기록을 열심히 읽었다. 그러다가 매번 홍수가 발생한 다음 물이 점차 빠진 후에는 비옥한 진흙이 남는다는 것을 발견했다. 또한 그 진흙 속에 무수한 작은 배아와 유충이 살고 있다는 것도 알게 되었다. 이 현상과 이집트 고유의 신이 우주를 창조했다는 신화를 결합하여 만물이 물에서 생성된다는 결론을 얻은 것이다.

물이 만물의 근본이라는 탈레스의 사상은 그리스 철학사상 최초의 철학명제가 되었고, 철학 및 근대과학사상 역시 이 명제로부터 시작되었다. 이 명제는 자연 속에 본래 있던 '물' 을 만물을 통일시키는 기초로 여겼고 자연 자체에서 자연의 원인을 탐구하고 설명했다. 더 이상 초자연적인 힘으로 자연계를 설명하지 않았다. 이 점은 인류의 인식사에 있어서 비약적인 발전이었다.

수의 조화 : 피타고라스 학파

피타고라스Pythagoras는 고대 그리스의 철학자이자 수학자인 동시에 천문학자이기도 하다.

이오니아의 사모스섬에서 태어난 피타고라스는 청년 시절에 밀레토스 학파를 알게 되었고, 40세에 군주통치를 견디지 못하고 이탈리아 남부 크로톤으로 거처를 옮겼다. 이곳에서 정치, 종교, 철학, 수학을 하나로 결합한 비밀단체를 조직했는데 이 단체를 역사에서는 피타고라스 학파라고 부른다. 남녀 모두 가입이 가능하였고 남녀 회원의 지위도 평등했다. 이들은 공동생활을 하며 같은 옷을 입고 서로 도와가며 음악, 의학을 비롯한 수학문제를 연구하고 학습했다. 그 후 현지 세력과의 정치적 투쟁으로 실패한 뒤 이곳을 떠나게 되었다. 피타고라스는 저서가 없으며 그의 학설은 비밀스런 방식으로 전파되었고 그런 가운데 신조와 금기사항이 파생되었다. 그의 제자들은 신조를 지키는 신조파와 학술연구에 힘쓰는 수리파로 분리되어 지속되다가 BC 5세기 중엽에 사라졌다.

◀ **피타고라스 조각상**
피타고라스는 BC 580년에 밀레토스 부근의 사모스섬에서 태어났다. 이 시기 이 도시는 경제, 문화 등 각 분야에서 그리스 본토의 어느 도시국가보다 앞서가고 있었다. 이 사실이 어린 피타고라스로 하여금 세상에 대한 눈을 뜨게 했다. BC 551년에 그는 밀레토스, 델로스섬 등지로 가서 탈레스, 아낙시만드로스 등을 방문하고 그들의 제자가 되었다.

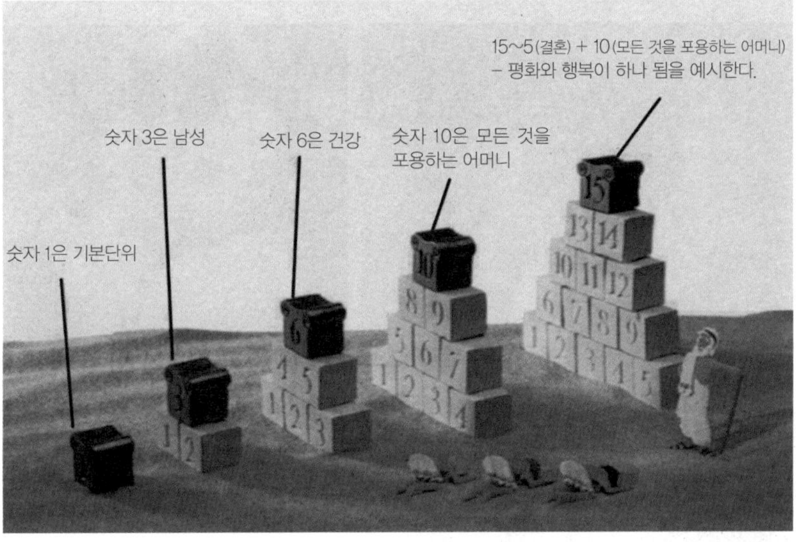

◀ **피타고라스의 신비한 수학**
피타고라스는 수학의 일반적인 모습을 변화시켰다. 피타고라스 학파는 수학은 추상적인 관념이지 더 이상 진실된 사물의 과학이 아니라고 여겼다. 수학 1이 가장 기본적인 홀수이며 전체 우주가 여기서 탄생했다고 보았다. 이 학파의 수학이념에서는 1을 제외하고 2는 여성을, 3은 남성을, 4는 조화로움을 상징한다.

영혼관을 통해 종교와 철학을 결합한 것이 피타고라스 학파의 특징이다. 이 학파의 영혼관은 올스하우젠 교파에서 온 윤회설이다. "영혼은 사라지지 않고 다시 다른 생물로 변한다. 두 번째 존재하는 모든 사물은 어떤 순환을 통해 다시 태어나며 절대적인 새것은 없다. 생명을 가지고 있는 모든 것은 친족이다." 오래된 이 영혼관에 의하면 모든 생물은 공통의 영혼을 가지고 있으며 영혼은 사라지지 않고 다른 육체로 옮겨가 이미 경험하고 겪었던 생활을 다시 반복한다. 영혼을 잃지 않기 위해서 또는 죽어서 영혼을 다시 얻기 위해서 사람은 자신의 영혼을 깨끗하게 해야 한다. 피타고라스 학파는 철학사변을 영혼을 정화하는 일종의 활동으로 여겼으며 영혼이 일종의 조화라고 보았다. 영혼을 정화하는 수단으로 음악과 철학을 선택한 이유는 음악에는 조화로운 음조가 있고 철학은 사물 간의 조화로운 관계에 대한 사색이라고 여겼기 때문이다. 그러나 음악의 조화이든 사물간의 조화이든 일종의 수의 규칙적인 성질이 필요하였으므로 철학의 최고 대상은 수(數)였다.

피타고라스 학파는 수를 아주 중요시하였고 수를 이용해 모든 것을 해석하려고 했다. 수는 우주 만물의 본질이며 수학을 연구하는 목적은 사용하기 위함이 아니라 자연의 신비를 탐구하기 위해서였다. 다섯 개의 사과와 다섯 개의 손가락 등을 이용해 '5'라는 숫자를 추상적으로 만들어냈다.

지금 보기에는 별일 아닌 것 같지만 당시의 철학과 실용수학계에서는 상당

▶ 피타고라스의 업적

피타고라스와 그의 제자들은 기하학에 중요한 업적을 세웠다. 삼각형, 사변형 및 다변형을 연구하고 삼각형 내각의 합이 180도임을 발견했을 뿐만 아니라 무리수도 발견했다. BC 585년에서 BC 400년까지 활약한 피타고라스 학파는 직각삼각형의 피타고라스의 정리로 유명해졌으며 그 이름은 오늘날까지 이어져오고 있다.

한 발전이었다. 실용수학에 있어서 이 발견은 산술을 가능하게 만들었고, 철학에 있어서는 숫자가 실물세계를 구성하는 기초임을 사람들로 하여금 믿게 하였다.

피타고라스는 피타고라스의 정리로 유명해졌다. 직각삼각형 빗변의 제곱은 밑변의 제곱에 높이의 제곱을 더한 것과 같다는 이 피타고라스의 정리를 바빌로니아인과 중국인은 이미 알고 있었지만 최초의 증명은 피타고라스의 공으로 돌아갔다.

피타고라스는 수론에 대해 많은 연구를 했다. 자연수를 홀수, 짝수, 소수, 완전수, 제곱수, 삼각수, 오각수 등으로 구분하였다. 피타고라스 학파는 수는 우주에 하나의 개념모형을 제공하고 수량과 형상이 모든 자연물체의 형태를 결정짓는다고 보았다. 수는 양의 적고 많음을 가지고 있을 뿐만 아니라 기하형태를 가진다고 했다. 이 의미에서 그들은 수를 자연물체의 형식이나 형상으로 이해하였고 모든 사물의 총체적 본질이라고 했다. 수가 생기고 기하학의 점이 생겼고 점이 생기고 나서 선, 면, 입체가 생겼고 입체가 생겨난 뒤에 불, 공기, 물, 흙 네 가지의 원소가 생겨나 만물이 되었기 때문에 수가 만물의 우선이라는 것이다. 자연계에 발생하는 모든 현상과 법칙은 수에 의해서 결정되며 반드시 수의 조화를 따라야 한다.

피타고라스는 또 수와 물리현상 사이의 관계 설명을 통해 자신의 이론을 증명했다. 그는 세 현이 함께 내는 어떤 음과 제5도음과 제8도음 이 세 현의 길이의 비가 6 : 4 : 3임을 증명했다. 구형이 가장 완벽한 기하형태라고 보는 관점에서 출발하여 땅이 둥글다고 생각하였고 해, 달, 행성 모두 원운동을 한다

▶ 유클리드의 각종 번역본

유클리드가 생활하던 시기에 수학연구센터가 마침 그리스 아테네에서 이집트의 알렉산드리아로 옮겨갔다. BC 300년, 프톨레마이오스왕의 요청으로 알렉산드리아로 간 유클리드는 오랜 연구 끝에 『기하학 원본』을 탄생시켰다. 그림은 『기하학 원본』의 직각삼각형 정리를 번역한 각종 해석이다.

◀ 피타고라스와 조화론

피타고라스의 정리로 유명해진 피타고라스는 대수의 연구와 자연계의 모든 현상 및 법칙을 결합하고, 이들 모두 수에 의해 결정된다고 했다. 그가 말하는 아름다움은 수의 조화에 있다. 인체의 조각이든 음악의 선율이든 모두 비율관계가 성립하며, 이 비율을 따르지 않으면 아름다움이 깨진다고 보았다.

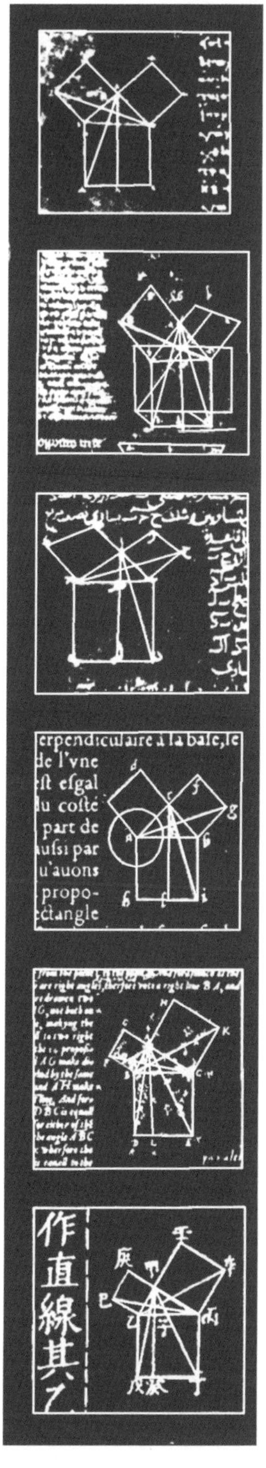

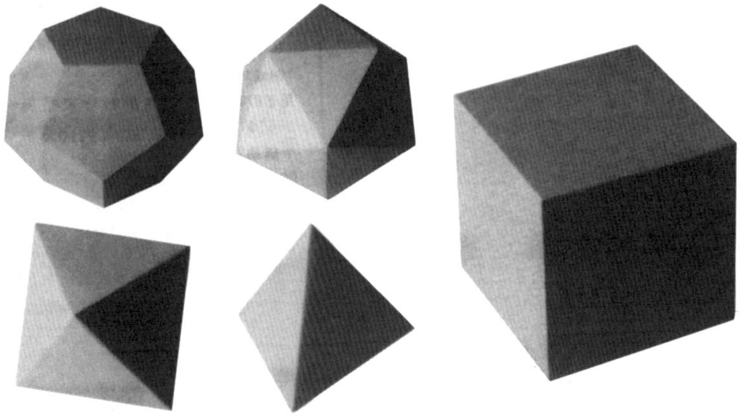

▲ **기하도형** (왼쪽 네 개)
수학사에 있어서 최초의 이정표는 고대 그리스 수학자 유클리드가 발견한 규칙적인 입체이다. 연구 초기에 그는 먼저 선과 원의 간단한 특성에서 시작하여 사면체, 육면체, 팔면체, 십이면체, 이십면체 등 다섯 가지 정다면체의 이론을 내놓았다.

▲ **정육면체** (맨 오른쪽)
피타고라스 학파 사람들은 10이라는 숫자에 특별한 애착을 가지고 있었다. 1, 2, 3, 4의 합이 10이고 이 네 개의 숫자는 대자연의 가장 기초적인 구성요소였기 때문이다. 그들은 1은 차원이 존재하지 않는 점으로 모든 수의 시작이고 두 개의 점은 1차원의 한 개의 선을 만들 수 있고 세 개의 점은 2차원의 삼각형을 만들 수 있고 네 개의 점으로 3차원의 사면체를 만들 수 있다고 보았다. 이러한 기초에서 그들은 정육면체를 만들게 되었다.

고 제시했다. 또 그는 10을 가장 완벽한 숫자로 보았으며 하늘에서 움직이는 발광체도 반드시 열 개일 것이라고 여겼다.

피타고라스는 지구는 구면으로 둘러싸인 공간의 고정된 곳의 중앙의 불을 따라 움직이며 다른 쪽에 지구와 마주보는 별이 있는데 지구와 평행을 이룬다고 여겼다. 이 중앙의 불은 우주의 제단이며 사람은 영원히 볼 수 없다고 보았다. 또한 이 열 개의 천체와 중앙 불까지의 거리, 같은 음절 사이의 음정은 같은 비율관계를 갖는다고 하였으며, 그 이유는 별의 조화로움을 확보함으로써 천체의 음악을 연주할 수 있기 때문이라고 여겼다.

피타고라스는 이와 함께 또 임의로 비물질적인 것, 추상적인 수를 우주의 본질로 확대해석하고 '만물은 수', '수는 만물의 본질', '수에 의해 구성되어 존재하는 원칙'이라고 보았으며 전체 우주가 수 및 수와 관계된 조화로운 체계라고 생각했다.

피타고라스는 수에는 두 종류만 존재하는데 정수 또는 두 개 정수의 비(분수)라고 단언하였다. 그러나 제자 중 한 사람인 히파소스가 변의 길이가 1인 정사각형이 있을 때 이 정사각형의 대각선은 정수의 비로 표현하지 못한다는 것을 발견했다. 이는 피타고라스 학파의 신조를 범하는 것이었기 때문에 피타고라스의 제자들은 히파소스를 없애버리기 위해 바다에 던져버렸다. 왜냐하면 히파소스의 발견은 피타고라스의 단언에 저촉될 뿐만 아니라 수에 관한 신비주의 세계관의 기초를 흔들리게 하는 것이었기 때문이다. 훗날 피타고라스 학파의 회원이 반증법을 통해 히파소스의 결론이 옳다는 것을 증명했다. 이렇게 해서 피타고라스 학파는 한 사람의 생명을 대가로 무리수를 발견하고 새로운 증명법도 만들었다. 과학사에서는 이 사건을 '최초의 수학의 위기'라고 부른다.

가장 위대한 추측 : 데모크리토스의 원자론

세상의 본질우주의 근원에 관한 견해를 살펴보면, 탈레스는 물, 피타고라스 학파는 숫자, 헤라클레이토스는 불, 파르메니데스는 영원한 것, 즉 불생불멸, 엠페도클레스는 흙, 공기, 불, 물의 네 가지 원소로 보았고, 원자론자들은 원자라고 보았다.

원자론의 주창자는 고대 그리스 이오니아 학파의 유명한 학자인 레우키포스Leukippos이다. 물질 구성의 원자 학설을 우선적으로 내세운 레우키포스는 원자는 가장 작은 물질로, 더 이상 나눌 수 없는 물질입자라고 생각했다. 원자 사이에는 허공이 존재하고 무수한 원자는 오래전부터 허공에 있었으며 새로 만들어지지도 파괴되지도 않는다고 보았다. 무한한 허공에서 운동하는 원자들이 만물

◀ **고대 그리스 화병**
데모크리토스의 원자론에 따르면 사람들의 인식은 사물에서 흘러나온 원자가 만든 '영상'이 사람의 감각기관과 마음에 작용하여 나타난 것이다. 그림 속의 고대 그리스 화병처럼 이 화병이 사람들에 인식되는 까닭은 자체적으로 흘러나오는 원자로 구성된 영상이 공기를 통해 사람의 감각기관을 건드려 감각기관이 인지한 결과가 만들어지기 때문이다.

▼ **시공 굴곡과 은하계**
예로부터 오늘날에 이르기까지 우주와 미립자에 대한 탐구는 철학자나 과학자의 주요 관심사였다. 일찍이 고대 그리스시대의 철학자는 4원소설을 제기하며 우주만물은 물, 불, 흙, 공기로 이루어져 있다고 주장했다. 반면 중국의 철학자들은 '오행설'을 주장하며 우주만물은 쇠, 나무, 물, 불, 흙으로 이루어져 있다고 했다. 현대 과학이 발전하면서 과학자들이 원자, 중성자, 전자, 양성자, 쿼크의 존재를 입증함으로써 우주에 관한 연구가 또 다른 양상을 맞이하게 되었다.

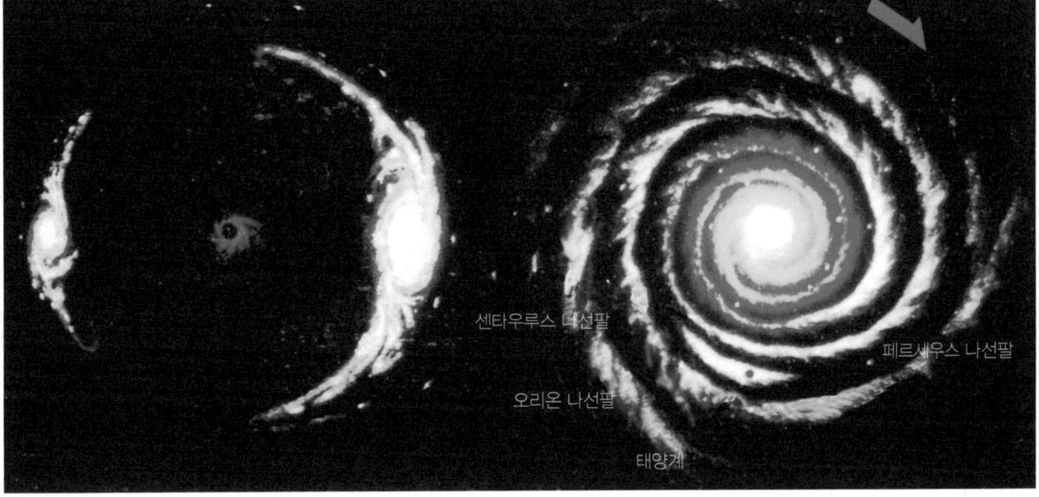

▲ 데모크리토스

데모크리토스, 에피쿠로스, 루크레티우스에서 돌턴에 이르기까지 그들에게 있어서 원자는 우주의 '벽돌'로서 더 이상 나눌 수 없고 마지막에는 위로 올라간다는 과학본체론의 초석이었다. 고증에 따르면 데모크리토스의 저서는 원자론에만 국한되지 않고 인류 지식에 관한 거의 모든 방면을 다루었다고 전해지고 있다. 하지만 오늘날까지 전해지는 것은 얼마 되지 않는다.

을 구성하고 있다고 했다.

레우키포스 학설을 더욱 발전시키고 해석을 가한 사람은 아낙사고라스의 제자 데모크리토스였다.

데모크리토스Democritos는 트라키아의 해안도시 아브데라에서 태어나 어른이 된 후에는 이집트, 바빌로니아, 인도 등지를 두루 돌아다녔다. 천문학, 지질학, 수학, 물리, 생물 등 많은 학과 및 그와 관련된 연구를 하였고 원뿔, 각뿔, 구체 등의 체적 계산법을 제시했다. 그의 저서는 자연철학, 논리학, 인식론, 윤리학, 심리학, 정치, 법률, 전문학, 지리, 생물, 의학 등의 분야를 고루 다루고 있다.

데모크리토스는 레우키포스 학설을 계승하고 발전시키면서 우주공간에는 원자와 허공 외에는 아무것도 없다고 주장했다. 원자는 계속해서 우주 속에 존재하고 생성될 수도 없고 파괴될 수도 없으며 모든 변화는 모두 원자들에 의한 결합과 분리에 의해서 일어나는 것이다. 원자의 수는 무한하며 모양 역시 다양하다. 원자의 낙하운동에서 빠르고 큰 것이 늦고 작은 것과 부딪히면 측향운동과 회전운동이 발생하기 때문에 만물이 형성되고 변화한다는 것이다. 모든 물체가 다른 것은 물체마다 각기 가지고 있는 원자의 수, 모양, 배열이 다르기 때문이다. 원자는 본질적으로는 동일하지만 원자는 '내부 형태'가 없고 원자들 간의 작용은 부딪치고 눌러지면서 전해진다.

이런 이론을 바탕으로 데모크리토스는 천체가 변화한다고 주장했다. 부

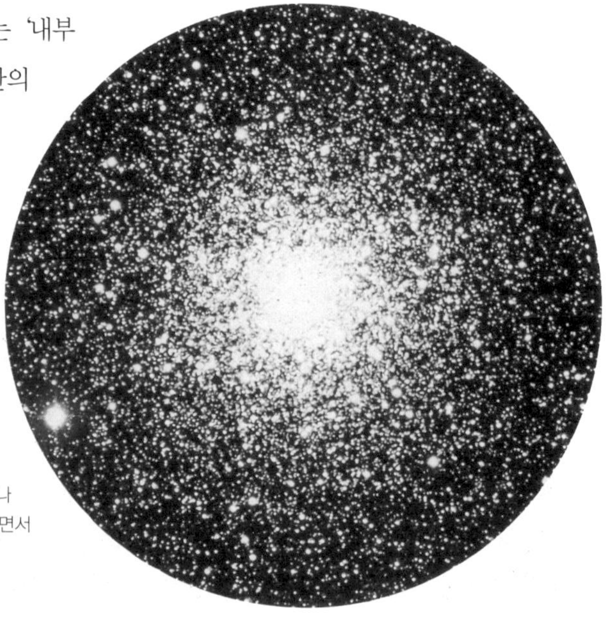

▶ 우주

데모크리토스는 철저한 기계유물론자였다. 그는 우주의 활동이 기계의 움직임과 마찬가지로 무감각하고 한계가 있다고 여겼다. 심지어 땅과 하늘, 우주의 탄생이 무수한 원자가 목적 없는 회전운동을 한 결과 나타난 것이라고 여기기까지 했다. 이 운동으로 인해 원자가 점점 커지면서 우주를 형성한다는 것이다.

▲ **원자 합성사진**
데모크리토스는 고대 그리스 원자론의 창시자인 레우키포스의 관점을 계승하면서 원자는 더 이상 나눌 수 없는 가장 작은 입자로 구성되어 있다고 보았다. 그리고 모든 사물의 시작은 원자와 허공이며, 심지어 인간의 영혼조차도 원자로 구성되어 있다고 말했다. 그림은 현대인의 원자의 크기에 대한 이해를 표현한 것이다. 만약 원자를 여러분의 손톱 크기로 확대하고 이 비율대로 손을 다시 확대한다면 당신의 손은 지구를 움켜쥘 수 있을 것이다.

딪치거나 해서 형성된 원시 회오리운동에서 상대적으로 큰 원자는 회오리의 중심으로 빨려 들어가고 작은 원자는 바깥쪽으로 밀려난다. 중심에 모여든 큰 원자는 서로 응집하여 공 모양의 큰 결합체가 되는데 이것이 바로 지구이다. 크기가 비교적 작은 물, 공기, 불 원자는 공간에서 지구 둘레를 도는 회전운동을 만든다. 지구 바깥의 원자는 회전하면서 결국엔 연소되어 각종 천체로 변하게 된다는 것이다.

데모크리토스의 원자론에는 신이 존재하는 공간이 없다. 잔혹하고 기묘한 자연현상 앞에서 공포감을 느꼈던 원시인들이 무지의 소산으로 신을 억지로 만들어내어 모든 무지를 해석하려고 한 것이라고 데모크리토스는 생각했다. 다시 말해, 그는 영원한 원자와 허공 외에는 불멸의 신 같은 것은 존재하지 않는다고 보았다. 그는 또 인간의 영혼 역시 가장 활발하고 가장 정교한 원자들로 이루어져 있으며 그렇기 때문에 영혼도 일종의 물체이고, 원자가 분리되고 물체가 소멸되듯이 영혼 역시 그에 따라 소멸된다고 보았다.

데모크리토스의 원자론은 그 후 에피쿠로스, 루크레티우스에 의해 계승되고 돌턴에 의해 발전되어 근대과학의 원자론을 형성했다.

히포크라테스 선서

▲ 서양의학의 아버지 히포크라테스
고대 그리스의 의사 히포크라테스는 임상에서 출발하여 4체액 이론을 확립했다. 그는 인간의 몸에는 혈액, 흑담즙, 황담즙, 점액 이렇게 네 종류의 체액이 있으며 이들이 함께 인간의 생명을 잡고 있고 인체 내부의 평형을 이끌고 있다고 보았다. 이 이론은 서양의학 이론의 기초가 되었고 히포크라테스는 서양의학의 아버지라고 불리고 있다.

히포크라테스Hippokrates는 서양이 공인한 의학의 아버지이다. 여러 곳을 두루 돌아다닌 히포크라테스는 그리스 각 지역을 돌아다니며 각 지역의 민간의학을 광범위하게 습득하면서 고대 그리스 코스 학파의 뛰어난 대표가 되었다. 히포크라테스와 그 학파는 후세에 주옥과 같은 훌륭한 서서 『히포크라테스 전집』 총 70권을 남겼다. 해부학, 생리학, 병리학 및 모든 과의 임상과 진단 등 수많은 의학 관련 지식이 총망라되어 있으며 현재에는 60권만 전해진다.

히포크라테스의 최대 업적은 질병이 변해가는 과정을 실제로 관찰하여 "신이 병을 주신다"는 얼토당토않은 생각을 뒤엎고 의학에 과학의 기초를 확립한 점이다. 히포크라테스는 어떤 병이든 그 병이 발생한 것은 모두 나름대로 원인이 있다고 보았다. '4체액이론'에서 인체를 구성하는 네 가지 체액으로 혈액, 점액, 황담즙, 흑담습이 있으며 체내에서 이들의 혼합비율이 모두 다르기 때문에 사람 역시 다혈질, 점액질, 담즙질, 우울질 네 가지 기질유형으로 분류

▶ 그리스 치유의 신 아스클레피아데스
그리스 초기 의학에서는 증상을 다른 이름의 질병으로 분류하지 않았고 증상이 바로 병명이었다. 무의와 신을 믿는 사람들은 질병을 외부의 신비로운 어떤 힘이 사람 몸에 저주를 행하는 것이라고 여겼다. 하지만 히포크라테스는 이를 진실된 본성에 대한 무지의 탓이라고 보았다. 그림은 그리스인들의 마음을 치유하는 신 아스클레피아데스의 조각상이다. 자신을 상징하는 뱀지팡이를 들고 있다.

▶ 무의
남아프리카 무녀들의 모습이다. 특별히 모은 뼈와 이상한 물건을 던져 질병이 앞으로 어떻게 될 것인지에 대해 예측하고 있다. 뼈가 떨어진 위치가 어딘가에 따라 환자가 알고 싶어하는 질문에 대한 가장 신성하고 명확한 답이 제시된다고 믿는다. 미신을 치료법으로 믿었던 때가 히포크라테스가 활동을 하던 시대이기도 하다.

◀ 벽화 속의 히포크라테스
라티움 아나니의 교회 지하실 벽화 속에 들어 있는 히포크라테스의 모습이다. 미신으로 질병치료를 하던 시대에 히포크라테스는 의학이 독립된 과학의 한 분야라는 생각을 제기하였으며 공개적으로 오랫동안 가르침과 토론을 진행하기도 했다. 의학 발전을 위해 쌓은 많은 위대한 업적으로 히포크라테스는 많은 사람들의 존경을 받고 있다. 그의 형상도 벽화 속에 남아 영원히 전해질 것이다.

할 수 있다고 했다. 인체의 이 네 가지 체액이 조화를 이루어야 사람은 건강하고 그렇지 않은 경우에 병에 걸린다고 했다. 체액의 조화는 외부적인 요소의 영향을 받은 결과이기도 하다. 병을 치료함에 있어서 그는 반드시 환자의 기질, 특징, 생활방식 등에 먼저 주의를 기울여야 하고 사람을 보지 않고 병만 보아서는 안 된다고 했다. 치료해야 할 것은 병뿐이 아니며 그보다 더욱 중요한 것은 환자라고 했다. 특히 '자연요법'을 강조하기도 하였는데 쉽게 약을 쓰지 말고 몸이 스스로 회복될 수 있도록 하는 것이 우선이라고 주장했다. 치료에 있어서 예후할 수 있어야 한다고 하였는데 의사는 병을 일으킨 원인을 바탕으로 병이 어떻게 발전할 것인지를 예측해야 한다고 했다. 히포크라테스는 당시의 관습과 종교의 금지령에 맞서 비밀리에 인체해부를 실시하였으며 이를 통해 인체구조에 관한 많은 지식을 얻으며 외과학의 기초를 세웠다. 골절 환자에 대해 제시한 히포크라테스의 치료법은 훗날 과학적 원리에 적합한 것으로 증명되었다. 그를 기념하기 위하여 후세들은 끌어당기거나 형태 교정에 쓰이는 침상을 히포크라테스의 벤치Hippokratic bench라고 부른다.

▲ 디오스코리데스 『약물지』
디오스코리데스(Dioskorides)는 히포크라테스와 같은 시기의 의학자로, 각종 약용식물을 상세히 기록한 약학사전을 펴냈다. 그림은 『약물지(De materia medica)』에서 발췌한 아름다운 삽화인데 하나는 수선화, 또 하나는 마조람과 차조기에 관한 설명을 담고 있다

히포크라테스가 더욱 훌륭한 것은 의학 분야의 도덕성 문제를 제기했다는 점을 들 수 있는데 그것도 『선서』의 형식으로 표현했다는 점이다. 선서의 내용은 의사의 덕과 사회적 책임감을 강조하였다. 의사는 죽어가는 사람을 살리고 부상당한 사람을 치료하는 것을 근본으로 삼아야 하며 절대 의술로 이익을 꾀해서는 안 된다는 것을 주요내용으로 삼고 있다. 1949년 세계의사협회는 선서를 국제 의학 도덕규범으로 지정하여 오늘날까지 서양의 수많은 국가에서 병원을 개업할 때 그의 선서 내용을 선서식에서 사용하고 있다.

▲ 플라톤

고대 그리스의 위대한 학자. 과학 분야에 있어 마이너스(−)의 개념을 설명했고 천문학과 기하학을 결합함으로써 훗날 지구중심설(천동설)의 기초를 마련했다. 피타고라스의 우주조화에 관한 사상을 발전시켰으며 천체운동의 궤도는 둥글다고 하였다. 뿐만 아니라 우주와 인체를 비교하여 우주의 성질과 구조에 관한 견해와 인체 생리의 견해를 추론하기도 했다.

철학왕의 이상국가 : 플라톤 학파

플라톤의 스승은 소크라테스이며 플라톤의 많은 이론은 소크라테스의 사상을 논하기 위한 것이었다.

소크라테스Socrates는 고대 그리스의 유명한 철학자이며 최초로 철학을 하늘에서 땅의 인간세상으로 가져온 사람이다. 조각가 집안에서 태어난 소크라테스는 어릴 때부터 아버지로부터 예술을 배웠으며 군인이 되어 세 차례 참전하기도 했다. 그는 스스로를 '지혜가 없으나 지혜를 사랑하는 사람'이라고 말했다. 철학은 소크라테스에게 있어 사유하는 개인의 일이 아니라 도시국가에 대한 공문의 의무였다. 이런 의미에서 그는 자칭 사회적 폐단을 지적하고 시정

▶ 플라톤 아카데미

플라톤 아카데미는 서양에서 학술의 자유라는 전통을 개척했다. 학생들이 독립적인 사고로 참여하고 반박하고 논쟁하고 비평하는 것을 장려한 반면 스승이 앞에서 시키는 대로 따라 하는 식의 교육에 대해서는 반대했다. 교학 방면에 있어서는 아카데미 문 입구에 "기하학을 모르는 사람은 들어오지 마시오"라는 팻말을 걸어 놓을 정도로 수학을 중요시했다. 당시 많은 정치가들이 플라톤에게 가르침을 요청하여 아카데미가 '정치훈련반'이라고 불리기도 했다.

◀ **소크라테스의 마지막 수업**
소크라테스의 영향을 매우 많이 받은 플라톤은 소크라테스의 죽음으로 인해 정부에 대해 심한 불만을 품게 되었고, 그 후 장장 12년 동안 떠돌이 생활을 했다. 가는 곳마다 그곳의 유명 학자들에게 가르침을 청하고 또 그들과 사회제도의 형식이나 심오한 철학사상에 대해 토론하기도 했다. 이러한 과정에서 플라톤은 점차 자신만의 세계관을 형성하게 되었고 방랑생활을 접고 돌아온 뒤 그의 대표작인 『국가론』을 완성했다.

하는 신성한 일꾼이었다. 소크라테스의 정치적 이상은 사회정의와 국가의 강성이었다. 약 BC 399년, 소크라테스는 "국가가 신봉하는 신을 존경하지 않고 청년들을 나쁜 길로 빠지게 한다"는 죄명으로 유죄선고를 받고 옥중에서 독배를 받아 마시고 죽었다.

소크라테스의 관심사는 우주에 관한 것이 아니라 인간에 관한 것이었다. 그는 모든 것은 신이 창조하고 신이 배정하는 것이며 만물이 생겨나는 것은 신의 지혜와 목적이라고 여겼다. '무지의 지나는 내가 모른다는 것을 알고 있다' 라는 명제에서 자신이 무지하다는 것을 인정하는 사람이야말로 똑똑한 사람이며 진정한 '앎' 은 신에게 복종하는 것이라고 강조했다.

"너 자신을 알라"는 델포이 신전의 기둥에 새겨진 말이다. 소크라테스는 이

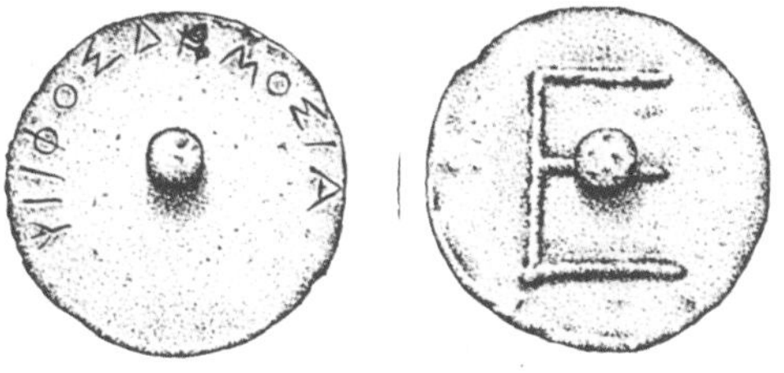

▲ **투표할 때 사용되었던 구리조각**
민주정치를 시작한 아테네는 가장 공정한 해결책을 찾기 위하여 거의 모든 공적인 결정이나 정책에 대해서 전 시민의 투표를 실시했다. 그림의 작은 구리조각이 바로 당시 사람들이 투표할 때 사용했던 도구이다. 구리조각 위의 작은 손잡이의 속이 꽉 차 있느냐 비어 있느냐에 따라서 자신이 던진 한 표의 가부가 결정된다.

명언을 이용하여 인간을 연구하고 인간의 영혼을 통해 자연을 연구했다. 인간의 영혼 내면에는 세상과 서로 부합되는 원칙이 포함되어 있다고 여겼으며 무엇보다 먼저 마음의 영혼에서 이러한 내재적인 원칙을 찾은 후 이 원칙대로 외부세계를 규정지어야 한다고 주장했다. 사람은 자신의 내면세계를 알아야 하며 '자아'로부터 외부 사물을 설명할 줄 알아야 한다고 역설했다.

그렇다면 이 내재적인 원칙은 무엇일까? 소크라테스는 이 원칙이 바로 덕이라고 말했다. '덕'은 착한 일을 하는 예술을 가리키며 모든 능력 중에 가장 고상한 것이다. 그는 넉이란 모든 사람이 배우면 할 줄 알게 되거나 또는 확실히 알 수 있는 원칙이라고 생각했다. 이 의미에서 볼 때 덕은 지식과 같은 것이다. "덕이 곧 지식이다"와 "너 자신을 알라" 이 두 가지 호응되는 원칙은 자신에 대한 인식이며 곧 덕에 관한 지식이다. 소크라테스가 "덕이 곧 지식이다"라는 명제를 제시한 주요목적은 지행합일, 지덕일체를 강조하기 위해서였다. 그의 도덕적 실천은 "덕이 곧 지식이다"에 대한 가장 훌륭한 해석이다. 비도덕적인 죄를 받을지언정 그는 비도덕적인 일을 하려 하지 않았다. "덕이 곧 지식이다"와 "나쁜 일을 하고자 하는 사람은 없다"라는 명제를 위해 자신의

▶ 플라톤의 수학관
플라톤의 우주관은 수학의 우주관이었다. 그는 천문학도 기하학과 마찬가지로 문제제기와 문제해결의 방법을 통해 연구할 수 있다고 생각했다. 수의 형태논리에 대한 집착이 '삼각형이 가장 유효하고 가장 안정된 형상'이라는 생각을 적극적으로 알리게 되는 계기가 되었다. 숭고한 하느님을 찬양하는 그림에도 자신의 생각을 대입했다.

생명을 내놓았다.

소크라테스의 이러한 실천과 그의 인격은 후세 철학자들에게 훌륭한 모범이 되었다. 남겨놓은 저서는 비록 없지만 그의 사상은 다른 사람과의 대화 속에서 표현되고 그의 말이나 행동은 제자들이 쓴 책을 통해서 알 수 있다. 후세에게 영원히 그의 이름을 각인시켜 준 여러 제자들 중 가장 유명한 사람이 바로 플라톤이다.

플라톤은 고대 그리스의 철학뿐만 아니라 서양철학에서, 서양문화를 포함한 모든 분야에서 가장 위대한 철학자이자 사상가 중 한 사람이다.

소크라테스의 제자인 플라톤은 스승 소크라테스가 위험에 처한 후 그리스 영웅 아카데무스의 이름을 딴 운동장 부근에 학파를 설립했다. 이것이 서양 최초의 고등교육기관이며 중세 때 서양에서 발전하기 시작한 대학의 전신이다. 그는 이곳에서 이론을 만들면서 학문을 연구하고 제자들을 가르쳤다. 철학 외에도 수학, 천문학, 음향학, 식물학 등 자연과학 지식도 가르쳤으며 이중 최고급과정은 역시 철학이었다. 수학을 매우 중요하게 여겼던 플라톤은 아카데미 입구에 이런 팻말을 달아두기도 했다. "기하학을 모르는 사람은 들어오지 마시오."

플라톤은 천문학을 수학의 일부분으로 만들려고 시도했다. 태초의 우주에는 구분이 전혀 없는 혼돈의 상태였으며 이 혼란이 사라진 것은 초자연적인 신들의 활동에 의한 결과라고 생각했다. 우주는 혼돈상태에서 질서정연한 상태로 바뀌었으며 가장 중요한 특징은 조물주가 세상에 이성이론을 만들어주었기 때문이라는 것이었다.

플라톤의 우주관은 기본적으로 수학의 우주관이었다. 그는 우주에는 두 종류의 직각삼각형이 존재한다고 상상했다. 하나는 정사각형의 1/2이고 다른 하나는 이등변삼각형의 1/2이다. 이 두 삼각형에서 네 종류의 정다면체가 만들어져 네 가지 원소의 미립자를 구성한다는 것이다. 불 미립자는 정사면체, 공기의 미립자는 정팔면체, 물의 미립자는 정이십면체, 흙의 미립자는 정육면체이다. 정다면체는 정오각형으로 이루어진 십이면체로 하늘의 물질을 구성하는 다섯 번째 원소이며 에테르라고 한다. 그리고 우주 전체는 하나의 구형이며 영혼이 가득 찬 공간이다. 우주는 원형운동을 하는데 그 이유는 원주운동이 가장 완벽하기 때문에 손이나 발로 움직이지 않아도 되는 것이다. 4대원소 각종 원소의 수량은 다음과 같다. 공기에 대한 불의 비율은 물에 대한 공기의 비율과 흙에 대한 물의 비율과 같다. 만물은 하나의 숫자로 명명이 가능하고 이 숫자는 그 물질들이 가지고 있는 원소의 비율을 나타낸다.

플라톤은 인간의 본성을 영혼으로 귀결시켰다. 인간은 영혼과 육체의 결합이 아니라 육체를 이용하여 목표에 이르는 영혼이라고 보았다. 다른 한편으로는 영혼에 대한 육체의 반작용으로도 보았다. 이런 작용은 영혼에 유익하기도 하고 무익하기도 하다. 『국가론』은 우선 영혼에 대해 이성, 의지, 욕망의 구분을 취했다. 영혼은 인간의 행위가 세 가지 원칙에 복종해야 한다는 것이다. 이성은 사상활동을 통제하고 의지는 이성의 감정에 맞도록 통제하고 욕망은 육체가 즐거움을 찾고 어려움에 가지 않으려는 경향을 지배해야 한다. 이성원칙이 영혼을 지배할 때 영혼은 정당하게 신체를 통솔해야 한다. 반대로 욕망원

▼ 일반 민중에게 웅변술을 가르치고 있는 철학자
플라톤은 인간의 영혼은 이성, 의지, 욕망 세 부분으로 이루어져 있다고 생각했다. 이들은 각각 지혜, 용기, 절제의 세 가지 덕목을 대표한다. 이 덕목의 차이를 기초로 플라톤은 도시국가의 시민을 통치자, 군인, 생산자 등 세 가지로 분류했다. 통치자는 지혜로 도시국가를 다스리고 군인은 용기로 도시국가를 수호하며 생산자는 지혜자의 통치와 가르침을 받아들여 국가의 부를 창조하는 일을 한다.

칙이 영혼을 지배할 때 신체는 영혼을 통솔하게 된다. 어떠한 상황이든 결정적인 작용을 하는 것은 언제나 영혼 자신의 원칙이라는 것이다.

“나라를 다스리는 일은 개인적인 일보다 중요하다.” 플라톤은 모든 사람이 자신의 본성에 맞는 일을 하는 것이 사회정의라고 보았다. 다시 말해, 통치자는 지혜로 나라를 다스리고 군인은 용감하게 국가를 보호하는 것이다. 생산노동자를 포함한 모든 사람들이 서로의 행위에 대해 조절과 절제를 해야 한다는 뜻이다.

“철학자가 이 세상의 왕이 아닌 이상, 우리가 현재 왕이라고 부르는 사람과 통치자가 진정한 철학자가 아닌 이상, 국가의 재난과 인류의 재난은 끝이 없을 것이다.” 국가와 모든 인류의 이익을 위해 정치권력과 철학은 같은 사람이 지배해야 하며 “다른 방법을 배척하는 것은 강력하게 금지되어야 한다.” 플라톤이 제시한 철학자 왕의 주장은 왕이 철학가의 흥미나 이익, 목표에 부합하기 때문이 아니라 철학자가 왕이 되어 국가와 공중의 이익에 부합해야 하기 때문이라는 것이다. 이에 플라톤은 철학자의 사명과 본분을 이렇게 결론 지었다. 철학자의 운명은 개인의 행복을 포기하고 대중을 위해 행복을 추구해야 한다는 것이다. 대중을 위해 행복을 추구하는 철학자의 길은 교육에 대한 일깨움이다.

플라톤은 80세의 고령에도 불구하고 병에 시달리지 않았다. 그가 세상을 떠난 뒤 그의 아카데미는 제자들에 의해 대대로 9세기에 이르는 오랜 기간을 이어져 왔으며 529년에 회의적 정신을 숭배한다는 이유로 로마제국에 의해 강제로 문을 닫게 되었다.

백과사전 학자 : 아리스토텔레스

▲ **아리스토텔레스**

아리스토텔레스는 고대 그리스의 철학자이자 논리학자, 과학자였다. 그는 탈레스 이래로 고대 그리스 철학의 발전성과를 종합하고 또 최초로 철학과 다른 과학을 분리한 사람이다. 논리학, 윤리학, 정치학, 생물학 등의 독립적인 연구를 개척한 아리스토텔레스의 학술사상은 서양문화의 발전에 지대한 영향을 미쳤다.

아리스토텔레스Aristoteles는 트라키아의 스타게이로스에서 태어나 20년 동안 플라톤을 스승으로 모셨다. 플라톤이 세상을 뜬 후 아리스토텔레스는 아소스에 있는 아카데미 분교로 옮겼다. BC 343년, 필립이 아리스토텔레스를 자신의 아들 알렉산더의 교사로 초청하였고, 그 후 알렉산더 대제가 즉위한 뒤 아리스토텔레스는 알렉산더 대제의 대헬레니즘 정책과 자신의 조카에 대한 판결에 불만을 품게 되어 다시 아테네로 돌아와 리케이온 아카데미를 설립했다. 리케이온 아카데미는 플라톤 아카데미와 어깨를 나란히 하는 철학의 중심지였다. 그는 페리파토스 숲의 오솔길에서 산책을 하면서 학생들과 철학 문제를 토론하는 것을 즐겼는데 이 때문에 사람들은 아리스토텔레스에 의해 열린 학파를 '소요 학파' 라고 불렀다. 알렉산더 대제가 죽은 뒤 아테네사람들의 반(反)마케도니아 정서가 격앙되었고 그 화가 아리스토텔레스에게까지 미치게 되었다. 이에 그의 학설도 비난을 받고 "신을 공경하지 않는다"는 죄목으로 판결을 받게 되자 아리스토텔레스는 아테네인들이 '반철학' 의 죄를 더 이상 짓지 않도록 하기 위해서는 아테네를 떠나는 것이 차라리 더 나을 것이라는 생각 끝에 에게해의 작

▼ **아크로폴리스**

그림은 그리스시대 이데네 아크로폴리스 전경을 그린 것이다. 당시 아크로폴리스는 고대 그리스의 사상, 종교, 문화를 모아 하나로 묶은 문명의 도시이자 아리스토텔레스가 활동을 하던 시대의 찬란한 문명을 대표하는 곳이다. 아리스토텔레스는 이곳에서 플라톤의 뛰어난 지식을 받아들이고 여러 나라를 두루 둘러본 후 그의 작품을 가지고 다시 돌아와 아카데미를 설립하여 많은 제자들을 받아들였다. 아크로폴리스의 번영과 무한한 매력이 아테네를 지식과 부의 보고(寶庫)로 만들었음을 알 수 있다.

은 섬으로 옮겨와 그 이듬해 세상을 떠났다. 아리스토텔레스는 고대 역사상 가장 위대한 철학자이자 과학자인 동시에 교육자였다. 그는 논리학, 물리학, 생물학, 심리학 등을 개척하는 데 공을 쌓았고 『오르가논』, 『형이상학』, 『물리학』, 『기상학』, 『정치학』, 『수사학』, 『시학』 등 많은 훌륭한 저서들을 남겼다.

천문학 분야에 있어 아리스토텔레스는 운행하는 천체는 물질의 실체이며 땅은 둥글고 우주의 중심이라고 보았다. 지구와 천체는 다른 물질로 이루어져 있고 지구상의 물질은 물, 공기, 불, 흙의 네 가지 원소로 구성되어 있으며, 천체는 제5원소인 '에테르'로 이루어져 있다고 했다. 물리학 분야에 있어서 아리스토텔레스는 원자론을 반대하고 진공의 존재를 인정하지 않았다. 그는 또 물체는 외부의 압력에 의해서만 움직이고 외부의 힘이 정지하면 움직임도 멈춘다고 보았다. 생물학 분야에서는 500여 종의 식물과 동물에 대한 분류작업을 하였으며 50여 종의 동물을 해부하고 연구하였다. 예를 들면 각종 곤충의 변형, 장어의 생식습관, 개상어의 생식 발육 등에 대해서 연구를 했다. 그가 동물분류학의 창시자라고도 할 수 있다. 뿐만 아니라 기상학 분야의 자연현상을 해석했다. 그는 모든 금속은 서로 변하며, 변하는 원인이 금속의 성분이 서로 비슷하기 때문이라고 보았다. 이 주장은 훗날 연금술의 유래가 되었고 연금술은 화학의 시초가 되었다.

▲ **고대의 철학자들**
이 그림은 이븐 알 아라비(Ibn al' Arabi)가 지은 『예지의 보석』에 실린 것이다. 고대 그리스 · 로마시대에는 철학과 과학을 따로 구분하지 않았으며 많은 철학가들은 수학을 연구하면서 물리학에도 관심을 가졌다. 이러한 철학자들 가운데 대표적인 인물이 아리스토텔레스이다. 우주사물 구성의 탐구에 있어 아리스토텔레스는 스승의 기하 형식의 분석을 반대하며 '물, 흙, 불, 공기'의 느낄 수 있는 성질을 이용해 우주의 구성을 분석했다. 또한 정치학, 수사학 분야에도 커다란 업적을 쌓았다.

아리스토텔레스의 사상은 서양문화의 근본 경향에서 내용에 이르기까지 매우 커다란 영향을 미쳤으며 그의 저서는 라틴어, 시리아어, 아라비아어, 이탈리아어, 히브리어, 독일어, 영어로 번역되었다. 또한 그의 사상은 중세시대 기독교 사상과 이슬람 철학의 중심이 되었다.

그리스 철학을 집대성한 학자로 불리는 아리스토텔레스는 그리스 과학에 있어 가장 전면적인 체계를 세운 인물로 그리스 과학의 전환점을 마련했다. 아리스토텔레스 이전의 과학자와 철학자들이 완벽한 세상의 체계를 제시함으로써 자연현상을 해석하려고 힘을 썼다면 그는 마지막으로 완벽한 세상의 체계를 제시한 인물이다. 아리스토텔레스 이후 수많은 과학자들은 완벽한 체계를 위한 시도를 포기하고 구체적인 문제에 대한 연구로 방향을 돌렸다.

04 헬레니즘 · 로마시대의 과학기술

중국

진나라 때 삼공구경 설치. 태사는 천문과 역법, 기록 담당. 태의는 의학 담당. 전국에 정초를 10월로 하는 『전욱력』 반포, 시행. 12간지체계 형성

BC 3세기 진시황 방사에게 불로장생약을 만들어 올 것을 명령한 뒤 연단술이 시작됨

BC 3세기~BC 1세기 『구장산술』 최종 편찬

BC 3세기 말 허난성의 한 술집에서 중국의 가장 오래된 철 제련용 화로 발견

BC 2세기 서한 사마천의 『사기』 중 『천관서』 하늘에 관해 상세히 기록한 최초의 저서

BC 2세기 중국 한나라 때 농경에 24절기 채택

BC 2세기 유안 『회남만필술』에 "황산구리에서 철을 얻어 구리로 만들었다"고 기록, 금속치환반응 발견.

서한 초 중국 연단가 비소 황동을 만들어 '약금'이라고 명명함

BC 186년 경락 학설을 기록한 『맥서』와 도인을 묘사한 『인서』 출현

BC 177년 한 문제 때 일식현상이 발생하자 백성들에게 사죄를 고함.

황제가 이상한 날씨나 기후현상이 나타나면 본인의 탓으로 돌리고 사죄를 구하는 선례를 만듦

BC 175년 중국 최초의 철전인 사주전 사용 시작

BC 167년 순우의가 편집해 엮은 『진적』 중국에 현존하는 최고 오래된 의안

BC 152년 한 경제 묘에 나반석 설치. 윗부분에는 음각 十자 경위선이 있고 북쪽을 가리킴

BC 133년 이소군 최초로 단사로 황금을 만들고 황금으로 만든 그릇을 사용하면 장수한다고 생각. 중국 연단술의 최초 기록

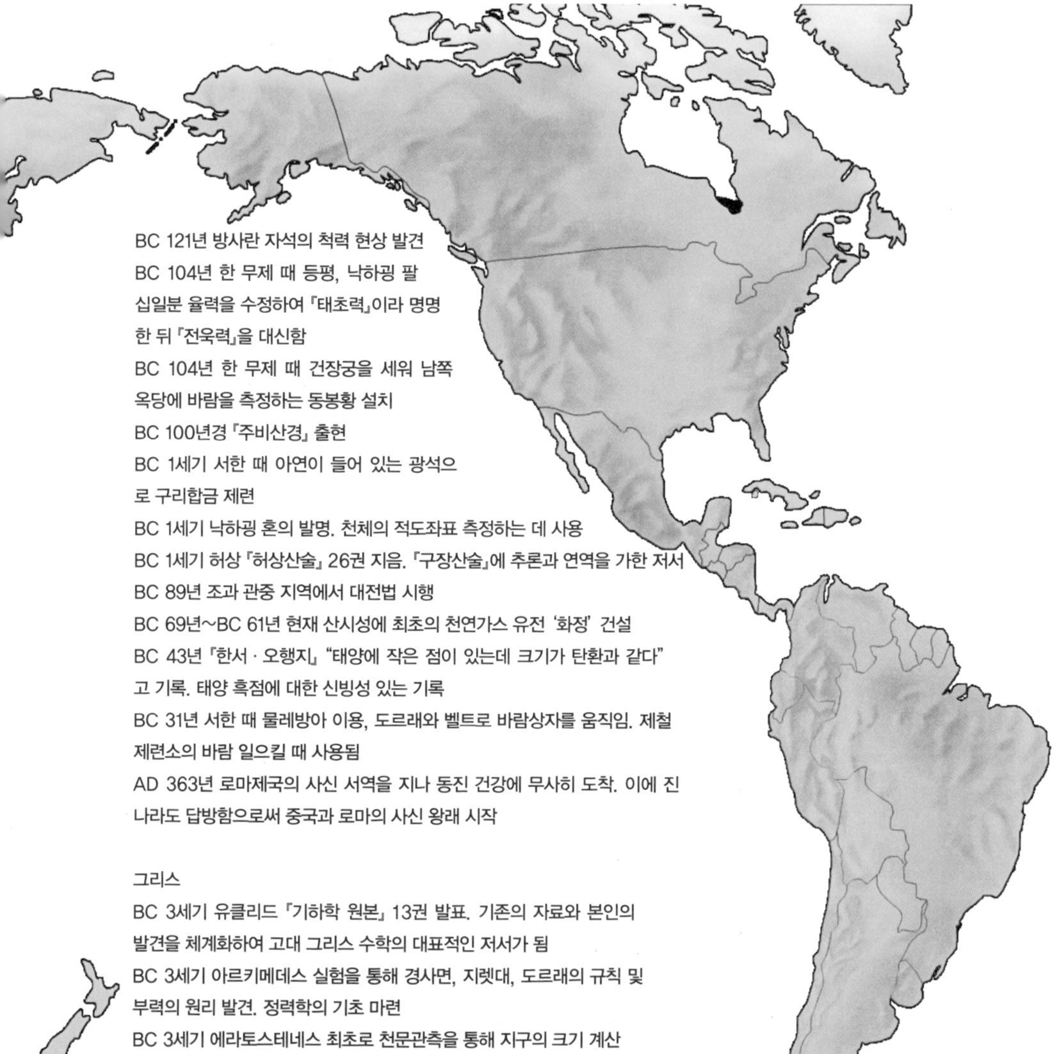

BC 121년 방사란 자석의 척력 현상 발견
BC 104년 한 무제 때 등평, 낙하굉 팔십일분 율력을 수정하여 『태초력』이라 명명한 뒤 『전욱력』을 대신함
BC 104년 한 무제 때 건장궁을 세워 남쪽 옥당에 바람을 측정하는 동봉황 설치
BC 100년경 『주비산경』 출현
BC 1세기 서한 때 아연이 들어 있는 광석으로 구리합금 제련
BC 1세기 낙하굉 혼의 발명. 천체의 적도좌표 측정하는 데 사용
BC 1세기 허상 『허상산술』 26권 지음. 『구장산술』에 추론과 연역을 가한 저서
BC 89년 조과 관중 지역에서 대전법 시행
BC 69년~BC 61년 현재 산시성에 최초의 천연가스 유전 '화정' 건설
BC 43년 『한서 · 오행지』 "태양에 작은 점이 있는데 크기가 탄환과 같다"고 기록. 태양 흑점에 대한 신빙성 있는 기록
BC 31년 서한 때 물레방아 이용, 도르래와 벨트로 바람상자를 움직임. 제철 제련소의 바람 일으킬 때 사용됨
AD 363년 로마제국의 사신 서역을 지나 동진 건강에 무사히 도착. 이에 진나라도 답방함으로써 중국과 로마의 사신 왕래 시작

그리스
BC 3세기 유클리드 『기하학 원본』 13권 발표. 기존의 자료와 본인의 발견을 체계화하여 고대 그리스 수학의 대표적인 저서가 됨
BC 3세기 아르키메데스 실험을 통해 경사면, 지렛대, 도르래의 규칙 및 부력의 원리 발견. 정력학의 기초 마련
BC 3세기 에라토스테네스 최초로 천문관측을 통해 지구의 크기 계산
BC 3세기 아리스타르코스 최초로 태양과 달, 지구에 대한 거리의 비율을 계산. 태양이 우주의 중심이고 지구는 태양의 주위를 회전한다는 관점 제시
AD 100년경 고대 그리스 니코마코스 『산술론』을 지은 후 산술이 독립학과로 분리
AD 2세기 프톨레마이오스 당시로서는 비교적 완벽한 성표를 제작. 대기굴절현상 최초 발견. 프톨레마이오스 『천문학 집대성』에 주전원과 이심원의 복잡한 체계를 이용해 지구중심설을 상세히 설명
AD 3세기 디오판토스 대표저서 『산학』 13권 완성. 제6권은 현재까지 전해지며 수많은 방정식과 부정방정식의 해를 구함

'헬레니즘시대'는 알렉산더의 동방원정 시기의 지중해 동부의 역사 및 문화의 특징을 가리킨다. 헬레니즘은 하나의 문화가 아니라 그리스, 이집트, 바빌로니아, 고대 인도 및 기타 동방문화가 결합된 것으로 세계 5대 문명발상지의 최초의 소통이다. 이 시기는 과학기술이 급속도로 발전하였으며 일부 자연과학의 학과가 철학에서 점차 분리되고 새로운 학과가 독립적인 탐구를 시작함으로써 향후 서양의 자연과학 발전에 지대한 영향을 미치게 되었다.

지혜의 도시 : 알렉산드리아 도서관

▲ 알렉산더 대제

가장 유명한 정복자인 알렉산더의 명령에 의해 건립된 것이 바로 알렉산드리아 도서관이다. 알렉산더가 세상을 떠난 뒤 도서관은 여전히 후세들에 의해 번창했으며 인류 역사상 가장 위대한 도서관이 되었다.

헬레니즘시대는 고대 과학의 역사기록의 중단을 상징하고 연구활동이 조직화되면서 사회의 지지를 받는 일종의 새로운 방식이 발전한 시대였다. 헬레니즘의 뚜렷한 특징은 바로 순수과학과 자연철학의 제도화이며 이 특징이 특히 두드러지는 곳은 알렉산드리아 박물관과 도서관이다.

이집트 북부 지중해 연안의 항구도시인 알렉산드리아는 동양과 서양의 문화가 만나는 곳이다. 헬레니즘 · 이집트의 첫 번째 국왕인 프톨레마이오스가 왕실 과학과 학문을 후원하고 지지하는 전통을 시작한 이래 알렉산드리아 도서관은 5세기까지 700년 동안 계속 유지되었다.

실제로 알렉산드리아 도서관의 전신은 박물관이었다. 신화 속에 나오는 아홉 명의 여신 뮤즈를 모시는 박물관이었고 박물관에서 일하는 사람들은 녹봉을 받았고 연구에 종사하는 사람들의 모든 경비는 국가에서 부담해 주었다. 이집트의 프톨레마이오스 왕조와 그들의 후임자는 연구자들을 위해 왕실에 호화스러운 건물을 지었다. 작업실, 강연장, 해부실과 동물원, 천문대도 갖춰

▶ 에페소스 세루시우스 도서관 유적

최초로 학습과정을 정규화한 시대는 고대의 메소포타미아였다. 당시의 교육은 신을 모시거나 제사를 하는 일을 담당하는 신직(神職)이 관리하였고 필경사(서기)와 신직 육성이 교육의 목적이었다. 필경사들은 훗날 전문적으로 베껴 쓰는 일을 하는 필사원, 도서관 관리, 교사가 되었으며 가장 중요한 직업으로 간주되었다. 학습이 중요시되는 상황에서 학습 장소는 도서관으로 정해졌고 원고 베껴 쓰기, 배운 지식을 암송하고 다시 말하기 등이 주요 학습내용이었다. 그림은 고대 그리스의 에페소스에 있는 세루시우스 도서관 유적으로 당시 학습을 위한 중요한 장소이자 지식의 보고였다.

져 있었으며 기타 연구시설도 있었다. 프톨레마이오스 왕조의 국왕들은 별도로 아주 웅장한 도서관을 건립했다. 도서관을 위해 수단과 방법을 가리지 않고 모든 방법을 동원하여 도서를 수집했다. 알렉산드리아 항구에 들어오는 선박들을 일일이 수색하여 일단 발견된 도서는 무조건 국적을 불문하고 바로 알렉산드리아 도서관으로 갔다. 전설에 의하면 고대 그리스 3대 비극작가인 에우리피데스, 아이스킬로스, 소포클레스가 직접 손으로 쓴 원고가 당시 그리스 자료관에 소장되어 있었다고 한다. 이 사실을 알게 된 프톨레마이오스 3세는 비상한 묘책을 생각해 내었다. 복사본을 만든다는 이유를 대고서 엄청난 금액의 보증금으로 그리스를 설득하여 관례를 깨면서까지 책을 빌려오는 것이었다. 결과는 성공적이었다. 하지만 결국 그리스에 돌려준 것은 원본이 아니라 복사본이었고 친필로 쓴 원고는 알렉산드리아 도서관에 남았다.

▲ **트로이 전쟁**
그리스 문학은 호메로스가 쓴 두 편의 서사시 『일리아드(Ilias)』와 『오디세이(Odysseus)』에서 시작된다. 『일리아드』는 그리스인이 트로이를 공격한 과정을 그렸으며 『오디세이』는 그리스 영웅 율리시스의 귀향과정을 그린 작품이다. 고대 그리스의 문학과 예술작품에서 우리는 트로이 전쟁에 관한 내용을 자주 접할 수 있다.

정당한 방법은 물론 정당하지 않은 방법까지도 동원한 덕분에 알렉산드리아 도서관은 아주 빠른 속도로 인류 역사상 가장 위대한 도서관으로 발전했다. BC 9세기 고대 그리스의 유명한 시인 호메로스가 쓴 모든 시의 친필 원고가 소장되어 있었고 처음으로 도서관에서 복제하고 라틴어로 번역하기도 했다. 『기하학 원본』을 비롯한 고대 그리스의 수학자 유클리드의 수많은 친필 원고, 일찍이 BC 270년에 태양과 지구 이론을 제시한 고대 그리스 천문학자

◀ **밀레투스**
BC 7세기에서 BC 6세기까지 인류사상사에 있어 혁명을 일으킨 초기 그리스 사상가들은 거의 모두 이오니아의 밀레투스에서 활동을 했다. 당시 중요한 학술활동이 밀레투스에서 개최되었고 밀레투스를 기반으로 부유한 생활을 하였으며 사상가들 모두 좋은 생활환경 속에서 한적하고 여유 있는 사고를 할 수 있었다. 그림은 수많은 위대한 사상이 탄생되고 발전한 밀레투스 유적지이다.

▲ **호메로스 서시시**
호메로스 서사시는 민간의 수많은 거리 가수의 단체 창작품이다. 서사시에는 미케네 문명 이래로부터 수세기 동안 구전으로 내려오는 전설이 들어 있다. 이 전설들은 몇 세기를 거치면서 끊임없이 보충되거나 수정되었고, 호메로스에 이르러 크게 두 부분으로 나뉘면서 정식 작품으로 탄생했다. 오늘날 우리가 만나는 '호메로스 서사시'는 BC 3세기부터 BC 2세기까지 알렉산드리아의 학자들에 의해 편집되고 수정을 거친 작품이다.

아리스타르쿠스Aristarchus가 태양중심설에 관하여 쓴 저서, 고대 그리스 3대 비극작가의 친필 원고, 고대 그리스의 의사이자 서양의학의 창시자라고 불리는 히포크라테스의 수많은 저서, 고대 그리스어로 된 최초의 모세오경 번역본, 의학에 관해서도 많은 업적을 쌓은 고대 그리스 철학자이자 과학자인 아리스토텔레스와 아르키메데스 등이 친필로 적은 저서가 이곳에 남아 있었다. 이 밖에도 당시 이집트인과 프톨레마이오스시대의 많은 철학, 시가, 무학, 의학, 종교, 윤리 및 기타 과학에 관련된 엄청난 저서들이 이곳에 소장되어 있었다.

여러 지역의 학자들이 점차 이곳에 모여들면서 고대 그리스의 지리학, 천문학자, 수학자, 시인 에라토스테네스Eratosthenes, 고대 그리스의 문헌학자 아리스타르쿠스 등 역사적으로 유명한 많은 위인들이 알렉산드리아 도서관 관장을 역임했다. 철학자 아에네시데무스Aenesidemus, 수학자이면서 물리학자인 아르키메데스Archimedes 등과 같은 성현들도 모두 이곳에서 강연을 하거나 배움을 얻거나 하여 도서관이 '세상에서 가장 좋은 학교'라는 아름다운 이름을 가질 수 있었다.

학문연구를 후원하는 이런 헬레니즘 방식은 알렉산드리아에만 국한되지 않았다. 당시의 수많은 도시에 박물관과 도서관이 세워졌고 아주 큰 도서관이 페르가몬에 있었으며 이 도시는 알렉산드리아와 대적하기에 충분할 정도로 국가가 학문을 지원하는 중심지였다. 아테네의 플라톤 아카데미와 아리스토텔레스의 리케이온 아카데미 역시 이러한 경향을 띠고 있었다. 이 두 학파는 헬레니즘의 영향을 받아들이고 계속해서 학자들 스스로가 학파와 단체를 유지하는 데 힘을 썼다. BC 2세기에 이르러 로마 황제 안토니우스 피우스Antonius Pius와 마르쿠스 아우렐리우스Marcus Aurelius는 알렉산더 대제가 실시한 방법을 그대로 계승하였고, 또 아테네와 다른 지역에서 훌륭한 황제라는 칭호를 받았다. 한편 플라톤 아카데미와 리케이온 아카데미는 정식으로 제도화되는 특징이 더욱 두드러졌다.

『기하학 원본』: 기하에는 왕도가 없다

▲ 청대에 번역되어 출간된 『기하학 원본』

루소(Henri Rousseau)는 "유클리드의 『기하학 원본』은 고금 이래 가장 위대한 저서임이 틀림없으며 그리스의 지혜와 이성이 가장 완벽한 기념비이다"라고 말했다. 이 책은 수학교과서일 뿐만 아니라 더욱 중요한 것은 BC 7세기 이래부터 그리스의 풍부한 기하학지식을 엄격하게 정리하여 기하학을 하나의 독립된 학과로 만들었다는 점이다. 『기하학 원본』은 그리스어로 씌어져 훗날 여러 언어로 번역되었다. 그림은 중국 청대 때의 중국어 번역본이다.

유클리드Euclid는 고대 그리스의 가장 큰 명성과 함께 최고의 영향력을 가진 수학자 중 한 사람이었다. 어느 날, 프톨레마이오스 국왕이 유클리드에게 『기하학 원본Stoikheia』 외에 기하를 배울 수 있는 지름길이 있느냐고 물었다. 이 질문에 유클리드는 이렇게 답했다고 한다. "기하에는 국왕만을 위해 만들어놓은 길이 없사옵니다." 이 말이 훗날 계속해서 인용되면서 "공부에는 왕도가 없다"라고 바뀌어 아주 오랫동안 공부에 관한 명언으로 사람들 입에 오르내리고 있다.

유클리드의 업적은 주로 BC 7세기 이후 그리스 기하학에서 쌓인 풍부한 성과를 엄격한 논리적인 체계로 정리함으로써 기하학을 독립된 과학으로 발전시켰다는 데 있다. 『기하학 원본』 이외에도 저서들이 많았지만 안타깝게도 대부분이 전해지지 않는다. 『자료론논거』은 『기하학 원본』 외에 유일하게 전해지는 그리스어로 된 순수기하학 저서이다. 형식은 『기하학 원본』의 앞부분 6권과 비슷하고, "만약 도형 중의 어떤 원소를 미리 알고 있다면 나머지의 원소도 확정지을 수 있다"는 명제를 포함해 94개의 명제가 실려 있다. 『도형의 분할에 대하여』는 현재 라틴어본과 아랍어본이 전해지며 직선을 이용해 이미 알고

▶ 『기하학 원본』 (오른쪽)

▶ 『기하학 원본』의 증명 (왼쪽)

유클리드는 『기하학 원본』에서 공리주의적 방법을 활용하여 당시의 수학지식을 체계화하고 이론화했다. 이 책에서 그는 피타고라스 학파의 기하학에 관한 업적 및 에우독소스의 비율이론과 이전의 입체기하 관련 지식을 정리하여 널리 보급시키고 고대 그리스 수학사상의 정수와 의의를 완벽하게 전개했다. 이 그림은 『기하학 원본』에 나오는 피타고라스 증명에 관한 것이다.

있는 도형을 똑같은 부분 또는 주어진 비율을 이루는 부분으로 나누는 것에 대해 논술하고 있다. 『광학』은 초기 기하광학에 관련된 저서로 투시 문제를 연구하고 빛의 입사각은 반사각과 같다는 것을 서술하고 있으며, 시각은 눈이 내뿜는 빛이 물체에 닿아서 나타나는 결과라고 보았다. 여러 저서들이 있기는 하나 유클리드의 것인지는 확인할 수 없으며 유실되어 남아 있지 않다.

『기하학 원본』에서 유클리드는 자명의 공리, 정의를 적게 사용하여 400여 개의 명제를 추론하였고 이로써 인류 이성의 금자탑을 이루었다. 그는 물질, 우주, 공간, 인간의 정신 사이에는 모든 것을 뛰어넘는 형식의 미적 감각이 존재한다고 굳게 믿었다. '점, 선, 면, 각'을 존재하는 모든 것의 기초로 설정한 이유는 공간이 없는 물질은 존재하지 않는다고 여겼기 때문이었다. 만물의 근본적인 관계는 수량관계라고 여기고, 이 수량관계를 찾아 현실세계에서 신에게로 가는 길을 찾았다. 여기에서 말하는 신은 수(數)의 신을 말하고 신은 수리로 이 세상을 설계한 것이다.

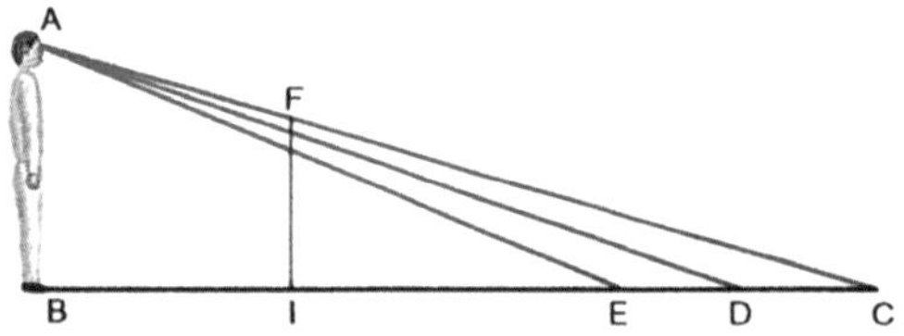

◀ **유클리드의 투시이론**

이 그림은 유클리드의 투시이론을 해석한 것이다. 그림에서 보면 A점은 관찰자의 눈이고 E, D, C점은 관찰자의 눈에서 점점 멀어지는 것을 형상화했다. 유클리드의 투시이론에서 E, D, C점은 시각에서 형성되는 각기 다른 고도이며 그 고도는 이 점들이 원뿔에서 차지하는 위치의 차이와 관련이 있다. 이 이론은 그 점들과 눈이 연결되는 평면 G의 위치에서 정확하게 볼 수 있다.

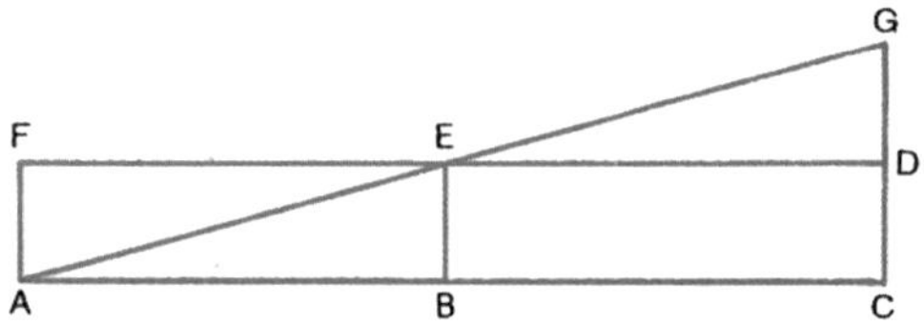

◀ **물리에 응용된 수학**

수학이 끊임없이 발전하다가 중세시대에 이르렀을 때 니콜 오렘과 같은 과학자가 수학과 물리학을 융합시켰다. 니콜 오렘은 어떤 기하학의 형식일지라도 운동을 정확하게 표현할 수 있다고 보았다. 그림에서 해석하고 있는 것은 니콜 오렘이 기하학 형식으로 나타낸 평균속도 법칙원리이다. 이 그림에서 ACG는 등가속도운동을, BE는 평균속도를, ACDF는 등속운동을 나타낸다.

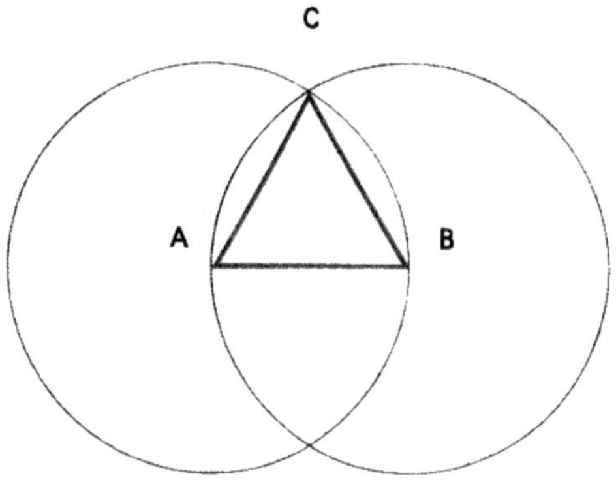

◀ **정삼각형 만들기**

하나의 삼각형에 논리에 맞는 방식을 써서 그림을 그린다면 진정한 정삼각형이 될 수 있음을 유클리드가 증명했다. 그림은 이등변 삼각형이 만들어지는 과정을 도식으로 표현한 것이다. 먼저 길이에 상관없는 선 AB를 긋는다. A와 B가 원심이 되고, AB를 반지름으로 하는 원을 두 개 그린다. 그리고 두 원이 만나는 교차점 C를 AB에 각각 연결하면 이로써 이 삼각형의 세 변이 모두 반지름이 되므로 길이가 똑같게 된다.

Preclarissimus liber elementorum Euclidis perspi/
cacissimi: in artem Geometrie incipit quãfoelicissime:
Punctus est cuius ps nõ est. Linea est
lõgitudo sine latitudine cui⁹ quidẽ ex/
tremitates st duo pũcta. Linea recta
ẽ ab vno pũcto ad aliũ breuissima extẽ/
sio i extremitates suas vtrũqз eoꝝ reci
piens. Supficies ẽ q̃ lõgitudinẽ ꝛ lati
tudinẽ tm̃ hз: cui⁹ termi quidẽ sũt linee.
Supficies plana ẽ ab vna linea ad a/
liã extẽsio i extremitates suas recipiẽs
Angulus planus ẽ duarũ linearũ al/
ternus ꝯtactus: quaꝝ expãsio ẽ sup sup/
ficiẽ applicatioqз nõ directa. Quãdo aũt angulum ꝯtinet due
linee recte rectiline⁹ angulus noiaf. Qñ recta linea sup rectã
steterit duoqз anguli vtrobiqз fuerit eq̃les: eoꝝ vterqз rect⁹ erit
Lineaqз linee supstãs ei cui supstat ppendicularis vocaf. An
gulus võ qui recto maior ẽ obtusus dicit. Angul⁹ võ minor re
cto acut⁹ appellaf. Termin⁹ ẽ qð vniuscuiusqз finis ẽ. Figura
ẽ q̃ tmino vł terminis ꝯtinef. Circul⁹ ẽ figura plana vna q̃dem li/
De principiis p se notis: z pmo de diffini/
tionibus earundem.

▲『기하학 원본』의 최초 인쇄본

유클리드가 쓴 당시의 『기하학 원본』 필사본은 유실되어 전해지지 않으며 오늘날의 각종 판본 모두 후세들의 수정과 주석을 통해 새로 정리된 것이고 현존하는 최고의 라틴어본은 중세시대 아리비아어로 번역된 것이다. 1255년 이탈리아 학자 캄파누스(Campanus)는 여러 가지 『기하학 원본』 텍스트를 종합적으로 참고하였고, 1482년 베니스에서 정식으로 인쇄되어 발행되었다.

▲『원추곡선론』

고대 그리스의 연역기하학의 가장 위대한 성과라고 할 수 있는 것이 『원추곡선론』이다. 이 저서에서 유명한 그리스 수학자 아폴로니우스(Apollonius)는 순수하게 기하 방법만으로 기하를 해석하는 주요한 결론을 얻었는데 이는 정말 놀라울 정도다. 하지만 이 방법으로 복잡한 명제를 해결하고 서술하고 증명하기에는 어려움이 따랐기 때문에 마지막 해석과정을 더욱 이해하기 어렵게 되었다. 결국엔 그 후 수천 년 동안 기하학이 발전하지 못하고 제자리걸음을 면치 못하게 되는 결과를 초래하였다.

완벽에 가까운 『기하학 원본』은 세상에 나오자마자 거의 이전의 모든 교과서들을 대신하는 저서가 되었다. 탄생에서부터 2천여 년이 흐르는 동안 『기하학 원본』은 줄곧 논리적 이성과 논리적 사유를 단련하고 배양하는 가장 위대하고 유일한 교재로 인식되었다. 이 책의 영향력은 아리스토텔레스의 그 어떤 논리적인 논문보다도 훨씬 더 컸다. 엄격한 논리적인 추리체계의 걸작인 이 저서는 그 어떤 위대한 사상가들의 저서보다 더 큰 매력을 가지고 있다. 아이작 뉴턴이 그 영향을 받아 쓴 『자연철학의 수학적 원리Philosophiae Naturalis Principia Mathematica』가 바로 『기하학 원본』과 비슷한 형식을 이용하여 쓴 저서이다.

『기하학 원본』은 현대과학 발전의 중요한 요인이었다. 과학은 정확한 관찰과 정밀한 개괄의 집합일 뿐만 아니라 현대 과학의 위대한 성과의 일부는 경험론과 실험론을 상호결합한 산물이며, 다른 부분은 진정한 분석과 논리적인 연역을 결합한 산물이다. 몇 개의 기본 물리학 법칙에서 다른 원리를 이끌어 낼 수 있다. 서양인들이 이 사상이 영원한 진리라고 생각하는 것은 서양인에게 유클리드는 대단히 권위 있는 위대한 사람이기 때문이다. 일반적으로 서양인들은 유클리드의 기하학을 추상적인 하나의 체계로 보지 않고 유클리드의 공리와 법칙이 객관적인 세상을 진실되게 반영한다고 본다. 유클리드 기하학은 대부분의 상황에서 객관적인 현실을 아주 실감나게 나타낸다.

나는 지구를 들 수 있다 : 아르키메데스

▲ 아르키메데스
아르키메데스는 최초로 수학을 물리에 응용하여 역학의 과학을 창조했다. 이 위대한 물리학자는 자신이 처음으로 해석한 몇 개의 기본원리로 세상에 이름을 알렸다. 액체치환원리, 지렛대원리 및 구의 표면적 문제 등이 그것이다. 한 사람의 물리학자로서 그는 자신의 생각을 정확한 수학의 형식으로 표현하였는데 이 점이 다른 사람들과 가장 큰 차이점이다.

아르키메데스Archimedes는 고대 그리스의 물리학자, 수학자, 정역학 및 유체 정역학의 기초를 세운 사람으로, 이론천재와 실험천재가 한 사람으로 태어난 이상적인 인물이다.

아르키메데스는 물리학, 특히 역학에 큰 공헌을 하였다. 그는 실험의 연구 방법과 기하학의 연역법을 절묘하게 결합하여 역학을 과학화했으며 정성분석도 있고 정량분석도 있었다.

물체중심의 관점에서 출발하여 지렛대의 평형조건을 수학적으로 증명했으며 삼각형, 평행사변형, 사다리꼴, 포물선 등 평면 도형의 중심을 확정지었고, 『평면의 균형에 대하여』라는 과학 저서를 썼다. 또한 현재 널리 응용되고 있는 지렛대의 원리도 증명하였고 이 지렛대원리는 모든 기계 설계의 기초가 되고 있다. "긴 지렛대와 지렛점만 있으면 나는 이 지구를 들어 올릴 수 있다"고 호언장담을 하기도 했다. 아르키메데스는 인류를 위해 유체 정역학의 기본원

▼ 거대한 기계손 (왼쪽)
BC 212년, 로마가 시라쿠사에 대한 공격을 단행했다. 로마 군함이 시라쿠사성을 포위했을 때 아르키메데스가 설계한 수많은 대형 기계팔이 갑자기 성 안에서 나와 로마 군함을 잡아채 모든 것을 전복시켰다. 이 때문에 로마 군대는 많은 군인들이 다치거나 목숨을 잃었고 결국에는 진격을 포기하는 수밖에 없었다.

▼ 포물경의 집광 (오른쪽)
수차례 로마 군대를 격퇴시킬 때마다 아르키메데스의 지혜는 빛을 발했다. 포물경의 집광을 이용, 태양광선을 로마 군함의 돛에 모이게 하여 수많은 군함들을 한순간에 재로 만들어버렸다. 공격을 하지도 않고 적군 스스로 무너지게 만들었다. 그림은 반사된 태양광선이 로마 군함에 비쳐져 불타는 모습을 묘사한 것이다.

리를 세웠는데, 다름 아닌 아르키메데스의 원리인 부력의 원리이다. "액체 속에 담겨진 물체의 그 감소된 무게는 같은 부피의 액체 중량과 같다" 오늘날 잠수함이 가라앉고 뜨고, 공중의 풍선과 비행선의 부력 등은 모두 아르키메데스의 원리를 기초로 만든 것이다. 이때부터 수력학은 학문으로 인정되기 시작했다. 그는 과학기술, 생산발전에 중대한 의의가 있으며 이로써 '역학의 아버지' 라는 호칭도 갖게 되었다.

아르키메데스는 포물선의 곡선, 나선, 원형의 면적 및 타원형체, 포물면체 등 각종 복잡한 기하체의 표면적과 체적 계산법을 고안해 냈다. 이러한 공식을 추리해 내는 과정에서 그는 실진법method of exhaustion을 만들었다. 오늘날 말하는 점차적으로 극한을 구하는 방법인데 이 방법으로 인해 미적분 계산의 시조로 인정받고 있다. 원에 내접하는 다변형과 외절 다변형 변수의 증가, 면적 접근법 등을 이용해 비교적 정확하게 원주율을 구했다. 고대 그리스의 번잡한 숫자표시법에 대해 아르키메데스는 또 대수큰수를 기록하는 방법을 최초로 만들어냈다. 이로써 당시 고대 알파벳기수법으로는 1만을 초과하지 못하던 한계를 깨트렸고 그것을 이용해 수많은 수학의 난제들을 해결했다.

뿐만 아니라 지구는 둥글다고 말하는 등 천문학 분야에 있어서도 탁월한 성과를 거두었다. 지구는 둥글며 태양을 따라 돈다는 그의 관점은 코페르니쿠스가 주장한 지동설보다 1,800년이나 앞선 것이었다.

그 이론들을 실천에 옮김으로써 수학, 역학 등의 발전에 기여했을 뿐만 아니라 건축기술의 발전도 부추겼다. 그는 위대한 과학자인 동시에 훌륭한 발명가이기도 했다. 지렛대, 도르래, 나선 등과 같은 기계를 발명하였고 펌프, 투화기(投火機)를 만들었다.

▼ **아르키메데스의 나선형 펌프 원리**
아르키메데스가 발명한 이 펌프는 대형 선박의 선실에 있는 물을 퍼내기 위해서 만들었다고 한다. 이 펌프의 원리는 사선으로 된 나선형 관이 바닥에서 물을 끌어올리는 것이다. 현재 우리가 사용하고 있는 각종 펌프는 여전히 이 원리를 응용하고 있다.

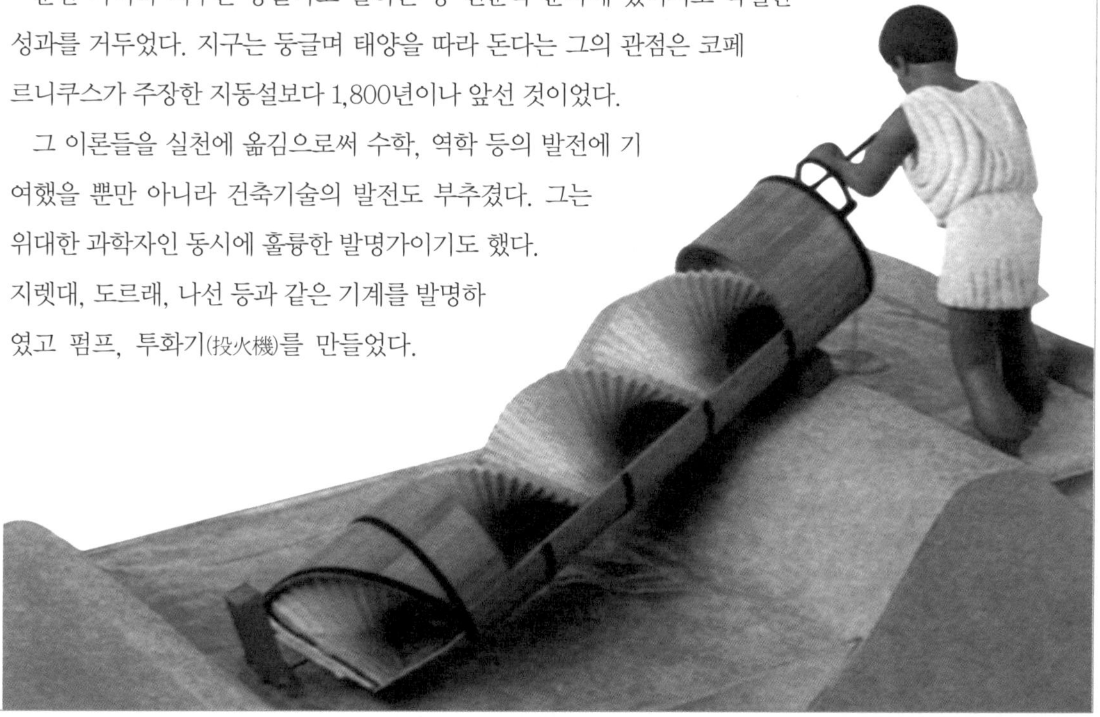

▲ 인체의 평형상태
아르키메데스는 지렛대의 원리와 물체의 중심 문제를 체계적으로 분석, 연구함으로써 물체의 중심을 찾아내는 방법을 발견했다. 그는 어떤 물체든 물체 중심에 세운다면 평형을 유지할 수 있다고 말했다. 이 그림은 다빈치의 회화를 논한 논문에서 빌려온 것이다. 그림 속의 인체의 평형조건은 아르키메데스의 이론을 입증하고 있다.

▲ 아르키메데스의 죽음
로마 병사가 생각에 잠겨 있는 아르키메데스에게 빨리 떠나라고 독촉하고 있는 그림이다. 이어진 장면에서는 로마 병사의 예리한 검이 이 위대한 대 과학자의 몸을 관통하고 만다. 후세들은 아르키메데스의 유언대로 그의 묘비에 원기둥에 내접하는 구의 그림을 새겨 넣었다. 아르키메데스 자신이 가장 자랑스러워한 『구와 원기둥에 관하여』를 기념하기 위해서다.

침입한 로마 군함을 광학의 초점원리를 이용하여 불태우기도 했다. 현재 이집트에서는 '아르키메데스의 나선' 이라고 불리는 양수기가 지금까지 사용되고 있다.

BC 212년, 아르키메데스는 성을 뚫고 쳐들어온 로마 병사에게 자신의 사무실에서 단칼에 목을 베이고 말았다.

지구 측량사 : 에라토스테네스

▲ **에라토스테네스와 그의 조수**
에라토스테네스는 당시의 지구에 대한 상황을 기초로 선인들의 경험을 받아들여 『지리학』을 펴냈다. 이 책에서 그는 이 세계를 두 개의 한대지역, 두 개의 온대지역, 한 개의 열대지역으로 구분 지었다. 이 밖에 에라토스테네스의 가장 큰 업적은 경도와 위도체계를 그려냈으며 또 그것을 토대로 세계지도를 제작했다는 것이다.

에라토스테네스Eratosthenes는 북아프리카 키레네 출신의 아주 훌륭한 학자이다. 서양의 지리학계로부터 '지리학의 아버지'로 불리기도 하며 '제2의 플라톤'이라고도 불린다.

아테네로 건너와서 철학에 매진하며 한때 알렉산드리아 도서관장을 역임하기도 했다. 에라토스테네스는 철학, 문학, 수학, 역사학 분야에 조예가 깊었으며 경도와 위도를 이용한 지도를 만들었다. '지리학'이라는 용어를 최초로 만들어 사용한 인물로, 물리학의 원리와 수학을 서로 결합시켜 최초로 수리지리학을 만들어냈다.

지리학에서 훌륭한 업적을 세운 에라토스테네스는 대부분의 성과를 『지구 크기의 수정』과 『지리학Geographica』에 담았다. 전자는 지구의 형상을 논술한 책으로, 지구 둘레 계산으로 아주 유명하고, 후자는 사람이 거주하는 세상 일부분의 지도와 그에 대한 것을 묘사한 작품이다. 그는 정확한 측량을 토대로 얻은 모든 천문학과 토지측량학의 성과를 결합하려고 했다. 이러한 노력 덕분에 그가 그린 세계지도는 그 후 모든 고대 지도의 기초가 되었다.

지구의 둘레 계산에 관한 것은 『지구 크기의 수정』이라는 책의 핵심내용이다. 에라토스테네스는 천문학과 토

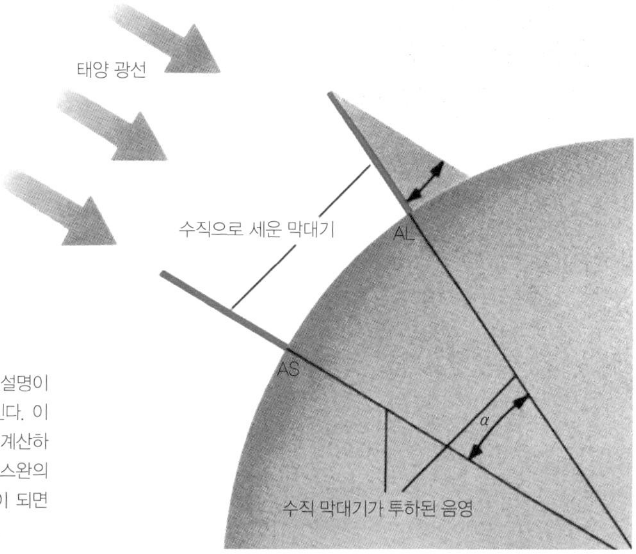

▶ **지구의 둘레 재는 법**
이 그림은 에라토스테네스가 지구의 둘레를 계산한 그림 설명이다. 그림의 AL은 알렉산드리아이며 AS는 아스완을 가리킨다. 이 두 지역의 거리는 500마일, α의 각도는 7도, 이것을 다시 계산하면, 7/360 또는 1/51이 된다. 그림에서 알렉산드리아와 아스완의 거리가 500마일이고 그 호의 길이가 지구 둘레의 7/360이 되면 지구 전체의 둘레는 25,000마일이 된다는 것을 알 수 있다.

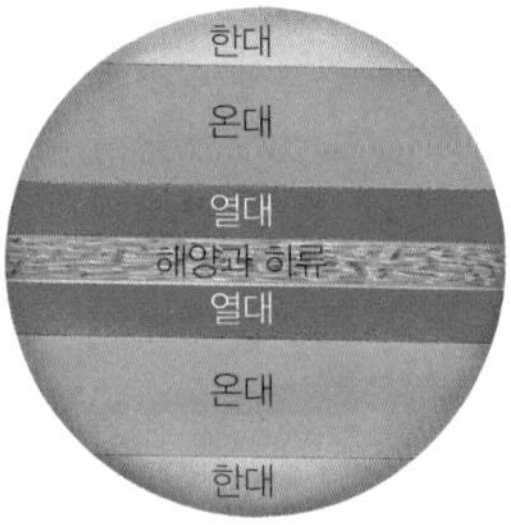

지측량학을 결합하여 최초로 하지에 서로 다른 두 곳에서 태양의 위치를 동시에 관찰하였고, 이 두 곳의 물체 그림자 크기가 다르다는 점을 근거로 연구와 분석을 실시했다. 그 결과 지구 둘레를 계산하는 과학적인 방법을 이끌어냈다. 그는 동일한 자오선상에 있는 시에네현재의 아스완와 알렉산드리아를 선택해 하지에 이 두 곳의 태양의 위치를 비교관찰했다. 시에네 근처의 나일강 한복판에 있는 섬에 깊은 우물이 하나 있었는데 하지가 되면 햇빛이 우물 바닥까지 드리워졌다. 이 현상은 이미 오래전부터 알려진 유명한 이야기였고 이 사실은 하지 때 태양이 때마침 천정에 위치한다는 것이었다. 이와 동시에 에라토스테네스는 알렉산드리아에 있는 높은 첨탑을 해시계 삼아서 하지 때의 첨탑의 그림자 길이를 측량했다. 이렇게 함으로써 곧게 서 있는 첨탑과 태양광선 사이의 각도를 잴 수 있었다. 이를 통해 데이터를 얻은 후 그는 탈레스의 수학원리를 이용했다. 복사선이 두 줄의 평행선을 지나갈 때 그의 대각이 7도 12분으로 크기가 같다는 것을 알게 되었다. 그 각도의 크기는 원주각 360도의 1/50에 해당했다. 이로써 각도에 대응하는 호의 길이를 계산해 낼 수가 있는 것이다. 즉, 시에네에서 알렉산드리아에 이르는 거리는 지구 둘레의 1/50에 해당한다는 것이었다. 에라토스테네스가 측량한 이 두 도시 간의 거리가 그리스 단위로 5,000리였다. 이 결과로

◀ 그리스 과학이 구분한 세계 기후대 분류 (맨 위와 두 번째)
BC 150년, 그리스 과학자들은 세계 기후대와 대륙판이 들어간 지구의를 제작했다. 후세 사람들이 모방을 해서 만든 그리스시대의 지구의로부터 네 개의 평평한 육지와 당시의 기후대 분류를 볼 수 있고 대륙판이 또 중심자오선과 열대지역에 의해 나뉘어져 있다.

◀ 하느님의 설계 (위에서 세 번째)
중세시대 그림에 나오는 하느님은 우주를 만든 기하학자로 비유되곤 한다. 우주는 틀림없이 수학법칙과 조화로운 비율로 만들어졌다는 등의 중세시대의 이념을 보여주는 듯하다. 하지만 당시 이러한 사상은 교회로부터 맹렬한 공격을 받았다. 그 이유는 자연계가 하느님의 인도 없이도 계속해서 운행되고 있다는 것을 확실하게 암시하고 있기 때문이었다.

◀ 프톨레마이오스의 달 관측 (맨 아래)
에라토스테네스 이후, 로마시대의 프톨레마이오스 역시 고전의 지리학 지식을 총결산하는 데 성공했다. 에라토스테네스처럼 프톨레마이오스는 지구가 360도의 구로 되어 있다는 사실과 지구의 일부를 측량하는 방식으로 지리연구를 진행하였고 초기 지리학과 여행 저서에 적힌 8천여 개의 지명을 수집하여 당시에는 잘 알려지지 않은 미지의 세계를 넓혀갔다. 그 수많은 지역은 영국에서 중국 서부까지, 스칸디나비아 반도 남쪽에서 적도 아프리카를 아우를 정도로 방대했다. 그림은 프톨레마이오스가 사분의로 달의 고도를 관측하고 있는 모습이다.

보면, 지구의 둘레는 그리스 단위로 25만 리였다. 전통적으로 60등분하는 원의 둘레에 부합하기 위해 그는 이 수치를 그리스 단위로 252,000리로 높여 60으로 나누기 쉽도록 했다.

그리스 단위 리는 약 157.5미터로, 현대 미터법으로 환산하면 지구의 둘레가 약 39,375킬로미터가 된다. 이것은 지구의 실제 둘레와 아주 근사하여 놀랍다. 이 측량결과가 2천여 년 전에 나왔다는 것은 지리학사상 대단한 성과가 아닐 수 없다.

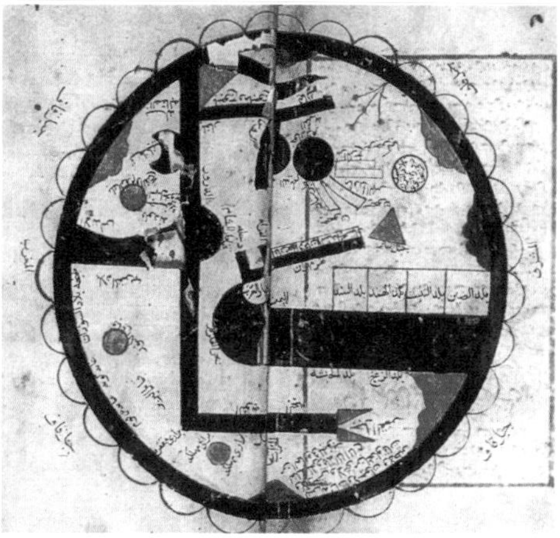

▲ 이슬람 지리학
고대 그리스 학자들 외에 이슬람 사상가들 역시 지리학과 지도에 상당한 관심을 보였다. 9세기 무렵, 이슬람지역에서 문자가 들어 있는 지도가 발견되었다. 하지만 일부 지도는 대략의 형체와 윤곽만 남아 있을 뿐 실제 지리적인 위치와는 관련이 크지 않고 지리좌표도 사용하지 않았다. 또 유럽과 아시아의 비이슬람 지역은 포함되지 않았다. 이 그림은 당시의 세계지도이다.

에라토스테네스는 본인이 집필한 『지리학』에서 최초로 '지리학'이라는 명사를 사용하였으며 지구의 형상을 묘사했다. 콜럼버스는 1,700여 년 전에 지구가 둥글다는 설을 내놓았다. 그는 지구상의 바다는 사실상 하나이며 계속해서 서쪽으로 항해해 간다면 동쪽에 이를 수 있다고 믿었다. 하지만 당시에는 그 말이 사실이라는 것을 어느 누구도 몸소 증명하지 않았을 뿐이다. 『지리학』은 지리학의 완벽한 체계를 세웠으며 어느 정도 과학적으로 자연지리현상을 설명하기도 했다. 그는 지구를 5개 지역으로 정확하게 구분했다. 남극과 북극을 둘러싸고 있는 2개의 한대지역, 한대와 남북회귀선 사이의 2개의 온대지역 그리고 적도를 둘러싸고 있는 열대지역으로 구분했다. 시대적인 한계로 말미암아 아시아, 아프리카의 광대한 지역에 대해서는 아는 바가 극히 적었고 아메리카에 대한 지식도 없었다. 하지만 이미 알고 있는 각 지역의 거리와 위도의 높이를 토대로 고대사회에서는 비교적 완벽한 지도를 그렸다.

에라토스테네스는 위대한 수학자이기도 했다. 그는 소수표를 만들었으며, 그 후 소수는 수학연구의 과제로 떠올랐다. 그는 헤르메스 신화를 기초로 천문학적인 의의가 담겨진 『헤르메스』 시편을 쓰기도 하였고, 철학에 있어서는 『철학사』라는 저서를 남겼다. 그는 또 연대학 연구에 종사하기도 하였는데 트로이 전쟁 이후의 정치와 문학 분야의 사건들의 날짜를 고정화하여 12권이나 되는 『희극사』를 펴내기도 했다. 안타깝게도 그의 많은 저서 가운데 남아 있는 것이 많지 않다. 후세들이 인용한 책을 통해 그의 저서 일부분을 알 수 있을 따름이다.

천재의 생각 : 지동설의 선구자 아리스타르코스

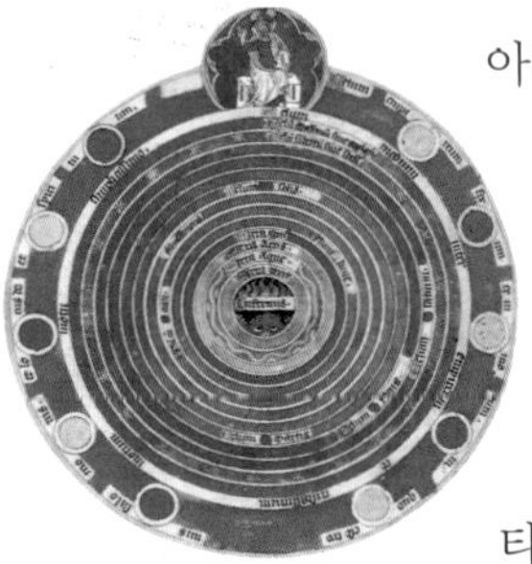

▶ 중세시대의 우주관

기독교에서는 파라다이스는 실제로 존재하는 곳일 뿐 아니라 정신적인 안식처이며 하느님과 천사가 사는 곳이다. 따라서 천문학과 종교와 철학과의 관계는 다른 학문에 비해 훨씬 더 밀접하다. 중세시대의 우주관은 하느님과 천사가 세상의 가장 높은 천국에서 항성과 행성의 운동을 조종하고 있으며 우주의 중심에 있는 지구는 움직이지 않는다는 것이었다.

아리스타르코스Aristarchos는 고대 그리스의 사모스 섬 사람으로 후에 알렉산드리아 뮤즈 신전에서 일을 했다. 그의 대부분 저서는 유실되어 현재 전해지지 않고 논문 「태양과 달의 크기와 거리에 관하여」만 남아 있다. 천문학에 대한 아리스타르코스의 최대 업적은 지동설이다. 시기적으로 코페르니쿠스보다 무려 1,000년을 앞선다. 그는 태양과 항성은 움직이지 않고 지구와 행성이 태양을 중심으로 원주운동을 한다고 생각했다. 지구는 1년에 태양을 한 바퀴 돌며 매일 자전을 한 차례 하기 때문에 천체의 하루, 1년의 변화가 생긴다고 보았다. 아리스타르코스는 행성의 일주운동이 타원모형의 궤도를 따라 움직이는 것을 원형모양의 궤도라고 잘못 판단하긴 했지만 이 이론은 당시 매우 훌륭한 성과였다. 이로 인해 그는 후세 사람들로부터 '그리스시대의 코페르니쿠스'라고 불린다.

아리스타르코스는 또 태양과 달, 지구 사이의 상대적인 거리와 그들 사이의 상대적인 크기를 최초로 측량하고자 시도한 사람이다. 수학 기하의 방법으로 이런 문제들을 해결하고자

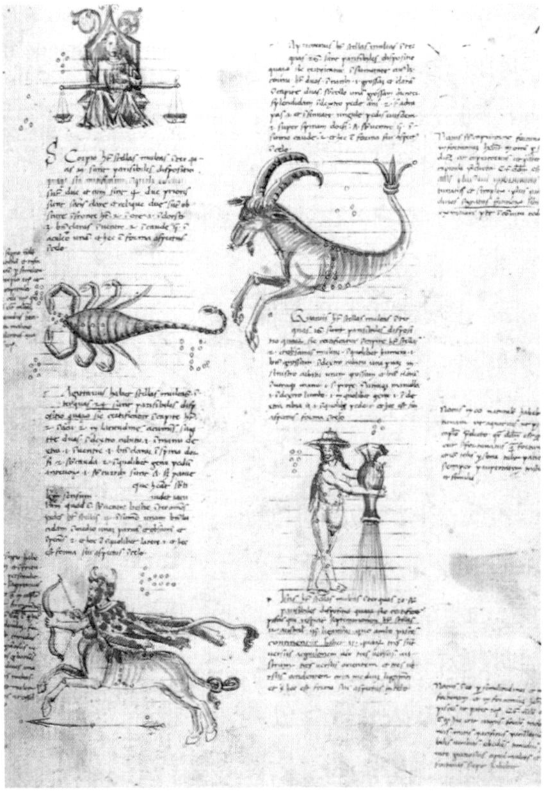

◀ 황도 십이궁 그림

서양의 중세시대 우주관은 하느님이 황도 십이궁을 창조했다는 것이다. 점성학 역시 가설을 통해, 하느님이 황도와 황도 성좌를 창조하고 이들 별자리의 성격과 이름을 부여하면서 종교와 조화롭게 지내야 한다는 목적을 달성했다. 중세시대 교회의 암담한 통치하에서 과학 역시 타협하지 않을 수 없었다. 그림은 중세시대의 황도 성좌에 대한 해석을 한 것이다.

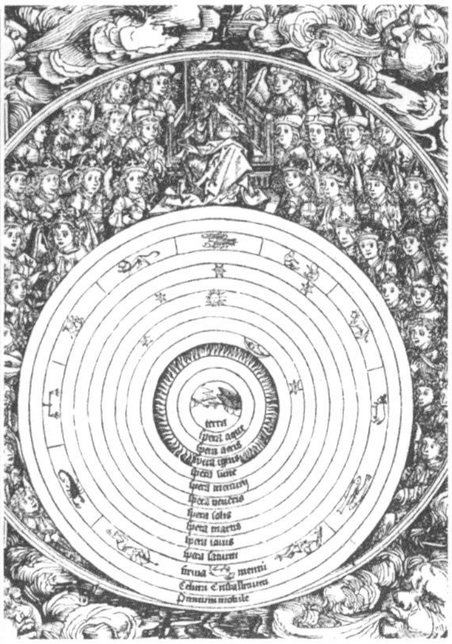

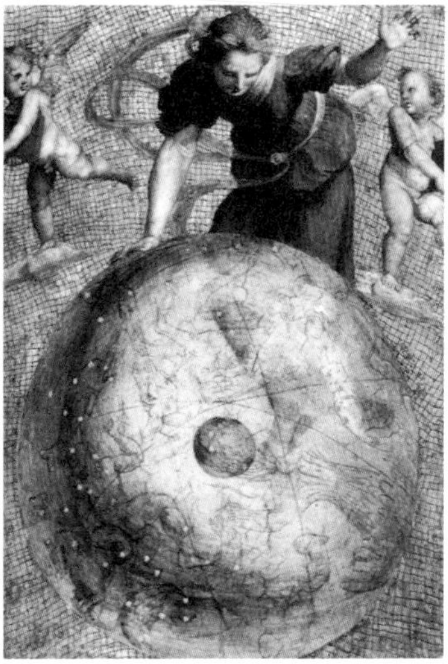

▲ **중세의 우주체계**(그림 세 개 모두)
아리스토텔레스는 우주는 유한하며 최고 바깥층의 천국 바깥에는 공간도 없고 물질도 존재하지 않는다고 보았다. 하지만 중세시대의 기독교에서는 이 학설이 하느님에 대한 부정을 의미하는 것, 하느님의 능력에 한계를 짓는 것으로 보았다. 아리스토텔레스의 학설에 따르면, 우주는 그림에서처럼 8겹(층)으로 되어 있으며 여기에는 항성과 행성이 포함되어 있고 지구가 중심이다. 중세에 들어와 사람들은 『성경』의 내용을 근거로 두 개의 천구, 즉 수구층과 화구층을 추가하면서 우리가 만나는 10층의 우주천체를 이루게 되었다.

했으며 다음과 같은 가정을 세웠다. 첫째, 하현달이거나 상현달일 때 태양과 달, 지구는 직각삼각형을 이루며 태양과 달의 끼인각은 87도이다. 둘째, 월식일 때 지구 그림자의 너비는 달 너비의 약 두 배이다. 셋째, 태양과 달의 각도는 약 2도이다. 엄격한 기하학적인 추리로 아리스타르코스는 태양과 지구의 거리가 달과 지구 간 거리의 19배정확한 거리는 약 400배 정도가 된다는 결론을 얻었으며 이 밖에 태양과 지구의 반경 비율은 7배가 된다고 주장했다정확한 비율은 약 107배.

오늘날의 측량결과와 비교해 볼 때, 그의 측량결과는 정확하지 않았지만 인류가 과학적인 방법으로 천체의 거리와 크기를 연구할 수 있다는 새로운 역사를 장을 열었다. 천체가 결코 알 수 없는 신비한 것이 아니라 일반 법칙에 부합하는 실질적인 물질이며 일반 과학적인 방법으로도 연구를 진행할 수 있다는 것을 증명한 것이다.

지구중심설 : 프톨레마이오스

▲ 다환구
이 그림은 고대 과학에서 구상한 우주천체 구조의 모양을 나타낸 것이다. 구면이 적도, 남극과 북극, 남북회귀선, 북극권, 남극권에 의해 몇 지역으로 나뉜다. 그리고 황도와 남북회귀선이 서로 만난다. 하지만 지구는 일관적으로 구의 중심에 위치한다.

프톨레마이오스Claudius Ptolemaeus는 이집트 알렉산드리아의 유명한 학자이다. 그는 선인들의 업적과 성과를 체계적으로 정리하고, 이를 바탕으로 자신만의 천문학체계를 한층 더 확립시켰으며 지리학 분야에서도 커다란 공을 세웠다. 대표저서로는 『천문학 집대성Megalé Syntaxis tés Astoronomias』, 『지리학Geographike Hyphegesis』, 『테트라비블로스Tetrabiblos』가 있다.

고대 그리스 천문학의 전통은 기하학 원리를 운용하여 하늘과 땅의 구조 및 천체운동을 묘사하는 것을 중요시했다. 당시에는 기본적으로 태양중심설과 지구중심설 두 학파가 존재했다. 아리스토텔레스 때에는 지구중심설이 더욱 완벽해지면서 주류로 자리 잡았고 프톨레마이오스는 이 지구중심설에 체계적인 추론과 논증을 내세웠다. 그는 저서 『천문학 집대성』에서 '지구중심설' 의 체계를 확립했다.

『천문학 집대성』은 총 13권으로 구성되어 있으며 땅과 하늘의 개념을 각각 논술했다. 둥근 모형의 지구는 우주 중앙에서 움직이지 않고 정지된 상태에 있으며 달과 태양, 별들이 지구를 돌면서 운행한다는 것이었다. 또한 태양과 달, 별 운동의 규칙 및 일식과 월식 등을 계산하는 방법 등을 서술했다.

프톨레마이오스의 '지구중심설' 은 우주 실제 구조의 수학적인 그림을 반영하지 않았지만 당시에 관측하였던 행성운동의 상황을 비교적 완벽하게 설명하였고 항해 시 실용적인 가치가 있었다. 이런 연유로 많은 사람들로부터 신

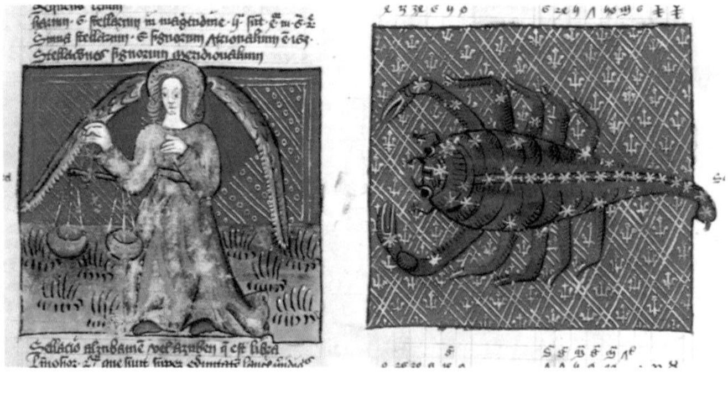

◀ 프톨레마이오스 성표
프톨레마이오스는 『천문학 집대성』에서 천여 개의 별을 상세하게 48개의 별자리로 분류했다. 별자리의 구체적인 좌표 위치를 표기하고 천구에서 이 별자리들의 자리 잡는 법도 설명했다. 하지만 분류된 별 중 이름이 붙여진 것은 거의 없고 우리가 현재 사용하는 항성의 이름 대부분은 그 후 아라비아 문학에서 온 것이다. 그림은 중세시대의 프톨레마이오스의 성표(항성 목록)에서 발췌한 것이며 천칭자리와 전갈자리이다.

봉을 받았고 기독교도들에 의해 신학 주석으로 사용되기도 했다.

지리학 분야에 있어서 프톨레마이오스는 선인들의 경험을 종합하여 『지리학』 총 8권을 펴냈다. 이 저서에 지도제작 방법의 기본원칙을 설명하고 둥글게 생긴 대지를 평면에 그릴 때 반드시 갖추어야 할 수학지식을 언급했다. 또한 두 가지 유형의 평면투영을 명확하게 하고, 이러한 방법을 이용해 당시 이미 알고 있던 세계 각 지역을 지도로 엮었다. 앞서 말한 지역에는 아시아, 아프리카, 유럽 세 개의 대륙과 중국도 포함되었다. 투영법의 우수성과 간편함으로 인해 『지리학』은 널리 전파되었고 14세기까지 유실되지 않고 권위 있는 지리학 저서로 남았다.

수학분야에 있어서 프톨레마이오스는 원주운동 조합을 이용해 천체의 시운동을 해석하였는데 당시에는 매우 정확한 것으로 여겨졌다. 사변형의 특성을 논증하기도 하였는데 이것이 바로 그 유명한 프톨레마이오스의 원리이다. 광학에 관해서도 연구한 바 있는 그는 빛이 굴절될 때 입사각과 굴절각이 정비례를 이룬다고 했다.

서양 천문학 발전의 가장 기본적인 사상은 기존의 실제 관측한 자료를 바탕으로 수학적인 방법을 이용하여 모형을 만든 후 연역법으로 모형에 새로운 형상을 제시하는 것이었다.

예를 들면 제시된 천상하늘의 모습이 새로운 관측에 의해 입증이 되면 모형이 성공적이었다는 것을 나타내고 그렇지 않으면 모형을 수정하는 것이다. 만약 이 사상이 고대 그리스에서 확립되었고 프톨레마이오스가 최초로 완벽하게 성공적으로 이 사상의 구조와 응용을 펼친 사람임을 감안한다면 프톨레마이오스의 천문학의 업적과 그에 따른 영향에 대해서 공평한 견해를 쉽게 얻을 수 있을 것이다. "중세시대의 천문학은 모두 프톨레마이오스가 한 일과 관련이 있다. 망원경의 발명과 뉴턴의 역학 개념이 완전 새로운 가능성을 열기 전까지 이 상태는 계속해서 보편적으로 존재할 것이다."

한 위대한 학자의 연구가 인류 역사의 발전에 상상조차 할 수 없을 정도로 직접적인 영향을 미치기도 한다. 이렇게 큰 영향이 발생하리라고는 본인이 집필할 때는 상상조차 하지 못했을 것이다.

▲ **최초의 별자리 그림**
그리스 천문학의 핵심개념은 천구였다. 천문학자들은 우주 중심에 있는 유일한 별이 지구이며 천구 밖에는 수많은 움직이지 않는 고정된 별들로 가득 차 있고 그 모습이 마치 하나의 중심 극점을 둘러싸고 밤낮으로 돌고 있는 것처럼 보인다고 생각했다. 그림은 그리스시대에 제작한 세계에서 가장 오래된 별자리 그림이다.

어느 수학자의 묘비명 : 디오판토스의 나이

▲ **디오판토스**
3세기에서 4세기에 걸쳐 생존했던 디오판토스는 대수학 분야에 큰 공을 세워 대수학의 아버지라고 불린다. 세 편의 저서를 집필했는데 그중 가장 뛰어난 것이 『산학』이다. 이 책은 총 13권이지만 현재는 여섯 권만 남아 있으며 189개의 대수문제가 수록되어 있다.

▲ **열공기 원리 추진장치**
디오판토스가 살던 시대는 시로(Siro)를 대표로 하는 물리학이 급속도로 발전하고 있던 시기였다. 이 물리학자는 간단한 열증기 기계를 제작한 것으로 알려져 있다. 양쪽에 구부러진 관을 가지고 있는 속이 비어 있는 구체인데, 이 구체 속의 물이 펄펄 끓으면 증기가 구부러진 관을 통해 밖으로 뿜어져 나오고 그러면서 생긴 반동력이 구를 움직이게 하는 것이다. 그러나 이 장치는 당시 장난감으로만 취급되었고 증기동력은 실제생활에 사용되지 못했다.

디오판토스Diophantos는 대략 3세기 중엽에 활동을 한 헬레니즘시대의 수학자이다. 연역수학과 응용산술을 일체화하였으며 가장 유명한 저서로는 『산학Arithmetica』이 있다.

『산학』의 대부분 내용은 대수의 범위를 나눈 것이다. 이 저서는 기하의 형식에서 완전히 탈피하여 유클리드시대의 저서와는 크게 다르다는 것이 큰 특징이다. 또 다른 특징을 든다면 수많은 기호를 도입했다는 것이다. 예를 들어 미지량, 거듭제곱 등에 모두 특수한 기호를 써서 표시했다. 이 점은 대수학 발전에 있어 아주 큰 수확이었다. 많은 문제에서 일차, 이차, 삼차방정식뿐만 아니라 부정방정식도 이끌어냈다. 디오판토스 자신은 부호의 연산법칙을 알고 있었지만 방정식을 풀 때 음수근을 배제했다. 부정방정식을 풀 때는 여러 가지 우수한 방법을 활용하기도 했다. 모든 문제를 특수한 방법을 이용해 풀었으며 일반적인 법칙을 이용한 경우는 드물었다. 수론에 관한 그의 논제는 17세기가 되어서야 중시되고 널리 확대보급되면서 근대의 수론을 확립할 수 있었다. 디오판토스의 공로정계수의 부정방정식에 대하여를 위해 정수 해만 고려한다면 이런 종류의 방정식을 디오판토스의 방정식이라고 불렀다. 그리고 디오판토스 분석은 변수가 정수치를 갖는 어떤 문제와 방식을 일컫는다.

피타고라스 학파 이후 그리스의 수학은 기하학에 관심이 집중되었다. 그들은 기하 논증의 명제를 통하는 것만을 믿을 수 있다고 보았다. 논리의 치밀함을 위해 대수도 기하학이라는 옷을 입어야만 했다. 모든 대수문제에 있어서, 심지어 간단한 일차방정식을 풀 때에도 기하의 모식을 써야 했다. 디오판토스에 이르러서야 대수는 해방되었고 기하의 굴레에서 벗어날 수 있었다. 그는 대수법이 기하의 연역 진술보다 문제해결에 더 적합하다고 생각했다. 그래서 문제를 푸는 과정에서 나타나는 그의 기발한 생각과 고도의 독창성은 그리스 수학에 있어서 독보적이었다. 그리하여 후세 사람들은 디오판토스를 '대수학의 아버지'라고 부른다.

디오판토스의 일생에 대해서 아는 바가 거의 없지만 그의 묘비에 씌어진 글이 그가 얼마 동안 살았는지 알려주고 있다. "이 무덤에는 디오판토스가 편히 잠들고 있다. 하느님은 그에게 1/6에 해당하는 남자아이의 인생을 주었고 일생의 1/12을 덧붙여주면서 그의 양쪽 뺨에 수염이 나기 시작한다. 인생의 1/7이 지나 화촉을 밝히고 5년 후 아들을 하나 얻지만 이 가엾은 아이는 아버지의 나이 절반이 되었을 무렵 세상을 떠났다. 수학으로 슬픔을 위로하던 아버지는 4년 후 홀연히 이 세상을 떠났다." 이 묘비에 쓰인 글을 다시 살펴보면 디오판토스의 일생 중 유년시절이 1/6, 청소년이 1/12을 차지하고 그 후 1/7이 지나서야 결혼을 하며 결혼 5년 뒤 아들을 얻었으나 아들이 선친보다 4년 빨리 세상을 떠났고 세상을 떠날 당시 아들의 나이는 아버지의 절반밖에 되지 못했다는 것이다. 그의 일생을 방정식으로 계산하면 $x/6+x/12+x/7+5+x/2+4=x$, $x=84$에 해당한다. 이를 계산하면 디오판토스는 향년 84세로 세상을 떠난 것이다.

어린 시절

청년 시절

결혼

자녀 양육

중년

노년

▲ **디오판토스의 일생**
디오판토스는 이차방정식에 관하여 광범위한 내용을 엮고 집필한 훌륭한 수학자이다. 그는 자신 이전의 모든 그리스인이 이미 완성해 놓은 대수학 업적을 모아 종합 정리했다. 하지만 사람들은 그의 일생에 대해 아는 것이 극히 적으며 디오판토스에 대한 것은 모두 그의 묘비에 새겨진 대수학문제를 통해서 알 수 있을 뿐이다.

◀ **히파티아**
히파티아는 역사상 최초의 여성 수학자이다. 아르키메데스, 아폴로니우스, 디오판토스의 저서에 주석을 달았으며 415년에 주교의 명령을 따른 기독교도들에 의해 참혹하게 살해되었다. 이 일은 음울한 기독교 사회에서 유럽 수학에 대해 억압과 파멸을 예고하는 것이었다.

고대 그리스의 마지막 의학자 : 페르가몬의 갈레노스

▲ 갈레노스
로마제국시대에 명성과 영향력이 가장 컸던 의학자는 2세기에 활약을 펼친 갈레노스이다. 소아시아 에게해의 페르가몬 출신인 그는 자신의 의학연구 생애 동안 각종 동물과 인체의 해부를 통해 수많은 새로운 의학적 사실을 밝혀냈다. 그의 저서들은 라틴어와 아라비아어로 번역되어 무려 1,400년 동안 의학계를 평정했다.

갈레노스Claudios Galenos는 알렉산더시대 의학계의 권위 있는 의사로서 고대 그리스 의학을 집대성한 학자이다. 히포클라테스에 이어 두 번째로 권위 있는 의사로 인정받았으며 유명한 해부학 학자였다.

페르가몬에서 태어난 갈레노스는 『해부 절차On Anatomical Procedures』를 비롯한 많은 저서를 집필했으며 여기에 인체해부학과 생리학에 관한 많은 발견들을 기록하였다. 이 저서들은 갈레노스의 학술성과를 반영해 주는 동시에 그의 꼼꼼하고 세밀한 관찰력을 보여준다.

갈레노스는 생리학, 병리학 및 의료학 분야에서 새롭게 발견한 것이 많았다. 그는 심장의 작용을 고찰하고 뇌와 척수에 대해 연구를 진행하면서 신경이 척수에서 시작되며 인체에는 소화, 호흡 그리고 신경 등의 계통이 있다는 것을 알게 되었다. 동물 실험을 통해 얻은 결과를 인체에 응용하였는데 골격근에 대한 세밀한 관찰을 실시하였고 또 식물, 동물 및 광물의 약용가치에 대해서도 비교적 심도 깊은 연구를 했나. 갈레노스의 약물학 저서에는 식물을 이용한 약물 540종, 동물을 이용한 약물 180종, 광물을 이용한 약물 100종이 들어 있다.

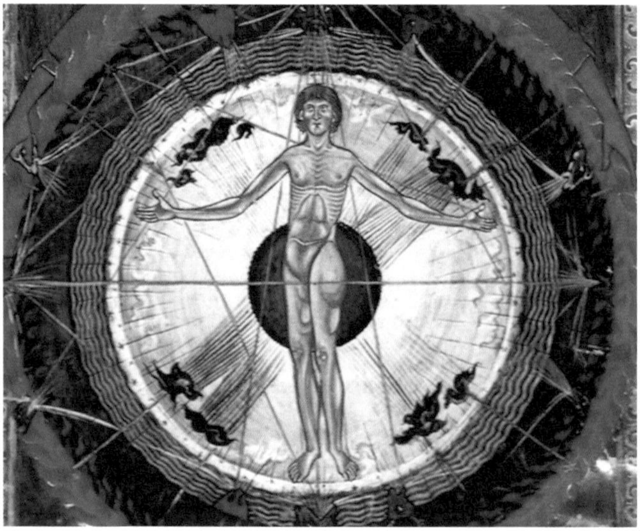

갈레노스의 가장 중요한 업적은 혈액운동이론과 영혼 학설의 발전을 들 수 있다. 피타고라스 학파의 필롤라오스는 인체에는 세 가지의 영혼이 있다

◀ 중세시대의 의학
중세시대의 의학은 제1인과 제2인에 대한 구분에 대해 중요시했다. 만물을 만들어내는 힘을 하느님이 준다는 것이 제1인이며, 이것은 연구자가 접촉하거나 만져볼 수 없는 것이다. 만물로 하여금 자유롭게 생장하게 하는 자연규칙이 제2인이며, 이것은 연구자가 연구해야 하는 임무를 말한다. 그림은 인체 형상과 예수 형상이 결합되어 있으며 당시 의학과 종교 간의 밀접한 관계를 표현하고 있다.

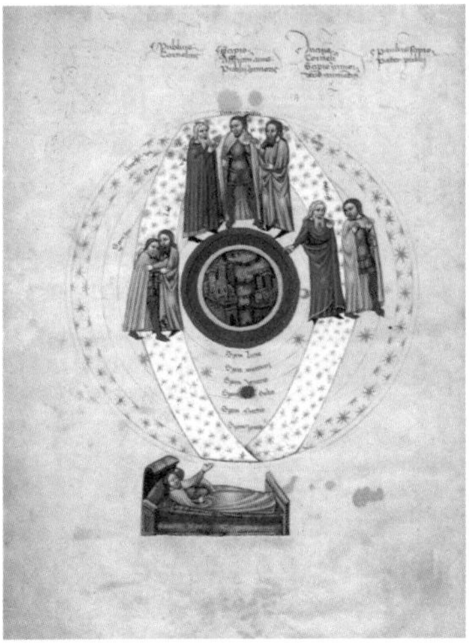

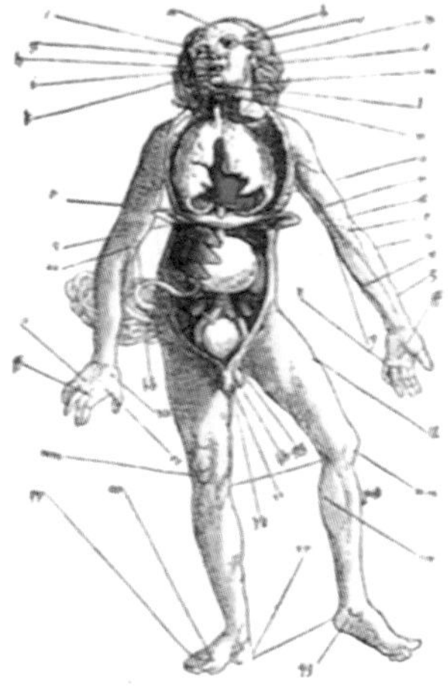

▲ 죽은 자의 영혼이 하늘로 오르다 (왼쪽)
중세는 과학이 종교사상에 완전히 억압당하던 시대였다. 당시 사람들은 과학과 신학을 결합하여 우주 속의 인류가 이성적이고 순종하는 창조물이라는 것을 애써 알리고자 했다. 이와는 달리 그리스 사람들이 이미 결론을 내린 하느님은 '전지전능하신' 조물주였다. 모든 과학의 발생과 발전은 신학의 통치에 구속되어 하느님을 깨닫고 하느님이 창조한 우주의 하찮은 수단으로 전락하고 말았다.

▲ 교회 천장화 속에 그려진 갈레노스 (가운데)
갈레노스는 의학에서 세 가지 주요 생리시스템을 분석하고 그 시스템을 통해 신체의 기능을 해석했다. 그 가운데 대뇌에는 지능, 심장에는 감정, 간장에는 식욕이 자리 잡고 있다고 보았다. 그러나 갈레노스는 끝내 혈액순환의 진정한 원인과 혈액순환이 왜 이루어져야 하는지를 알지 못했다. 그림은 아나니 성당의 천장화에 그려진 갈레노스의 모습이다.

▲ 갈레노스의 인체구조 묘사 (오른쪽)
갈레노스는 생물에 대한 해부를 통해 그 생물에 대한 생리구조를 자세하게 이해할 수 있었다. 갈레노스의 수많은 내과, 외과 의학저서에는 눈, 코, 귀, 입술 등의 외과수술 및 편도선 제거 수술, 골절치료 수술 등이 기록되어 있다. 이러한 연구를 통해 갈레노스는 신체생리에 비교적 완벽한 관점을 마련하였고 유명한 '3영기' 학설을 세웠다.

고 생각했다. 첫째는 생장영혼, 이것은 사람과 동물, 식물에 모두 있으며 배꼽에 있다. 두 번째로 동물영혼, 이것은 사람과 동물에게 있으며 심장에 위치하고 감각과 운동을 주관한다. 세 번째로 이성영성영혼은 사람에게만 있는 것으로, 뇌에 위치하며 지혜를 주관한다고 했다. 아리스토텔레스는 이것을 각각 생식영혼, 감각영혼, 이성영혼이라고 불렀다. 식물에는 생식영혼만 존재하며 동물에게는 전자 두 가지가 있고 오직 인간에게만 세 가지의 영혼이 갖추어져 있다고 했다. 그는 이 세 가지 영혼설과 인체의 해부학, 생리학 지식을 아주 새로운 시선으로 결합하여 '자연영기', '생명영기', '동물영기' 이론을 제시했다. 이 세 가지 영기가 인체에서는 각각 소화기계통, 호흡기계통, 신경계통에 위치하며 '프네우마pneuma' 라고 불리는 중심영기에서 나온다고 보았다. 이

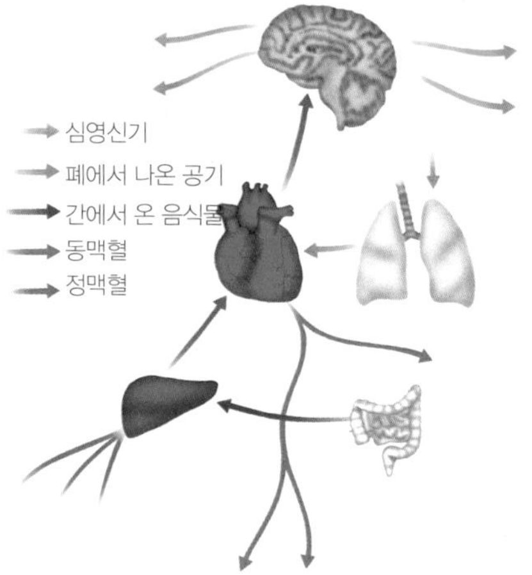

▲ **갈레노스의 생리학**
갈레노스의 이론은 음식물은 위를 거쳐 간으로 들어간 뒤 온몸과 심장으로 전해진다는 것이다. 심장에서는 정맥혈과 폐에서 나온 공기가 혼합하여 동맥혈이 되어 온몸으로 퍼지며 '생명영기'는 이 동맥혈을 담고 있다.

▲ **치료를 하고 있는 갈레노스**
갈레노스의 의학저서는 고대 의학을 집대성한 것이다. 식물을 이용한 약물 540종, 동물을 이용한 약물 180종, 광물을 이용한 약물 100종이 수록되어 있으며 갈레노스의 의학이론은 서양의학의 기초를 세웠다. 그림은 갈레노스가 환자를 치료하고 있는 모습이다.

'프네우마'는 공기 중에도 존재하며 인체는 호흡을 통해 '프네우마'를 빨아들이고 활동을 할 수 있다는 것이었다.

갈레노스는 유기체 생명의 인천을 간으로 보고 간이 혈액활동의 중심이라고 보았다. 이미 소화된 영양물질을 장에서 간으로 가져와 우유 찌꺼기 형태의 영양물질이 간에서 진한 색의 정맥혈로 변환되고 또 자연영기를 부여받는다고 생각했다. 자연영기를 받은 혈액은 간에서 출발하여 정맥계통을 따라 온몸으로 퍼져나간다. 간은 계속해서 혈액을 만들어내며 혈액은 또 신체 각 부위에 퍼지면서 흡수되기는 하지만 순환운동을 하지 않는다. 갈레노스는 심장 오른쪽이 정맥계통의 주요 줄기라고 보았다. 간에서 나와 심장 오른쪽우심실으로 들어간 혈액이 일부는 우심실에서 폐로 들어간 후 폐에서 좌심실로 유입된다. 또 다른 일부는 심장 간격의 작은 구멍을 통하여 좌심실로 들어가며 폐를 거쳐 좌심실로 흘러들어간 혈액은 나쁜 공기, 나쁜 물질을 배출하고 생명영기를 얻어 선홍색의 동맥혈이 된다. 생명영기를 가진 동맥혈은 동맥계통을 거쳐 온몸으로 퍼지며 감각을 느낄 수 있게 되고 각종 활동을 가능할 수 있게 해준다. 동맥혈이든 정맥혈이든 모두 편도의 직선운동 방법으로 왕복운동을 한다.

◀ **고대 그리스 · 로마시대의 의학**
고대 그리스 · 로마시대에는 의학이 그다지 발전하지 못했다. 그런 사회적 분위기 속에서는 병에 걸리면 통상적으로 악마나 영혼이 그렇게 만든 것이라고 생각했다. 병에 걸린 환자는 신전 앞으로 끌려갔으며 무속인들은 주문을 읽거나 마법을 부리는 등의 방법으로 환자의 회복을 위해 기도했다.

마치 썰물과 밀물처럼 하나가 올라가면 하나가 내려가고 한 방향으로만 운동을 한다고 갈레노스는 생각했다.

생리학, 병리학, 임상의학을 포함한 총체적 계통을 종합하려고 끊임없이 노력한 갈레노스는 고대에서 베살리우스까지, 그 후 영국의 하비시대까지를 통틀어 해부학과 의학실험 분야에 있어 가장 훌륭한 의학자 가운데 한 사람이었다. 그의 이론에 잘못이 있고 또 그것이 생물학의 발전에 저해가 되기는 하였지만 이것은 결코 갈레노스 본인의 과실이 아니라 교회가 갈레노스의 잘못에 엄청난 권위를 부여해 주었기 때문이었다. 오랫동안 갈레노스 이론에 의문을 제기하려면 이교도라고 비난을 받는 위험을 무릅써야 했다. 그의 이러한 명백한 잘못은 오히려 신성불가침의 진리라고 여겨졌다. 이는 과학의 발전에 있어서나 갈레노스 자신의 명예를 위해서나 모두 불행한 일이 아닐 수 없다.

▲ **사혈을 이용한 치료**
히포클라테스는 인체는 흙, 공기, 불, 물의 네 가지의 원소로 이루어져 있다고 보았으며 질병이 생기는 원인을 이 네 가지 체액의 균형이 파괴되었기 때문이라고 보았다. 따라서 사혈을 체액의 균형을 복구시킬 수 있는 방법이라고 생각했다. 그 후 갈레노스는 이 이론을 바탕으로 사혈요법을 크게 발전시켰으며 병세가 심할수록 사혈도 많이 해야 한다는 것이 그의 이론이었다. 그는 또 환자의 연령, 체질, 날씨, 계절, 장소, 발병 장기 등 여러 가지 상황을 근거로 사혈요법의 체계를 세웠다.

유럽의 암흑시대에 갈레노스가 집필한 엄청난 양의 저작에 대해 비록 사람들이 알고 있지 않지만 중간에 유실되거나 완전히 사람들에게 무시당하지는 않았다. 그의 저서는 시리아어와 아라비아어로 번역되어 자신의 의학지식과 더불어 종교적으로도 기독교도와 이슬람교도가 의학을 연구하는 기초가 되었다.

현재 태양력의 기원 : 율리우스력

율리우스력은 현재 국제적으로 통용되고 있는 태양력의 전신이다. 16세기 이전까지 서양의 대부분의 국가에서 이 율리우스력을 채택했다. BC 46년, 로마의 통치자 율리우스 카이사르Caesar가 이집트 알렉산드리아의 그리스 수학자 겸 천문학자인 소시게네스Sosigenes의 도움을 받아 만든 것으로 그 전에 사용되던 로마역법을 대신하여 BC 46년 1월 1일부터 적용되었다. 따라서 사람들은 이 역법을 '율리우스력'이라고 불렀다.

율리우스력은 회귀년을 기본단위로 하는 순수한 태양력이다. 1년 12개월, 홀수 달은 큰달로 31일, 짝수 달은 작은달로 30일, 2월은 유일하게 평년일 때는 29일, 윤년일 때는 30일이었다. 1년을 365.25일, 4년마다 한 번의 윤달이 끼고 윤달이 낀 해는 366일이었다. 이로써 1년 평균 길이는 365.25일이었다. 율리우스력을 만든 후 율리우스 카이사르의 계승자 아우구스티누스는 또 2월에서 하루를 빼고 8월을 큰달로 바꾸었다. 8월의 라틴어는 그의 이름을 딴 아

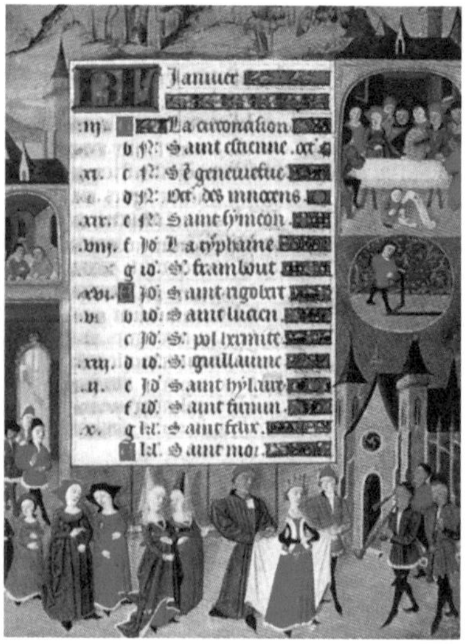

▶ **아즈텍력**
아즈텍력은 고대 멕시코에서 만들어 사용하던 태양력이다. 거대한 바위 위에 새겨져 있었으며 원반 모형이고 그 주위에는 우주론 관련 그림문자와 부호가 함께 있었다. 고대 멕시코인들이 우주관을 알 수 있는 아즈텍력은 율리우스력보다 늦게 만들어졌다.

▶ **로마의 우주체계** (왼쪽)
그림에 나타나는 로마 우주체계를 보면 지구는 행성과 황도 십이궁 중심에 위치한다. 특이한 것은 그림 속의 수성과 금성이 태양 궤도의 왼쪽에 그려져 있는 점이다. 이 체계는 고대 그리스인들도 제시한 바 있으며 그 후 로마 천문학자의 이론에서 다시 부활했다.

▶ **15세기의 월력** (오른쪽)
율리우스력은 유럽 역사상 최초로 계절을 기초로 달의 개념을 도입했다. 율리우스력은 1582년에 교황 그레고리 13세가 제정한 일력으로 대체되었다. 하지만 율리우스력의 4년마다 한 차례의 윤년이 되돌아오는 것은 여전히 남아 있다. 그림의 월력에서 그린 것은 15세기 프랑스 남쪽 지역에서 거행된 대관식이다.

우구스투스Augustus로 했다. 이 밖에 또 9월, 11월을 작은달로 바꾸고 10월과 12월을 큰달로 바꾸었다.

1월 고대 로마신화의 신 야누스에서 따옴

2월 고대 로마의 명절 이름에서 따옴

3월 고대 로마신화의 전쟁의 신 마르스에서 따옴

4월 고대 라틴어 'aperire' 에서 따옴. '시작하다' 라는 뜻으로 봄이 시작됨을 의미

5월 고대 로마신화의 꽃의 신 마이아에서 따옴

6월 고대 로마공화국의 창시자 이름에서 따옴

7월 고대 로마력에는 10개월뿐이었다. 이는 다섯 번째 달을 가리키며, 원래 이름은 '다섯 번째' 라는 뜻이다. 카이사르가 이 달에 출생했기 때문에 원로원의 만장일치로 통과되어 이 달은 카이사르의 이름인 '율리우스' 로 바뀌었다.

8월 원래의 이름은 '여섯 번째' 라는 뜻이다. 훗날 옥타비아누스가 8월에 태어나면서 원로원에서는 이 달은 그의 칭호 '아우구스투스' 라고 개정했다. 원래 작은달이어야 하지만 2월에서 하루를 빼 와서 추가시켜 큰달로 바꾸었다. 그리하여 8월 뒤에 나오는 달을 다시 큰달, 작은달로 구분해야 했다.

9월 라틴어로 '일곱 번째' 라는 뜻이다.

10월 라틴어로 '여덟 번째' 라는 뜻이다.

11월 라틴어로 '아홉 번째' 라는 뜻이다.

12월 라틴어로 '열 번째' 라는 뜻이다.

▲ 갈리아 역법 잔재
로마의 한 해 길이는 365일, 하지만 3년이 지나고 난 후에는 규칙적으로 366일이 된다. 윤년일 때 로마사람들은 마지막 달을 죽은 신을 기념하는 불길한 달로 보았기 때문에 카이사르 후 로마에 대한 개혁을 서둘렀다. 1897년 출토된 갈리아 역법 잔재에 이 시기의 역법이 기재되어 있었고 이와 함께 당시 달을 뒤로 미루는 일상적인 응용부호까지 표시되어 있다. 기호를 사용한 것은 교환, 대출, 날짜를 뒤로 계산하기 위해서였다.

인도력의 계절	그레고리력의 시기
바산뜨(춘계)	3월 중 ~ 5월 중
기르샴(하계)	5월 중 ~ 7월 중
바르샤(우기)	7월 중 ~ 9월 중
슈라드(추계)	9월 중 ~ 11월 중
헤만뜨(동계)	11월 중 ~ 1월 중
시시라(이슬)	1월 중 ~ 3월 중

◀ 인도력과 그레고리력의 비교
태양력에 속하는 인도력의 매년 일수는 그레고리력과 일치하고 윤년 설정도 그레고리력과 같다. 그러나 달 설정에 있어서는 인도력이 황도 십이궁을 기준으로 1년에 여섯 개의 계절이 있고 한 계절이 2개월이다. 그림은 인도력의 계절과 그레고리력의 월수를 비교한 표이다.

▲ 야누스
야누스는 로마 본토에서 최고 오래된 신으로 두 가지의 얼굴을 가지고 있다. 하나는 과거를 보고 있으며 또 하나는 미래를 바라보고 있다. 고대 로마의 동전에는 항상 야누스의 형상이 그려져 있었는데 라틴어로 1월을 뜻하는 이 단어 'Januarius'는 바로 야누스에서 유래된 것이다.

아우구스티누스가 수정한 율리우스력은 계속해서 사용되다가 문제가 발견되었다. 1년의 평균길이가 365.25이고 회귀년보다 11분 14초회귀년은 지구가 태양을 한 바퀴 공전하는 시간을 의미하며 1회귀년의 정확한 시간은 365.2422일, 즉 365일 5시간 48분 46초이다 길었다. 이렇게 해서 발생하는 누적오차를 교정하기 위해 로마 황제 그레고리 13세는 1582년 많은 학자들을 불러 모아 율리우스력을 어떻게 수정할 것인지에 대해 연구를 했다. 수정해야 할 주요내용은 두 가지였다. 하나는 1582년 10월 4일의 다음날인 10월 5일을 10월 15일로 바꾸는 것이었다. 이렇게 하여 율리우스력을 사용하면서부터 1582년까지 누적된 오차 10일을 빼는 것이었다. 다른 하나는 윤법 규칙을 수정하는 것으로, 원래는 4년마다 한 번 찾아오는 윤년에 1일을 덧붙이는 것이었다. 하지만 4년 동안 실제 누적되는 시간은 23시간 15분 4초, 여기에 44분 56초매년 평균적으로 11분 14초를 더하는 것를 더하는 것이었다. 이런 식으로 하면 400년이 지난 후에는 3일을 추가하면 되는 것이다. 이를 위해 윤년법칙을 새로 제정했다. 백 단위로 끝나지 않는 해에 4를 나누어 윤년으로 정한다. 백으로 끝나는 해에는 400으로 나누어 윤년으로 정한다. 예를 들어, 1900년을 4로 나누면 정수로 떨어지지만 400으로 나누면 정수로 떨어지지 않으므로 윤년이 되지 못한다. 2000년이 되면 윤년이 된다. 이렇게 하면 400년마다 3일을 적게 더하면 되는 것이다. 수정을 거치면서 율리우스력의 정확도가 매우 높아졌다. 오차도 대략 3,000년에 1일 정도이다. 이 개혁의 성과는 마땅히 그레고리 13세의 공로로 돌려야 할 것이다. 그리하여 수정한 율리우스력을 사람들은 '그레고리력'으로 부르면서 현재까지 이어지고 있다.

◀ 아우구스티누스
8월(라틴어로 Augustus, 로마인의 6월)의 이름은 아우구스티누스의 라틴어에서 변천된 것이다. 그 전에는 라틴어로 '6'을 의미하는 Sextilis라고 불렀다. 아우구스티누스는 허영심을 위해 달의 짝수 홀수를 바꾸었고 원래 30일이었던 8월을 31일로 늘렸다.

루크레티우스와 『만물의 본성에 대하여』

▲ 루크레티우스
고대 철학자 루크레티우스는 신이 세상을 창조했다는 창조론에 대해 반대한 사람이다. 그는 우주는 무한하며 자연스럽게 발전해 온 과정이 존재하고 사람들이 자연현상이 발생하는 진정한 이유를 알면 종교에 대한 편견은 바로 사라질 것이라고 생각했다. 세상은 확인 가능한 것이고 얼마든지 알 수 있는 길이 많음을 인정하고, 감각이라는 것은 물질에서 흘러나오는 영상이 인체의 감각기관에 작용하여 나타나는 결과라고 여겼으며, 회의론에 대해 반박했다.

루크레티우스Titus Lucretius Carus는 고대 로마의 철학자, 에피쿠로스의 제자 중 유일한 유명한 학자이다. 고대 원자 학설을 계승하였으며 에피쿠로스의 철학 관점을 논하고 발전시켰다. 물질의 존재는 영원하다고 보았으며 "무(無)에서 나오거나 무(無)로 돌아가는 것은 아무것도 없다"라는 유물주의관점을 제시했다. 세상이 신에 의해 창조되었다는 이념에 반대하며 "우주는 무한하고 자연적으로 발전하는 과정이 존재한다. 그리고 자연현상이 발생하는 진정한 원인을 알게 된다면 종교에 대한 편견은 바로 사라질 것"이라고 주장했다. 세상은 확인 가능한 것이고 얼마든지 알 수 있는 길이 많음을 인정하고, 감각이라는 것은 사물에서 뿜어져 나오는 영상이 사람의 감각기관에 작용을 하여 나타난 결과라고 여기며, 인식하고 있는 모든 것의 기초와 기원이라고 하면서 회의론을 반박했다. 루크레티우스는 또 행복은 신과 죽음의 공포에서 벗어나는 것이며 정신적 안정과 마음의 평안에 있다고 보았다. 저서로는 철학 장편시 『만물의 본성에 대하여De rerum natura』가 있다.

『만물의 본성에 대하여』는 루크레티우스의 철학 장편시로 1473년 출판되어 현존하는 유일의 고대 그리스 · 로마 원자유물론을 설명한 책이다. 데모크리

◀ 판테온 신전
4세기부터 로마의 성은 초기의 이교도 도시에서 점차 기독교를 신봉하는 도시로 변모해 갔다. 이때 로마제국의 영역 내에서는 교회가 기본적으로 그 이전의 신전을 대신하고 많은 신들 역시 크리스트들로 대체되었다. 그림은 고대 로마제국시대에 지어진 판테온 신전 원형 천장의 부조이다. 판테온 신전의 독특한 이 설계에 대해 중세시대 사람들은 마귀가 천장을 가져갔기 때문이라고 여겼다. 이와 같은 신전은 로마가 기독교 도시로 변한 후 얼마 남아 있지 않다.

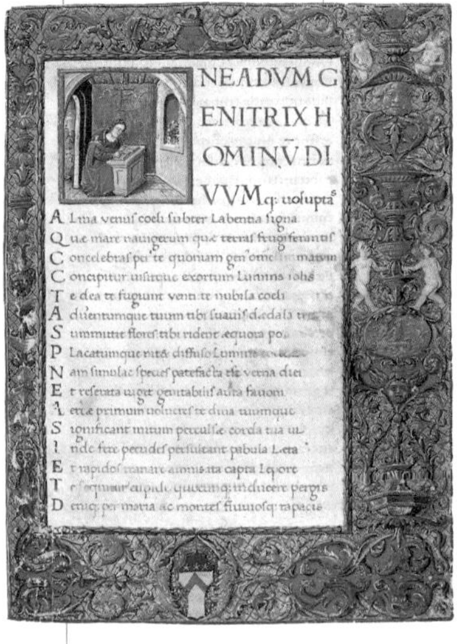

▲ 『만물의 본성에 대하여』
에피쿠로스 학파의 위대한 시인 루크레티우스. 이 그림은 기독교 판본으로 직접 쓴 것이다. 글은 책 제1장의 시작이다. 그는 이 책에서 시의 형식을 빌려 에피쿠로스 학파의 철학사상과 고대 그리스로마의 원자유물론을 체계적으로 소개했다.

▲ 고대 로마 (가운데)
고대 로마 철학자 루크레티우스가 활동을 하던 시기의 로마 성은 그림처럼 통일되고 일관된 형식을 가지고 있었다. 일반적으로 정사각형의 성곽에 도로는 십자 모양으로 교차되고 그 교차지점에 신전을 지었다. 이러한 도시의 설계는 고대 에트루리아인의 도시 정원에서 기원이 된 것 같다. 성의 전체는 주로 길로 이루어져 있고 공공건물은 2~4개의 길의 중심이 되고, 신전은 성 밖의 산에 지어져 있다. 도시의 규모가 크지 않아서 그 이후의 집들은 성 밖에 지을 수밖에 없었다. 유럽의 많은 도시들이 이 구조를 따라 발전한 것이다.

▲ 사자의 기도 (오른쪽)
과학이 발달하지 않은 고대사회에서는 죽음에 대한 인간들의 공포, 두려움을 종교적으로 이용해 사람들을 기만하고 영혼불멸사상을 퍼트렸다. 사람들은 종교의 여러 가지 무거운 짐 때문에 신음을 했다. 3세기의 로마 지하무덤에서 초기 기독교 예술에서 가장 눈에 띄는 예술품이 발견되었다. 그림 속의 기독교도가 양손을 들어 기도를 하고 있는데 이 기도하는 사람은 죽은 자를 의미한다.

토스가 개척한 원자유물론을 근거로 수많은 사례를 들어 에피쿠로스 학설의 논지를 밝히면서 영혼불멸과 윤회설 및 창조론을 비판하고 소박한 유물주의의 관점을 자연과 사회 및 사고영역에 관철시켰다.

『만물의 본성에 대하여』 제1권은 종교와 창조론을 반박하고 원자와 허공을 설명했다. 종교는 사람들의 이성을 기만하고 사람의 존엄을 무시하며 사람들에게 비도덕적인 행위를 하도록 교사하여 사람들을 극도의 빈곤에 빠져들게 한다고 지적했다. 그는 구체적인 사례를 들어 원자와 허공의 실제성을 논증했다. 하지만 '원자' 라는 단어를 쓰지 않고 '본원', '원초물체', '물체', '종자', '원소', '물질형체' 등의 단어를 대신 사용했다.

데모크리토스와 달리 루크레티우스는 원초물체의 형상은 유한하다고 보았다. 그는 물체의 다공성과 비중이 다르다는 점에서 허공의 존재를 설명했다. 원자론과 감각을 결합하여 가능성은 성질을 나타내며 불가능성은 허공을 나타낸다고 제시했다. 그는 또 우주는 무한하며 물질과 공간도 모두 무한하다고 보았고 우주에는 수많은 세계가 형성되고 발전하고 사라진다고 말하며 우리의 지구가 유일하게 존재하는 세상이 결코 아니라고 주장했다. 제2권에서 루크레티우스는 원자운동의 규칙성을 설명하고 세계와 만물의 형성원인도 설명하면서 데모크리토스가 무시한 우연성의 존재를 언급했다. 제3권에서는 영혼의 본성을 논하고 영혼과 정신을 구분했다. 영혼은 생명의 근원이며 정신은 의식과 정신이고 영혼과 정신은 아주 작은 원자로 구성된 물질이라고 보았다. 제5권에서는 우주와 생물, 사회의 형성과정을 설명하며 인류와 사회의 발전 그림을 특별히 묘사하고, 수요가 사회발전의 동력이라고 예상까지 했었다. 그리고 이성이 수요를 만족시키는 수단을 찾을 수 있을 것이라고 보았다. 이러한 관점은 인류의 진보와 사회발전의 사상을 긍정적으로 보는 것을 표현하는 동시에 유심주의의 관점도 섞여 있다. 제6권에서는 당시의 각 학과를 연구하였는데 원자유물론 관점에서 각종 자연현상을 해석했다. 이 밖에 생물진화론에 대한 생각을 피력하기도 했다.

『만물의 본성에 대하여』는 원자유물주의 연구에 대한 매우 중요한 참고적 가치를 가지고 있는 저서로, 그 후 유물주의의 발전에 커다란 영향을 주었다.

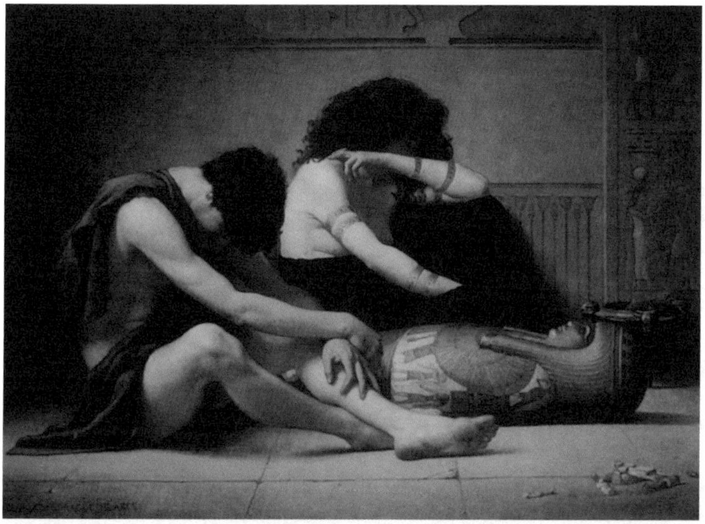

◀ **영혼숭배**
고대 그리스시대에 유행했던 영혼숭배는 고대 이집트신화 속에 나오는 '카(Ka)'에 관한 기록에서 시작되었다. 인간의 영혼과 육체는 같은 모양, 같은 모습을 하고 있어서 '카'라고 부르는데, 이 '카'는 어둠 속에서도 존재하며 인간의 육체와 만나기도 하고 결합되기도 한다는 것이다. 고대 이집트인들은 죽은 자의 시체를 잘 처리해야 한다는 생각에 미라를 만들었으며 그래야만 죽은 자의 '카'가 내세에서 영원히 복을 받을 수 있다고 믿었다.

▲ **콜루멜라**
로마의 농업이 쇠퇴하던 시기에 살았던 콜루멜라는 자신의 농업 관련 저서에서 로마 농업이 쇠퇴하는 원인을 분석하고 농서를 통해 후세에게 1세기 무렵의 정치와 경제, 사회생활 등 여러 분야의 정보를 알리고자 했다. 그의 저서는 훗날 농업관리에 매우 큰 영향을 끼쳤다.

로마로 가다

고대사회에서 그리스인들만이 독창적인 과학사상을 가지고 있었다고 해도 과언이 아니다. 로마인들은 국가를 다스리고 군사, 행정, 입법 분야에서는 우수한 능력을 갖추고 있었지만 학술 분야에서는 그다지 성과가 없었다. 로마인의 예술, 과학, 심지어 의하까지도 모두 그리스인들에게서 빌려 온 것이다. 로마인들은 단지 의학과 농업, 건축 또는 공사 분야의 작업을 완성하기 위하여 그나마 과학에 관심을 두고 있었던 것 같다.

AD 20년경, 스트라본Strabon이 그리스어로 된 각 방면의 지리학 저서를 펴냈다. 이 책은 당시의 다른 과학에 대한 설명도 다루었다. 로마인이 동서양으로 정벌을 나서고 있을 무렵이어서 이런 현실은 사람들로 하여금 자연스럽게 지구 표면에 대해 관심을 갖게 만들었고 따라서 그에 대한 지식도 날로 풍부해졌다. 로마제국의 도로를 묘사하고 설명한 여행 안내책자도 이때 나오기 시작한 것이다.

▼ **로마 건축예술의 정수 피사 대성당**
로마인들은 건축과 공사의 작업에 뛰어났으며 건축물 또한 독특한 그들만의 양식을 가지고 있었다. 로마식 건축양식이라고 하는 것은 주로 돔 형식에 창이 있으며, 두꺼운 석벽, 둥근 천장, 커다란 기둥을 포함한다. 실내의 벽에는 보통 종교적 색채가 짙은 벽화가 많이 있고 조각으로 장식하는 방법을 널리 애용하였다. 이 스타일은 프랑스와 서유럽의 많은 국가들의 교회 건축물에 영향을 미쳤다.
그림은 이탈리아 건축물의 하나인 피사 대성당이다.

건축학 관련 저서를 지은 비트루비우스Vitruvius는 건축과 관련된 물리학과 기술지식을 상세하게 설명하였고 공사는 과학을 기초로 해야 한다고 했다. 그의 저서는 전체 10권으로 이루어져 있다. 제1권은 건축원리를, 제2권은 건축사와 건축재료에 대해서, 제3권과 제4권은 그리스식 신전의 건축구조에 대한 분석을 싣고 있다. 제5권은 도시 전체의 계획에 대해, 제6권은 보통시민의 주거에 대해, 제7권은 실내디자인에 대해, 제8권은 수도공급기술에 대해, 제9권은 시간을 재는 기계에 대해, 제10권은 일반적인 공사기술 문제에 대해 다루고 있다. 이 저서에서 다루고 있는 내용과 범위는 매우 광범위하여 건축학의 백과사전이라 불리며, 비트루비우스는 건축학의 시조창시자로 불린다.

그는 책에서 그리스 과학자를 반복해서 언급하였으며, 특히 그리스 발명가 크테시비오스Ktesibios를 아주 높이 평가했다. 비트루비우스는 책에서 건축학

▲ **고대 로마의 장식품** (위)
그림 속의 로마시대의 장식품을 살펴보면 금으로 만든 원판에 다양한 보석이 박혀 있고 장식품 한가운데는 주인의 옆모습이 새겨져 있다. 정교한 아름다움이 당시의 뛰어난 공예 수준을 말해준다.

▲ **포틀랜드 화병** (아래)
여러 곳에서 전쟁을 치르면서 로마인들은 지리학 분야에 대한 지식을 넓혔을 뿐만 아니라 로마가 아닌 다른 지역의 선진화된 제작기술을 습득할 수 있었다. 유리 제조기술이 뛰어난 페니키아를 점령했을 때 당연히 이 기술은 로마인에게 이용되었다. 끊임없는 실천을 통해 로마인은 유리제조공예를 향상시켰다. 상감기술을 각종 유리와 함께 결합하여 가열을 통해 새로운 모양을 만들었다. 그림 속의 포틀랜드 화병은 상감기술과 부조기술을 결합해서 만든 아주 정교한 공예품으로, 유리의 표면에 보석이 들어간 듯한 아름다운 색채가 빛을 발한다.

▼ **로마건축가의 지위 향상** (왼쪽)
건축설계도 제작기술이 날로 발전함에 따라 건축이 일종의 과학으로 지위가 향상되고 건축사의 지위도 그에 따라 크게 높아졌다. 그림은 로마의 건축사가 교황에게 새로 건립한 교회의 구조와 양식에 대해 설명을 하고 있는 모습이다. 교황 및 주위 사람들이 열심히 경청하고 있는 모습에서 건축사에 대한 존경을 알 수 있다.

▼ **로마의 예수 성당** (오른쪽)
비뇰라가 설계한 로마의 예수 성당은 16세기 로마교회건축의 전형적인 형태를 취하고 있다. 당시 로마교회건축물은 다음과 같은 보편적인 구조를 갖추고 있었다. 중간 홀 주위는 반원형으로 되어 있고 성전은 집중식으로 디자인되었으며 꼭대기는 원형 천장으로 덮여 있고 반원형 후전을 통해 쭉 뻗어 있다. 제단은 언제나 반원형으로 된 후전에 설치하고 수랑은 둥근 천장의 크기와 같은 폭의 간단한 측전(側殿) 건축양식으로 바뀌었다. 둥근 천장 역시 아름답게 보이기 위한 것이었다. 이러한 건축양식의 변환은 모두 당시의 건축학자들이 쓴 저서에 남아 있다. 비트루비우스 역시 그중 한 사람이다.

범위를 훨씬 뛰어넘어 천문학, 음향학까지 다루었다. 또한 각종 해시계와 수륜의 구조를 설명하고 금성과 수성이 태양 주위를 회전하는 이론을 연구하기도 했다. 소리가 공기의 진동으로 인해 전달되는 것이라는 사실을 이미 알고 있던 그는 건축음악학에 대해서도 설명을 하였는데 이는 건축음악학에 관한 최초의 설명이었다.

로마의 군인이자 기술자였던 율리우스 프론티누스Sextus Julius Frontinus는 유체역학에 대해 유익한 견해를 내놓았다. 그는 로마 관개수로 감독관 일을 한 적이 있었는데 로마의 급수공시에 대하여 언급을 하였다. 그는 실험을 통해 물이 관에서 흘러나올 때 물의 속도가 관의 크기에 의해 결정될 뿐만 아니라 관의 수면 아래의 깊이에 의해서도 결정된다는 사실을 발견했다.

농업생산력 수준을 크게 향상시키면서 로마에 농업연구에 대한 전문가들이 나타나기 시작했다. 그리고 이 시기에 3대 농업가로 불리는 카토, 바로, 콜루멜라가 출현했다.

카토Marcus Porcius Cato의 『농업론』은 현존하는 가장 오래된 로마의 농서이다. 카토는 로마공화국 전기의 유명한 정치가, 산문가, 농학가로 수많은 저서를 남겼으며 『농업론』은 그의 가장 중요한 저서이다. 카토는 농업생산에 있어 발생하는 각종 문제에 대해, 예를 들면 비료를 주는 시기와 방법, 가축 관리와 식량 보관하는 방법 등에 자신의 관점을 설명했다. 『농업론』은 BC 2세기 이탈리아 농업생산과 노예제 경제발전의 귀중한 자료이다.

▲ 로마의 사혈요법
사혈요법은 로마 출신의 의사 갈레노스로부터 아주 강력한 힘을 발휘했다. 초기 그리스 의학연구 가운데 4원소 평형론에서 질병과 건강에 대해 더욱 해석을 잘할 것 같은 이론이 파생되어 나왔는데 그것이 4액체론이다. 사람들은 열과 건조함을 혈액의 속성이라고 믿었다. 그래서 몸이 건조해지고 열이 나는 이유를 혈액이 과다하기 때문이라고 생각하고 혈액을 줄여야 한다고 보았다. 이에 따라 정맥에 작은 구멍을 하나 내어 혈액이 빠져나오도록 하거나 거머리를 이용하여 피를 빨아먹도록 했다. 이 방법은 로마시대의 중요한 의료법으로 이용되었다.

▶ 바로의 농학관
바로는 농업연구에 있어서 일반적인 논지에 머무르지 않고 농업이론지식의 체계적인 정리와 활용을 중시했다. 그가 제시한 농업생산의 4요소, 즉 물, 흙, 공기, 햇빛은 오늘날까지도 농업생산에 영향을 미치고 있다.

제2의 농학가인 바로Marcus Terentius Varro의 저서 역시 대단하다. 오늘날까지 전해져 오는 것은 『라틴어 문법에 대하여』의 일부분과 『농업론』 세 권뿐이다. 제1권은 농업경험에 대해서, 제2권은 가축 기르는 법에 대해서, 제3권은 가금 기르는 방법에 대한 내용이다. 『농업론』은 로마인의 농업과학기술의 성과를 비교적 전면적으로 종합정리하였으며, 로마의 노예제도를 알 수 있는 중요한 자료이다.

제3의 농학가인 콜루멜라Lucius Junius Moderatus Columella는 로마의 농업을 다시 일으키겠다는 희망을 가지고 『농업에 대하여De Re Rustica』 열두 권을 썼다. 그는 자신의 저서의 상당히 많은 부분을 카르타고 농학자인 마고의 저서를 번역하여 옮겼다. 이리하여 탄생한 『농업에 대하여』는 중세시대의 장원 관리에 큰 영향을 미쳤다. 이 세 명의 농학자의 저서는 로마 농업생산과 장원경제의 발생, 발전 및 쇠퇴에 대한 귀중한 자료가 되고 있다.

로마의 의학은 그리스 의학의 성과를 계승한 것이다. AD 14년, 로마에 최초의 공립 그리스 의학교가 건립되었으며 1세기 무렵에는 명의(名醫) 켈수스Aulus Cornelius Celsus가 영향력이 아주 큰 내과, 외과 의서를 집필했다. 눈, 코, 귀, 입술 등의 외과수술과 치과수술, 편도선 절제수술, 갑상선 수술, 골절치료와 수술 등에 관한 많은 외과수술에 대해 기록했다. 또 다른 의학자인 루페스는 간과 맥박의 리듬을 최초로 정확하게 설명하였고, 또 의심스러운 물은 반드시 끓인 후에 마셔야 한다는 사실을 처음으로 세상사람들에게 알린 의학자이다.

로마인이 이론과학 분야에 이룬 성과는 적은 편이기는 하나 실천과 임상에서는 주목할 만하다. 로마의 위생과 공공보건사업은 매우 잘 이루어졌으며 깨끗한 물을 마시기 위해 거대한 상수도관을 시내로 끌어들였고 시내에 공공의료시스템과 병원을 세웠으며 군대에 군의관을 두었다.

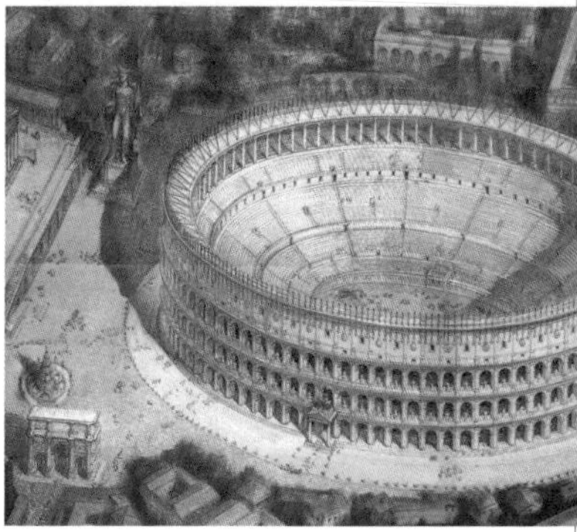

▲ 고대 로마의 원형극장

그림에 나오는 고대 로마 원형극장은 암만 시타델 언덕 아래의 옛 도시에 자리하고 있다. 2세기 때 지어졌으며 설계양식이 요르단 제라시의 고대 로마 극장과 상당히 유사하다. 이 극장은 원형으로 되어 있고 6천 명을 수용할 수 있다. 건축과정에서 음향학 원리를 이용하였기 때문에 극장 어느 자리에 앉아도 공연하는 사람의 목소리를 또렷하게 잘 들을 수 있다.

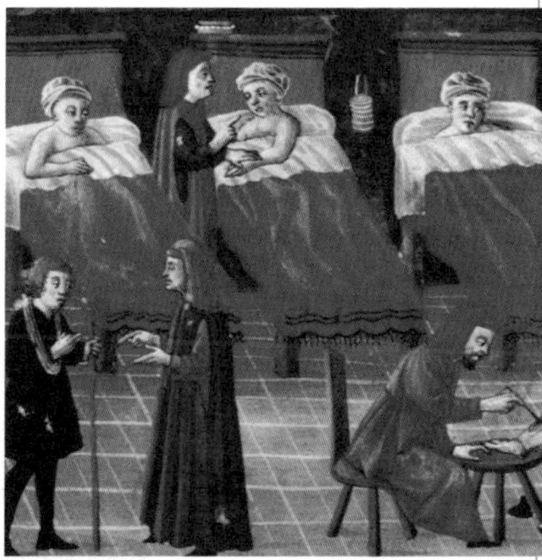

▲ 로마시대의 의학

로마시대의 의학 발전은 고대 그리스시대의 의학을 계승한 것이다. BC 2세기, 로마인이 원래의 그리스 지역인 발칸 반도 남부를 점령한 이후, 그리스의 많은 의사들이 로마로 왔는데 여기에는 그 유명한 갈레노스도 있었다. 갈레노스는 본래 그리스 출생이다. 로마는 공공 위생시설 분야에 높은 수준을 자랑하고 있었고 로마인들은 노예를 이용해 도시의 수로와 하수도를 건설하고 목욕탕을 지었다. 그 유명한 12표법에는 시내에 죽은 사람을 매장하는 것을 금지하고 식수음용 등 위생에 주의하라는 내용도 들어 있다. 그림은 고대 로마의 환자가 공공 병원에서 치료를 받고 있는 모습을 그린 것이다.

자연에 관심을 기울인 해군사령관 : 플리니우스

▲ 플리니우스
로마의 박학다식한 학자 플리니우스는 이탈리아의 북부 노붐코문에서 태어나 어릴 때 로마로 건너가 문학, 변론술, 법률을 공부했다. 청년이 되어서는 전쟁에 참전하였고 그 후 유럽 각지를 여행했다. 스페인의 행정장관과 로마의 해군사령관을 역임했다. 박학다식한 그는 글을 쓰는 일을 게을리하지 않았으며 수많은 자연과학 지식을 수집했다. 그리하여 지은 『박물지』는 고대 자연과학의 백과사전이 되었고 플리니우스 자신은 과학의 진리를 탐구하기 위해 자신의 목숨도 내놓았다.

가이우스 플리니우스 세쿤두스Gaius Plinius Secundus는 대(大)플리니우스라고 불리며 고대 로마의 작가이자 과학자이며 『박물지Historia Naturalis』를 후세에 남겼다.

『박물지』는 고대 로마의 자연과학을 한데 모은 대작이다. 폭넓고 풍부한 내용으로 천문, 지리, 동식물, 농업, 의학, 광물야금, 공예 및 조각과 회화뿐만 아니라 사회경제, 역사적 인물에 대해서까지 다룬 서양의 최고 과학보급용 저서이다. 제2권에는 BC 217년에 로마 성에서 발생한 대지진에 대해 상세하게 기록하고 있으며 지진의 여러 가지 징조들을 소개했다. 제7권에는 대량 화학반응과정과 처방을 기록하였는데 이것은 서양 역사상 최초의 화학반응을 다룬 과학저서이다. 제8권에는 4종의 포도 짜는 기계에 대해 설명했다. 이 밖에 플리니우스는 라틴어 단어를 빌려 쓰고 새롭게 만들어 사용하면서 표현 방법을 다양화했다. 라틴어가 유럽 학술계의 통용어로 활약을 하는 데 큰 역할을 한 사람이 플리니우스이다.

플리니우스는 이와 함께 모든 지식과 과학에서 로마인의 관점을 강조했다. 직접적으로 응용되든 간접적으로 도덕적 설교에 사용되든 모두 인류에게 유용한 것이었다. 인간의 특징을 갖춘 목적론이라고 여겨진 덕분에 이 책은 중세시대 교회에 받아들여졌다. 이 밖에 플리니우스는 문화가 쇠퇴하는 것을 보고 우려했다. 로마인들이 재원과 자원이 풍부한 대제국을 건설하였지만 정작 과학은 오히려 전혀 발전하지 않는 것 같았다. 그리스시대에 수많은 국가 간에 전쟁이 끊이질 않아 여행하는 것도 위험하였지만 과학연구는 계속 발전했다. 하지만 로마시대에는 질서와 평화를 유지해 안전하게 여행할 수 있었고, 서적을 얻고 과학과 문화연구에 종사할 수 있는 여건도 이전 어느 시대보다 나아졌음에도 불구하고 과학은 전혀 발전할 기미가 없이 정체했다. 그는 그 원인에 대해 이 모든 것이 같은 시대를 살고 있는 사람들이 자신의 안전과 부귀에만 관심을 가지기 때문이라는 결론을 내렸다. 플리니우스는 과학의 쇠퇴가 전체 로마 세계 폐단 중 일부분에 지나지 않는다고 보았다.

▲ 『박물지』 내용

『박물지』는 과학으로 화학반응을 논한 서양 최초의 과학저서이다. 화학연구를 바탕으로 금과 은을 분리하는 방법을 언급하였으며 당시 연금술 발전에 과학적 이론의 근거를 제시했다.

플리니우스의 인생 역시 그의 저서만큼이나 한번 되짚어 볼 만하다. 그는 그 시대의 정신을 제공하였는데 이 정신은 진실된 것을 경험한 로마인에게서 나온 것이다. 전쟁에 나가기 전에 플리니우스는 법률 관련 일을 하였으며 독일, 갈리아, 스페인, 아프리카 등지를 두루 돌아다녔다. 로마 황제와 관계가 좋아 스페인 행정장관을 역임하고 그 후 로마 해군사령관에 임명되었다.

호기심과 효율을 따지는 것이 플리니우스의 천성이었다. 하지만 그 호기심이 플리니우스의 목숨을 빼앗아갔다. AD 79년 8월 24일, 이탈리아의 베수비오 화산 폭발로 인해 폼페이성과 헤르쿨라네움시가 불에 타버렸다. 이런 상황에서 플리니우스는 위험한 곳으로 들어가 화산폭발을 관찰하다가 폭발로 인해 분출된 짙은 연기에 질식되어 안타깝게도 목숨을 잃고 말았다.

◀ **고대 로마의 조각 진열실** (왼쪽)

고대 로마 문화는 자체 전통의 기초 위에 동방의 문명과 그리스 문화의 정수를 두루 받아들여 형성된 것이다. 당시 로마제국은 그 어느 시대보다 강성했지만 과학문명에서는 낙후되었다. 그림은 고대 로마인들이 조각 진열실의 고대 그리스 조각상을 보고 감탄을 하는 모습이다. 이 위대한 제국의 과학문화가 쇠퇴되는 것을 암시하고 있기도 하다.

◀ **『박물지』** (오른쪽)

플리니우스의 『박물지』는 고대 최고의 위대한 걸작 중 하나로 손꼽힌다. 자연계의 모든 지식을 담은 보고로, 당시 고대 로마와 후세의 사상에 아주 커다란 영향을 미쳤다. 플리니우스는 이 책에서 "대자연이 인자한 어머니인지 흉악한 계모인지 이 사실은 판단하기 어렵다"고 적고 있다. 대자연에 대해 이처럼 정확하게 묘사한 표현으로 플리니우스라는 이름이 후세에까지 전해졌다. 인류와 자연의 복잡한 관계는 플리니우스의 명언이 되었고 오늘날까지 이 사상은 지혜로 빛을 발하고 있다.

2

중세시대의 과학기술

로마제국 후기, 고전 문화의 빛이 사라지고 유럽 전체에 암울한 중세시대가 찾아왔다. 하지만 동양에서는 오래된 문명국가인 중국이 훌륭한 과학기술의 빛을 발했다. 유럽의 문화가 사막과 같은 시대에 있을 때 아라비아인은 그리스의 유산을 계승하여 과학의 불씨를 꺼트리지 않고 고이 간직했다. 중국인과 아라비아인은 중세시대 과학 수준을 고도로 발달시켰다. 같은 시기 유럽이 점점 암흑화되는 것과는 뚜렷한 대조를 이룬다.

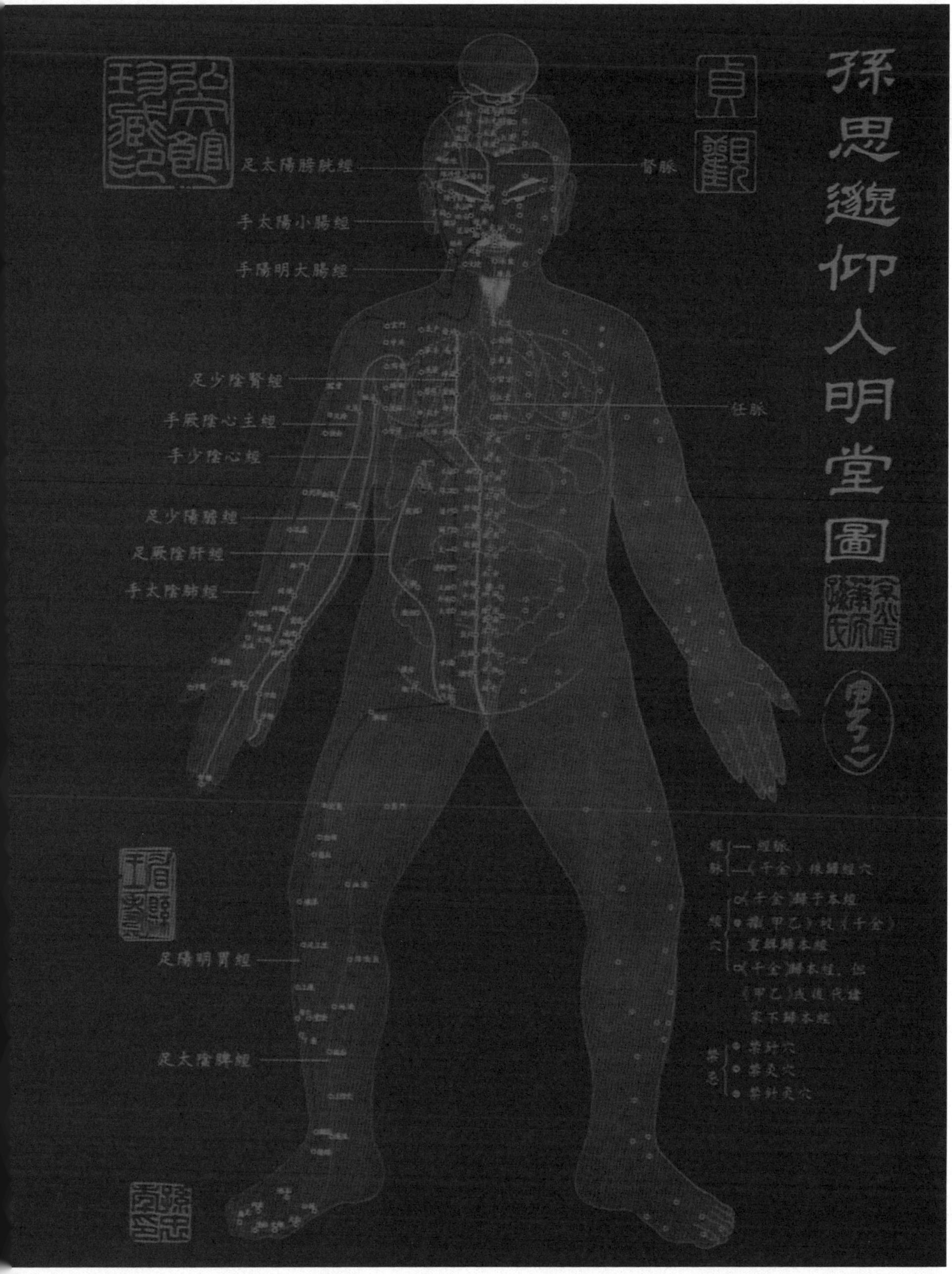
孫思邈仰人明堂圖
足太陽膀胱經
督脈
手太陽小腸經
手陽明大腸經
足少陰腎經
任脈
手厥陰心主經
手少陰心經
足少陽膽經
足厥陰肝經
手太陰肺經
足陽明胃經
足太陰脾經

01 아라비아인의 유산

중국

6~7세기 중국 수당시대에 고온에서 굽는 자기가 탄생함. 견고하고 아름다우며 반투명으로 근대 자기와 흡사함

605년 수 양제 통제거, 한구 개통

608년 수 양제 영제거 개통

609년 최색 『구우도지』 250권 지음. 그 후 많은 사람들의 수정과 보완을 거쳐 1,200권으로 증가. 중국 최초의 일통지

621년 당나라 화폐 개원통보 발행. 10전의 무게가 한 냥. 이때부터 '전' 이 무게단위가 됨

624년 당나라 구양순 등이 함께 엮은 『예문류취』 완성. 중국 최초 정부문헌. 자연과학과 기술 분야의 자료가 대량 기록

624년 당나라 율법과 법령 정비 시작. 규정한 당대 정부 법정도량형 단위는 『한서 · 율력지』와 비슷함

630년 3월 당나라가 동, 서, 동아시아 지역에서 당나라 중심의 국제관계와 국제질서를 건립함

634년 토번 당나라와의 관계 반김. 이로써 의학, 역산, 생산기술이 티베트 지역까지 전파됨

635년 당나라 후군집, 이도종 토곡혼 정벌. 황허강 유역까지 진군하여 황허강 연구 및 탐색

640년 후군집 고창을 격파하고 고창 포도 유입. 자연발효법으로 포도주를 빚음

642년 위나라 왕 이태 『괄지지』를 엮음. 당나라 초기의 중요 지리서

646년 당나라 현종이 『대당서역기』 12권 완성. 중국 고대의 뛰어난 여행기와 중앙아시아, 인도 일대의 역사와 지리를 연구하는 중요한 문헌

647년 중국 사신 인도 파견. 설탕 제조기술 학습

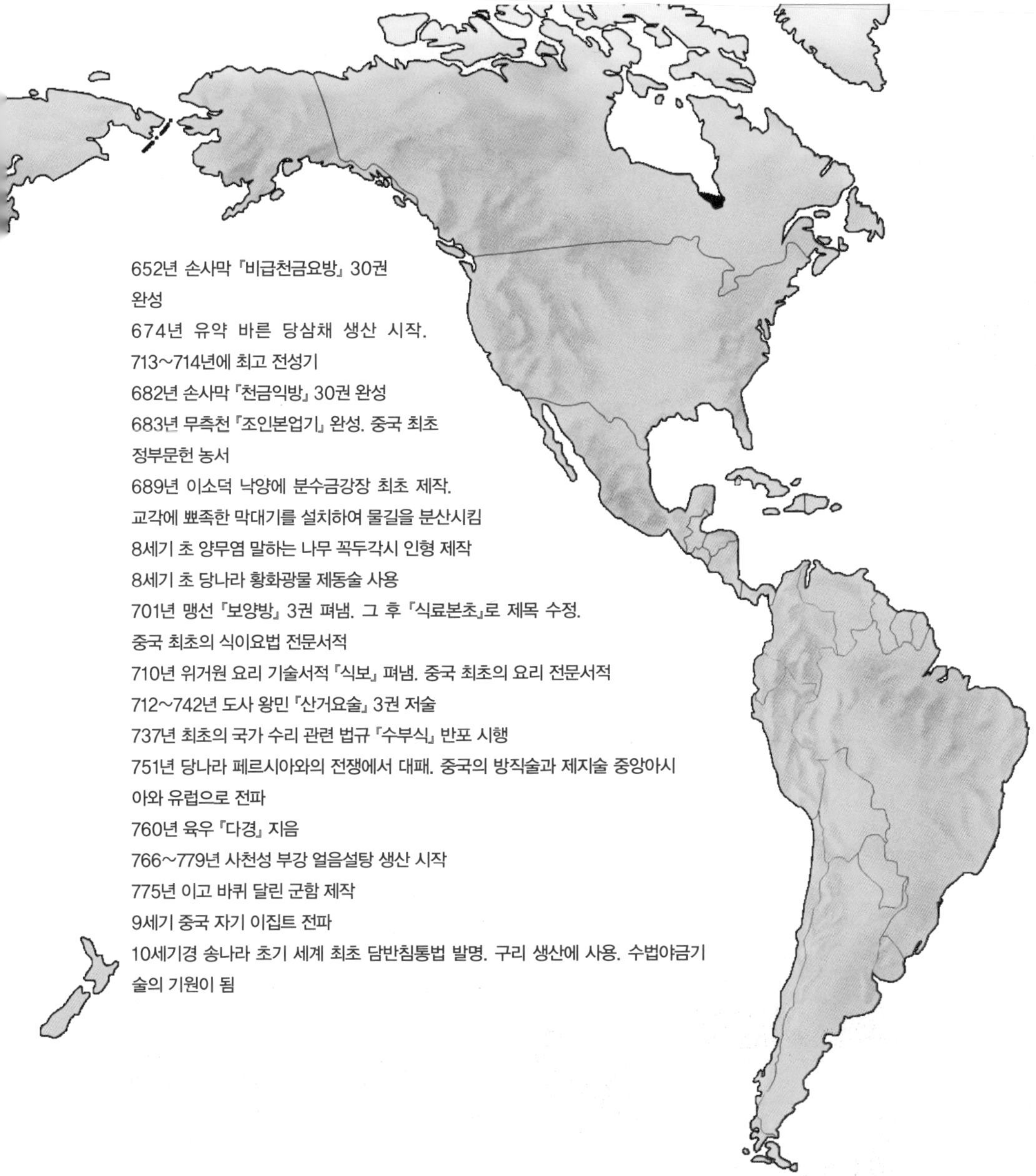

652년 손사막 『비급천금요방』 30권 완성
674년 유약 바른 당삼채 생산 시작. 713~714년에 최고 전성기
682년 손사막 『천금익방』 30권 완성
683년 무측천 『조인본업기』 완성. 중국 최초 정부문헌 농서
689년 이소덕 낙양에 분수금강장 최초 제작. 교각에 뾰족한 막대기를 설치하여 물길을 분산시킴
8세기 초 양무염 말하는 나무 꼭두각시 인형 제작
8세기 초 당나라 황화광물 제동술 사용
701년 맹선 『보양방』 3권 펴냄. 그 후 『식료본초』로 제목 수정. 중국 최초의 식이요법 전문서적
710년 위거원 요리 기술서적 『식보』 펴냄. 중국 최초의 요리 전문서적
712~742년 도사 왕민 『산거요술』 3권 저술
737년 최초의 국가 수리 관련 법규 『수부식』 반포 시행
751년 당나라 페르시아와의 전쟁에서 대패. 중국의 방직술과 제지술 중앙아시아와 유럽으로 전파
760년 육우 『다경』 지음
766~779년 사천성 부강 얼음설탕 생산 시작
775년 이고 바퀴 달린 군함 제작
9세기 중국 자기 이집트 전파
10세기경 송나라 초기 세계 최초 담반침통법 발명. 구리 생산에 사용. 수법야금기술의 기원이 됨

문화를 보존하고 동화되면서 아라비아인은 서쪽으로는 피레네 산맥, 동쪽으로는 중국 국경에 이르는 제국을 건설했다. 이와 함께 아라비아인은 고대 그리스 과학의 유산을 계승하였는데 4세기에 이르러 이슬람 과학자의 수가 탈레스 이후 같은 시기의 그리스 과학자 수에 버금갈 만큼 증가했다. 이들은 자연스럽게 고대 그리스 과학을 중세시대의 유럽으로 전달하는 중간역할을 담당하게 되었다. 아라비아인의 저서를 통해 인도 숫자와 자릿수 기수법이 서양으로 전해지면서 전 세계에 영향을 미치고 중국의 제지술, 화약제조, 연단술, 나침반 등 위대한 발명품이 아라비아인을 통해 유럽으로 전파되면서 훗날 서양사회를 움직이고 앞으로 향해 전진할 수 있는 촉진제가 되었다.

아라비아 문화의 전성기

▲ 알 콰리즈미
페르시아 북부 도시 호라즘(현 우즈베키스탄)에서 태어난 알 콰리즈미는 배화교도의 후예로, 일생의 대부분을 바그다드에서 보냈다. 천문학, 역법, 지리, 지도 등의 분야에서 다양한 업적을 세웠다. 그 가운데 수학에서 가장 뛰어난 성과를 보였고 '아라비아 수학의 아버지'라고 불린다.

중세시대에 인류 역사상 여러 고대문명의 만남이 아라비아 세계의 전성기를 이루었다. 이 시기의 아라비아제국은 당시 세계에서 가장 선진적인 문명, 즉 인도 서북부의 인도 문명, 시리아의 고대 바빌로니아와 그리스 문명의 혼합체, 페르시아와 티그리스, 유프라테스강 유역의 페르시아 문명, 알렉산드리아에 남아 있던 그리스 문명의 씨앗, 이집트 문명 그리고 아라비아제국 내의 유대인이 남겨놓은 시베리아 문명을 포함한다.

630년, 무함마드 군대가 메카에 진입한 뒤 메카 귀족을 협박하여 아라비아 정치 최고 지도자가 자신임을 인정하도록 강요하였고 그 이듬해 아라비아 반도를 통일했다. 이러한 배경 속에서 무함마드는 기독교와 유대교의 교리를 융합하여 이슬람교를 창시하는 데 성공함과 동시에 널리 전파했다. 약속을 지키고 관대하고 인내하고 부락 간의 싸움과 경쟁, 개인적인 교만을 반대하는 종교가 아라비아 세계에 널리 퍼지기 시작했다. 무지몽매한 시대에 아라비아인들이 잘난 척하고 물질과 실리를 중요시하고 권력을 따르려 하지 않고

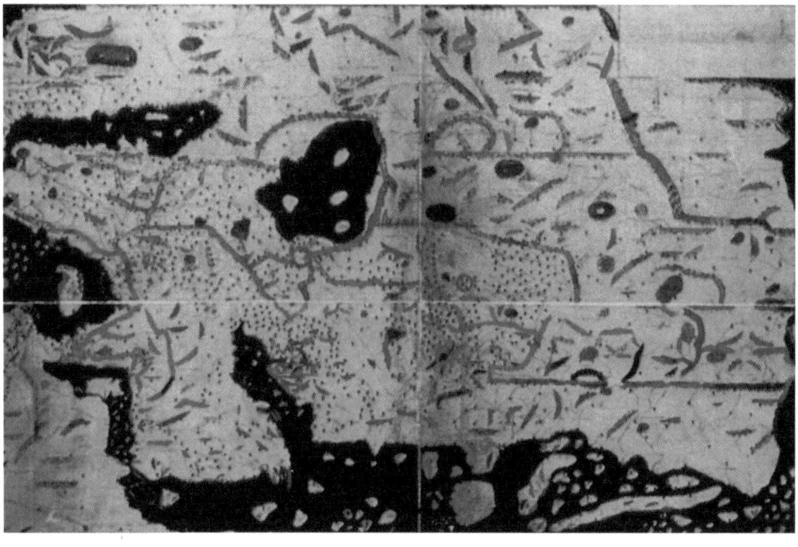

▶ 아라비아인의 지도
이 지도의 원래의 것은 9~13세기의 이슬람교 지리학자 알 이드시리가 제작한 것으로 제작과정에서 고대 그리스 지리학자의 영향을 받았다. 이것은 1844년 복제한 것이며 지도를 살펴보면 북아프리카 해안과 하단의 중국 해안이 같이 있고 중간에 몇 개의 섬이 있다. 미지의 지역에 대한 탐험과 연구가 아라비아인들을 동양과 서양문화교류의 사자로 만들었다.

먹고 살기 위해 각 부락 간에 잔혹한 싸움을 일삼는 낙후된 상태를 고치는 것이 제각각 흩어져 있는 아라비아인들을 한데 뭉칠 수 있는 아주 좋은 계기가 되었다.

무함마드가 죽고 난 뒤 그의 뒤를 이은 계승자는 계속해서 아라비아 각 민족의 통일이라는 대업을 이어나갔다. 아라비아 군대는 시리아, 이집트, 페르시아, 북아프리카를 연이어 쳐부수고 이슬람교의 영향력을 확대시켜 나갔다. 755년 아라비아제국의 스페인이 부분 독립을 하고 당나라와 중앙아시아의 대치상태에 있던 나머지 지역은 압바스 왕조의 통치에 들어갔다. 하룬 알 라시드Harun al-Rashid 통치시기에 아라비아제국은 최고 전성기를 이루었다. 대외적으로 라시드는 두 차례 군대를 이끌고 비잔틴을 정복하고 소아시아를 여러 차례 공격했다. 이로써 왕조통치를 굳건히 하면서 이슬람교의 영향 범위를 더욱 확대시켰다. 대내적으로는 생산을 장려하고 교육과 학술을 이끌면서 왕조를 최고의 위치에 올려놓았다. 그가 통치하던 시기에 아라비아의 과학문화는 왕성한 활동과 함께 크게 발전하고 제국의 명성도 유럽과 아시아를 크게 울렸다.

과학기술 분야에서 가장 유명한 것은 바그다드에 세운 '지혜의 전당'으로

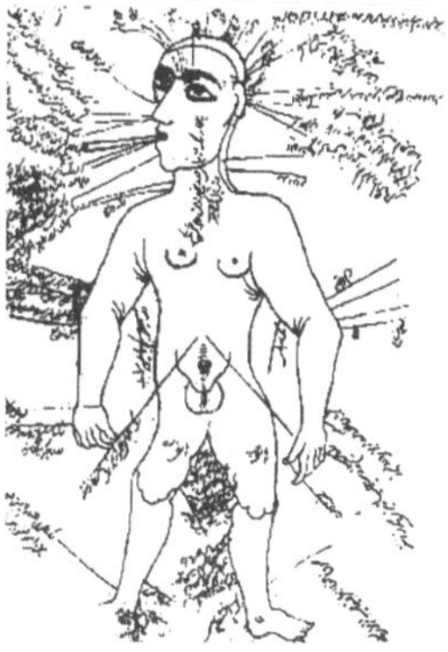

▲ **아라비아인의 인체구조도**
아라비아인의 의학 분야 성과는 최고이다. 세계에서 최초로 정규 병원을 건립한 것은 아라비아인이고 민간에는 아직도 고유의 민족 의학이 전해져 내려오고 있다. 이슬람교가 탄생된 후에는 정신치료법도 의학에 편입되었다.

◀ **아라비아의 연금술사 알 라지**
그림은 아라비아의 연금술사 알 라지가 화학실험을 하고 있는 모습이다. 알 라지는 자비르 이븐 하얀의 연금술 전통을 이어받아 화학실험에 치중하였으나 신비의 기술은 거의 손대지 않았다. 이를 바탕으로 자비르 이븐 하얀의 성분 이론을 발전시켰는데, 소금을 추가하여 제3의 성분이라고 했다. 수은, 황, 소금의 3성분 이론은 이때부터 17세기까지 계속 유행했다.

▲ 점성술
점성술은 성상 학자들이 천체를 비롯한 해와 달과 별의 위치 및 여러 가지 변화를 관측함으로써 세상의 모든 일을 예측하는 방법을 말한다. 이 점성술은 아라비아 문화에서 중요한 위치를 차지했다. 그림은 17세기 초기에 손으로 그린 것으로, 아스트롤라베와 황도표, 모래시계를 곁에 두고 무언가를 관측하는 점성학자를 그린 것이다.

알렉산드리아 박물관과 흡사하다. 양쪽의 천문대와 통역 건물, 도서관이 설치되어 있었다. 당시 학자들은 이곳에 모여 중앙아시아, 인도, 중국, 서아시아, 북아프리카 등 국가 및 지역과 고대 로마와 그리스의 학술 저서를 수집, 정리하고 번역했다. 산스크리트어로 된 천문학 저서 『수리야 싯단타』와 프톨레마이오스의 『천문학 집대성』, 비잔틴에서 얻은 유클리드의 『기하학 원본』을 포함한 수많은 그리스 서적들을 번역했다. 이와 동시에 유명한 학자들이 이 시기에 쏟아져 나왔다. 『의학집성』을 지은 과학자이자 바그다드 병원 원장 알 라지, 유명 수학자 알 콰리즈미와 한때 중국, 인도 연해지역을 두루 돌아본 뒤 여행기를 구술한 상인 슐레이만이 있었다.

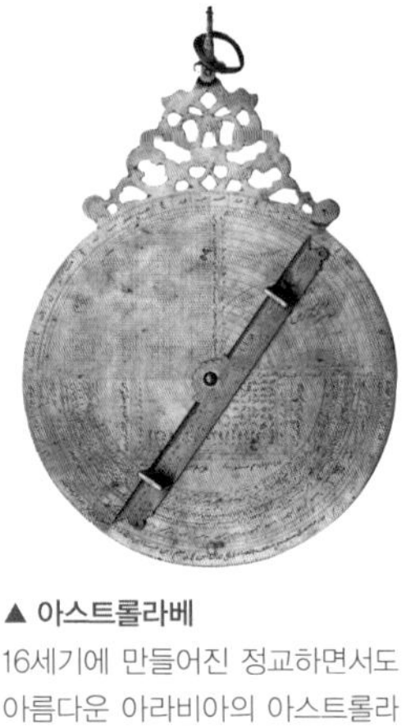

▲ 아스트롤라베
16세기에 만들어진 정교하면서도 아름다운 아라비아의 아스트롤라베(astrolabe)이다. 북천구 항성의 기본정보를 가지고 있는 신기한 관측기구로, 앞면에 새겨진 명확하고 뚜렷한 눈금과 각도를 통해 아라비아의 수학, 물리학 및 천문학의 발전 수준을 가늠할 수 있다.

기술사의 관점에서 볼 때 이 시기는 유럽의 봉건화 과정에 속한다. 로마의 폐허 옆에서 봉건 영주의 장원과 수공업이 때마침 일어나고, 옛날의 기술에도 새로운 회복의 조짐이 나타났다. 뿐만 아니라 이 시기에 아라비아인의 서방원정으로 동양의 학술과 기술을 유럽으로 전파하게 되면서 당시 기독교 통치하에 있던 유럽 세계에 새로운 문명의 그림자를 가져다주었다.

아라비아의 수학

아라비아의 수학은 대수학 분야에서 먼저 뛰어난 성과를 거두었다. 알 콰리즈미al-khwarizmi는 중세기 유럽 수학에 가장 큰 영향을 미친 수학자로, 그의 저서 『이항과 환산에 의한 계산에 관한 요약』은 12세기 무렵에 라틴어로 번역되어 유럽에 큰 영향을 미쳤다.

아랍어 '알 자브르al-jabr'는 이항한다는 뜻이고 '알 무카발라al-muqabala'는 양변의 동류항을 정리한다는 뜻이다. 이것이 유럽으로 건너가 오늘날 영어의 대수학을 의미하는 알제브라al-gebra가 된 것이다. 『대수학』의 내용은 주로 산술문제이다. 토론한 수학문제가 디오판토스의 문제보다 간단해도 일반적인 해법문제 토론에서는 디오판토스의 저서에 비해 근대 초등수학에 더욱 접근한 것이었다. 『대수학』은 먼저 수학문제는 모두 근x, 제곱x^2, 수상수의 세 가지로 구성된다고 제시하였고, 이어 제6장에서는 여섯 가지 유형의 1, 2차방정식의 해를 구하는 문제를 서술했다. 제1장에서는 "제곱은 근과 같다"고 논술하고, 제2장에서는 제곱은 상수와 같음을 다루고, 제3장에서는 근은 수와 같다고 논술하고, 제4, 5, 6장은 3항 2차방정식을 구하는 문제에 관한 것인데 세 가지 유형의 2차방정식에 관해 각각 논하고 있다.

$$x^2 + px = q \quad x^2 + q = px \quad x^2 = px + q$$

위의 방정식에 대해 상응하는 근을 구하는

▲ **알 콰리즈미 기념우표**

알 콰리즈미가 『인도 수학에 의한 계산법』에 소개한 인도 숫자와 십진법이 유럽으로 전해진 뒤 유럽의 수학발전에 아주 중요한 영향을 미쳤다. 인도 숫자가 점차 그리스 알파벳 기수체계와 로마 숫자를 대신하면서 세계에서 통용이 가능한 숫자가 되었다. 그림은 알 콰리즈미의 업적을 기리기 위해 제작된 기념우표이다.

◀ **서아라비아 천문 학파 알 자르칼리**

주로 스페인과 모로코 지역에서 성행한 서아라비아 천문 학파의 대표인물이었던 알 자르칼리(al-Zarqali)는 『톨레도의 천문표』를 만들었다. 이는 200여 년간 유럽에서 사용되었고 프톨레마이오스의 천문체계에 대하여 수정을 가하고 타원형 궤도 이심원으로 수성의 주전원을 대체한다는 방안을 제시했다. 그림은 알 자르칼리가 천문을 연구하고 있는 모습이다.

▲ **계산가 아브 카미르**
아브 카미르는 알 콰리즈미의 연구를 계승하고 4차방정식과 무리수 2차방정식 처리에 큰 공헌을 했다. 사료연구에 '이집트 계산가'라고 불린 것으로 보아 이집트인일 가능성이 크다.

▲ **오마르 하이얌**
재능과 지식을 겸비한 오마르 하이얌(Omar Khayym)은 여러 분야에서 연구를 했다. 시를 쓰고 페르시아의 역법을 개혁하였으며 수학에서는 원뿔곡선의 교점이 다차(고차)방정식의 해라고 제시하였으며 이항식의 전개에 대해 논했다.

공식을 내놓았다. 이 여섯 가지 방정식의 계수는 모두 정수이며 다음과 같은 일반 형식으로 통일시켰다.

$$x^2 + px + q = 0$$

이렇게 하여 알 콰리즈미는 일반적인 근을 구하는 공식을 얻게 되었다.

모든 문제에서 양의 근x을 구한 뒤, 알 콰리즈미는 또 근의 제곱x^2을 구했다. 2차방정식은 두 개의 양의 근이 있을 수도 있고 음의 근이 있을 수도 있다고 명확하게 제시했지만 그는 음의 근과 0을 취하지 않았다.

위의 제6장 내용 이후 알 콰리즈미는 또 기하학 방식으로 위의 각종 해법의 합리성을 증명했다. 그는 어떤 2차방정식도 이항과 동류항 정리를 거치면 그가 논술한 여섯 가지 유형의 방정식이 된다고 설명했다. 이런 점에서 볼 때 『대수학』의 방정식에 관한 논술은 전통적인 산술방식을 뛰어넘는, 초등대수의 수준을 갖추고 있었다. 하지만 대수학 기호 사용에 있어서는 상대적으로 디오판토스보다 뒤떨어졌다. 알 콰리즈미의 기하학 방식을 이용해 대수 해법을 증명하는 전통은 아라비아의 다른 수학자들에 의해 계승되었으며 이러한 기하학 증명 방식의 유래는 현재까지 확실하게 밝혀진 것이 없다.

알 콰리즈미는 자신의 또 다른 저서인 『인도 수학에 의한 계산법』 역시 수학사에 있어 매우 가치 있는 수학저서로 손꼽힌다. 이 책에서 인도 숫자와 십진법 및 그에 따른 계산법도 체계적으로 소개했다. 8세기에 인도 숫자와 기수법이 인도 천문표를 따라 아라비아로 유입되었음에도 불구하고 크게 관심을 받지 못했지만 알 콰리즈미의 이 책 덕분에 인도 숫자가 아라비아 세계에서

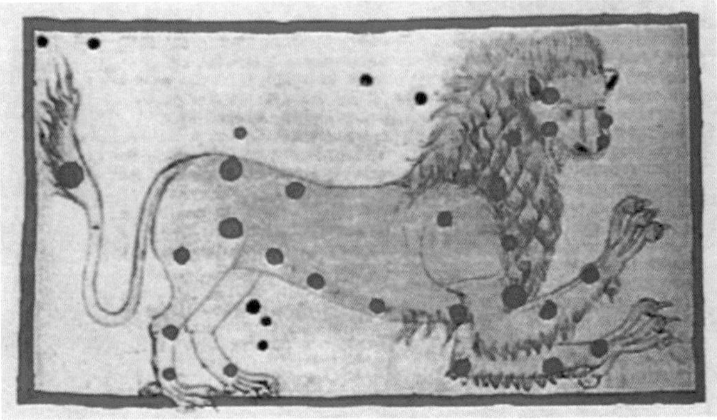

▶ **아라비아인이 그린 사자자리**
천문의 변화를 관측하는 데 없어서는 안 되는 것이 수학과 삼각학 관련 지식이라는 것은 누구라도 아는 상식이다. 아라비아의 삼각함수는 우주의 신비를 캐고 천문 역산을 연구하는 과정에서 발전한 것이다. 사자자리의 몇 점을 서로 연결하면 사인곡선이 나온다.

유행했다. 그 후에 라틴어로 번역되어 유럽에 전파된 뒤 유럽 근대 수학의 탄생에 과학적 기초를 제공했다. 이런 이유로 유럽에서는 이 숫자를 줄곧 아라비아 숫자라고 불렀다.

알 콰리즈미의 수학 연구는 후에 아브 카미르에 의해 계승되었다. 아브 카미르가 지은 『계산법에 관하여The book of Rare Things in the Art of Calculation』의 전파와 영향은 알 콰리즈미의 『대수학』보다 못했고 많은 수학문제들도 알 콰리즈미의 책에서 가져온 것이다. 아브 카미르는 이집트, 바빌로니아 식의 실용 대수학과 그리스식 이론기하학을 결합하여 기하도형법으로 대수해법의 합리성을 증명하곤 했다.

페르시아인 오마르 하이얌Omar khayyam은 11세기의 가장 유명할 뿐만 아니라 많은 업적을 세운 수학자이자 천문학자이며 시인이었다. 그는 왕의 명을 받아 이스파한현 이란 국경 내 천문대에서 역법 개혁을 책임 관리하여 정교한 잘랄리jalali 역법을 만들었다. 그의 대수학 분야의 업적은 약칭 『대수학』에 집중적으로 나타난다. 제곱, 세제곱 계산법이 들어 있고 이 방법들은 중국 송대, 원대의 '조단법(條段法)'과 가깝다. 그리고 실수근의 근사분수를 취할 때 진구소(秦

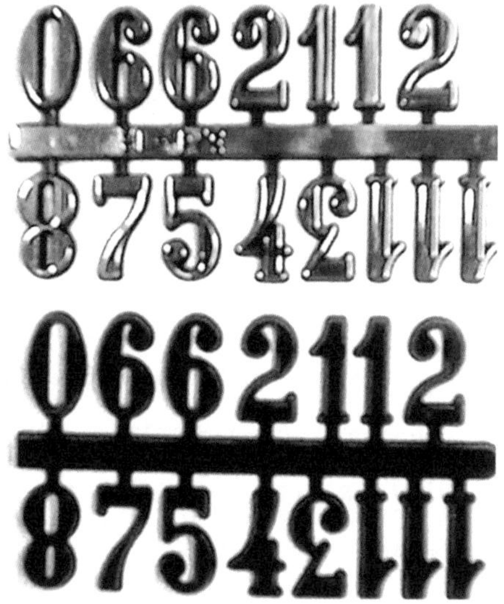

▲ 아라비아 숫자

동서양문화교류의 교량과 소통의 역할을 한 것은 아라비아인이었다. 고대 인도의 숫자와 위치계산법 역시 아라비아 수학자의 저서를 통해 세계 각지로 전해졌으며 기수(記數)와 계산이 크게 편리해졌다.

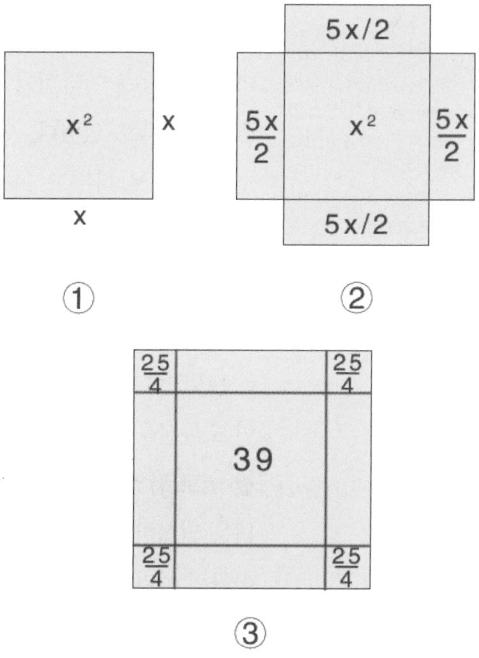

▼ 알 콰리즈미의 대수학 관점

'대수학'이라는 용어가 가장 먼저 나오는 것은 알 콰리즈미가 쓴 『복원과 대비의 계산』이다. 그는 또 수학 저서에 대수의 수학문제는 근, 상수, 제곱의 세 부분으로 구성되어 있다고 제시하였으며 이항과 양변의 동류항 정리법을 활용해 1차, 2차방정식을 풀었다.

▲ 피타고라스의 정리 (맨 왼쪽)
이 그림은 아라비아 수사본으로 직각삼각형 빗변의 제곱이 밑변의 제곱과 높이의 제곱의 합과 같다고 기록되어 있다.

▲ 수성 궤적 (가운데)
이슬람어로 쓰여진 수성 궤적으로, 아라비아인이 프톨레마이오스로부터 주전원체계를 배운 것이다.

▲ 산술대회 (오른쪽)
이 그림은 1504년 라이쉬(Reisch)의 저서 『마가리타 필로소피카(Margarita philosophica)』에 실려 있다. 인도-아라비아 숫자를 이용해 계산을 하는 사람과 주판을 이용해 계산하는 사람이 시합을 벌이고 가운데 '산술여신'이 심판을 보고 있는 모습이다.

九韶), 주세걸(朱世桀)과 똑같은 공식을 사용했다. 이 책이 대수학 발전에 기여한 가장 뛰어난 공헌은 원뿔곡선을 이용해 3차방정식을 풀었다는 것이다.

그리스인 메나이크모스Menaikhmos는 두 개의 비례중항의 문제에 관한 해법을 찾던 도중에 원뿔곡선을 발견하였는데 사실상 3차방정식 x3 = $2a^2$와 관련이 있다. 아르키메데스는 평면으로 구를 자르고 잘라서 얻은 두 부분의 체적의 비가 고정된 문제를 구할 때 3차방정식 $x^2(a-x)=bc^2$를 이끌어냈다. 두 개의 원뿔곡선 $y(a-x)=ab$와 $ax^2=c^2y$의 교점을 이용해 해를 구했다. 아르키메데스의 전통은 아라비아 수학자들을 일깨웠고 이 방식으로 3차 대수방정식을 푸는 사람들도 있었다. 오마르 하이얌은 3차보다 높지 않은 대수방정식을 25개계수는 정수로 나누고 14개의 3차방정식을 찾아 3차방정식 종류별로 그에 상응하는 기하해법을 내놓았다. 예를 들어 x3+ax=b를 풀 때 우선 이것을 x3=c3x= c^2d여기서 $c^2=a$, $c^2d=b$이다. 그리스인의 수학 전통에 따라 a, b는 선분, c^2는 정사각형, c^2d는 직육면체이다로 만들어놓고 방정식 x3+$c^2x=c^2d$의 해는 포물선 $x^2=cy$와 반원 $y^2=x(d-x)$이 만나는 가로 좌표 x라고 했다. 그는 먼저 원뿔곡선의 표축이 c인 포물선을 그리고 지름이 d인 반원을 그린 다음 이들을 지나는 교점을 수직선 ps로 잡았다. ps의 길이가 방정식의 해이다. 이것은 대수와 기하의 관계를 더욱 밀접하게 만들었다. 안타깝게도 1851년 이전까지 유럽인들은 오마르 하이얌의 이런 기하를 푸는 방법을 전혀 이해하지 못했다.

고차방정식의 수치해법을 구하는 데 있어서 나수르 알딘 알투시Nasur al-din

al-Tusi와 알 카시는 고차방정식을 푸는 일반적인 계산법을 제시했다. 티무르 왕조시대 사마르칸트 천문대 책임자였던 알 카시는 『산술해법Miftāh alhisāb, The key of arithmetic』에서 또 방정식을 풀 때 사용하는 2항식 계수표를 제시하였는데 11세기 중국 수학자 가헌(賈憲)의 '개방작법본원도(開方作法本源圖)'와 매우 비슷하다. 뿐만 아니라 소개한 두 종류의 표를 만드는 방법 중의 하나는 양휘산서에 기록한 가헌의 증승방법구렴초(增乘方法求廉草)와 완전히 일치한다. 『산술지약(算術之鑰)』에 들어 있는 '계단산법(契丹算法)'과 '백계문제(百鷄問題)'는 훗날 유럽으로 전해졌다. 아라비아 대수학의 정확한 유래에 대해서는 아직 밝혀지지 않았지만 인도 수학과 알렉산드리아의 그리스 수학은 물론 중국 수학의 영향도 받았을 것이다.

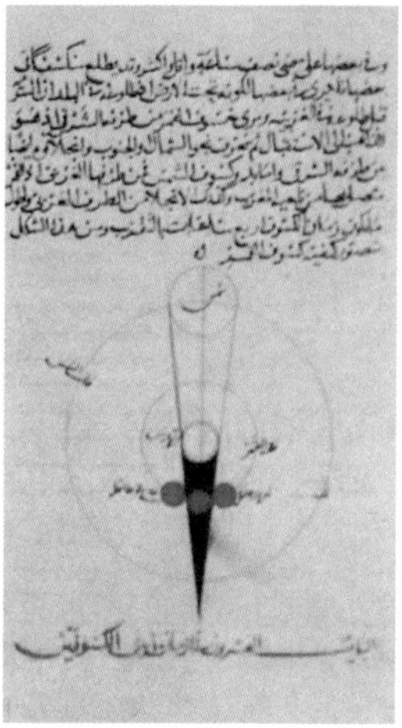

▲ 아라비아 기하학 문헌자료
아라비아의 기하학 성과는 대수학이나 삼각학에 비해 형편없었다. 아라비아인이 그리스 기하학의 엄격한 논리논증을 받아들이지 않았기 때문에 사람들은 대수학의 기원을 아라비아와 인도로 알고 있지만 기하학의 기원은 고대 그리스이다.

아라비아인들의 수학기호 사용은 디오판토스에 비해 뒤떨어졌다. 아라비아 수학자들은 디오판토스의 방법을 계승하지 않았고 시종일관 언어로 해법을 풀어 썼다.

천문학 계산에 필요하였기 때문에 아라비아 천문학자들은 고도의 삼각함수표 만들기에 심혈을 기울였다. 9세기의 하바시 알하시브Habash al-Hasib는 인도의 수학을 기초로 15분을 간격으로 하는 60진법 사인표를 만들고 간격이 1도인 탄젠트표도 만들었다. 탄젠트와 코탄젠트의 도입은 고대의 막대기로 태양의 그림자를 관찰하는 입간측영에서 발전된 것이다. 중국 당대의 일행(一行)이 만든 『대연력(大衍曆)』에 실린 구복구영(九服晷影)은 위도가 각기 다른 지역의 해시계, 물시계 길이의 표격 계산법에 관한 것이다. 사인표와 값이 같은 그림자 길이표를 사용하였고 이것을 최초의 사인표로 볼 수 있다. 아불 와파Abul-Wafa는 하바시 알하시브의 이론에 근거하여 10분 간격으로 하는 사인표와 사인코사인표를 만들었고, 특히 알 비루니al-

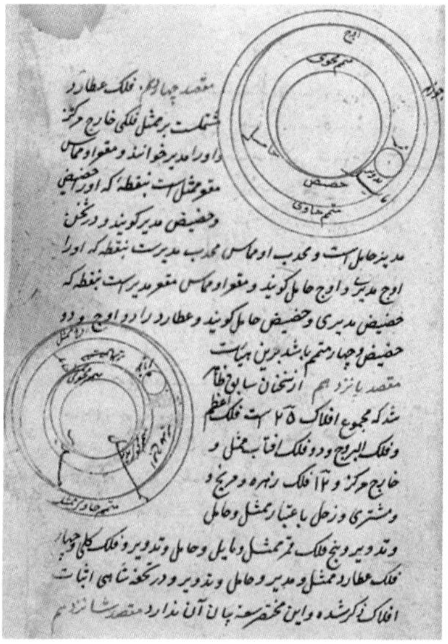

◀ 나시르 알 딘 투시 『천문학 개론』
천문학 분야에서 나시르 알 딘 알 투시는 자신의 저서 『천문학 개론』에서 프톨레마이오스의 우주체계에 평론과 주석을 달았고 새로운 우주 모형을 제시했다. 수학에서는 자연수로 고차방정식을 푸는 일반 법칙을 최초로 체계적으로 만들었다. 그의 연구 성과는 천문학과 논리성이 강한 내수의 사유를 바탕으로 이루어진 것이다.

Biruni는 2차 보간법을 이용하여 사인, 탄젠트 함수표를 만들었다.

그리스 삼각학의 체계화 작업은 9세기 천문학자 알 바타니al-Battani에 의해서 이루어졌다. 알 바타니는 중세시대 유럽에 큰 영향을 미친 천문학자이기도 하다. 그의 저서 『성학에 대하여』는 라틴어로 번역된 후 널리 알려졌으며 코페르니쿠스, 티코, 케플러, 갈릴레이 등 많은 학자들이 이 저서를 이용하고 참고로 했다. 이 책에서 알 바타니는 사인, 코사인, 탄젠트, 코탄젠트 등과 같은 삼각학 용어를 처음 사용했다. 그는 사인을 jiba라고 불렀는데 아리아바타의 인도어 jiva에서 유래된 것이다. 라틴어로는 sinus라고 번역되었고 그 후 영어 sine으로 변했다. 탄젠트는 umbra versa로 불렀는데 반음영거꾸로 된 그림자이라는 뜻이고, 코사인은 umbra recta로 불렀고 뜻은 직음영바로 선 그림자이다. 훗날 라틴어로 tangent와 cotanjent로 바뀌었다. 시컨트, 코시컨트는 아라비아 천문학자 아불 와파가 최초로 도입하였고 알 비루니는 삼각함수 관계식과 구면삼각형의 코사인 정리를 발견했다.

cosA=cosB cosC+sinB sinC cosA

아불 와파와 알 비루니는 삼각학 공식을 더욱 풍부하게 만들었다. 아불 와파의 중요한 천문학 저서인 『천문학 대전』은 프톨레마이오스의 『천문학 집대성』을 계승 발전시킨 것이나. 삼각함수표를 상세하게 기술했을 뿐만 아니라 두 각의 합, 두 각의 차, 배각, 반각의 사인공식 등 값의 현에 관한 법칙을 증

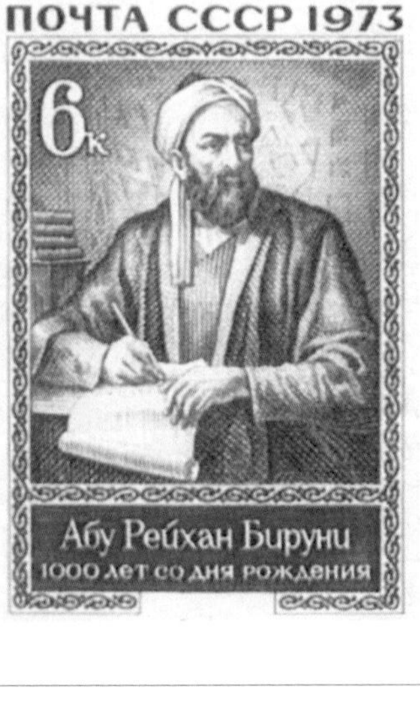

▼ **알 비루니 기념우표와 그의 수학저서** (왼쪽과 가운데)
아라비아 수학에서 매우 중요한 위치를 차지하는 삼각학은 천문학과 밀접한 관계가 있다. 아라비아인이 삼각학을 발전시킬 수 있었던 것은 인도인과 그리스인의 기초작업이 있었기에 가능했던 것이다. 삼각학에 큰 공헌을 한 아라비아 수학자 알 비루니는 2차 보간법을 이용해 사인, 탄젠트 함수표를 만들어 삼각공식을 풍부하게 만들었다.

▼ **아라비아의 최초 지도** (오른쪽)
이 지도는 알 콰리즈미와 함께 여러 사람이 공동으로 만든 것이다. 그의 지시 아래 아라비아 지리학자들은 지구의 자오선을 측량하여 지구의 둘레와 직경을 계산했다. 이와 같은 지리학 업적은 당시 수학의 발전과 밀접한 관계가 있다.

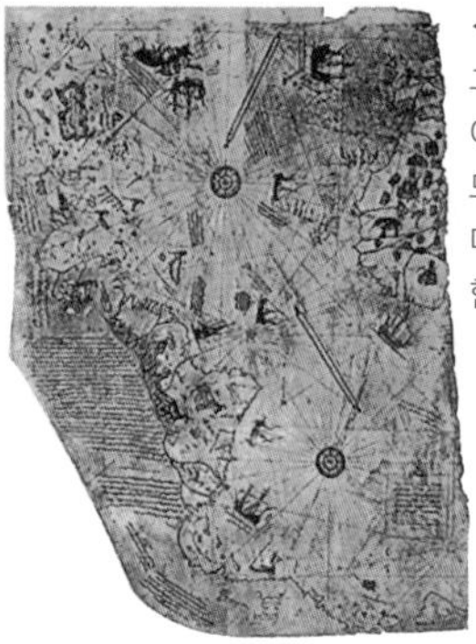

◀ 무슬림이 탐측한 해역과 하늘
그림은 고대 탐사가가 삼각자를 이용하여 측량한 해역과 하늘의 모습이다. 아라비아의 삼각학에 대한 발전은 관측과 그림에 편리함을 제공했다.

명하기도 했다. 또한 구면과 구면삼각형의 사인법칙을 증명했다. 알 비루니는 압바스 왕조 칼리프 알 마아문의 후원으로 우르겐치에 천문대를 세워 천문관측을 담당했으며 146권의 저서를 지은 대학자이다. 그는 삼각학에 관한 창의적인 연구를 기록하였으며 지구의 반지름을 측정하는 방법을 내놓았다. 먼저 각도가 새겨져 있는 정사각형으로 산의 높이를 재고 산꼭대기에 회전이 가능한 고리를 달아놓고서 산꼭대기에서 지평선의 한 점을 관측하여 부각을 잰다. 이 방법으로 지구의 반지름을 계산했다. 그는 1도의 자오선 길이가 106.4~124.2킬로미터임을 계산했다.

그리스 이래로 삼각학이 천문학의 부속품에 불과했다면 나시르 알 딘 알 투시Nasir al-din al-Tusi 이후 삼각학은 커다란 변화를 맞이하게 된다. 나시르 알 딘 알 투시는 이란에서 태어나 십자군과 몽고인의 침입시기 때 활약한 박학다식한 학자이다. 몽고 일한국의 군주 훌라구칸이 과학을 중시했던 덕분에 그는 훌라구칸의 예우를 받았다. 마라게에 대형 천문대를 세울 것을 건의한 그는 훌라구칸의 허락과 후원을 받았고, 그 후 계속해서 천문관측과 연구에 전념했다. 그의 천문학 저서인 『일한천문표』는 역법사상 아주 중요한 저서로 세차 51″/1년을 측정했다. 그의 저서 『천문학 개론』에서 프톨레마이오스의 우주체계에 주석을 달고 새로운 우주 모형을 제시함으로써 후세들의 천문학 이

▶ 천문학과 지리학을 연구하고 있는 아라비아 학자들
아라비아의 대수학, 삼각학, 지리학, 천문학은 발전 맥락에서 볼 때 하나의 체계를 이루며 서로 영향을 주고받았다.

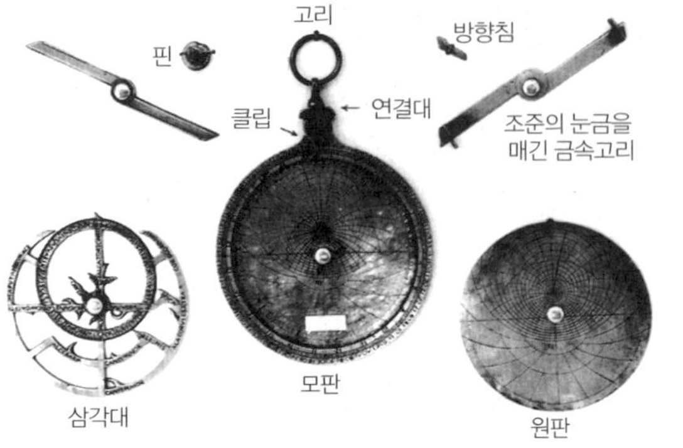

▲ **아스트롤라베 부속품**(위)

▲ **아라비아의 생물학 저서**(아래)
아라비아인은 대수학, 의학, 화학에 비해 생물학에 대한 공헌도가 떨어지긴 했지만 훌륭한 생물학 저서를 남겼다. 왼쪽의 것은 세계에서 최초로 조류의 이동경로를 기록한 것이고 오른쪽의 것은 생명은 광물질에서 식물과 동물을 거쳐 마지막에 인류에 이른다는 진화이론을 제시한 것이다.

론 형성에 적지 않은 영향을 미쳤다. 그의 『완전사변형에 관하여Kashf al-qintā 'ftīasrtār Shakl al-qittā'』는 천문학체계에서 벗어난 삼각학 저서로, 이로써 삼각학이 천문학으로부터 벗어나 독립할 수 있었다. 완전사변형이란 지나는 평면 위의 네 개의 직선 또는 구면 위의 네 개의 호로 이루어지는 도형을 말한다. 이 책은 평면삼각학에 대해 체계적으로 설명하였고 사인법치을 명확하게 제시하였으며 구면 완전사변형에 대해서 논했다. 또한 구면 사각형에 대한 분류와 구면 직각삼각형의 여섯 가지 변각관계를 제시했다.

이 책은 평면과 구면 빗각삼각형을 푸는 방법에 대해서 논하였고 빗각삼각형을 풀기 위해 극삼각형의 개념을 도입했다. 구면 삼각형에서 세 변으로부터 세 각을 구한다. 반대로 세 각으로부터 세 변을 구한다. 이것은 구면각과 평면삼각의 중요한 표지기 되었다. 나시르 알 딘 알 투시의 『완전사변형에 관하여』는 15세기 유럽으로 전파되었고 유럽의 삼각학 발전에 아주 중요한 역할을 했다.

그리스인의 삼각학의 기하 성질과 비교할 때 아라비아인의 삼각학과 인도의 삼각학은 산술적이다. 예를 들어, 사인값에서 코사인값을 구할 때 아라비아인은 항등식 sin2a +cos2a=1을 이용해 대수연산으로 해를 구하였고 기하관계를 이용해 추산하지 않았다. 이는 삼각학의 발전이었다. 그들은 인도인과 마찬가지로 호의 사인을 이용하고 갑절의 호의 사인을 이용하지 않았다. 사인의 단위는 반지름의 단위에서 취했다.

아라비아인의 대수학과 기하학의 성과를 비교한다면 대수학에 비해 기하학 연구가 미약하였다. 아라비아인들이 연구한 기하학은 주로 그리스 기하학을 번역하고 보관하고 유럽으로 전해주는 일이었다. 유클리드, 아르키메데스, 아폴로니오스, 헤론, 프톨레마이오스 등의 영향을 받았으며 그리스 기하학은 아라비아 수학의 완벽성에 큰 역할을 했다. 아라비아인은 『기하원론』에 주석을 가하였고 제5공리는 아라비아인의 큰 관심을 일으켰다. 알 자우하리, 유명학자 타비트 이븐 쿠라, 이븐 알 하이탐, 오마르 하이얌 및 나시르 알 딘 투시 등은 기하학적 공리를 증명하려고 시도한 사람들이다.

오마르 하이얌은 『유클리드 공리의 난점 규명Explanation of the Difficulties in Euclid's Postulates』에서 반증법으로 평행공리를 증명하려고 시도하였고, 증명과정에서 제5공리와 등가인 가설을 인용했다. 두 직선이 가까워질수록 이 방향에서 서로 만날 것이다.

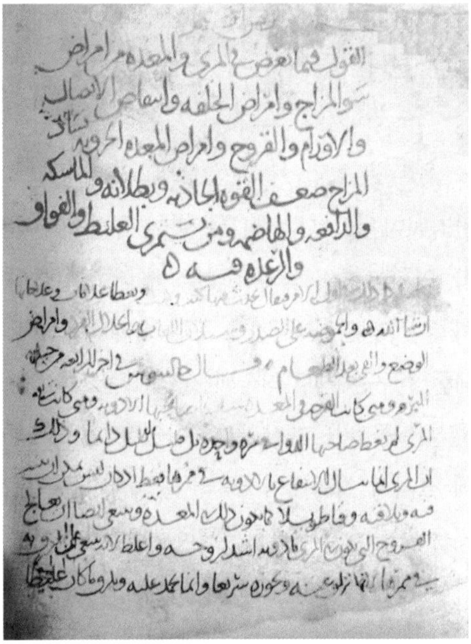

▲ 『산술과 대수』
라틴어로 번역된 알 콰리즈미가 쓴 이 유명한 수학 저서는 르네상스시대까지 교과서로 선정되어 유럽의 많은 대학에서 널리 사용되었다.

▲ 프랑수아 비에트
프랑수아 비에트(Francois Viete)는 16~17세기 프랑스의 수학자로 삼각법, 기하학 분야에 큰 공헌을 했다.

▲ 알 바타니
중세시대 아라비아의 천문학자이자 수학자인 알 바타니는 터키에서 태어났다. 그는 대수각도에서 출발하여 여러 가지 삼각관계식과 각종 빗각삼각형의 해법을 연구하여 구면 삼각법의 코사인 법칙을 발견했다.

그 후 오마르 하이얌의 증명은 나시르 알 딘 투시에 의해 계승되었고 나시르 알 딘 투시의 『기하 원론』에 대한 두 종류의 주석서에 평형공리를 논했다. 그의 『만족스러운 논문』은 평행공리 연구에 관한 저서이다.

사실 나시르 알 딘 투시의 증명은 꺾은선이 왼쪽으로 뻗어가는 과정에서 밀접하면 할수록 영원히 ab의 중점을 초과하지 못한다는 것을 고려하지 않았다. 17세기 영국 수학자 존 월리스John Wallis는 나시르 알 딘 투시의 이 증명법에 대하여 연구했다.

아라비아인의 제5공리에 대한 흥미나 증명에 대한 시도는 후세 유럽학자들이 이 방면의 흥미를 갖도록 유발하는 효과를 일으키면서 비유럽 기하의 탄생에 영향을 미쳤다.

아라비아인의 선물

▲ **알 비루니**
유체정력학을 연구한 알 비루니는 물질의 밀도까지 측정했다. 그의 많은 사상은 시대의 한계를 뛰어넘어 현대에 이르러서야 과학자들에 의해 정확성을 인정받았다.

아라비아제국 시기에 무슬림이 물리학 분야에서 거두어들인 성과는 주로 광학, 역학(동력학) 및 물질 본질에 대한 인식에 나타났다. 역학 분야에서 물리학의 운동과 관성, 시간과 공간의 개념에 대한 인식, 포물체운동과 중력작용에 대한 연구는 이후 역학의 건립에 중요한 밑바탕이 되었다. 그들은 원시상태의 물질은 공간을 가진, 흩어져 있는 '원자'로 이루어져 있다고 생각했다. 광학에 있어서 아라비아제국의 물리학자들은 광선은 관찰하는 객체에서 나오고 빛은 구면의 형식으로 광원에서 발사되어 나온다고 제시했다. 이보다 더 나아가서 관성의 반사와 굴절의 현상까지 인식했다. 이 시기 아라비아에는 우수한 과학자들이 대거 출현하였고 철저하고 실질적인 과학적 태도와 끊임없이 탐구하는 과학자 정신으로 세계적으로 유명해졌으며 후세에게 아주 귀중한 '물리학 선물'을 남겨주었다.

위대한 물리학자이자 수학자, 천문학자, 철학자, 화학자이자 음악이론가인 알 칸디al-kindi는 일생 동안 265부 이상의 학술저서를 펴냈지만 전해지는 것은

▶ **아라비아의 농학**
일찍이 12, 13세기에 아라비아인은 농학 분야의 서적을 펴내기 시작하였고 그중 『농민지서』가 유명하다. 이 저서에는 과일나무의 재배기술 및 토양성분 등과 병충해 예방법에 관해서도 설명을 덧붙이고 있다. 그림은 식물학자 이븐 무하마드가 날씨가 농업에 미치는 영향에 대해서 관찰을 하고 있는 모습이다.

라틴어로 번역된 열다섯 권뿐이다. 그의 저서는 기상, 비중, 조석론, 광학기하광학 및 음악이론 등의 분야에 관한 것이며 많은 내용들이 물리와 관련이 있다.

정력학의 기초를 세운 타비트 이븐 코라Thbit ibn Qurra는 지렛대를 연구한 역학 저서 『지렛대 균형의 원리The book on the beam balance』에서 지렛대의 평형원리를 증명하는 데 성공했다.

유체정력학 및 물체의 순간이동과 가속도를 연구한 알 비루니는 빛의 전파속도가 소리보다 빠르다는 것을 발견했으며 각기 다른 유형의 보석의 비중을 정확하게 측정했다. 뿐만 아니라 이미 알고 있던 복합물과 물질원소의 비중표를 만들었다. 그가 측정한 금의 비중은 19.05~19.26, 구리의 비중은 8.72~8.83, 수은의 비중은 12.74~13.59인데 이 수치는 실제로 차이가 크게 나지 않는다. 또한 분수와 자연 우물이 발생하는 이유도 정확하게 설명했다.

알 카지니는 타비트에 이어 지렛대 평형을 연구한 가장 중요한 과학자이다. 신기한 '지혜의 저울'을 만들었는데 이 저울은 저울추 없이도 물질의 중량과 비중을 측정할 수 있었다. 1137년 『지혜의 저울』이라는 책을 펴낸 그는 비중 연구에 탁월한 성과를 올렸다. 그는 공기도 중량을 가지고 있음을 발견하고 아르키메데스의 부력의 원리를 공기에 활용하기도 했다. 뿐만 아니라 지구의 중심에 가까울수록 물의 밀도가 커진다는 것을 발견하고 또 증명해 보였다.

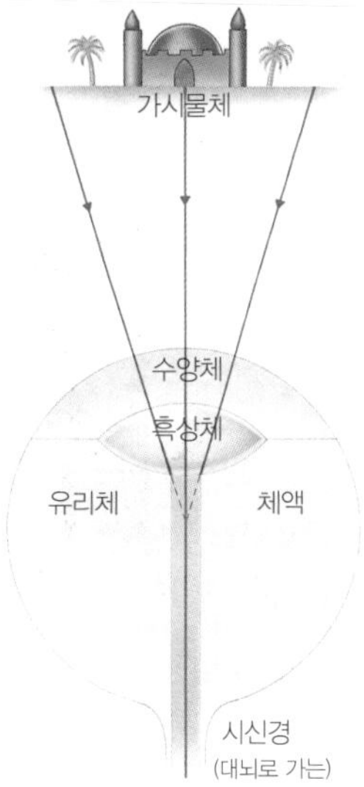

▲ 알 하젠의 시각 간섭이론의 시각 원뿔과 눈
시각에 대하여 고대 그리스 학자들은 시각을 물질의 과정이라고 보았고 예측하기 힘든 어떤 물질이 보는 사람과 물체 사이에 흐른다고 여겼다. 물질이 사람 눈에서 흘러나오고 플라톤은 그 물질을 '불'이라고 했다. 어둠의 존재에 대해 플라톤은 햇빛과 혼합되어야 '불'이 살아난다는 것인데 이것이 고대 그리스 사람들이 생각하던 빛의 '발사'이다.

◀ 알 카지니 '지혜의 저울'
알 카지니는 '지혜의 저울'을 발명하면서 1137년에 『지혜의 저울』이라는 제목의 책을 펴냈다. '지혜의 저울'은 물질의 질량과 중량은 다르다는 이론을 말하는 것이며 이후 실행에 큰 역할을 했다.

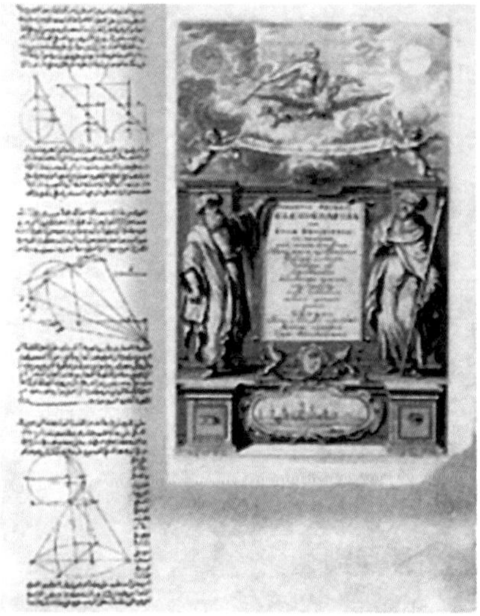

▲ **과학 연구 성과**
알 하젠의 연구는 많은 광학과 천문학 서적으로 세상에 나왔다. 그림은 알 하젠의 광학실험과 연구에 대한 저서들이다.

◀ **이븐 시나의 의학을 배워온 길**
의학연구에 있어 이븐 시나는 감염이 질병을 일으키는 원인이라고 보았고 물과 토양이 감염을 전파하는 매개물이라고 했다. 악성 종양을 치료하면서 그는 의사들이 제때에 치료를 하면 병변조직이 확산되지 않을 것이라고 확신했다. 이 그림은 이븐 시나가 신으로부터 도움을 얻고 있는 모습이며 당시의 전설을 바탕으로 그린 것이다.

그는 고도에 따라 물체의 중량이 달라진다는 것을 알았으며 더 나아가 중요한 물리학 사상인 물질의 질량은 중량과 다르며 질량과 중량은 정비례 관계에 있다는 점을 제시했다.

이븐 시나Ibn Sina는 의학에 커다란 기여를 했음은 물론 지렛대, 도르래, 롤러 등과 같은 기계장치에 대해 독창적으로 정의를 내리고 분류를 했다. 경사각의 개념도 이부 시나가 제시한 것으로 물체의 포물선운동을 해석함으로써 가능했다. 이 부분은 아리스토텔레스가 연구한 물리학의 취약한 부분이었다.

알 하젠al-Hazen은 광선의 물리학 특성과 기하 광학의 기초를 세운 과학자로 '광학의 아버지'라 불린다. 같은 물질에서는 빛이 직선으로 전파된다는 것을 설명하였으며 빛의 반사와 굴절에 대해서도 연구를 했다. 실험을 통해 수직으로 각기 다른 매개체 사이의 접촉면을 뚫고 가는 빛은 구부러지지 않는다고 제시했다. 렌즈를 만들고 렌즈를 깎을 수 있는, 실험에 사용하는 작업대선반를 가지고 있었다. 실험에서 평면경, 구면

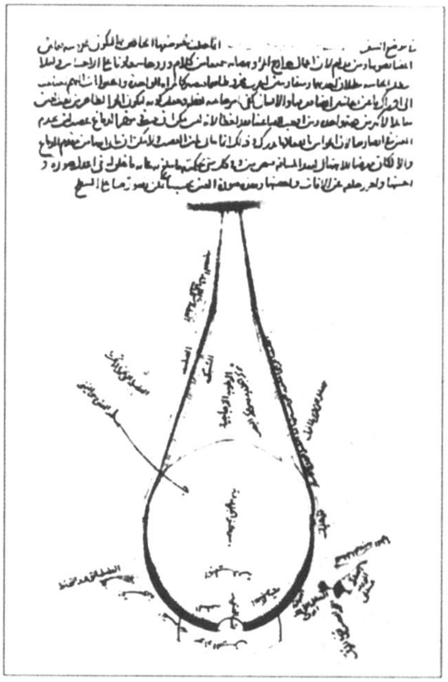

◀ **『시각론』**
알 하젠은 사람의 눈은 광선을 내뿜지 않을 뿐만 아니라 사람이 물체를 볼 수 있는 것은 물체가 반사하는 태양빛이 사람 눈에 닿기 때문이라고 보았다. 과학과 의학에서 일컫는 '망막', '각막', '유리체' 등의 용어도 알 하젠이 최초로 만든 것이다.

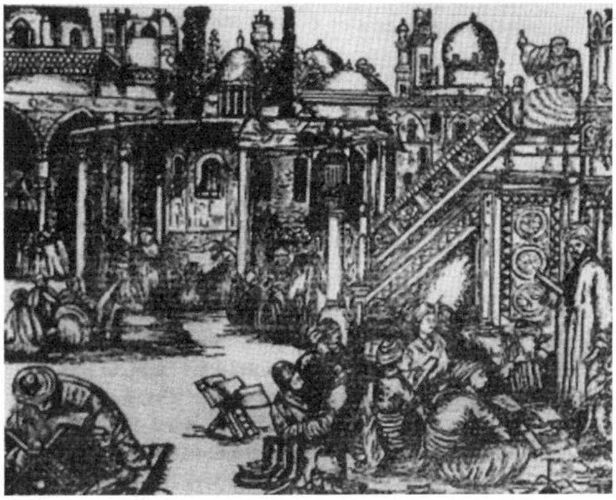

▲ **광학실험 중인 알 하젠과 조수**
수많은 광학실험을 거치면서 알 하젠은 광선이 각기 다른 매개체의 접촉면에서 굴절이 발생할 때 입사광선, 굴절광선, 법선이 같은 평면 내에 있다고 보았다. 구면경을 연구하면서 또 렌즈의 곡면 부분이 광선을 굴절되게 한다는 것을 발견했다.

경, 주면경, 포물경을 연구하였을 뿐만 아니라 구면수차와 렌즈의 확대율을 연구하기도 했다. 예를 들어, 알 하젠이 발견한 렌즈의 확대작용은 빛이 유리와 공기의 접촉면을 통과하면서 만들어지는 것이다. 다름 아닌 유리의 라디안으로 인해 확대가 이루어지는 것이다. 그는 대기굴절에 관해서도 연구를 했다. 광학연구에서 그는 수학적인 방법을 응용하여 기하광학의 문제를 해결하는 데 능통했다. 어둠상자 실험 역시 알 하젠이 고안한 것인데 그는 어둠상자의 촬영원리에 대해 정확하게 해석을 내렸다. 이로써 그는 사진촬영의 선구자로 불린다. 구면수차와 렌즈의 확대율, 대기굴절에 관한 그의 발견은 케플러 등의 소개로 유럽에 전파되면서 유럽의 과학 발전에 커다란 영향을 미쳤다.

알 하젠의 중요한 공헌은 시각원리에 대한 정확하고 자세한 해석이다. 알 하젠이 해석을 내리기 전까지 사람들은 고대 그리스 학자 플라톤과 유클리드가 제시한 '시각은 눈이 발사한 빛이 물체에 닿으며 생기는 것' 이라는 잘못된 관념을 줄곧 굳게 믿고 있었다. 알 하젠이 말하는 시각의 관념은 "시각이란 반사광선이 안구의 유리체를 통과해 시망막에 떨어지면서 생기고 이 형상이 최종적으로 대뇌에서 형성된다"는 것이다.

▲ **알 하젠**
알 하젠은 자신의 저서에 바늘구멍상자 응용과 빛의 반사원리에 대해 논술하였으며 세계 촬영기술의 발전을 한 단계 올려놓았다.

알 하젠은 일생 동안 주로 광학, 천문학, 기하학과 수학을 다룬 92편의 저서를 썼다. 이 위대한 과학자의 저서들은 라틴어로 번역되어 후세의 과학자들이 광학의 신비를 탐구하고 파헤치는 데 길을 열어주었다. 그의 『광학서Opticae thesaurus Alhazeni libri』 7권은 1270년에 라틴어로 번역되었고 당시 토플러를 이은 광학 분야의 가장 중요한 성과물로 광학의 기초를 마련했다.

그의 광학이론을 바탕으로 무슬림 학자들은 무지개가 생기는 이유에 대한 해석을 내리는 데 성공했다. 햇빛이 대기의 물방울을 지날 때 생기는 굴절과 반사의 결과물이 무지개라는 것이다.

고대 아라비아는 대수학, 삼각법, 물리학 등 분야에서 뛰어난 업적을 세웠고 의학 분야에서도 당시 세계 최고 수준에 이르렀다. 세계 최초의 정식 병원이 이 시기에 탄생하였고 유명한 의학자 이븐 시나와 알 라지도 나왔다.

▶ **아라비아 의학의 황제 이븐 시나**
이븐 시나는 중세시대의 철학자, 과학자이자 의학자였으며 『의학정전』을 남겼다. 그의 훌륭한 의학저서는 세계를 두루 돌아다니며 얻은 지식과 고대 그리스, 인도, 중국, 아라비아 의학의 연구를 바탕으로 쓴 것이다.

전해지는 말에 따르면 무함마드가 신학과 의학을 함께 논하였기 때문에 중세시대의 대다수 무슬림과 과학자들이 의학연구를 매우 중요시했다고 한다. 압바스 왕조는 엄격한 의사고시제도를 특별히 만들고 세계 최초의 첫 번째 정식 병원을 창립하기도 했다. 십자군원정 때 이슬람 세계의 우수한 과학기술이 세상사람들의 눈을 뜨게 만들었는데, 그 가운데 바그다드에 건립된 의료기구에 대해 사람들은 감탄해 마지 않았다. 아라비아보다 400년이 지난 뒤인 13세기에 이르러서야 프랑스의 파리에서는 아라비아를 모방해 최초의 병원을 세웠다.

전국적으로 의학에 대한 중시와 대대적인 번역작업이 진행되었다. 그리스 의학자 히포크라테스와 갈레노스의 저서를 번역하였고 당시 화학, 의학이 아라비아에서 장족의 발전을 거두며 훌륭한 의사와 의학자들이 계속 쏟아져 나오게 되었다.

▶ **세계 최초의 정식 병원**
850년에 아라비아인들에 의해 세계 최초의 정식 병원이 바그다드에 설립되었다. 초기 아라비아제국은 의사의 자격조건과 진료행위에 대해 매우 엄격했으며 의사고시를 통과해야만 개업을 한 뒤 진료를 할 수 있었다.

▲ **어린이를 진료하고 있는 알 라지**
뛰어난 의학자 알 라지는 외과와 소아과를 중요하게 여겼으며 외과 수술용 바늘의 실 꿰는 법과 내과 정신병 치료법을 발명했다. 그림은 알 라지가 어린이를 치료하고 있는 모습이다.

'아라비아 의학의 황제' 라고 불리는 이븐 시나는 그리스의 히포크라테스, 갈레노스와 함께 의학사의 3대 시조로 꼽힌다. 그가 쓴 방대한 양의 백과사전식 의학서적인 『의학정전』은 해부학, 생리학, 치료학, 약물학, 우생학 및 식품영양학 등 다양한 분야의 의학이론을 전면적이고 체계적으로 설명한, 아라비아 의학의 최고 성과물이다. 이 저서는 12세기 라틴어로 번역되어 유럽에 전파되었으며 17세기까지 계속해서 유럽 각 대학의 의과대학 교재로 사용되었다. 이븐 시나는 자신의 저서에서 선식 영양의 중요성에 대해서 강조하면서 기후와 환경이 질병에 중요한 영향을 미친다고 언급했다. 이와 함께 심장판막을 연구하여 주동맥에 세 개의 판막이 있으며 판막의 열림과 닫힘은 심장의 수축과 확장에 따른 것이며 혈액 역시 이 과정에서 사람 몸속을 순환한다는 것을 발견했다.

이븐 시나는 아리스토텔레스와 같은 만능천재였다. 의학에서 이룬 자랑스러운 성과뿐만 아니라 철학, 천문학, 수학, 지리, 생물학 등 방면에서도 골고루 커다란 업적을 세운 아라비아의 전무후무한 위대한 과학자이다.

또 다른 아라비아의 훌륭한 의학자인 동시에 화학자이며 '아라비아의 갈레노스', '무슬림의 의학의 아버지' 라고 불리는 사람이 있다. 알 라지이다. 아라비아제국의 수도 바그다드 병원 원장을 역임하였고 의학 분야에 있어 고대 그리스, 페르시아, 인도 및 중국의 의학 업적과 성과물을 널리 수집하고 받아들여 새로운 의료체계를 확립했다. 외과, 소아과 및 전염병학 분야에 풍부한 임상경험을 쌓은 그는 세계 최초로 홍역과 천연두를 정확하게 구별했다. 생을 마칠 때까지 쌓은 의학 분야의 성과를 100여 권이 넘는 의학서적으로 펴내어 후세 사람들을 위한 귀중한 자료로 남겼다. 그중 가장 유명한 것이 『의학집성』인데 라틴어로 번역되어 유럽으로 전해졌다.

02 중국 봉건시대의 과학기술

중국

『여씨춘추』에 들어 있는 『상농』, 『임지』, 『변토』, 『심시』 중국에 현존하는 가장 오래된 농학 논문

BC 1세기 곡물의 먼지나 겨를 없애는 풍구 출현

서한 성제 때 의랑 범승 『범승지서』 지음. 황허강 유역의 농업에 관한 경험과 기술 종합정리

50~100년 동한 때 엮어 만든 『구장산술』 중국의 오래된 수학저서로 246개 문제의 해법 수록

1세기 동한 가규 때 황도동의 발명. 달의 운행 속도 다름을 발견. 근점월 측정

1~2세기 동한 장형 수운혼천의 발명. 『혼천의도주』와 『영헌』에서 당시의 '혼천설' 종합정리

2세기 동한시대 제지업이 독립된 업종으로 분리

2세기 위백양의 『주역참동계』 세계 연단사상 최초의 저서

3~4세기 위진시대 조상 『구고원방도주』에서 직각삼각형 세 변에 관한 명제 21개 예시

3~4세기 위진시기 유휘 '할원술' 발명. $\pi=3.1416$. 『해도산경』에서 바다와 섬의 거리 및 높이 측량과 계산법 논술

5세기 남제 때 조충지 『대명력』 제정. 최초로 세차 계산한 역법이며 중국 역법의 2차 대개혁

5세기 조충지 π 근사값 소수 7자리까지 계산

530~540년 농학가 가사협 『제민요술』 펴냄

6세기 중국 육조시기 조긍 '조씨원리' 제시. 서양에서는 카발리에리의 원리라고 부름

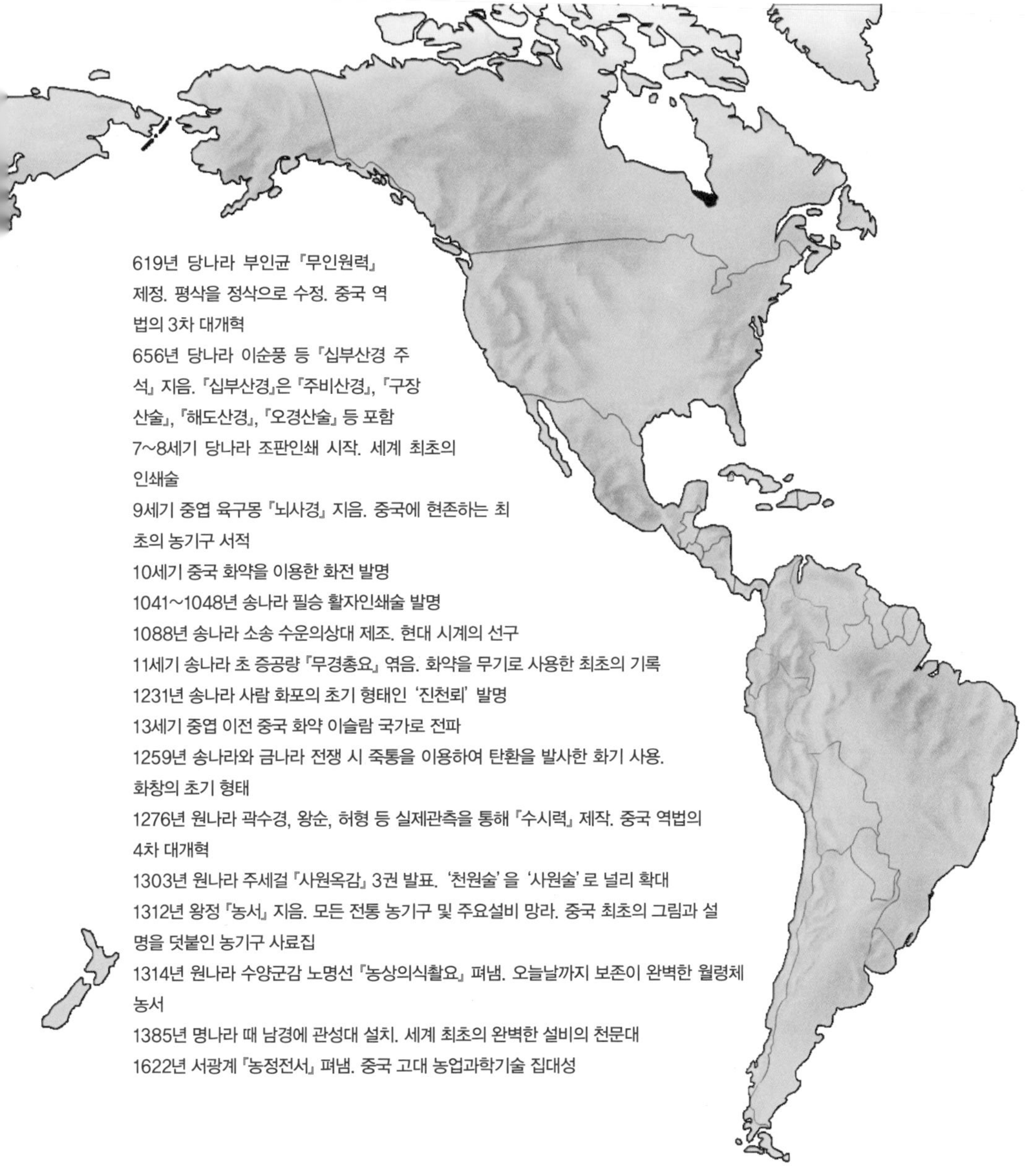

619년 당나라 부인균 『무인원력』 제정. 평삭을 정삭으로 수정. 중국 역법의 3차 대개혁
656년 당나라 이순풍 등 『십부산경 주석』 지음. 『십부산경』은 『주비산경』, 『구장산술』, 『해도산경』, 『오경산술』 등 포함
7~8세기 당나라 조판인쇄 시작. 세계 최초의 인쇄술
9세기 중엽 육구몽 『뇌사경』 지음. 중국에 현존하는 최초의 농기구 서적
10세기 중국 화약을 이용한 화전 발명
1041~1048년 송나라 필승 활자인쇄술 발명
1088년 송나라 소송 수운의상대 제조. 현대 시계의 선구
11세기 송나라 초 증공량 『무경총요』 엮음. 화약을 무기로 사용한 최초의 기록
1231년 송나라 사람 화포의 초기 형태인 '진천뢰' 발명
13세기 중엽 이전 중국 화약 이슬람 국가로 전파
1259년 송나라와 금나라 전쟁 시 죽통을 이용하여 탄환을 발사한 화기 사용. 화창의 초기 형태
1276년 원나라 곽수경, 왕순, 허형 등 실제관측을 통해 『수시력』 제작. 중국 역법의 4차 대개혁
1303년 원나라 주세걸 『사원옥감』 3권 발표. '천원술'을 '사원술'로 널리 확대
1312년 왕정 『농서』 지음. 모든 전통 농기구 및 주요설비 망라. 중국 최초의 그림과 설명을 덧붙인 농기구 사료집
1314년 원나라 수양군감 노명선 『농상의식촬요』 펴냄. 오늘날까지 보존이 완벽한 월령체 농서
1385년 명나라 때 남경에 관성대 설치. 세계 최초의 완벽한 설비의 천문대
1622년 서광계 『농정전서』 펴냄. 중국 고대 농업과학기술 집대성

고대 중국의 과학기술은 독특한 체계를 형성했다. 농업, 의학, 천문, 산술 등 4대 학과와 도자기, 방직, 건축 등 3개 기술은 중국 민족 과학기술의 특징이며 오늘날까지 고유의 매력을 발산하고 있다. 중세시대 전체를 통틀어 중국은 모든 과학기술 분야에서 서양을 앞서나갔다. 서양문명에서 콜럼버스시대까지 중국의 과학기술은 유럽인이 따라오지 못할 정도로 멀찌감치 떨어져 앞서 달리고 있었다. 하지만 중국 과학문명의 위대하고 찬란한 시기가 지나가고 길고 긴 암울의 시대에 접어들었을 무렵, 서양의 과학기술문명은 마침내 찬란한 꽃을 피우게 되었다.

산술 : 중국의 수학

▲ **동척과 골척**
고대 도량기구 중 하나로 토목공사 등에 쓰이던 표준 자이다. 옛날 자는 끝에 보통 작은 구멍을 내서 줄을 매어 썼다. 자의 정면에는 단위눈금을 새겨놓았다. 진시황이 도량형을 통일할 당시의 1척은 현재의 약 23센티미터에 해당하나 명대에 이르러 1척은 약 32센티미터로 바뀌었다.

출토된 채색토기에서 고대 중국 때 매듭짓기로 일을 기록했다는 것이 증명되었다. 이 말은 그때부터 기초단계의 수학이 있었음을 간접적으로 알 수 있다는 말이다. 갑골문과 금문에서도 ‘1’, ‘11’, ‘+’ 등과 같은 기수법이 발견된다. 주로 십진법을 사용했고 건축의 필요에 의해 기하학에 대한 인식이 아주 빨랐다. 당시 사람들이 사용하던 석기, 뼛조각, 토기조각 및 주택, 무덤 등에 모두 기하 형태가 그려져 있었다. 따라서 중국의 고대 원시사회 말기에는 수학 형태에 대한 기초적인 인식이 있었고 그것을 바탕으로 기초단계의 수학이 싹트기 시작했다는 것을 알 수 있다. 하, 상, 주나라 시대 중국의 숫자 기록은 십진법 방식으로 1부터 만까지 기록이 가능했다. 상대의 수학은 이미 고대 바빌로니아, 고대 이집트 등을 포함한 같은 시대의 다른 지역보다 앞섰고 더욱 과학적이었다. 춘추전국시대에 이르러 기구도 생겨나고 부호도 있고 입말도 부분적으로 사용하는 등 중국의 수학 수준은 동시대의 세계 어느 지역보다 훨씬 앞서갔다.

『주비산경』과 『구장산술』

◀ **이리두 유적지 토기에 그려진 부호**
줄을 맺는 형태나 개수에 따라 기록하는 새끼 매듭은 상고시대의 기록법이었다. 생산이 늘어나는 등 여러 가지 원인으로 새끼 매듭은 점차 부호화되었다. 그림의 부호는 모두 24가지로, 문자는 아니지만 중국 문자의 필획 형태가 들어 있다. 난해한 부호를 푸는 방법에 대해서는 전문가들도 정확한 해석을 내리지 못하고 있지만 문자의 탄생과 관계가 있는 것만은 분명하다.

진한시기에 중국에서는 수학 발전에 박차를 가하여 오늘날까지 영향을 미치고 있는 수많은 수학저서가 쏟아져 나왔다. 중국 최초의 천문수학 저서인 『주비산경(周髀算經)』, 『구장산술(九章算術)』도 이 시기의 것이다. 현존하는 가장 오래된 수학 고전 『주비산경』에는 옛날 사람들이 어떻게 간단한 방법으로 태양과 지구까지의 거리를 계산했는지도 기록되어 있다. 전국 각지에 8척의 대나무 장대를 세워놓고 하지일 한낮에 이 대나무의 그림자 길이를 잿다. 당시 도읍지이던 장안은 1척 6촌, 장안 정남쪽에서 1천 리 떨어진 곳의 그림자 길이는 1척 5촌이었다. 장안 정북쪽으로 1천 리 떨어진 곳의 그림자 길이는 1척 7촌이다. 이렇게 해서 남북 방향으로 1천 리일 때 그림자 길이의 차가 1촌이라는 것을 알게 되었다. 동지일에도 똑같은 방법으로 측정하였더니 장안의 그림자 길이는 1장 3척 5촌이었다. 『주비산경』은 하지와 동지 사이의 대나무 그림자 길이가 6척일 때 계산을 하여 태양과 지구 사이의 거리가 10만 리라는 결과를 얻었다. 『주비산경』에서 밝힌 결과는 오늘날 지구와 태양 사이의 거리와는 엄청난 차이가 있지만 이 책에서 활용한 연산법과 과정은 아주 정확했다.

『주비산경』은 천체와 수학을 다룬 천문역산 저서로, 주로 개천설에 대해 토론하고 그 유명한 피타고라스의 정리도 제시했다. 당나라 이순풍(李淳風) 등이 수학교본을 선택할 때 이 저서를 가장 귀중한 수학 유산으로 여겨 『산경십서(算經十書)』의 첫 번째 책으로 삼고 이름도 『주비산경』이라고 명했다.

『주비산경』과 거의 동시에 나온 수학 저서가 있는데, 가장 중요한 수학 전문저서인 『구장산술』이다. 『구장산술』은 중국 최초이자 가장 중요한 수학 전문서적이다. 서한 말부터 동한 초 사이에 쓰였고 246개의 응용문제 해법을 비롯하여 산술, 초등 기하, 초등 대수 등 다방면의 내용이 포함되어 있다. 이 책에는 분수 사칙연산, 비율 구하는 법, 피타고라스의 정리를 이용한 측량상의 문제 등이 기록되어 있는데, 이는 당시 세계 최고 수준의 연구였

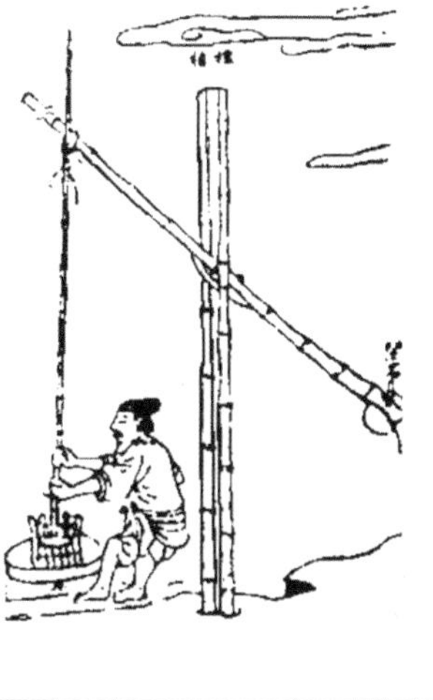

▶ 죽간을 이용해 물을 긷는 모습

굵은 것, 가는 것 두 개의 죽간을 골라 연결한 뒤 굵은 죽간을 죽제 가운데에 끼우고 가는 죽간 한쪽에 물통을 단다. 물을 길 때 가는 죽간을 아래로 잡아당기고 물이 가득 차면 죽제에 끼어 있는 굵은 죽간을 아래로 누르면 물통이 우물에서 나온다. 이 시스템은 지렛대원리를 이용해서 만든 것으로 죽제에 끼워둔 굵은 죽간의 앞부분과 뒷부분에 일정한 비율이 성립되어야 힘을 줄일 수 있다.

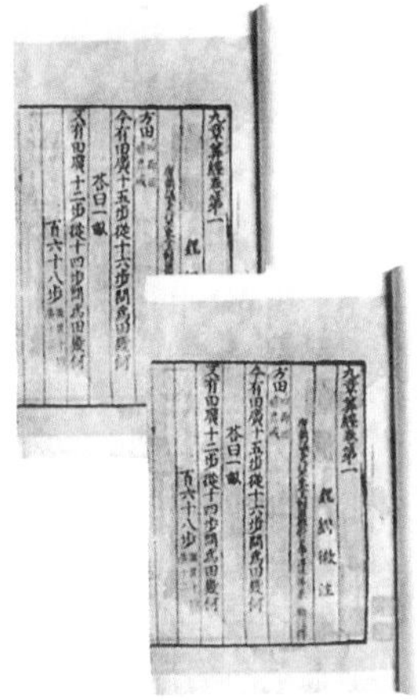

▲ 『구장산술』

『구장산술』은 동한(東漢) 화제(和帝) 때 만들어졌으며 진나라 수학의 발전에 힘입어 한나라 때에도 수많은 학자들이 수차례 보충과 수정, 삭제작업을 거친 후 완성되었다. 고대의 수학은 모두 생산을 통해 이루어진 것인데, 이 책 역시 토지의 측량, 조 교환, 창고의 부피 계산 등의 문제를 처리하기 위해 쓰였다. 분수 연산법칙, 가감법 연산의 대수계산법을 활용하였는데 세계 수학사상 분수 연산법칙과 마이너스에 대한 최초의 기록이다.

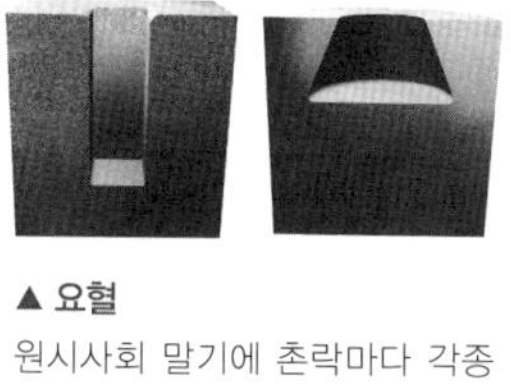

▲ 요혈

원시사회 말기에 촌락마다 각종 형식의 요혈(窯穴)이 있었다. 정사각형과 직사각형이 대부분으로, 형식에 있어서는 보통 주둥이는 작고 밑바닥은 크고 혈 주둥이(穴口)와 밑바닥, 벽은 반듯하고 규격에 맞게 파야 했다. 원시인들의 기하에 대한 심미안을 표현했다.

▲ 궤전도
명나라의 농학자 서광계(徐光啓)는 『농정전서(農政全書)』에서 궤전, 구전, 포전, 우전, 가전, 제전, 도전을 7대 농경사로 꼽았다. 궤전(櫃田)은 둑을 얕게 만들어 논을 보호하는 것으로, 사방에 구멍을 만드는 것이다. 홍수가 났을 경우에 바깥의 물은 논 안으로 들어가기 힘들지만 논 안의 물이 밖으로 쉽게 나갈 수 있도록 했다. 『구장산술』의 '방전장(方田章)' 편에 여러 가지 다변형, 원형, 궁형 등의 면적을 구하는 공식을 언급하였고 이로써 궤전의 면적도 구할 수 있게 되었다.

다. 음수에 대한 개념과 음수와 양수의 가감법칙 기록 역시 세계 수학사상 가장 빨랐다. 이 밖에도 제곱, 세제곱, 일원이차방정식 해법과 연립일차방정식의 해법 등에 관한 많은 문제를 설명했다. 중국 고대 수학사상 중요한 위치를 차지하고 있을 뿐만 아니라 세계 수학사에도 커다란 영향을 미친 『구장산술』은 이후 1천여 년이 지난 후에도 한국과 일본에서 교과서로 사용되었으며, 유럽과 아라비아의 초기 수학저서에는 잉여와 부족 문제에 대한 계산법을 '중국계산법'이라고 불렀다. 그리스 수학과 비교하면 『구장산술』의 수학체계는 실제적인 계산에 치중한 반면 추상적인 이론이나 논리적인 체계는 고려하지 않았다. 어떤 의미에서는 중국과 서양의 수학체계는 서로 상호보완하면서 발전해 가는 것으로 보인다. 중국 수학은 인도와 아라비아인들에 의해 유럽으로 전파되어 유럽의 대수학 부흥에 커다란 영향을 미쳤다.

삼국 양진 남북조시기에 중국 역사상 아주 훌륭한 두 명의 수학자가 배출되었다. 중국 수학의 발전에 튼튼한 기초를 마련한 유휘(劉徽)와 조충지(趙沖之)이다.

유휘와 할원술

유휘는 위진(魏晉)시기 산동성 사람으로, 『수서 · 율력지(隋書 · 律歷志)』에 의하면 "위(魏) 진유왕(陳留王) 경원(景元) 4년263년에 유휘가 『구장(九章)』에 주석을 달았다"고 한다. 유휘는 『구장산술』 연구에 많은 시간과 정성을 쏟고 그것을 토대로 훌륭한 이론, 정확한 계산을 활용하고 심혈을 기울여 『구장산술』에 문자로 주석을 달았다. 그의 주석내용은 상세하고 풍부하면서도 원서의 잘못된 점을 바로 잡고 새로운 견해를 많

◀ 팔각성 무늬
팔각성 무늬는 대문구(大汶口) 유적지에서 출토된 하대의 채색 토기에서 자주 보인다. 팔각성 무늬를 고대 천문학의 전형적인 부호이며 사방으로 뻗어가는 태양을 형상화한 것이라고 보는 견해가 많다. 또 일부 학자들은 끝없는 하늘을 뜻한다고 생각하는데, 가운데의 네모는 대지를 나타내며 "하늘은 둥글고 땅은 네모나다"는 고대의 우주관을 표현하고 있다는 해석을 내놓았다. 그림은 선사시대 문화의 팔각성 무늬 도안이다.

이 내놓았으며 수많은 수학원리와 증명을 만들었다. 이것들이 각종 계산법에 응용되면서 유휘는 중국 전통수학 이론체계의 기초를 세운 창시자 중 한 사람이 되었다. 『구장산술』에 주석을 더한 것 외에도 『중차(重差)』를 펴냈는데 당나라 때 『해도산경(海島算經)』이라고 이름을 바꾸어 불렀다. 유희의 업적을 살펴보면 첫째, 할원술(割圓術)을 만들어 극한 개념을 활용해 원면적과 원주율을 계산했다. 둘째, 십진분수, 작은 단위수 및 미수(微數)를 창의적으로 계산하려 했다. 셋째, 수많은 중요한 수학 개념에 정의를 내리고 '율(率)'의 역할을 강조했다. 넷째, 직각삼각형의 성질을 활용하여 중차술을 만들어 보급시켰으며 고유의 정확한 측량법을 확립했다. 다섯째, '유휘원리'를 제시하여 직선형 입체부피 계산법의 이론체계를 확립했다. 예증에 있어서는 모형, 도형, 예제를 활용해 관련 계산법을 논증하고 설득력과 응용성을 강화함으로써 중국 전통수학의 체계를 형성했다.

『구장산술』 주석에서 유휘는 중국 고대 '율(率)' 사상과 '출입상보' 원리를 발전시켰다. '율'을 이용하여 『구장산술』의 대부분 계산법과 문제들을 증명하였고 출입상보 원리를 이용하여 피타고라스의 정리 및 구 면적과 구 부피 공식을 증명했으며 원 면적 공식과 원주율을 계산하기 위해 할원술을 만들었다. 유휘 이전에도 많은 사람들이 증명하려고 시도했지만 완벽하지 못했다. 유휘는 극한 사상을 기초로 하는 할원술을 제시하여 원 면적 공식을 증명하고, 또

▲ 유휘

동한(東漢) 이래 많은 수학자들이 『구장산술』에 대해 연구를 하였으며 유휘 역시 주석을 가했다. 피타고라스 정리를 추정하였으며 추정 과정에서 활용한 방법이 '출입상보법'인데 구체적인 도형의 분할과 합치, 이동과 보충이 조상(趙爽)의 이론과 약간 다를 뿐 매우 비슷하다.

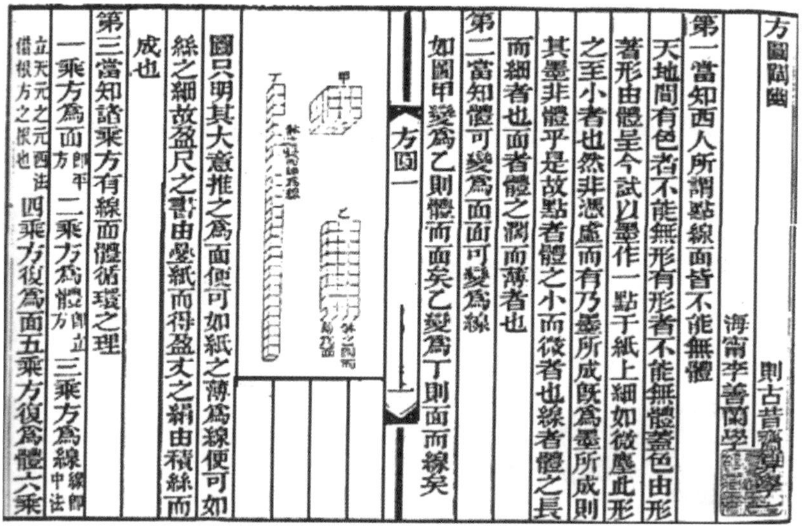

方圓闡幽　則古昔齋算學
海甯李善蘭學
第一當知西人所謂點線面皆不能無體
天地間有色者不能無形有形者不能無體蓋色由形著形由體呈今試以墨作一點于紙上細如微塵此形之至小者也然非憑虛而有乃墨所成既爲墨所成則其墨非體乎是故點者體之小而微者也線者體之長而細者也面者體之濶而薄者也
第二當知體可變爲面面可變爲線
如圖甲變爲乙則體而面矣乙變爲丁則面而線矣
方圓一
圖只明其大意推之爲面便可如紙之薄爲線便可如絲之細故盈尺之書由疊紙而得盈丈之絹由積絲而成也
第三當知諸乘方有線面體循環之理
一乘方爲面即平方 二乘方爲體即立方 三乘方爲線即線中法立天元之元西法借根方之根也 四乘方復爲面五乘方復爲體六乘

◀ 『방원천유』

『방원천유(方圓闡幽)』는 청나라 이선란(李善蘭)이 지은 작품으로 멱급수 전개식에 관한 연구를 담은 저서이다. '첨추술'을 언급하고 이차제곱근의 전개식 및 각종 삼각함수, 역삼각함수와 대수함수의 멱급수 전개식을 만들었다. 첨추술을 기초로 기하사상과 미적분 방법에 대한 해석이 시작되었다.

한 무한대로 작게 쪼개는 무궁소분할(無窮小分割) 방법을 이용해 일부 부피 공식을 증명했다. 원주율을 계산할 때 유휘는 할원술을 응용하여 원에 내접하는 정육각형에서 출발하여 차례대로 정12각형, 정24각형, 정48각형, 정192각형의 면적까지 구했다. 그 후 현재의 '외추법(外推法)'을 이용해 원주율의 근사값 3.14를 구하고 이전 사람들의 잘못된 '주삼경일(周三徑一)지름이 1일 때 원의 둘레가 3이라는 뜻'을 바로 잡았다. 외추법은 현재의 계산기술과 흡사한 방법으로 유휘는 서양이 발견한 이 외추법보다 훨씬 앞서갔다. 원주율을 구하는 정확한 방법인 유휘의 할원술은 중국 원주율 구하는 방법이 오랫동안 세계에서 앞서나갈 수 있는 기초를 마련했다. 조충지는 유휘의 방법으로 원주율을 소수 일곱 자리까지 정확하게 계산해 냈다. 할원과정에서는 피타고라스 정리와 제곱근을 계속 반복해서 써야 한다. 제곱근 때문에 그는 미수(微數)를 구하는 생각을 제시하였는데 이는 오늘날의 무리근의 십진 소수 근사치와 완전히 같고, 미수를 구하는 것은 원주율 계산의 정확성을 보증한다. 유휘의 미수는 십진 소수의 선구가 되었다.

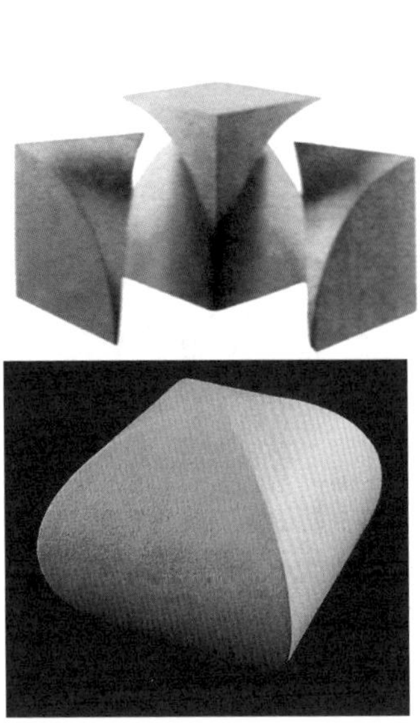

▲ 모합방개 입체모형

모합방개(牟合方蓋)는 유휘가 구의 체적을 연구할 때 도입한 일종의 입체도형이다. 구와 외접하는 모합방개의 체적 비율이 π : 4라고 제시하였으나 모합방개의 체적을 구하지 못했다. 조충지의 아들 조긍이 모합방개의 체적을 정육면체로 전환시켰는데 마름모뿔의 체적과 비슷하여 체적을 구할 수 있게 되었으며 이를 토대로 구의 체적을 추산했다.

유휘는 성실하고 엄격하며 객관적인 정신으로 조잡하고 잘못된 논술을 구별할 수 있었다. 창의적인 정신과 논리적인 관점은 후세의 학자 및 배움을 원하는 사람들에게 모범이 될 만한 훌륭한 학풍을 수립했다. 그리스 유클리드의 『기하학 원본』으로 대표되는 고대 서양수학과 어깨를 나란히 할 수 있는 사람이 바로 유휘이다.

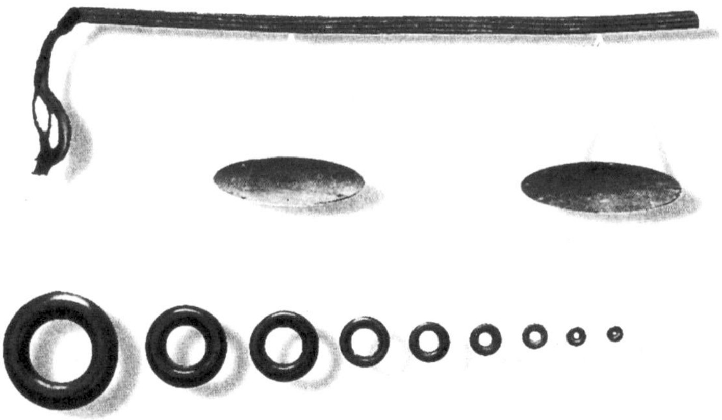

▶ 나무저울과 동환권

중국의 도량형은 일찍이 4, 5천 년 전의 부계씨족사회 말기에 생겨났다. 전설에 따르면, 황제가 오량(五量)을 만들고 소호(少昊)가 도량을 통일하고 율려(律呂)를 조절했다고 전해진다. 그러나 최초의 도량형 단위는 정확하게 전해지지 않으며 도량단위가 인체 부위와 밀접한 관계가 있었다는 기록이 있다. 『공자 · 가어(孔子 · 家語)』에 "손을 펼치면 1척을 알 수 있고 손가락을 펴면 1촌을 알 수 있다"는 기록이 있다. 그림은 초나라 때 무게를 재던 소형 저울과 동환권(銅環權)이다.

조충지

유휘에 이어 200년 뒤 남북조시기에 대과학자 조충지가 출현했다. 원주율을 계산해 내어 수학에 커다란 공을 세운 인물이다. 진한 이전 사람들은 지름이 1일 때 원주가 3이라는 주삼경일(周三徑一)로 원주율을 삼았는데 조충지가 나타남으로써 낡은 방법이 되었다. 유휘는 원에 내접하는 정다각형의 길이로 원둘레의 길이에 점점 가까워지면서 원에 내접하는 정96각형일 때 원주율이 3.14라는 것을 계산하였고 내접하는 정다각형의 변의 수가 많을수록 파이값도 정확해졌다. 조충지는 이전 사람들의 계산과 원리의 기초 위에 파이가 3.1415926에서 3.1415927 사이임을 제시하고 파이 분수형식의 근사치를 구했다. 두 개의 분수는 22/7와 355/133 근사치를 취해 원주율을 표시했다. 이 중 355/133에서 얻은 여섯 자리 소수가 3.141929이고, 분자분모는 1,000 이내 가장 접근한 파이값의 분수이다. 조충지가 계산해 낸 이 원주율을 유럽 수학자들은 이로부터 1천 년이 지난 후에야 얻을 수 있었다. 조충지는 자신의 아들 조긍과 함께 구의 체적 계산법을 해결했다. 그들이 당시 응용한 원리는 바로 이것이다. 평행한 두 평면 사이에 두 개의 입체가 놓여 있는데, 이 두 평면에 평행되는 평면에 의해 잘린다. 만약에 두 절단면의 면적이 동일하다면 이 두 입체의 체적은 같다는 것이다. 이 원리는 서양에서는 카발리에리의 원리 Cavalieri's Principle라고 불리는데 조충지가 발견한 1천 년 뒤에 카발리에리 Bonaventura Cavalieri가 발견했다.

조충지의 천문학 분야의 성과는 모두 그가 만든 '대명력(大明曆)' 및 대명력

▲ 조충지
원주율이 3.1415926과 3.1415927 사이라고 조충지(祖沖之)는 추산했다. 수학사상 최초로 원주율의 수치가 소수점 일곱 자리까지 내려간 것으로 서양보다 1천 년이나 빨랐다.

▲ 우물 측정
이 그림은 옛날 사람들이 줄을 이용하여 우물의 깊이를 재는 모습이다. 줄의 한쪽은 나무울타리에 묶고 한쪽은 우물 아래로 내려가는 사람 몸에 묶었다. 우물 밖에 있는 사람들은 우물 속으로 내려가는 사람의 지시대로 천천히 줄을 내린다. 우물 바닥에 드리운 줄과 우물 입구까지의 길이로 우물의 깊이를 알 수 있게 되는 것이다.

▼ 할원술
유휘는 아주 복잡한 원주율 계산에 원을 깎는 방법을 활용하였다. 원에 내접하는 다각형의 변의 길이를 무한대로 원에 가깝게 만들었다. 정육각형부터 시작하여 192각형까지 분할하고 3.14에 가까운 수치를 계산해 냈다.

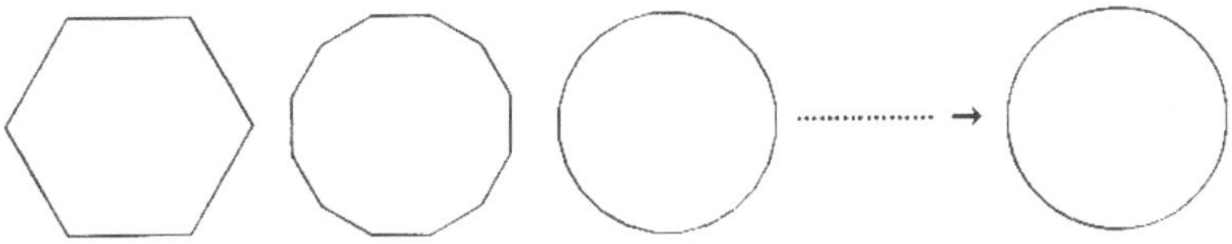

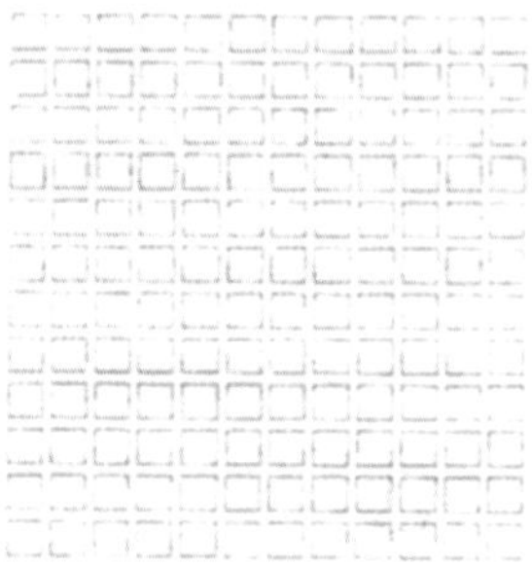

▲ **정책(正策)과 부책(負策)**
고대 최초의 계산도구는 다름 아닌 '산가지'였다. 양수와 음수 표시할 때 수나라 때는 세모 산가지로 양수를 표시하고 네모 산가지로 음수를 표시했다. 유휘는 『구장산술』에서 양수는 빨간색으로, 음수는 검은색으로 표시한다. 그렇지 않을 경우 놓는 방법에 따라 달라질 수도 있다고 말했다. 이 말은 색깔과 모양 두 가지의 방식으로 양수와 음수를 나타냈다는 것을 의미한다. 양수는 빨간색, 단면은 삼각형이고, 음수는 검정색, 단면은 정사각형을 나타내기도 했다.

을 위해 쓴 『박의(駁議)』에 담겨져 있다. 조충지 이전에 중국에서는 천문학자 하승천이 제작한 '원가력(元嘉曆)'을 사용했다. 하지만 원가력은 해와 달의 방위, 행성의 출몰, 동지와 하지 시간 등이 정확하게 맞아떨어지지 않았다. 따라서 조충지가 새로운 역법 제정에 착수하여 남조 송효 무제 대명 6년462년에 '대명력'을 만들었다.

'대명력'에서 조충지는 최초로 세차를 도입, 391년에 144개의 윤달을 넣은 정밀한 역법을 선택했다. 이 방법은 모두 이전 역법을 뒤집는 중대한 개혁이었다. 그가 대명력에서 채택한 하나의 회귀년 일수는 현대과학이 측정한 일수와 불과 50초 차이밖에 나지 않는다. 또 교월점의 일수를 채용했는데 이 역시 현대과학이 측정한 것과 1초의 차이도 나지 않는다. 제작과정에서 조충지는 규표를 이용해 동지 전후 정오 때 그림자의 길이로 동지시각을 정하는 방법을 계산하였는데 이 방법은 오랫동안 후세들이 사용했다.

이 위대한 고대 과학자를 기념하기 위하여 사람들은 달 뒤쪽에 있는 둥근 모형의 산을 '조충지 구형산'이라고 명하고 소행성 1888호를 '조충지 소행

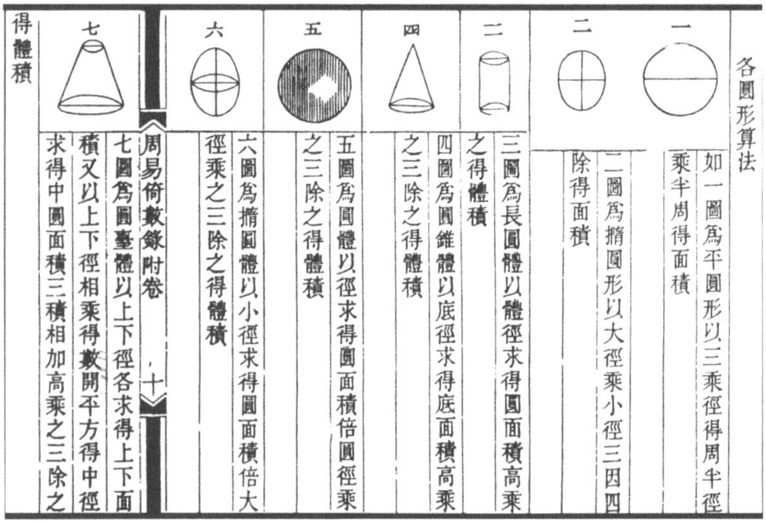

各圓形算法
如一圖爲平圓形以三乘徑得周半徑乘半周得面積
二圖爲撱圓形以大徑乘小徑三因四除得面積
三圖爲長圓體以體徑求得圓面積高乘之得體積
四圖爲圓錐體以底徑求得底面積高乘之三除之得體積
五圖爲圓體以徑求得圓面積倍圓徑乘之三除之得體積
六圖爲撱圓體以小徑求得圓面積倍大徑乘之三除之得體積
周易倚數錄附卷 十
七圖爲圓臺體以上下徑各求得上下面積又以上下徑相乘得數開平方得中徑求得中圓面積三積相加高乘之三除之得體積

◀ **『주역』에 나오는 각 도형의 계산법**
『주역』은 고대에 점을 치던 책으로 수의 변화를 활용해 사물의 현상을 분석하고 고찰하며 이를 통해 사물의 규율이나 규칙을 묘사했다. 고대 수학자들은 수학을 연구하면서 수학의 기원이 어디서 시작한 것인지에 대해 토론할 때 『주역』을 수학 발전의 최초 근원지라고 보는 경우가 많았다. 『주역·계사(周易·繫辭)』에는 "옛날에는 새끼를 매듭지어 다스렸고 후세의 성인들은 그것을 바꾸어 책으로 엮었다"는 기록이 있다. 그림은 『주역』에 나오는 각종 도형의 계산법이다.

성' 으로 명명했다.

수당오대 시기에 중국의 수학과 과학이 제법 발전하게 된다. 이 시기에 국가에서 설립한 학교에 수학교육을 개설하고 과거시험에도 '명산과(明算科)' 를 넣었다. 수학교육에 있어서 학생들은 십부산경을 주로 배웠다. 십부산경이란 『오조(五曹)』, 『장구건(張邱建)』, 『하후양(夏侯陽)』, 『주비산경』, 『오경산(五經算)』, 『구장산술』, 『해도(海島)』, 『손자(孫子)』, 『철술(綴術)』, 『집고산경(緝古算經)』을 말하며, 이 가운데 『집고산경』은 당대 유명 수학자 왕효통(王孝通)이 쓴 저서이다. 『집고산경』에서 왕효통은 이미 3차(고차)방정식 문제를 제시했다. 그리고 같은 시대에 위대한 업적을 쌓은 사람을 꼽는다면 당 고종 때의 이순풍을 들 수 있다. 그는 『산경십서(算經十書)』에 주석을 달고 내용을 보완하였으며, 각종 초본을 열심히 대조하여 잘못을 수정함으로써 당시 학생과 후세들이 수학을 쉽고 편하게 배울 수 있도록 했다. 그는 주석을 달았을 뿐만 아니라 자신의 견해와 다른 수학문제에 다른 후학자의 과학성과도 주해의 형식을 빌어 원문 뒤에 추가했다. 그중 가장 대표적인 것이 조긍의 구의 체적 공식에 관한 기록이다. 다행히 후세들은 이순풍의 주석을 통해 그것을 알 수 있다.

28	4	3	31	35	10
36	18	21	24	11	1
7	23	12	17	22	30
8	13	26	19	16	29
5	20	15	14	25	32
27	33	34	6	2	9

▲ 아라비아 숫자 마방진

원나라 안서왕부(安西王府) 유적에서 출토된 아라비아 숫자 마방진이다. 마방은 철로 만든 판 모양으로 모두 36개의 칸으로 이루어져 있다. 36개의 숫자는 고대 아라비아 숫자로, 가로세로 각 행 및 최대 대각선의 평균 합이 111이다. 이 속에는 숫자배열 규칙이 담겨져 있다. 이 철판 역시 중국이 아라비아 등의 나라와 수학 교류를 했다는 증거이다.

주세걸과 『사원옥감』

송대와 원대는 고대 수학 발전의 최고 전성기로 많은 위대한 수학자들이 끊임없이 배출되었고 그 가운데 영향력이 가장 큰 사람은 말할 것도 없이 원대의 주세걸(朱世傑)이다.

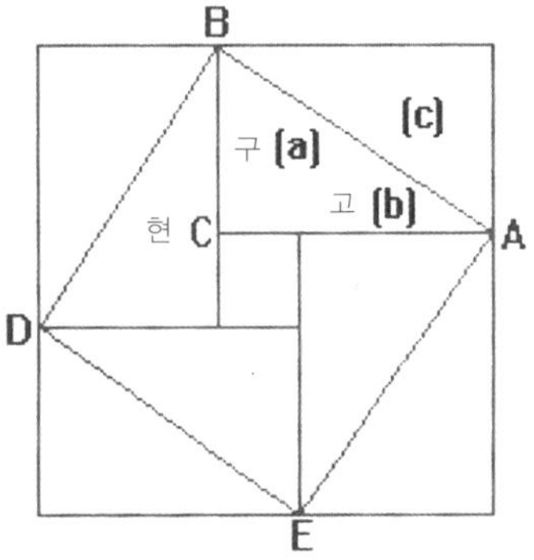

▶ 피타고라스의 정리

피타고라스의 정리는 『주비산경』에서 주공(周公)과 상고(商高)의 대화형식의 서술로 되어 있다. 완벽한 증명은 삼국시기의 조상(趙爽)이 완성하였으며, 그는 전통적인 출입상보 원리를 활용했다. 그는 또 구고원방도(勾股圓方圖)를 이용해 형태와 수의 결합으로 이를 증명했다. 정사각형의 면적을 네 개의 직각삼각형의 합과 한 개의 작은 정사각형 면적의 합으로 변환할 수 있다. 이에 면적의 합이 같다는 것을 근거로 피타고라스의 정리를 얻게 된 것이다.

▲ 고차

고차(鼓車)란 주행한 거리를 알려주던 중국 고대의 차량이다. 이 고차에는 바퀴와 캠, 지렛대 등 동력을 전달하는 기계가 장착되어 있다. 1리를 가면 바퀴가 한 차례 돌고, 차축이 움직이면 차 위의 목각 인형이 북을 두드려 달린 거리를 알려준다. 『송사 · 여복기(宋史 · 與服記)』에 고차의 구조, 크기 및 치수, 규범에 대해서 상세하게 기록하고 있다.

13세기 중엽 허베이성 남부지역과 산시성 남부지역에 '천원술(天元術)중국 고대 수학의 특징을 지닌 대수학'을 대표로 하는 수학연구를 하는 곳이 생겨났다. 주세걸은 당시 북방 수학의 주요성과를 계승했다. 당시 북방은 점차 이원술, 삼원술로 발전해 가던 중요한 시기였고 마침 주세걸이 이 성과를 사원술로 확대시켰다. 이 밖에 주세걸은 당시 각종 생활, 상용수학과 수학 외우기 노랫말 등 남방의 수학성과를 받아들였다. 그는 1299년부터 1303년까지 양저우에서 수학서적 『산학계몽(算學啓蒙)』과 『사원옥감(四元玉鑒)』을 펴냈다.

『산학계몽』은 총 세 권으로 20개로 분류, 259개의 수학문제를 수록했다. 쉬운 것에서부터 점차 어려운 것으로, 정수의 사칙연산에서 고차방정식과 천원술 푸는 방법까지 당시에 존재하던 수학 내용을 실었으며 비교적 완벽한 체계를 이루어 교재로도 가능할 정도로 훌륭한 계몽수학책이었다.

주세걸은 책의 첫머리에 구구단 곱셈표, 나눗셈표후세의 주산셈법과 동일, 대소수 명칭, 도량형환산, 면적단위, 음수와 양수의 사칙연산 법칙, 제곱근 등 여덟 개의 수학 외우기 노랫말과 각종 상용 수학상수를 실었다.

『산학계몽』은 간단한 사칙연산에서 시작하여 천원술까지 다룬 책으로, 『사원옥감』을 읽기 위해서는 필수도서로 여겨질 만큼 각종 예비지식들이 갖추어

▶ 어용 수학표

청나라 때의 수학 분야의 성과는 크게 두 가지로 나뉜다. 하나는 수학자들의 전통수학에 대한 발굴과 창의정신이고, 또 하나는 서양 근대 고등수학 시스템의 도입이다. 그림은 청나라 때 황실 사람들을 위해 만든 어용 수학표이다.

져 있었다.

『사원옥감』은 주세걸이 자신의 다년간의 연구 성과를 엮은 역작으로, 총 세 권, 288문제로 되어 있다. 이 책의 모든 문제는 방정식의 해를 구하거나 연립방정식을 구하는 것과 연관이 있다. 이 가운데 사원의 문제네 개의 미지수를 설정해야 함 7개, 삼원의 문제 13개, 이원의 문제 36개, 일원의 문제 232개가 나와 있다. 사원술다원고차방정식의 해법이 『사원옥감』의 주요내용이자 주요성과임을 책 내용을 통해 알 수 있다.

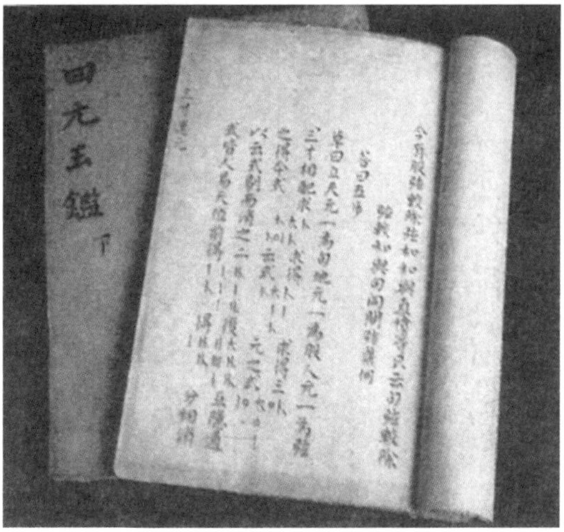

▲ 『사원옥감』
『사원옥감』은 총 세 권, 네 부분으로 나뉘어져 있으며 288문제가 수록되어 있다. 사원술을 만들었고 고차방정식의 방법에 대해서 연구한 저서로 중국 전통의 타적술(수열)과 초차술 연구에 탁월한 성과를 거두었다.

『사원옥감』의 다른 뛰어난 점은 고계등차급수(高階等差級數)에 관한 합을 구하는 문제이다. 이를 바탕으로 주세걸은 고차차적초차법(高次差的招差法) 문제를 더욱 이해할 수 있게 되었다. 20세기 미국의 유명한 과학자 조지 사튼George Sarton은 주세걸을 두고 그가 생존했던 시대 및 고금을 막론하고 가장 훌륭한 수학자라고 평가하면서 『사원옥감』은 중국 수학저서 중 가장 중요한 책이자 중세시대의 가장 뛰어난 수학저서 가운데 한 권이라고 말했다.

하지만 중국 수학 발전사에서 보자면 중국 수학자들은 유클리드와 같은 연역수학체계를 확립하지 못했다. 게다가 수학에 뛰어난 성과를 낸 사람들은 대부분 더 이상 자신의 재능을 펼치지 못하고 매장되었다.

또 일부 수학의 귀재들은 한곳에 머무르지 않고 떠돌아다녔다. 송대의 진구소(陳九韶), 이야(李冶), 양휘(發揮) 이 세 사람은 걸어다니는 수학책일 정도로 뛰어난 사람들이었지만 서로 알지 못했다. 이러한 환경이 중국의 수학연구를 분산되게 만들었고 지속적으로 연구하기 어렵게 만들었다.

이와 같은 영향으로 송대와 원대 이후에는 수학의 발전을 지속하려는 의지나 흐름이 보이지 않으며, 명대와 청대에 이르러서는 오히려 답보상태에 머물렀다. 계산기술의 보급과 수학응용 분야에 진보가 있었을 뿐 전체적인 수준은 유럽보다 뒤떨어지기 시작했다.

나라 살림 : 농학

중국 민족은 7천여 년 전에 황허강 유역에서 조와 같은 농작물을 재배하였고 양쯔강 유역에서는 벼를 재배했다. 유구한 농경역사는 풍부한 농학과 농업기술 지식이론을 축적할 수 있도록 하였고 농학 전문서적이 쏟아져 나온 것은 중국 민족이 대자연에서 얻은 승리의 성과를 말해주는 것이다.

2천여 년간 중국의 옛 농서는 현존하는 것과 사라진 것을 합하면 모두 376여 종에 이른다. 그중 『여씨춘추(呂氏春秋)』에 들어 있는 『상농(上農)』, 『임지(任地)』, 『변토(辨土)』, 『심시(審時)』 등 네 편의 농업 관련 부분은 중국의 현존하는 가장 오래된 농학논문이라고 할 수 있다. 그 후 서한 후기에 이르러 9

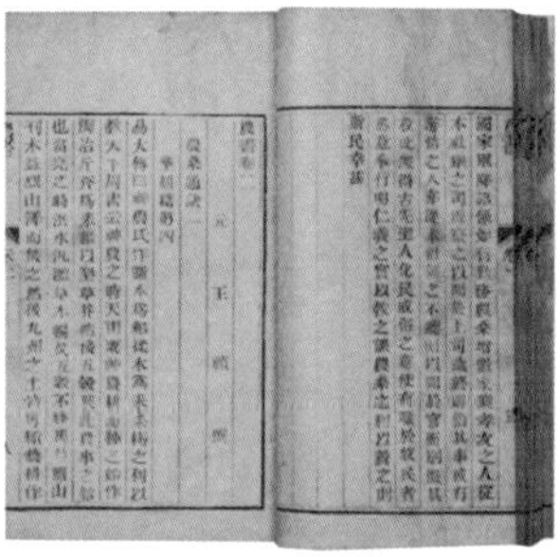

▲ 『농서』

『농서(農書)』는 『농상통결(農桑通訣)』, 『백곡도(百谷圖)』, 『농기도보(農器圖譜)』 세 부분으로 구성되었으며 모두 22권으로 이루어져 있다. 농업, 임업, 목축업, 어업, 기타 기술과 경험에 대한 소개와 다양한 농작물 재배법, 비단과 면방직 등에 필요한 생산도구에 대해서도 서술했다. 책에는 306개의 그림과 설명이 함께 곁들여져 있다.

▼ 축목도

가사협은 소, 말, 돼지, 양 등 가축 기르는 법에 대하여 어떤 먹이를 먹고 추위와 더위에 어떻게 견디는지 등 가축들의 특성에 맞추어야 한다고 생각했다. 관찰 결과 다음과 같은 결론을 얻었다. 배가 많이 고플 때는 어떤 것을 주어도 잘 먹으니 나쁜 것을 주어도 되고, 배가 어느 정도 고플 때는 적당한 것을 주고, 배가 부를 때는 좋은 것을 주어야 먹는다. 그리고 아침에는 물을 적게 먹여야 하고 점심에는 물을 먹이면 소화가 안 되니 먹이지 말고 저녁에 갈증을 심하게 느낄 때 물을 많이 먹이는 것이 좋다는 것도 알았다. 이 밖에도 새끼 돼지의 경우 좁쌀이나 콩을 보충 영양식으로 먹이면 좋고, 가축을 기를 때 수컷과 암컷의 비율도 중요시해야 한다고 언급했다.

부의 농학저서가 나왔는데 6종은 소실되고 『신농(神農)』, 『야로(野老)』 및 『범승지서(氾勝之書)』18편만 남았다. 『범승지서』 역시 『제민요술(齊民要術)』 등의 인용문을 통해 부분적으로 보존할 수 있었다. 『범승지서』는 서한시기의 중국 북방, 특히 관중지방의 경작제도에 관해 종합해서 쓴 책으로 경작원리의 기본방법과 원칙을 담았다. 예를 들어 취시(趣時)비가 오기 전이나 온 후가 경작하기에 가장 좋은 시간, 무분택(務糞澤)토양의 비옥함과 습기를 유지하는 것, 화토(和土)땅을 일구고 잡초를 뽑고 평평하게 하여 토양을 부드럽게 만드는 것 및 조서조확(早鋤早穫)제때 풀을 뽑고 제때 거두어들이는 것 등이 들어 있다. 또한 조, 봄밀, 벼, 팥, 겨울밀, 콩, 대마와 들깨를 포함한 10여 종 작물의 재배법과 각종 섬유작물에 대해서 기록해 놓았다. 부식(副食)에 관한 내용도 다루었다. 뿐만 아니라 모든 작물의 종자 고르기에서 파종, 수확, 저장에 이르기까지의 방법을 정확하게 서술했다. 당시 농업기술이 상당히 발전했음을 보여준다.

▲ 한나라의 각루식 방앗간

한나라 때의 부장품으로 우물, 맷돌, 돼지우리, 누각, 제분기, 밭, 저수지 등의 모형 및 돼지, 양, 말, 개, 닭, 오리 등 동물 모형들이다. 이는 한나라 때의 농업연구에 중요한 자료가 되고 있다. 출토된 서한시기의 제분기 중 한쪽에는 절구공이와 절구가 있고 절구의 끝에 물동이가 있는 것으로 보아 분명 수력을 이용해 절구공이와 절구를 움직였으며, 한나라 때 이미 수력을 이용한 방식이 존재했음을 알 수 있다. 그림은 한나라 때의 각루식 제분기이다.

『제민요술』

가사협(賈思勰)이 쓴 『제민요술(齊民要術)』은 중국의 현존하는 가장 오래되고 완벽한 농서이다. 현재 산시성 동남부, 허베이성 중남부, 허난성 동북부, 산둥성 중북부지역의 농업에 관해서 기술하였는데 농업, 임업, 목축업, 어업, 부식 등과 관련된 생산기술을 망라한 중국 고대의 농업 백과사전이다.

『제민요술』은 총 10권, 92편으로 구성되어 있으며 책 앞부분의 머릿말에 별

▶ 동한시대의 불을 끄는 용도로 쓰였던 우물

우물은 철제 농기구가 널리 사용되면서 출현하였고 우물 덕분에 사람들은 식수를 이용하기 위해 더 이상 강가나 하천으로 가지 않아도 되었다. 이 당시의 우물은 농가생활의 중요한 식수 공급원일 뿐만 아니라 농업 관개의 중요한 시설이기도 했다. 양한시기의 우물은 난간, 우물틀, 바퀴 등이 설치되어 있어 깨끗한 물을 유지할 수 있게 했고 우물물을 길어 올리는 데 필요한 많은 힘과 수고로움을 덜 수 있게 되어 있다. 우물 외에 한나라 때 이미 물길을 터서 관개를 하는 방식이 시작되었다. 그림의 우물 앞에 '동정멸화(東井滅火)' 라고 쓰여 있는 것을 보면 당시 사람들의 화재에 대한 의식을 엿볼 수 있다.

▲ **한나라 때의 철제 쟁기**
춘추시대 때 보통 사람들도 철기를 사용할 수 있게 되어 대량으로 청동기를 제조하기 시작했다. 진나라 때는 철제 제련업이 상당히 발달하여 철제 농기구가 널리 보급되었다. 소가 밭을 갈 때 사용되는 철제 쟁기의 출현은 당시 농업이 새로운 단계에 접어들었다는 것을 의미한다.

도로 '서(序)'와 '잡설(雜說)'을 실었는데 '서'는 제민요술의 전체적인 대강이다.

가사협은 '서'에서 수많은 경전과 역사 이야기를 인용하면서 나라가 맨 먼저 해야 할 일은 백성들의 먹거리 문제를 해결해 주는 것이라는 중농사상을 반복해서 주장했다. 나라를 다스리는 근본은 백성을 편안하게 해주는 데 있으며, 백성을 편안하게 하는 근본은 충족하게 쓸 수 있음에 있다고 강조했다. 농업생산을 나라를 다스리고 백성을 편안하게 하는 고차원적인 인식으로 끌어올렸다. 농업이 발전하고 생산이 증가해야 백성들이 배불리 먹을 수 있으니 나라가 부강하고 백성이 편안할 수 있다는 뜻을 담았다.

나라의 가장 중요한 임무는 먹을 것이라는 것이 『제민요술』의 주된 사상이다. 이 사상은 책의 서술범위와 내용, 심지어 목차 순서까지 결정짓는 데 영향을 주었다. 농작물 재배에서 식초와 간장 제조법에 이르기까지 백성들의 생활과 직접적인 연관이 있는 자료들을 일일이 상세하게 다루었다.

내용이 아주 풍부한 『제민요술』의 제1권에는 밭갈이, 씨받기재배 총론에 실려 있다, 곡물 가꾸기 각 1편씩, 제2권에는 곡류, 콩, 보리, 삼베, 벼, 박, 토란 등 작물 재배의 각론이 13편, 제3권에는 아욱 심기채소 재배 총론, 양배추 등 각론 12편, 제4권에는 정원 가꾸기, 나무 재배원예 총론 각 1편, 대추, 호두, 자두 등 과실나무 재배 12편, 제5권에는 뽕나무 재배와 양잠 1편, 느릅나무, 백양나무,

◀ **한나라 때 도기로 만든 항아리**
도창은 토기로 만든 수장품으로 일반적으로 부뚜막, 우물, 난로 등과 함께 출토된다. 한나라 때 사람들은 죽어도 살아 있는 것처럼 여겼기 때문에 사람이 죽은 뒤에도 생전에 사용하던 물건이나 가지고 있던 물건을 무덤으로 가져가 이생이 아닌 다른 세상에서 더욱 풍요롭게 살기를 바랐다. 그림은 도창에 각종 작물의 이름이 붙여져 있는 모습인데 당시의 작물 종류가 상당히 풍부했음을 알 수 있다.

▲ **소 두 마리와 세 사람이 밭을 일구는 모습**
서한시기에는 보통 소 두 마리와 세 사람이 함께 밭을 일구는 방법을 사용했다. 서한 말기에는 소 두 마리와 한 사람이 쟁기를 메고 경작하는 법이 새로 생겨났는데 이전의 경작법과 비교했을 때 노동력 감소와 생산효율 제고에 효과적이었다.

◀ **삼각 누차(씨 뿌리는 기계)**
누차는 파종을 할 때 쓰던 기계로 한나라 때 보급되기 시작했다. 한 무제 때 조과(趙過)가 삼각루를 발명함으로써 생산효율을 크게 향상시켰다. 이 누차를 이용해 파종을 하는 경우, 한 사람은 앞에서 소가 누차를 끌도록 지휘하고 한 사람은 누차 뒤에서 씨를 뿌렸다.

대나무 및 기타 작물 10편, 벌목 1편, 제6권에는 가축, 가금 기르는 법 6편, 제7권에는 재화, 항아리 바르기 각 1편, 술 담그는 법 4편, 제8권과 제9권에는 간장, 식초, 예락, 요리 및 저장 22편, 자교법, 제묵 각 1편, 제10권에는 오곡과 과실, 채소 1편, 열대와 아열대 식물 100여 종, 야생식물 60여 종이 실려 있다. 농예, 원예, 조림, 양잠, 목축, 수의, 종자 고르기와 키우기, 양조, 요리, 농산품 가공, 저장 및 기근과 구황에 대비하는 방법 등을 총괄했다. 당시의 농업, 임업, 목축업, 어업, 부식 등 다양한 관리법과 방식에 완벽한 모양새를 갖춘 동시에 위진(魏晉) 이래 400년 동안 황허강 유역의 농업생산에 새로운 경험과 성과를 전체적이며 체계적으로 다루었다.

『제민요술』이 세상에 나오자마자 역대 정부들이 아주 중요하게 여겼다. 당송 이래로 수많은 농서들이 출간되었지만 모두 『제민요술』의 본을 받지 않은 것이 없을 정도이다. 그중 원대의 『농상집요(農桑輯要)』와 왕정의 『농서(農書)』, 명대 서광계의 『농정전서(農政全書)』, 청대의 『수시통고(授時通考)』가 영향을 받은 책들이다. 『제민요술』은 외국에까지 큰 영향을 미쳤다. 당송시기 일본으로 전해져 일본 학자들이 연구하기도 했다. 약 19세기에 유럽으로 전해졌으며 영국 학자 다윈은 자신의 저서 『종의 기원』과 『사육 동식물의 변이』에 중국 고대 백과사전인 『제민요술』을 참고하고 관련 사례를 인용하여 자신의 학설 진화론의 증거로 삼았다.

이후 명대 후기에 이르러 또 한 명의 훌륭한 과학자 서광계가 나타났다.

▲ **가사협**
남북조시기 북위(北魏) 사람이었던 가사협은 산둥성 이두에서 태어났으며 고양 태수를 지냈다. 북위 말 『제민요술』을 썼다. 조상들이 정성을 기울여 농사를 짓고 경작하는 모습에서 얻은 성공적인 경험과 배운 것을 정리하여 전란 때 황폐한 화북지역의 농업을 구제하는 동시에 가뭄 지역의 농업생산과 기술을 체계화하는 데 일익을 담당했다.

『농정전서』

서광계(徐光啓)의 자는 자선이고 호는 현호이다. 예부 우시랑, 상서, 한림원 학사, 동각 학사 등을 거쳐 마지막에는 문연각 대학사가 되었다. 그는 서양과학을 알리고 소개하는 데 평생을 바쳤다. 중국 고유의 과학유산을 종합적으로 엮는 데 관심을 기울여 대작 『농정전서』를 펴내면서 중국 근대과학을 일깨우는 데 큰 역할을 했다. 농학 분야에 관한 저서가 특히 많으며 『농정전서』, 『감서소(甘薯疏)』, 『농유잡소(農遺雜疏)』, 『농서초고(農書草稿)』, 『태서수법(泰西水法)』 등을 남겼다.

▼ 농사와 관련된 격언과 농사과정

중국 민족은 세계에서 최초로 농사를 짓기 시작한 민족 가운데 하나로, 오랫동안 농사를 지어오면서 날씨와 계절이 농업생산에 영향을 준다는 사실을 점차 인식하게 되어 24절기를 만들어 농사에 활용했다. 오늘날까지 민간에 재미있는 농업 관련 격언이 전해져 내려오는데 그중 몇 가지를 소개하면 "춘분(春分)에는 땅콩을 심고, 입하(立夏)와 소만(小滿)에는 집집마다 바쁘니 남녀 모두 논으로 가서 모내기를 하세" 등이 있다. 벼는 빨리 심는 것과 늦게 심는 경우가 있는데, 빨리 심는 경우에는 우수에 준비를 해서 청명에 모내기를 하고 하지에 수확을 한다.

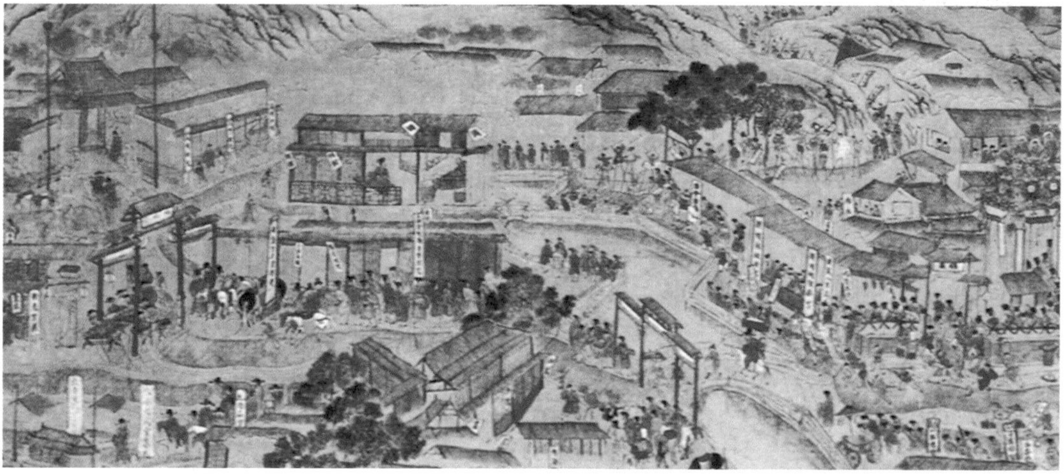

▲ 남도번회

이 그림은 명나라 때 남경의 화려한 모습을 그린 것이다. 왼쪽에서 오른쪽으로 교외 농촌의 밭과 집들에서 시작하여 성 안의 남쪽 시가지와 북쪽 시가지를 중심으로 자유분방한 거리, 즐비한 가게, 붐비는 마차와 행인 등을 그렸다. 전체 그림에 직업의 종류만 1천여 종, 휘날리는 현수막이 1백여 개로 당시 번영했던 상업경제 모습을 알 수 있다.

▶ **마테오 리치**
이탈리아 예수회 선교사인 마테오 리치는 명나라 때 중국에 들어와 난징에서 서광계를 알게 되었다. 역서 『기하학 원본』은 마테오 리치가 설명하고 서광계가 번역한 것이다.

『농정전서』는 농본, 전제, 농사, 수리, 농기구, 원예, 양잠, 재배, 목축, 제조 및 기근 구제 정책 등 12분야, 60권으로 구성되어 있다. 이것은 중국 고대 농업과학기술을 집대성한 저서로, 백성들의 노동과 생산, 발명, 농학, 식물학 관련 지식을 다루었을 뿐만 아니라 초기 곤충학 지식과 서양의 수리원리 및 새로운 방식의 양수기구 등에 대해서도 실었다.

『상농』, 『임지』에서부터 『농정전서』에 이르기까지 중국 고대의 농업에 종사하면서 쌓은 경험과 발명을 저서에 조금씩 기록하면서 종합정리했다. 중국 농업과학기술 발전에 커다란 기여를 했음은 물론, 일본 등 다른 나라에도 큰 영향을 미쳤다.

이 밖에 서광계는 마테오 리치와 함께 『기하학 원본』과 『측량전의(測量全義)』도 번역했다. 이로써 서양의 삼각학 및 측량술을 최초로 중국에 들여오게 되었다. 1629년, 서광계는 최초로 서양의 천문학과 수학을 응용해 일식을 정확하게 계산했다. 같은 해 7월, 예부에서는 역국을 개설하기로 결정하고 서광계에게 관련 일을 일임했다. 서양에서 온 선교사 롱고바르니이탈리아인, 테렌츠스위스인, 아담 샬독일인, 로이탈리아인가 중국의 역법 개혁작업에 참여했다. 1629년부터 1643년까지 『숭정역서(崇禎曆書)』 137권을 완성하였고 당시 유럽 천문학자 티코 브라헤의 천동설을 주로 소개하였으며 수학 분야에서는 평면기하학과 구면 삼각법의 내용을 많이 다루었다.

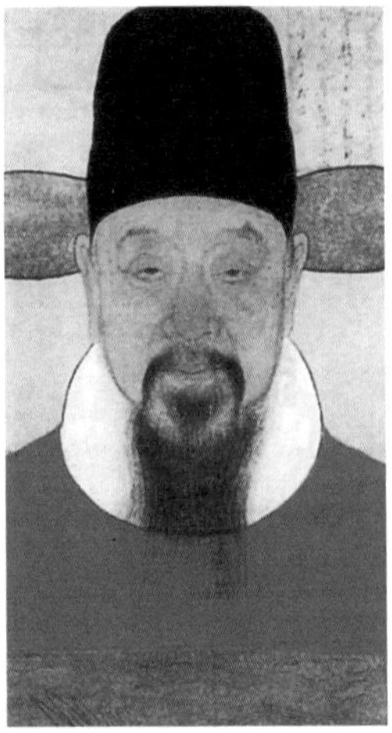

▲ 서광계

하늘과 땅을 측정하다 : 천문학

천문학은 농학, 의학, 수학과 함께 중국 고대의 가장 발달한 4대 자연과학에 속한다. 진한시기, 중국 천문학은 이미 역법과 하늘 관측을 중심으로 하는 완벽한 체계를 갖추었다. 특히 하늘 관측에 대한 풍부하고도 완벽한 기록은 줄곧 세계 각 문명 고대국가의 선례가 되었다. 천문학 이론을 통해 우주에 대한 인식이 점차 심화되면서 많은 천문학자들이 나타났는데 그 가운데 가장 유명한 사람이 장형이다.

▲ 지동의 모형
정교한 구리로 만들어진 지동의는 술병 모양을 하고 있으며 표면에는 남생이, 새와 짐승의 무늬가 그려져 있다. 가운데는 여덟 마리의 용이 새겨져 있다. 용의 머리는 동, 서, 남, 북, 동남, 서남, 동북, 서북 8개 방향으로 나 있고 용의 입에는 구리로 된 작은 구슬이 들어 있다. 아래쪽에는 여덟 마리의 두꺼비가 앉아 있다. 지진이 발생하면 지동의 내부의 컬럼이 기울어지면서 지진 발생 지역의 방향에 있는 용머리가 입을 열어 구리구슬을 떨어트리고 그 구슬이 두꺼비 입으로 들어가 소리를 내게 된다.

동방의 아리스토텔레스 장형

장형(張衡)은 동한 안제 영초 4년111년에 부름을 받고 도읍으로 가 낭중, 내사령, 공차사마령 등을 역임했으며 그중 태사령은 무려 14년 동안 지냈다. 태사령은 하늘 관측, 역법 편제, 기상관측, 종율 조정계량과 음률 등 사무를 주관하는 관직이었다. 태사령을 역임하는 동안 장형은 천문 역산에 대한 연구에 심혈을 기울여 많은 중요한 업적을 세웠다.

한나라 때 이미 개천설, 혼천설, 선야설 등 천체운동과 우주구조에 관한 학설이 나타났다. 장현은 천체운동 규칙에 대한 자신의 생각과 실제현상을 관찰하여 이 세 학설 연구에 몰두하여 결국 혼천설이 관측한 실제상황과 비교적 부합된다는 사실을 확정 짓고 과감하게 하늘에 대한 수많은 새로운 견해를 제시하게 되었다.

장형은 서한 때 경수창(耿壽昌)이 발명한 혼천설에 근거하여 혼천사상을 정

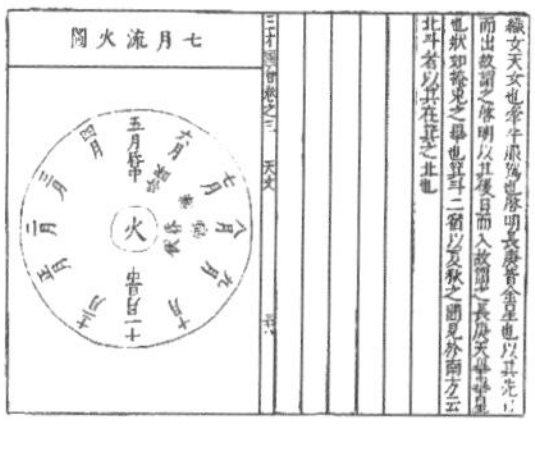

▶ 칠월 유화도
농사뿐 아니라 일상생활에서도 필요했기 때문에 고대 사람들은 오랜 옛날부터 하늘에 관심이 많았다. 점술이 성행하면서 사람들은 하늘 관측을 더욱 중요하게 생각했으며 예사롭지 않은 하늘의 형상에 대해서는 더욱 큰 관심을 가졌다. 하늘의 형상이나 형태로 시간을 읽었으며 '달의 모양 변화'로 시간단위 월(月)과 일(日)을 만들었다. 그림은 7월 유화도(七月流火圖)이다. 7월 유화에 대해서 어떤 학자들은 일종의 천문현상이며 이는 화(火)성의 운행규칙을 말해놓은 것이라고 한다.

▲ **상형**
수력으로 움직이는 혼천의와 지동의를 만들고 천문 저서인 『혼천의도주』, 『영헌』을 쓴 장형은 고대 천문학 발전에 커다란 기여를 했다.

확하게 표현할 수 있는 혼천의를 만들었다. 혼천의는 구리로 만든 움직이는 구이다. 구 표면에는 28수와 기타 항성의 위치를 새겼고, 구 내부에는 철로 만든 축이 구심을 형성하고 축의 양끝은 북극과 남극을 상징하며 구의 바깥 면에는 몇 개의 동그라미 지평환, 자오환, 황도환, 적도환이 있고 적도와 황도에는 24절기를 새겼다. 혼천의가 자동으로 움직일 수 있도록 수력으로 톱니바퀴를 움직이는 원리를 이용하였는데 주전자에서 한 방울씩 떨어지는 물의 힘으로 톱니바퀴를 움직여 구의 축을 회전시키는 것이었다. 구가 한 바퀴 도는 속도와 지구 자전의 속도가 비슷했다. 이렇게 해서 사람들은 방 안에 가만히 앉아서 혼천의를 보면서 천체운행의 상황을 알 수 있게 되었다.

AD 89년에서 140년까지 동한(東漢)의 도읍지 낙양과 농서 일대에 지진이 33차례나 발생했다. 119년에는 낙양과 다른 지역에 대지진이 두 차례 연속 발생하여 장형이 지진에 대한 연구에 박차를 가하는 계기가 되어, 132년 중국 최초의 지진 관측기구인 지동의를 발명하게 되었다.

장형이 만든 이 지동의는 아주 정확했다. 138년 어느 날, 지동의는 낙양에서 1천여 리나 떨어진 농서에 발생한 지진을 정확하게 감지하여 알려주었다. 이는 기계의 정밀도가 상당한 수준에 이른다는 것을 설명해 준다. 유럽에서 1880년에야 만들어진 지진의는 장형이 발명한 것보다 무려 1,700년이나 늦은 것이다.

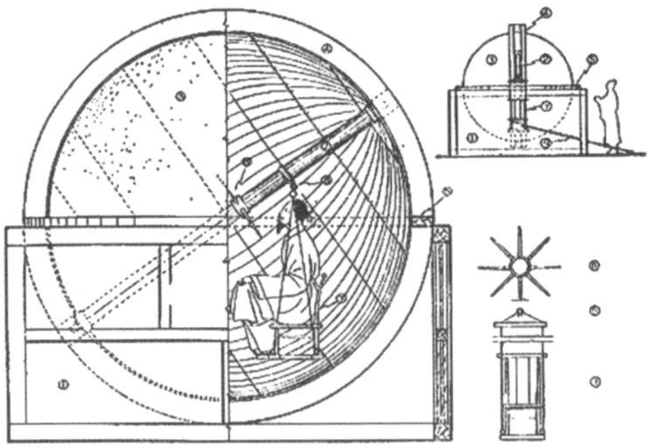

▶ **가천의**
송대의 소송(蘇頌), 한공염(韓公廉)이 공동 제작한, 내부에서 별을 관측하는 장비가 가천의(假天儀)이다. 별의 위치에 따라 작은 구멍을 낸 가천의 안에 들어가면 자연 빛이 작은 구멍을 통해 안으로 비춰진다. 마치 하늘의 별들이 공연을 하는 듯하다.

기상학 분야에 있어서 장형은 또 풍향을 측정하는 기구인 후풍의를 만들었는데 상풍동조라고 부르기도 했다. 오장 높이에 이르는 나무막대기 꼭대기에 꽃을 입에 문 구리로 만든 새를 달아 바람이 부는 대로 움직일

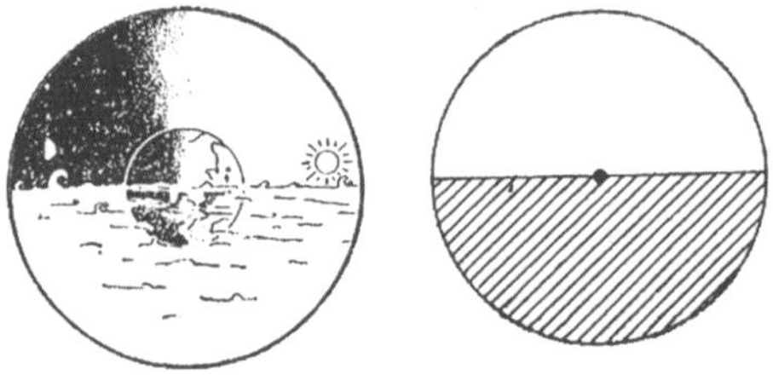

▶ **혼천설**
장형은 자신의 저서 『혼천의도주』에서 이렇게 말했다. "하늘은 달걀 같고 천체의 둥글기는 마치 총알 같다. 대지는 달걀의 노른자처럼 외로이 떠 있고 하늘은 크고 땅은 작구나. 하늘이 땅을 감싸고 있는 모습이 마치 껍질이 노른자를 안고 있는 모습과 같도다." 이것은 혼천설(渾天說)의 핵심논설 가운데 일부이다.

수 있도록 했다. 이 기구는 유럽에서 흔히 볼 수 있는 지붕 위에 있는 후풍계와 비슷하지만 장형의 후풍의보다 1천 년이나 늦은 12세기에서야 나타났다.

장형이 평생 동안 지은 천문학 저서 가운데 가장 유명한 것이 『영헌(靈憲)』이다. 하늘과 땅, 해와 달, 별의 생성과 운동에 관해 서술한 천문학 저서로 장형이 천문을 연구한 업적을 나타내주는 것이다. 당시의 천문 관련 지식을 종합하여 앞서가는 과학사상과 독특한 견해를 많이 제시했다. 예를 들어 혼천이론을 설명할 때는 비록 기존의 지평 개념을 가지고 있으면서 '천구'의 지름 문제를 제시하였지만 장형은 한 발 앞서 천구 밖에 또 다른 공간이 있다고 명확하게 제시했다. 그는 우리가 관측할 수 있는 공간은 제한되어 있기 때문에 관측하지 못하는 곳은 무궁무진하고 시작과 끝도 없는 우주라고 말했다. 이 밖에도 장형은 『영헌』에서 달과 태양의 각직경을 계산해 냈다. 그리고 중원지역인 낙양에서 관찰된 항성이 2,500여 개, 별 124개, 이름을 붙일 만한 별 약 320개를 기록해 놓았다. 이 결과는 근대 천문학자들이 관찰한 결과와 아주 근접한 수치이다.

▲ 장형이 설계한 지동의와 내부구조

▶ 혼천의 (왼쪽)

혼천의는 천체의 방향을 측정하는 기구로 '혼의'라고도 부른다. '혼천의'라는 이름을 얻게 된 사연이 재미있다. 옛날 사람들은 하늘이 달걀처럼 둥글다고 믿었고 별은 그 달걀껍질에 박혀 있고 지구는 노른자와 같아서 사람들이 달걀 노른자에 앉아서 하늘을 본다고 여겼다. 최초의 혼천의는 세 개의 둥근 띠와 한 개의 금속으로 된 축으로 이루어져 있다. 세 개의 띠는 각각 적도환, 자오환, 적경환이라는 이름을 가지고 있으며 적경환에는 망원경이 설치되어 있어 천체의 위치를 관측할 수 있다.

▶ 지평경의 (오른쪽)

지평경의(地平經儀)는 천체의 지평방위각을 측량하는 기구로, 강희 12년에 제작되었다. 이 기구는 동으로 만들었으며 큰 둥근 띠(지평권)가 수평으로 놓여 있고, 위쪽과 측면에 네 개의 사분면 각도가 새겨져 있다. 측량할 때 횡표를 회전시켜 세 개의 선과 측면 천체 횡표가 나타내는 눈금판에서 천체의 방위각을 읽을 수 있다.

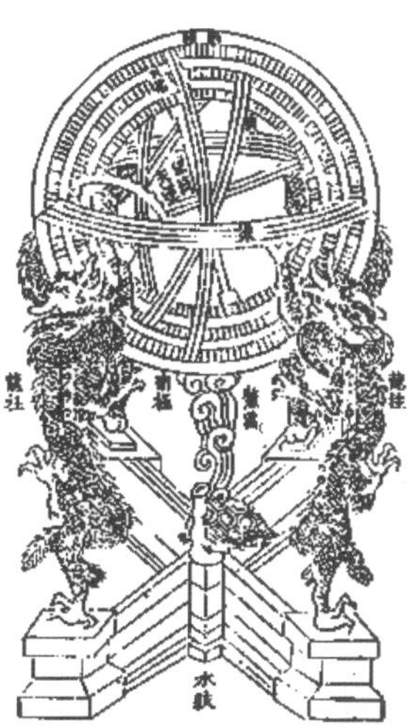

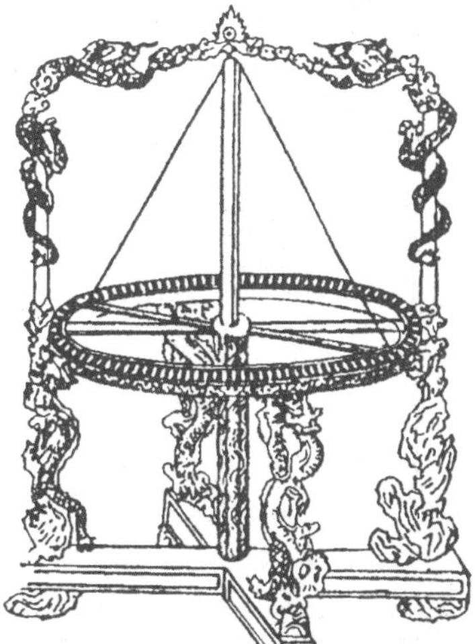

▲ 원대의 시간 측정 기구

장형은 자신의 또 다른 천문학 저서인 『혼천의도주(渾天儀圖注)』에서 지구가 태양을 1년 동안 회전하는 데 걸리는 시간이 365도 4분의 1이라고 했다. 이 역시 근대 천문학자들이 측량한 시간 365일 5시간 48분 46초와 아주 근접한 수치이다.

장형은 과학, 철학, 문학, 그림 등 여러 분야에서 뛰어난 업적과 성과를 남겼으며 서양사람들은 이 뛰어난 과학자를 '동방의 아리스토텔레스' 라고 불렀다.

일행, 최초로 지구 자오선을 측정하다

수당시기에 중국은 역법을 새로 개정하고 항성의 위치를 새로운 방법으로 측정하려고 시도했다. 승려인 일행과 남궁설 등이 세계 최초로 자오선의 길이 측량에 나섰다.

일행(一行)은 장수, 승일행이라고도 불린다. 당나라 때의 고승이자 뛰어난 천문학자였다. 당 개원 12년 724년, 일행이 자오선 1도의 길이를 최초로 측정하겠다고 건의를 하였다. 아라비아의 천문학자 알 콰리즈미가 814년에 측정한 것보다 90년이나 빨랐다.

일행이 하늘을 관측하려고 준비하고 있을 때 기존의 기구보다 훨씬 더 정교한 두 대의 기구를 만들었는데 하나는 구리로 만든 황도유의(黃道遊儀)였다. 태양과 달, 5성의 궤도상의 위치를 측정하는 데 쓰였는데 황도환과 적도환이 한곳에 고정되어 있지 않아 회전하는 상태에 따라 기구에서 바로 답을 얻을 수 있다는 것이 특징이었다. 다른 하나는 천문기구

◀ 복식 물시계

물시계는 고대의 시간을 재는 주요기구로 흘러나간 물의 양으로 시간을 재는 설수형과 흘러들어온 물의 양으로 시간을 재는 수수형 두 종류가 있다. 처음에는 단식으로 된 물시계를 사용했다. 후에 물시계 안의 물의 양이 물의 속도에 영향을 줄 뿐 아니라 시간의 정확도에 영향을 준다는 사실을 알게 되었다. 따라서 물시계 위에 물시계를 하나 더 올려 물 공급원을 보충한 다단계 물시계를 선보이게 되었는데, 병 속의 화살대 눈금의 변화에 따라 시간을 측정한다. 그림은 복식 물시계로 제작연도와 제작자의 이름이 새겨져 있다.

로, 동한시대의 장형이 제작한 혼천의 수력원리를 바탕으로 한 수운혼의이다. 수운혼의는 태양과 달의 규율을 나타낼 뿐만 아니라 스스로 시간을 잴 수 있어, 세계 최초의 자동 시간측정기구라고 할 만하다.

이 두 대의 천문기구를 이용해 관찰을 시작한 일행은 당시 수많은 항성의 위치를 발견했는데 고대의 저서에 기록된 위치와는 약간의 차이가 있었다. 현대 천문학에서는 항성의 위치 변동을 '특이운동'이라고 일컫는다. 서방 국가들은 항성 본동현상의 최초 발견을 핼리혜성의 주기를 발견한 에드먼드 핼리Edmund Halley의 공으로 돌리고 있다. 하지만 일행보다 약 1천 년이나 늦다.

▲ 일행
일행은 황도유의와 수운혼의 등 대형 천문기구를 고안, 제작하였으며 이를 토대로 추산을 거쳐 '대연력(大衍曆)'을 제정했다. 150여 개 항성의 위치를 재측정하여 한나라 때부터 사용해 오던 역법을 바꾸었다.

한나라 때부터 천문과 관련된 일에 종사한 사람들은 하지 또는 동지의 정오 때 남북 두 지점에 관측된 해의 그림자 길이로 섣불리 짐작을 하였다. 그들은 양쪽의 해 그림자 길이의 차이가 1촌이 나면 양쪽의 거리는 1천 리라고 여겼다. 하지만 수나라 유탁은 이 이론에 반대했다. 유탁은 하지와 동지, 춘분과 추분 때 황허강의 남북 연안 평지의 정오 때의 해 그림자 길이를 실제로 측정할 수 있다고 주장했다. 그는 자신의 계획을 조정에 올렸지만 인력과 경비의 현실적인 후원이 이루어지지 않아 물거품이 되고 말았다.

일행이 주도한 천문측량사업은 당 현종의 신임과 든든한 후원을 얻었다. 일행의 사람들이 측량한 지역은 황허강 남북지역을 중심으로 북으로는 북위 40도, 남으로는 북위 17도 정도 되는 곳까지였다. 그는 현재의 허난성 등봉현 동남고성진을 중점으로 사람들을 남북의 지정된 장소로 파견해 관측한 수치와 동남고성진의 수치를 비교했다. 결과 일행이 실제로 관측해서 얻은 결과가 기존의 '천 리' 이론을 뒤집었다.

▼ 구영당 규표
구영당(晷影堂)은 1446년에 북경의 옛 천문대 서남쪽에 만들어진 명대의 천문대로 건물 내에는 규표(圭表), 물시계, 일구(日晷) 등 천문기구가 설치되어 있다. 그림은 구영당 내의 해시계로, 고대 때는 태양의 시계로 불렸다.

이 밖에 일행은 허난성 평원지대의 사관측 지점을 근거로 자오선의 길이와 북극 고도의 관계를 계산해 냈다. 이로써 자오선의 1도가 351리 80보와 같다는 결론을 내렸다. 중국 전통의 '도'는 태양의 1일 이동 단위이다. 태양의 1년 이동은 365.25도이다. 현대의 공식으로 풀면 일행이 얻은 자오선 1도의 지구평면 길이는 132.03킬로미터로, 현대과

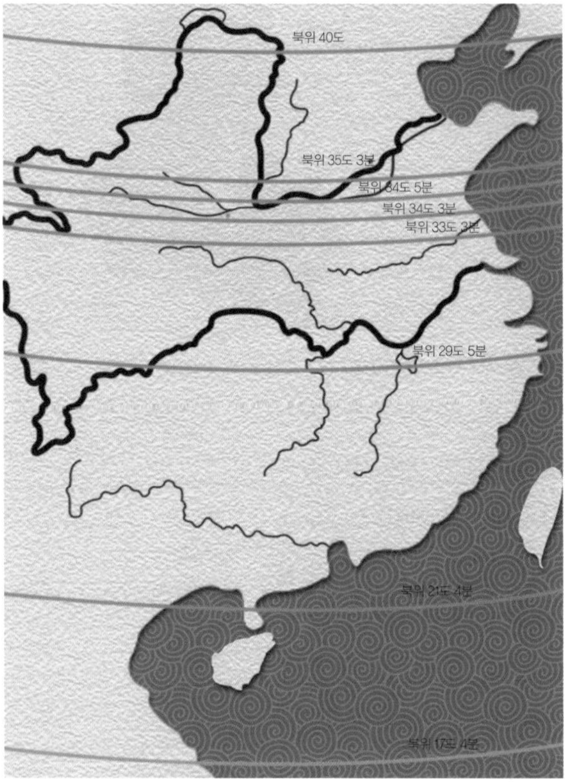

▲ 일행이 측량한 자오선 그림
실제 측량을 통해 일행은 상당히 정확한 지구 자오선 1도의 길이를 측정했다. 그림자 길이의 차가 1촌이면 실제로는 천 리가 차이난다는 '일영일촌, 일차천리'의 잘못된 이론을 부정했다. 814년에 이루어진 외국의 최초 자오선 측정은 일행보다 90년이나 늦게 실시된 것이다.

학의 관점으로 보았을 때 이 수치는 그다지 정확하지 않다.

일행이 제작한 새 천문기구는 상세한 천문 관찰과 자오선 측량에 사용됐으며, 당시 하늘 관측과 맞지 않는 '인덕력'을 대신할 새로운 역법을 만드는 것이 주요목적이었다. 일행은 대략 당 개원 12년724년부터 새로운 역법 제정에 착수했다. 자신이 관측한 결과를 다시 조정하고 시험하는 한편 이전의 역본을 찾아 두루두루 읽었다. 그중 그의 눈에 들어온 것이 유탁의 황극력(皇極曆)이었다.

예전에 유탁은 태양의 운행 속도가 다르다고 주장했고 그의 주장은 아주 위대한 발견이었지만 불규칙적인 운행현상에 대해 이해가 부족했다. 이에 일행은 그의 발견에 대한 부족한 점을 보충하면서 태양의 운행이 빠르다가 점점 느려지고, 느리다가 다시 빨라진다는 점을 제시했다. 이는 일행이 천문학 분야에서 이룬 또 다른 위대한 공헌이라고 할 수 있다. 일행은 태양 운행의 빠르고 느림에서 출발하여 시간의 간격에 따라 24절기를 배치하고 두 절기 사이의 태양 운행속도를 추산했다. 일행은 새로운 역법을 만들기 위해 6년의 세월을 들였으며 그 노력의 결과 『대연력(大衍曆)』을 만들었다. 이 역법은 상고시대의 해와 달, 5성이 연이어 있는 시기를 기점으로 상원(上元) 알봉곤돈(閼逢困敦)의 해를 계산했다. 개원 12년 갑자세로부터 세적이 9,666만 1,740이었다.

◀ 수운의
수운의는 북송시대 소송이 연구하여 만든 것으로 높이 12미터, 폭 7미터로 된 장방형의 나무구조로 된 건축물이다. 3층으로 되어 있으며 위층은 혼천의, 가운데는 혼상의, 아래층은 사진(司辰)이다. 기구 맨 아래층의 장치는 수력 구동시스템과 치륜 전동기계시스템을 이용한 것이며, 수운의 전체 기능은 소송이 펴낸 『신의상법요(新儀象法要)』에 상세히 기록되어 있다.

일행이 사용한 대연이라는 이 이름은 역수에 대한 관련성을 나타내고 있다. 『대연력』의 초고는 개원 15년727년에 완성되었고, 같은 해 11월 25일에 일행은 신풍(新豊)에서 세상을 떠났다. 『대연력』은 일행이 세상을 떠난 그 이듬해에 만천하에 공포되었으며 지덕력(至德曆)으로 대체되기 전인 756년까지 계속 사용되었다.

당나라 이후 원나라 곽수경의 『수시력』으로 대표되는 중국 고대 천문학은 이 시기에 최고 전성기를 누리게 되었다.

▲ 시진성종(時辰醒鐘)
명나라 후기 무렵에 유럽 선교사가 아름다운 자명종을 황궁으로 가지고 들어왔고, 그 이후 청나라에서 궁정에 시계대를 설치했다. 그림은 청나라 궁정에서 제작한 시계로 중국 전통의 1일 12시간을 나타내고 있으며 내부 구조는 오늘날의 보통 시계와 유사하다.

달에 있는 곽수경 마운틴

곽수경(郭守敬)은 천문, 역법, 수학, 수리, 지리학 등 다방면에 훌륭한 업적을 쌓았으며 특히 천문학 연구와 천문기구 발명에 지대한 공헌을 했다. 곽수경은 퉁저우에서 베이징에 이르는 운하 건설을 관리감독하였고 운하의 총 길이는 164리이며 원 세조 쿠빌라이칸이 통혜하(通惠河)라고 명명했다. 원 13년1276년 쿠빌라이칸은 역법 개혁을 결정하고 곽수경을 역법 제정작업에 참여하도록 파견했다.

▲ 28성수 상자
28성수 상자는 전국시대 증후을(曾侯乙)의 무덤에서 출토된 칠기 상자이다. 뚜껑에는 축문으로 28수의 명칭을 적어놓았으며 상자의 동서 양쪽에는 푸른 용과 흰 호랑이를 28수와 어울리게 그려놓았다. 중국 현존 최고의 28수와 사상 형상도(四象形象圖)이다. 이것이 출현함으로써 BC 5세기 무렵에 이미 중국에 완벽한 28수 체계가 존재했음을 입증했다.

원나라 초기의 천문기구들은 모두 송나라와 금나라 때부터 사용하던 것이어서 낡아 쓰지 못할 정도가 되어버렸다. 곽수경은 기구의 본래 형태나 모습에 변화를 꾀하여 새로운 설계를 시작했다. 3년 동안 10여 종의 천문기구를 개조하고 새로 제작했다. 장간의, 적도경위, 일구 세 가지 기구를 하나로 통합해 하늘의 태양과 달, 별의 운동을 관찰하는 데 사용했으며 개조한 뒤에는 기구의 동그라미 띠 그림자의

◀ 원대의 관성대
중국의 관성대(觀星臺)는 천문학자 곽수경에 의해서 건립되었다. 벽돌과 돌 혼합 형태의 구조를 갖춘 이 건축물은 윗부분은 작고 아랫부분은 커 마치 깔때기를 엎어놓은 듯하다. 받침, 몸체, 석규 세 부분으로 이루어져 있으며, 세계에서 현존하는 가장 오래된 천문학 건축물이다. 곽수경은 이곳에서 28성수와 다른 항성의 위치를 다시 관측하여 당시 최고로 앞서가는 역법인 수시력을 만들었다.

▲ 곽수경
원나라의 최고 유명한 과학자이다. 과학연구 사업에 60여 년을 비쳤으며 천문, 수리, 지리, 수학 등의 분야에 커다란 업적을 세웠다.

영향을 받지 않게 되었다. 이것은 곽수경의 아이디어였다. 또한 그는 과거의 8척을 4장으로 바꾸고 가로로 된 축대를 설치하여 석계에 놓인 경부투영과 경부의 해그림자가 일치할 때가 바로 현지의 낮 정오가 되도록 만들었다. 이 기구로 관측한 일심의 그림자는 이전에 관측한 태양 주변의 그림자보다 훨씬 더 정확했다.

곽수경은 지난 1천여 년 동안의 천문자료와 70여 종의 역법을 참고하고 비교하면서 해와 달, 5성이 우주에서 운행하는 자연규율을 따라 원 17년1280년에 『수시력(授時曆)』을 제정했다. 『수시력』을 토대로 추산한 1년은 365.2425일, 즉 365일 5시간 49분 12초로, 지구가 태양을 공전하는 실제시간과 불과 26초 차이밖에 나지 않는다.

이 밖에도 곽수경은 전국에 27개의 관측소를 설치하고 전국적인 규모의 천문관측활동을 벌였다. 이 관측소는 동쪽으로는 한반도까지, 서쪽으로는 윈난성(雲南省)과 쓰촨성(四川省)까지, 남쪽으로는 남중국해까지, 북쪽으로는 시베리아까지 전국을 아우르는 대대적인 관측으로 당시 사람들은 이를 '사해측정(四海測定)'이라고 불렀다. 이를 거리로 환산하면 남북으로는 5천여 킬로미터, 동서로는 2,500여 킬로미터에 이르는 어마어마한 규모로, 이전 역사에서는 찾아볼 수 없는 대기록이다. 훗날 프랑스 수학자 라플라스Pierre Simon de Laplace는 자신의 저서에 곽수경이 관측한 결과를 인용하기도 했다. 그는 "AD 1279년에서 1280년까지의 관측이 중요한 의미를 갖는 이유는 고도의 정확성에 기인한다"고 말하면서 곽수경이 실시한 측량의 뛰어난 정확성을 극찬했다.

▼ 앙의
원대 천문학자 곽수경이 설계해 제작한 것이다. 구리로 만들었으며 속이 빈 구형 기구로 내부에 규칙적으로 그물무늬가 새겨져 있다. 천체의 위치를 측정하던 기구로 직접 투영되는 방법으로 측정했다. 빛이 반구상의 구멍이 나 있는 판을 통과해 좌표에 거꾸로 된 영상이 나타나면 태양의 위치를 읽을 수 있다. 앙의(仰儀)에는 동그랗게 수조가 파여 있는데 물이 가득 차면 수평을 교정할 수 있어 정확도를 높일 수 있었다.

수학 분야에서도 곽수경은 구면 삼각형의 계산법과 3차 내삽법을 만들었다. 이 고등계산법은 세계 수학 역사상 선례를 마련했다. 곽수경은 평생

◀ 일구
일구(日晷)는 구리로 된 바늘과 돌로 만든 원판으로 되어 있으며 햇빛이 일구의 바늘을 비추면 원판에 그림자가 드리워져 시각을 알 수 있다.

▶ 천구의

천구의는 청대 중엽 과학자 제언괴가 하늘의 모습과 상태를 근거로 만든 시간을 측정하는 기구이다. 구조는 유럽의 시계를 모방하였고 태엽을 사용해 자동으로 움직이면서 시간을 알려준다.

동안 천문학 관련 저서 100여 권과 18종에 이르는 천문기구를 만들었다. 싱저우(邢州), 따두(大都)현재의 베이징, 시샤(西夏)현재 간쑤성, 닝샤성 일대에 운하를 건설하고 황허강의 발원지에 대해 연구했다. 백성을 위해 큰 기여를 한 그를 기리기 위하여 백성들이 수로에 사당을 세웠다.

곽수경은 훌륭한 천문학자인 동시에 탁월한 수리(水利) 전문가였으며 우수한 수학자이면서 독특하고 기발한 생각을 가진 발명가였다. 이러한 성과는 당시 과학 분야에서 세계 최고였다. 이 위대한 과학자를 기념하기 위하여 국제천문학회는 미국이 달에서 발견한 동그란 모양의 산에 그의 이름을 따서 '곽수경 마운틴' 이라고 명명하였고, 이어 1977년 국제소행성연구회의 비준을 얻어 중국과학원 자금산 천문대가 1964년 발견한 2012호 소행성을 '곽수경 별' 로 정식 명명했다.

▲ 동방일해

현재 중국 난징시에 있는 자금산 천문대는 원대의 곽수경이 설계, 제작한 것이다.

▲ 『수시력』

원대 17년(1280년)에 곽수경과 허형이 명을 받들어 함께 만든 수시력은 중국 고대 사용기간이 가장 길었던 역법으로 원대와 명대에 걸쳐 364년간 사용되었다.

◀ 간의

간의(簡儀)는 혼천의를 간소화하여 곽수경이 만든 것으로 혼천의 같은 천문관측기구이다. 여러 고리가 서로 부딪치고 관측이 불편한 혼천의의 구조적인 단점을 개선했다. 고리를 별도로 세우고 장치를 더욱 간소화, 실용화했다.

중국 의학 : 자성체계

▲ 복희씨 초상
상고시대 삼황(三皇) 중 한 사람으로, 복희씨와 여와씨가 결혼하여 얻은 사람이 현재의 인류가 되었다고 전해진다. BC 2900년경 무렵에 살았던 것으로 여겨지며 천여 년 동안 의학계에서는 복희씨를 의약학과 침구학의 시조로 떠받들고 있다.

중국 문화의 특색이 고스란히 담겨져 있는 중의학은 생명과학의 범주에 속하며, 중국 민족이 장기간 치료하고 생활해 가는 과정에서 축적되어 형성된 독특한 의학체계이다. 권력이 고도로 집중된 사회와 맞물려 중국 의학은 나라의 엄격한 통제를 받았으며 진료행위는 백성에게 봉사하는 것으로 여겨졌다. 당나라 때 태서의가 생겨나면서 의사가 되고자 하는 사람은 엄격한 시험을 거쳐 자격을 얻어야만 치료를 할 수 있었으며 궁정 의사의 보수와 임무는 비례했다.

중국에 현존하는 최고 중의학 이론서적은 『황제내경(黃帝內經)』이다. 이 책은 이전의 치료경험과 의학이론을 한데 모으고 당시의 다른 자연과학 성과를 결합하고 소박한 유물론 사상을 이용하여 인체해부, 생리, 병리 및 진단, 치료와 예방에 대해 비교적 전면적으로 서술했으며, 이로써 중의학의 이론적 기초를 닦았다. 『황제내경』과 어깨를 나란히 할 만한 고전 의서가 『난경(難經)』이다. 한나라 이전에 만들어졌으며 편작(扁鵲)이 지었다고 전해진다. 생리, 병리,

▶ 옥토끼가 약을 찧는 모습
산동성에서 출토된 이 석상은 당시 죽지 않고 영원히 살고 싶어하는 불로장생의 사회풍토를 반영하고 있다. 그 당시 약물학과 의학지식은 완전한 체계를 이루지 못했다.

진단, 치료 등 각 분야는 물론 『황제내경』의 부족한 점을 보충했다. 진한(秦漢) 이래로 대내외적으로 교류가 활발해지면서 의학이 점차 발달하게 되었는데 소수민족의 호박, 사향, 서각, 영양각 및 남해의 용안, 여지씨 등을 중국의 의사들이 사용하기 시작했다. 동남아 등지의 약재도 계속해서 중국으로 전해지면서 약재에 대한 지식을 더욱더 풍부하게 만드는 계기가 되었다. 『신농본초경(神農本草經)』 역시 당시에 쓰인 의학서적으로 중국 현존 최고의 약물학 전문 서적이다.

의성 장중경

AD 3세기, 동한(東漢) 사람 장중경(張仲景)은 『소문(素問)』, 『침경(鍼經)』, 『난경』 등 고전 의서를 깊이 연구하고 처방을 널리 구하여 『상한잡병론(傷寒雜病論)』을 펴냈다. 『상한잡병론』은 중의의 변증논치(辨證論治)의 기본법칙을 확립하고 발전시키는 데 큰 기여를 했다. 장중경은 질병의 발생과 발전과정에서 나타나는

▼ 『상한잡병론』
『상한잡병론』은 장중경의 작품으로, 다양한 외감질병에 관하여 다룬 전문 의학서이다. 진 태의가 왕숙화에게 정리하라고 명한 후 후세에 전해지게 되었다. 이 책에는 112개의 방이 씌어 있으며 음식약물인 생강, 말린 생강, 청국장, 멥쌀, 파뿌리, 벌꿀, 팥, 돼지쓸개즙 등 17가지도 들어 있다. 식이요법을 중요시했다는 것을 알 수 있다.

▼ 『황제소문선명론방』 (왼쪽)
『황제소문선명론방(黃帝素問宣明論方)』은 유완소(劉完素)가 지은 작품이다. 유완소는 금나라의 유명한 의학자였다. 사진은 이 책의 목록 부분이다.

▼ 『금궤요략』 (가운데)
『금궤요략(金櫃要略)』은 장중경의 작품으로, 내과잡병을 위주로 한 임상서적이다.

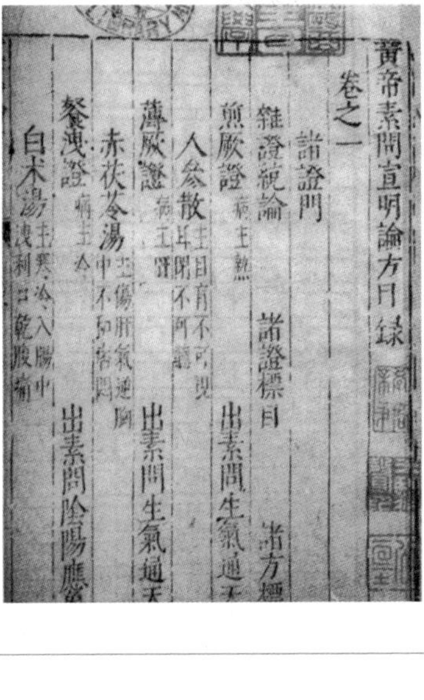
黃帝素問宣明論方目錄
卷之一
諸證門
雜證統論 諸證標目
煎厥證 出素問生氣通天
人參散
薄厥證 出素問生氣通天
赤茯苓湯
飧泄證 出素問陰陽應
白朮湯

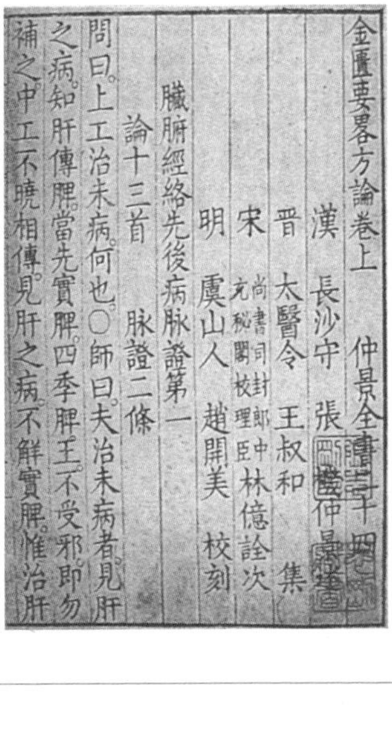
金匱要畧方論卷上 仲景全書二十四
漢 長沙守 張仲景
晋 太醫令 王叔和 集
宋 尚書司封郎中充秘閣校理臣 林億詮次
明 虞山人 趙開美 校刻
臟腑經絡先後病脈證第一
論十三首 脈證二條
問曰。上工治未病。何也。○師曰。夫治未病者。見肝
之病。知肝傳脾。當先實脾。四季脾王。不受邪。即勿
補之。中工不曉相傳。見肝之病。不解實脾。惟治肝

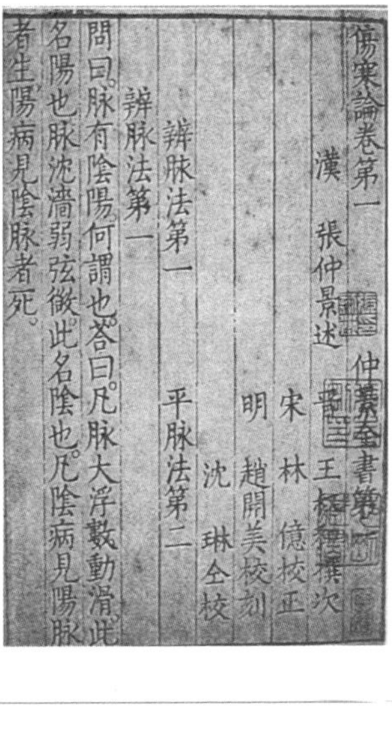
傷寒論卷第一
漢 張仲景述
王叔和撰次
宋 林 億校正
明 趙開美校刻
沈 琳仝校
辨脈法第一 平脈法第二
辨脈法第一
問曰。脈有陰陽。何謂也。答曰。凡脈大浮數動滑。此
名陽也。脈沈濇弱弦微。此名陰也。凡陰病見陽脈
者生。陽病見陰脈者死。

▶ 장중경 동상

식초는 요리에 사용될 뿐만 아니라 향도 가미하고 약용으로도 사용된다. 독감이 유행하면 일반 가정에서는 식초를 끓여서 살균한다. 한나라 장중경이 쓴 『상한잡병론』에 식초로 질병을 치료하는 기록이 나오는데 그 당시에는 식초를 고주(苦酒)라고 불렀다. 사진은 장중경의 동상이다.

각종 증상을 사기(邪氣)가 들어온 경락과 장부의 깊이에 따라, 환자의 체질에 따라, 정기의 상태에 따라, 병세의 강약에 따라, 숙질 유무에 따라 종합적으로 분석하여 발병의 규칙성을 찾아 각기 다른 상황에서의 치료원칙을 확정지었다. 그는 창의적인 방법으로 외감 열성병의 모든 증상을 여섯 개 증후군과 여덟 개의 변증강령으로 귀결하였고, 육경태양, 소양, 양명, 태음, 소음, 궐음으로 질병이 진전되는 변화와 추이를 분석하였고, 팔강음양, 표리, 한열, 허실으로 질병의 속성, 위치, 사기(邪氣)와 정기(正氣)의 상태와 여러 가지 증상을 변별했다. 병세를 분석하고 징후를 파악해 임상치료의 법도를 확립함으로써 변증논치는 외감 열병 진료의 법칙을 제시하였을 뿐만 아니라 동시에 임상 학문에 진료의 규칙을 찾아주면서 후세의 의사들이 임상에 사용할 수 있도록 기본적

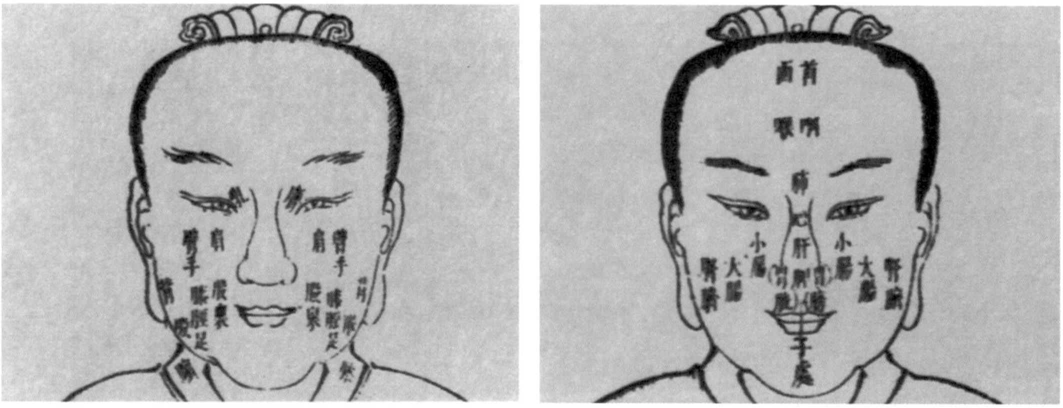

▲ 면진도

면진(面診)은 진단법 가운데 하나로, 유구한 역사를 가지고 있다. 중의학에서는 인체의 내장기관의 상태가 얼굴에 축소되어 나타난다고 보았으며 고대 중의에서는 대부분 얼굴로 병을 진단했다. 그림은 명나라 의학자인 장개빈(張介賓)이 쓴 『유경도익(類經圖翼)』의 일부분이다.

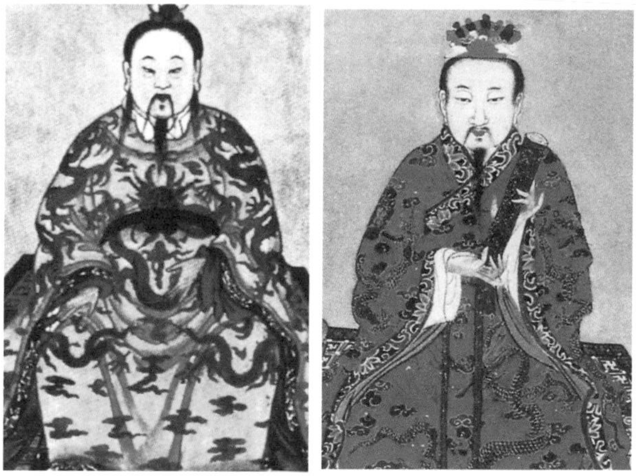

◀ **명의 편작과 의화**
편작은 성이 진이고 이름은 월인으로 춘추전국시대 발해인이었다. 상군에게 의학을 배웠고 이전 시대와 민간에 전해지는 경험을 바탕으로 다양한 치료법을 터득함으로써 전국시대의 유명한 명의가 되었다. 편작과 같은 시대의 사람으로 진나라 의사였던 의화는 "하늘과 사람은 하나다, 음양은 상생한다"는 이론으로 질병에 관한 지식을 서술하면서 중의학 이론을 개척했다.

근거를 마련했다. 치료원칙과 방약에 대한 『상한잡병론』의 공헌은 아주 뛰어나다. 책에서 제시한 치료원칙은 전체를 기본으로 음양을 조절하고 정기를 일으키고 사기를 없애며 한(汗), 토(吐), 하(下), 화(和), 온(溫), 청(淸), 소(消), 보(補)하는 방법이다. 이것을 토대로 효과가 뛰어난 방제를 만들었다. 이러한 방제는 엄격하고 정교한 조제법을 갖추고 있으며 증상에 따라 약을 더하거나 빼는 것이 가능하고 치료효과도 뛰어나 감탄을 자아낸다. 특히 후세 방제학의 발전에 있어 모든 약물배합 및 가감변화의 원칙에 커다란 영향을 미쳤으며 현재까지 많은 의사들이 따르고 있다. 『상한잡병론』은 방제학의 시조로 여겨지며 이 책 속의 모든 방제는 '최고의 처방' 으로 칭송받고 있다.

『상한잡병론』은 중의학 역사에 장중경의 위치를 확실하게 올려놓으며 『황제내경』에 이어 가장 큰 영향을 미친 의학저서이다. 진한 이래의 의약학 이론을 집대성하였으며 임상에서도 광범위하게 애용되는 저서이자, 중국 의학 역사상 최고의 영향력을 가진 고전 의서 가운데 하나이다. 시간이 흐르면서 이 저서의 과학적 가치가 점차 두드러져 후세의 의학자들이 반드시 읽어야 하는 필독서로 자리를 잡았다. 장중경은 이러한 뛰어난 업적과 공헌으로 후세에 의해 의학의 성인이라는 뜻의 '의성(醫聖)' 으로 불린다.

장중경의 저서로는 『상한잡병론』 외에도 『변상한(辨傷寒)』 10권, 『평병약방(評病藥方)』 1권, 『요부인방(療婦人方)』 2권, 『오장론(五臟論)』 1권, 『구치론(口齒論)』 1권이 있다.

▲ **자타우(瓷唾盂)**
고대 양생가들은 타액을 진액, 금진옥액, 옥장, 감로, 신수 등으로 불렀다. 장중경은 『상한잡병론』에서 상한의 발한에 효과가 좋은 방제는 마황탕(麻黃湯)이라고 했다. 마황탕의 성분은 땀, 타액 분비에 대해 미치는 마황탕의 영향연구를 통해 나온 것이다.

▲ **오금희 보선제조**
화타가 만든 건강무술로, 호랑이, 곰, 사슴, 원숭이, 새 등 다섯 동물의 동작을 따라 만든 체조이다. 오금희(五禽戲)를 꾸준히 하면 질병 퇴치는 물론 손발 동작이 민첩해진다.

▲ **화타**
화타가 치료하는 과정에서 생긴 여러 가지 이야기는 지금까지 전해진다. 당시 이장군이라는 사람이 화타를 불러 아내의 병을 치료하라고 하자, 화타는 이장군의 부인은 임신하고 몸이 많이 상했는데 태아가 아직 배에 들어 있다고 했다. 이에 이장군이 자기 아내가 이미 아이를 유산했다고 하자 화타는 부인께서는 아마도 쌍둥이를 가지셨는데 그걸 몰랐으니 죽은 태아가 아직 뱃속에 있다고 일러주었다. 그 후 화타가 처방을 내리고 침을 놓았더니 죽은 태아가 나오고 부인의 건강이 빠르게 회복되었다는 이야기가 전해진다.

마비산 : 최초의 마취제

장중경은 내과에서 최고였으며, 같은 시대 사람이었던 명의 화타(華陀)는 외과 분야에서 뛰어난 재능을 발휘했다. 화타는 이름은 부, 자는 원화로, 한대(漢代) 영가(永嘉) 원년145년에 태어나 건안 13년208년에 세상을 떠났다. 모든 분야에 정통했으며 특히 외과에 뛰어났고 수술에 능통하여 후세사람들은 '외과의 달인', '외과의 시조' 라고 일컫는다.

중국의 의학은 춘추시대에 이미 찬란한 성과를 거두었다. 편작의 생리와 병리에 관한 논술은 집대성 수준에 이르렀고 화타의 학문은 편작의 학설에서 발전하여 장중경의 학술까지 이르는 심도 깊은 연구를 했다. 화타는 이전 사람들이 개척해 놓은 길을 따르면서 새로운 분야를 열었는데 그중 가장 뛰어난 것이 마비산(麻沸散)을 이용한 마취술의 발명과 운동요법의 하나인 오금희(五禽戲)이다.

마취성분이 들어 있는 약품을 이용해서 만든 마취제는 화타 이전부터 사용되었지만 화타는 이 분야의 경험들을 종합하고 마취한 후의 수면상태를 관찰하여 마비산을 이용한 마취술을 발명했다. 이 방법이 정식으로 의학에 사용되면서 외과수술의 기술과 치료효과를 크게 향상시키고 수술치료의 범위를 확대시켰다. 마비산의 구성은 흰독말풀 1승, 생초오, 당귀, 향백지, 천궁 각 4전, 초남성 1전이다.

마취법이 생겨난 이후부터 화타의 외과수술은 더욱 힘을 얻게 되었는데, 당시 종양제거 수술과 위장 봉합과 같은 외과수술이 가능하여 추대를 받았다. 명나라 진가모(陳嘉謨)는 『본초몽전(本草蒙筌)』에 『역대명의도찬(歷代名醫圖贊)』에 나오는 시구절을 인용하여 개괄적으로 이렇게 표현했다. "위나라에 화타가 있어 외과를 만들고 뼈를 자르고 병을 치료하니 신기한 효과가 나는구나."

오금희는 전신의 근육과 관절을 늘려주고 펴주는 의료보건 체조이다. 호랑이의 앞다리 뻗는 법, 사슴의 머리와 목을 뻗어 돌리는 법, 곰의 엎드리고 일어서는 법, 원숭이의 발가락으로 뛰는 법, 새의 날개를 저어 날아가는 동작 등을 흉내 낸 동작이다. 화타가 허창에 머무르고 있을 때 몸이 허약한 많은 사람들을 불러 모아 넓은 곳에서 이 체조를 가르쳤다고 한다.

화타에게는 세 사람의 제자가 있었는데 번아(樊阿)는 침술에 능했으며, 오보(吳普)는 『오보본초(吳普本草)』를, 이당(李當)은 『이당지약록(李當之藥錄)』을 저술했다.

▲ 손사막
당나라의 유명한 도사이자 의약학자이다. 어려서부터 몸이 약해 자주 아팠던 그는 약값으로 집안의 모든 재산을 날릴 정도였다. 주위의 가난한 사람들이 돈이 없어 치료를 받지 못하고 죽이기는 모습을 보면서 그는 세상을 구하고 사람들을 치료하는 의사가 되기로 마음먹었다. 수 문제, 당 태종, 당 고종이 그에게 관직을 내렸으나 모두 거절하고 산속에 은둔하면서 의학공부에만 매달렸다.

▼ 손사막의 삼인명당도
당대 이전의 전통 명당도는 전신의 혈자리를 그린 전신 혈자리 그림이다. 앞모습, 뒷모습, 옆모습을 그린 손사막의 명당도는 채색화로, 사용한 색깔과 상응하는 경맥의 속성이 대응하며 그림의 크기는 실제 사람 크기의 절반을 기준으로 하였다. 명당도는 혈자리를 익히고 침구를 이용한 질병치료에 아주 중요한 의의가 있다.

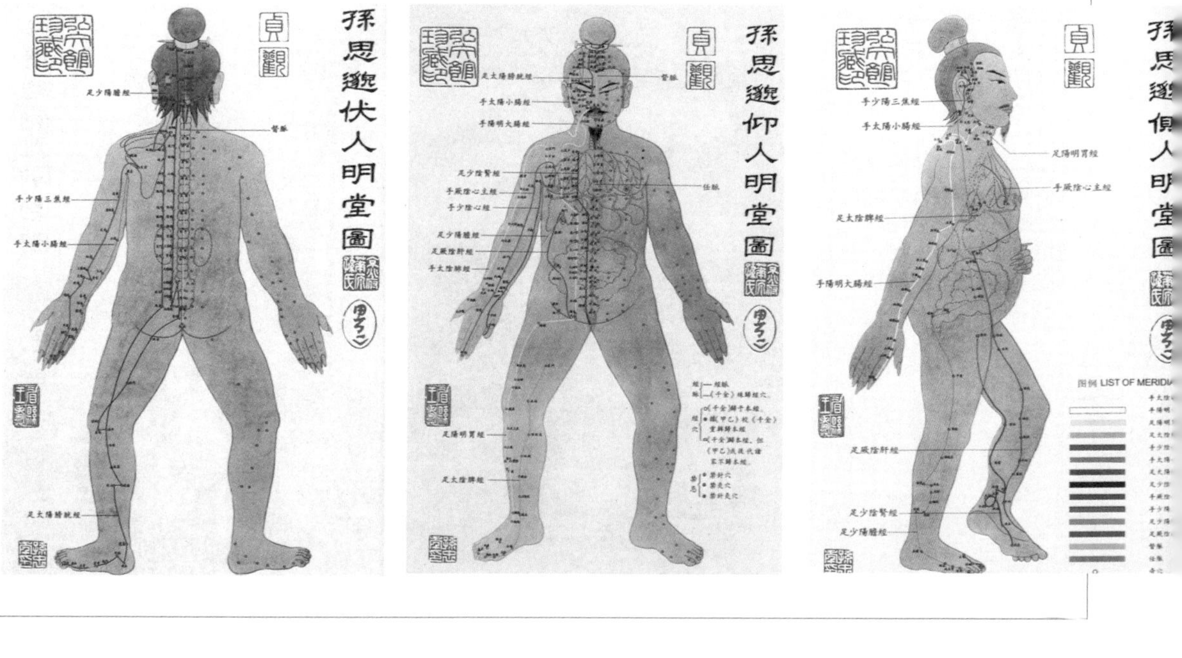

약왕 손사막

수당시대는 정치가 통일되고 경제문화가 꽃피던 시기로 대내외적으로 교통이 발달되면서 외부에서 들어오는 약물이 날로 증가했다. 약물사용에 관한 경험도 풍부해지고 약물학에 대한 종합분석도 객관적이어야 한다는 필요성이 대두되었다. 이런 사회적 분위기 속에서 당대의 의학자인 손사막(孫思邈)의 『비급천금요방(備急千金要方)』, 『천금익방(千金翼方)』이 세상에 나오게 되었다.

손사막은 7세 때부터 학문을 배우기 시작했는데 뛰어난 기억력 덕분에 20세가 되기 전에 노자와 장자 및 백가지설을 능히 말하고 불교 경전을 이해하여 신동으로 불렸다.

손사막은 일생의 대부분 시간을 산속에서 보냈는데 질병이 사람

▶ **손사막이 용왕을 침술로 치료하고 있는 모습**
손사막에 관한 수많은 이야기는 전설이 되어 지금까지 전해진다. 한 이야기를 전하자면, 손사막이 호랑이 등 위에 앉아 침구술로 용왕의 고질병을 치료하였고, 병이 완쾌된 뒤 용왕이 민간에 착한 일을 많이 했다는 내용이다.

▶ **손사막이 약을 달이고 있는 모습**
손사막은 부인과와 소아과를 아주 중시했다. 자신의 저서인 『천금요방』에 부인과를 임상과목의 첫 부분에 올려놓았고 부녀의 출산, 월경 및 기타 부인과의 특수한 질병들을 기록했다. 이 밖에도 건강, 보건에서 감정과 성격을 다스리고 말을 신중하게 하고 음식을 적당히 절제하고 고르게 먹는 것이 중요하다고 강조했다.

에게 미치는 위험성을 이미 깊게 알고 있었다. 그는 사람의 생명이 천금보다 더 중요하다고 여겼으며, 의사가 질병을 치료하면서 이익을 취하는 것에 대해 반대했다.

그가 쓴 『비급천금요방(備急千金要方)』약칭 『천금요방』은 모두 30권으로 이루어져 있으며 의학총론, 부인과, 소아과, 칠교, 제풍, 각기, 상한, 내장, 옹저, 해독, 급성질환, 식치, 평맥, 침구 등으로 구분하여 232문, 5,300개의 방제가 들어 있다. 특별히 언급할 만한 것은 이 책에서 복방(複方) 이라는 말을 처음 사용한 것이다. 『상한잡병론』이 하나의 병에 하나의 처방을 썼다면 손사막이 쓴 『천금요방』에는 하나의 병에 여러 처방을 제시하고 또한 장중경의 최고 처방을 융통성 있게 이용했다는 점이다. 어떤 경우에는 두 개의 처방을 묶어 하나의 복방(復方)을 만들이 사용하면서 치료효과를 드높이기도 하였고 또 어떤 경우에는 하나의 처방을 여러 개로 나누어 각 증상에 대해 치료를 하기도 했다.

『천금익방』은 『천금요방』의 보충으로 모두 30권으로 구성되어 있으며 당대 이전의 본초 저서에 사용되지 않은 약물을 수록하고 많은 처방과 치료법을 보충했다. 이 책에 수록된 약물이 800여 종에 이른다. 이 두 저서를 한꺼번에 일컬어 『천금방(千金方)』이라고 하며 당대 이전의 의약학 분야의 성과를 체계적으로 엮은, 중국 현존 최고의 의학서적이다.

▲ 이시진
여러 차례 낙방의 쓴맛을 본 이시진은 가업을 이어받아 약물에 대한 연구를 시작했다. 역대 의약문헌과 약물에 대한 고찰을 바탕으로 의약의 내작 『본초강목』을 엮었다.

▶ 『천금방』
손사막은 『천금방』에서 의덕의 규범을 최고의 덕목에 올려놓고 체계적으로 서술했다. 그는 의사는 환자에 대한 관심이 무엇보다 중요하며 치료를 통하여 사적인 이익을 취하는 것에 대해 반대하는 입장이었다.

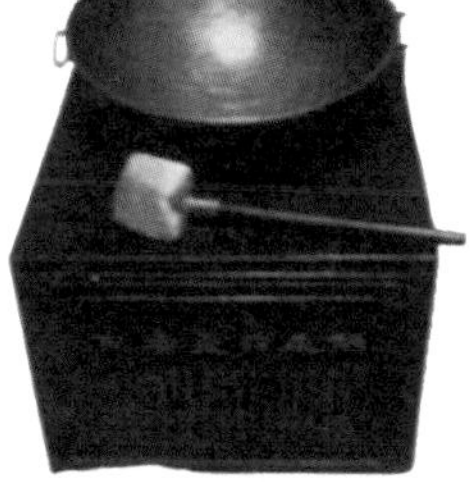

▲ 전통 제약도구인 금으로 된 삽과 은으로 만든 솥
이시진은 약을 달일 때는 구리나 철제 용기를 절대 사용해서는 안 되며 은이나 도자기 용기를 써야 한다고 누누이 강조했다. 철제 용기를 사용해 약재를 다리게 되면 철의 화학성 물질이 불안정해지면서 약재의 성분에도 변화를 일으킨다는 것이 그 이유였다.

▶ 석약년
고대의 약재는 대부분 천연식물이나 광물질을 이용해서 만들었고, 부수고 빻는 등의 방법을 거친 후에 끓이거나 달여서 먹었다. 고대에는 석약년(石藥碾), 수우(水盂), 향훈기(香薰器), 약연완(藥碾碗) 등이 의약 위생기구로 자리잡았다.

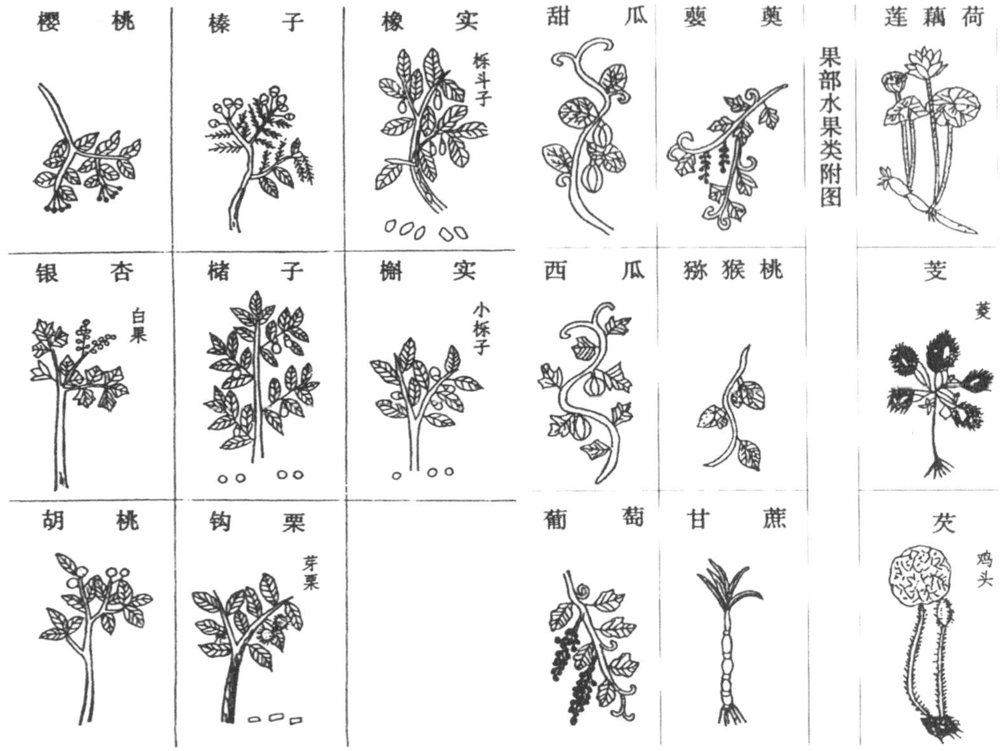

▲ 『본초강목』의 삽화

『본초강목』에는 1,892종의 약재와 1,100가지의 삽화가 기록되어 있다. 그 가운데 한 가지 약으로 병을 고치는 편방이 들어 있다. 예를 들어, 대풍자는 마풍을 치료하고, 토복령은 매독을 치료한다는 등의 내용이다. 일산화탄소 중독, 납중독 등에 대한 논술도 하였는데 이로써 천하의 최고 의서라는 이름을 얻게 되었다.

손사막은 독특한 공적이 많은데 그 가운데에서도 각기병 치료에 관한 것이 최고이다. 각기병은 비타민 B1 결핍으로 인해 생기는 병인데 이 각기병 때문에 중국 강남 일대의 백성들이 여러 해 동안 고생을 하고 있었다. 선조들의 공로를 배우고 여러 의사들의 경험을 종합한 손사막은 이를 토대로 간단한 치료법을 고안해 냈다. 방기, 세신, 서각, 피마자잎, 촉교, 방풍, 오수유 등 비타민 B1이 풍부한 약물을 이용해 각기병을 치료하고, 비타민 B1이 들어 있는 왕겨를 죽으로 끓여 먹도록 해 각기병을 예방했다. 이 기발한 공로는 세계 의학사에 있어 유럽보다 1천 년이 앞선 훌륭한 성과이다.

한편 손사막은 부녀자들과 어린 아이들의 건강에 신경을 많이 썼는데 부인과를 만든 선구자이다. 부인과 세 권, 소아과 한 권을 『천금요방』의 맨 앞에 두어 눈에 띄게 했다. 그는 또한 한 가지 병이나 전공을 물려받던 당시 의학계의 낡은 관행을 타파하고 종합적인 방법으로 질병을 치료하자고 주장했다. 약 처방은 물론 침, 뜸에도 능통했던 손사막은 환자 신분의 귀천과 빈부를 가리

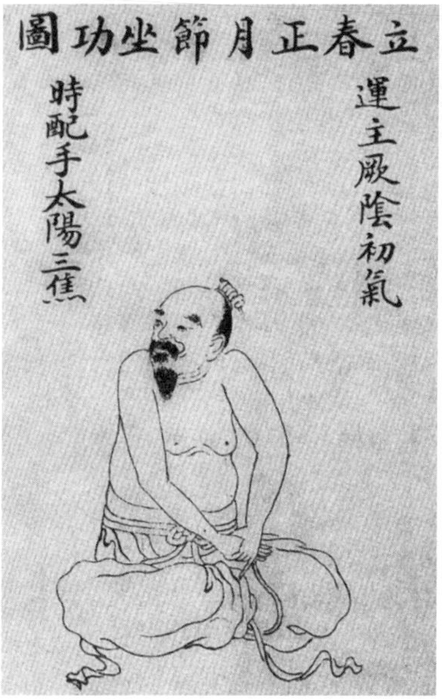

▶ 진희이 24기좌공 치료법
진희이(陳希夷)는 송대 초기의 유명한 양생학자이자 이학자이다. 24절기의 기운과 인체 경맥의 대응관계를 토대로 24좌공 치료법을 만들었다. 그림은 공법 중에서 입춘 3월의 좌공법을 묘사한 것으로 풍기적체 등의 질병을 치료한다고 한다. 그리고 기공을 연마하면 경락의 소통을 원활하게 해주기도 한다. 이시진은 『기경팔맥고(奇經八脈考)』에서 "우리 몸의 경락은 조용히 수련한 사람만이 볼 수 있다"고 했다.

지 않고 밤낮없이 더울 때나 추울 때나 배고프고 피곤할 때도 오로지 한결 같은 마음으로 치료를 했다. 『역대명의도찬』에는 손사막에 대해 이렇게 묘사하고 있다. "당나라 사람 손사막은 최고의 약 처방을 내리고 약한 사람을 돕고 위기에 처한 사람을 구해 주는데 그 효과가 마치 신과 같다."

해박한 지식에다 책을 많이 읽은 손사막에게 당대 초기의 유명 문학가인 맹선, 노조린 등은 스승을 모시는 것과 같은 예우를 했다고 한다. 의학연구 과정에서는 유황, 초석, 목탄을 혼합해 가루를 만들어 발화 연단을 만들었는데, 화약 배합법을 기록한 것으로는 이것이 중국에 현존하는 문헌 가운데 최초의 것이다. 또 『단경내복유황법(丹經內伏硫黃法)』에 복화유황법의 제작방법을 기술했다.

박학다식하였던 손사막의 저서들은 7세기 이전의 중국 의학을 집대성한 것으로, 중국의 의학을 더욱 확대시키고 내용을 충실히 함으로써 중국 의료사업의 발전에 커다란 공헌을 했다. 1천여 년이 흐르면서 세상 사람들은 의학에 수많은 공을 세운 손사막을 기념하기 위해 그를 약왕(藥王)으로 봉하고 손사막이 은거하였던 오대산을 약왕산이라고 바꾸어 불렀다.

동양약학의 걸작 『본초강목』

중국 고대 과학기술은 송대에 최고 절정기를 이루고 명청시대부터 점점 쇠퇴하기 시작했다고 보는 견해가 일반적이다. 그러나 이는 총체적으로 말한 것이고 구체적으로 모든 분야에 대해 말한다면 상황은 달라진다. 약물학은 명대 후기가 최고의 전성기이며 그 기준은 바로 이시진(李時珍)의 『본초강목(本草綱目)』이다.

▶ **침구 기록**
침구학에 대한 이시진의 공헌은 『기경팔맥고』에 고스란히 담겨져 있다. 이시진은 기경팔맥에 관한 이전 사람들의 논술을 모으고 고증을 더하여 각각의 기경 순행과 질병치료에 대한 종합적인 논술을 펼쳐 경락 학설을 보충했다. 그림은 갑골문 복사에 나오는 침구 기록으로 학자들은 윤(尹), 이(伊), 은(殷), 섭(燮), 구(灸), 다섯 글자의 갑골문과 그것이 가지는 어떤 대응성이 있다고 보았다. 윤(尹)은 손으로 침을 잡는 모습, 이(伊)는 등에 침을 찌르는 모습, 은(殷)은 배에 침을 찌르는 모습, 섭(燮)은 불침으로 찌르는 모습, 구(灸)는 다리에 뜸을 뜨는 모습이다.

대대로 의학을 물려받는 의사 집안에서 태어난 이시진은 14세에 수재로 인정받았지만 그 후 세 차례 연거푸 향시에 낙방하여 관직에 대한 마음을 접고 의사로의 길을 택했다.

의사생활을 하면서 이시진은 고대의 본초 관련서적들이 종류는 많으나 이름이 복잡하고 같은 물건인데 두세 가지로 분석되거나 또는 서로 다른 것인데 같은 것으로 취급되기도 하고, 특히 독성이 든 약품을 오랫동안 먹으면 장수한다고 알고 있는 경우도 있어 화를 면하기 어려울 것이라고 느꼈다. 이에 그는 새로운 본초 서적을 엮기로 결심을 한 뒤 오랜 준비 끝에 『본초강목』을 집필하기 시작했다. 글을 쓰기 시작하면서 이시진은 짚신을 신고 등에는 약바구니를 메고 산을 넘고 고개를 넘어 의사들을 찾아다니고 약을 캐러 다녔다. 중국의 여러 큰 산들을 두루 돌아다녔고 800여 서적을 참고로 했다. 무려 27년을 공들여 1578년에 완성했다.

『본초강목』은 모두 16부, 52권으로 이루어져 있다. 유명 저서에 실린 약물 1,518종과 이전 사람들의 경험을 바탕으로 수록한 374종 등 모두 1,892종이 실려 있으며 그중 식물이 1,195종을 차지한다. 고대 약재학과 민간에서 쓰이는 방제 11,096개를 수록하였고, 저서 앞쪽에는 약물을 그린 그림 1,100여 개를 실었다. 이 위대한 걸작은 역대 본초 저서들의 핵심을 흡수하였고 이전의 착오나 잘못된 점을 고치고 부족한 부분을 보충했다. 16세기까지 중국 최고의 체계적이고 완벽하며 과학적인 의학서적이다.

이러한 의학경전을 쓰고자 할 때는 방대한 본초를 어떻게 다루고 조정하는가가 가장 중요한 문제이다. 다시 말해 이시진의 최대 공헌 중 하나가 바로 이 부분이다. 『본초강목』은 약물 검색 등의 문제를 해결하였을 뿐만 아니라 식물 분류학에 관한 새로운 견해 및 귀중한 진화발전 사상을 구현했다. 『신농본초경』 이래로 1천여 년 이상 이어져온 상, 중, 하 삼품 분류법을 깨고 약물을 물, 불, 흙, 금석, 풀, 곡류, 채소, 과일, 나무, 곤충, 어류, 조개류, 가금류, 짐승, 사람 등 16부로 구분하고 총 60가지를 실었다. 약품마다 강이라고 하고 강 아래에는 목, 강목이 뚜렷했다. 뿐만 아니라 약물의 교정, 이름, 집해, 정도, 수치, 맛, 치료, 발명, 부록, 참고 방제 등 약물의 지식을 체계적으로 기술했다.

이시진은 『신농본초경』 이후 역대 본초서적의 각종 약물관련 자료들을 다시 분석하고 정리하여 강(綱), 목(目) 등의 체계로 배열했다. 중점은 명확하게, 내용은 상세하게, 양은 많으나 번잡하지 않게, 상세하나 중점이 뚜렷한 저서로 만들었다.

『본초강목』에 실린 각 종류의 참고 방제가 11,096개인데 내과, 외과, 부인과, 소아과, 이비인후과 등을 포함한 임상에 두루 쓰이는 방제를 모아놓았다. 치료할 수 있는 범위는 일상적인 질병과 다발병을 위주로 방제의 형태도 환약, 가루, 석고 등 종류가 많았고 방제들은 과학적이고 간편하며 아주 실용적이었다. 다윈은 자신이 쓴 『종의 기원』에 『본초강목』을 인용해 동물의 인공선택 문제를 설명하고, 이 책을 중국 고대의 백과사전이라고 극찬했다.

1606년에 『본초강목』은 일본과 조선으로 전해졌고 1647년 폴란드인 미카엘이 중국에 왔을 때 『본초강목』을 라틴어로 번역해 유럽으로 전했다. 그 후 프랑스어, 독일어, 영어, 러시아어 등으로 번역되어 전 세계로 전파되었다.

4대 발명

▲ 지남차
사남차(司南車)라고도 불리는 지남차는 방향을 지시하는 기계장치로, 삼국시기 마균(馬鈞)이 설계하고 만들었다고 전해진다. 톱니바퀴 작동원리를 이용한 것인데 바퀴가 움직이면 수레 위의 목각인형의 팔이 방향을 가리키게 된다. 이 원리는 지남침이 지구 자성을 이용해 방향을 지시하는 원리와는 다르다.

나침반

선진(先秦)시대의 중국인은 철광을 찾는 중에 자철광 즉, 자석을 자주 만나곤 했다. 이와 관련된 최초의 기록은 『관자(管子)』에서 찾아볼 수 있다. "산에 자석이라는 것이 있는데 이 자석 아래에는 금과 구리가 나온다." 다른 고서 『산해경(山海經)』에도 유사한 기록이 나온다. 철을 끌어들이는 자석의 특징은 아주 오래전부터 사람들에 의해 발견되었던 것 같다. 『여씨춘추(呂氏春秋)』 9권 「정통편(精通篇)」에도 "자석은 철을 부르거나 또는 끌어들인다"라는 내용이 나온다.

두 개의 자석을 가까이 대보면 어떤 경우는 서로 끌어들이고 어떤 경우는 서로 밀쳐낸다. 오늘날에는 자석에는 N극과 S극 두 개의 극이 있으며 같은 극끼리는 서로 밀쳐 내고 다른 극끼리는 서로 끌어들인다는 사실을 누구나 알고 있다. 지구는 하나의 큰 자석이다. 지구의 양극은 지리적으로 남극과 북극 자리이다. 따라서 지구 표면의 자성은 자유롭게 움직일 때 자석의 같은 성질끼리는 밀쳐 내고 다른 성질끼리는 서로 끌어들이는 성질을 남북으로 표시한다. 옛날 사람들은 지구의 이러한 성질은 알지 못했지만 이러한 현상은 잘 알고

◀ 자석
자석에 대한 최초의 기록은 『신농본초경』에서 찾을 수 있으며 현석, 처석, 철석, 흡침석 등의 이름으로 해석되어 있다. 자석은 마치 자상한 어머니가 아들을 부르는 것 같다고 해서 붙여진 이름이다. 자석은 화성암이나 변질된 암석에서 주로 생산되고 해변의 모래에도 있는 것으로 밝혀졌다.

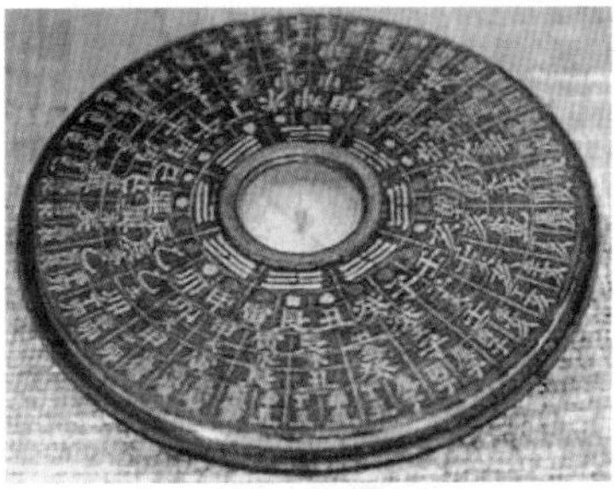

▶ 누현법 지남침
북송시대는 나침반 발전의 2단계로, 이 시기에는 인공 자석이 점차 천연 자석의 자리를 이어 가게 되었고 한편 자석바늘도 자석숟가락으로 대체되었다. 누현법 지남침은 명주실 한쪽에 밀랍을 묻혀 자석바늘 허리에 붙이고 반대편 명주실을 나무틀에 매달고 아랫부분에 방향을 가리키는 원반을 설치하는 것이다. 바람의 영향을 많이 받았기 때문에 항해할 때는 지남어가 널리 사용되었다.

있었다.

사남(司南)중국 고대의 나침반은 나침반의 시초로, 전국시대에 나타났다. 춘추시대 사람들은 이미 경도 5~7도의 연옥과 경옥을 깎고 다듬어 각종 형태의 기구로 만들었다. 경도 5.5도에서 6.5도 사이의 천연 자석으로 사남을 만들었다. 동한시대, 왕충(王充)은 자신의 저서 『논형(論衡)』에서 사남의 모습과 형태, 사용법에 대해 명확하게 기록하고 있다. 사남은 천연 자석 한 개를 통째로 숟가락 모양으로 만들었는데 손잡이 부분은 남극을 가리키며 중심은 숟가락 밑부분 정중앙이다. 숟가락을 매끄러운 지반에 놓는데, 지반의 밖은 네모지고 안은 둥글며 사방에 간지 네 개를 새겨 24방향을 만들었다. 사남의 출현은 자석의 양극 성질에 대해 인식한 사람들의 실제적인 응용이라고 볼 수 있다.

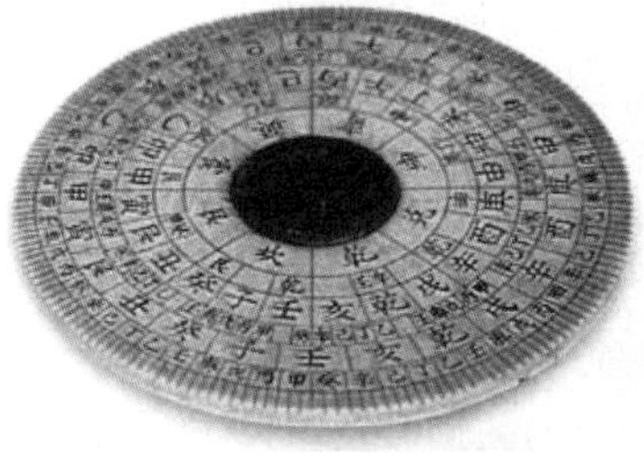

▶ 명청시대의 나반
나경반, 나침, 나반침, 지남침반 등으로 불리기도 한 나반은 기존의 지남침에 24방위반을 합체한 것이라고 보면 된다. 복잡한 것은 수십 층이었으며 음양오행의 원리, 8괘하락의 수, 천간지지의 도, 일월성진의 상태 등 철학의 의미를 한데 모았다. 나반은 천문, 지리, 군사, 항해, 거주, 묘지 선택 등 다양한 용도로 널리 애용되었던 중요한 기구였다.

나침반의 발명

▲ 심괄

심괄(沈括)은 북송시대의 뛰어난 정치가이자 과학자로, 과학의 다양한 분야에 업적을 세웠는데 천문학에서는 새로운 역법을 제창하였고 물리학에서는 지남침을 발명했다. 그는 자신이 제시한 지남침의 네 가지 실험법 중 누현법이 가장 이상적이라고 평가했다.

북송시대 증공량(曾公亮)은 『무경총요(武經總要)』에 인공으로 자화(磁化)하는 방법을 기록해 놓았다. 지구 자기장을 이용해 철에 자성을 가지게 만드는 것이다. 즉, 붉게 달군 철을 자오선 방향으로 놓고 철 분자를 지구의 자기장 방향으로 배열하여 자성을 갖게 하는 것이다. 북송시대의 심괄(沈括)은 『몽계필담(夢溪筆談)』에 또 다른 인공 자화법에 대해서 설명했다. 당시의 기술자들은 자석을 바늘에 비벼서 바늘이 자성을 갖도록 했다. 이는 천연 자석의 자기장 작용을 이용한 것으로, 바늘 내부의 자구의 배열을 한 방향으로 만들어 바늘이 자성을 나타내게 되는 방법이다.

자석바늘의 장치법에 관하여 심괄은 다음과 같은 네 종류의 방법을 소개했다.

1. 수부법(水浮法) : 지남침에 등심초를 몇 가닥 꽂아 물에 올려놓으면 방향을 가리킨다.
2. 완순선정법(碗脣旋定法) : 지남침을 그릇 가에 놓으면 바늘이 회전하면서 방향을 가리킨다.
3. 지갑선정법(指甲旋定法) : 지남침을 손톱 위에 올려놓으면 손톱이 미끄럽기 때문에 바늘이 자유롭게 움직이면서 방향을 가리킨다.
4. 루현법(縷懸法) : 지남침 가운데에 촛농을 바르고 명주실 한 가닥을 붙여 바람이 없는 곳에 걸어두면 방향을 가리킨다.

▼ 송대 벽력화구

벽력화구는 화약, 자기 조각, 자과로 만든 것으로 폭발할 때 벼락 같은 큰 굉음이 난다.

▲ 동유금 나침반

청나라 도광(道光) 이후 나침반이 크게 항해용과 풍수용으로 구분되어 사용되었으나 기술적인 면에서 별다른 개선이 없었다. 그림은 청대 말기의 동유금(銅?金) 나침반이다.

심괄은 이 네 가지 방법을 비교분석했다. 수부법의 단점은 수면이 고르지 않아 자꾸만 흔들려서 측량하기가 힘들다는 것이었다. 완순선정법과 지갑선정법은 마찰력이 작아서 움직임에는 아무런 문제가 없으나 쉽게 떨어지는 것이 문제였다. 이들 방법 가운데 심괄이 신뢰한 것은 루현법이었다. 그는 이 방법이 이상적이고 실제적이며 실행하기에도 가능한 방법이라고 보았다. 사실 심괄이 제시한 이 네 가지 방법은 오늘날까지 나침반 장치의 양대 체계인 수침(水鍼)과 한침(旱鍼)을 종합한 것이다.

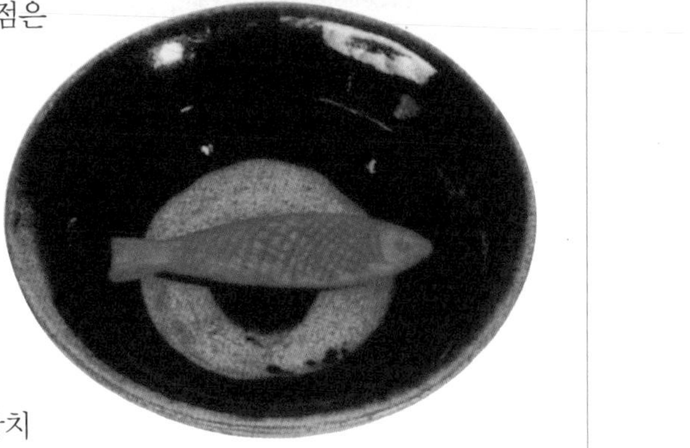

▲ 지남어

지남어(指南魚)는 인공으로 자석의 성질을 갖게 하는 자화법을 이용해 만든 것인데 지향성이 천연 자석으로 만든 사남(司南)보다 더욱 정확했다. 제작과정을 살펴보면, 얇은 철 조각을 물고기 모양으로 오려낸 뒤 숯불에 구워 철로 만든 집게로 꺼낸다. 그 다음 물고기 머리는 남쪽으로, 꼬리는 북쪽으로 향하도록 놓고서 땅의 자기장 작용에 의해 분자가 재배열되면 철 조각이 자석의 성질을 갖게 되는 것이다.

나침반이 발명되자 급속도로 군사, 농업, 일상생활, 지형 측량 등 다양한 분야에 사용되기 시작하였고 특히 항해할 때 유용했다. 『평주가담(萍洲可談)』에 "선장은 지리를 안다. 밤에는 별을 보고 낮에는 해를 보며 날이 흐릴 때는 나침반을 본다"라는 말이 나오는데, 이는 세계 항해사상 나침반을 사용한 최초의 기록으로 전해진다. 원대에 이르러 나침반은 항해에서 없어서는 안 될 중요한 도구가 되고, 나침반을 이용한 항해까지 한다. 각기 다른 항해 지점의 나침반 바늘의 위치를 연결한 것을 침로(針路)라고 했다. 항해한 후 어느 지점에 도착하고 어느 바늘의 방향을 선택할 것인지 등 항해에 대해 일일이 표시를 해서 항해의 주요한 근거가 되었다.

화약

화약은 적당한 외부 에너지가 작용할 때 자체적으로 신속하고 규칙적으로 연소하여 동시에 대량의 고온의 불이 붙는 물질이다. 유황, 초석, 목탄을 혼합하여 만든다.

일찍이 신석기시대 사람들은 질그릇을 구울 때 목탄을 알게 되었고 상주(商周)시대 사람들은 야금을 하는 과정에 목탄을 널리 사용했다. 그리고 유황은 천연 물질로 아주 일찍 사용하기 시작했다. 옛날 사람들이 초를 최초로 알게 된 것은 아마도 벽이나 담 모퉁이, 지붕 아래의 토초(土硝)일 가능성이 크다.

▲ 중국 초기의 화약 실험
화약이 발명되기 전에도 불을 이용한 공격은 군사가들이 애용하는 방법이었다. 화약이 발명된 후 군사 방면에 응용된 것도 역시 연소기능 때문이었다. 초기의 화약병기는 전통적인 방화 병기의 굴레에서 벗어나지 못했으나 계속되는 실험과 실전을 통해 폭발기능이 강화되면서 점차 사용되기 시작했다.

초석의 화학성질은 아주 활발해서 많은 물질과 반응을 일으킨다. 남북조 시기의 도홍경(陶弘景)은 『본초경집주(本草經集注)』에서 이런 말을 했다. "불로 태우면 푸르스름한 연기가 나는데 이것이 초석이다." 이 밖에 초석과 유황이 중요한 약재로 쓰이기도 하였는데 한나라 때 『신농본초경』에는 초석은 상품, 유황은 중품으로 등급을 매겨놓았다. 초석, 유황, 목탄의 성질에 대해서 어느 정도 인식하고 있었지만 초석, 유황, 목탄이 일정한 비율로 함께 있으면 화약이 될 수 있다는 사실은 연단가의 공이다.

연단가는 초석, 유황, 목탄을 혼합하여 불을 붙이면 극렬한 반응이 나타난다는 것을 알았고, 당대의 연단가는 이 세 가지 물질이 아주 쉽게 연소하는 약이 될 수 있다는 중요한 경험을 하게 되었다. 불이 나는 약이라고 일컫는 이 약이 바로 '화약' 이다. 하지만 화약은 불로장생의 문제를 해결할 수 없었으므로 연단가들은 화약에 특별한 흥미를 느끼지 못하였다. 화약 제조법이 연단가에서 군사가들의 손에 넘어가면서 중국 고대 4대 발명품 가운데 하나인 화약이 되었다.

화약은 발명된 이후 제일 먼저 무기로 변하여 전쟁에 널리 사용되었다. 송

▶ 화약성분

화약의 주요성분은 초석, 황 그리고 황의 비화광물이며 이 밖에 목탄도 포함된다. 고대의 연단가들 역시 이런 약물이나 광물로 단약을 만들었다. 서한(西漢) 말기의 연단서 『삼십육수법(三十六水法)』에 초석, 유황, 웅황, 자황을 죽통에 넣고 연단한 기록이 나와 있다.

나트륨염류의 화합물인 망초

글라우버라이트(Glauberite)

유화물류의 광물인 웅황

수은과 유황을 혼합하여 만든 영사(靈砂)

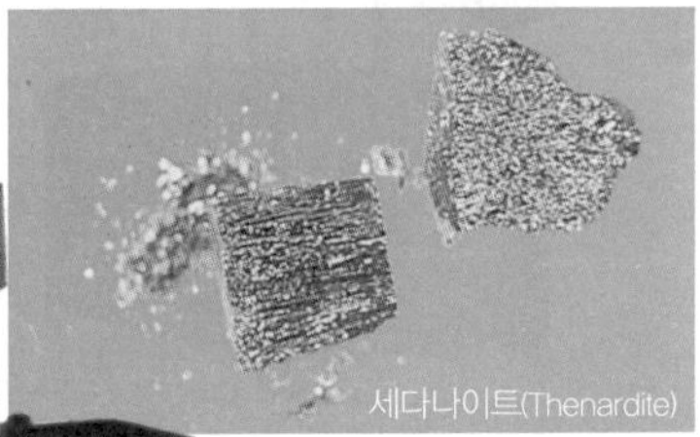
세다나이트(Thenardite)

유화물류의 광물인 자황

대 노진(路振)이 쓴 『구국지(九國誌)』에 의하면 당 애제 때 정왕번(鄭王番)이 군대를 이끌고 예장에 쳐들어갔을 때 날아다니는 불을 쏘아서 예장의 성문을 불태웠다고 한다. 이는 화약을 이용해 성을 공격한 가장 오래된 기록일 가능성이 크다. 송대에 화약은 무기로 발전을 거듭했다. 『송사 · 병기(宋史 · 兵記)』에 의하면 970년 병부 영사 풍계승(馮繼升)이 화전법을 조정에 올렸다고 한다. 이 방법은 화살대 앞부분에 화약통을 달아 불을 붙인 후 화약 연소를 이용해 뒤로 뿜어내는 기체의 반작용의 힘을 이용해 화살촉을 발사하는 것으로, 이 역시 세계 최초이다. 1000년 송신위(宋神衛) 대장 당복(唐福)이 자신이 만든 불화살, 화구, 화질려 등의 화기를 조정에 바쳤다. 1002년 기주단연리(冀州團練吏) 석보(石普) 역시 불화살과 화구 등의 화기를 만들었다.

전쟁터에 화약병기가 나타난 것은 군사상 일대의 변혁을 예시하는 것으로 일반 무기에서 화기 무기 사용으로 넘어가는 과도기이다. 화약은 화약의 연소기능을 이용한 초기 단계에서 점차 화약의 폭발기능을 이용하는 단계로 발전했다.

질산칼륨, 유황, 목탄 분말을 혼합하여 만든 화약은 흑색화약 또는 갈색화약이라고 부른다.

▶ 가화전차

가화전차(駕火戰車)는 명대(明代)의 외바퀴로 된 화전을 발사하는 전차이다. 전차 앞에는 가리개가 있어 적의 총알을 막을 수 있고 양쪽에는 여섯 개의 발사통이 부착되어 있으며 두 사람이 조작한다.

이 혼합물은 연소가 아주 쉽게 이루어지며 일단 연소되면 아주 강해진다. 밀봉된 용기에 들어 있는 화약이 연소되면 폭발하고, 연소되면서 대량의 기체 질소, 이산화탄소와 열에너지가 발생한다. 본래 부피가 작은 고체화약이지만 갑자기 팽창하여 그 화력은 수천 배까지 강해진다. 이때 용기가 터지면서 화약의 폭발기능을 보여주는 것이다. 화약의 연소와 폭발성을 이용해 각종 다양한 화기를 만들 수 있다. 북송시대에 사용한 각각 다른 용도의 화약병기는 모두 흑색화약 연소폭발의 원리를 이용해 만든 것이다. 이 시기의 화기들은 폭발 위력이 비교적 크지 않았으며, 북송 말년에 폭발 위력이 큰 '벽력포', '진천뢰'가 나타났다. 이 화기들은 주로 공격하거나 성을 지킬 때 사용되었다. 1126년, 이강(李綱)이 개봉을 수호하고 있을 때 벽력포로 금나라 병사들을 격퇴시켰다. 금나라와 북송의 전쟁으로 화포는 더욱 발전하게 되었다. 진천뢰는 일종의 철제 화기로 철로 무장한 폭발성 병기이다.

원나라 군사가 금나라를 공격했을 때 금나라 군대가 이 무기를 사용하여 성을 지켰다. 『금사(金史)』에 진천뢰에 대한 기록이 나온다. "화약이 터지면 그 소리가 마치 천둥이 울리는 것과 같고 열력이 반 묘(畝) 이상이며 사람과 소는 부서져 흔적도 찾아볼 수 없을 뿐만 아니라 철갑옷도 뚫는다"고 화약의 위력에 대해 표현했다.

송대에는 전쟁이 끊이지 않아

▼ 송대(宋代)의 각종 화기
북송(北宋) 때, 화기가 군사 용도로 널리 응용되기 시작하면서 이전의 무기와 비할 수 없을 정도로 살상력이 강해지고 원거리 공격도 가능하게 되었다. 포진 위주이던 고대 전쟁 방식에 커다란 역할을 했다. 그림은 고대의 화기 맹화유궤, 죽화기, 화전 모형이다.

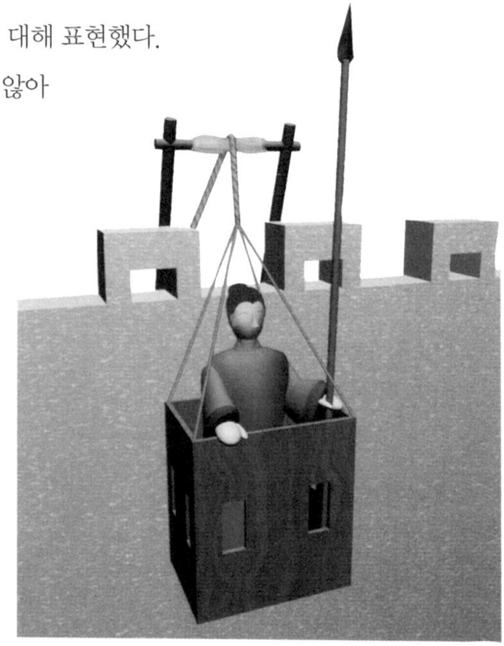

▶ 현비
고대에 성을 지키는 데 사용되었던 방어용 무기로 바퀴, 철삭, 도르래를 이용한 것이다. 창을 가진 사병이 작은 네모난 보루 안에 서서 성 외벽을 따라 상하로 이동하면서 성을 타고 올라오는 적군을 찔러 죽였다.

화기의 수요도 계속 증가하였는데, 송 신종(神宗) 때 군기감(軍器監)을 설치하여 전국의 병기 제조를 관리감독했다. 역사서에 "하루에 화약화살 7천 촉, 궁화화살 1만 촉, 질려포 3천 촉, 피화포 2만 촉을 만들어냈다"는 당시 군기감의 생산 규모에 대한 기록이 있다. 이는 화약과 화약병기의 발전을 촉진하는 계기가 되었다.

남송시대에는 통 모양의 화기가 나타났다. 1132년 진규(陳規)가 화총을 발명하였는데, 화총은 긴 대나무줄기를 이용해 만든 것이다. 우선 화약을 대나무 안에 넣고 화약에 불을 붙여 적군에게 쏘았다. 1259년, 수춘(壽春)지역의 어떤 사람이 돌화총을 만들었다. 돌화총은 굵은 대나무통을 이용해서 만든 것인데 대나무통 안에 자소를 넣고 화약에 불을 붙이면 강력한 기체 압력이 생겨 자소가 앞으로 튀어나가게 된다. 자소란 원시적인 형태의 총알이다. 돌화총은 관 모양의 화기가 탄환을 내뿜는 무기의 서막인 셈이고 현대의 총포는 관 모양의 화기가 점차적으로 발전해 온 것이다. 원대와 명대 무렵에는 대나무통으로 만든 원시 관형 화기가 구리나 철로 만들어져 대포가 되었고 이를 '화통'이라고 불렀다. 이 가운데 유명한 것으로 호준포와 자모연화포가 있다. 호준포는 근거리 격파에 주로 쓰였다. 포가를 자체적으로 갖추고 있고 전체 길이가 1척 9촌, 내경 1.5촌, 중량은 21.5킬로그램에 불과했다. "전쟁이 났을 때 오

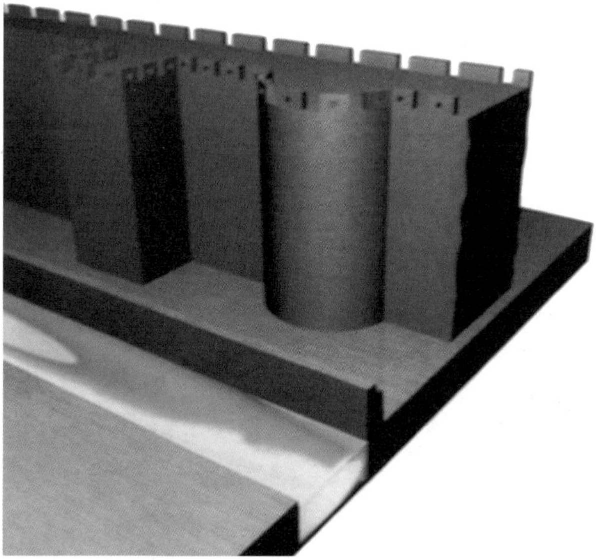

◀ **화기 공격에 대비해 설계한 성벽 모형**
대량의 화기가 성을 공격하는 데 사용됨에 따라 방어에 대한 기술력이 향상되었다. 송대(宋代) 때에 옹성 밖에 성을 보호하는 문을 만들고, 폭격에 잘 무너지는 직각 형태의 성 모퉁이를 반원형으로 개조했다. 그림은 화기 공격에 대비해 설계한 성곽 모형인데 성 밖에 성을 보호하기 위해 만든 하천이 흐르고 있다.

백 보 내에 두면 그 위력을 당할 수가 없다"는 기록이 있다. 한편 자모연화포는 자포와 모포로 이루어져 있는데 명나라 장인이 서양의 화포를 개선해 제작한 것이다. 모포의 관복 부분에 총구가 있고 자포는 평소에 화약 탄환을 장착해 두었다가 전쟁이 나면 포를 쏘고, 포를 쏘고 나면 자관으로 바꾸어 계속해서 발사가 가능했고 위력도 투석기에 뒤지지 않았다. 자모연화포는 훗날 발사포의 시초가 되었다.

이 밖에 명대에는 여러 종류의 '다발화살'이 발명되었는데 한 번에 10촉을 발사할 수 있는 화궁유성전, 32촉을 발사하는 벌떼, 최대 100촉을 발사할 수 있는 백호제분전 등이 등장했다. 명연왕주강과 건문제가 백구하에서 싸울 때 벌떼를 사용했는데, 이는 다발제사화전을 최초로 사용한 것이며 총구가 여러 개인 화살포의 시조이다. 특히 언급할 만한 것은 당시 해전에 사용되었던 화룡출수(火龍出水)라는 무기이다. 『무비지(武備志)』에 "이 무기는 수면에서 3~4척 떨어진 높이에서 2~3리를 날았다. 이 화살은 대나무로 만들었고 용 모양의 몸체 부분에 네 개의 인화성 화염물질을 장착하고, 배 부분에 소형 화살포를 숨겨놓았다. 인화성 화염물질에 불을 붙였을 때 날아가는 화룡출수의 모습이 마치 화룡이 수면 위를 나는 것 같았다. 화약이 다 타면 배 안

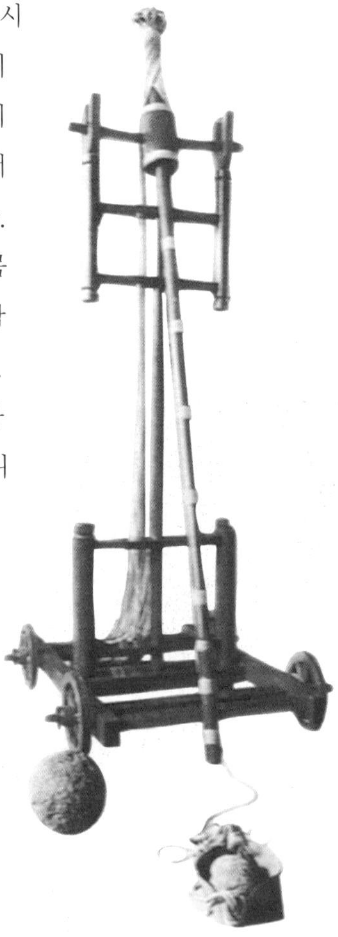

▼ **현대 화포의 초기 형태 포석기(抛石機)**

송대(宋代)의 대형 무기 체계를 살펴보면 이때부터 벌써 공격용과 방어용 두 종류로 구분이 명확했음을 알 수 있다. 하지만 공격과 방어가 가능하고 지렛대의 동력원리를 이용해 만든 포석기는 돌과 화구를 모두 발사할 수 있는 무기였다.

의 화전이 타들어가면서 용의 입에서 발사된다. 목표를 명중시키면 적의 군사와 배가 모두 타버렸다"는 기록이 나온다. 이것은 세계 최초의 2단 로켓이다. 이 밖에 이 책에는 '신화비아' 등의 폭발성과 연소성을 함께 갖춘 초창기 미사일에 대한 기록도 있다. 까마귀 형태의 가는 대나무와 종이로 만든 신화비아는 몸통 안에 화약을 채워 넣고 네 개의 화전을 부착해 만든 세계 최초의 로켓형 무기이다. 오늘날의 대형 탑재형 로켓 작동원리와 아주 흡사하다.

로켓이 발전함에 따라 사람들은 로켓의 추진력을 이용해 하늘을 날고 싶다는 소망을 갖게 되었다. 14세기 말, 명나라에 용기가 남다른 만호(萬戶)라는 사람이 나타났다. 그는 당시 가장 큰 로켓 47개를 부착한 의자에 앉아 양손에 각각 큰 연을 들고서 로켓의 추진력과 연의 부력을 빌어 날고 싶은 꿈을 실현하고자 했다. 실패로 돌아가긴 했지만 그는 로켓을 이용해 나는 것을 시도한 최초의 인간이라는 명예를 안게 되었다. 만호를 기리기 위하여 달에 있는 환상산에 만호의 이름을 명명했다.

13세기에 화약은 상인을 통해 인도를 거쳐 아라비아로 전래되었다. 그리스인은 아라비아 사람들이 쓴 서적을 통해서 화약을 알게 되었다. 칭기즈칸이 서방국가 원정에 나섰을 때 몽고군대는 화약무기를 사용하였고, 1260년 원세조 쿠빌라이칸의 군대가 시리아와의 싸움에서 격퇴당하자 아라비아인들이 불화살, 화약식 연노, 진천뢰 등 화약무기를 빼앗아감으로써 화약무기의 제조법과 사용법을 터득하게 되었다. 아라비아인들은 유럽의 국가들과 장기간 전쟁을 치르는 동안 화약무기를 사용했고, 아라비아 국가와의 전쟁을 통해 유럽인들은 조금씩 화약 제조와 화약무기 기술을 익히게 되었다.

화약과 화약무기가 유럽에 전파되면서 전쟁에서는 물론 통치와 노예의 정치적 관계에도 변화를 가져왔다. 옛날부터 줄곧 난공불락으로 여겨졌던 귀족들이 살고 있는 성벽도 시민들의 대포를 견딜 수 없었고, 시민들의 총탄은 기사들의 갑옷을 뚫고 들어갔다. 귀족의 통치는 철갑옷을 입은 귀족기사와 함께 사라져갔다. 자본주의가 발전함에 따라 새롭고 정밀한 화포가 유럽의 공장에서 만들어지고 상당한 위력을 가진 함대가 바다를 향해 새로운 식민지 개척을 위해 나아갔다.

▲ 채륜

서안 파교고분의 파교지(灞橋紙), 간숙성의 거연금관지(居延金關紙), 둔황의 마권만지(馬圈灣紙) 등 고대에 사용되던 종이가 대량 고분에서 출토되거나 발견되었다. 학자들은 이들 대부분이 서한 때의 마지(麻紙)에 속한다고 보고 있다. 이 자료들을 근거로 보면 채륜이 종이를 발명하기 전에 종이가 존재했었다는 것을 의미하기 때문에 학자들은 동한(東漢)시대의 채륜을 종이를 발명한 사람이 아니라 제지술을 개선, 개량한 사람이라고 본다.

제지술

문자가 탄생된 후에는 문자를 쓸 수 있는 도구가 필요했다. 고대 이집트인들은 나일강 유역의 파피루스를 이용해 역사를 기술하였고 유럽에서는 오랫동안 양가죽 등 동물의 가죽을 이용해 글자를 썼으며 중국에서도 제지술이 발명되기 전에는 갑골, 화간이나 견포 등이 글씨를 쓰거나 기록하는 재료로 이용되었다. 한대(漢代)에 이르러서는 서한의 경제와 문화가 급속도로 발전하면서 갑골이나 화간은 이미 더 이상 이 시기의 요구에 부합되지 못하였고 따라서 기록하고 쓸 수 있는 도구의 개선을 촉진하는 종이가 발명되기에 이른다. 동한 화제 때105년에 채륜(蔡倫)은 선인들의 경험들을 토대로 나무껍질, 낡고 떨어진 어망, 낡은 천, 삼베 등을 원료로 하여 글을 쓰기에 적합한 식물섬유로 만들었고 종이를 쓰기에 편한 보편적인 재료로 만들었다. 종이를 만드는 것은 중요한 화학공정으로, 종이의 발명은 인류 문화와 전파의 발전에 귀중하고도 커다란 기여를 했다.

채륜은 AD 75년에 환관의 신분으로 궁궐에 들어간 뒤, 105년에 제지술을 발명하였고 이 공로로 114년에 용정후(龍亭候)에 책봉되었으며 121년에 세상을 하직하였다.

▼ 중국 제지술의 전파 경로

제지술이 세계 각지로 전파된 경로를 담은 그림이다. 610년에 현재의 한국을 거쳐 일본에 전해졌고 1180년 무렵 아라비아인들을 통해 유럽으로 전파되었다. 값싸고 오래 쓸 수 있는 종이가 유럽 중세시대에 오랫동안 써왔던 양피지(羊皮紙)를 대체하여 사용되면서 유럽 문화의 발전을 촉진시켰다.

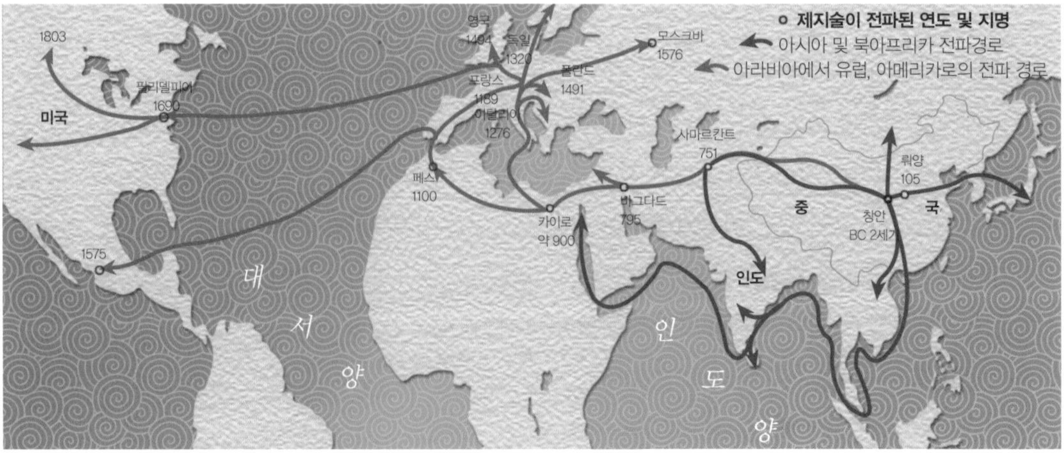

채륜이 종이를 만들기 전에 글을 쓰고 기록하는 종이는 사실상 직물이었다. 채륜이 나무껍질, 삼베, 낡은 천, 어망 등을 이용해 다지고 펴고 말리는 등 일련의 가공법을 거쳐 식물섬유 종이를 만들어냈고 이것이 오늘날까지도 구성에 별다른 변화가 없는 훌륭한 종이이자 진정한 의미의 종이라고 할 수 있다.

제지술은 중국 고대의 가장 위대한 발명품 중 하나이자 인류문명사상 가장 뛰어난 성과물이다. 종이는 인류문명의 기초이다. 또한 새로운 정보의 매개체로 중국에 가장 먼저 나타났다.

▲ 종이 만드는 과정
채륜의 종이 만드는 과정은 크게 4단계이다. 첫째, 삼베 찌꺼기, 낡은 천조각 등의 재료를 씻고 다져 불순물을 제거한다. 둘째, 약알칼리성 초목회 물에 담가 걸쭉하게 만든다. 셋째, 잘게 갈아서 섬유화 형태로 만들어 가소성을 증가시켜 종이의 강도를 강화한다. 마지막에 종이풀을 나무틀로 떠서 그늘에 말리면 종이가 완성된다.

◀ 대나무 수집과 종이 뜨기
죽순이 나기 시작하는, 곧 잎이 나오려고 하는 여린 대나무야말로 종이를 만드는 최고의 재료여서 매년 망종 때 산에 대나무를 베러 간다. 보통 5~7척 길이의 대나무를 베어 그 자리에서 바로 물에 담가둔다. 100여 일이 지나면 씻고 찌고 삶아서 풀처럼 만든다. 종이 뜨기 과정에서 가장 중요한 것은 종이의 두께를 고르게 만드는 것이다.

당대 종이의 특색	
종이 이름	특징
경황지(硬黃紙)	황지에 밀랍으로 처리한 것, 딱딱하고 조밀하며 반투명이다. 방충효과가 있으며 물에도 강하다.
백랍지(白蠟紙)	양면 밀랍 처리, 광택, 섬유소가 가늘고 고름. 종이를 나누어 뜯을 수 있고 양면 모두 사용 가능하다.
분랍지(粉蠟紙)	마분지와 납종이의 장점 보유
주금지(酒金紙)	금은조각, 은가루 등을 종이에 장식한 것. 윤이 나고 눈에 띄지만 가격이 높다.
설도전(薛濤箋)	여류시인 설도의 이름을 딴 시를 적는 분홍빛 종이
수문지(水紋紙)	빛에 대면 반짝거리는 무늬나 결이 보이고 평평하게 놓으면 잘 보이지 않는다.
사용 범위	용도
관청 문서	행정 문서로는 백마지, 군사용 문서로는 황지, 조정에는 둘 다 사용. 소수민족 지역의 고위관리는 오색 마분지와 청지 사용
경전, 서적 베끼기	둔황에서 출토된 경전 필사본 중 일부 값비싼 경황지 사용
서화용지	광택을 내고 가루를 넣고 밀랍 처리를 하고 아교를 사용해 가공한 종이. 먹이 잘 스며들고 번지지 않는다. 종이 폭이 크다.
천막, 병풍	종이병풍에 그림을 그리거나 붓글씨를 씀
창호지	기름을 먹여 윤이 나고 방수 가능
등불	호롱불 심지용으로 명주실을 대체
기타	종이우산, 종이부채
의복	종이옷, 종이모자, 종이이불, 종이갑옷, 종이관복
포장	찻잎과 환약 포장
장례용품	장례 때 쓰는 종이돈, 종이인형, 혼을 부르는 종이 자르기, 종이관

▲ 당대 종이의 특색

당대(唐代)에 조판인쇄술이 출현함으로써 종이의 발전을 크게 부추겼다. 당시 종이의 원료로는 삼베, 등나무, 나무껍질, 대나무, 누에고치, 보리, 식물 줄기 등으로 늘어나고 원가도 감소되었으며, 종이의 특징에 따라 용도를 다르게 할 수 있는 정도에 이르렀다.

▶ 원대의 회전식 활자판

회전식 활자판은 원대의 왕정이 활자인쇄술을 개량한 것이며 목활자를 발명하기도 했다. 자신이 쓴 『농서(農書)』의 글자 수가 많고 조판인쇄가 어렵다는 것을 알고 이 문제점을 해결하기 위해 공인을 시켜 3만여 자의 목활자를 파게 한 것이다.

▲ 필승
중국 인쇄박물관 안에 있는 필승(畢昇) 조각상

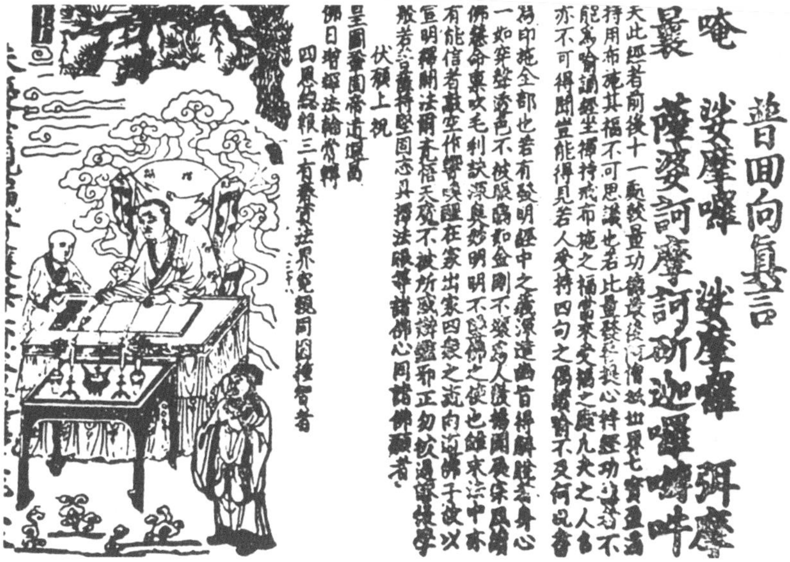

▲ 조판인쇄물
조판인쇄는 당대에 발명된 것으로 추측되며 세계 최초의 인쇄술이다. 조판인쇄의 시조는 고대의 인장과 탁본으로 볼 수 있다.

종이의 출현과 보급은 한대(漢代) 이후의 문화생활에 새로운 모습을 가져왔다. 185년에 산둥성의 종이 만드는 달인 좌백(左伯)이 좌백지(左伯紙)를 만들었는데 "자읍이 만든 종이는 정교하며 빛이 난다"고 기록되어 있다. 2세기에서 5세기 사이 좌백지, 장지필, 위탄묵은 문인들이 애호한 문방용품이었다. 진대(晋代) 이후 경제가 발전하면서 제지술이 장강 유역과 강남 일대에 전해졌고 종이를 만드는 재료도 풍부해져 좋은 종이들이 많이 나왔다. 진대에 성행하던 책 읽기와 베껴쓰기, 도서 모으기 등은 모두 종이의 보급 및 확대에 영향을 미쳤다.

인쇄술

과학문명은 사회가 급박하게 필요로 하고 그것을 탄생시킬 수 있는 물질적 여건이 마련되면 바로 나타나게 된다. 조판인쇄술의 출현 역시 이런 까닭에 나타난 것이다.

조판인쇄술이 나타나기 전에 사회에서는 인장과 탁본이 널리 사용되고 있

①

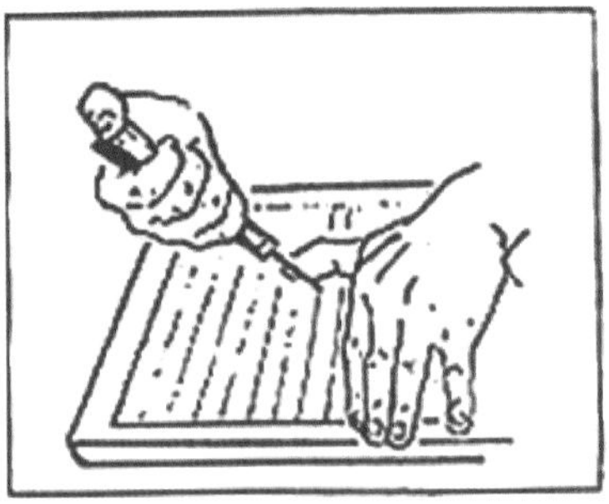

②

③

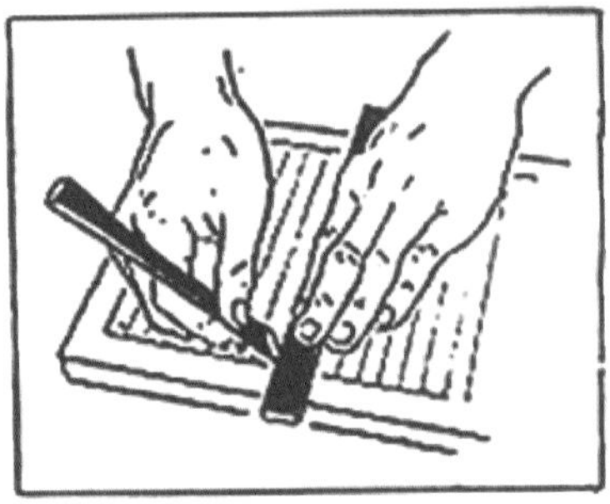

④

었다. 인장은 양각과 음각 두 종류가 있었는데 양각은 볼록하게 튀어나오게 하는 것이고 음각은 오목하게 들어가게 하는 것이다. 양각 인장을 사용하여 종이에 찍으면 흰 바탕에 검은 글자여서 선명하다. 하지만 인장의 크기가 모두 작은 편이어서 찍어낼 수 있는 글자 수에 한계가 있었다. 비석은 보통 음각을 이용했는데 탁본한 것을 보면 검정 바탕에 흰색 글자여서 그다지 눈에 띄지 않았다. 게다가 비석을 탁본하는 과정이 복잡하여 책을 찍어내기에도 상당히 불편했다. 그러나 비석 탁본은 비석의 면적이 커서 한 번에 많은 글자를 찍어낼 수 있는 장점이 있었다.

비석 탁본과 인장을 바탕으로 조판인쇄술이 드디어 시대의 조류에 따라 나타났다. 조판인쇄는 대부분 이러한 과정을 거쳤다. 책 원고의 글자를 다 쓴 뒤 글자가 있는 면을 판에 붙여 글자를 새겼다. 작업자들은 각종 조각칼을 이용해 목판 위의 거꾸로 된 글자의 검은색 부분을 튀어나오게 양각으로 새기고, 목판의 나머지 공백부분을 깎아 없애 오목하게 들어가게 만들었다. 판에 새겨진 글자는 약 1~2밀리미터 정도의 높이였다. 새긴 글자를 뜨거운 물에 씻어 톱밥이나 나무 찌꺼기를 없애면 과정은 끝난다. 인쇄할 때 원기둥 모양으로 된 넓적한 솔로 먹물을 묻혀 목판에 골고루 칠하고 조심스럽게 종이를 목판 위에 깐 뒤에 솔로 가볍게 솔질을 해주면 종이에 글자나 그림이 나타난다. 찍힌 종이를 떼어내어 그늘에서 말리면 인쇄 과정이 끝나는 것이다. 이 인쇄법은 목판에 글자를 새긴 후 찍어내기 때문에 조판인쇄라고 한다.

조판인쇄는 한 번 새기면 수백 권에서 수천 권까지 찍어낼 수 있어 문화 전파에 큰 역할을 했다. 하지만 판을 새길 때 힘이 많

◀ 조판 제작과정

조판인쇄 제작과정은 크게 3단계로 구분한다. 첫째, 인쇄판을 새기는 것이다. 먼저 붓글씨를 잘 쓰는 사람이 글씨를 쓰고 이 종이를 목판에 붙여 공인이 글자 모양대로 새긴다. 둘째, 기름먹을 바른다. 셋째, 인쇄를 한다. 다시 말하면 기름먹을 바른 인쇄판에 종이를 덮고서 붓으로 살살 두드려가며 편평하게 만든 다음 마지막에 떼어낸다. 두 번째 장도 같은 작업을 반복해서 실시하면 되므로 대량 인쇄가 가능해진 것이다.

이 들고 대부분의 책을 새기는 데 몇 년씩이나 걸리기 일쑤고 판을 보관하거나 놓을 때도 큰 공간이 필요했다. 뿐만 아니라 형태가 변하거나 썩어서 훼손되기도 했다. 찍어야 할 양이 적고 여러 번 찍을 필요가 없는 책의 조판은 폐품으로 전락했다. 이 밖에 조판에 틀린 글자를 발견한 경우 새로 고치기가 여간 힘든 것이 아니어서 아예 완전히 새로 새겨야 하는 경우가 종종 발생했다.

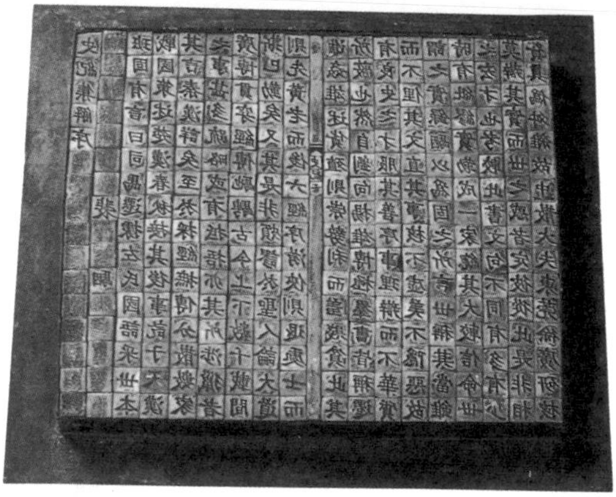

▲ **활자인쇄술**
활자인쇄술의 '활(活)'은 조판인쇄술에 대해 말한 것이다. 평민이었던 필승이 점토활자를 이용해 한 자씩 글자를 만들어 글자틀을 만든 것이다. 서적을 인쇄할 때 원고대로 글자를 하나씩 골라내어 배열한 다음 먹을 바르고 찍어내면 되는 것이다. 글자틀은 반복해서 사용할 수 있으며 빠르고 간편하다.

1042년부터 1048년 사이에 평민출신 필승(畢昇)이라는 사람이 찰흙을 이용해 글자를 만들었는데 한 글자를 만들어 불에 구워 딱딱하게 만들었다. 판을 배열할 때 먼저 철판을 준비한 뒤 판 위에 송진, 납촛농, 종이재 등을 섞은 혼합물을 놓고 철판 사면에 철 액자를 두르고 철 액자 내에 찍고자 하는 글자를 배열하여 가득 메우면 한 판이 되는 것이었다. 그 다음 불에 구워 혼합물이 녹으면 활자들이 하나로 뭉쳐진다. 식기 전에 평평한 판으로 활자 위에 꾹 눌러주면 글자 면이 편평하게 되어 인쇄를 할 수 있다. 이 방법은 두세 권 찍어내는 것은 물론 수십 권, 수천 권을 찍어도 아무런 문제가 되지 않았다. 효율을 높이기 위해 두 개의 철판을 이용했는데, 하나는 인쇄용이고 하나는 글자배열용으로 쓰였다. 하나를 찍는 동안 다른 철판에 글자를 배열하는 식으로 번갈아가며 사용해 효율을 높였다. 자주 사용하는 글자 '之', '也'와 같은 글자는 20개 정도 미리 만들어 한 판에 여러 개가 필요할 때 사용했다. 준비가 안 되어 있는, 잘 쓰지 않는 글자는 필요할 때 새겨 초목화로 바로 구웠다. 인쇄판에서 떼어낸 글자는 모두 작은 통에 넣은 다음 바깥 부분에 음에 따라 분류하여 표시를 해놓아 찾기에 편하게 만들어두었다. 필승은 처음에 나무 재료를 이용해 활자를 만들었는데 실험을 통해 나무무늬 짜임새가 어떤 것은 성기고 어떤 것은 조밀하며, 비를 맞거나 물이 묻으면 쉽게 불어 모양이 틀어졌다.

필승이 활자인쇄를 발명한 뒤 인쇄의 효율이 크게 향상되었다. 1965년 절강성 백상탑(白象塔)에서 발견된 판본 『불설관무량수불경(佛說觀無量壽佛經)』을 감정한 결과, 1100년에서 1103년 사이의 활자본으로 밝혀졌다. 이는 필승이 발

▲『십죽재화보(十竹齋畫譜)』의 꽃
이 그림은 호정언(胡正言)이 숭정 17년에 목판본에 새긴 것으로, 목판수인을 사용한 대표작이다. 그림, 판각, 인쇄가 함께 어우러진 공예이다.

명한 활자인쇄술에 관한 최초의 역사적인 증거이다.

조판의 부족함을 피한 활자판은 미리 충분한 활자를 준비해 두고 필요에 따라 언제든지 글자를 맞추기만 하면 되어 판 짜는 시간을 크게 줄일 수 있었다. 활자판 인쇄가 끝나면 판을 분해해 활자를 반복해서 사용할 수 있고, 조판보다 활자가 차지하는 공간이 작아 저장과 보관이 편리했다. 이로써 활자인쇄술은 인쇄의 효율을 크게 향상시켰다.

송대의 주필대(周必大)는 심괄로부터 필승이 발명한 방법을 배워 자신의 저서를 인쇄했다. 그대로 사용한 것이 아니라 약간의 보완을 거쳤는데, 철판이던 것을 동판으로 바꾸었다. 동판이 철판보다 열 전달이 잘 되고 점약도 쉽게 녹는 것이 장점이었다.

원대의 요추(姚樞)는 활자인쇄술을 제창한 사람으로, 제자인 양고(楊古)에게 활자판 인쇄술을 가르쳐 주희의 『소학(小學)』과 『근사록(近思錄)』 및 여조겸(呂祖謙)의 『동래경사논설(東萊經史論說)』 같은 책을 인쇄하게 했다. 그러나 양고가 점토를 빚어 만든 활자는 활자인쇄 고유의 기술이 아니라 송나라 사람이 개선한 기술이었다.

양고와 같은 시대의 사람 왕정은 목활자를 개발했다. 목활자 3만 여개를 파서 1298년에 6만여 자의 『정덕현지(旌德縣志)』를 찍었다. 기록으로 남아 있는 최초의 목활자 인쇄본이다. 왕정이 인쇄기술에 세운 또다른

◀ 중국의 3대 세화
텐진 양류청년화(楊柳靑年畫)는 목판수인에 착색을 한 뒤 색을 덧칠하여 처리한 다음 마지막에 인물의 얼굴과 의복, 장식품에 분을 뿌리고 금가루를 떨어뜨려 번지게 하는 기법을 쓴다. 양가부연화(楊家埠年畫)는 처음에는 조판인쇄술로 윤곽을 잡은 뒤 수공으로 옅게 채색을 하고 마지막에는 채색판 인쇄로 발전했다.

공헌은 회전배열판을 발명한 것이다. 가벼운 재질의 목재로 만든 회전판을 축에 꽂으면 자유롭게 회전이 가능했다. 목활자를 고대 운서(韻書)의 분류법에 따라 모두 격자에 놓았다. 이런 대회전판 두 개를 만들고 글자를 배열하는 사람이 두 회전판 사이에 앉아 회전판을 돌려가면서 글자를 찾았다. 이것은 글자 배열의 효율을 높이고 글자 배열을 하는 공인의 체력과 노동력을 감소시킬 수 있는 글자 배열기술에 있어서의 쾌거였다.

▲ 점토활자
청대(清代) 민간에서는 여전히 점토활자를 이용해 서적을 인쇄했다. 원대에 점토활자를 사용했다는 기록 외에는 점토활자 인쇄술은 거의 사라졌다. 그림은 도광(道光) 연간 안휘 경현사람인 적금생(翟金生)이 필승이 발명한 방법을 모방하여 점토활자를 만들었고 이를 이용해 『니판시인초편(泥版試印初編)』 등의 책을 인쇄한 것이다.

금속 재료로 활자를 만드는 것 역시 활자인쇄술의 발전 방향이다. 왕정 이전에 주석을 이용해 활자를 만든 사람이 있었다. 하지만 주석은 먹이 잘 스며들지 않아 인쇄하기가 힘들어 보급하는 데 어려웠다. 15~16세기에는 동활자가 성행했다. 청대에 들어서 동활자는 새로운 물결을 맞이하는데, 최대 작업으로 만 권에 달하는 『고금도서집성(古今圖書集成)』 인쇄를 꼽을 수 있다. 동활자만 100만 개에서 200만 개에 달했다.

중국은 인쇄술의 발명지로서 많은 국가들의 인쇄술은 중국을 통해 전래되거나 중국의 영향을 받아 발전하기 시작했다. 중국의 활자인쇄술은 페르시아, 이집트 및 유럽으로 전파되었다. 1450년 전후에 독일의 쿠텐베르크는 중국 활자인쇄술의 영향을 받아 합금으로 글자를 조합하는 활자를 만들어 서적 인쇄에 사용했다. 인쇄술이 유럽으로 전해진 후 유럽의 사회가 급속도로 빨리 발전을 하였고 문예부흥의 출현에 조건을 마련했다.

3

근대과학의 서광

중세시대 후기 서양의 자본주의가 싹트기 시작하고 자산계급이 일어나면서 실험을 바탕으로 하는 자연과학의 새로운 체계가 확립되었다. 16세기부터 과학자들은 끊임없는 추구와 천재적인 지혜, 실제를 추구하는 정신, 강인한 끈기로 인류가 자연을 인식하고 자연을 이용할 수 있도록 부단한 노력을 기울였다. 17세기 초, 서양의 과학기술이 강력한 추진력을 받으면서 근대과학의 서광을 맞이하게 되었다.

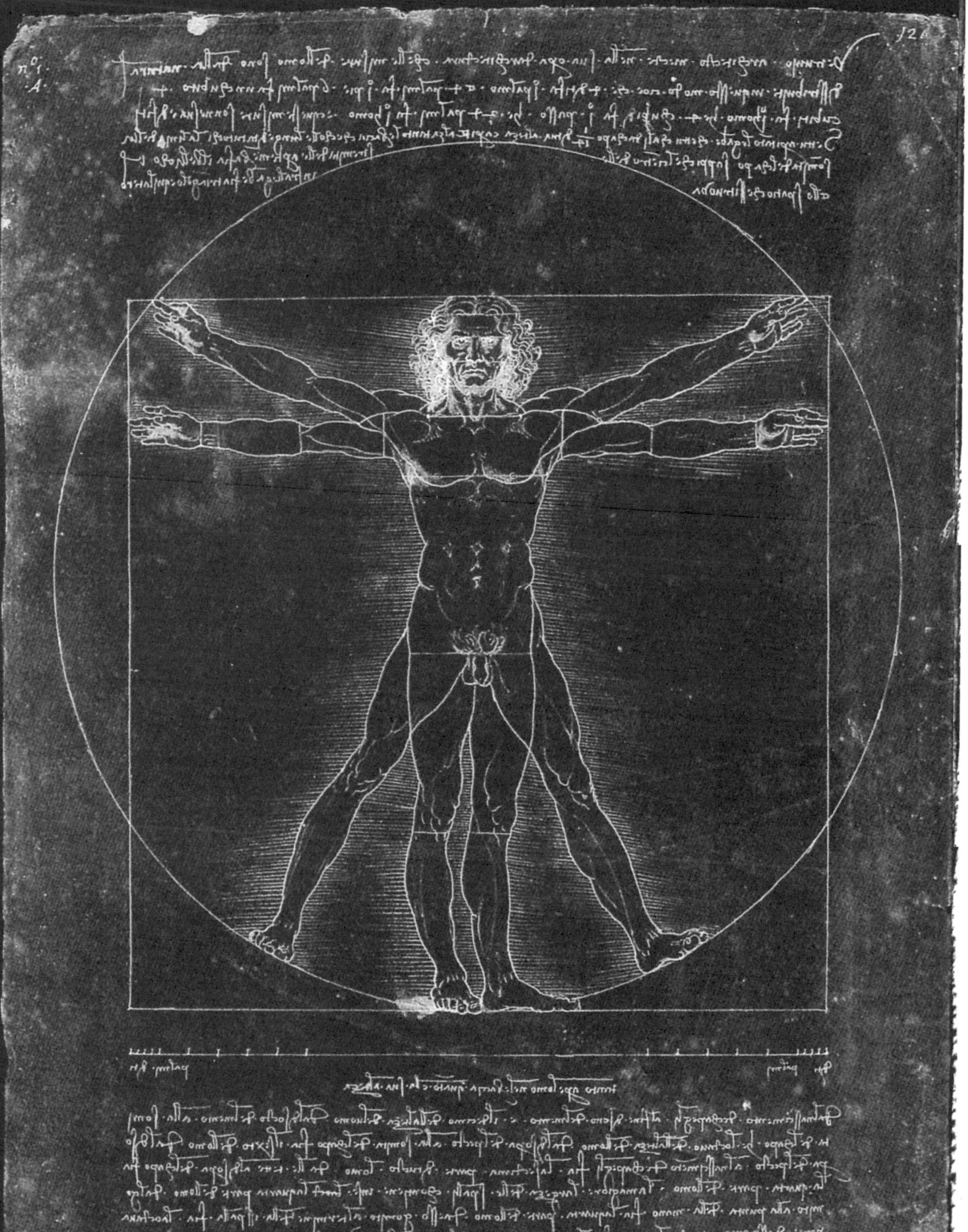

01 코페르니쿠스의 천문학혁명

중국

1368년 명 태조 주원장 천문역법 엄격하게 금지

1482년 유정 「대통력」을 개혁할 것을 주장하다 하옥됨

1484년 장승 역법을 개혁할 것을 주장했으나 명 조정에서 받아들이지 않음

1500년 명 왕조 천문역법에 대해 관대해짐

1528년 명 조정 해시계 등 기구를 관상대에 갖추기 시작

1545년 주술학 혼천의와 경루를 제작. 혼상과 특수한 시간알림장치로 구성되어 있으며 천체의 모양과 시간을 자동으로 알려줌

1573~1619년 마테오 리치와 이지조 「혼개통헌도설」 함께 번역. 이 책에서 별자리 운행의 원리와 별자리상에서 지표로 항성을 알아내는 방법 소개

1577년 「천문기후전차전도」에서 이 책이 전문적인 별자리지도를 위한 것으로 하늘의 별들을 식별하고 시간을 예측하는 기능을 가지고 있음을 밝힘

1584년 후선춘 「회회역법」으로 「대통력」을 대신할 것을 주장. 일식과 월식 추산

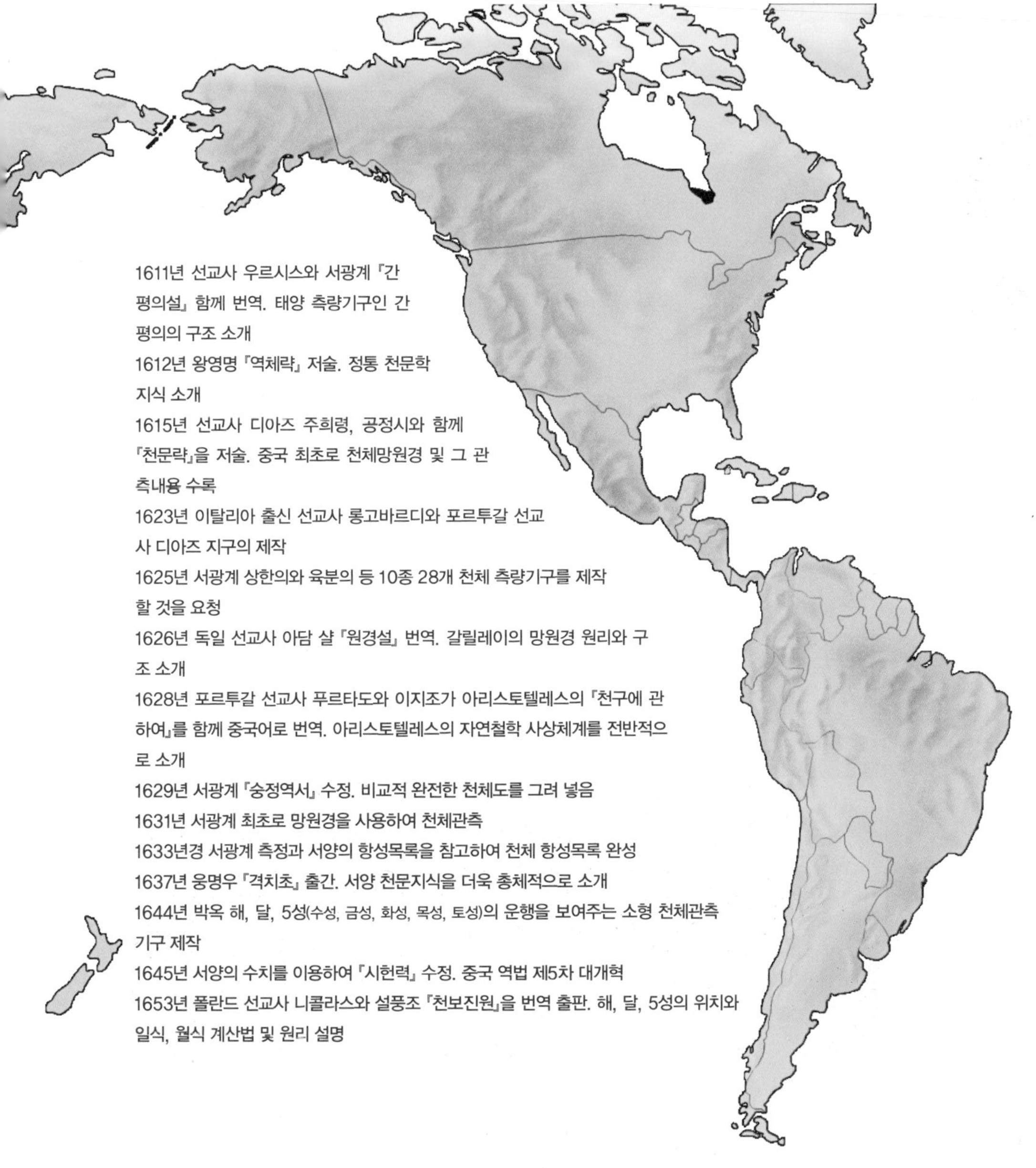

1611년 선교사 우르시스와 서광계 『간평의설』 함께 번역. 태양 측량기구인 간평의의 구조 소개
1612년 왕영명 『역체략』 저술. 정통 천문학 지식 소개
1615년 선교사 디아즈 주희령, 공정시와 함께 『천문략』을 저술. 중국 최초로 천체망원경 및 그 관측내용 수록
1623년 이탈리아 출신 선교사 롱고바르디와 포르투갈 선교사 디아즈 지구의 제작
1625년 서광계 상한의와 육분의 등 10종 28개 천체 측량기구를 제작할 것을 요청
1626년 독일 선교사 아담 샬 『원경설』 번역. 갈릴레이의 망원경 원리와 구조 소개
1628년 포르투갈 선교사 푸르타도와 이지조가 아리스토텔레스의 『천구에 관하여』를 함께 중국어로 번역. 아리스토텔레스의 자연철학 사상체계를 전반적으로 소개
1629년 서광계 『숭정역서』 수정. 비교적 완전한 천체도를 그려 넣음
1631년 서광계 최초로 망원경을 사용하여 천체관측
1633년경 서광계 측정과 서양의 항성목록을 참고하여 천체 항성목록 완성
1637년 웅명우 『격치초』 출간. 서양 천문지식을 더욱 총체적으로 소개
1644년 박옥 해, 달, 5성(수성, 금성, 화성, 목성, 토성)의 운행을 보여주는 소형 천체관측기구 제작
1645년 서양의 수치를 이용하여 『시헌력』 수정. 중국 역법 제5차 대개혁
1653년 폴란드 선교사 니콜라스와 설풍조 『천보진원』을 번역 출판. 해, 달, 5성의 위치와 일식, 월식 계산법 및 원리 설명

근대 과학혁명의 상징으로 인정되는 코페르니쿠스의 태양중심설은 기존의 프톨레마이오스 체계를 뒤집었을 뿐만 아니라 로마 교회의 권위와 그를 추종하는 스콜라 철학에 심각한 위협이 되었다. 태양중심설은 인류문명에서의 대혁명으로 근대과학의 문을 활짝 열면서 종교적 가르침을 무너뜨렸으며, 우주에서 인류의 지위에 대한 인식을 변화시켰다. 즉, 인간이 살고 있는 지구가 우주에서 더 이상 절대적인 위치에 있지 않음을 깨닫게 한 것이다. 그리고 태양중심설은 다른 학문의 발전도 함께 이끌어냈다.

자연과학의 독립선언 : 『천구의 회전에 관하여』

▲ 고페르니쿠스
코페르니쿠스의 가장 유명한 성과는 지동설을 주장함으로써 서구 천문학을 지배해 온 천동설을 뒤집은 데 있다.

중세 서양의 과학기술은 중국, 아라비아와 같은 국가들의 과학기술 발달과 비교해 처참한 수준이었다. 민중을 무시하는 기독교는 오만하게도 모든 진리를 알고 있다고 자만하였고 객관적 입장에서 자연지식을 탐구해 온 사람을 적대시했다. 특히 중세 전기에는 자연경제와 기독교신학이 지배적인 지위를 점하고 있었기 때문에 과학기술문화가 발전하는 데 방해가 되었을 뿐 아니라 과학기술을 억압하기까지 했다. 이로 인해 모든 문화적, 과학적 활동은 기독교 교리에 위배되지 않도록 조심스러웠고 그 선을 넘지 않기 위해 전전긍긍하였다.

몽매주의와 스콜라 철학의 대립 상황에서도 몇몇 전도유망한 학자와 과학자들이 나타났다. 근대 실험과학의 선구자인 영국인 로저 베이컨Roger Bacon이 과학은 자연을 연구하고 실험을 중요시해야 하며 권위에 대한 맹목적인 숭배를 반대해야 한다고 주장했다. 그는 경험은 현상을 인식하게 할 뿐이며 선조들의 주장이 정확한지 아닌지를 판단하는 방법은 오로지 관찰과 실험뿐이라

▶ 코페르니쿠스의 우주관
코페르니쿠스의 지동설은 오랜 기간 지배해 온 천동설에 정면으로 도전장을 내고 천문학 발전을 위해 기초를 마련했다. 그림은 드넓은 은하계를 표현한 것이며 태양계는 단지 우주의 한 부분에 불과하다는 것을 말해주고 있다. 이 말은 "세계의 변하지 않는 질서는 무한하고 인간의 지각과 인식도 객관적이고 현실적인 작은 부분밖에 알 수 없다"는 사실과 일맥상통한다. 이 같은 주장은 문명사회 발전을 향한 이론적 밑바탕이 되었다.

고 보았다. 그는 광학 분야에서 일련의 실험을 통해 반사와 굴절의 원리를 결론지었고 거울, 렌즈, 망원경에 대해 탐구했다. 또 기계로 움직이는 배와 자동차 및 비행의 가능성도 제시했다.

르네상스 이후 과학적 관점에서의 중요한 첫 번째 변화가 니콜라우스 코페르니쿠스Nicolaus Copernicus에 의해 완성되었다. 수학자이자 천문학자인 그는 폴란드인 아버지와 독일인 어머니 사이에서 태어났다.

1473년 2월 19일 폴란드 비수아강 근처 토룬에서 태어난 그는 고등학교 졸업 후 크라쿠프 대학에 입학하여 수학과 천문학에 관심을 가지게 되면서 천문 관측기구를 이용해 천체를 관측하기 시작했다. 1496년 그는 이탈리아로 가서 법률과 의학을 공부했으나 많은 시간을 천문학 이론과 실용적인 연구에 할애했다.

이탈리아에 머무르는 동안 코페르니쿠스는 프라우엔부르크의 교회 목사로 임명되었다. 1512년 프라우엔부르크로 가서 남은 30여 년의 여생을 보냈다. 이 30여 년은 그의 일생에서 가장 안정된 시기로, 이곳에서 행성계의 구체적 내용을 구상하고 많은 복잡한 계산을 정리하였으며 자신이 1512년 저술했던

▶ **시계 모형의 우주**
이 태양계 시계 모형은 코페르니쿠스의 태양중심설, 즉 태양이 우주의 중심에 있고 지구와 달이 태양 주위를 원을 그리며 운동한다는 것을 보여주고 있다. 시대적 한계로 인해 코페르니쿠스의 지동설은 완벽한 원형궤도였다.

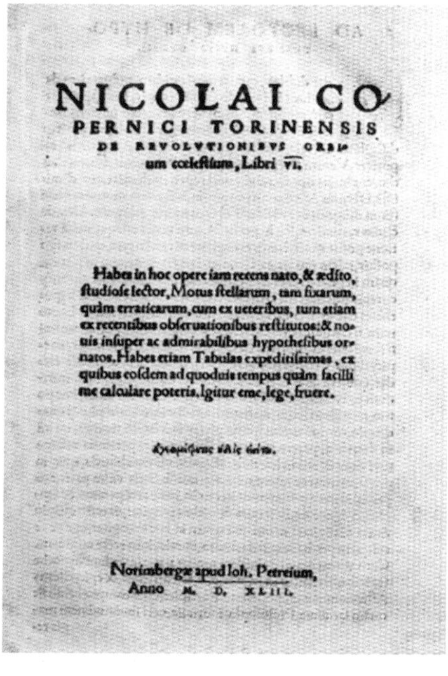

NICOLAI CO
PERNICI TORINENSIS
DE REVOLVTIONIBVS ORBI-
um coelestium, Libri VI.

Habes in hoc opere iam recens nato, & aedito, studiose lector, Motus stellarum, tam fixarum, quàm erraticarum, cum ex ueteribus, tum etiam ex recentibus obseruationibus restitutos: & nouis insuper ac admirabilibus hypothesibus ornatos. Habes etiam Tabulas expeditissimas, ex quibus eosdem ad quoduis tempus quàm facillime calculare poteris. Igitur eme, lege, fruere.

Ἀγεωμέτρητος οὐδεὶς εἰσίτω.

Norimbergae apud Ioh. Petreium,
Anno M. D. XLIII.

◀ **『천구의 회전에 관하여』**
1543년 노년의 코페르니쿠스는 병마에 시달리면서 걸작 『천구의 회전에 관하여』를 마침내 출판했다. 그는 이 책을 원래 교황 바오로 3세에게 헌사하려고 하였으나 출판되자마자 바로 가톨릭교회에 의해 금지되어 1835년에서야 해금되었다.

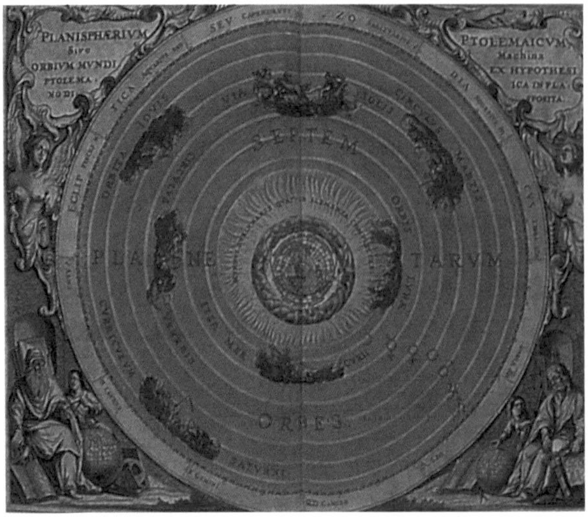

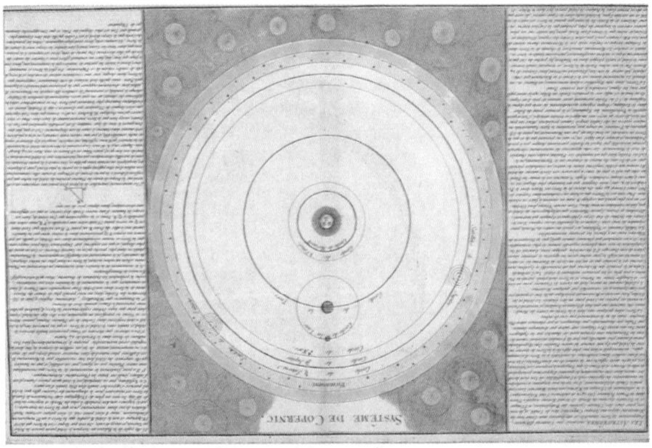

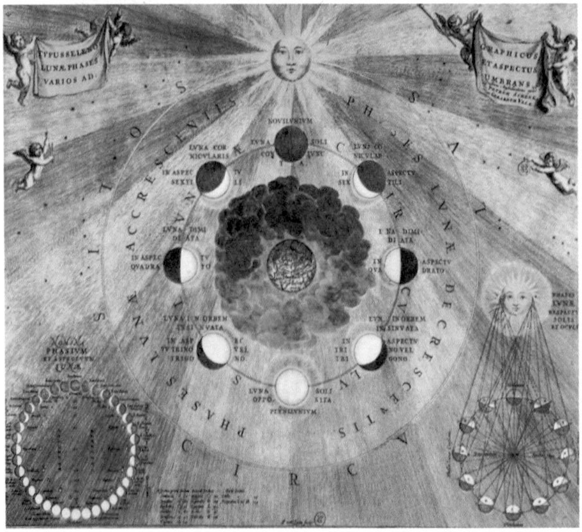

◀ **프톨레마이오스의 우주체계**(맨 위)
코페르니쿠스가 지동설을 주장하기 전 천문학 분야를 지배하고 있던 것은 프톨레마이오스의 천동설이었다. 천동설은 지구가 우주의 중심이며 다른 행성들이 지구 주위를 회전한다고 하는 것이다.

◀ **코페르니쿠스의 체계**(중간)
코페르니쿠스는 자신의 학설에 하나의 공전궤도를 다른 공전궤도에 연결하는 복잡한 체계를 끌어와 설명했다. 한 주전원의 중심이 이심원의 원주상에 있고, 또 다른 작은 주전원의 중심이 앞의 주전원의 원주상에 있다는 것이다.

◀ **천체도**(아래)
1660년에 판화로 제작된 이 천체도는 가운데에 지구가 그려져 있으나 이전 프톨레마이오스의 체계로 돌아간 것은 아니다. 이 그림은 달, 지구, 태양의 상대적 위치에 따라 지구에서 보이는 달의 다른 형태를 나타내고 있다. 그림 오른쪽 아래는 태양의 빛에 따른 반달의 각기 다른 모습이다.

『천구의 회전에 관한 시론』을 보완했다. 1516년 이후 그는 『천구의 회전에 관하여De revolutionibus orbium coelestium』를 집필하기 시작하여 1530년경에 마침내 시대에 한 획을 긋는 책을 완성하기에 이르렀다.

『천구의 회전에 관하여』는 모두 여섯 권으로 태양중심설을 체계적으로 저술한 걸작이다. 제1권은 우주론으로, 주로 태양중심설의 기본사상을 설명하고 있다. 제2권은 삼각법을 이용하여 천체운행의 기본규율을 입증했다. 제3권은 항성목록 편이며, 제4권은 자전과 공전에 대해 설명하고 있다. 제5권은 달에 관련한 문제를 설명하고 있고 제6권은 나머지 5개 행성운행에 관한 이론들을 다루고 있다. 이 책에서 코페르니쿠스는 지동설과 태양중심설을 주장하여 그 동안 교회의 지지를 받아온 지구중심 이론을 뒤집었다. 『천구의 회전에 관하여』는 지구는 우주의 중심에 있

지 않고 태양궤도에 있으며, 우주의 중심은 태양이고 지구를 포함한 모든 행성이 태양을 중심으로 돈다는 것을 주된 골자로 하고 있다. 태양은 가장 아름다운 천국이자 만물을 비추는 조명이며 별들이 움직이는 것처럼 보이는 것은 지구와 행성들의 자전운동의 복합적 결과라는 것이다.

코페르니쿠스 체계는 처음부터 교회의 반대에 부딪혔다. 가톨릭교회는 1616년까지 여전히 갈릴레이의 코페르니쿠스 천문학 강의를 금지하려 했으나 새로운 그의 학설은 널리 전파되기 시작했다. 이 새로운 학설의 초기 옹호자 중 한 사람인 가톨릭 도미니코회 수사 지오르다노 브루노Giordano Bruno가 『원인, 원리 및 일자에 관하여De la causa, principio e uno』, 『무한, 우주와 모든 세계에 관하여De l'infinito universo e mondi』, 『최소자론De triplici minimo』 등의 책을 발표했다. 브루노는 코페르니쿠스의 학설을 널리 알렸을 뿐 아니라 그의 이론의 일부분에서 큰 진전을 이루어 새로운 우주론을 내놓았다. 브루노는 우주는 공간적으로 무한하고 시간적으로 영원하며 다만 통일된 규칙이 있을 뿐이라고 여겼다. 또 태양은 우주공간의 수많은 항성계 중 하나에 불과하며, 우주는 무한히 많은 태양계를 가지고 있고 그것들은 무궁한 시간 속에서 흥망성쇠하며 영원한 생명력을 보여준다고 생각했다. 그는 지구는 태양주위를 회전하고, 태양과 다른 항성 역시 위치의 변화가 끊임없이

▲ 지오르다노 브루노 (왼쪽)
코페르니쿠스의 지동설은 우주중심론 및 우주가 유한하다는 생각에서 벗어나지 못했다. 브루노는 코페르니쿠스의 지동설을 발전시켜 태양이 우주의 중심이 아니며 단지 하나의 항성계의 중심일 뿐이라고 주장했다.

▲ 코페르니쿠스 조각상 (가운데)
크라쿠프 대학 근처에 있는 코페르니쿠스 조각상이다. 한 손에는 지구의를 들고 있고 얼굴에는 결연한 의지와 정신이 나타난다.

▲ 자신의 새로운 학설을 설명하고 있는 코페르니쿠스 (오른쪽)
낡은 천문학체계를 개혁하기 위해 코페르니쿠스는 고대 그리스 학자들이 쓴 여러 저서의 핵심만을 취합하여 그 성과를 잇는 한편, 동시대인들과의 토론을 통해 새로운 진리를 탐색했다. 그가 내놓은 새로운 학설은 우주인식에 대한 혁명으로 인류의 세계관에 큰 변화를 가져왔다.

◀ 태양계 모형
이 태양계 모형은 코페르니쿠스의 태양중심이론의 영향을 받아 제작한 것이다. 모형에는 태양, 달, 지구, 수성과 금성을 포함하고 있고 지구는 자신의 축을 따라 회전운동을 한다. 또 손잡이를 움직이면 행성이 태양을 둘러싸고 운동하는 것을 보여준다. 모형의 바깥 원에는 역법과 황도대 표시와 나침반 눈금이 표시되어 있다.

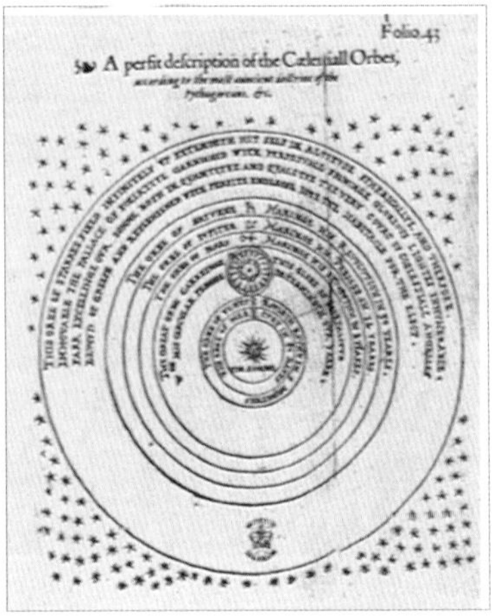

▶ 코페르니쿠스의 우주체계를 설명한 디기스

1576년 토머스 디기스(Thomas Digges)가 코페르니쿠스의 우주체계를 영어로 설명했다. 그는 코페르니쿠스의 태양중심체계의 우주를 무한대로 확장시켰다.

이루어진다고 주장했다. 그리고 우주는 하나의 통일된 물질세계로 영원불변하고 우주 바깥에는 아무것도 존재하지 않는다고 제기했다.

브루노의 이 같은 새로운 천문학 관점은 교회에 엄청난 충격을 초래하였고 결국 1600년 2월 17일 로마에서 화형에 처해졌다. 이때 그의 나이 52세였다. 그는 최후의 순간에도 "활활 타오르는 이 불꽃은 나를 정복할 수 없다. 미래는 나를 이해할 것이며 내 가치를 알아줄 것이다"라고 소리쳤다. 1889년 사람들은 진리를 위해 두려워하지 않고 자신을 희생한 브루노의 정신을 기리기 위하여 그가 화형을 당한 자리에 조각상을 세웠다.

17세기 중엽 이후, 자연과학이 발전해 감에 따라 코페르니쿠스 학설도 자리를 굳히고 학설 내용도 더욱 충실해졌다. 여기에 결정적 역할을 한 사람이 물리학자 뉴턴이다. 뉴턴은 자신의 책 『자연철학의 수학적 원리Philosophiae Naturalis Principia Mathematica』에서 만유인력의 원리를 이용, 행성의 운행을 설명하고 지구의 자전과 공전을 더욱 확실하게 증명했다. 뉴턴 외의 다른 과학자들도 많은 실험을 통해 지구의 자전과 공전을 증명하게 되면서 우주에 대한 현대적 인식을 점차 갖게 되었다. 아울러 유럽의 많은 고등교육기관에서는 코페르니쿠스 학설을 공개적으로 강의하기 시작하였다. 이로써 과학적 관점에서의 첫 번째 중대한 변화가 코페르니쿠스로부터 완성되었다.

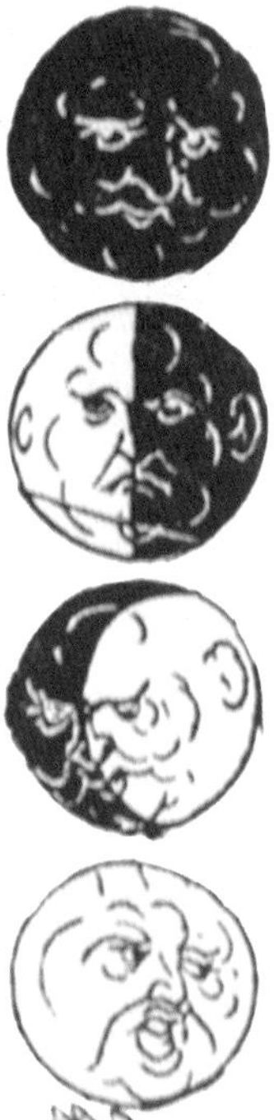

◀ 달의 변화

한 달 동안의 달의 변화를 구체적으로 보여주고 있다.

천문학의 왕 : 티코 브라헤

코페르니쿠스의 태양계 이론이 천문학자들에게 받아들여졌던 주된 이유는 그의 이론과 함께 제시된 항성목록이 있었기 때문이다. 그러나 사실 행성에 대한 정확하고 체계적인 관측자료가 없던 시기에 정확한 항성목록을 만든다는 것은 불가능했다.

16세기 중엽 이후 천문학계에서는 정확한 항성목록을 만들기 위해 노력을 아끼지 않았는데, 덴마크의 천문학자 티코 브라헤Tycho Brahe도 이러한 시대적 요구에 부응했나. 그는 당시의 시대적인 요구가 무엇인지 정확하게 인식하고 그 요구에 부합되도록 최선을 다하였다.

▲ 티코 브라헤
1572년에 그는 이후 티코 신성이라 명명된 새로운 별 하나를 발견하고 자세히 묘사했다. 그는 혜성이 행성 사이 공간에서 운동하는 것에 주의를 기울였고, 이전의 천문학자들이 상상하던 것처럼 천체가 투명한 천구에 포함될 수 없다는 것을 알게 되었다.

덴마크 귀족 가문에서 태어나 코펜하겐 대학에 들어가게 된 그는 입학 후 천문학으로 관심을 돌렸다. 1563년 목성과 토성이 가까이 접근했을 때 티코는 처음으로 천체관측을 기록했다. 이후 그는 몇 차례 더 천체를 관측했으며 끊임없는 관측을 통해 장기적이고 체계적인 계획과 정밀한 관측을 바탕으로 항성목록을 만들어야 한다는 것을 깨달았다.

1576년 덴마크 국왕 프레데리크 2세가 티코 브라헤에게 연구경비 및 코펜하겐과 헬싱키 사이의 벤섬을 하사하여 천문대 부지로 사용하도록 했다. 그는 국왕의 지원으로 벤섬에 천문대와 성루를 건립해 1576년부터 1597년까지 천

◀ 천문대에서 작업 중인 티코 브라헤 (왼쪽)
티코 브라헤는 육안으로 정밀한 관측을 해낸 마지막 천문학자로 많은 자료를 후세에 남겼다. 그가 만든 천문대에는 천구의, 대형 사분의 등 당시의 각종 천문기구가 갖추어져 있었다.

◀ 천체관측 (오른쪽)
상한의(사분의와 동일)는 비교적 일찍이 천체의 고도를 측량하는 데 사용되었던 과학도구이다. 그림은 르네상스시대의 천문학자가 사분의를 사용하여 천체고도를 측량하고 있는 모습이다. 이 관측기구들은 티코 브라헤가 과학연구에 매진할 수 있도록 해준 기술적인 후원자였다.

▲ **육분의** (왼쪽)
육분의는 별의 천체고도의 정확도를 '분' 단위까지 측량해 낸 기구이다. 이 고정형 대형 육분의는 일찍부터 각 대형 천문대에 세워져 천체측량에 사용되었다.

▲ **티코 브라헤의 연구** (가운데)
1576년 티코 브라헤는 덴마크의 벤섬에 유럽 최대의 천문대를 세웠다. 이 천문대에 당시 가장 정확한 천체관측 기구를 구비했으며 그는 이 기구들을 이용하여 행성의 수치자료를 대량으로 수집했다. 자료들은 후에 케플러의 계산에 중요한 자료가 되었다.

▲ **천체관측** (오른쪽)
티코 브라헤의 천문대에는 많은 천체관측기구가 있었는데 이 기구에는 정확한 각도조절기와 조준기가 장착되어 있다. 그가 망원경으로 태양의 그림자를 스크린에 비추고 있는 그림이다. 그는 이 같은 방식으로 태양계의 행성운동을 관측했다.

체를 계속 관측하였다.

1588년 덴마크 국왕의 사망 후 왕실의 지원을 잃게 된 티코 브라헤는 1597년에 가족과 함께 독일의 함부르크로 갔다. 그곳에서 자신의 일생과 직접 만든 각종 관측기구 및 사용법을 저술했다. 1599년 신성로마 제국의 황제 루돌프 2세가 프라하에 정착할 수 있도록 경제적 지원을 아끼지 않았다. 그는 이곳에서 다시 천문대를 건립했다. 벤섬에 있는 관측기구와 서적들이 오기를 기다리는 동안 독일의 젊은 천문학자 요하네스 케플러가 티코 브라헤의 연구에 합류하게 되었다. 하지만 그 후 얼마 지나지 않아 갑작스럽게 병으로 쓰러진 티코 브라헤는 1601년 10월 24일 세상을 떠났다.

티코 브라헤는 천문학의 수많은 정밀한 문제들을 연구했고 이전에 볼 수 없

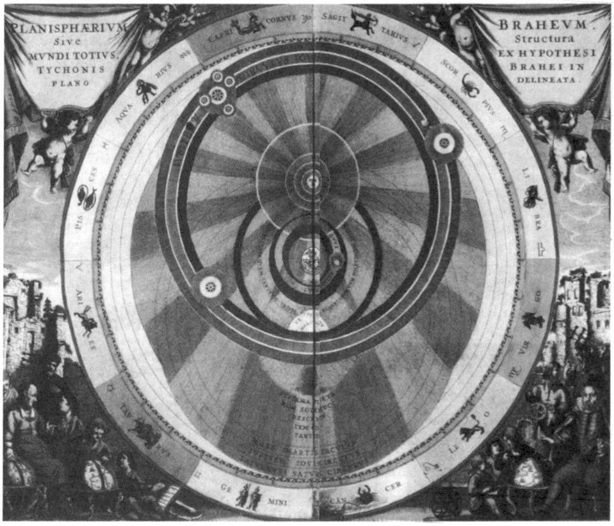

◀ **우주의 구조도**
이 그림은 티코 브라헤가 제작한 우주의 구조도로, 그림에서 보는 바와 같이 그는 여전히 행성이 지구 둘레를 회전한다는 관점을 견지하고 있었다. 연구에 있어 결점이 있었지만 그의 연구와 천체관측자료는 케플러의 행성운동규칙 수립에 귀중한 자산이 되었다.

▲ **관측기구**
망원경이 발명되기 전에 과학자들은 렌즈가 없는 천체관측기구를 만들었고, 이것은 주로 정확한 조준과 협각을 측량하는 데 사용되었다.

었던 정확도로 수많은 중요한 천문학 상수를 측정해 내었다.

코페르니쿠스와 달리 티코 브라헤는 천문학에 있어 이론에만 머무르지 않고 관측자로서 뛰어난 기여를 했다. 그가 맨 처음 관측에 사용한 것은 당시 항해사들이 사용하던 휴대용 기구였다. 1569년에 그는 대형 사분의를 설계하였는데 이 기구는 목재를 이용하고 눈금판은 황동으로 만든 것이었다. 그리고 조정 막대를 이용하여 수직축 둘레를 회전할 수 있게 하였고 기구 자체의 표면이 그 중심점 둘레를 회전할 수 있도록 했다. 또한 두 개의 조준구를 사용하여 지평선에서 임의로 천체를 조준할 수 있었다.

티코 브라헤가 훗날 제작하고 응용한 기구는 고대 천문학자의 혼천의를 근거로 한 것이다. 이 혼천의는 천구를 나타내는 눈금이 새겨진 각각의 금속 동심원들로 이루어져 있는데 항성의 황경황도좌표의 경도. 춘분점을 기점으로 황도를 따라 잰 각거리과 황위황도좌표의 위도. 황도는 0도, 북극은 +90도, 남극은 -90도 등을 측량하는 데 자주 사용되었다. 그는 기구에 필요한 원의 숫자를 줄여 대칭성을 높인 기구를 적경적도 좌표에서의 경도. 천구 위의 한 정점을 지나는 경선과 춘분점을 지나는 경선이 이루는 각도로 그 범위는 0도에서 360도까지이다과 적위적도 좌표에서의 위도. 적도에서 북 또는 남으로 측정한 각거리로 범위는 +90도에서 -90도까지이다를 측량하는 데 전문적으로 사용했다.

티코 브라헤는 임의의 수직평면으로 회전할 수 있는 사분의를 만들어 평면에서 임의의 천체 목표의 방위각과 고도의 측량에 사용하였는데 이는 현대의

▲ **황제에게 천체관측기구를 설명하고 있는 티코 브라헤**
티코 브라헤는 지구가 움직인다는 어떤 사상도 받아들이지 않으면서도 당시 지구중심체계에 의문을 품고 태양중심설과 지구중심설 사이의 새로운 우주구조론을 내놓았다. 그는 모든 행성이 태양 주위를 회전하며 태양이 이들 행성을 거느린 채 지구 둘레를 회전한다고 보았다.

경위의측지 측량, 천체관측에 이용되는 광학기계의 하나로, 방위축과 고도축을 가진 관측장치를 통해 목표지점의 수평각과 고도를 측정와 비슷한 것이었다.

그는 반복되는 관측과 조합관측의 방법을 이용하여 오차를 줄여나갔으며, 그가 작성한 항성목록의 표준성좌표의각도의 오차는 불과 25초에 지나지 않는다.

이 밖에도 그는 측량기구의 오차에 대해 기본적으로 현대와 동일한 태도를 보였다. 그는 경위의와 같은 관측기구가 아무리 정밀하더라도 오차는 피할 수 없다는 것을 깨닫고 관측법을 적당히 조합하여 오차를 예측해 냈으며, 이후 이 오차를 가지고 기구를 이용한 모든 관측을 수정했다.

행성운동의 배경이 되는 항성분포에 관한 지식은 정밀한 천문학에 있어 기본적으로 중요한 의의를 가진다. 그래서 그는 오랜 시간을 별의 위치를 측정하는 데 바쳤으며 결국 항성목록을 만들어 출판했다. 이 항성목록이 1602년에 발표되면서 오랫동안 군림해 오던 프톨레마이오스의 『천문학집대성알마게스트』의 목록을 대신하게 되었다. 이 목록에서 티코는 777개 항성의 정확한 위치를 측정했으며 나중에는 1,000개까지 늘어났다.

그는 또 달궤도의 각 지점의 위치를 정기적으로 관측하였으며 프톨레마이오스 이후 처음으로 달 운동이론을 크게 발전시켰다. 그는 달궤도의 황도 경사각에 대한 파동과 황도 둘레를 운행하는 달궤도 귀착점의 속도를 측정했다.

이후 천문학 발전에 있어 가장 중요한 의의를 가지는 것이 티코의 행성관측이었다. 그는 일찍부터 관측작업을 시작하였는데, 당시의 정밀하지 못한 낡은 관측기구를 사용하여 행성과 가까운 항성의 이각을 측량해 냈다. 벤섬에서 연구하던 시절에 그는 항상 자신이 만든 사분의와 혼천의를 사용하여 연구를 진행하고 있었지만 갑작스럽게 찾아온 죽음의 그림자로 인해 결국 수치화된 행성이론은 세우지 못했다. 그러나 이 작업은 케플러에 의해 완성되었다.

천공의 입법가 : 케플러

▲ **케플러**
케플러는 인류 역사상 최초로 지구가 태양 둘레를 타원형으로 운행한다는 것을 관찰해 낸 과학자이다. 그의 우주관은 천문학 연구의 혁명을 이끌었으며 오늘날까지 사용되는 행성운동의 3대 법칙을 발견했다.

사람들은 과학적 발견에 의한 논리가 과학의 변화를 충분히 설명할 수 있다고 생각하는 경우가 많다. 그러나 독일의 천문학자 요하네스 케플러Johannes Kepler의 경우는 그렇지 않았다. 그는 초기에 점성술과 수학 신비주의에 심취했다. 그러나 바로 이것이 그에게 과학적 성과를 이루게 하고 과학혁명의 발전을 이끌게 했다. 빈곤한 가정에서 태어난 그는 가정환경이 그다지 좋지 않았다. 아버지는 직업군인으로 집에 있을 때가 거의 없었으며 어머니는 무속에 빠져 무녀가 되고 싶어했다. 비록 케플러가 점성술의 일부 방법을 경멸하긴 했지만 점성술 자체는 원래 오랜 역사를 가진 진지한 과학이다. 그는 생전에 점성술로 사람들에게 점을 봐주면서 고정적인 수입을 얻었다. 코페르니쿠스의 이론을 접하게 된 케플러는 그의 열렬한 옹호자가 되었고, 그와 마찬가지로 태양중심체계를 발견하고 기뻐했다.

케플러는 최초로 우주구조를 구성하는 기본적인 관계 즉, 조화를 발견하고자 시도하였으며, 이와 관련된 결론은 1596년 그의 책 『우주구조의 신비Prodromus Dissertationum Mathematicarum Continens Mysterium Cosmographicum』에 실렸다.

▼ **케플러의 행성운동 3대 법칙**
케플러의 3대 법칙은 행성운동의 궤도가 원이 아니라 타원궤도이며 그 운동속도도 각각 다르다는 것이다. 이는 고대 그리스 미학 및 중세의 종교가 말한 '천체운행은 신성하고 완전무결하며 조화로운 원주운동'이라는 것에 권위 있는 질문을 던진 것이다.

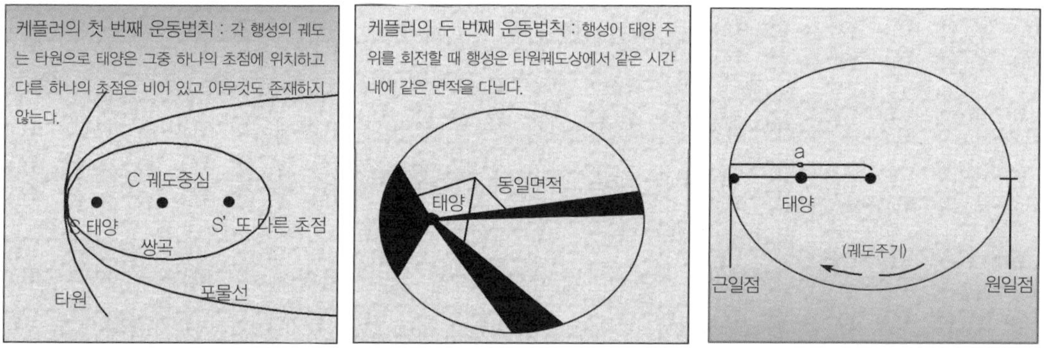

▲ 케플러와 티코 브라헤 (왼쪽)
서 있는 사람이 케플러로, 프라하 왕실 천문대에서 티코 브라헤로부터 가르침을 받고 있다. 그는 케플러의 천문학에 크게 찬성하지는 않았으나 케플러의 수학과 천문학에 대한 특별한 재능을 인정했다.

▲ 가톨릭교회 (오른쪽)
1609년 케플러는 『신천문학』을 출판하여 "모든 행성은 태양을 중심으로 운행한다"고 주장했다. 그의 이 관점은 가톨릭의 뜻에 어긋났기 때문에 가톨릭은 케플러의 저서를 금서로 정하려고 했으며 케플러 자신도 교회로부터 잔혹한 박해를 받았다.

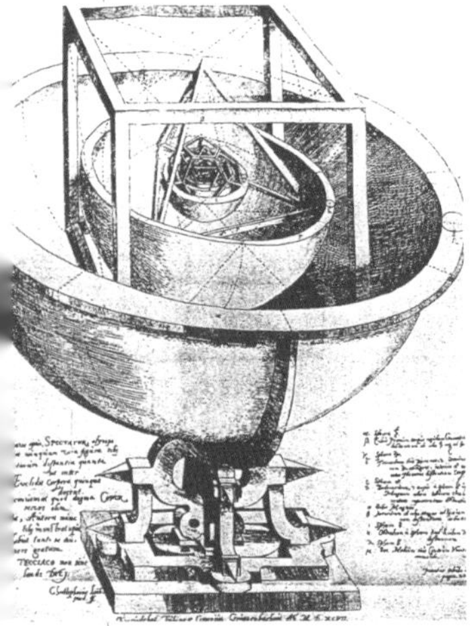

▲ 케플러의 모형과 천문연구 초안
케플러는 코페르니쿠스의 지동설을 계승 발전시켰다. 그는 태양이 우주의 통치자이고 기타 행성은 궤도를 따라 태양의 둘레를 운행한다고 보았다. 이 모형은 그가 상상했던 여섯 개의 행성과 유클리드의 다섯 개의 규칙적인 고체로 질서 있는 행성체계를 조합한 것이다. 모형의 중심에 태양이 위치하고 각기 크고 작은 다른 행성궤도와 이들 간의 거리 모두 당시 천문학자들의 관찰과 일치했다. 케플러 모형연구는 티코 브라헤로부터 많은 도움을 받았다.

『우주구조의 신비』에는 코페르니쿠스를 옹호하고 프톨레마이오스 체계를 반대하는 가치 있는 설명이 들어 있다. 아울러 이 책은 티코 브라헤 자신을 알리는 다리 역할을 했다.

티코 브라헤가 사망한 후 케플러의 첫 번째 임무는 그가 남겨놓은 관측자료를 이용하여 코페르니쿠스가 제시한 지동설의 행성운동 곡선을 그려내는 것이었다. 케플러가 먼저 연구한 것은 그의 통계자료 중 관측자료에서 많은 지면을 차지하고 있었던 화성이었다. 지구에서 가장 가까이 있는 이 행성의 운동이 코페르니쿠스 이론과 오차가 가장 컸다.

처음에 케플러는 전통적인 사고에 따라 행성이 등속으로 원주운동을 한다고 생각했다. 그래서 전통적인 원형궤도를 이용해 계산을 했다. 그러나 반복적인 계산을 통해 코페르니쿠스의 방법이든 프톨레마이오스이든 티코 브라헤의 방법으로든 티코 브라헤의 관측에 부합되는 결론을 산출해 낼 수 없다는 것을 발견했다.

케플러는 부득이하게 다시 시작할 수밖에 없었다. 이 작업은 수많은 난관을 극복해야 했으며 난제를 해결하기 위해 그는 꼬박 6년 동안 작업에만 몰두하여 900여 항의 계산 원고를 남겼다.

그리하여 마침내 케플러가 얻은 마지막 결론은 각 행성들이 태양의 둘레를 운행할 때 원형이 아니라 타원형으로 돈다는 것이었다. 세상을 놀라게 한 획기적인 발견이었다. 왜냐하면 원을 중심으로 한 물리학적 관점이 2,000년 동안 지배해왔으며 플라톤 이후 흔들림 없는 확고한 우주관이었기 때문이다. 1609년 출판된 『신천문학Astronomia Nova』에서 케플러는 자신의 유명한 행성운동의 세 법칙 중 두 가지 법칙을 다음과 같이 설명했다. 첫째, 행성은 태양을 중심으로 타원형궤도를 그리며 운행하고 태양은 타원의 초점에 위치한다. 둘째, 행성이 태양 둘레를 회전하는 운동속도와 태양과의 거리에는 일종의 정확한 수치관계가 있다. 다시 말해, 행성운동의 속도가 같지 않다는 것이다. 태양으로부터 가까운 것은 속도가 빠르고 먼 것은 느리지만 어떤 지점에서 출발하더라도 일정 시간 동안 움직인 면적은 같다. 케플러의 두 번째 법칙은 행성운동이 반드시 등속운동은 아니라는 사실 때문에 큰 반향을 불러일으켰다. 현재 행성은 케플러가 묘사한 것과 같이 운동하며 태양도 반론의 여지없이 그 중심위치에 있다.

▲ 조화로운 우주
케플러의 저서 『우주의 조화』가 1619년 발표되었다. 이 책은 우주의 구조에 숨겨져 있던 수학적 질서에 대한 그의 고찰 및 연구성과를 보여준다.

1619년 케플러는 『우주의 조화Harmonice Mundi』를 발표했다. 이 책은 『우주구조의 신비』 이후 또 한 번 최고의 절정에 이른 것으로, 우주의 구조 아래 숨겨져 있던 수학적 질서에 대한 그의 깊이 있는 사고와 연구결과를 보여주었다. 그리고 바로 이 책에 행성의 공전주기의 제곱이 그 행성과 태양 간 평균거리와 정비례한다는 케플러의 세 번째 법칙이 등장했다.

1630년에 케플러는 병으로 세상을 떠났다. 그는 과학혁명에 크게 기여하였으며 그의 세 가지 법칙은 고전 천문학의 기초가 되었고 사람들은 그를 '천공의 입법자' 라고 칭송했다. 그는 후에 뉴턴이 만유인력의 법칙을 발견하는 데 기반을 마련해 주었다.

갈릴레이 : 갈릴레이의 신우주

▲ 갈릴레이
이탈리아의 유명한 천문학자이자 철학자이며 수학자인 갈릴레이는 일생 동안 코페르니쿠스의 지동설을 옹호했다. 그는 연구를 통해 목성이 네 개의 위성을 가지고 있다는 것을 발견했다. 이것을 태양계의 축소판으로 여기고 태양계도 이와 동일한 규칙으로 회전하고 있을 것이라고 보았다. 갈릴레이의 이 생각은 코페르니쿠스의 지동설에 실질적인 증거를 제공하였다.

줄곧 고전학문 부흥의 무대였고 예술의 중심지였던 이탈리아에서 갈릴레이와 그의 추종자들은 근대과학의 기초를 닦았다.

갈릴레오 갈릴레이Galileo Galilei는 피사에서 태어났다. 아버지는 음악과 수학을 매우 좋아한 가난한 귀족으로, 저서로 『고대 및 근대음악에 관한 대화Dialogo della musica antica, et della moderna』가 있다. 이 책에서 그는 상습적인 권위에 반대했다. 아버지의 취미와 성격을 아들이 그대로 물려받았다는 점이 재미있다.

고대 그리스의 물리학 분야에 양대 학파가 있었다. 아리스토텔레스를 대표로 한 학파와 아르키메데스를 대표로 하는 학파가 존재했다. 11세기부터 기독교의 지지하에 아리스토텔레스의 저서가 스콜라 철학자들의 주목을 받게 되었다. 스콜라 철학자들은 아리스토텔레스의 물리학을 경전처럼 신봉하였으며 아리스토텔레스의 물리학을 위배하는 학자들을 모두 이단으로 여겼다. 그러나 갈릴레이는 아리스토텔레스의 물리학에 의문을 품은 반면 아르키메데스 물리학에는 특별한 관심을 가졌다. 18세가 되던 해에 갈릴레이는 성당 안의

▶ 갈릴레이의 심판
종교재판소가 설립된 목적은 정통 종교에 위배되는 이단사상을 심판하기 위해서였다. 반대로 과학은 종교적 미신에 대항하는 과정에서 확립되어 왔다. 갈릴레이의 『두 개의 주된 우주체계에 관한 대화』는 지동설의 관점에서 코페르니쿠스를 변론했다. 이 사상은 『성경』과 교황을 위배한 죄로 로마교황청에 의해 고발되어 심판을 받았다.

등잔이 바람에 좌우로 규칙적으로 흔들리는 것을 보고 자신의 맥박으로 시간을 재서 등잔의 왕복운동 시간이 항상 동일하다는 것을 발견했다. 이렇게 해서 그는 진자의 등시성을 발견했다. 이후 네덜란드의 물리학자 하위헌스가 갈릴레이의 원리를 바탕으로 진자의 운동에 의해 조절되는 시계를 제작하였고 사람들은 이를 '갈릴레이의 시계' 라고 불렀다.

물리학에서 갈릴레이는 자유낙하법칙을 주장하였으며 "무거운 물체일수록 땅에 빨리 떨어지고 가벼울수록 천천히 떨어진다"는 아리스토텔레스의 원리를 부정했다. 그는 피사의 사탑 실험을 통해 물체의 자유낙하 속도와 물체의 중량은 무관하며 낙하시간과 정비례한다는 것을 입증했다. 공기 저항을 배제한다면 이들의 가속도는 완전하게 동일하다는 것이다. 그는 또 실험을 통해 포물선 운동법칙도 발견했다. 갈릴레이는 근대 역학과 실험 물리학의 선구자로 칭송되고 있다.

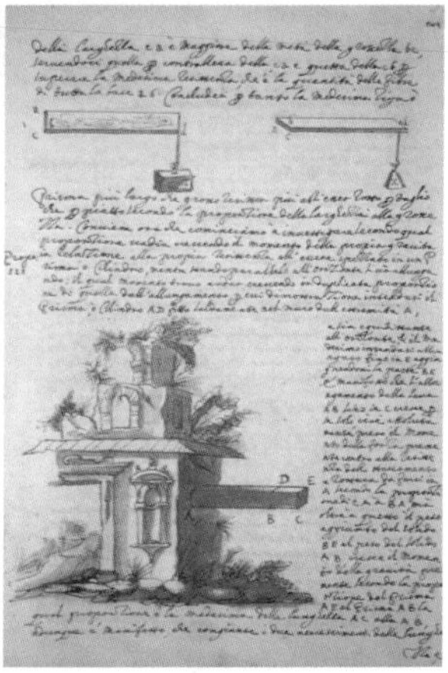

▲ **자유낙하 실험** (왼쪽)
갈릴레이는 "물체의 낙하속도와 중량은 무관하며 물체의 질량과도 무관하다"는 사실을 실험으로 입증한 유명한 갈릴레이 자유낙하운동을 내놓았다. 그림은 갈릴레이가 피사의 사탑에서 실험하고 있는 모습이다.

▲ **갈릴레이의 연구기록** (오른쪽)
갈릴레이는 1592년부터 베니스의 파도바 대학에서 강의를 시작했다. 이때부터 그의 과학연구는 최고 절정에 이른다. 그는 물체가 경사면을 내려갈 때의 운동과 힘의 합성 등을 포함한 수많은 물리학 문제를 연구했고 기록을 남겼다.

▲ **포물선운동**
갈릴레이는 1592년 이후 포물선운동을 연구하기 시작했다. 위 그림은 갈릴레이의 포물선운동 연구를 그린 것이다. 이 연구를 통해 그는 물리현상에 대한 실험을 하는 과학적 전통을 수립했다.

천문학 분야에 있어 갈릴레이의 최대 업적은 1609년에 개발한, 사물의 직경을 30배까지 확대할 수 있는 천체망원경이다. 이 망원경으로 그는 최초로 달 표면이 평평하지 않고 울퉁불퉁하다는 것을 발견했다. 그리고 달을 산맥과 골짜기, 강이 가득한 별로 묘사하였다. 또한 목성과 목성의 위성 네 개, 금성의 위성, 태양의 흑점 등의 천문현상들도 발견했으며 토성의 띠도 관측했다. 이러한 발견은 세계에 충격을 가져다주었고 당시 사람들은 "콜럼버스는 신대륙을 발견했고, 갈릴레이는 신우주를 발견했다"며 놀라움을 나타냈다.

갈릴레오가 발명한 망원경은 이후 점차 군사와 항공 등에 광범위하게 사용

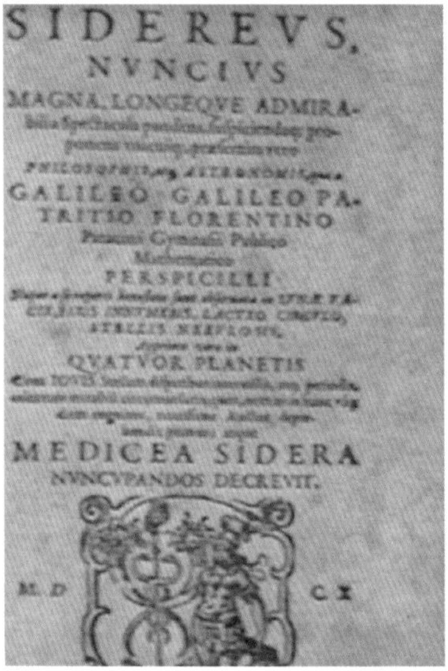

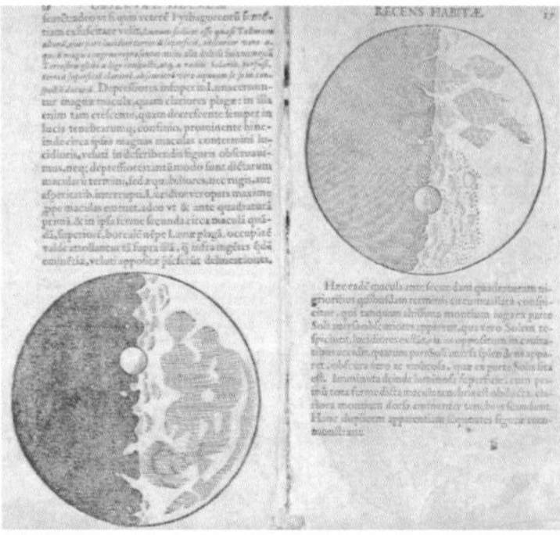

되었다. 이 외에도 그는 태양과 지구 모두 회전한다는 것을 증명했는데 태양은 그 자리에서 회전하지만 지구는 태양의 주위를 회전한다고 주장했다. 또 그는 은하가 무수히 많은 별들로 이루어져 있다는 것을 발견했다.

1632년 갈릴레이는 『두 개의 주된 우주체계에 관한 대화Dialogue Concerning Two Chief World System』를 발표했다. 이 책은 세 사람의 대화형식을 통해 코페르니쿠스와 프톨레마이오스 학설의 진위여부를 둘러싸고 지구의 운동, 코페르니쿠스 학설, 지구의 조서 등 세 가지 문제에 대해 토론을 전개했다. 이 책은 장기간의 연구와 실험으로 얻어낸 각종 과학적 발견을 골고루 실었고, 인식적인 면과 실천적인 면에서 천동설의 붕괴를 선언했다.

갈릴레이는 일찍부터 코페르니쿠스주의자였다. 1613년 그는 『태양 흑점에 관한 서신Letters on Sunspots』을 발표해 코페르니쿠스 학설에 대한 두터운 신임을 드러냈으며 이단을 신봉한다는 비난을 받았을 때는 스스로를 적극 변호했다. 그는 태양중심설과 상충되는 『성경』의 구절을 명확하게 해석하려 했을 뿐 아니라 심지어 성경구절을 인용하여 태양중심설을 옹호하려 했다. 1616년 초 종교법정의 권위 있는 신학자들이 "태양이 우주의 중심에 위치하고, 또 움직이지 않는다는 것은 어리석은 생각이며 이는 『성경』에 위배된다. 지구가 우주의 중심이 아닐 뿐만 아니라 심지어 태양 주위를 회전한다는 생각은 철학적으로 허황된 것이며 잘못된 신념에 불과하다"는 내용의 법령을 선포했다. 교황은 갈릴레이에게 코

◀ 「두 개의 주된 우주체계에 관한 대화」 표지 (맨 위)
『두 개의 주된 우주체계에 관한 대화』는 갈릴레이의 가장 중요한 걸작의 하나로 1632년에 출판되었다. 하지만 출판되자마자 가톨릭교회로부터 이단적인 학설로 배척당하고 갈릴레이에 대한 종교재판이 시작되었다.

◀ 「별세계의 보고」 (중간)
『별세계의 보고(The Starry Messenger)』는 갈릴레이의 또 다른 역작이다. 이 책에서 갈릴레이는 망원경으로 천체를 관찰한 후 얻은 각종 새로운 발견들을 발표했다.

◀ 달에 관한 관찰 보고서 (아래)
1610년에 굴절망원경을 제작한 갈릴레이는 이 망원경을 이용해 달 표면에 많은 산봉우리가 있음을 발견했다. 그림은 갈릴레이가 망원경으로 달을 관찰한 첫 번째 보고서이다.

▲ 종교재판소에서 재판을 받는 갈릴레이
『두 개의 주된 우주체계에 관한 대화』를 출판한 후 갈릴레이는 교회의 강력한 반대에 부딪치고, 교회는 그를 이교도라 비난하며 로마로 끌고 와 재판을 받게 했다. 종교재판에서 그는 "내가 연구하는 것은 자연과학이며 종교와 무관하다. 신학은 교회의 일이다" 라고 말했다.

페르니쿠스 이론을 "지지 또는 전수하거나 변호해서는 안 된다"고 경고했다.

경고 이후 수년간 갈릴레이는 침묵을 유지한 채 과학연구에 전념했다. 1632년 그는 모든 학계를 뒤흔든 『두 개의 주된 우주체계에 관한 대화』를 발표했다. 그러나 이 책은 금서로 지정되었고 그는 종교재판에 회부되어 로마로 끌려와 감금되어 자백을 강요받았다.

1822년 추기경 회의에서 가톨릭 국가에 코페르니쿠스 이론에 대한 강의를 허가했다. 이 결정이 내려지기 전까지 『두 개의 주된 우주체계에 관한 대화』와 코페르니쿠스의 기타 저서들은 계속 금서로 묶여 있었다. 줄곧 자신들이 정확하다고 자부하던 교회도 결국 자신들의 관점을 포기한다는 선포를 하지 않을 수가 없었다. 어떤 곳에서는 과학사상이 아주 느리게 발전한다. 하지만 "그래도 과학은 발전한다."

1642년 갈릴레이는 병으로 세상을 떠났고 같은 해 또 하나의 새로운 별 뉴턴이 태어났다.

02 생명과학의 시작

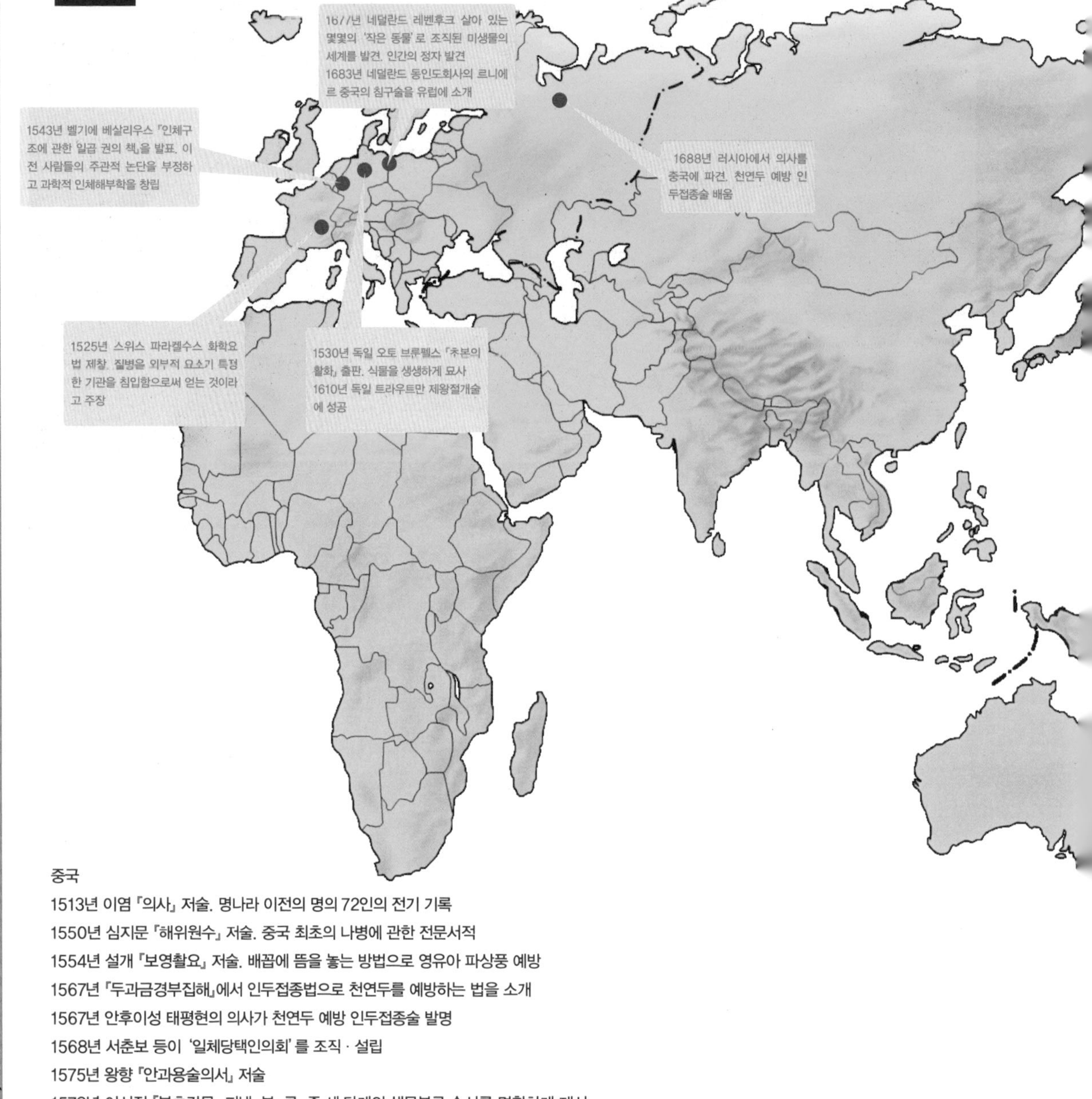

중국

1513년 이염 『의사』 저술. 명나라 이전의 명의 72인의 전기 기록

1550년 심지문 『해위원수』 저술. 중국 최초의 나병에 관한 전문서적

1554년 설개 『보영촬요』 저술. 배꼽에 뜸을 놓는 방법으로 영유아 파상풍 예방

1567년 『두과금경부집해』에서 인두접종법으로 천연두를 예방하는 법을 소개

1567년 안후이성 태평현의 의사가 천연두 예방 인두접종술 발명

1568년 서춘보 등이 '일체당택인의회'를 조직 · 설립

1575년 왕향 『안과용술의서』 저술

1578년 이시진 『본초강목』 펴냄. 부, 류, 종 세 단계의 생물분류 순서를 명확하게 제시

1601년 양계주 『침구대성』 펴냄

1617년 진실공 『외과정종』에서 정교한 비용종 제거술과 기관지 봉합술 기술

1617년 중국과 조선 『의학의문』이란 이름으로 의학적 난제를 토론하는 회의 개최

1625년 약재 토복령이 성병 치료약으로 여겨지면서 인도, 터키, 페르시아 등의 국가로 수출

1632년 진사성 중국 최초의 매독 치료 전문서 『매창비록』 지음

1642년 오우가 『온역론』에서 전염병의 전염경로와 병의 원인 및 특이성 기술

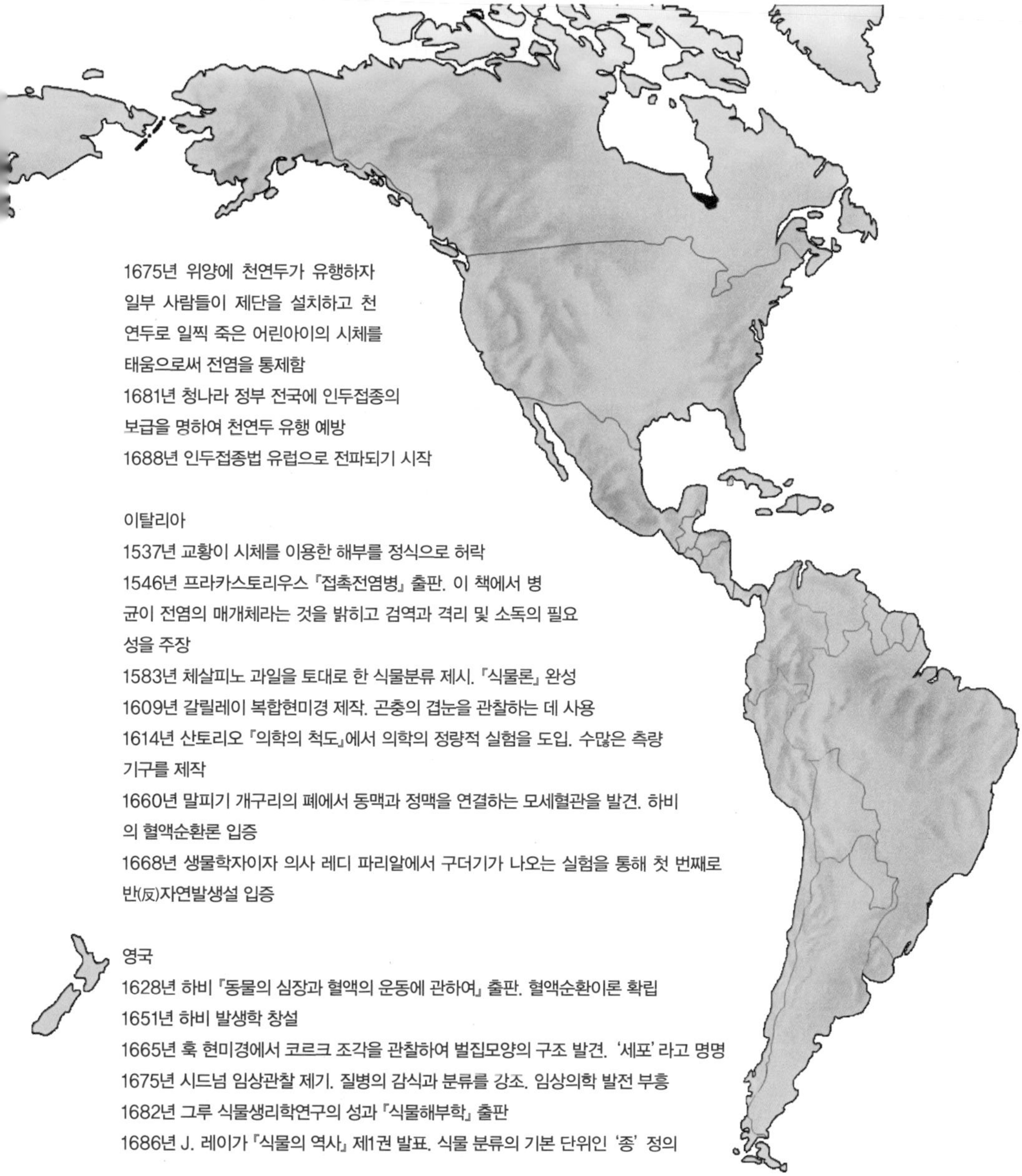

1675년 위양에 천연두가 유행하자 일부 사람들이 제단을 설치하고 천연두로 일찍 죽은 어린아이의 시체를 태움으로써 전염을 통제함
1681년 청나라 정부 전국에 인두접종의 보급을 명하여 천연두 유행 예방
1688년 인두접종법 유럽으로 전파되기 시작

이탈리아
1537년 교황이 시체를 이용한 해부를 정식으로 허락
1546년 프라카스토리우스 『접촉전염병』 출판. 이 책에서 병균이 전염의 매개체라는 것을 밝히고 검역과 격리 및 소독의 필요성을 주장
1583년 체살피노 과일을 토대로 한 식물분류 제시. 『식물론』 완성
1609년 갈릴레이 복합현미경 제작. 곤충의 겹눈을 관찰하는 데 사용
1614년 산토리오 『의학의 척도』에서 의학의 정량적 실험을 도입. 수많은 측량기구를 제작
1660년 말피기 개구리의 폐에서 동맥과 정맥을 연결하는 모세혈관을 발견. 하비의 혈액순환론 입증
1668년 생물학자이자 의사 레디 파리알에서 구더기가 나오는 실험을 통해 첫 번째로 반(反)자연발생설 입증

영국
1628년 하비 『동물의 심장과 혈액의 운동에 관하여』 출판. 혈액순환이론 확립
1651년 하비 발생학 창설
1665년 훅 현미경에서 코르크 조각을 관찰하여 벌집모양의 구조 발견. '세포'라고 명명
1675년 시드넘 임상관찰 제기. 질병의 감식과 분류를 강조. 임상의학 발전 부흥
1682년 그루 식물생리학연구의 성과 『식물해부학』 출판
1686년 J. 레이가 『식물의 역사』 제1권 발표. 식물 분류의 기본 단위인 '종' 정의

근대 초기 생물학자들은 이미 살아 있는 유기체의 외부적 특징에만 집중한 것이 아니라 그 내부구조에 집중하여 분명한 발견을 이루어내고자 했다. 이러한 경향은 시간이 흐름에 따라 더욱 분명해졌는데, 특히 현미경으로 사람들이 그 전에는 알 수 없었던 동식물의 각 부분 구조와 기능을 관찰하게 된 후로 더욱 강해졌다. 당시 기계론적 특징이 강한 물리학의 발전에 영향을 받아 생물학자 역시 역학법칙으로 유기체의 운동과 활동을 설명하려고 시도했다. 이 시기에 해부학과 생리학에서 발견된 사실들이 모두 혈액순환과 관련이 있다는 것이 중요하다.

해부학의 경전 : 『인체구조에 관한 일곱 권의 책』

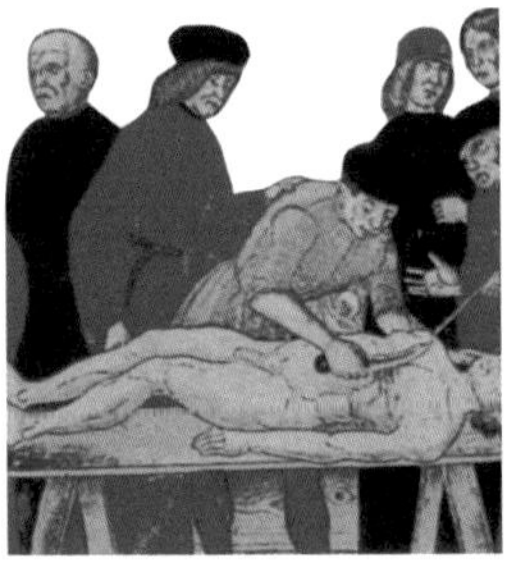

▲ 중세시대의 인체해부
고대 로마에서 중세시대에 이르기까지 인체해부는 금지되어 있었다. 갈레노스의 많은 연구들은 모두 동물시체 해부를 통해 얻은 결과이다. 따라서 베살리우스가 해부학에 공헌한 내용은 실제 인체를 해부한 데서 비롯되었다. 당시 의학계는 모두 도굴 등 불법적인 경로를 통해 사람의 시체를 구했으며 베살리우스도 교수대 아래에 숨어 있다가 사형수의 시체를 훔쳐오기도 했다.

중세시대 사람들은 자연현상을 직접 연구하는 것을 대체로 혐오했다. 이런 현상은 혈액순환 문제에서 해부학이나 생리학 영역에서보다 더 분명하게 나타났다. 종교 혹은 도덕적 터부와 모종의 혐오감이 결합하여 동물의 신체 특히 인체를 직접 연구하는 일에 반대한 것이다. 그러다가 13세기부터 인체해부 방법이 섬자 제자리를 찾아갔다. 14세기에는 인체해부학을 직접 연구하는 것이 이탈리아 각 의학 학파에게 어느 정도 일상사가 되었다. 15세기 이탈리아에 가장 위대한 해부학자의 한 사람인 다빈치가 나타났다. 그가 그린 750여 개의 해부학 소묘는 해부학에 관한 그의 천재성을 증명해 주었다. 해부학에 대한 직접적인 연구를 부흥시킨 인물은 다름 아닌 베살리우스였다. 그는 생물과학의 독보적인 권위에 대해 공격하고 새로운 방법과 의학기구를 적용하여 해부학과 생물학을 연구했다.

안드레아스 베살리우스Andreas Vesalius는 벨기에 브뤼셀에서 태어났으며, 1537년 파도바 대학 해부학 강사로 임명되었다. 그는 권위 있는 갈레노스의 교과서로 학생들을 가르쳤다. 그러나 그가 실제 인체를 관찰한 결과와 다른 점을 갈레노스의 책에서 발견하면 서슴지 않고 학생들에게 설명해 주었다. 1543년 베살리우스는 그의 위대한 저서인 『인체구조에 관한 일곱 권의 책』을 발표했다. 그러나 이 책으로 인해 비난을 받게 되자 파도바 대학을 떠나 스페인으로 갈 수밖에

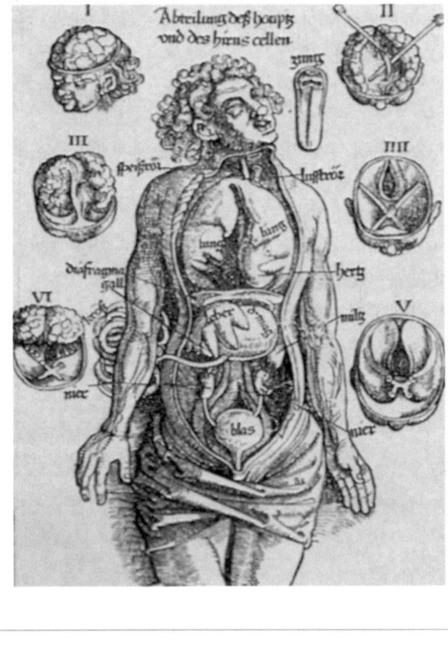

▶ 인체해부도
베살리우스 이전의 해부학은 그리 정확하지 않았다. 이 삽화는 사람들이 흔히 존재한다고 믿는 것을 설명하고 있을 뿐 실험자가 실제 눈으로 본 것은 아니다.

없었다. 스페인에서 그는 카를 5세와 펠리페 2세의 궁정의사로 임명되었다. 1563년 그는 예루살렘으로 성지순례를 떠났다가 팔레스타인에서 돌아오는 도중에 이오니아 제도의 자킨토스섬에 도착한 지 얼마 지나지 않아 병사했다.

『인체구조에 관한 일곱 권의 책』은 시대의 획을 그은 책이다. 기술 순서는 기본적으로 전통적인 방법에 따라 먼저 골격을 기술한 다음 차례로 근육, 혈관, 신경, 복부와 흉부 내장을, 마지막으로 뇌에 관해서 썼다. 주요사상 역시 기본적으로 전통적이었는데, 그중 아리스토텔레스의 관점도 있고 갈레노스의 관점도 담겨 있다. 이 책의 가장 독창적인 부분은 제일 마지막 장으로, 여기서 베살리우스는 그의 생체해부 방법을 소개했다. 여기서 그가 사용한 방법과 기구 모두 참신하고 획기적인 것들이었으며 이들 상당부분이 현대해부학 기술의 기초가 되었다. 베살리우스는 해부학의 세부적인 것을 상당히 많이 발견했다. 그는 남녀 골격계

▲ **진찰**
중세 유럽은 기독교의 엄격한 제재 아래 생명을 연구하는 것은 마치 요술처럼 인식되었지만, 이러한 분위기 속에서도 의학은 여전히 계속 발전해 갔나. 그림은 중세의 의학 원고에 실린 것으로, 의사가 환자의 눈을 진찰하고 있는 모습이다.

▼ **인체도** (왼쪽)
베살리우스가 살았던 시대의 의학 발전은 인체의 예술적 재현과 관련이 있다. 그림에서 화가는 붓으로 인체 근육을 예술적인 측면에서 모호하게 표현했다. 화가가 그린 인체는 진짜 해부도처럼 정확하지 않지만, 르네상스 시기 사람들이 가지고 있던 인체에 대한 보편적 인식을 보여주고 있다.

▼ **『인체구조에 관한 일곱 권의 책』의 삽화** (가운데와 오른쪽)
16세기 르네상스 이후 서양 의학계는 경험의학에서 실험의학으로 전환되기 시작했다. 베살리우스의 저서 『인체구조에 관한 일곱 권의 책』은 1543년 스위스 바젤에서 출판하여 인체해부학의 기틀을 세웠으며 의학이 새로운 여정을 시작함을 의미했다. 그림은 스티븐 카라가 그려 넣은 정교한 두 장의 삽화로 베살리우스의 인체근육과 골격에 대한 인식을 정확하게 묘사했다.

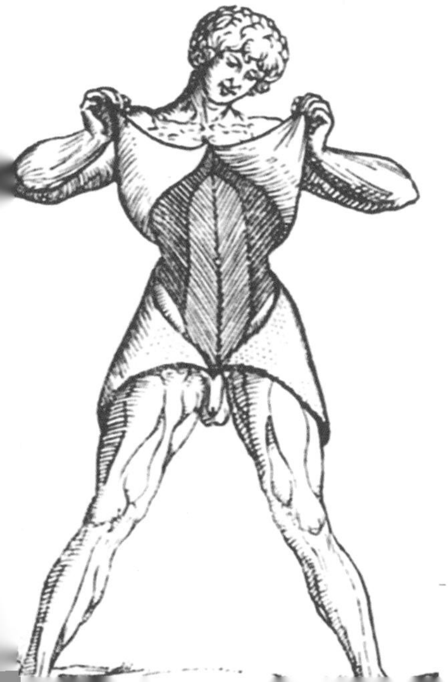

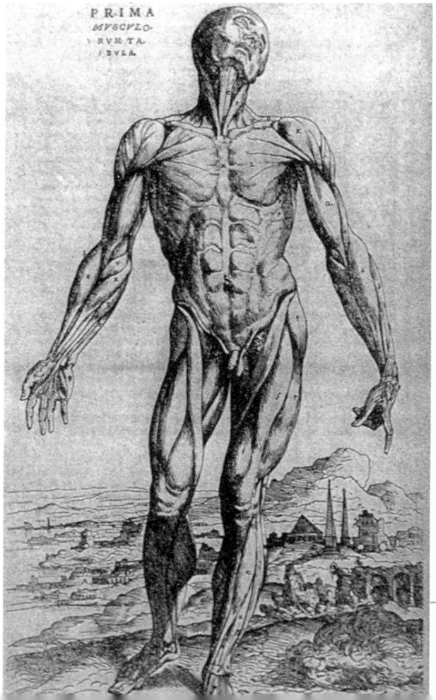

통을 비교 연구한 후, 남성의 늑골과 여성의 늑골이 같으며 하느님이 아담의 갈비뼈로 이브를 창조한 사실은 애초부터 존재하지 않는다는 것을 밝혔다. 베살리우스는 저서의 삽화를 특별히 중요시했는데 해부학과 생리학연구에 있어 삽화가 매우 중요한 부분을 차지했기 때문이다.

▲ 베살리우스 (왼쪽)
베살리우스는 중세 유럽에서 인체를 전체적으로 정확하게 인식한 최초의 의사로, 해부학에 새롭고도 정확한 표준을 세웠다.

▲ 인체해부 (오른쪽)
중세의 해부학은 갈레노스의 연구 토대 위에 한층 발전을 이루었다. 특히 베살리우스에 이르러 인체해부학은 르네상스시기 해부학과 생리학이 다시 일어설 발판이 되었다. 인체해부학이 점차 중요한 생물학 관련과학 분야가 되었음은 물론이다. 그림은 15세기 의대생들이 인체를 해부하고 있는 모습이다

베살리우스가 수정한 갈레노스의 많은 오류 중에 오늘날 사람들에게 흥미를 갖게 하는 것이 있다. 갈레노스는 심장의 두 개 심실 사이의 격막 혹은 벽은 많은 구멍을 가지고 있어서 혈액의 일부가 구멍들을 통해 우심실에서 좌심실로 갈 수 있다고 생각했다. 하지만 베살리우스는 이 같은 생각에 대해 단호하게 반대했다. 그는 "내가 보기에 심장의 격막은 심장의 다른 부분과 마찬가지로 두텁고 조밀하다. 그래서 나는 설령 가장 작은 미립자라도 어떻게 우심실에서 격막을 통과해 좌심실로 갈 수 있다는 것인지 상상조차 할 수 없다"라고 말했다. 베살리우스가 그린 그림 역시 동맥과 정맥의 미세말단이 인체조직 내에서 매우 밀접하게 접근해 있는 형상을 보여주고 있다. 또한 그는 문맥과 대정맥에 대해 "이들 정맥의 미세한 지맥들이 서로 연결되어 있고 연속적인 상처럼 많은 곳에서 하나로 결합되어 있는 것처럼 보인다"며 매우 정확하게 설명하고 있다. 이상한 것은 이 같은 관찰결과가 나왔는데도 그가 혈액이 순환한다는 사실을 알아채지 못했다는 점이다. 어찌됐건 베살리우스는 혈액순환 사실을 확실하게 알아내지 못했고 혈액순환에 대한 인식에 첫발을 내디딘 것은 세르베투스였다.

혈액순환의 발견 : 세르베투스

▲ 칼뱅
칼뱅은 16세기 종교개혁가로 프랑스인이다. 일찍이 신학을 연구했고 후에 신교를 숭상했다. 하지만 열렬하게 단일신론을 옹호하면서 칼뱅의 신교와 충돌한 세르베투스는 결국 칼뱅에 의해 체포되어 화형에 처해졌다.

미카일 세르베투스Michael Servetus는 스페인 아라곤 지방 사람으로 베살리우스와 동창이다. 그는 단일신론을 열렬히 옹호하여 신교와 천주교 모두와 충돌을 일으켰다. 그는 이단 재판의 법망에서 도망쳤으나 칼뱅에게 붙잡혀 화형에 처해졌고 그의 저서 『그리스도교 회복Christianismi Restitutio』 역시 모두 불태워졌다. 이 책에서 세르베투스는 혈액의 폐순환, 즉 소순환 학설을 기술했다.

『그리스도교 회복』에서 세르베투스는 "영혼은 본디 혈액"이라는 관점을 주장하였으며 당시 성행한 '세 가지 영' 설을 부정했다. 당시는 '세 가지 영'을 가지고 심혈관의 기본활동을 설명하였는데, 혈액은 한 방향으로 흐르는 것이 아니라 그리스 에게해의 파도처럼 왕복하며 방향 또한 일정하지 않다고 여겼다. 게다가 혈액은 심격막 위의 육안으로는 볼 수 없는 미세한 통로를 통해 우심실에서 좌심실로 흐른다고 생각했다. 세르베투스는 이 점에 대해 반박했다. 그는 혈액은 우심실에서 폐로 먼저 흘러가 폐에서 다시 좌심방으로 보내지며

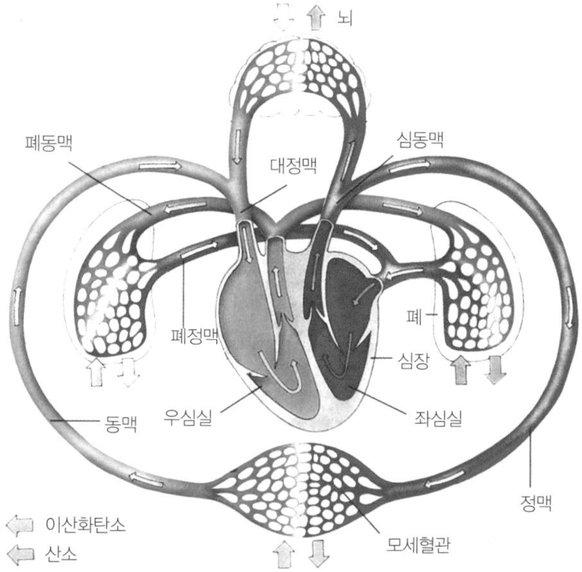

◀ 혈액순환 이론의 발전
일찍이 갈레노스의 저서에서 동맥, 정맥 간의 부합현상이 언급되었으나 애석하게도 그는 어떠한 혈액순환 개념도 가지고 있지 않았다. 스페인의 의사 세르베투스는 동맥과 정맥이 서로 통하며 혈액은 동맥으로부터 정맥의 한 방향으로 흐른다는 것을 이미 인식하고 있었다. 하지만 그의 발견이 혈액순환 이론에 접근해 있을 때 교회의 분노를 사서 화형을 당하고 말았다. 그러다 혈액순환 이론은 마침내 하비에 의해 제기되었다. 하비는 황실의 전담의사라는 특권을 누려 신분이 보호될 수 있었고 그럼으로써 교회의 박해를 피할 수 있었다.

◀ **세르베투스** (위)
생리학 분야에서 갈레노스의 이론에 도전한 중대한 의의를 지니는 사상은 세르베투스에게서 나왔다. 그는 혈액의 소순환을 발견했는데 이는 폐순환이라고도 일컬어진다. 이는 혈액이 심장 양쪽에 흩어져 있다는 전통적 관념에 반박한 것으로, 대신에 그는 혈액이 심장의 우측에서 폐로 흘러가서 거기서 공기를 흡수하여 다시 심장 좌측으로 들어온다는 관점을 견지했다.

◀ **두부 해부도** (아래)
해부학의 발전은 세르베투스의 순환이론 연구에 토대를 마련했다. 그림은 인체 머리 부분의 해부도이다. 시각, 미각, 후각을 통제하는 기관이 구체적으로 뇌의 어느 곳에 분포하는지 알게 되었다.

혈액순환은 "왼쪽 폐에서 완성된다"고 강조했다. 그리고 이 모든 것이 종교 신학에 의해 받들어지던 내용을 직접적으로 거스르는 것이었다.

세르베투스는 프랑스에서 칼뱅에게 자신의 책『그리스도교 회복』을 우편으로 보내, 성령과 거듭남의 관계를 따지는 도중 혈액순환을 발견했다고 밝혔다. 또 복사본을 보내 칼뱅의 몇 가지 과실과 오류를 지적하고 그와 토론하고 싶다는 의사도 표명했다.

세르베투스의 신념과 관점은 신교와 구교 모두에게 비정통적인 이단으로 받아들여져 그에 대한 종교재판이 계속 진행되었다. 비록 일부 칼뱅의 반대파들이 세르베투스를 구하려고 시도했으나 모두 성공하지 못했으며, 세르베투스는 마침내 칼뱅파에 의해 '위험을 전파하는 이교도'라는 죄명으로 화형을 선고받았다.

1553년 10월 27일 세르베투스는 제네바에서 화형에 처해졌다. 엥겔스는 "세르베투스가 혈액순환 과정을 발견하려고 할 때 칼뱅이 그를 불태워 죽였다. 살아 있는 그를 장장 두 시간에 걸쳐 불에 구웠다"라며 분노에 차서 말했다.

세르베투스의 책은 단지 두세 권만 남아 운좋게 전해졌기 때문에 심격막의 불투과성과 혈액이 심장의 오른쪽에서 나와 폐를 통과하여 왼쪽으로 흘러간다는 그의 새로운 관점이 끼친 영향과 가치를 평가하기 어렵다. 그리고 만약 그에게 그렇게 깊은 신학의식이 없었다면 혈액순환설과 그로부터 나타난 모든 생리학 진보는 반세기는 앞섰을 것이다.

인체의 펌프 : 하비와 혈액순환

▲ 하비
영국의 저명한 의사인 하비는 역사상 최초로 정확하게 혈액순환을 묘사했다. 그는 혈액이 인체 내 정맥과 동맥을 통과하여 한 방향으로 흐른다는 것을 입증했다.

세르베투스 이후 파브리키우스가 정맥의 판막을 발견했다. 이로써 혈액순환의 완전한 발견을 향해 또 한 걸음 내디딘 것이다.

제로니모 파브리키우스Geronimo Fabricius는 이탈리아 아콰펜덴테의 토스카나에서 태어나 파도바 대학에서 64년 동안 교편을 잡았다. 1603년 그는 『정맥의 판막에 관한 연구De Venarum Ostiolis』를 발표했다. 그는 이 책에서 정맥 내벽 위의 작은 판막을 묘사했는데 심장을 향해 열려 있고 반대방향으로 닫혀 있는 것이었다. 파브리키우스는 만약 팔꿈치 위쪽으로 한쪽 팔뚝을 묶어놓으면 정맥은 부어오르고 판막은 튀어올라와 '매듭'을 이루거나 혹은 돌출하게 되는데 이 현상을 "판막은 혈액의 흐름을 저해하여 필수 양분을 흡수할 시간을 만들고 불규칙한 혈액 흐름을 방지하며 양분이 신체의 한 부분에 전부 흡수되는 것을 막아준다"고 설명했다. 파브리키우스는 혈액순환 자체에 영향을 주는 판막의 진정한 역할을 알아차리지 못했는데 이는 그가 여전히 갈레노스를 따르

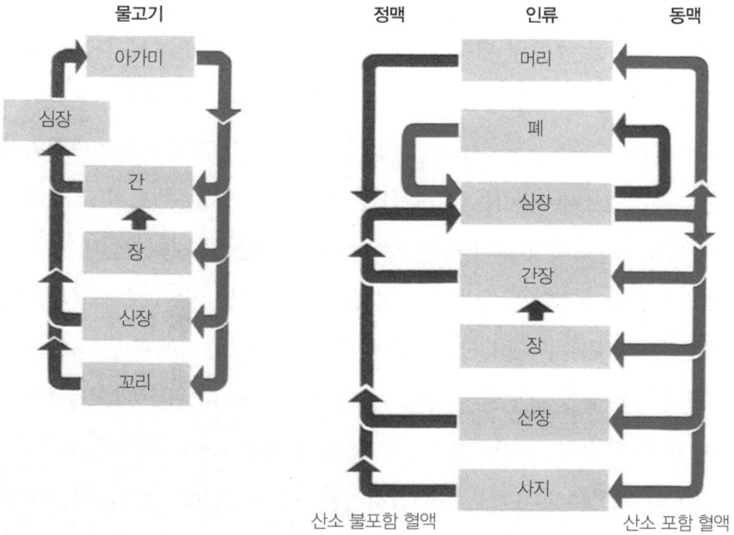

◀ 혈액순환
혈액은 심장에서 동맥으로 보내진 뒤 다시 정맥에서 심장으로 유입되면서 순환한다. 그림에서 화살표는 어류 및 인류의 순환계통 중 혈액의 흐름을 나타낸다. 하비는 혈관은 하나의 차단된 시스템으로 심장에서 제공된 혈액은 체내에서 순환되며 이 흐름은 죽음에 이를 때까지 계속된다는 것을 발견했다. 그러나 그의 혈액순환 이론은 당시 사람들에게 받아들여지지 않았다.

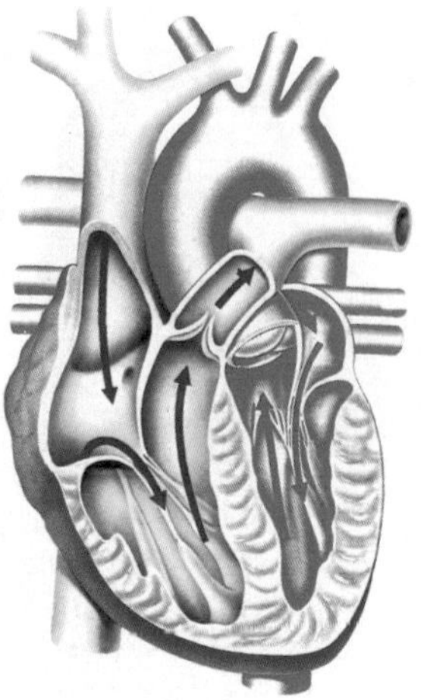

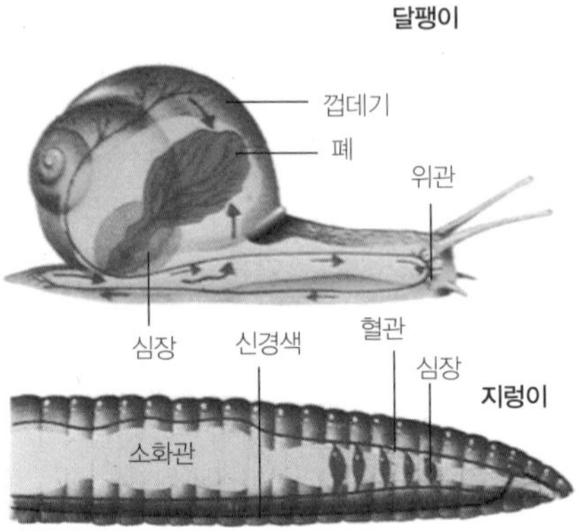

▲ **심장도** (왼쪽)
인간의 심장에는 1심방 1심실이 있다. 오른쪽 심장에서 산소가 부족한 혈액을 폐로 보내고 왼쪽 심장에서 산소를 포함한 혈액이 신체 각 부분의 세포로 보내진다.

▲ **달팽이와 지렁이의 혈액순환** (오른쪽)
달팽이는 다섯 개의 심장에서 혈액을 방출한다. 달팽이의 혈액은 혈관에서 기관 내 개방된 공간으로 흘러가서 다시 이곳 개방공간에서 나와 심장으로 돌아온다. 하비는 혈액순환을 연구하면서 각종 동물의 생체 해부를 실시했으며 이 동물실험을 통해 심장혈관과 혈액의 순환운동을 증명했다.

고 또 믿고 있었기 때문이었다. 혈액운동은 일종의 등락으로 정맥은 신선한 혈액을 간으로부터 각 조직에 보내고 오래된 혈액을 각 조직으로부터 다시 간으로 보낸다고 바르게 해석해 낸 사람은 파브리키우스의 제자인 하비였다.

윌리엄 하비William Harvey는 영국의 포크스틴에서 태어나 케임브리지 대학에서 공부했다. 그는 1597년부터 1602년까지 파브리키우스 밑에서 의학을 공부하고 런던에 정착하여 개업했다. 1607년 그는 왕립의사협회의 회원이 되었고 2년 후에는 세인트 바솔로뮤 병원의 내과의사로 임명되었다. 1615년에는 왕립의사협회의 해부학 강사가 되었다. 1616년 의학원에서 첫 과목을 강의하면서 자신의 혈액순환 이론 요강의 대략적인 윤곽을 그렸으나 그의 『동물의 심장과 혈액의 운동에 관하여』는 1628년에야 출간되었다. 1651년 『동물의 발생Exercitationes de Generatione Animalium』을 발표하였고, 3년 후 왕립의사협회의 회장직 제의를 거절했다. 하비는 전 재산을 의사협회에 기증했으며 그의 업적을 인정한 왕립의사협회가 그가 죽기 전에 의사협회에 그의 동상을 세웠다.

『동물의 심장과 혈액의 운동에 관하여』에서 하비는 베살리우스와 갈릴레이로 대표되는 새로운 시대정신을 표현하고 심장, 동맥, 정맥과 혈액 등의 문제에서 당시 유행하던 잘못된 관점을 반박했다. 하비의 가장 중요한 관점은 간단하게 다음과 같이 정리할 수 있다. 첫째, 심장은 속이 비어 있는 근육이며 심장운동의 특징은 계속적으로 오그라들다가수축 피동적으로 확장이완된다. 심장이 확장하는 동안 심장으로 유입된 혈액을 수축하여 심장 밖으로 배출시킨다. 이러한 수축의 규칙적인 반복은 혈액이 혈관 속에서 운동을 유지할 수 있도록 해준다. 둘째, 심장이 30분 내에 내보낼 수 있는 혈액의 양은 전 인체에 순간적으로 존재하는 혈액의 양을 초과한다. 만약 심장으로부터 배출된 혈액이 상당히 짧은 시간 안에 다시 심장으로 돌아온다는 가설을 세우지 않는다면 이 점을 합리적으로 해석해 낼 수 없으며 충분한 관찰과 실험에 의한 증거로 혈액이 잠시도 쉬지 않고 연속순환한다는 것을 보여준다. 혈관계통에서 판막은 이 운동이 한쪽 방향으로 진행하도록 해준다. 해부와 매듭을 묶었다가 풀어 혈액을 흘려보내는 실험이 보여주듯 동맥혈은 항상 심장에서 나가며 정맥혈은 반대로 심장을 향해 흐른다. 그러므로 혈액은 심장에서 동맥으로, 동맥에서 정맥으로, 다시 정맥에서 심장으로 돌아가는 연속적인 순환을 하며 생명이 다할 때까지 이렇게 쉬지 않고 흐른다.

심장은 두 개의 심방과 두 개의 심실로 구성된 네 개의 방으로 이루어져 있다. 좌심실이 수축할 때 그 안의 혈액이 방출되어 판막을 통과해 주동맥으로 일컬어지는 대동맥으로 들어간다. 그곳에서부터 혈액은 비교적 작은 동맥을 통과하여 직접

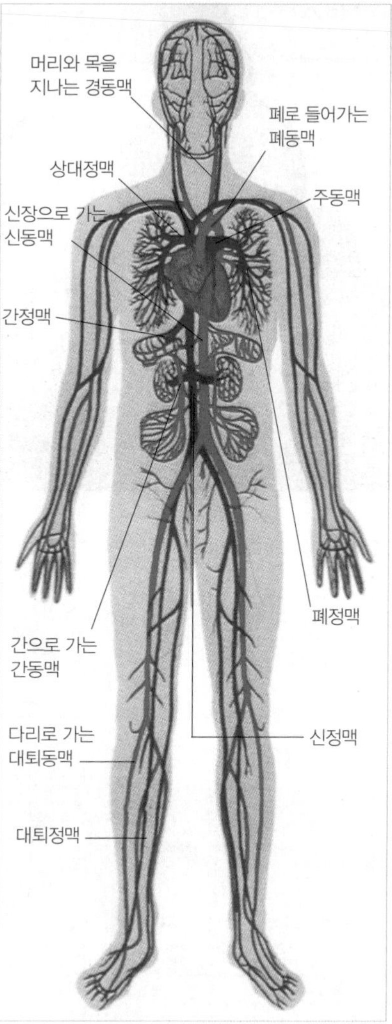

▲ 인체혈액순환도
혈액순환은 심장에서 나온 혈액이 신체 전체로 흘러가는 과정이다. 신체 각 기관 및 세포는 혈액의 산소와 양분을 소모하고 혈액은 이들의 노폐물을 가져간다. 그림은 인체 혈액순환도이다.

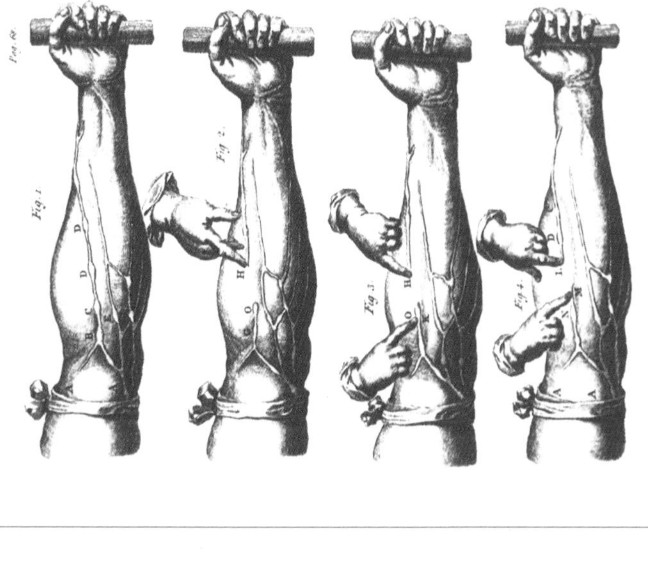

◀ 혈액의 유동
하비는 연구를 통해 혈액은 정맥혈관을 통해 사지로부터 심장에 이르는 한 방향으로 흐르고, 판막이 혈액의 통로를 제어한다는 것을 발견했다. 그림(오른쪽에서 왼쪽으로)은 하비가 발견한 혈액의 흐름의 과정을 보여주고 있다.

◀ **교황에게 혈액순환을 설명하고 있는 하비**
하비는 보다 발전된 연구관찰을 통해 심장에는 혈액을 만드는 기능이 없지만, 혈액순환의 종착지이자 그 동력이 되는 곳이라는 것을 발견했다. 그의 혈액이론은 사실적 근거가 충분했으나 당시의 권위적인 이론과 부딪치게 되면서 사망할 때까지 그의 이론은 의학계와 종교계의 인정을 받지 못했다. 하비가 사망한 4년 뒤 이탈리아의 말피기 교수가 갈릴레이의 망원경을 현미경으로 개조하여 의학에 사용함으로써 모세혈관의 존재를 관찰했다. 이때서야 비로소 하비 이론의 정확성이 검증되었다.

정맥으로 들어가고 이후 강정맥으로 불리는 대정맥을 통과해서 우심방으로 들어간다. 우심방이 수축할 때 그 안에 있던 혈액이 밀려서 판막을 통과해 우심실로 들어가게 된다. 다시 폐동맥을 통하여 폐로 들어간다. 혈액은 폐에서 폐정맥을 지나 좌심방으로 들어가고 여기서 다시 좌심실로 들어가는데 이런 모든 순환과정이 끊임없이 반복되어 진행된다. 인체 내 모든 혈액은 한 방향을 따라 순환하며, 이 방향으로 열린 판막이 혈액이 반대방향으로 흐르는 것을 저지한다. 이것이 하비의 혈액순환 개념이다. 당시 하비의 혈액순환 이론이 완전무결한 것은 아니었으며 그 결점들 대부분이 17세기에 이르러 보완되었다.

하비는 발생학 분야에 관해서도 저술했는데, 그는 『동물의 발생』에서 전신 혈액은 심장의 펌프 작용으로 혈관을 통과해서 순환한다고 밝혔다. 이는 생리학사상 신기원을 열었으며 새로운 방향을 개척했다. 이 새로운 방향을 향해 사람들은 건강한 인체와 질병을 가진 인체구조에 대해 연구를 거듭했다. 게다가 혈액운동이 심장근육의 수축운동의 결과에 기인한다는 사실은 생물학을 몽매주의로부터 벗어나게 해주었다. 만약 생물학이 생리학과 화학의 개념이 아닌 영적인 어떤 개념을 사용했었다면 생물학은 여전히 몽매주의에서 벗어나지 못하고 있었을 것이다. 물론 하비 자신이 동시대인이 사용한 각종 신비적인 언어에서 완전하게 벗어나지 못했고 심지어 죽을 때까지 아리스토텔레스 학파의 충실한 일원이긴 하였지만 그의 업적은 자신의 인식을 뛰어넘었다.

현미경 아래의 신세계

17세기에 현미경의 응용은 생물학 지식의 범위를 크게 확장시켰다. 이전에 육안으로는 완벽하게 관찰할 수 없었던 유기체와 유기체의 각 부위를 단순광학현미경과 복합광학현미경으로 더욱 자세히 관찰할 수 있게 되어 완벽하고 확실한 그림을 그릴 수 있었다. 최초로 현미경을 이용해 생물을 관찰한 것은 갈릴레이였다. 하비는 일종의 확대경을 사용하여 심장을 관찰한 것 같다. 그는 이러한 렌즈를 사용했다고 두 번 언급한 적이 있다. 그러나 17세기의 가장 중요한 미세생물학자는 말피기와 레벤후크, 스왐메르담, 이 세 사람이다.

마르첼로 말피기Marcello Malpighi는 이탈리아의 볼로냐 출생으로 그의 저작은 주로 런던 왕립학회에 발표한 논문들이었다. 그는 1668년 왕립학회의 회원이 되었고 일찍이 자신이 그린 누에와 병아리 그림 원본을 학회에 보냈다.

말피기는 자신의 연구가 앞으로 고등 동물의 본질을 밝혀줄 것이라는 신념을 가지고 하등 유기체를 연구했다. 이와 같은 확고한 신념으로 가능한 모든 곳에서 비교의 방법을 활용했다. 그는 개구리 폐 연구를 통해 폐가 공기와 혈액이 섞여 있는 조직이 아니라 기포를 포함하고 있으며, 게다가 가로막이 혈액과 공기를 차단시키고 있어 폐에 직접 접촉하지 못하게 한다는 사실을 발견했다. 1660년 말피기는 연구를 통해 혈액이 폐의 모세혈관을 지나간다는 것과 모세혈관이 동맥과 정맥을 연결해 준다는 것을 처음으로 발견했다. 이후 그는 개구리의 다른 부분에서도 모세혈관을 발견

▲ 레벤후크
17세기 중엽 현미경의 발명으로 자연계에 대해 인간이 가지고 있던 생각이나 관점이 완전히 바뀌었다. 천체망원경의 등장이 천문학 혁명을 이끌었듯이 현미경의 등장은 생물학의 혁명을 이끌었다. 현미경의 등장에는 레벤후크가 많은 공헌을 했다.

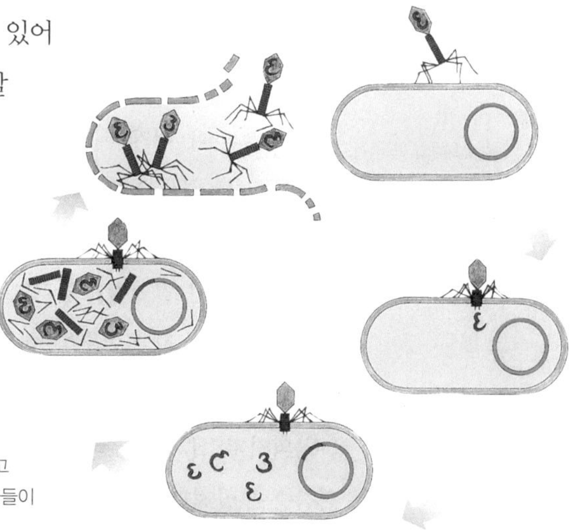

▶ 세균과 바이러스
그림은 바이러스가 세균을 파괴하고 인체조직에 침입하는 원리이다. 레벤후크는 초기 현미경으로 관찰하던 중 세균을 발견하고 이를 '미생물'이라고 불렀다. 2백 년 후에야 사람들은 이 미생물들이 세균임을 알게 되었다.

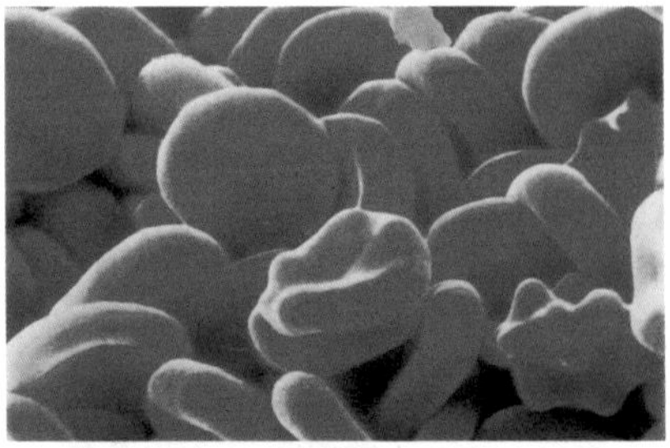

▲ **적혈구** (위)
현미경의 출현으로 사람들은 미시적인 세계를 더욱 잘 이해하게 되었다. 적혈구는 현미경 출현 이후 발견되었다. 적혈구의 직경은 7~8미크론이고 현미경을 통해 보면 예쁜 빨간 모자처럼 생겼다.

▲ **골수** (아래)
골수는 긴 뼈의 골강(骨腔)에 들어 있으며 성인의 골수는 체중의 5%를 차지한다. 골수는 피를 만들고, 혈액 속의 각종 혈세포 모두 골수에서 만들어진다. 그림은 현미경으로 본 골수이다.

했다. 비록 현미경의 도움으로 완벽하게 혈액순환을 발견하게 되었지만 상당부분 그의 독창적인 정신적 공헌이 있었다. 그는 우선 동맥에 물을 주입하는 방법을 썼다. 이로써 혈관 내의 혈액을 물로 씻어내고 혈관을 더욱 잘 보이게 하였다.

말피기는 처음에 누에를 연구했다. 그는 현미경을 사용해 해부한 누에를 통해 이 작은 동물들이 복잡한 구조를 가지고 있으며, 이들이 하나의 기관을 통하여 전신의 극히 미세한 기관까지 포괄하여 호흡을 한다는 사실을 알아냈다. 누에에서 작은 관을 발견한 말피기는 다음 발견에 대한 마음의 준비를 하였다. 이 발견은 그가 어떻게 비교 방법을 사용할 것인지 어떻게 유추를 통해 시사점을 얻을 것인지를 분명하게 설명할 수 있도록 해주었다. 그는 또 식물해부학에 관한 것을 발견하였다. 식물해부학에 있어서 훅이 일찍이 큰 기여를 한 바 있지만 말피기는 식물조직의 세포구조에 대해 세심한 관찰을 하였다.

하루는 말피기가 숲속을 산책하다가 나무의 가지가 부러진 것을 보게 되었다. 부러진 곳 주위의 가늘고 긴 실 모양의 무엇이 그의 호기심을 불러 일으켰다. 그는 휴대용 렌즈로 이것의 형상을 관찰했는데 누에의 미세한 호흡기관과 닮았다는 것을 발견했다. 이 발견으로 그는 식물의 비교해부학을 연구하게 되었으며 모든 생물의 공통점에 대한 많은 예측과 상상을 하게 되었다. 흥미진진한 예측의 하나는 살아 있는 유기체의 호흡에 관한 것이었다. 그의 관점에 따르면 호흡기관의 크기는 유기체의 발달정도와 반비례한다. 유기체가 미성숙할수록 호흡기관은 크고, 유기체가 완전할수록 호흡기관은 작다. 호흡의 기능에 대해 그는 모종의 방식으로 양분과 액즙의 발효를 촉진한다고 주장했다.

말피기가 실시한 기타 현미경 연구 중 피부의 표피와 진피 사이에서 색소침착층을 발견한 것, 혀에서 번개 모양의 미각기관을 발견한 것, 신장과 비장의 작은 조직을 발견한 것 등이 언급할 만하다. 이 밖에 그는 특히 발생학의 현미경 연구에 공을 쌓았다. 그는 파브리키우스와 하비의 발생학 연구를 발전시켜 달걀 안에서 병아리가 발육하는 과정을 자세하게 관찰했다. 그는 논문 「달걀에서 병아리가 만들어지기까지」에서 관찰 결과를 상세하게 기술하고 그림으로 보여주었다. 이 논문은 이후 발생학의 발전에 지대한 영향을 미쳤다.

스왐메르담Jan Swammerdam은 곤충연구에 있어서 말피기를 능가했다. 그는 암스테르담에서 태어났으며 1667년 의학학위를 받은 뒤 정밀해부학 연구에 매진했다. 시력을 잃고 건강을 해칠 만큼 자신을 희생해 가며 연구에 매달렸다. 생전에 지은 저서는 많지 않고 그가 사망하고 한참 뒤 1737년에서야 그의 저서 『자연의 경전Bible of Nature』이 출간되었다.

스왐메르담은 남다른 손재주와 기교로 정밀해부학의 기술을 풍부하게 만들었다. 그가 제작한 소형 해부기구인 칼, 가위, 랜싯과 메스 등은 확대경이 있어야 예리하게 만들 수 있었다. 또 길게 늘여서 만든 가는 유리관은 강모처럼 가늘었기 때문에 곤충 등의 미세혈관을 확장시키거나 혹은 색소액을 주입하는 데 이용되었고 미세혈관을 더욱 선명하게 볼 수 있었다.

그는 테레빈유를 이용해 연구하고자 하는 생물의 지방을 용해시키거나 제거하였다. 뛰어난 기술로 아주 힘들게 꿀벌, 하루살이, 개구리와 올챙이에 대한 기록과 그림을 남겼다. 이 같은 성과로 인해 스왐메르담은 당시뿐만 아니라 이후 수십 년 동안 계속 선구적인 자리를 차지했다. 생리학 이론 분야의 스왐메르담의 업적은 자연발생설에 반대했다는 점이다. 자연발생은 어떤 생물

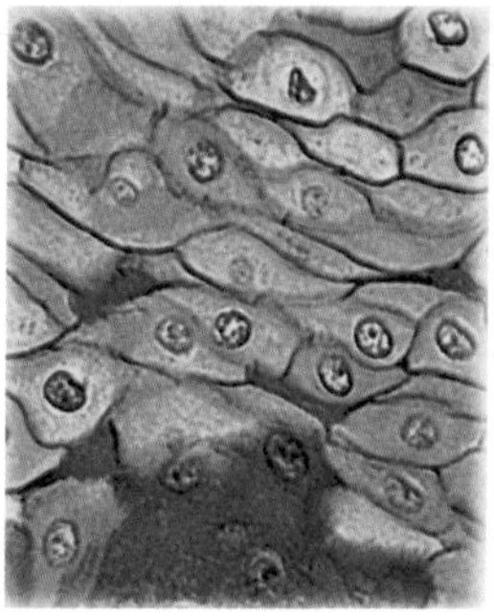

▲ 상피세포
인체는 무수한 생명개체로 이루어져 있다. 세포는 독립적인 활동을 할 수 있는 최소 생명체이며 인체는 세포로 이루어진 왕국이다. 그림은 인체 피부의 상피세포로, 현미경을 통해서 볼 수 있다.

▼ 각종 현미경
현미경은 일종의 물리적 방법으로 사물의 상을 확대시키는 기구로, 16세기 말에 최초로 발명되었다. 현미경은 생물, 화학, 야금, 양조 등 각종 과학연구 활동에 광범위하게 사용되었다.

들은 무생물로부터 탄생된다는 관점으로, 현미경이 없던 시대에 이같은 관점을 믿는 것은 당연한 일이었다. 일찍이 "만물은 알에서 나온다"고 선언했었던 하비마저도 일부 하등동물 특히 어떤 곤충은 부패한 물질이 어떤 변태과정을 거치면서 자연적으로 발생한다고 여겼다. 그는 이러한 자연발생에 반대했고 이후의 발견을 예언하여 사람들을 깜짝 놀라게 했다. 또한 부패한 물질 중에 미세유기체가 생기는 것에서부터 지금까지 발생한 모든 것은 유기물질에서 부패로 발생한 살아있는 유기체라고 역설했다. 그는 자연계의 모든 생물이 하비가 말한 대로 "만물은 알에서 나온다"라는 방식대로 탄생한다는 입장을 견지하였으며, 하비보다 더 이 말을 받들고 응용했다.

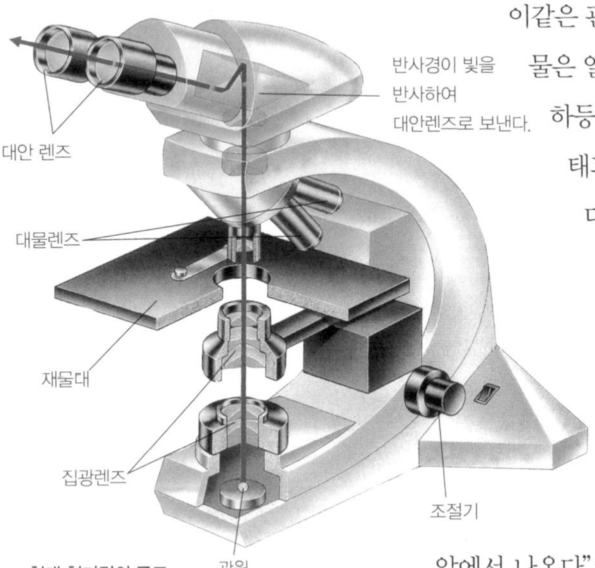

▲ 현대 현미경의 구조

현미경 활용에 열중하고 그로써 즐거움을 찾았던 사람은 안토니 밴 레벤후크Antonie van Leeuwenhoek였다. 그는 네덜란드의 델프트에서 태어나 변변한 학력도 없어 점원으로 일했다. 1660년경에 레벤후크는 시정 당국의 말단직으로 들어가게 되면서 많은 여가시간을 자신의 취미생활에 활용할 수 있게 되었다. 그는 독학으로 렌즈를 제작하여 관찰을 했다. 계획적으로 관찰한 것이 아니라 평소 자신이 호기심을 가지고 있는 것이라면 모두 관찰의 대상이 되었다. 말피기와 마찬가지로 레벤후크도 많은 논문을 런던 왕립학회에 보냈다. 1680년 그는 회원이 되었고 후에 자신의 현미경 26기를 학회에 기증했다. 그의 주요저서는 『현미경으로 밝혀진 대자연의 비밀』이라는 제목으로 발표되었다.

▼ 상처 회복
상처가 아무는 것과 혈소판의 작용은 중요한 관계가 있다. 혈소판은 상처에 혈전을 형성하여 출혈을 막는다.

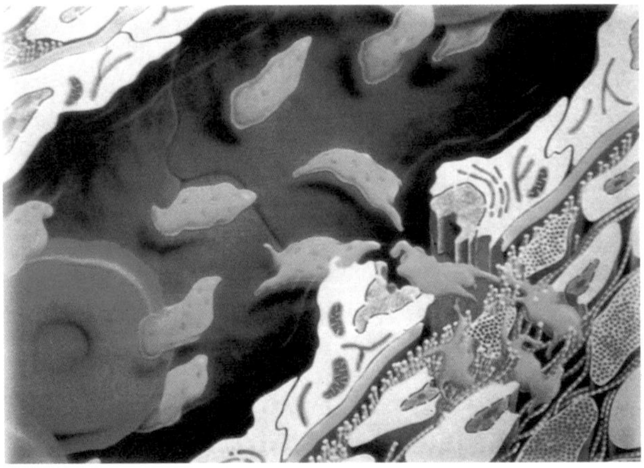

말피기와 레벤후크 두 사람은 하비의 혈액순환에 대한 관찰을 완성하였다. 레벤후크는 완전한 순환을 발견하겠다는 결심을

◀ **의약**
현미경의 발명으로 의사들은 환자를 더욱 편리하게 진찰하고 더욱 정확한 진단을 내릴 수 있게 되었다. 그림은 17세기의 약국이다. 여기서 약품을 보관하고 의사의 처방에 따라 약을 조제했다.

하고 동물에 대한 각종 시험을 한 후, 1688년에는 마음을 바꾸어 현미경으로 올챙이의 꼬리를 관찰했다.

레벤후크가 스스로 발견한 것 중 가장 중요한 것은 단세포 유기체현재는 원생동물문으로 불린다를 발견한 것이다. 그는 1675년 새로 산 도자기 안에 며칠간 두었던 빗물에서 단세포 생물을 관찰하게 되었는데 이 작은 생물은 혈구의 1/25보다 작았다. 그가 일찍부터 원생동물의 크기와 혈구를 비교했다는 점이 아주 중요하다. 최초로 적혈구의 존재를 밝히고 관찰한 사람이 레벤후크이기 때문이다. 그는 또한 적혈구가 인간과 포유류 동물의 혈액에서는 원형이며, 물고기와 개구리의 혈액에서는 타원형이라는 것을 최초로 밝혔다. 원생동물을 발견한 지 6년 뒤 그는 더 미세한 생물인 세균을 발견했다. 1683년 자신의 치아에서 확대경으로 미세한 백색물체를 발견했는데 젖은 밀가루 입자만큼이나 컸다. 이것을 깨끗한 빗물에 넣고서 수많은 생물들이 살아서 활동하고 있는 것을 관찰하게 되었다. 길지만 민첩하게 움직이는 것, 짧은데 팽이처럼 도는 것, 원형 혹은 타원형으로 곤충처럼 왔다 갔다 하며 움직이는 것 등 이들의 모양과 크기, 움직임이 모두 제각각이었다. 그렇게 작은 수천 개 세균이 차지하고 있는 면적은 겨우 모래 한 알 크기밖에 되지 않았다.

100여 년이 지난 후 사람들이 기능이 더욱 뛰어난 현미경으로 이들 형형색색의 '작은 동물'을 다시 관찰했을 때 그것들이 인간에게 심각한 질병을 일으키기도 하고 또한 수많은 유용한 물질을 만들어낸다는 것을 알게 되었다. 이에 사람들은 비로소 레벤후크가 인류가 세계를 인식하는 데 있어 위대한 공헌을 했다는 것을 깨닫게 되었다. 레벤후크는 최초의 위대한 현미경 학자였다.

03 뉴턴의 시대

중국

1630년 자코모 로 『비례규해』 집필. 비례 컴퍼스의 제조와 용법을 소개

1631년 스위스 선교사 테렌츠가 유럽 삼각법 저서 『대측』과 『할원팔선표』 소개

1632년 손원화 『서법신기』에서 유럽의 대포 제조기술을 본격적으로 소개

1635년 류동과 어혁산이 『제경경물』에서 팽이의 회전운동에 대해 훌륭하게 서술. 팽이는 근대 회전기기의 중요부품 중 하나임

1637년 송응성 『천공개물』 완성. 이 책은 농업과 수공업 생산기술에 관한 일종의 백과사전임

1646년 폴란드 예수회 선교사 니콜라스 대수와 삼각함수의 대수 등 수학지식을 중국에 유입

1661년 방중통 『수도연』 집필

1670년 벨기에인 선교사 페르비스트 온도계를 제조하여 황제에게 진상. 이후 1671년 강희제에게 천문과 수학지식을 가르치기 시작

1672년 매문정 『방정론』 지음

1681년 두지경 『수학약』 편찬. 유럽의 '점, 선, 면, 체' 와 계산원리를 도면을 사용하여 설명

1690년 벨기에 예수회의 앙투안느 강희제에게 일원 고차방정식의 답을 구하는 비부호화된 대수법인 '차근법' 을 소개

약 1692년에 왕부지 『장자정몽주 · 태화편』에서 목재를 연소하거나 물을 끓이는 예를 들어 물질과 운동보존의 법칙 입증

약 1695년 류헌정 『광양잡기』에서 자석의 차폐현상을 기술

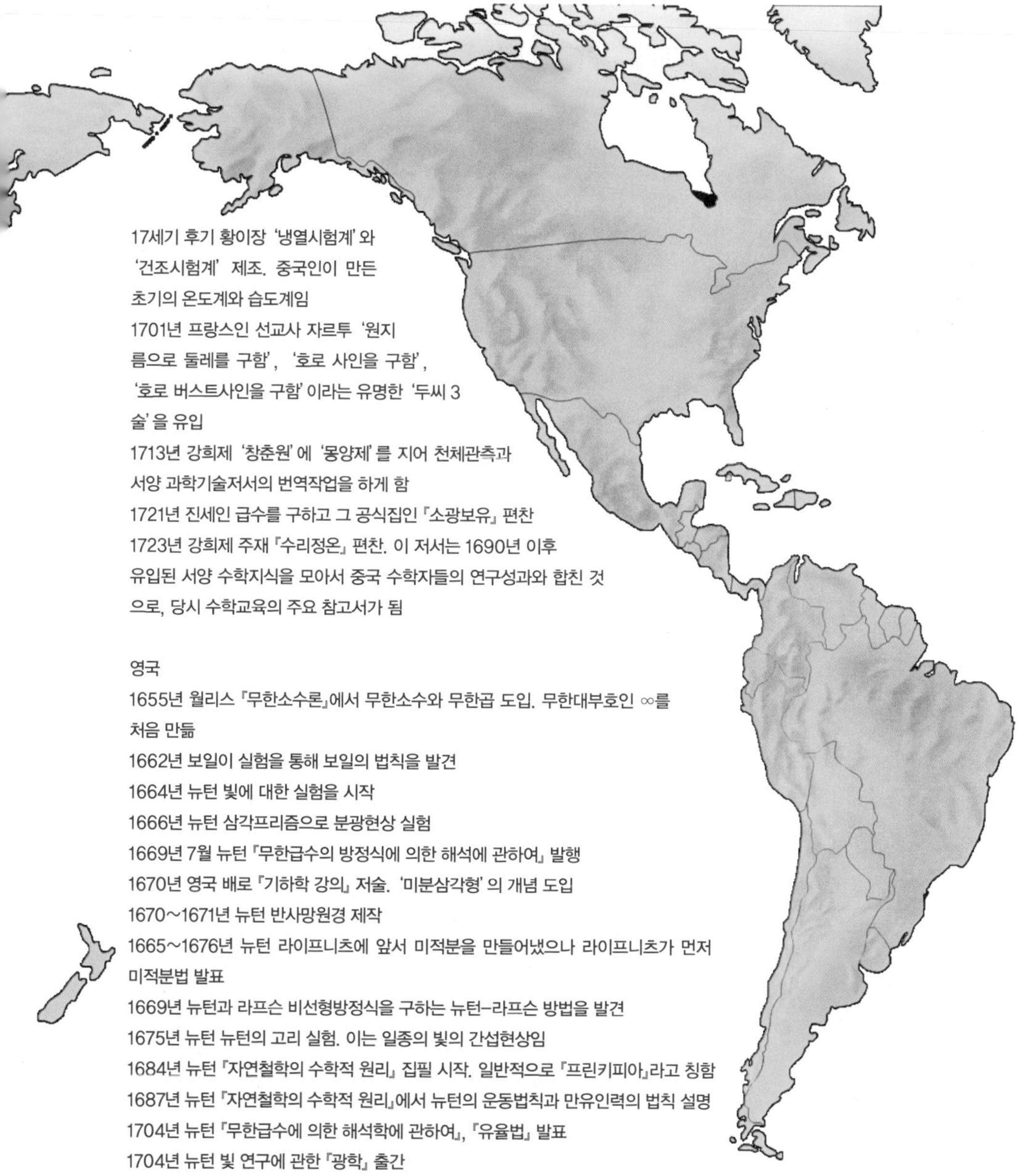

17세기 후기 황이장 '냉열시험계' 와
'건조시험계' 제조. 중국인이 만든
초기의 온도계와 습도계임
1701년 프랑스인 선교사 자르투 '원지
름으로 둘레를 구함', '호로 사인을 구함',
'호로 버스트사인을 구함' 이라는 유명한 '두씨 3
술' 을 유입
1713년 강희제 '창춘원' 에 '몽양제' 를 지어 천체관측과
서양 과학기술저서의 번역작업을 하게 함
1721년 진세인 급수를 구하고 그 공식집인 『소광보유』 편찬
1723년 강희제 주재 『수리정온』 편찬. 이 저서는 1690년 이후
유입된 서양 수학지식을 모아서 중국 수학자들의 연구성과와 합친 것
으로, 당시 수학교육의 주요 참고서가 됨

영국
1655년 월리스 『무한소수론』에서 무한소수와 무한곱 도입. 무한대부호인 ∞를
처음 만듦
1662년 보일이 실험을 통해 보일의 법칙을 발견
1664년 뉴턴 빛에 대한 실험을 시작
1666년 뉴턴 삼각프리즘으로 분광현상 실험
1669년 7월 뉴턴 『무한급수의 방정식에 의한 해석에 관하여』 발행
1670년 영국 배로 『기하학 강의』 저술. '미분삼각형' 의 개념 도입
1670~1671년 뉴턴 반사망원경 제작
1665~1676년 뉴턴 라이프니츠에 앞서 미적분을 만들어냈으나 라이프니츠가 먼저
미적분법 발표
1669년 뉴턴과 라프슨 비선형방정식을 구하는 뉴턴-라프슨 방법을 발견
1675년 뉴턴 뉴턴의 고리 실험. 이는 일종의 빛의 간섭현상임
1684년 뉴턴 『자연철학의 수학적 원리』 집필 시작. 일반적으로 『프린키피아』라고 칭함
1687년 뉴턴 『자연철학의 수학적 원리』에서 뉴턴의 운동법칙과 만유인력의 법칙 설명
1704년 뉴턴 『무한급수에 의한 해석학에 관하여』, 『유율법』 발표
1704년 뉴턴 빛 연구에 관한 『광학』 출간
1711년 뉴턴 『급수와 유율법에 관한 분석』 발표

그리스인들은 찬란한 문명을 창조하였으나 암흑의 중세에 이르러 매몰되었고 과학문명은 종교의 탄압 아래 찬란함을 잃었다. 15세기에 이르러 르네상스의 인본주의 사조가 전 유럽을 휩쓸게 되는 상황에서 지동설을 중심으로 하는 과학사상이 마침내 봇물이 터지듯 쏟아져 나와 유럽 하늘의 안개를 걷어냈다. 1543년 코페르니쿠스의 『천구의 회전에 관하여』가 출간되어 인류 근대사상 첫 번째 과학혁명의 서막을 열었다. 1687년 영국의 과학 거장 뉴턴이 쓴 『자연철학의 수학적 원리』는 고전역학의 설립을 의미하며, 물리학은 이때부터 성숙한 자연과학으로 자리잡고 인류문명은 새로운 시대, 뉴턴의 시대로 접어들게 되었다.

"뉴턴을 세상에 태어나게 하라"

▲ 뉴턴
아이작 뉴턴은 영국의 물리학자이자 수학자로 인류 역사상 가장 위대한 과학자 중 한 사람이다.

뉴턴은 1642년 성탄절에 잉글랜드의 링컨셔 울즈소프의 한 자작농의 아들로 태어났다. 그의 아버지는 그가 태어나기 전에 세상을 떠났으며 아버지가 없는 뉴턴은 어머니와 더욱 친밀한 유대관계를 가지게 되었다. 뉴턴 어머니는 비교적 유복하고 교양을 갖춘 목사 집안의 딸이었다. 이 같은 가정배경은 뉴턴의 종교생활에 큰 영향을 끼쳤다. 그는 허약하게 태어나서 머리를 바르게 가누지도 못했으며 몸 전체가 단지에 들어갈 정도였다고 한다.

뉴턴의 어린 시절은 불행한 편이었다. 세 살 때 어머니가 재혼을 하게 되어 울즈소프에 남아 할머니와 함께 살게 되었는데, 이 시기에 뉴턴은 마음의 상처를 크게 입었다. 뉴턴과 관련된 모든 출판물에 소년시절 뉴턴은 말이 별로 없고 고집이 아주 세다고 말하고 있다. 8년 후 재혼한 남편이 죽자 뉴턴의 어머니는 재혼한 남편과의 사이에서 태어난 1남 2녀를 데리고 울즈소프로 다시 돌아왔다. 뉴턴은 어린 시절 기계 만지기를 좋아해서 방아 모형을 만들기도 했는데 동력은 생쥐를 이용했다고 한다. 그는 또한 회화와 조각도 좋아했는데 특히 해시계 조각하기를 좋아해서 집안의 창가마다 자신이 만든 해시계를 놓

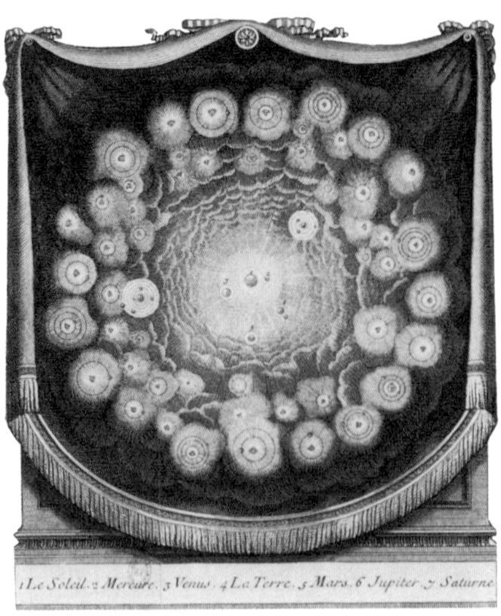

▶ 천문학의 서광 (왼쪽)
17세기는 위대한 과학을 잉태한 시대였다. 17세기 초 망원경의 발명은 천문학연구에 혁명적인 변화를 가져왔다. 코페르니쿠스와 갈릴레이는 고대과학의 잘못된 관념을 없애고 우주에 대한 인류의 이해를 높였다. 18세기의 이 그림에서는 두꺼운 구름층이 빛에 의해 흩어지고 복잡한 행성체계가 우주에 눈부시게 펼쳐지고 있다.

▶ 파리 천문대 (오른쪽)
1667년 수많은 유럽의 천문학자들이 파리에 모였다. 파리 천문대 건립 이후 파리는 천문학연구의 중심이 되었다.

아두어 해 그림자의 이동에 따라 시각을 관찰했다. 그는 15세 때 풍력과 풍속을 재기 위해 광풍이 부는 시각에 맞추어 순풍 멀리뛰기와 역풍 멀리뛰기를 해서 두 멀리뛰기의 거리 차이를 계산했다. 12세 때 그는 집에서 멀지 않은 그랜트햄 중고등학교에 입학하여 17세까지 그곳에서 공부했다. 뉴턴의 어머니는 그가 농부가 되어 가정을 부양하기를 바랐으나 뉴턴은 농사에는 관심이 없고 책 읽는 것만 좋아하여 항상 농사일을 깜빡 잊어버렸다. 나이가 들수록 뉴턴은 더욱 독서에 몰두하고 과학실험과 생각에 빠지기를 좋아했다. 이때 그는 농부의 운명을 벗어나는 유일한 길이 고향을 벗어나 공부하는 길이라는 것을 느꼈다. 그래서 그랜트햄 중학교의 교장 스토크스J. Stokes와 그의 숙부인 아이스코프W. Ayscough의 지원으로 다시 그랜트햄으로 돌아가서 공부한 후 1661년 케임브리지 대학에 합격했다.

▲ **천체의기**
1천여 년 동안 사람들은 지구가 우주의 중심이며 해와 달, 별이 지구 주위를 돈다고 믿었다. 천체의기는 지구중심설의 관점을 생생하게 반영하고 있다. 이 관점은 16세기 코페르니쿠스의 태양중심설에 의해 깨질 때까지 계속되었다. 뉴턴의 만유인력의 법칙은 최초로 천상의 운동과 지구상의 운동을 결합하여 태양중심설에 논리적인 증거를 제공했다.

케임브리지 대학에 합격한 뉴턴은 학비보조 학생의 신분으로 케임브리지 대학의 트리니티칼리지에서 공부하게 되었다. 입학 첫 해 그는 고학년 학생에게 괴롭힘을 당했고 그들의 시중을 들도록 강요당했다. 이 시기 케임브리지 대학의 교육제도는 중세의 스콜라 철학의 분위기가 대세였으며 여전히 플라톤, 아리스토텔레스에서 벗어나지 못하고 있었다. 다행히 당시 케임브리지 대학의 일상적인 학사관리는 그리 엄격하지 않아서 뉴턴은 논리학, 고문, 어법, 고대사, 신학 등과 같이 자신이 좋아하는 과목을 선택할 수 있었다. 2년 뒤, 트리니티칼리지에 새로운 학풍이 일어나면서 뉴턴은 지리, 역학, 천문과 수학 등과 같은 선진적인 내용의 자연과학 지식을 접할 수 있었다. 후에 케임브리지 대학의 학술적 분위기는 더욱 자유스러워지고 활기를 띠었다. 이러한 분위기 속에서 뉴턴은 수학을 공부하고 유클리드의 『기하학 원본』을 마스터했

▶ **만유인력**
뉴턴이 발견한 만유인력은 우주 전체에 통용되는 보편적인 법칙이다. 사람이 계단을 오를 때 힘든 것은 인력의 끌어당김을 극복해야 되기 때문이다. 그림의 실험은 작은 공을 던지면 지구 인력의 끌어당김 때문에 다시 지면으로 떨어진다는 것을 보여준다.

▲ **뉴턴의 광학실험** (위쪽)
1672년 뉴턴은 논문 「빛과 색깔에 관한 새 이론」을 발표했다. 여기서 그는 태양빛이 작은 구멍을 통해 암실의 렌즈를 비출 때 분광현상이 나타나며 맞은편의 벽 위에는 색채 스펙트럼이 나타난다고 말했다. 그는 이러한 빛의 복합과 분해가 서로 다른 색깔의 미립자의 혼합과 분리와 같다고 인식하고 빛의 입자설을 내놓았다.

▲ **떨어지는 사과** (오른쪽)
뉴턴이 화원의 나무 아래서 생각에 잠겨 있는데 갑자기 사과 하나가 땅으로 떨어졌다. 이 우연으로 인해 그는 만유인력을 연구하는 과학적 역정을 시작하게 되었다. 이후 그는 역학분야에서 중요하고도 그 유명한 '뉴턴의 운동법칙'을 만들었다.

다. 그는 또 케플러의 『굴절광학』, 데카르트의 『해석기하학』과 『철학의 원리』, 갈릴레이의 『두 개의 주된 우주체계에 관한 대화』, 훅의 『작은 도면들』 그리고 왕립학회의 역사와 초기의 「철학회보」 등을 읽었다. 1665년 그는 케임브리지 대학의 문학학사 학위를 받고 트리니티칼리지에 남았으며 얼마 되지 않아 정식 교사가 되었다. 1669년 그는 케임브리지 대학의 제2기 루카스 석좌 수학교수에 임명되었다루카스 석좌 수학교수는 1663년 케임브리지 대학의 과학활동 장려를 목적으로 설립한 과학 교수직이다.

이 시기 뉴턴은 수학과 자연과학에 감화를 받아 자연현상 탐색에 대해 흥미를 느끼게 되었다. 1665년 흑사병으로 대학이 2년 동안 문을 닫게 되자 고향 울즈소프로 돌아갔다. 1665년부터 1666년까지 2년 동안 그는 이전 사람들이 생각지 못했던 자연과학 분야의 문제들을 깊이 생각하고 선조들이 밟아보지 못했던 분야를 탐구하여 전대미문의 업적을 세웠다. 1666년 뉴턴은 중력 문제를 생각하기 시작했고 중력이 달에 미치는 영향을 대략적으로 계산해 냈다. 사과가 떨어지는 모습을 보고 만유인력을 깨우쳤다는 일화는 바로 이 시기에 발생한 일이다. 그는 프리즘을 이용하여 빛과 색을 연구했고 많은 새로운 현상을 발견하였으며 각기 다른 시각에서 해석을 하기도 했다. 그는 곡선의 접선과 곡선 아래의 면적 간의 관계 분석을 통해 미적분의 기본지식을 알게 되었다. 어쨌든 고향에서 보낸 2년 동안 뉴턴은 왕성한 열정으로 과학연구에 매진했고 자연철학에도 관심을 가졌다. 뉴턴 일생의 중대한 과학사상은 이 짧은 2년의 시간 동안 만들어진 것이다. 그래서 뉴턴 전기에서는 대개 이 2년을 '기적의 해' 라고 일컫는다.

1667년 흑사병이 잠잠해지자 뉴턴은 케임브리지 대학으로 돌아갔다. 그해 10월 1일 트리니티칼리지의 특별연구원펠로에 선출되었으며 다음해 3월 16일 전임특별연구원메이저펠로이 되었다. 뉴턴은 자신이 쓴 광학 강의록, 수학과 대수 강의록, 『자연철학의 수학적 원리』이하 『프린키피아』로 약칭함, 『우주체계』 등의

▲ **망원경 발명 후 천문학 열기 고조**
망원경이 발명된 이후 천문학이 유행이 되었다. 무수한 별이 떠 있는 광대한 하늘을 연구하는 것이 상류층에서 보편적으로 이루어졌다. 그들은 아름다우면서도 질서정연한 우주에 경이로워했다.

원고를 케임브리지 대학 도서관에 보냈다. 『프린키피아』를 완성한 후 대학교수 생활에 염증을 느낀 뉴턴은 친구인 찰스 몬티규의 도움으로 1696년에 조폐국 이사로 임명되었으며 1699년에는 국장으로 승진하였다. 당시 영국의 화폐제도는 매우 어지러웠는데 뉴턴은 그의 야금 관련지식을 활용하여 화폐를 주조하고, 화폐주조 개혁의 공으로 1705년 기사작위를 받았다. 1680년대 초반 뉴턴은 영국 성공회의 수사가 되어 종교 문제를 연구하기 시작했다. 종교문제에 빠진 뉴턴은 1670년대 중반부터 1680년대 중반까지 신비주의를 좇아 많은 시간과 정력을 쏟았는데 그중 대부분을 야금술 연구에 바쳤다. 그의 야금술 연구는 사실상 역학과 광학, 수학에 대해 진행했던 자연철학 연구의 일환으로, 영역을 좀 더 확대한 것뿐이었다. 뉴턴은 매우 성실한 연금술사로 화로에 한번 불을 지피면 몇 주 동안 꺼뜨리지 않고 연구를 지속하였다. 그는 연금술을 이용해 자연계에서 발휘되는 어떠한 힘과 위세를 분명히 하고자 하였다. 이 점이 보통 연금술사와 구별되는 점이다. 뉴턴은 1727년 3월 31일, 런던 교외의 켄싱턴에서 세상을 떠났으며 국장급으로 장례가 치러져 런던의 웨스트민스터 교회에 안치되었다.

조직화된 과학기구

▲ **기념화폐 속의 뉴턴**
뉴턴은 말년에 왕실의 조폐국에서 일했다. 조폐국에서 뉴턴은 직위가 명예직에 불과했으나 동전을 새로 주조하고 동전 위조범들을 엄하게 처벌한 것이 흥미롭다. 전통적인 방식으로 뉴턴을 기념해 만든 동전에 그의 엄숙한 얼굴이 조각되어 있다.

뉴턴이 1672년 발표한 광학 논문은 영국왕립학회의 「철학회보」에 등재되었다. 같은 해 뉴턴은 왕립학회의 회원이 되었으며 1703년에 왕립학회 회장에 선출되었다.

왕립학회는 영국사회에 나타난 새로운 형태의 과학기구로 1660년에 성립되어 1662년 찰스 2세가 발급한 왕실의 특허증을 받았다. 그러나 협회는 민간기구로서 왕실이 보조금을 지급하지 않았고 경비는 주로 회비와 부유한 상인들의 찬조금으로 충당되었다. 이 단체의 건립은 베이컨 사상의 영향을 직접적으로 받았기에 영국왕립학회는 건립되자마자 베이컨의 학술사상을 관철하여 실험, 발명과 실효성 연구에 집중했다. 협회의 헌장에는 "왕립학회의 임무와 주지는 자연사물에 관한 지식과 모든 유용한 기술, 제조업, 기계작업, 엔진과 실험을 이용한 발명신학, 형이상학, 도덕정치, 문법, 수사학 혹은 논리가 끼어들 수 없는 등의 발전이다. 또 현재 사라져버린 기술과 발명의 정상화를 꾀한다. 고대 및 근

▶ **회의 중인 뉴턴**
1687년 『프린키피아』의 출판으로 뉴턴은 빠르게 명성을 얻었다. 책에서 역학원리를 상세하게 기술했고 조석현상, 행성운동을 설명하고 태양계의 운행방식을 계산해냈다. 이후 뉴턴은 왕립학회의 회장에 선출되었고 최초로 기사작위를 받은 과학자가 되었다. 그림은 뉴턴(왼쪽 두 번째)이 왕립과학학회의 회의를 주최하는 모습이다.

대의 중요한 저자가 자연계와 수학과 기계 분야에서 발명한 것, 기록물, 실행되는 모든 체계, 이론, 원리, 가설, 강령, 역사와 실험을 고찰한다. 이로써 완전하고 실질적인 철학적 체계를 만들어 자연계 또는 기술로 인한 모든 현상을 해결하고 사물의 원인에 대한 이성적 해석을 기록한다"라고 적혀 있다. 「철학회보」는 협회의 기관 간행물로 주로 회원들이 보내온 논문, 연구보고, 자연현상 보도, 학술통신과 서적안내 등을 게재했다.

17세기 영국왕립학회와 이름을 나란히 한 과학기관으로 파리의 과학아카데미가 있다. 영국과 마찬가지로 프랑스의 과학자와 철학가들이 자발적으로 모여 모임을 가졌다. 파리의 수학자 페르마, 철학자 가생디와 물리학자 파스칼 등이 처음에는 수도사 메르센의 수도실에서, 이후에는 행정원 심사관 몽테모르의 집에서 모임을 갖고 자연과학 문제를 토론했다. 프랑스 국왕 루이 14세의 측근인 콜베르가 루이 14세에게 국가를 위한 새로운 과학단체 설립을 건의하여 1666년 파리 과학아카데미가 정식으로 성립되었다. 영국의 왕립학회와는 달리 과학아카데미는 국왕이 경비를 지급하

▲ 과학아카데미의 비약적 발전 (위)
과학혁명의 중요한 특성 중 하나는 과학공동체의 발전으로, 각종 과학조직과 기구의 건립이 그 예 중 하나다. 유럽 근대의 수많은 과학아카데미의 발전은 과학이 더욱 커나갈 수 있도록 만들어주는 역할을 하였다. 그림은 1850년 전후 런던 소재의 한 과학아카데미 전시관의 모습이다.

▲ 뉴턴 (아래)
천문학 초기는 가시밭길이었다. 17세기 갈릴레이는 종교 때문에 가톨릭의 심판을 받았고 후대의 시인 겸 화가인 윌리엄 블레이크는 뉴턴의 관점에 대해 맹렬한 비판을 쏟았다. 윌리엄 블레이크는 뉴턴을 천체측량에 매진하는 거칠고 경솔한 사람으로 묘사하였다.

▼ 과학의 발전
19세기가 끝날 때까지 과학은 더 이상 순수한 사상체계가 아니라 사회 진보의 강력한 동력원이 되었다. 이러한 큰 진전은 17, 18세기 각종 과학공동체의 흥기 및 엄청난 과학적 성취와 밀접한 관계가 있다.

▲ 파리천문대
17세기 말 프랑스 국왕 루이 14세의 지원 아래 프랑스 과학아카데미와 파리천문대가 차례로 설립되었다. 초기의 천문대는 육분의와 물시계뿐으로 보잘것없었다. 1667년에서야 파리천문대는 첫 번째 천체망원경을 갖추었다. 그림은 파리천문대 화원에서 망원경으로 별을 관찰하고 있는 모습이다.

여 아카데미 회원들에게 수당을 지급함으로써 관료적인 색채가 훨씬 강했다. 그들의 연구는 수학역학과 천문학을 포함과 물리학화학, 식물학, 해부학과 생리학 포함 두 부분으로 나뉘었다.

영국의 왕립학회와 파리의 과학아카데미는 17세기에 나타난 과학조직혁명의 대표적 성격을 띠는 과학기구이 양대 신맥이었다. 이들의 출현은 그 이후 1세기 동안 수많은 과학아카데미를 특징으로 하는 과학기구의 조직화를 예고했다. 양대 과학기구가 등장한 지 오래지 않아 유럽의 러시아, 스웨덴 등과 같은 다른 국가들 역시 차례로 대규모의 국가적인 과학아카데미를 설립했다. 이들 기구의 조직은 사회적으로 광범위하게 존재하고 있던 과학적 역량에 대한 관심을 더했으며, 당시 과학기구를 조직화하던 주요형식이 되었다. 이후 19세기까지 계속해서 전문적인 과학학회가 등장하였고 대학에서도 그들의 과학의 활기가 나타났다. 17, 18세기의 이러한 새로운 학술기구의 설립은 과학혁명 이후 과학이 상당한 수준의 사회적인 승인과 포용을 얻어냈다는 것을 의미한다.

▶ 17세기 과학의 환상
프랑스 귀족교육에서 과학은 그다지 중요하지 않았다. 프랑스 과학아카데미가 루이 14세에 의해 설립되기는 했지만 루이 14세 본인은 과학에 전혀 관심이 없었다. 어찌됐든 왕립 아카데미의 설립은 어느 정도 프랑스 천문학의 발전을 이끌었다. 그림은 이 시기의 천문 상상도이다.

국내외 무역의 효율적인 관리를 위해 유럽 각국은 왕실 혹은 국가에서 천문대를 차례로 건립하였는데 프랑스 파리 천문대와 영국의 그리니치 천문대가 그것이다. 그리니치 천문대는 런던 동남쪽 그리니치 지역에 위치해 있다. 그리니치는 템스강변의 작은 언덕으로, 바다에서 템즈강 하구를 지나 런던으로 진입하는 배는 반드시 통과해야 하는 런던의 요충지였다. 1675년 영국 국왕 찰스 2세는 그리니치 인덕 정상 전망대 자리에 왕립 천문대를 건설한다고 선포하고 그 임무를 "경도를 확정하는 방법을 찾고 항해와 천문학을 개선하는 것이다"라고 규정했다. 이때는 영국이 대양을 넘어 영토를 확장하던 시기로 찰스 2세는 별자리 연구가 원양항해를 보장해 줄 것이라고 믿었다.

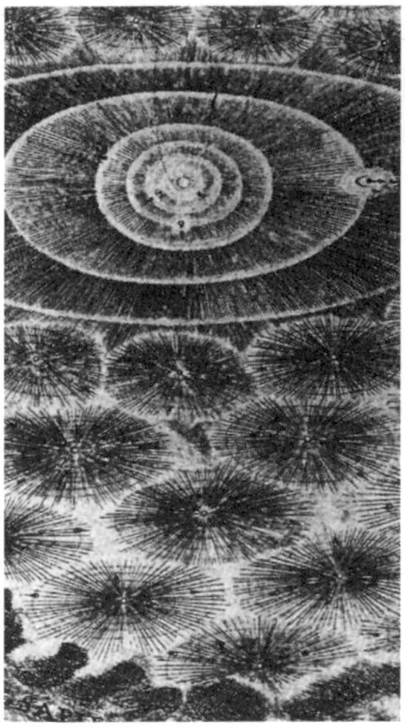

▲ **우주의 다원성** (왼쪽)
태양이 하나의 별이라는 관점은 우주에는 무수한 태양계가 있으며 지구와 같은 행성이 있을지도 모르고, 어쩌면 인류와 같은 생물체도 살고 있을 것이라는 생각을 이끌어냈다.

▲ **『왕립학회사』에 실린 삽화** (오른쪽)
영국왕립학회는 세계에서 가장 오랜 역사의 학회로, 중간에 한 번도 중단되지 않았다. 학회의 정식명칭은 '자연과학 진흥을 위한 런던 왕립학회'이며 1660년에 설립되었고 1662년 영국 국왕 찰스 2세로부터 공인받았다. 그림은 찰스 2세의 조각상에 월계관을 씌우고 있는 모습으로, 조각상의 왼쪽은 철학자 베이컨, 오른쪽은 제1대 회장인 윌리엄 브룽커 자작이다.

새로운 과학기구와 천문대가 유럽에서 크게 일어난 것은 유럽의 왕실과 정부가 일찌감치 과학에 관심을 가지고 중요시했다는 것을 나타낸다. 16세기부터 일부 왕실과 정부는 돈을 대서 과학적 활동을 조직화하기 시작하고, 과학자들도 유럽 각국 정부의 일에 관여하기 시작했다. 그들은 천문대, 과학학회와 대학에서 직무를 수행했을 뿐 아니라 정부의 각 부처에서도 역량을 발휘했다. 뉴턴은 조폐국의 국장을 맡아 왕실에 직접적으로 봉사하기도 했다. 물론 과학혁명을 위해 쏟은 정부의 역할을 과대포장해서는 안된다. 왜냐하면 영국이 그리니치 천문대를 설립하여 별자리를 연구함으로써 실제로 본국의 해양무역과 영토확장을 꾀했던 것처럼 유럽 각국 정부는 대부분 국가의 경제적 이익을 위한 것이었기 때문이다.

▲ **천체망원경**
천체망원경은 천체를 관측하는 중요한 수단이다. 망원경의 탄생과 발전이 없었다면 현대 천문학은 존재하지 않았을 것이라고 말해도 과언이 아니다. 망원경이 발전하고 망원경의 각 기능이 개선됨에 따라 천문학 역시 큰 도약을 했고 우주에 대한 인류의 인식을 빠르게 변화시켰다.

광학과 반사망원경

광학은 고대 그리스시대에 사람들의 관심을 받으면서 천문학 관측에 응용되었다. 빛의 반사법칙은 일찍이 유클리드시대부터 이미 유명했었다. 다만 빛의 굴절법칙은 뉴턴이 태어나기 얼마 전 네덜란드 과학자 스넬Willebrord van Roijen Snell에 의해 발견되었다. 16세기 네덜란드에는 렌즈를 연마하는 수공업이 크게 발달하여 현미경과 망원경의 연구 및 제조가 활발히 이루어졌으며, 이 두 가지 기구의 발명은 세계 과학 발전에서 매우 큰 역할을 했다. 뉴턴 이전에 처음 망원경을 만든 것은 갈릴레이였다. 갈릴레이식 망원경은 볼록렌즈를 접안렌즈로 하고, 오목렌즈를 대물렌즈로 한 것이었다. 당시에 두 개의 볼록렌즈로 이루어진 케플러 망원경도 유행했다. 그러나 이 두 가지 망원경은 모두 대물렌즈의 분광현상을 피할 수 없었다. 뉴턴은 금속을 연마하여 만든 반사경으로 볼록렌즈의 대물렌즈를 대신하여 대물렌즈의 분광을 피할 수 있게 만들었다. 이 뉴턴식 망원경은 길이가 6인치 직경이 1인치, 배율이 30~40배에 이르렀다. 이후 보완을 거쳐 1671년 두 번째로 더욱 커진 반사망원경을 제작하여 왕립학회로 보내 평가를 받았다.

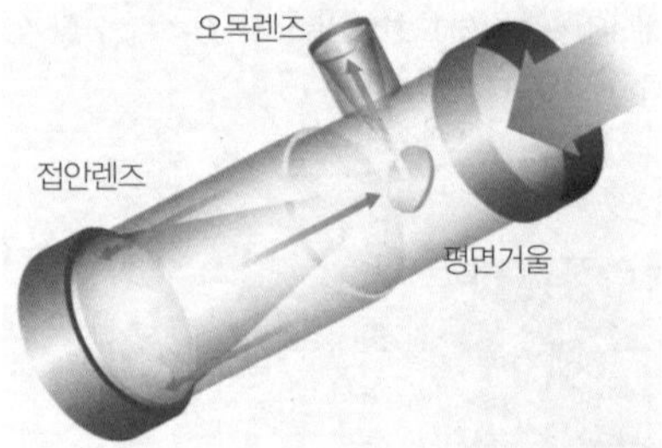

▲ **뉴턴의 반사망원경 원리**
뉴턴이 설계한 반사망원경은 오목렌즈를 사용하여 굴절망원경에서의 렌즈를 대신했다. 망원경에 들어온 빛이 망원경의 축에 45도 기울어진 작은 거울에 이르고 이 거울에 반사된 빛이 접안렌즈를 통과하면 상이 확대된다.

▶ **뉴턴의 프리즘 실험**
그림은 뉴턴이 두 명의 여성의 도움을 받아 삼각프리즘을 이용하여 실내로 들어온 태양광을 분해하는 장면이다.

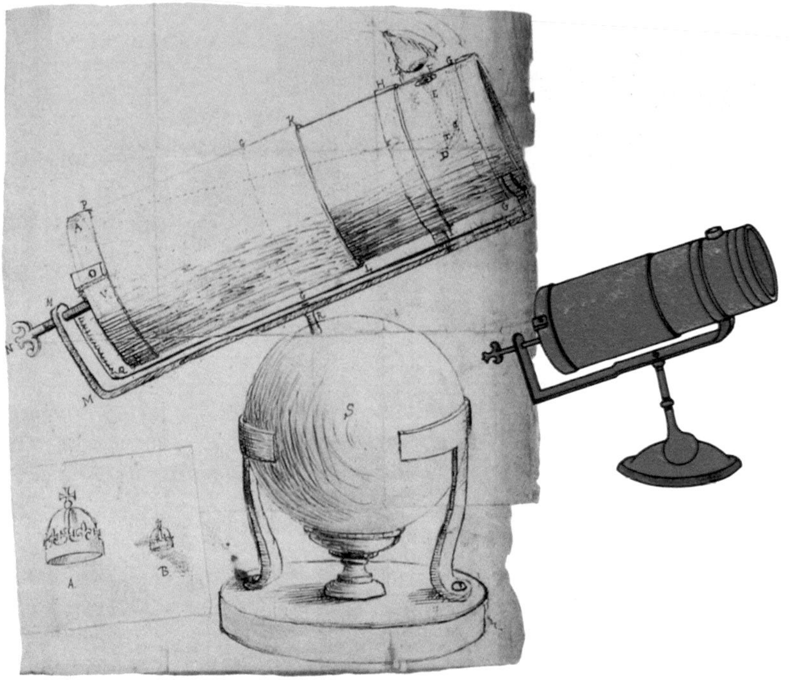

◀ **뉴턴 반사망원경의 초안 설계**
빛이 망원경 안으로 들어온 후 주(主)렌즈에서 앞쪽의 렌즈로 반사된다. 그리고 다시 90도로 굴절하여 망원경 외부에 상이 맺히고 다시 접안렌즈를 지나 확대된다. 망원경 아래의 나사로 물체와 대물렌즈, 망원경의 뒷부분을 조절하여 상의 초점을 맞추었다.

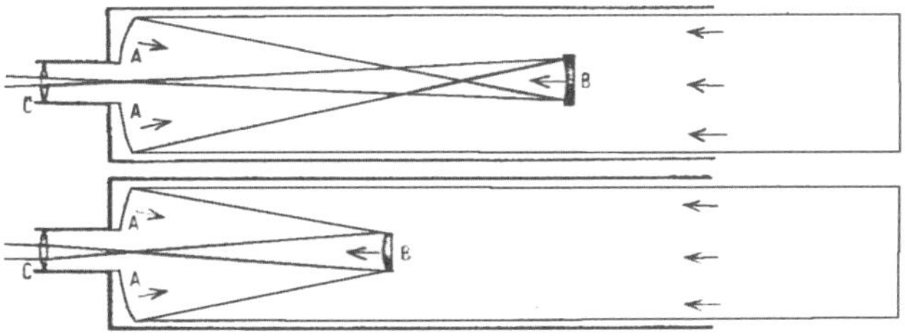

▲ **반사**
뉴턴의 반사망원경이 나타나기 전에 영국의 천문학자 그레고리와 프랑스의 과학자 카세그레인 모두 일찍이 이를 제기한 적이 있었다. 이들이 제기한 것은 망원경 속에 거울을 하나 더 넣고 여기서 메인렌즈에 모아진 광선을 메인렌즈 중심의 작은 구멍을 통해 반사시키는 식이었다. 다만 그레고리는 이 거울이 타원형이어야 한다고 생각했고 카세그레인은 쌍곡선형이어야 한다고 고집했다. 그림은 두 사람의 설계 원리도이다.

빛의 분광 문제는 일찍이 고대 그리스 시대에 이를 예측한 사람들이 있었으며, 이를 무지개의 빛과 유리를 통과한 빛 주변에 형성되는 색으로 연관시켰다. 그러나 아리스토텔레스부터 데카르트까지 그들은 모두 백색은 순수하고 균일한 빛의 본질이며 색깔은 단지 빛의 변형이라고 여겼다. 모두 뉴턴과 같은 빛의 분광현상에 대한 진지한 실험을 성공하지 못했다.

1666년 뉴턴은 프리즘을 구입하여 분광현상을 연구하기 시작했다. 저서 『광학』에서 뉴턴은 "방을 어둡게 한 다음 창문에 작은 구멍을 뚫어 적정량의 햇빛을 실내로 비치게 하고 빛이 들어오는 입구에 프리즘을 설치하면 빛은 프리즘을 통과하여 맞은편 벽 위로 굴절된다"고 밝혔다. 뉴턴은 벽 위에 프리즘이 투사한 여러 가지 색의 빛을 관찰했으며, 이들 색의 빛의 길이가 원래 흰색 빛보다 몇 배나 길다는 것을 보고 이 색깔들이 백색 태양광을 이루는 원래의 빛이라는 것을 알게 되었다. 이 점을 증명하기 위해 뉴턴은 보다 진보적인 실

▲ **스펙트럼**

빛의 색 문제에 대해 사람들은 무지개의 색과 유리조각 주변에 형성된 색을 연결시켜 추측하기도 했다. 뉴턴은 삼각프리즘 실험을 통하여 빛이 프리즘을 통과한 뒤 빨강, 주황, 노랑, 초록, 파랑, 남색, 보라색으로 이루어진 스펙트럼으로 나타나는 것을 발견했다.

▲ **예술가가 표현한 혜성**

뉴턴의 『광학』은 18세기 초에 출간되었다. 책에서 그의 빛과 색깔에 대한 연구를 체계적으로 소개하고 있다. 그의 연구에는 광학연구 외에 역학연구 역시 큰 부분을 차지하고 있다. 만유인력 이론 발표 후 천문학, 물리학 분야의 연구가 더욱 활발해졌다. 이 그림은 예술가가 그린 혜성도로, 뉴턴이 만유인력을 이용하여 혜성의 자료를 연구함으로써 핼리의 연구에 편리를 제공하였기 때문에 핼리혜성 발견의 일부 공로로 생각하는 사람들도 있다.

험을 했다. 그는 빛이 투사된 막 위에 역시 작은 구멍을 뚫어 빛의 색깔 중 일부를 두 번째 구멍에 통과하게 하고, 이 빛깔들 중 일부를 막 뒤의 두 번째 프리즘에 굴절시켜 다시 두 번째 막에 비추었다. 그리고 다시 첫 번째 프리즘을 천천히 회전시키면 빛이 두 번째 구멍을 뚫고 나오게 되며 두 번째 막 위에 비춰진 상도 첫 번째 프리즘을 따라 상하로 움직이는 것을 볼 수 있었다. 이렇게 하여 첫 번째 프리즘을 통과해 가장 크게 굴절한 남색광은 두 번째 프리즘을 통과하여도 굴절이 가장 크고, 반대로 적색광은 두 개의 프리즘 통과한 굴절이 가장 작은 것을 볼 수 있었다. 따라서 뉴턴은 '백색광은 본래 굴절 정도가 다른 각종 색광들로 이루어진 불균등한 혼합체' 라고 결론지었다.

뉴턴은 이 색에 관한 이론을 1672년 편지 형식으로 왕립학회에 제출하였고, 그의 이론은 예기치 않게 팽팽한 설전에 휩싸이게 되었다. 하위헌스는 뉴턴의 이론에 반대했고 혹은 그를 신랄하게 공격했다. 일찍이 1665년 훅이 빛의 파동이론을 주장했었는데 이는 단지 하나의 가설이었으며, 나중에 하위헌스가 이를 완성시켜 자신의 '빛의 파동이론' 을 만들었다. 하위헌스는 에테르는 어

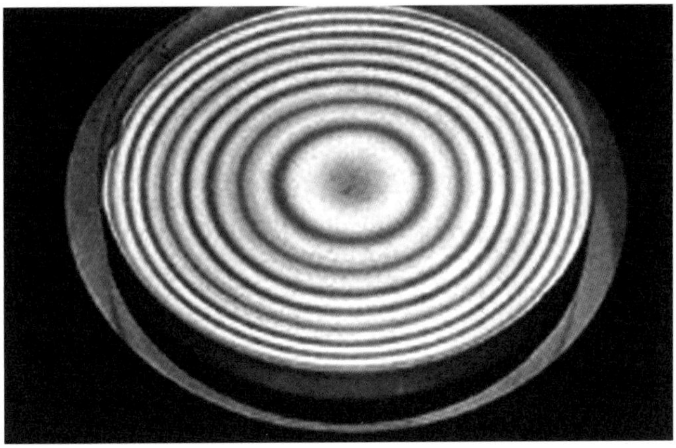

▲ **뉴턴의 고리**
'뉴턴의 고리'는 뉴턴의 중요한 광학 발견 중의 하나이다. 훅이 연구한 비누방울의 색깔 문제에서 한 단계 더욱 발전시켜 연구한 것이다. 이것은 일종의 빛의 간섭현상의 모양으로 일련의 어두운 색 띠와 밝은 색 띠가 동심원 고리의 모양을 하고 있다.

느 공간에나 다 존재한다고 보았으며 에테르를 파동의 매질로 보고 매질의 점들을 중심으로 그 주변에 하나의 물결이 형성된다고 설명했다. 그리고 하위헌스는 빛의 반사와 굴절을 훌륭히 설명했다. 하지만 그와는 반대로 뉴턴은 빛의 '입자설'을 주장하였다. 뉴턴은 빛의 '파동설'의 최대 장애는 빛의 직선진행을 설명할 수 없다는 점이라고 생각했다. 그는 발광물체가 직선운동의 입자를 방출하면 입자가 망막을 자극하여 시각을 일으킨다고 주장했다. 이것으로 빛의 굴절과 반사도 설명할 수 있었다. 오늘날에는 박막(薄膜)이 형성한 색에 대해 뉴턴의 입자설이 파동설의 해석처럼 명쾌하지 못하다고 여겨진다. 입자설과 파동설의 경쟁은 당시 매우 격렬했으며 쌍방의 논쟁은 수년간 계속되었다.

뉴턴의 이 같은 이론은 모두 『광학』에 기재되어 있다. 『광학』은 모두 세 권으로, 그는 고대 때부터 얻은 광학지식을 전면적으로 정리했다. 200여 쪽에 이르는 지면을 이용하여 빛과 빛의 굴절, 백색광의 불순성, 색깔의 본질, 유색물체의 무지개 실험에 대한 상세한 묘사와 망원경 개선 방법의 탐구 등 1672년에 쓴 논문에서 밝힌 내용을 설명했다. 제2권에서 다시 박막현상을 논했고 또한 물질이론과 물질의 원자 결합도 탐구했다. 제3권에서는 빛의 회절현상을 논했다.

『광학』 제1권은 훅이 세상을 뜬 후에 출판되었다. 뉴턴은 마지막 부분에서 독특한 형식으로 질문표를 첨부했으며 이것이 그의 유명한 탐문이다. 책에서 그는 31개의 질문을 제기했다. 그는 이 질문에서 빛의 굴절, 반사뿐 아니라 빛과 진공, 심지어 중력, 천체 문제까지 얘기하고 있다. 이 문제는 여러 물리학의 분야에까지 미치는 것으로 이러한 구조는 지식의 연관성이 강하지 않으나 하나의 새로운 연구의 전통을 만들어 아직 성숙하지 않은 과학영역을 탐구하게 하는데 특별한 계몽의 의의를 가지고 있었다. 그래서 후세 사람들은 이 질문을 『광학』의 가장 중요한 부분으로 평가하고 있다.

고전 물리학의 최고봉

▲ **뉴턴의 반사망원경**
제일 처음 반사망원경을 창안한 사람은 영국의 천문학자 그레고리였지만 직접 제작한 사람은 영국의 과학자 뉴턴이었다. 그가 만든 반사망원경은 현대의 대형 광학 천체망원경의 기초가 되었으며 현재도 영국왕립학회에 귀중한 전시품으로 보관되어 있다.

행성의 운행법칙에 관해서는 중세시대 때 이미 연구가 진행된 바 있다. 16세기에 이르러 덴마크의 천문학자 티코는 이에 대해 오랜 세월에 걸쳐 관측했다. 티코가 죽은 후 독일의 천문학자 케플러는 티코의 관측기록을 정리, 분석하고 행성의 운동법칙을 매듭지었는데 이것이 바로 유명한 케플러의 행성운동법칙이다. 케플러가 행성운동법칙을 발견하기 전인 1596년, 그는 태양과 행성 간의 끌어당김 작용을 제시하였고, 그에 따라 물체가 원주운동을 할 때 원심력의 문제가 생길 수 있다고 밝혔다. 갈릴레이가 원심력의 존재에 대해 깨닫고 있었다 하더라도 그에 대해 좀 더 앞선 인식과 계산은 뉴턴에게서 시작되었다. 1664년 1월 20일, 뉴턴은 물체가 원주운동을 할 때의 구심력을 어떻게 계산할 것인가에 대한 구체적인 방법을 제시했다. 뉴턴은 "구심력은 속도의 제곱을 원주의 반경으로 나눈 것이다"라고 밝혔다. 뉴턴 이전에 하위헌스가 다른 경로를 통해 구심력 방정식을 유도해 냈으며 그 결과는 1673년에 발표되었다. 비록 뉴턴이 이미 구심력을 구하는 방법을 밝혀냈지만 뉴턴 자신은 "하위헌스가 발표한 구심력 이론은 나보다 앞섰을 것이라고 생각한다"고 말했다.

인력이 거리의 제곱에 반비례한다는 법칙에 대해 당시에 이에 대한 우선권 분쟁이 있었다고 역사는 기록하고 있다. 어떤 이는 이 법칙이 케플러 세 번째 운동법칙으로부터 직접 나왔지만 단지 구심력의 개념과 운동이 결여되어 있었을 뿐이라고 생각했다. 혹은 당시 자신이 일찍이 인력이 거리의 제곱에 반비례한다는 법칙을 알고 있었으나 증거를 제시하지 못했다고 밝혔다. 『프린키피

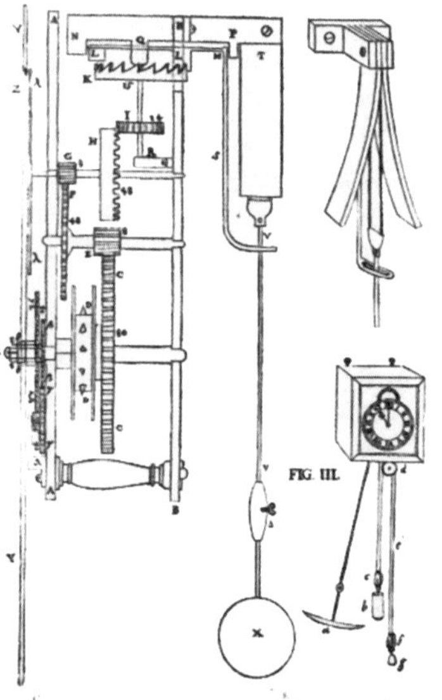

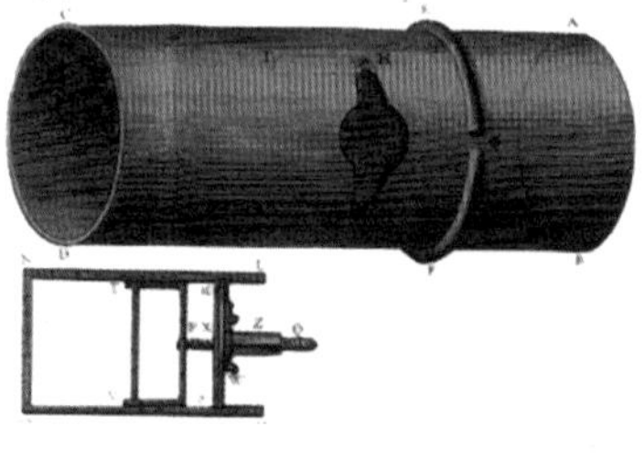

◀ **단진자시계와 마이크로미터**
하위헌스의 단진자 시계와 아드리안 오주(Adrien Auzout)의 마이크로미터가 발명된 후 천문학의 측량이 점점 정확해졌다. 왼쪽은 하위헌스가 발명한 단진자 시계의 구조도이며 단진자 운동은 태엽에 의해 제어되어 진자가 규칙적으로 왕복운동을 한다. 아래 그림은 마이크로미터 측량도구이다.

아』 제1판이 인쇄되고 있을 때 훅이 핼리를 통해 뉴턴에게 법칙의 우선권을 함께 갖자고 요구했으나 뉴턴이 이를 거부했다. 그러나 『프린키피아』의 주석에 거리제곱의 반비례법칙을 천체운동에 적용할 때 설명하면서 뉴턴은 "렌 자작과 훅 박사, 핼리 박사 세 명은 각각 이미 이를 알고 있었다"고 썼다. 아울러 "하위헌스는 그의 훌륭한 저서 『추시계』에서 이미 중력을 회전체의 원심력에 비교했다"고 언급했다. 이렇게 함으로써 사람들은 거리제곱의 반비례법칙의 발명권에 대해 이해를 하게 되었다.

▲ **관성의 법칙** (왼쪽)
관성의 법칙은 뉴턴 운동법칙의 제1법칙이다. 발견한 사람은 뉴턴이 아니라 갈릴레이고 뉴턴이 이 법칙을 완성하였다. 외부 힘의 작용이 없는 조건에서의 물체운동의 상황을 묘사했다. 교회에서 갈릴레이가 좌우로 진동하고 있는 램프를 관찰하고 있다.

▲ **갈릴레이의 묘지** (오른쪽)
갈릴레이는 역학실험을 실시한 첫 번째 과학자이다. 그는 실험과 수학을 결합한 방법으로 일련의 중요한 역학법칙을 확립했다. 전통역학에 있어 갈릴레이는 뉴턴의 선구적 역할을 한 사람이라고 할 수 있다.

뉴턴이 중력과 천체운동의 인력을 결합시킨 것은 과학사상에 특별히 중요한 의의를 갖는다. 행성이 어떤 모양으로 태양의 둘레를 회전하는지에 대한 의문은 당시 과학계의 관심사였다. 이 문제의 답안은 뉴턴의 『프린키피아』 출판과 밀접한 관계가 있었다.

1684년 1월, 핼리, 렌, 훅은 런던의 왕립학회에서 한담하다가 행성운동의 궤도 문제를 토론하기 시작하였다. 비록 훅은 잘 알고 있다고 얘기하긴 했지만 결정적으로 계산결과를 내놓지 못했다. 1648년 8월, 에드먼드 핼리가 케임브리지 대학의 뉴턴을 방문하여 그에게 $1/r^2$의 인력이 작용하는 상황에서 행성이 태양 주위를 운동하는 가설에 대한 자문을 구했다. 뉴턴은 자신이 1666년에 작업했던 일을 떠올려 행성운동의 궤도는 타원으로, 자신이 이미 계산했다고 답했다. 뉴턴은 자신의 원고들을 찾아본 뒤 바로 그 계산들을 핼리에게 부쳐주겠다고 말했다. 그 후 얼마 되지 않아 핼리는 「물체의 궤도 운동

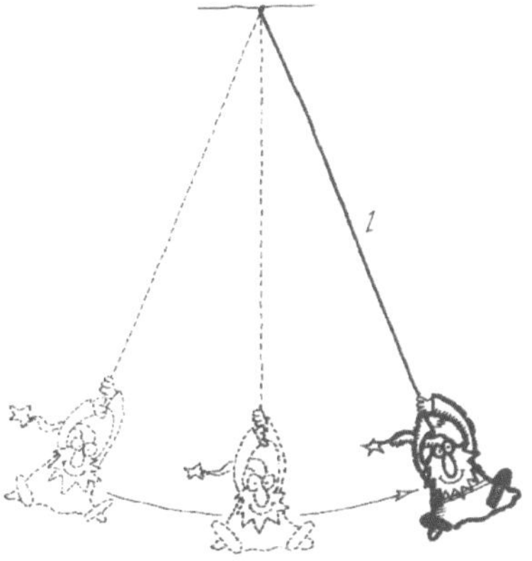

▶ **뉴턴의 제3법칙**
뉴턴은 어떤 물체가 다른 물체에 힘을 가하면(작용) 다른 물체는 반대로 원래의 물체에 똑같은 크기의 힘을 가하나 방향이 반대(반작용)라는 제3법칙을 내놓았다. 그림에서 작은 인형을 묶고 있는 줄이 최저점에 이르렀을 때 줄이 인형을 끌어당기는 힘과 인형이 줄을 아래로 당기는 힘은 작용의 힘과 반작용의 힘이다.

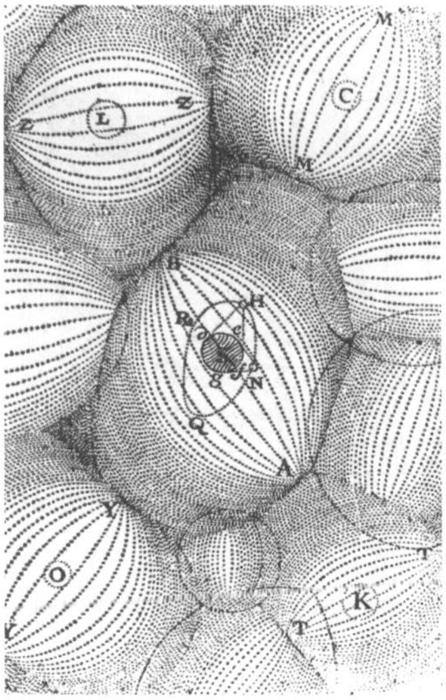

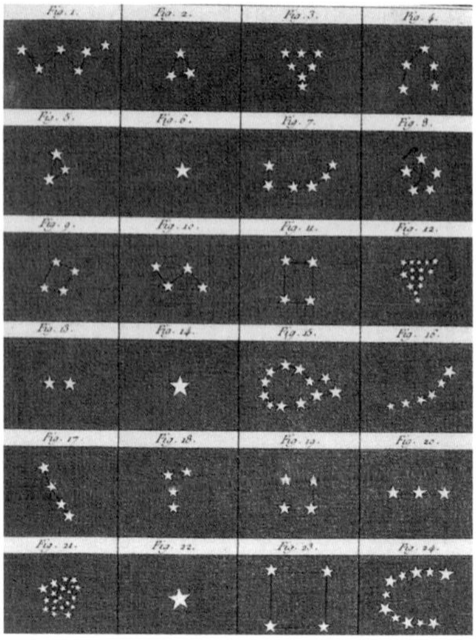

▲ 데카르트의 상상 (왼쪽)
데카르트는 갈릴레이의 관점에서 천체운동의 자연원리를 해석하려고 했다. 그는 우주의 각 천체 사이에는 일종의 눈에 보이지 않는 '소용돌이'가 있고 이것이 모든 행성과 위성을 이끌고 전체 별들은 동일한 방향으로 운동한다고 상상하였다. 하지만 그가 내놓은 견해는 후에 뉴턴에 의해 뒤집어졌다.

▲ 18세기의 만화 (가운데)
뉴턴의 역학이론은 오늘날 이미 광범위하게 받아들여지고 있고 실제 작업에도 많이 활용되고 있다. 하지만 뉴턴이 자신의 만유인력의 법칙을 주장하기 전까지 중력은 사람들로부터 인정받지 못했다. 그림은 18세기부터 전해지는 뉴턴의 중력이론을 풍자한 만화이다.

▲ 별의 형상 (오른쪽)
천문학이 발전함에 따라 사람들의 천체 그리는 방법도 변했다. 그러나 사람들의 눈에 비친 별의 모습은 변하지 않고 다섯 개의 뾰족한 각이 있는 별 그대로이다. 18세기의 별자리 그림을 복제한 이 그림을 보면 모든 별들이 다섯 개의 뾰족한 각을 가지고 있다.

에 관하여De motu corporum ingyrum」라는 제목의 9쪽짜리 원고를 받았는데 천체역학의 기본원리를 간략하게 적은 것이었다.

이때까지 『프린키피아』는 아직 완성되지 않았다. 그 해 뉴턴은 1666년에 자신이 했던 초기의 계산을 살펴보다가 오류를 발견했다. 그리하여 뉴턴은 작업을 다시 시작하여 개념적, 수학적 장애를 하나하나 극복하고 마침내 완전한 해결 방법을 얻어내어 『프린키피아』에 기록했다. 이후 핼리가 책임을 지고 이 책의 모든 인쇄과정을 마쳤다.

『프린키피아』는 모두 세 권으로, 전체적인 서술 방법이 수학저서와 비슷하다. 제1권에서 뉴턴은 시작하자마자 정의와 공리를 전개했는데, 먼저 그가 사용하는 전문용어를 정의하고 이어서 유명한 뉴턴의 운동법칙 세 가지를 설명했다.

제1법칙 : 어떠한 물체도 외부의 힘에 의한 작용이 없다면 계속 정지해 있거나 혹은 계속 같은 속도로 직선운동 한다.

제2법칙 : 힘의 크기는 운동의 변화에 의해 측정할 수 있다.

제3법칙 : 모든 작용하는 힘에는 동시에 같은 크기만큼의 반대방향으로 향하는 반작용이 존재한다.

『프린키피아』 제2권에서는 유체정역학과 유체동역학의 수학처리 방법을 설명하였다. 언뜻 보면 갑자기 인력을 기초로 하는 천체역학의 주제에서 벗어

◀ **혜성의 가설과 기록**
뉴턴은 『프린키피아』 제3권에서 어떤 혜성의 운행 궤도는 폐쇄적으로, 당겨진 타원형 경로를 보여주고 이런 종류의 혜성은 유일하게 태양에 가까이 갔을 때에만 사람들에게 보인다는 가설을 내놓았다. 동시에 그는 이 같은 혜성은 한 주기를 회전할 때 필요한 시간이 모두 같아서 규칙적으로 다시 나타난다고 생각했다. 그림은 1836년 그리니치 천문대가 기록한 혜성이다.

▼ **뉴턴의 역학 예시도**
아래 그림은 뉴턴의 제1법칙이다. 크기는 같고 방향은 반대인, 동일한 직선 위에서의 작용의 힘과 반작용의 힘을 받을 때 물체는 멈추려고 하거나 혹은 같은 속도로 직선운동을 하려고 한다. 한쪽의 힘을 제거하면 힘의 균형이 깨져 물체는 반대방향으로 밀려나며 부등속운동을 한다. 아래 그림은 뉴턴의 제1법칙을 설명하고 있다.

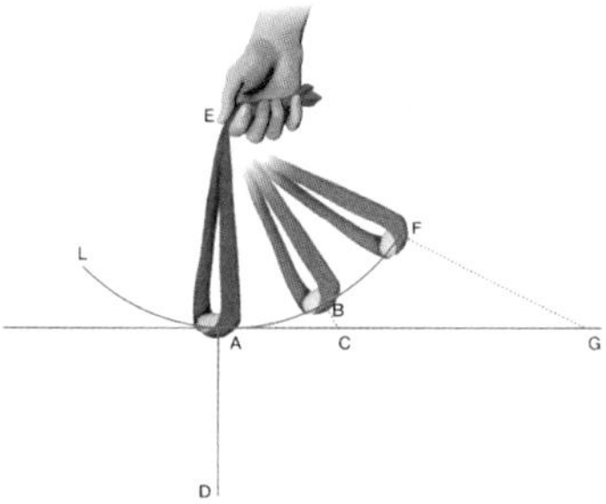

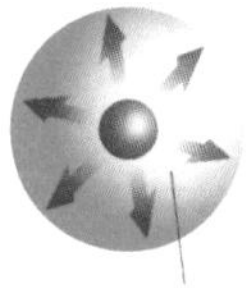

팽창하는 기체는 모든 방향에서 동일한 크기의 힘을 가하고 용기의 각 부위에는 동일한 저항력이 생긴다. 한 방향의 저항력이 제거된 후에는 반대빙향의 힘이 용기를 앞으로 움직이게 한다.

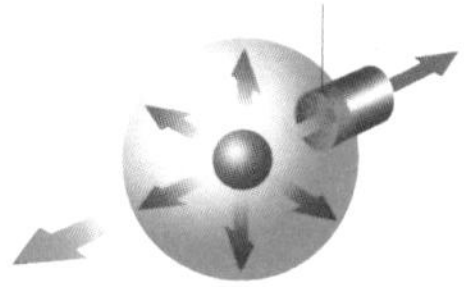

나 유체역학 영역으로 넘어간 것이 의아하게 여겨지지만 사실은 그렇지 않다. 데카르트의 세계 체계에서 우주는 에테르로 충만해 있다. 데카르트의 표현에 따르면 각 행성은 서로 다른 에테르의 소용돌이 안에서 운동하도록 떠밀려진다는 것이다. 에테르 소용돌이의 체계를 설명하기 위해서는 유체동역학체계를 이용해야 한다. 뉴턴은 이 체계의 물리학을 검사할 때 데카르트 체계가 매우 불완전하다는 것을 발견했다. 『프린키피아』의 제2권에서 뉴턴은 데카르트 체계에 대해 "매우 분명한 것은 행성은 물질의 소용돌이에 침몰하여 이끌려 회전하는 것이 아니다… 그러면 철학자들로 하여금 어떻게 소용돌이를 가지고 설명해야 하는지케플러의 행성운동 법칙 중 제3법칙를 가서 보게 하라"고 결론을 맺어 데카르트의 체계에 치명적인 타격을 가했다.

뉴턴은 원래 『프린키피아』 제3권에서 일반적인 결론을 맺으려고 했으나 이후에 계획을 바꾸어 『세계체계』로 제목을 정했다. 뉴턴은 여기에서 처음으로 사람들에게 태양계의 하나의 현상을 보여주었다. 이 태양계 안에서 궤도운동을 하는 모든 천체는 모두 케플러의 행성운동 제3법칙을 따른다는 것이다. 제3권의 남은 부분은 달의 정확한 궤도, 천체섭동, 지구의 형상, 인력과 조석 등 『프린키피아』 이후의 신기원 내 연구해야 할 과제를 다루고 있다.

미적분 발명권의 분쟁

▲ 라이프니츠
라이프니츠는 17세기에서 18세기로 넘어가는 시기의 독일의 중요한 수학자이며 물리학자인 동시에 철학자이다. 그는 일찍이 뉴턴과 별도로 미적분법을 만들고 각기 계산에 응용했다.

『프린키피아』는 수학적 방법을 빌어 물체운동의 규칙을 설명했기 때문에 『프린키피아』에서 수학은 중요한 위치를 차지한다. 뉴턴은 『프린키피아』에서 기하 조건을 세운 후에 심혈을 기울여 정의를 내린 극한의 개념을 도입했다. 이 방법은 극한법의 보편적 원리에 기초하고 있어 스콜라 학파의 고대 그리스 기하학과 구별된다.

『프린키피아』에서 뉴턴은 운동 문제 해결을 위해 물리 개념과 직접 관련이 있는 수학이론을 세웠고 뉴턴은 이를 '유율법지금의 미적분학에 해당' 이라고 칭했다. 사실 접선, 구의 면적, 순간속도 및 함수의 극대치와 극소치 문제 등 처리하고자 했던 구체적 문제들은 뉴턴 이전에도 이미 연구되었다. 뉴턴은 기존에 분산되었던 노력들을 종합하여 고대 그리스 이래로 해결하려 했던 무한소 문제의 각종 기술들을 두 가지 일반 연산법으로 통일했다. 이것이 바로 미분과 적분이다. 나아가 이 두 연산이 서로 역관계라는 것을 확립했는데 이는 미적분에 있어 가장 중요한 부분이다. 『프린키피아』의 중심내용은 수학에서의 위대한 창조인 미적분학을 설명한 것이며, 또 이를 가지고 천체운동 및 기타 물

▶ 미적분 연구
미적분은 함수 개념의 탄생과 운용에 따라 나타난 미분과 적분의 총칭이다. 미적분은 뉴턴과 라이프니츠에 의해 완성되었다. 직관적인 무한소량에서 시작되었기 때문에 처음에는 '무한소산법' 으로 일컬었다. 뉴턴은 운동학적 고려에 치중한 반면 라이프니츠는 기하학적 분석에 중심을 두었다.

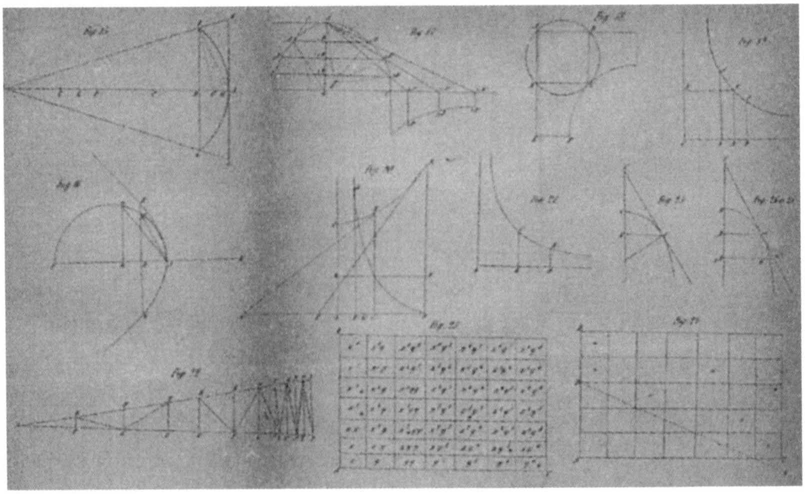

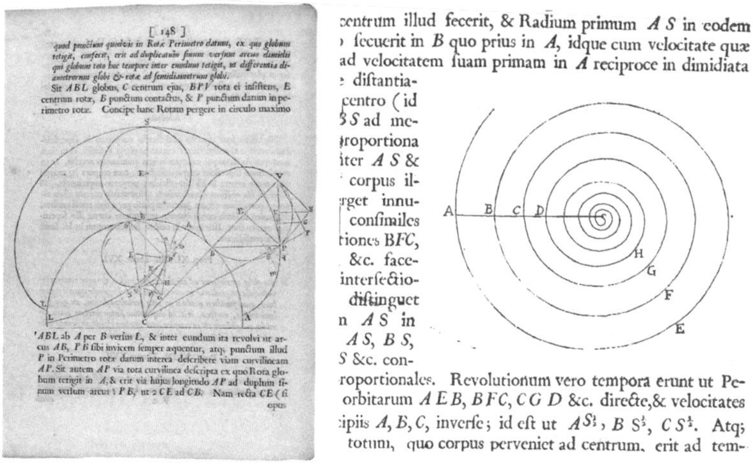
[148]
quod punctum quodvis in Rotæ Perimetro datum, ex quo globum tetigit, confecit, erit ad duplicatum sinum versum arcus dimidii qui globum toto hoc tempore inter eundum tetigit, ut differentia diametrorum globi & rotæ ad semidiametrum globi.
Sit ABL globus, C centrum ejus, BPV rota ei insistens, E centrum rotæ, B punctum contactus, & P punctum datum in perimetro rotæ. Concipe hanc Rotam pergere in circulo maximo ABL ab A per B versus L, & inter eundum ita revolvi ut arcus AB, PB sibi invicem semper æquentur, atq; punctum illud P in Perimetro rotæ datum interea describere viam curvilineam AP. Sit autem AP via tota curvilinea descripta ex quo Rota globum tetigit in A, & erit viæ hujus longitudo AP ad duplum sinum versum arcus ½ PB, ut 2 CE ad CB. Nam recta CE (si opus

centrum illud fecerit, & Radium primum AS in eodem
fecuerit in B quo prius in A, idque cum velocitate quæ
ad velocitatem suam primam in A reciproce in dimidiata
distantia-
centro (id
SS ad me-
proportiona
iter AS &
corpus il-
rget innu-
consimiles
tiones BFC,
&c. face-
interfectio-
distinguet
n AS in
AS, BS,
S &c. con-
roportionales. Revolutionum vero tempora erunt ut Pe-
orbitarum AEB, BFC, CGD &c. directe,& velocitates
ipiis A, B, C, inverse; id est ut $AS^{\frac{3}{2}}$, $BS^{\frac{3}{2}}$, $CS^{\frac{3}{2}}$. Atq;
totum, quo corpus perveniet ad centrum, erit ad tem-

◀ 『프린키피아』의 한 페이지
『프린키피아』는 뉴턴의 성과를 가장 잘 반영하는 과학의 걸작으로 풍부한 내용 및 치밀한 구조와 심오한 사상으로 '17세기 물리와 수학의 백과사전'이라는 영예를 가지고 있다. 책에서 뉴턴은 기본적인 역학 개념의 정의, 뉴턴의 운동 법칙, 만유인력 법칙과 대량의 복잡하고도 정교한 추론을 통해 인류 역사상 가장 위대한 물리학 이론체계를 세웠다. 이는 고전 자연과학의 모든 부문에 많은 영향을 미쳤으며 이후 모든 과학서와 과학방법의 본보기가 되었다.

리학의 문제를 해결하는 데 응용했다.

역사학자들은 미적분 발명의 공을 라이프니츠에게 돌렸다. 수학에서의 이 위대한 발견이 뉴턴과 라이프니츠 중 누가 먼저인가를 두고 후세에 의견이 분분했다. 뉴턴은 1665년에서 1666년 사이에 만들어냈고 라이프니츠는 1676년 전후에 완성했지만 라이프니츠의 발표가 뉴턴보다 앞섰기 때문에 먼저 인정을 받았다. 하지만 라이프니츠 혼자서 영예를 독차지하기에는 불공평해 보인다. 1676년 런던을 방문했을 때 그는 뉴턴의 수학작업에 대해 이미 알고 있었기 때문이다.

비록 라이프니츠와 미적분의 발견 우선권 문제로 분쟁이 있었지만, 우리는 뉴턴의 위대한 성과를 부정할 수 없다. 뉴턴은 근대과학에서 누구와도 비교가 될 수 없을 만큼 중요하고 위대하다. 1942년 아인슈타인은 뉴턴 탄생 300주년 기념식에서 뉴턴의 생애에 대해 다음과 같이 평가했다. "그의 일생을 영원한 진리를 위한 투쟁의 무대 1막으로 보아야만 비로소 그를 바로 이해할 수 있을 것이다." 이것이야말로 뉴턴에게 가장 어울리는 찬사이다.

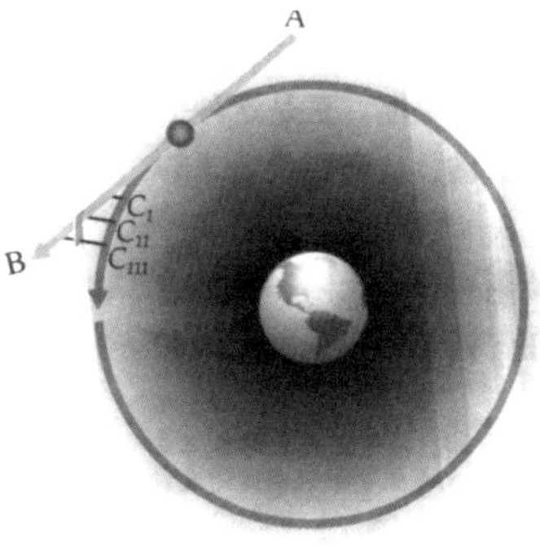

▲ 달의 운동
뉴턴 관성의 법칙에 따르면 달은 당연히 A지점에서 B지점으로 직선운동을 해야 한다. 그러나 지구 인력의 작용으로 달은 직선운동 방향을 바꾼다. 그림과 같이 달의 운동은 방향을 바꾸어 지구 둘레를 도는 궤도를 만들었다.

04 연금술에서 화학까지

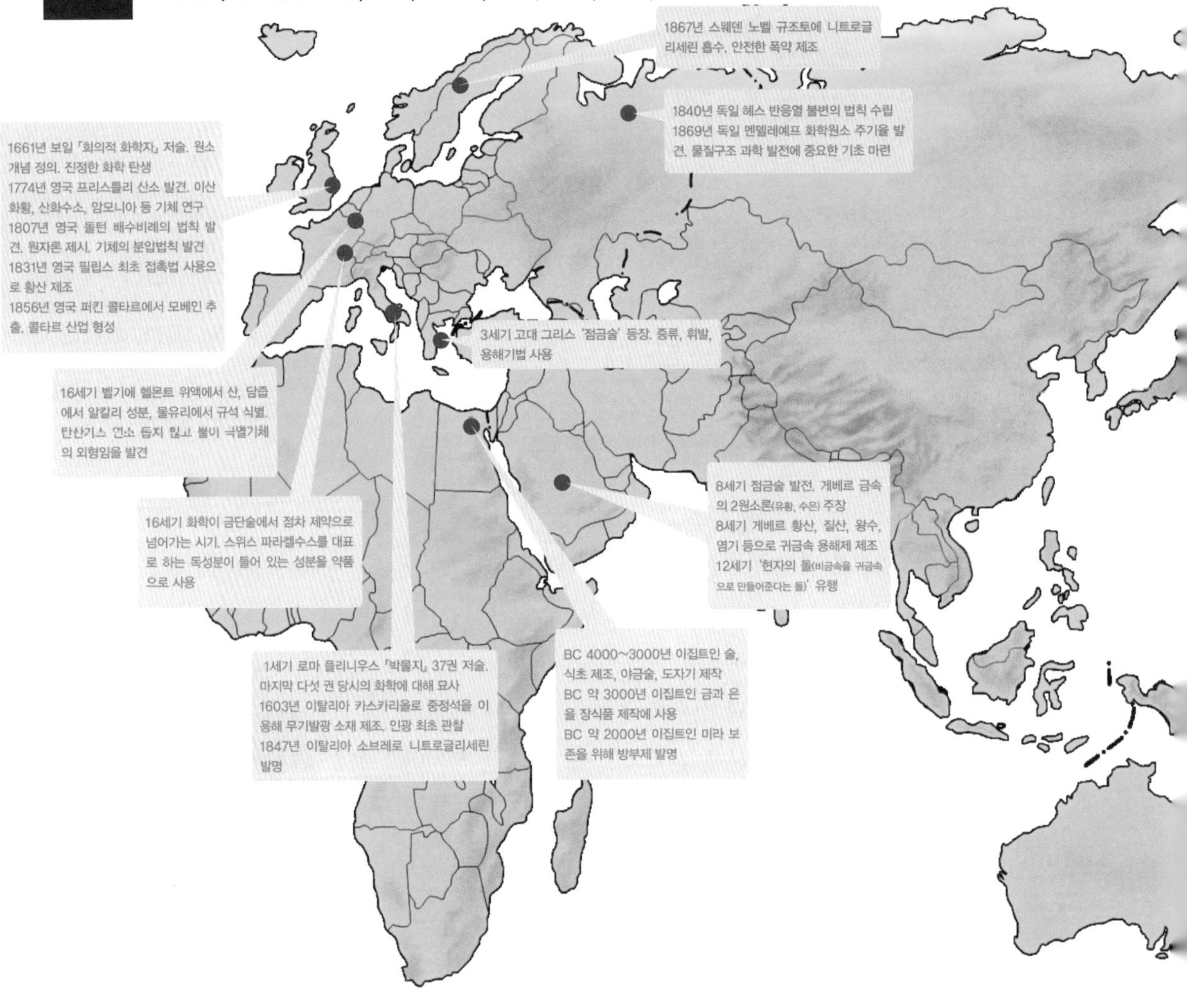

중국

BC 1200년 이전 은나라 금, 동, 주석, 납 사용

BC 5세기 『묵자 · 경하』 '단' 과 '오행상극설' 제시

BC 4~3세기 『주례 · 고공기』 세계 최초의 합금성분 기록. 중국 고대공예에 관한 최초 서적

BC 3세기 진시황 불로장생 약 바치라고 명령. 연단술의 시초

BC 2세기 『사기』에 서한 무제시대 이소군의 연단술 기록

BC 2세기 서한 유안 『회남만필술』 저술. 초기 금속 치환반응 기록

BC 1세기 서한 아연 함유 광석으로 동합금 제조기술 등장

BC 1세기 『한서 · 지리지』에서 석유, 석탄의 사용 기록

2세기 위백양 『주역참동계』 저술. 세계 최초의 연단술 서적. 수은, 납, 금, 유황 등의 화학변화와 물질반응 시 비율의 중요성에 대해 설명

3세기 동한 삼국시대 장읍 『광아』 저술. 백동(동, 아연, 니켈의 합금)에 대해 기록

3~4세기 진나라 갈홍 『포박자 · 내편』 저술. 「금단」, 「선약」, 「황백」 편에서 수십 종의 약물 언급. 화학의 가역반응 및 금속의 대체작용, 승화 등 화학기법 사용 묘사

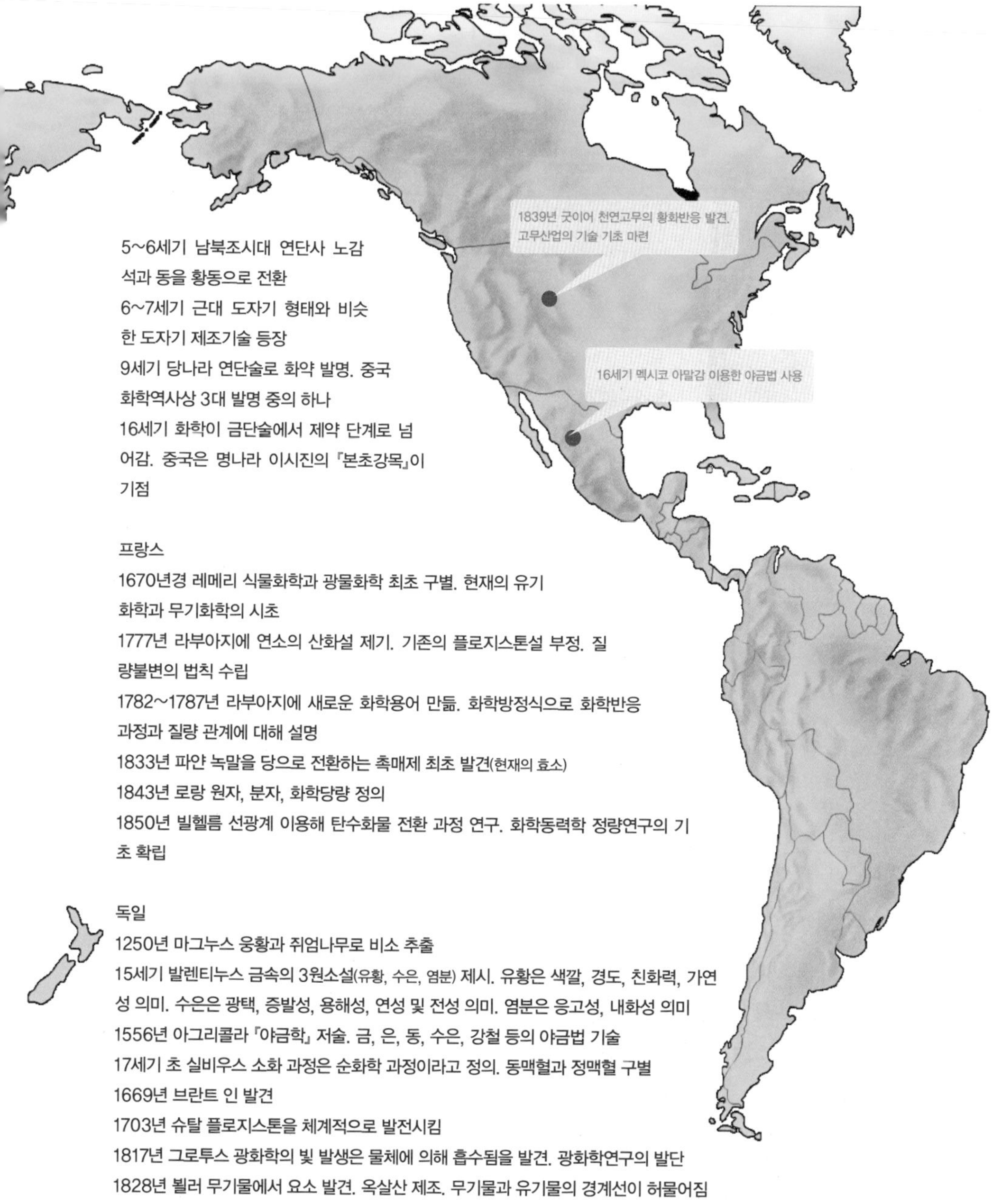

5~6세기 남북조시대 연단사 노감석과 동을 황동으로 전환

6~7세기 근대 도자기 형태와 비슷한 도자기 제조기술 등장

9세기 당나라 연단술로 화약 발명. 중국 화학역사상 3대 발명 중의 하나

16세기 화학이 금단술에서 제약 단계로 넘어감. 중국은 명나라 이시진의 『본초강목』이 기점

프랑스

1670년경 레메리 식물화학과 광물화학 최초 구별. 현재의 유기화학과 무기화학의 시초

1777년 라부아지에 연소의 산화설 제기. 기존의 플로지스톤설 부정. 질량불변의 법칙 수립

1782~1787년 라부아지에 새로운 화학용어 만듦. 화학방정식으로 화학반응 과정과 질량 관계에 대해 설명

1833년 파얀 녹말을 당으로 전환하는 촉매제 최초 발견(현재의 효소)

1843년 로랑 원자, 분자, 화학당량 정의

1850년 빌헬름 선광계 이용해 탄수화물 전환 과정 연구. 화학동력학 정량연구의 기초 확립

독일

1250년 마그누스 웅황과 쥐엄나무로 비소 추출

15세기 발렌티누스 금속의 3원소설(유황, 수은, 염분) 제시. 유황은 색깔, 경도, 친화력, 가연성 의미. 수은은 광택, 증발성, 용해성, 연성 및 전성 의미. 염분은 응고성, 내화성 의미

1556년 아그리콜라 『야금학』 저술. 금, 은, 동, 수은, 강철 등의 야금법 기술

17세기 초 실비우스 소화 과정은 순화학 과정이라고 정의. 동맥혈과 정맥혈 구별

1669년 브란트 인 발견

1703년 슈탈 플로지스톤을 체계적으로 발전시킴

1817년 그로투스 광화학의 빛 발생은 물체에 의해 흡수됨을 발견. 광화학연구의 발단

1828년 뵐러 무기물에서 요소 발견. 옥살산 제조. 무기물과 유기물의 경계선이 허물어짐

연금술은 화학의 시초였다. 연금술의 목적은 일반 금속으로 황금과 불로장생의 약을 얻는 것이었다. 19세기 이전까지 뉴턴을 포함한 유명 과학자들도 연금술을 모두 시도해 봤을 정도로 연금술은 과학적으로 의심받거나 부정된 적이 없었다. 하지만 이후 보일의 원소 개념 등장과 라부아지에의 산화설을 거치면서 화학이 연금술을 대신해 근대 자연과학의 한 분야로 정식으로 자리 잡게 되었다.

연금술 : 화학과 과학의 기초

▲ **연금술에 관한 다양한 서적**
연금술에 관한 서적의 종류는 매우 다양하다. 그중 연금술법에 대해 전문적으로 서술한 서적만 5만 종이 넘는다. 이 서적들로 인해 전통 연금술 천 년의 역사가 전해져 내려올 수 있었다.

연금술은 중국에서 유래한 것으로 원래는 '연단술'이라 불렸다. 한 물질이 다른 물질로 전환이 가능하다는 믿음에서 비롯된 연단술은 환약단, 丹을 제조하는 아궁이에 열처리를 가하여 여러 가지 물질에 인공적으로 금이나 은을 합성시키거나 불로장생의 약을 만들어내는 것을 말한다. 중국 동한(東漢)시대에 이르러 연단술은 보다 발전하였고 당시 유명했던 연단술가로 위백양(魏伯陽)이 있는데 저서 『주역참동계(周易參同契)』를 통해 불로장생의 이치에 대해 서술했다. 후에 진대(晋代)에 도홍경(陶弘景)이 『진고(眞誥)』를 저술했다. 당대(唐代)에 들어서면서 연단술과 도교가 결합하며 전성시대를 이루고 손사막이 『단방결요(丹房訣要)』를 남겼다. 이러한 연단술에 관한 저서에는 60여 종의 화학약물과 각종 화학변화 그리고 많은 화학지식이 담겨져 있고 연단술

▶ **『금속의 변화에 관하여』 삽화**
왼쪽 그림은 원시물질을 상징하고 오른쪽 그림은 양 손이 절단된 수은을 표현한 것이다. 고대의 연금술은 중세시대 사상의 표출이라고 볼 수 있는데 이들은 이 기술로 비금속을 황금으로 전환시킬 수 있고 불로장생 약도 얻을 수 있다고 믿었다. 그러나 헛된 망상이었다는 것을 후에 과학이 증명해 주었다.

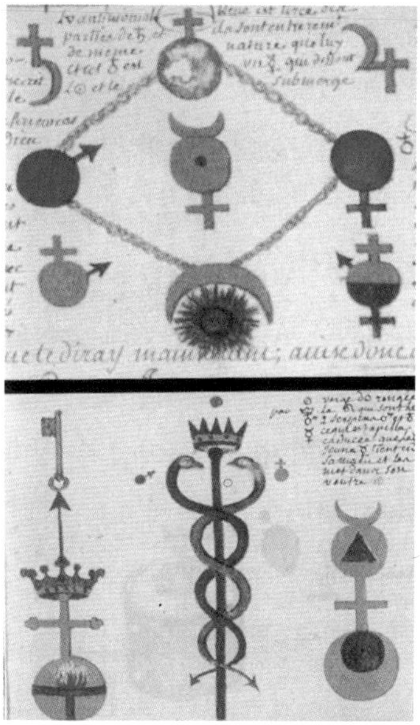

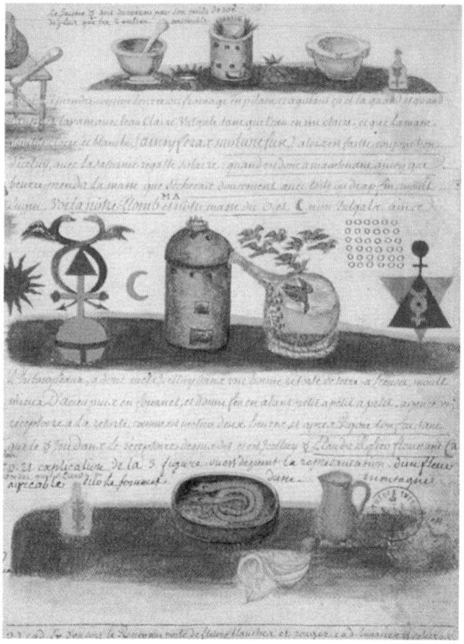

◀ 연금술의 제조 과정
두 그림은 니콜라스 플라멜(Nicolas Flamel)의 저서 『영약(靈藥)』의 삽화로, 연금술의 제조 과정을 상세하게 표현하고 있다. 오른쪽 그림에서는 막자사발과 같은 도구 사용의 중요성, 그 아래쪽은 수은과 염분의 제조 과정의 표현으로, 금속과 우주 간의 대응관계에 대해서 보여주고 있다. 왼쪽 그림에서는 헤르메스 전령의 지팡이를 그려 연금술사가 말하는 "물체는 개체이자 만물이다. 물체는 모든 혼합물의 근원이기 때문이다"라는 것을 잘 표현하고 있다.

가들은 여러 실험 과정을 통해 화약 발명, 일부 원소 발견, 합금을 제작했을 뿐 아니라 많은 화합물도 만들어냈다.

이슬람의 연금술은 본질적 철학에 관한 것을 다루었는데 이는 중국의 연금술 및 광물, 금속을 금으로 전환시키는 특수원리와 밀접한 관계가 있다. 이슬람교 역사를 살펴보면, 무슬림 학자들은 연금술의 효능에 관해 오랫동안 논쟁을 거듭해 온 데 반해 다수의 자연과학자들은 연금술의 기본관념을 받아들였다. 유명한 이슬람 의학자 이븐 시나는 그의 저서 『치유의 서(書)』에서 금속구성에 대해 서술하였는데 바로 연금술 이론을 기초로 한 것이다. 무슬림 최초의 연금술사는 우마이야 왕조의 왕자 하리드 이븐 야자드이다. 그 후 8세기 초 연금술이 매우 유행하였는데 대표적인 인물

▶ 연금술사의 실험실
연금술 사상은 아리스토텔레스의 물질 속성론과 피타고라스의 수 이론에서 비롯되었다. 이들은 연금 과정을 중시하였을 뿐만 아니라 이를 신성시하여 비금속을 황금으로 전환하는 과정을 통해 자신들의 사상이 하늘에 좀 더 가까이 갈 수 있다고 믿었다.

▶ **최초의 연금술 서적**
자비르 이븐 하이얀은 8세기 초에 『70의 서(書)』와 『평행서』를 저술했다. 이는 아라비아어로 쓰여진 매우 중요한 연금술 서적이자 이슬람 연금술의 기초이론 서적으로 평가된다. 그림은 최초의 연금술 서적 『평행서』이다.

로 자비르 이븐 하이얀Jabir ibn Haiyan이 있다. 그의 저서 『70의 서(書)』와 『평행서』는 아랍어로 쓰여진 매우 중요한 연금술 서적이자 이슬람 연금술의 기초이론이다. 무슬림 의사이자 연금술사인 알 라지는 연금술을 고대화학으로 발전시킨 선구자로 평가받고 있다.

서양 최초의 연금술 서적은 AD 100년경에 등장했다. 서양의 연금술사들은 금속은 살아 있는 유기체로서 점차 완벽한 황금으로 변화시킬 수 있으며 이런 과정은 인위적으로 촉진시키거나 만들어낼 수 있다고 생각했다. 연금술사들이 사용한 가장 보편적인 방법은 동, 주석, 납, 철, 네 가지 비금속을 용합하여 합금과 비슷한 물질을 만들어내는 것이다. 그런 다음 이것의 표면을 하얗게 만들어 은과 같은 신비로움을 더한다. 여기에 발효제와 같은 역할로 금을 조금 넣어 전체 합금이 황금으로 변하게 만든다. 마지막으로 표면에 남아 있는 비금속을 부식시켜 황금만을 남기거나 합금을 유황수에 담가 청동과 같은 느낌이 나도록 만들면 모든 전환 과정이 끝나게 된다. 이를 위해 연금술사들은 물질변화연구에 필요한 각종 실험도구와 실험법을 만들어냈고 여러 물질들의 성질 특히 상호반응성에 대한 연구에 공을 들였다. 이 모든 노력들이 향후 근대화학의 탄생에 기초를 마련해 주었다.

16세기 르네상스시대에 종교적 탄압이 완화되면서 과학기술도

◀ **연금술의 원소설** (위)
이슬람 연금술은 본질적 철학에 관해 다루었는데 이는 광물과 금속이 금으로 전환되는 특수원리와 밀접한 관계가 있다. 이러한 본질적 철학에 관한 이론은 아리스토텔레스의 형상질료설에 기초한 것으로 우주만물의 근원은 네 가지 물질과 네 가지 원소라는 것이다. 메소포타미아에서 유래된 점성술도 이러한 원소설을 인용했다. 그들은 우주의 모든 천체는 모두 땅 위의 인류활동에 영향을 미친다고 생각했다. 그래서 후세의 연금술사들은 천체들이 어떤 특정한 위치에 자리 잡고 있을 때에 비로소 연금의식이 성공할 수 있다고 믿었다. 그림의 황금을 상징하는 태양이 마침 땅 위를 비추고 있다. 연금술사들은 태양 외에도, 달은 은, 금성은 동, 수성은 철, 목성은 주석, 토성은 납을 상징한다고 생각했다.

◀ **연금술의 힘** (아래)
초기 연금술사들의 연금 실험에는 반드시 물, 흙, 불, 공기, 이 네 가지 원소와 우주에 존재하는 자연원소들이 포함되어 있었다. 이렇게 가장 기본적인 물질에서 마이더스의 손에서 탄생한 것과 같은 신비한 돌이 만들어진 것이다.

발전의 근거를 마련할 수 있게 되었다. 연금술로 얻은 화학지식과 실험법들이 여러 영역에서 광범위하게 응용되었는데 그중 의학에서의 응용이 가장 활발했다. 그 대표적 인물이 스위스의 파라켈수스이다.

파라켈수스는 의학박사 학위를 취득하였으나 그의 주요 관심사는 연금술이었다. 연금술에 대한 그의 연구활동은 황금을 얻기 위해서가 아니라 금속의 성분을 밝히는 것이 목적이었다. 그는 연구를 통해 물질은 염분, 유황과 수은의 세 가지 원소로 구성되어 있다고 주장했다. 기존 아리스토텔레스의 4원소설흙, 물, 불, 공기은 이 3원소설로 빨리 대체되었다. 그는 연금술을 화학으로 전환했고 또 화학을 의학과 접목시켰다. 또한 4체액설과 고대 로마의 의학자 갈레노스의 병리이론의 오류에 대해 지적했다. 그는 모든 질병은 그 발병원인이 있고 진단을 통해서 치료를 할 수 있다고 생각했다. 1530년에 그는 매독에 관한 논문을 통해 적당량의 수은을 복용하면 매독치료가 가능하다고 주장했다. 또

▲ **연금술의 특징**
연금술이 기타 형식의 지식이론과 다른 점은 실험 과정의 특징에 있다. 연금술 이론은 직접적인 표출이 아닌, 실험을 거쳐서 지속적으로 얻어진 새로운 결과이다. 연금술을 연구하는 사람들은 이 과정을 매우 신성시했으나 철학적인 논증을 거치지는 않았다. 그림의 천사가 손에 쇠사슬과 비밀의 열쇠를 들고 있다. 지식은 이렇게 베일에 가려진 채 영험한 존재가 발견해 주길 기다리고 있었다.

▼ **연금술사의 실험실** (왼쪽)
연금술사의 실제 모습은 오랜 기간 동안 문학작품에서 묘사되어 왔던 것과는 거리가 멀다. 그림에서처럼 실험실에서 학생들은 스승의 지도하에 각종 실험을 하고 있다. 한 학생은 물질의 중량이 정확한지 검사하고 있고 또 다른 학생은 불 위에서 실험을 하고 있다. 실험실에는 호랑이 가죽, 도가니, 증류기 등 실험도구가 어지럽게 놓여 있다. 여기에서는 문학작품에 종종 등장하는 두개골이나 거미줄 따위는 찾아볼 수 없다.

▼ **수은의 기능** (오른쪽)
초기 연금술사는 "영원의 물인 수은은 성찬의 성스러운 힘을 가지고 있기에 수은 없이는 어떠한 물질도 형성될 수 없다. 수은이 육체에 접촉하면 융합하여 성령으로 변하게 되는데 성령 혹은 육체 이렇게 하나의 새로운 개체가 된다. 육체가 성령을 흡수하면 성령이 이 육체에 성령과 성찬의 빛과 색을 입혀준다"라고 생각했다.

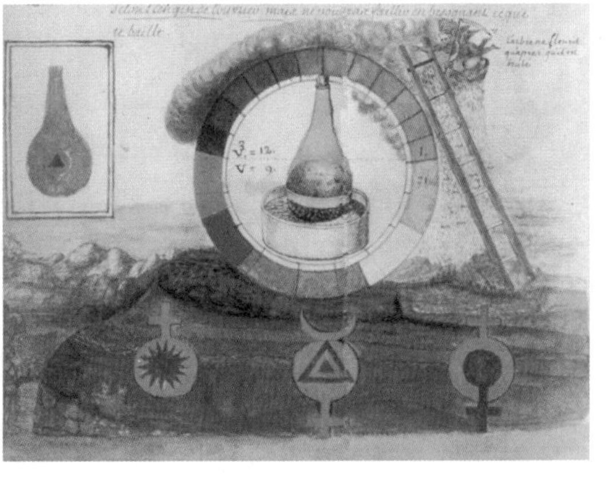

▶ 영약의 제조
그림에서 실험실 위쪽에 위치한 연금술 대가들의 손에는 각종 책들이 펼쳐져 있다. 이 책들은 모두 영약(靈藥) 제조의 신비한 방법에 관한 책들이다. 전해진 바에 의하면, 연금술이 유행하던 때에 이러한 약 제조법이 매우 많았다고 한다. 그러나 이들은 모두 특수부호와 은유적인 그림으로 표현되었다. 제조자들이 모두 자기만의 방식과 서술기법으로 약 제조법을 표기한 것이다.

한 규폐증에 대해 금속에서 나온 증기흡입 때문이지 나쁜 일을 해서 천벌을 받았기 때문이 아니라고 설명했다. 몇 차례의 검증을 통해 수은, 유황, 철 그리고 황산구리로 신약을 개발해 좋은 치료효과를 거두었다. 또한 소량의 독성이 질병치료에 효과가 있다는 것도 발견했다. 그러나 그는 여전히 이런 화학약품은 연금술사 혹은 점성술사의 통제하에서 사용되어야 한다고 주장했다.

파라켈수스는 전통적인 연금술을 새로운 과학, 즉 화학으로 발전시켰을 뿐만 아니라 화학을 의학과 결합시켜 질병에 관한 연구를 하였으며 이는 광범위하게 전파되어 현대 의학의 모태가 되었다.

17세기 들어 '연금술사'는 '화학자'로 명칭이 바뀌기 시작했고 '연금술'의 명칭 역시 '화학'으로 바뀌었다. 연금술의 화학으로의 변환에는 많은 학자들의 연구와 추측, 검증이라는 오랜 시간 동안의 노력이 담겨져 있다. 그로 인해 신비하기만 했던 연금술이 체계적인 과학, 즉 화학으로 다시 탄생하게 되었다.

◀ 물질의 색채 변화
금속을 황금으로 전환시키는 방법에 대해 서술한 모든 서적에는 불 속에서 달군 물질의 빛깔과 광택의 변화에 대해 상세하게 묘사하고 있다. 그래서 사람들은 물질의 놀라운 색채 변화야말로 성공적인 황금으로의 변화와 물질전환의 증거라고 여겼다. 서적에서 설명하고 있는 이러한 '혼합물'의 전환 과정이 그림에서 마침 시작되고 있다. 혼합물의 색깔이 검은색에서 흰색으로, 여기에서 다시 황색으로 마지막 완벽한 단계에서는 붉은색으로 변하고 있다. 이러한 과정이 바로 연금술사가 꿈꾸는 최고의 금속전환 과정이다.

실험이 모든 것을 결정한다 : 보일

보일Robert Boyle은 아일랜드의 화학자이자 자연철학자로 런던 왕립학회 창시자 중 한 사람이자 근대화학 원소이론의 선구자이다. 보일은 화학은 공예가 아닌 이성적 과학이며 "실험이 모든 것을 결정한다"고 주장했다.

연금술에서 비롯된 화학은 15~16세기에 점차 연금술의 굴레에서 벗어나기 시작했으나 여전히 의학과 야금에 묶여 독립된 과학 분야로 발전하지 못했다. 보일은 화학을 귀금속이나 약물을 만드는 기예로만 간주해서는 안 되며 과학으로 볼 것을 주장했다. 그는 아리스토텔레스의 '4원소설'과 파라켈수스의 '3원소설'을 비판하고 '기본미립자설'을 내놓았다. 물질이란 크기와 형태가 매우 작은 기본입자로 구성된 것으로, 이런 입자들의 변화가 바로 물질의 변화이고 이런 입자를 화학원소라고 하는데 화학원소는 화학적 방법으로 재분해할 수 없는 제일 작은 물질이라고 설명했다. 보일은 화학분석연구로 혼합물

▲ 근대화학의 선구자 로버트 보일
화학의 최초 기원은 중세기의 연금술에서 찾아볼 수 있다. 독일 화학자 리비히(Justus Freiherr von Liebig)는 일찍이 "연금술은 실제적인 화학이다"라고 말한 바 있으나 17세기 이전까지의 화학은 진정한 과학이라고 할 수 없다. 1661년 영국 화학자 로버트 보일은 『회의적 화학자』라는 명저를 통해 "화학은 야금이나 질병치료의 도구가 아니다. 마땅히 연금술과 의학에서 분리되어야 하고 하나의 독립된 과학으로 거듭나야 한다"라고 역설했다. 이렇게 화학을 과학으로 확립한 공으로 보일은 오늘날 '화학의 아버지'라고 불리고 있다.

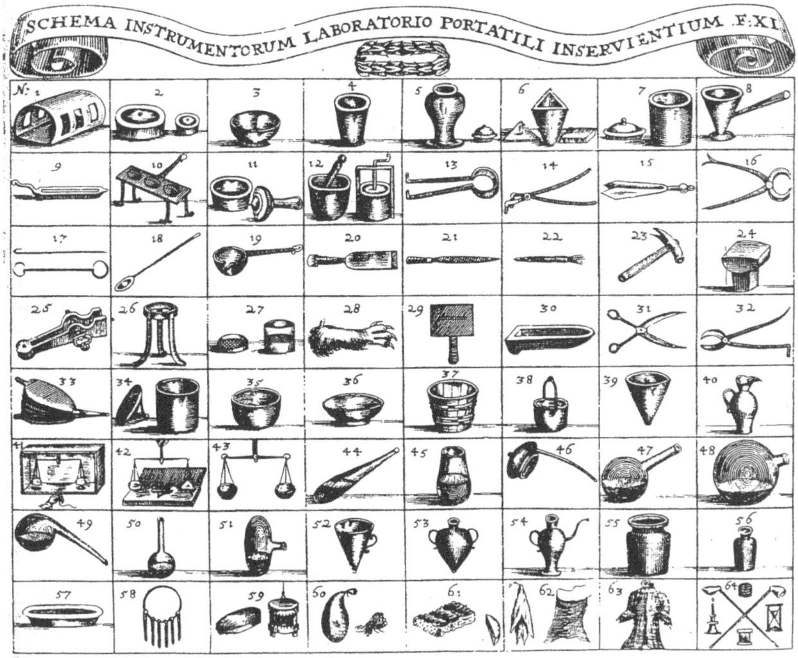

◀ 초기 화학 실험도구
1689년에 출판된 화학실험실 휴대용 도구 목록으로, 천칭, 사발, 절구공이, 풀무, 핀셋 그리고 유리용기 등의 도구가 나열되어 있어 당시 화학발전상을 잘 보여주고 있다.

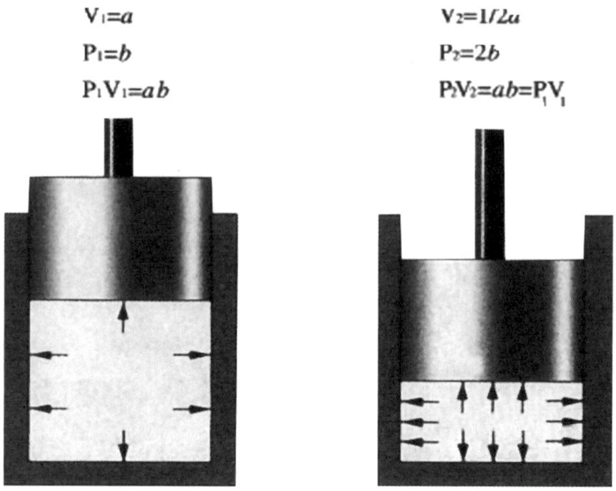

◀ **보일의 법칙 실험**
일정한 온도에서 기체의 부피는 압력에 반비례한다는 것이 보일의 법칙이다. 그림에서 a라는 최초의 압력이 가해지면 부피는 b가 된다. 부피가 원래의 1/2이 되면 압력은 2b가 되고 이는 그대로 유지된다.

과 화합물의 차이점을 구분했다. 또한 '기체'라는 새로운 단어를 만들고 기체실험을 통해 공기는 기본원소가 아니라 몇 가지 기체의 혼합물이라는 것을 증명했다. 이 과정을 통해 인에 관한 많은 지식을 얻었을 뿐만 아니라 나무에서 알코올을 추출하여 원자 학설에 대한 심도 있는 논의를 펼쳤다.

그의 가장 중요한 저서 『회의적 화학자The Skeptical Chemist』는 연금술로부터 분리된 근대화학의 상징이다. 보일을 시작으로 화학은 기술이 아닌 하나의 이론과학으로 간주되기 시작했다.

물리학에서 보일의 주요 연구대상은 기체로, 기체 탄성가압축성의 발견이 가장 주된 연구업적이다. 한쪽이 막힌 U형의 유리관에 수은을 가득 채우고 한쪽에 공기를 조금 남겨 놓은 상태에서 공기의 중량을 증가시킬수록 공기의 부피가 작아지는 것으로 보고 공기의 부피는 그에 가해지는 압력과 반비례한다는 것을 증명했다. 이것이 바로 그 유명한 보일의 법칙이다. 이 법칙에 의거해 보일은 공기를 주입하는 관, 즉 공기 펌프를 제작했다. 이 법칙은 14년 후 프랑스 과학자 마리오트Edme Mariotte에 의해 재증명되어 두 사람의 이름을 따서 보일-마리오트의 법칙이라고 한다.

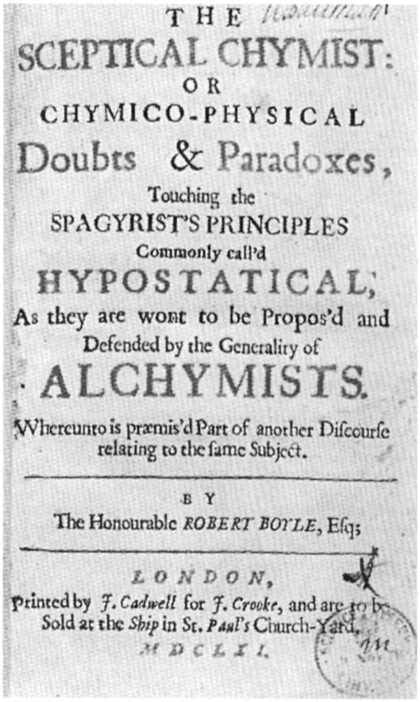
THE
SCEPTICAL CHYMIST:
OR
CHYMICO-PHYSICAL
Doubts & Paradoxes,
Touching the
SPAGYRIST'S PRINCIPLES
Commonly call'd
HYPOSTATICAL;
As they are wont to be Propos'd and
Defended by the Generality of
ALCHYMISTS.
Whereunto is præmis'd Part of another Discourse
relating to the same Subject.
BY
The Honourable ROBERT BOYLE, Esq;
LONDON,
Printed by J. Cadwell for J. Crooke, and are to be
Sold at the Ship in St. Paul's Church-Yard.
MDCLXI.

▲ **『회의적 화학자』**
보일이 1661년에 출간한 『회의적 화학자』이다. 이 책에서 보일은 '불의 이론'을 반박했다. 이는 아리스토텔레스의 4원소설과 염분, 유황, 수은 세 가지 주요원소라고 여기는 당시 유행하던 화학이론인 3원소설을 반박한 것이다. 이 책은 화학 현대화 전환의 계기이자 보일이 이미 연금술과 실험화학의 전환점에 서 있었다는 것을 말해주고 있다.

플로지스톤설과 슈탈

일찍이 화학자들은 불 속에서 물체는 어떤 변화를 일으키는가, 즉 연소현상에 대해 많은 관심을 가졌다. 불에 대한 관찰로 얻은 가장 큰 성과는 어떤 물질은 연소 시에 불꽃을 일으키고 또 어떤 물질은 연소 후 소량의 재를 남기며 그 중량은 원래의 물질보다 가볍다는 것이었다. 이는 곧 연소 시에 물질의 소모가 발생한다는 것을 의미한다. 그래서 화학자들은 연소가 일어나면 연소되기 쉬운 모종의 원소가 달아나는 것이 아닌가 하고 추측하기 시작했다. 그러나 야금학자들은 금속은 가열하면 가벼운 분말, 즉 금속재로 변한다는 것을 발견했다. 그러나 이러한 관점은 이미 당시 보편적이었넌 시초원소에 대한 학설인 아리스토텔레스의 4원소설이나 연금술의 3원소설에서 이미 찾아볼 수 있었다. 따라서 이것만으로는 당시 학자들의 호기심을 충족시키기에는 부족했다. 그래서 탄생하게 된 것이 바로 시초원소에 대한 절충이론이다. 보일의 원소에 대한 새로운 관점은 18세기 초까지 인정받지 못했을 뿐만 아니라 별다른 이론적 발전이 없었다. 이런 상황에서 플로지스톤설이 탄생했다. 이 학설의 출발점은 과연 연소현상의 진상은 무엇인가 하는 의문점에서 시작되었다. 플로지

▲ 슈탈
슈탈은 1660년 10월 21일 독일 안스바흐에서 태어났다. 원래 연금술 숭배자였으나 후에 의학을 공부하게 되었다. 1684년 예나 대학교에서 의학 공부를 마치고 1694년에서 1715년까지 할레비텐베르크 대학교에서 화학과 의학 강의를 하고 1716년에는 프로이센 궁중의사를 맡았다. 그의 가장 중요한 업적은 1703년 그의 스승 베허의 연소이론에 기초해 플로지스톤설을 제기한 것이다. 이 학설은 18세기를 풍미했다. 또한 그는 최초로 산화환원반응 실험을 실시한 화학자이자 빙초산의 최초 제조자이기도 하다. 슈탈은 일생 동안 200여 권의 책을 저술하였으며 주요저서로는『독단적이고 실험적인 화학의 기초』등이 있다.

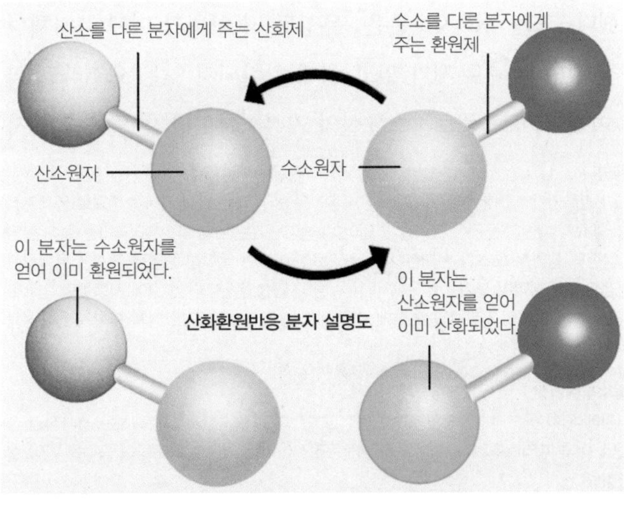

◀ 산화환원반응
플로지스톤설은 17세기 말, 18세기 초에 형성되어 연소현상 및 모든 화학반응을 설명한 학설이다. 이 학설에서 플로지스톤이란 가연물질 속에 존재하는 기체상태의 물질을 말한다. 연소 과정 중 플로지스톤이 가연물질에서 빠져나오면 공기와 결합하여 발광 및 발열하여 불이 생성된다. 금속이 산에 용해되는 것은 플로지스톤이 산에 의해 빠져나가는 과정이다. 그러나 플로지스톤설은 금속이 연소된 후 그 질량이 늘어나는 이유에 대해서는 끝내 밝히지 못했다. 1770년대에 산소가 발견됨에 따라 연소의 본질이 규명되었고 플로지스톤설은 점차 무대 뒤로 사라져갔다. 그림은 산화환원반응 설명도이다. 연소 본질에 대한 발견으로 이 산화환원반응 연구의 기초가 마련되었다.

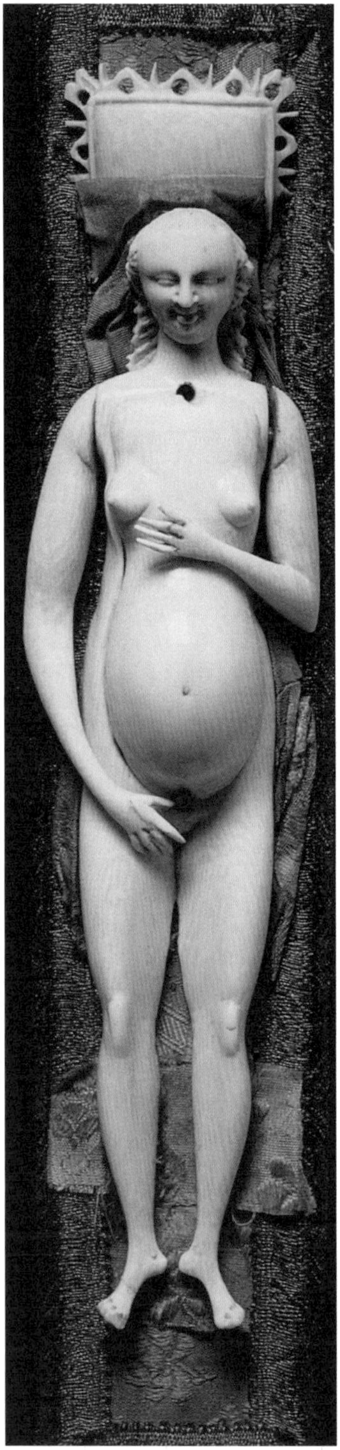

스톤설은 독일의 의사이자 화학자인 베허Johann Joachim Becher와 그의 제자 슈탈Georg Ernst Stahl에 의해 최초로 제기되었다. 슈탈은 금속은 다른 물질로의 전환이 가능하며 지구 내부에서 자생이 가능하다고 생각했다. 철이 점토에서 자생이 가능하다는 것을 증명하기 위해 점토와 기름의 혼합물을 연소시켜 그 연소물에서 자석으로 소량의 철을 분리해 냈다.

1667년에 출간된 베허의 『지하의 물질Physica subterranea』에는 복합물을 구성하는 시초원소에 대한 학설이 언급되어 있다. 그는 모든 광물, 식물, 동물을 구성하는 시초원소는 흙과 물이라고 주장했다. 또한 흙을 세 종류로 분류하여 가용성 화석질인 '제1종의 흙', 유성(油性)인 '제2종의 흙', 휘발성인 '세 번째 흙'으로 나누었다. 베허는 보편적인 원리를 기초로 하여 연소현상이란 불이 연소물을 분해하는 과정이며 물질의 가연성은 그 물질에 제2종의 흙유성을 포함하고 있기 때문이라고 설명했다. 또한 연소가 가능한 이유는 물질 속에 포함된 유황성분 때문일 가능성이 있으며 일반적으로 유황은 산과 제2종의 흙으로 구성된 복합물이고 모든 산과 염분은 각종 토질과 물이 어우러져 만들어진 것이라고 주장했다. 이 다양한 이론들은 후에 독일의 화학자 슈탈에 의해 기본이론으로 다듬어졌다.

슈탈은 베허의 이론을 좀 더 보충하여 플로지스톤설의 기본 골격을 형성했다. 그는 플로지스톤은 '유성토'가 아니라 미세한 기체상태의 물질이며, 이는 무게가 없고 쉽게 관찰되지 않는 요소라고 역설했다. 이것이 바로 플로지스톤설의 기본이론이다. 슈탈은 플로지

◀ 목적성 생명

슈탈은 무엇이 영혼인가에 대한 결론을 결국 얻어내지 못했다. 그는 당시 과학 수준으로 인체조직에 관해 물리적 묘사를 한다는 것은 불가능한 일이며, 생명체에는 기계적인 힘이라고는 절대 설명할 수 없는 일종의 생명적 요소가 존재한다고 생각했다. 이러한 목적성 생명은 당시에 유행하던 기계론적 관점으로는 설명이 불가능했다. 그림은 슈탈이 일생 동안 의학연구에 사용했던 인체구조 모형이다. 남성과 여성의 신체를 단조롭게 결합시켜 놓은 이 모형으로 당시 의학의 한계성을 엿볼 수 있다.

▶ 프리스틀리의 실험실

그림은 버밍엄에 위치한 프리스틀리의 실험실이다. 그는 이곳에서 산소를 분해하는 역사적인 실험을 실시했다. 이후 프리스틀리가 프랑스 혁명에 동정적이라는 이유로 폭도들의 공격을 받아 실험실이 불타버렸다.

스톤은 모든 가연물질에 포함되어 있으며 연소 과정을 거쳐 밖으로 배출되면서 발광 및 발열한다고 설명했다. 연소는 다음과 같은 분해 과정을 말한다.

가연물질 = 재나무나 종이를 태운 뒤 남는 회색빛 재, 본래의 성질 사라짐 + 플로지스톤

금속 = 금속재금속 등을 태운 뒤 남는 재, 본래의 성질 가지고 있음 + 플로지스톤

만약 금속재와 목탄을 함께 가열을 하면 금속재는 목탄에 함유되어 있는 플로지스톤을 흡수해 다시 금속으로 변하고 목탄은 플로지스톤을 소실해 재로 변하게 된다. 목탄, 기름, 양초는 모두 플로지스톤이 다량 함유되어 있어 매우 활발한 연소활동이 가능하고 연소 후에는 소량의 재만 남게 된다. 돌, 풀과 나무를 태운 재, 황금에는 플로지스톤이 없기 때문에 연소가 불가능하다. 알코올은 플로지스톤과 물의 결합체로, 연소시키면 플로지스톤이 소멸되고 물만 남게 된다. 공기는 플로지스톤을 흡수하는 필수 매개체로, 하늘과 땅 사이에는 플로지스톤과 공기로 가득 차 있다. 식물은 공기 중의 플로지

▲ 프리스틀리의 발견

프리스틀리(Joseph Priestley)는 슈탈 이후 산소가 곧 플로지스톤이라는 것을 발견한 과학자이다. 1771년 그는 각종 물질 가열과 거기서 추출된 기체를 모으는 방법으로 실험을 진행했다. 이 과정에서 연소는 밝은 불꽃을 내는 기체를 생산하는데 이 기체는 연소 및 호흡 후의 공기를 원상태로 돌려놓는 기능을 한다는 것을 알아냈다. 이것이 바로 산소이다. 그러나 프리스틀리는 당시 슈탈의 플로지스톤설 영향을 받았기 때문에 이것이 산소임을 인식하지 못하고 탈플로지스톤 공기라고 명했다.

▲ **프리스틀리의 실험기구**
프리스틀리의 실험은 물탱크에서 산소를 모으는 것이었다. 실험을 통해 그는 이러한 기체가 담겨 있는 유리병 안에서 목탄의 연소가 매우 활발하게 이루어지는 것을 발견했다. 또 쥐 두 마리를 그 병에 집어넣었을 때 평소보다 훨씬 더 활발하게 움직인다는 것을 확인했다. 이로 인해 그는 산소라는 특수한 기체의 존재를 인식하게 되었다. 그림은 그가 실험할 때 사용하던 각종 유리병들이다.

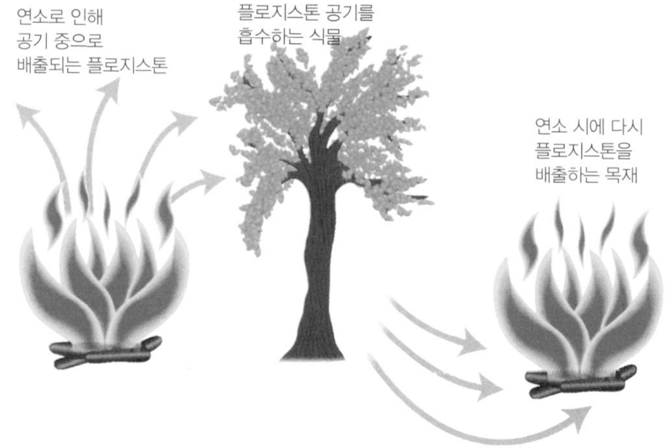

▲ **플로지스톤 공기를 흡수하는 식물**
슈탈의 플로지스톤설은 모든 가연성 물질이 모두 미묘한 요소를 내포하고 있는데 이는 연소 시에 밖으로 빠져나온다고 보았다. 그는 나무는 연소가 용이한 물질로, 식물은 생장하면서 플로지스톤을 흡수하고 연소 시에 이를 다시 배출해 낸다고 생각했다. 이는 탄소순환사상의 탄생을 예고하는 부분이기도 하다.

스톤을 흡수하고 동물은 식물에서 플로지스톤을 얻으므로 동식물 모두 쉽게 연소된다. 플로지스톤이 풍부한 유황과 인은 연소시키면 플로지스톤이 달아나고 황산과 인산으로 변한다. 황산과 플로지스톤이 풍부한 테레빈유를 함께 가열하고 인산과 목탄을 밀폐하여 가열하면 다시 플로지스톤이 생겨나 각각 유황과 인으로 재탄생된다. 그러나 금속과 산의 반응 시에는 금속이 플로지스톤을 소실하고 수소를 생산하게 되는데 수소에는 플로지스톤이 매우 풍부하다. 철, 아연 등 금속은 황산구리 용액에 녹아 구리로 바뀌는데 이는 플로지스톤이 구리로 전이된 결과이다.

플로지스톤설은 화학 발전 역사에 있어 매우 중요한 의의를 가진다. 17, 18세기의 화학은 초기단계에 머물러 있어 체계적이고 통일된 연구교류가 거의 없고 주도적 인물이나 사상이 드물었다. 이때 플로지스톤설의 출현으로 각종 현상들이 통일된 관점으로 설명이 이루어져 화학이 체계적이고 보다 과학에 가까워질 수 있는 첫걸음을 내디딜 수 있게 되었다.

화학사상의 혁명가 : 라부아지에

▲ 라부아지에
프랑스의 화학자로 근대화학의 선구자이다. 화학실험에서 얻은 실제 경험을 바탕으로 질량불변의 법칙과 화학연구에의 응용법에 대해 정확한 표현으로 서술했다. 그가 제시했던 새로운 관점, 이론, 사상들은 근대화학의 발전에 중요한 초석을 마련해 주어 후세에 그는 '근대화학의 아버지'로 불리게 된다.

오랫동안 많은 화학자들은 플로지스톤설을 맹신해 왔다. 그러나 18세기 중엽 이후부터 화학분석이 주류를 이루기 시작했고 1760년대 들어서 화학자들이 화학변화로 생성되는 기체에 대한 연구에 집중하기 시작했다. 이에 따라 화학분석과 기체실험으로 얻은 새로운 실험결과와 기존의 플로지스톤설 사이에는 극심한 모순이 생겨나기 시작했다. 화학자들은 플로지스톤설에 대해 점차 회의를 품기 시작했고 그 주도적 지위가 흔들리기 시작했다. 1774년, 산소가 발견되면서 화학은 대발전의 전환점으로 들어서게 되었다.

산소 발견의 공은 영국의 화학자 프리스틀리Joseph Priestley와 스웨덴의 화학자 셸레Karl Wilhelm Scheele에게로 돌아간다.

프리스틀리의 중요한 업적으로는 1772년 이산화질소의 발견과 1773년 암모니아 발견, 1774년 이산화황의 발견을 들 수 있다.

1774년 그는 집광렌즈를 이용하여 산화수은을 햇볕으로 가열해 생산해 낸 기체에 불 붙인 초를 갖다 대어 큰 빛이 발생하는 것을 발견했다. 이것이 바로 산소이다. 그러나 아쉽게도 전통적 경험과 플로지스톤설의 굴레에서 벗어나지 못했던 프리스틀리는 이렇게 얻은 기체를 '탈플로지스톤 공기'라고 명했다. 프리스틀리는 진리를 코앞에 두고도 그것을 알아차리

▶ 라부아지에의 실험실
부호였던 라부아지에는 경제적인 부담 없이 일생 동안 과학연구에 전념할 수 있었다. 그는 블랙(J. Black)과 헨리 카벤디시(Henry Cavendish) 그리고 프리스틀리 등 과학자들이 한곳에 모여 실험을 할 수 있게 했다. 또한 그들의 실험결과를 하나의 개념으로 정리하여 화학이 새로운 수준으로 한 단계 도약하는 데 기여했다. 그림은 1789년 파리에 있던 라부아지에의 실험실이다.

▲ 열량계량기

그림은 라부아지에의 열량계량기이다. 그는 기니 피그(Guinea pig)를 계량기 중앙에 넣은 뒤 기니 피그가 방출하는 열량으로 그 주의의 얼음을 녹게 만드는 실험을 했다. 라부아지에는 이에 대해 생물체의 열은 산화작용에서 나오는 것이며 이것이 곧 연소라고 단정했다.

지 못한 것이다. 프랑스 과학자 조지 퀴비에Georges Cuvier는 이 일을 두고 "프리스틀리는 현대화학의 아버지이지만 자기의 친딸을 몰라보는 실수를 저질렀다"고 지적하기도 했다.

산소를 발견한 또 다른 화학자는 셸레이다. 가난했던 그는 보잘것없는 기구로 추운 실험실에서 많은 실험을 했다. 44세의 나이로 세상을 뜨고 말았지만 새로운 화합물을 많이 발견해 18세기에 전례 없는 기록을 세웠다. 1773년, 셸레는 두 가지 방법으로 순수한 산소를 얻었다. 첫째는 질산칼륨, 질산마그네슘, 탄산은, 탄산수은, 산화수은의 가열이고, 둘째는 흑망간광이산화망간과 농축황산의 공동 가열이다. 그는 이렇게 얻은 기체를 '불의 공기'라고 불렀다. 셸레의 연구성과는 『공기와 불에 관한 화학논문Chemische Abhandlung von der Luft und dem Feuer』에 실려 있다. 셸레는 플로지스톤설의 신봉자로, 연소는 공기 중의 '불의 공기'와 연소물체의 플로지스톤이 서로 결합하는 과정이며 불은 '불의 공기'와 플로지스톤의 화합물이라고 생각했다. 그래서 셸레 역시 프리스틀리처럼 산소를 발견하긴 했지만 연소현상에 대해 정확한 설명을 제시하지는 못했다. 결국 연소의 비밀을 풀고 화학연구의 새로운 시대를 연 화학자는 프랑스 대혁명 때 단두대의 희생양이 된 라부아지에Antoine Laurent Lavoisier다.

라부아지에의 연구업적 중에 가장 핵심은 실험으로 질량불변의 법칙을 수립한 것이다. 18세기 초 러시아의 과학자 로모노소프Mikhail Vasilyevich Lomonosov

▶ 라부아지에의 실험설비

라부아지에의 연구성과는 실로 대단한 것이었다. 그는 실험을 통해 모든 물질은 순수하면서도 재분해할 수 없는 원소들의 화합물이며 이러한 원소는 수천수만 가지의 화합물을 만들어낼 수 있다는 결론을 내렸다. 1789년에 발표한 저서 『화학원소에 관하여(Traitelmentaire de chimie)』의 등장으로 그 동안 위세를 떨쳐오던 4원소설이 마침내 그 성대한 막을 내리게 되었다. 그림은 라부아지에가 사용한 각종 실험 설비이다. 그는 이 설비들로 화학 물질을 재분해할 수 없는 정도로, 즉 원소로 분해하는 실험을 했다.

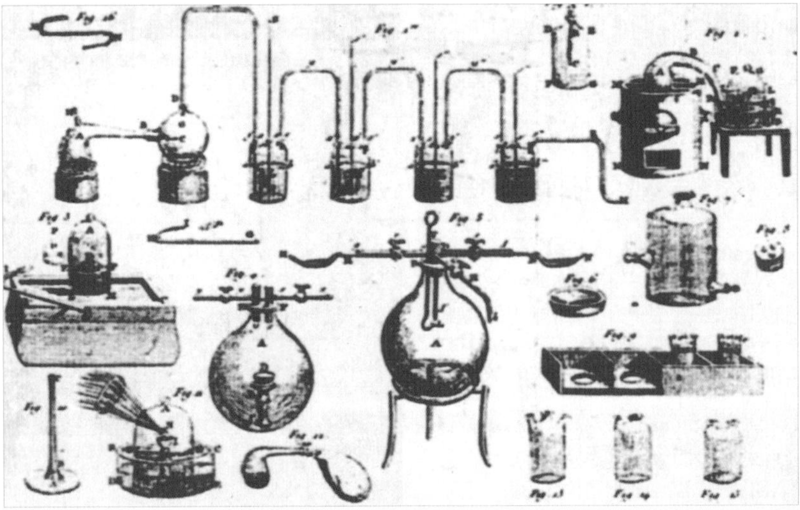

가 이미 질량불변의 법칙을 발견하였으나 그는 이를 '물질불멸의 법칙'이라 명하였는데 여기에는 보다 깊은 철학적 의미가 깃들어 있다. 그러나 물질불멸의 법칙은 그 실험적 근거가 부족해 널리 보급되지는 못했다. 그 후 라부아지에가 황산과 석회로 석고를 만들어 이를 가열해 수증기를 방출하는 실험을 했는데, 이때 다른 온도에서 석고에서 빠져나간 수증기의 질량을 천칭으로 재보았다. 이후 라부아지에는 항상 천칭을 사용하는 습관을 들이게 되었다. 이로써 탄생된 질량불변의 법칙은 향후 그의 실험, 사유, 계산의 튼튼한 기초가 되어주었다. 그는 화살표가 아닌 등호를 써서 질량불변의 법칙을 표현하였는데 이것이 바로 현대화학 방정식의 전형이다.

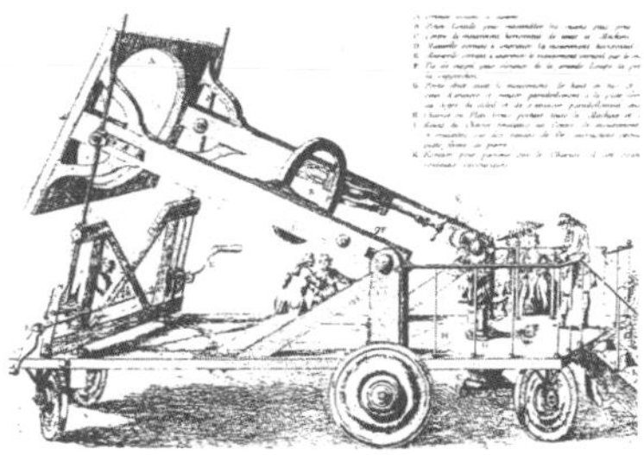

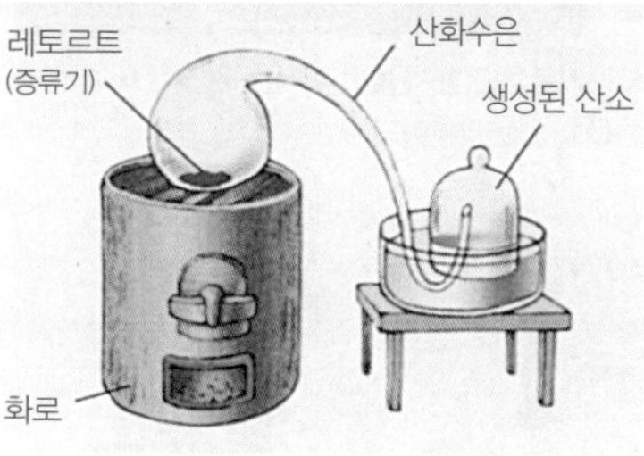

▲ **연소렌즈** (위)
1774년 라부아지에와 그의 동료들은 대형 연소렌즈를 제작했다. 구불구불한 모양의 유리 두 장으로 제작한 렌즈 사이의 공간에 식초를 가득 채웠다. 작은 렌즈는 태양광을 물질을 가열할 아궁이에 모으는 역할을 했다. 연소 시 발생하는 광선이 눈을 상하게 하는 것을 방지하기 위해 모두 검은색 색안경을 쓰고 실험을 진행했다.

▲ **라부아지에의 유명한 실험** (아래)
이 실험에서 라부아지에는 산화수은을 레토르트(증류기) 내에서 가열해 산소를 포집하고 산소에 연소를 돕는 기능이 있음을 확인했다. 이 실험으로 기존의 플로지스톤설이 뒤집혔고 라부아지에의 질량불변의 법칙이 탄생했다.

라부아지에 두 번째 업적은 '산소이론'이다. 1774년 10월, 프리스틀리가 파리를 방문해 그에게 '탈플로지스톤 공기'와 붉은 수은에서 '공기'를 추출하는 방법에 대해 소개를 했는데 이는 라부아지에를 무척 고무시켰다. 곧 그는 프리스틀리의 실험을 입증해 보였으나 1775년 말에 이르러서야 그 동안의 실험에서 연소물과 결합해 연소에 도움을 주었던 '공기'가 실은 또 다른 새로운 기체라는 것을 깨달았다. 그 후 그는 더욱 정교한 실험을 통해 공기는

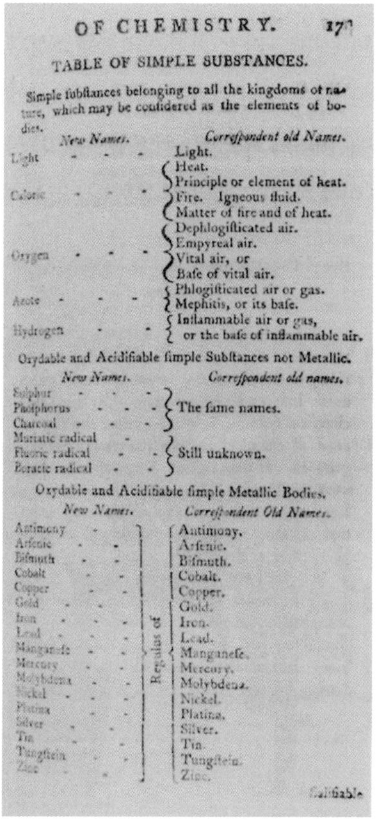
OF CHEMISTRY. 17

TABLE OF SIMPLE SUBSTANCES.

Simple fubftances belonging to all the kingdoms of nature, which may be confidered as the elements of bodies.

New Names.	*Correfpondent old Names.*
Light	Light.
Caloric	Heat. Principle or element of heat. Fire. Igneous fluid. Matter of fire and of heat.
Oxygen	Dephlogifticated air. Empyreal air. Vital air, or Bafe of vital air.
Azote	Phlogifticated air or gas. Mephitis, or its bafe.
Hydrogen	Inflammable air or gas, or the bafe of inflammable air.

Oxydable and Acidifiable fimple Subftances not Metallic.

New Names.	*Correfpondent old names.*
Sulphur, Phofphorus, Charcoal	The fame names.
Muriatic radical, Fluoric radical, Boracic radical	Still unknown.

Oxydable and Acidifiable fimple Metallic Bodies.

New Names.		*Correfpondent Old Names.*
Antimony	Regulus of	Antimony.
Arfenic		Arfenic.
Bifmuth		Bifmuth.
Cobalt		Cobalt.
Copper		Copper.
Gold		Gold.
Iron		Iron.
Lead		Lead.
Manganefe		Manganefe.
Mercury		Mercury.
Molybdena		Molybdena.
Nickel		Nickel.
Platina		Platina.
Silver		Silver.
Tin		Tin.
Tungftein		Tungftein.
Zinc		Zinc.

Salifiable

◀ **라부아지에의 원소표**
1789년에 집필한 『화학원소에 관하여』에는 23개의 원소가 열거되어 있다. 라부아지에는 물질은 순수하면서도 재분해할 수 없는 원소들의 화합물이라고 주장함으로써 기존의 4원소설을 부정했다. 그러나 이 원소표에서 라부아지에는 여전히 '빛'과 '열량'을 산소와 동일시하고 있음을 알 수 있다.

▲ 공기를 차단한 촛불이 꺼지는 원인에 대해 실험하고 있는 라부아지에

▲ 라부아지에의 실험도구

최초로 산소를 발견한 것은 스웨덴의 화학자 셸레였다. 얼마 후 영국의 화학자 프리스틀리 역시 산소를 생성하는 데 성공하지만 이 둘 모두 플로지스톤설의 영향으로 산소 생성에 대한 정확한 설명을 하지 못했다. 라부아지에는 이 두 사람의 연구결과를 바탕으로 최초로 산소이론을 제기해 기존의 플로지스톤설을 부정했다. 이는 화학연구의 혁명 같은 변화를 불러 일으켰다. 그림은 라부아지에가 사용하던 실험도구들이다.

연소에 도움이 되는 기체와 도움이 되지 않는 기체 두 가지로 구성되어 있다는 결론을 얻었다. 초기에는 연소에 도움이 되는 기체를 '가장 순수한 공기'라고 하다가 후에 '생명의 공기'로 변경하고 마지막으로 1779년에 '산소'라고 명했다. 이로 인해 플로지스톤은 상상 속의 물질일 뿐이며 공기 역시 원소는 아니라는 것이 입증되었다. 가연물질의 연소와 금속의 산화는 실제적으로 플로지스톤이 소실되는 과정이 아니라 산소와 결합하는 과정인 것이다. 이렇게 플로지스톤설은 라부아지에에 의해 뒤집어지고 새로운 연소이론, 즉 '산소이론'이 그를 대체하게 되었다. 플로지스톤설은 1785년을 기점으로 점차 무너지고 라부아지에를 선두로 한 현대화학은 독립된 과학으로서 올바른 방향으로 나아가게 되었다. 또한 저서 『화학기초이론』에서 이에 대한 총괄적인 서술이 최초로 이루어졌다.

라부아지에의 세 번째 업적은 고대 그리스 철학자의 4원소설과 3원소설을 전면 부정했다는 것이다. 4년에 걸쳐 저술해 1789년에 출판된 『화학교과서』의 제1장에는 다음과 같은 원소일람표가 실려 있다. 라부아지에는 원소를 이렇게 네 가지로 분류했다.

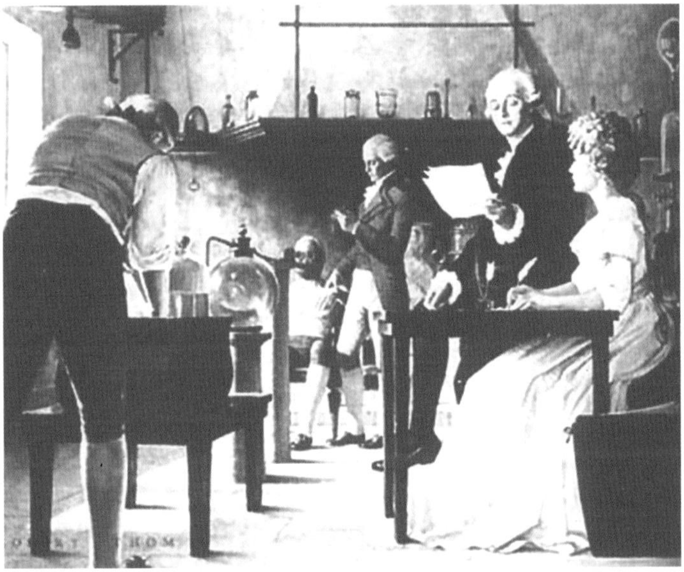

▶ 라부아지에의 산소연구

라부아지에는 무수한 화학실험을 통해 산소이론을 확립해 연소의 본질에 관해 명확히 규명했다. 이로 인해 그 동안 세상을 지배하던 플로지스톤설을 완벽하게 뒤집고 많은 화학반응실험을 체계적으로 정리했다. 그림은 라부아지에가 사람의 호흡을 이용해 산소에 대한 연구를 하고 있는 모습이다.

단순한 물질 : 빛, 열, 산소, 질소, 수소 등

단순한 비금속물질 : 황, 인, 탄소, 염산, 플루오르, 붕소 등 산화되어 산을 만드는 원소

단순한 금속물질 : 안티몬, 은, 비스무트, 코발트, 구리, 주석, 철, 망간, 수은, 몰리브덴, 니켈, 금, 백금, 납, 텅스텐, 아연 등 산화되어 산을 중화시키는 염기를 만드는 원소

단순한 물질, 염을 만드는 토질 : 석회, 마그네시아, 바라이트, 알루미나, 실리카 등

1789년, 프랑스 대혁명이 발발하고 라부아지에는 반역죄의 누명을 쓴 채 1794년 5월 8일에 사형되었다. 프랑스의 수학자 라그랑주Joseph Louis Lagrange는 "그의 머리가 베어진 것은 한순간이었다. 하지만 그와 같은 두뇌를 가진 자를 길러내는 데는 100년도 더 걸릴 것이다"라고 애통해 했다고 한다.

라부아지에는 화학연구의 새로운 시대를 연 인물이다. 그의 실험법과 이론은 근대화학의 발전에 매우 광범위하고도 심대한 영향을 끼쳤다. 기존의 무질서한 화학현상들이 하나의 원소법칙으로 정리되었고 1789년에 출판된 저서 『화학요론』에 정리된 용어들은 오늘날까지 그대로 사용되고 있다. 라부아지에가 있었기에 근대화학의 견고한 기초토대가 마련되었고 향후 제대로 된 방향으로 발전해 나갈 수 있었다.

◀ **라부아지에와 그의 부인**
마리 앤 라부아지에는 남편 라부아지에보다 열네 살 아래였다. 당시의 유명 고전주의 화가 자크 루이 다비드(Jacques Louis David)로부터 그림을 배우기도 한 그녀는 라부아지에의 조력자로서 그의 많은 저서에 삽화를 직접 그리는 등 많은 도움을 주었다.

원자-분자론

▲ **존 돌턴**

영국의 과학자 존 돌턴은 19세기 초 원자가설을 펼쳐 화학 발전에 큰 공헌을 했다. 그러나 모든 물질이 매우 미세하고 더 이상 쪼갤 수 없는 입자, 즉 원자로 되어 있다는 주장은 돌턴이 처음이 아니었다. '원자'라는 개념은 고대 그리스의 철학자 데모크리토스에 의해 제시된 것으로, 어쩌면 그 이전에 이미 이를 언급한 이가 있을 가능성도 있다. 돌턴은 이를 바탕으로 정량학설을 세워 각종 화학실험에 응용했다.

실험을 바탕으로 한 현대과학은 세계의 모든 사물이 원자로 구성되어 있다는 것을 발견했다. 이는 고대의 원자론에서 기인한 것인데, 고대 그리스에서 원자론의 창시자는 밀레투스의 레우키포스와 압데라의 데모크리토스이다. 레우키포스는 우주만물은 더 이상 나눌 수 없는 최소의 입자, 즉 원자로 구성되어 있다고 생각했다. 그가 말하는 원자는 새로 생성되거나 소멸되지 않으며 오래전부터 무한의 허공에서 끊임없이 운동하는 것이다. 데모크리토스는 레우키포스의 원자론을 수용, 발전시켰다. 그는 세계는 허공이라는 공간과 더 이상 나눌 수 없고 눈으로 볼 수 없는 미세한 원자로 이루어져 있다고 주장했다. 또한 원자의 결합과 분리로 물체의 생산과 소멸을 설명할 수 있으며 더 나아가 감각과 사상 역시 원자결합의 결과라고 역설했다. 데모크리토스의 원자론은 철학뿐만 아니라 자연과학의 발전에도 큰 영향을 끼쳐 그리스 유물주의 자연철학을 최고의 자리에 올려놓았다. 어떤

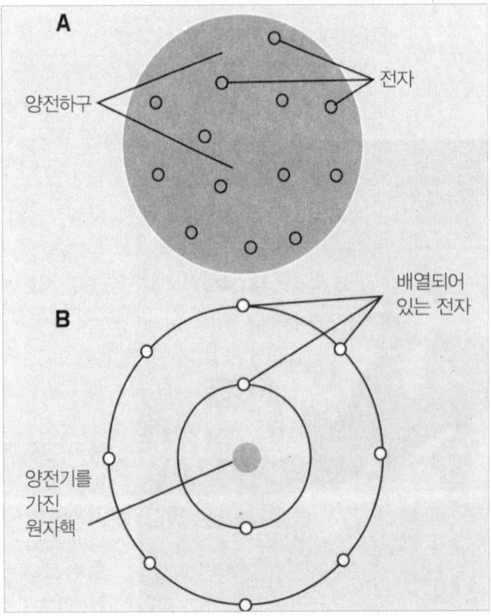

◀ **초기의 원자 모형**

데모크리토스는 모든 물질은 '원자'로 구성되어 있고 원자는 더 이상 쪼갤 수 없으며 소멸되지 않고 영원히 운동한다고 주장했다. 1808년에 돌턴이 원자의 존재를 증명해 보이면서 원자가설의 모호성이 과학적 이론으로 점차 자리 잡게 되었다. 그림은 초기의 원자구조이다. 여기에 전자의 발견과 배열이 더해져 원자론은 더욱 발전할 수 있었다.

▶ 존 돌턴의 원소표

돌턴이 사용한 용어는 현재 사용되고 있는 용어와는 다소 차이가 있다. 하지만 원자, 분자, 원소 등의 개념에 대해서는 명확하게 표현하고 있다. 그는 원자의 총수는 많지만 원자의 종류는 적다고 지적했다. 그의 저서에는 모두 20개의 원자가 열거되어 있다. 돌턴은 두 개의 동일한 원자는 중량을 포함해 그 성질이 같다고 주장했다. 그의 저서에는 각종 원자들의 상대질량표가 실려 있다. 이는 최초의 상대질량표로 원자론을 대표하는 특징 중의 하나이다. 그림은 돌턴이 직접 설계한 원소표이다. 안타깝게도 이 원소표는 당시 널리 인정을 받지는 못했다.

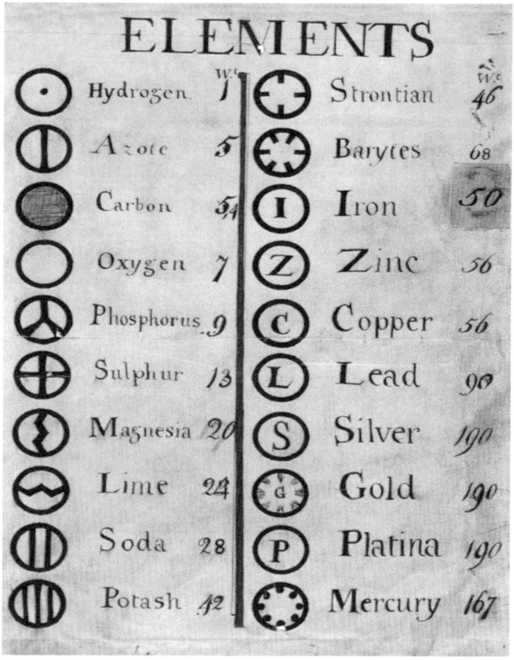

의미에서는 이를 자연과학 발전의 근원이자 시작이라고 볼 수도 있다.

이와 비슷한 시기에 중국 묵가(墨家)의 『묵경(墨經)』에서도 고대 그리스의 원자론과 비슷한 개념을 찾아볼 수 있는데 원래는 종자의 싹을 의미하는 '단(端)'이 물질의 최소단위이다. 이런 미립자는 다른 무엇의 결합체가 아니므로 더 이상 나눌 수 없다. 우주는 충만한 것과 공허한 것, 즉 '허(虛)'로 조직되어 있는데 충만한 거시적 물체는 '단', 즉 원자로 구성되어 있다. 거시적인 관점에서 충만하다고 생각되는 모든 물체는 미시적으로 보면 틈이 존재한다는 것이 묵가의 사상이다.

▲ 탈륨의 발견

탈륨은 윌리엄 크룩스(William Crookes)가 1861년에 발견한 신원소이다. 크룩스는 스펙트럼을 이용해 황산 찌꺼기를 분석하던 중 한 번도 본 적이 없는 녹색물질을 발견했다. 이를 바탕으로 물질의 잔재에는 반드시 신원소가 포함되어 있을 것이라고 규정하고, 이 녹색물질을 '탈륨'이라고 명명했다.

이렇게 동서양 모두 원자론에 대한 나름의 견해를 가지고 있었지만 18세기 후반부터 19세기 중반까지 산업혁명이 일어나고 과학이 빠르게 발전함에 따라 원자의 개념에 대해 보다 깊은 인식을 가질 수 있게 되었다. 하지만 고대의 사상과 모호한 원자가설을 과학적인 원자이론으로 확립하고 근대화학 발전에 중요한 초석을 마련한 것은 영국의 한 교회학교의 화학교사 존 돌턴John Dalton이었다.

그는 퀘이커 교도인 방직공의 아들로 태어나 교회학교에서 2년간의 초등교육을 받고 어려운 가정형편으로 인해 학업을 그만두었다가 15세 때 사촌 형이 교장으로 있는 교회학교에서 교사를 맡았다. 이 학교에서 수학, 자연과학, 철학, 문학 분야를 망라하여 읽은 많은 책들은 그의 이후 과학연구의 든든한 바

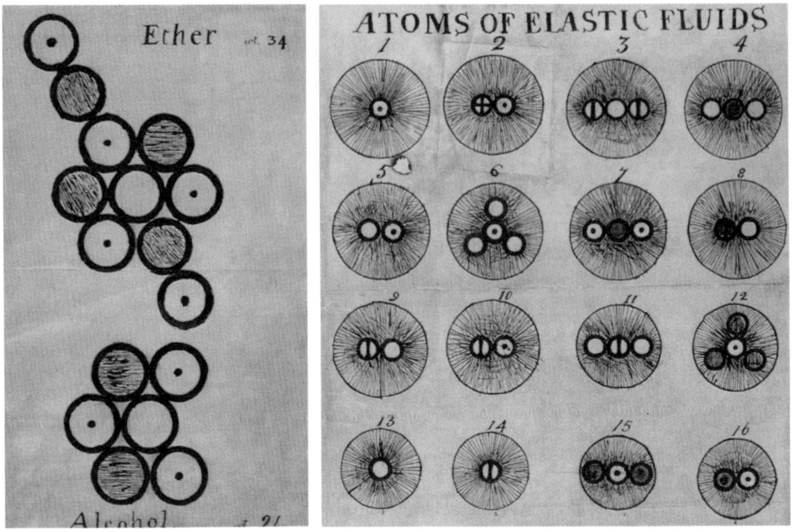

▶ 돌턴의 화합물 도형부호
돌턴은 각 화합물이 동일한 원소가 다른 비율로 결합되어 있는 것이라고 생각했다. 예를 들어, 이산화탄소가 함유하고 있는 산소는 일산화탄소의 두 배라는 것이다. 유감스러운 점은 이런 논의에서 사용된 어휘가 통일되지 않고 혼란스러웠다는 것이다. 그는 또 도형부호체계를 만들어 원소들을 표시하고 원소가 어떻게 결합하여 화합물이 생성되는지에 대해 설명했으나(그림 참조) 다소 복잡하고 어려워 널리 사용되지는 못했다. 그림에서 1은 수소, 2는 황화수소, 3은 질소산화물이다.

탕이 되었다.

21세 때부터 기상에 대한 연구를 시작한 그는 그 후 57년 동안 약 2만여 차례 기상관측을 했다. 기상관측과 기체의 물리적 성질에 관한 연구에 있어 돌턴이 항상 의문을 가졌던 점은 여러 물질로 구성되어 있는 대기나 두 가지 혹은 그 이상의 탄성적 유체기체로 구성된 혼합물이 왜 외관상으로는 하나의 물체로 보이는가 하는 것이었다.

그는 각종 물질기체은 모두 같은 크기의 미립자로 구성되어 있다는 가설을 세우고 이를 근거로 한 기체의 미립자는 또 다른 기체의 미립자 사이에 균일하게 분포될 수 있다고 주장했다. 이것이 바로 돌턴의 혼합기체의 분압법칙이다. 또한 물질에는 미립구조가 존재하며 이는 너무 작아서 현미경으로도 보이지 않는다고 여겼다. 이때 그가 떠올린 것이 고대 그리스 철학자들의 원자설로, 그때부터 미립자를 '원자'라는 단어로 표현하기 시작했다.

돌턴은 실험을 통해 물이 산소와 수소 35대 15의 비율로 구성되어 있다는 산소와 수소 화합의 질량비를 구하게 되었다. 암모니아를 분석해서 질소와 수소 화합의 질량비도 구했다. 그러나 이것만으로는 부족했다. 화합물의 미립자가 몇 개의 원자로 구성되어 있는지를 알아야만 원자의 상대질량을 환산해 낼 수 있다고 생각한 것이다. 이에 원자로 구성되는 미립자분자에 대한 기본원칙

▶ 케쿨레

케쿨레(Kekule von Stradonitz)는 벤젠을 발견한 독일의 유기화학자이다. 그는 기존의 화학이론을 바탕으로 유형론을 발전시켰으며 분자의 성질은 유형에 의해 결정된다고 주장했다. 또한 유기물 전체의 유형 학설 수립을 시도하기도 했다. 1857~1858년에 유기물의 분자 중 탄소는 4가원소로 되어 있으며 서로 탄소고리를 만들 수 있다고 주장함으로써 현대 구조이론의 초석을 마련하였다. 그의 또 다른 업적은 1865년에 발표한 「방향족화합물(芳香族化合物)의 구조에 관하여」라는 논문이다. 여기서 그는 처음으로 벤젠의 고리구조에 대해 언급했다. 이 논문은 방향족화학과 유기화학 산업의 발전에 큰 영향을 끼쳐 기초이론 연구가 기술과 경제 발전에 있어 얼마나 중요한가를 잘 알려주고 있다.

을 세웠다. A와 B라는 원소 사이에 만약 하나의 화합물만 존재한다면 그 분자는 AB이고, 화합물이 두 개라면 그 분자는 AB, ABB 혹은 AAB가 된다. 세 개의 화합물이라면 분자는 AB, AA, ABB…… 이런 식으로 나가게 되는 것이다. 여기에 수소원사량을 기준으로 삼고 화학자들이 일부 물질을 분석한 결과들을 참고해 원자의 상대질량을 구했는데, 이것이 바로 세계 최초의 원자상대질량표이다.

1803년 10월, 돌턴은 처음으로 자신의 원자론을 발표했다. 돌턴의 원자론 기본관점은 다음과 같은 세 가지이다. 첫째, 원소는 매우 미세하고 더 이상 나눌 수 없는 미립자, 즉 원자로 구성되어 있다. 원자는 어떤 화학변화로도 분해

◀ 화학자들의 집회

모든 물질은 아주 미세하고 더 이상 나눌 수 없는 입자, 즉 원자로 구성되어 있다는 개념은 고대 그리스 철학자 데모크리토스에 의해 제기되었다. 돌턴은 이런 기존의 모호한 원자개념을 과학적 원자이론으로 발전시켜 근대화학의 발전에 견고한 토대를 마련해 주었다. 그러나 어느 가설이든 다 마찬가지로 다른 과학자들의 의심과 비평 그리고 검증을 거쳐야 하듯이 돌턴의 원자설도 처음에는 많은 이들의 비평을 받았다. 그림은 화학자들이 열띤 토론을 벌이고 있는 모습이다.

▶ 결정체 모형

그림의 모형은 19세기 초 울러스턴(William Hyde Wollaston)이 만든 결정체 모형이다. 이 목재 모형은 원형의 원자가 어떻게 결정체로 형성되는지 그 원리를 표현하고 있다.

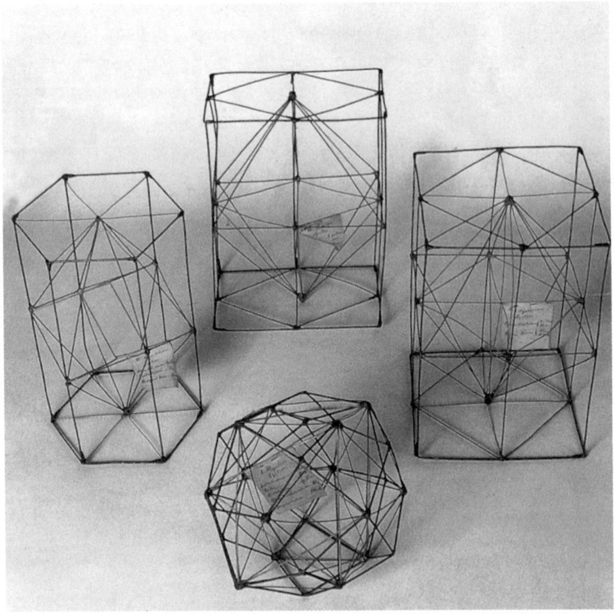

▶ 돌턴의 실험법

돌턴은 동일한 화합물일 경우, 각 분자는 동일한 원자로 구성되어 있으며 이미 알려진 화합물 중 이를 구성하고 있는 동일원소와 이 원소들 간의 중량비는 똑같다고 주장했다. 이것이 바로 프루스트(Joseph Louis Proust)가 실험으로 발견한 '정비례 법칙'이다. 돌턴의 학설은 20년도 채 지나지 않아 많은 과학자들에게 받아들여졌다. 그들은 돌턴이 제시한 실험법에 따라 실험을 했다. 그림은 돌턴의 각종 실험법에 대한 설명으로 당시 화학자들이 과학교재로 간주하였던 중요한 문서이다.

할 수 없으며 그 고유성질을 유지한다. 둘째, 동일한 원소의 원자는 질량, 성질이 완전히 같다. 동일하지 않은 원소의 원자는 질량과 성질이 모두 다르다. 원자질량은 모든 원소가 가지는 기본특징이다. 셋째, 동일하지 않은 원소끼리 화합하면 원자는 간단한 정수비로 결합한다.

비록 돌턴의 원자론에는 많은 오류가 있었지만 원자에 대한 묘사, 원자량 계산은 그 자체로 창의적이며 의의가 아주 컸다. 그는 부정확하고 모호한 원자의 개념을 일정한 질량을 가지고 있으며 실험으로 측정이 가능한 실질적 물질로 변화시킨 최초의 과학자이다. 또한 자신의 원자론과 맞아떨어지는 새로운 사실을 발견했다. 갑과 을이라는 원소 두 개가 결합해 몇 가지 다른 화합물을 만들어낼 때, 일정질량의 원소 갑과 서로 결합하는 원소 을의 질량이 서로 간단한 정수비를 이룬다는 것이다. 이것이 바로 돌턴의 배수비례의 법칙이며, 곧 원자이론의 실험적 근거로 발전했다.

최초의 원자설은 고대 그리스의 철학자 데모크리토스에 의해 제기되었다.

▼ **18세기 야금 화학자의 실험실**
당시 대부분의 화학자들은 이와 같은 실험실을 사용했다.

▶ **베르셀리우스**
베르셀리우스(Jöns Jacob Berzelius)는 원자론을 확립하기 위해서는 먼저 최대한 정확하게, 그리고 최대한 많이 원소의 원자량을 확보해야 한다고 생각했다. 1814년에서 1826년까지 그가 발견한 원소가 세륨, 셀렌, 토륨을 포함해 50종에 달한다. 그가 만든 신원소부호는 지금까지 사용되고 있다.

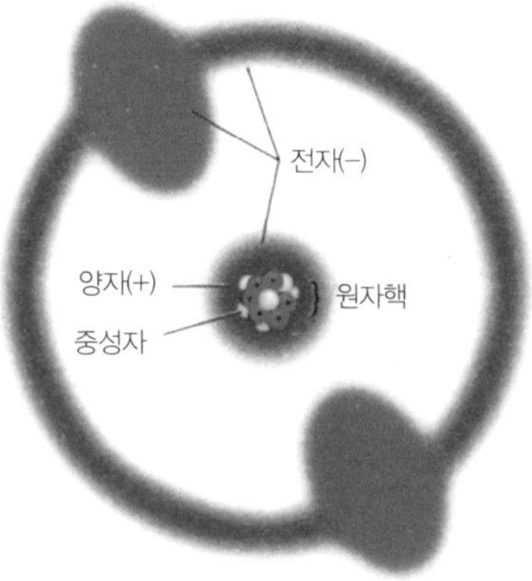

▶ **원자구조**
1803년 돌턴은 원자론과 원자량 계산법에 대한 논문을 처음 발표함으로써 화학 발전의 새로운 장을 열었다. 논문의 요점은 원소의 최종구성은 간단한 원자라는 것이다. 여기서 말하는 간단함이란 원자가 더 이상 나누어질 수 없다는 뜻이며 모든 화학변화에도 그 성질을 유지함을 뜻한다. 근대화학의 발전에 따라 과학자들은 원자는 분해가 가능하며, 원자핵과 핵 주위의 전자로 구성되어 있다는 것을 발견했다. 이로써 근대화학은 한 단계 더 발전할 수 있었다.

근대과학의 거인 뉴턴 역시 원자론자였지만 그는 원자가 크기는 다르나 본질이 같은 미립자라고 주장했다. 그러나 돌턴은 동일한 원소의 원자는 모양과 크기가 모두 같고 동일하지 않은 원소의 원자는 그 반대이며, 각 원소의 원자 질량은 변하지 않는 그 원소의 기본특징이라고 여겼다.

돌턴의 원자론은 화학연구의 실제 문제를 해결하는 데 중요한 역할을 했다. 화학자들은 당시 사용되던 정비례 법칙과 일정성분비 법칙을 원자론을 기초로 이해했다. 또한 원자량의 유입이나 원자 질량은 화학원소의 기본특징이라는 화학현상에 대해 통일된 해석을 제시하고, 양과 성질에 대한 연구를 결합시키는 등 화학연구를 한 단계 높은 수준으로 끌어올리는 데 큰 몫을 했다.

하지만 시대가 시대였던 만큼 돌턴의 원자설에는 한계가 있었다. 예를 들어, 화합물을 복잡한 원자라고 표현한 것이다. 분자의 존재를 몰랐기 때문에 더 이상 나눌 수 없는 것이 원자라고 정의하면서도 또 한편으로는 '복잡한' 원자라고 표현한 것이다. 이 문제는 향후 아보가드로Amedeo Avogadro의 출현으로 과학적 원자론, 즉 분자설이 제기된 후에야 해결되었다.

돌턴이 과학원자론을 정식발표한 후, 프랑스 화학자 게이뤼삭Joseph Louis Gay-Lussac은 화학반응이 기체 사이에서 일어날 때 같은 온도와 같은 압력에서 기체의 부피에 간단한 정수비가 성립한다는 사실을 발견했다. 이것이 바로 유명한 게이뤼삭의 법칙, 즉 기체 반응의 법칙이다. 그는 화학반응을 하는 각종 원자들이 간단한 정수비로 결합한다는 원자론을 자신의 실험으로 다시 입증해 보였다. 또한 같은 온도와 압력에서 동일하지 않은 기체라도 부피가 같으면 같은 수의 원자를 가지고 있다는 가설을 수립했다.

◀ 게이뤼삭
게이뤼삭은 원자론의 발전에 크게 기여한 인물이다. 1808년 그는 같은 온도와 압력에서 동일하지 않은 기체라도 부피가 같으면 같은 수의 원자를 가지고 있다는 가설을 제시했다. 이 가설은 이후 아보가드로의 수정을 거쳐 아보가드로의 법칙으로 발전했다.

그러나 돌턴은 이 가설이 나오자마자 즉각 반대의사를 표명했다. 그는 동일하지 않은 원소의 원자는 크기와 질량이 각각 다르기 때문에 부피가 같다 하더라도 같은 수의 원자를 가지는 것이 불가능하다고 반박했다. 부피 1의 산소와 부피 1의 질소가 화합해 부피 2의 산화질소가 만들어진다는 실험결과도 있었다. 실제 한 개의 산화질소는 1/2개의 산소원자와 한 개의 질소원자로 이루어지지만, 게이뤼삭의 가설에 따르면 n개의 산소원자와 2n개의 질소원자로 2n개의 산화질소 복합원자가 만들어진다. 원자는 분해될 수 없으므로 1/2개의 원자가 존재하지 않는다는 것이 당시 원자론의 기본개념이었던 이유에서이다.

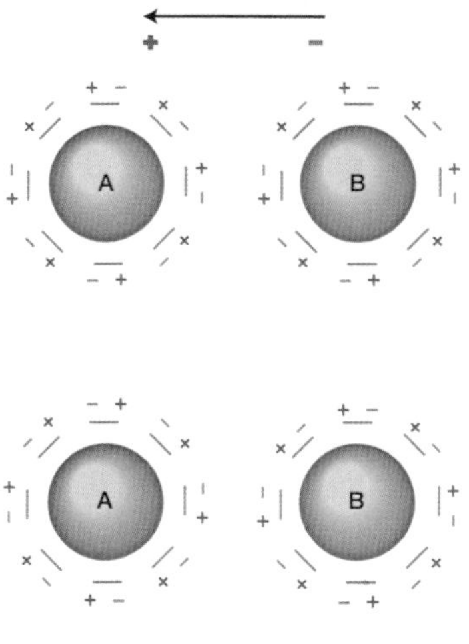

◀ 전기화학 원자도
베르셀리우스가 1818년에 그린 전기화학 원자도이다. 이는 화학자가 처음으로 전기분해의 원리에 대해 설명을 시도한 것이다. 상반되는 전하는 서로 마주하면 원자가 결합하고, 동일한 전하는 마주해도 아무런 반응이 일어나지 않는다.

이탈리아의 물리학 교수 아보가드로는 게이뤼삭과 돌턴의 기체실험을 자세히 관찰하여 1811년에 『단위입자의 상대적 질량 및 이들의 결합비를 결정하는 하나의 방법Essai d'une manière de déterminer les masses relatives des molécules élémentaires des corps, et les proportions selon lesquelles elles entrent dans ces

▲ **분젠 버너**
1850년대 초 독일의 화학자 분젠(Robert Wilhelm von Bunsen)은 가스를 연소시키는 분젠 버너를 발명했다. 그는 이 버너에서 타오르는 고온의 불꽃 속에 각종 물질을 집어넣는 실험을 했는데 원래는 무색이었던 불꽃이 나트륨이 함유된 물질이 들어가면 노란색으로 변하고 칼륨이 함유된 물질을 넣으면 자주색으로 변한다는 것을 발견했다. 연속적인 실험을 거치면서 분젠은 이를 새로운 화학분석법으로 규정했다. 복잡한 실험 설비 없이 고온의 화염 속에서 각 물질이 내는 색깔로 그것이 함유하고 있는 화학성분을 간단하게 알 수 있다.

combinaisons』을 저술했다. 여기서 자신의 관점이 게이뤼삭의 기체실험에서 비롯되었음을 밝히고 이어서 분자의 개념을 명확히 서술했다. 단위물질 혹은 화합물이 떨어진 상태에서 독립적으로 존재하는 최소의 물질을 '분자'라고 하고 단위분자는 여러 개의 원자로 이루어진다는 것이다. 그는 "같은 온도와 압력에서 기체의 종류에 관계없이 같은 부피 속에는 같은 수의 분자가 들어 있다"고 주장했다. 이렇게 '원자'의 개념을 '분자'로 대체한 것이 바로 아보가드로 가설이 가지는 중대한 의미이다. 이 가설에 따라 아보가드로는 기체분자의 질량비는 같은 온도와 압력 속에서의 밀도비와 같음에 근거해 기체상태 물질의 분자량을 측정할 수 있으며 화합반응이 일어나고 있는 단위기체들의 부피비로 분자식이 산출될 수 있다고 주장했다.

그러나 많은 화학자들이 원자의 개념과 그 이론을 받아들임으로써 원자론이 발전할 수 있었던 것에 반해 분자가설은 화학자들에게 쉽게 환영받지 못했다. 1814년에 아보가드로는 분자가설에 대한 두 번째 논문을 발표했고, 분자가설의 중요성에 대해 자신했던 그는 이어서 1821년에 세 번째 논문을 발표했다.

돌턴의 원자론이 수립된 후, 원소의 원자량 측정은 당시 화학자들의 주요과제였다. 하지만 분자의 존재를 인정하지 않고는 화합물의 원자구성을 쉽게 규명할 수가 없었기 때문에 원자량에 대한 측정과 데이터 마련에 많은 어려움을 겪게 되었다. 이때 이탈리아의 화학자 카니차로Stanislao Cannizzaro가 지난 50년간의 화학 역사를 돌이켜보며, 성공의 경험이나 실패의 교훈이 이미 아보가드로의 분자가설이 옳다는 것을 보여주고 있다고 주장했다. 그간 많은 경험을 해왔던 화학자들 역시 냉정한 사고로 아보가드로의 분자가설이 당시의 혼란을 정리해 줄 유일한 열쇠라는 것을 깨달았고 이렇게 50년 만에 아보가드로의 분자설은 결국 인정을 받게 되었다.

카드놀이 : 멘델레예프와 원소주기율표

돌턴의 원자론이 발표된 이후 사람들은 원소의 개념에 대해 보다 명확하게 이해하게 되었다. 많은 화학자들이 원소의 원자량 측정을 중요과제로 여겼다. 또한 원소의 원자량과 성질 사이에 존재하는 연관성이 점차 드러나기 시작했다.

1829년 독일의 화학자 되베라이너Jobann Dobereiner는 '3조원소triad' 라는 개념을 제시했다. 그는 이미 알려진 44종의 원소 중 15종을 먼저 5조로 나누었다. 각 조를 살펴본 결과, 각 조의 3원소는 모두 비슷한 성질을 가지고 있고 중간원소의 원자량은 비교적 가볍거나 무거운 나머지 두 개 원소의 원자량을 합한 값의 반에 해당한다는 것을 발견했다. 예를 들어, 성질이 비슷한 칼슘, 스트론튬, 바륨 중 스트론튬의 원자량은 칼슘과 바륨 원자량을 합한 값의 반 정도에 해당하는 것이다. 염소, 브롬, 요오드 그리고 리튬, 나트륨, 칼륨 등도 이와 비슷한 특징을 보였다.

1862년 프랑스 화학자 샹쿠르투아A. E. Beguyer de Chancourtois는 '땅의 나선'이라는 원소 분류법을 제시했다. 그는 이미 알려진 62종의 원소를 원자량의 크기에 따라 나눠 원기둥을 따라 올라가는 나선 위에 배열했다. 그 결과 일부 성질이 비슷한 원소가 동일선상

▲ 멘델레예프

1860년 멘델레예프의 『화학의 원리』는 체계적인 정리가 없었던 무기화학 이론에 대한 필요성 때문에 편찬하게 되었다. 멘델레예프는 이미 알려진 각 원소에 대한 자료와 데이터 그리고 선인들의 실제 연구성과까지 최대한 수집하여 연구한 결과, 원소가 고유특성 외에 공통된 특성도 함께 가지고 있다는 것을 발견했다. 이 발견은 향후 원소주기율표 수립에 중요한 기초가 되었다.

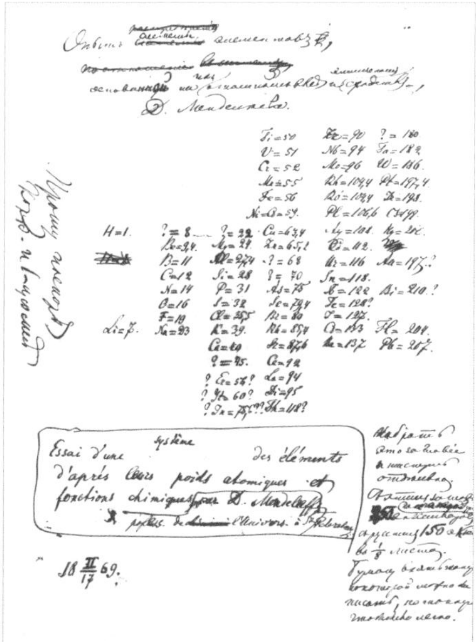

▶ 멘델레예프의 원고

멘델레예프는 각 원소 배열에 앞서 각 원소마다 직사각형의 카드를 만들어 원소부호, 원자량, 원소의 성질 및 그 화합물의 명칭을 써서 실험실 벽에 붙여놓고 연구했다. 그는 이들을 배열하는 과정에서 원소의 화학적 성질에 규칙성이 있다는 것을 발견했다. 이를 두고 어떤 이들은 멘델레예프의 원소주기율 발견을 포커놀이에 비유해 그의 불만을 사기도 했다. 그림은 멘델레예프가 원소주기율표를 연구할 때 쓴 친필원고이다.

에 배열된다는 것을 발견했다.

1864년 독일의 화학자 마이어Julius Lothar Meyer는 자신의 저서 『근대화학론Die modernen Theorien der Chemie』에서 '6원소표'에 대해 서술했다. 표에는 이미 알려진 원소의 절반만 실려 부족함이 있었다. 그는 이 저서에서 "확실한 것은 원자량의 수치에는 규칙성이 있다는 사실이다"라고 밝힌 바 있다.

1865년 영국의 화학자 뉼런즈John Alexander Reina Newlands는 '음계율'을 제시했다. 그는 당시 알려진 원소에 원자량에 따라 번호를 매기다가 원소의 성질이 주기적으로 중복된다는 점을 발견했다. 여덟 번째 원소가 첫 번째 원소와 성질이 비슷한 점이 마치 음악 8음계의 여덟 번째 음표가 반복되는 것과 닮았다고 해서 음계율이라고 했다.

6원소표나 음계율은 모두 많은 오류를 가지고 있었지만, 3조원소에서 음계율까지 각기 다른 관점에서 원소 간의 연관성을 밝히기 위해 화학자들이 연구했음을 알 수 있다. 이런 노력으로 사람들은 과학적 진리에 한 발짝 더 다가갈 수 있었고, 결국 멘델레예프Dmitrii Ivanovich Mendeleev가 원소주기율표를 발견하는 계기를 마련해 주었다.

1834년 멘델레예프는 러시아 시베리아 토볼스크에서 탄생했다. 어릴 때부터 뛰어난 기억력과 수학적 재능을 자랑한 그는 중학교 졸업 이후 모스크바에

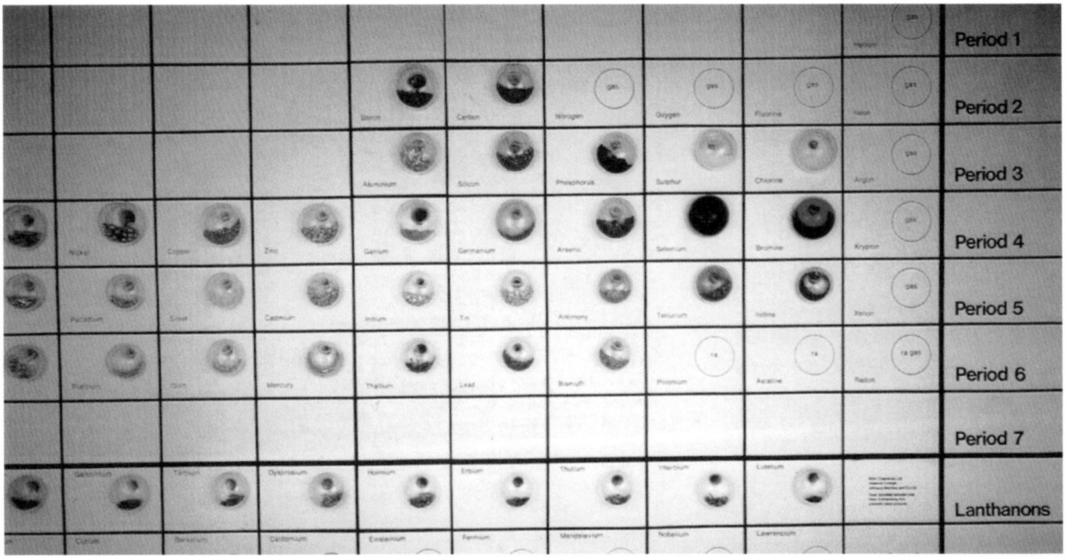

▼ 원소주기율에 따라 배열된 원소 모형

원소주기율로 인해 알려진 중요하고도 재미있는 사실이 있다. 원소의 성질은 원자량의 증가에 따라 주기적으로 변화하지만 그렇다고 단순한 반복은 아니라는 게 그것이다. 이 논리에 따라 멘델레예프는 일부 잘못 측정된 원자량을 수정하고 당시 밝혀지지 않았던 원소 중 15종 이상을 예언하기도 했다. 이후 세 개의 원소가 잇달아 발견되었다. 1875년 프랑스의 화학자 브와보드랑이 주기율표에 근거해 찾은 신원소를 스스로 갈륨이라고 명했는데, 이 원소의 모든 성질이 멘델레예프가 했던 예언과 동일했다. 그림은 원소주기율에 따라 배열해 놓은 원소 모형이다.

서 유학했다. 부자도 아닌 데다 시베리아 외곽지역에서 온 그에게 모스크바와 상트 페테르부르크의 일부 대학은 입학을 거절했다. 이후 부친 친구의 도움으로 부친의 모교인 상트 페테르부르크 고등사범학교의 물리수학과에 입학할 수 있었다.

1854년에 우수한 성적으로 졸업한 그는 심페로폴과 오데사에서 중학교 교사를 맡았는데 최우수교사라는 칭호와 함께 금메달을 수여받기도 했다. 1856년 5월, 우수한 성적으로 화학학위를 받은 그는 같은 해 상트 페테르부르크 대학에 화학강사로 특별 임용되었다.

▲ 뉼런즈
영국의 분석화학자이자 산업화학자이다. 그는 멘델레예프 이전에 이미 화학원소 성질의 주기성에 대한 발견을 했다. 하지만 그의 이론, 즉 음계율은 원소주기성에 대한 이론이 확립되고 나서야 인정을 받기 시작했다.

1859년 멘델레예프는 독일 하이델베르크 대학에서 연구활동을 하면서 독일 카를스루에에서 개최된 제1회 세계화학자회의에 참가했다. 1865년에는 상트 페테르부르크 대학 교수로 임용되어 무기화학을 강의했다.

그는 무기화학을 강의하면서 한 가지 난제에 부딪혔다. 무기화학은 빠른 속도로 발전해 가는데 기존의 교재는 시대에 뒤떨어져 있었기 때문에 이에 적합한 새로운 무기화학 교재가 절실히 필요했던 것이다.

그래서 그는 스스로 교재를 편찬하기로 결심했다. 이것이 바로 그가 저술한 『화학의 원리The Principles of Chemistry』로, 이 책에는 화학원소에 대한 구체적인 내용이 담겨져 있다. 화학원소에 관한 각종 자료를 깊이 연구한 덕분에 그는 63종에 달했던 화학원소의 원자량과 물리화학적 성질을 두루 섭렵할 수 있었다.

멘델레예프는 원소를 배열해 보기 위해 카드를 만들어 매 장마다 원소의 명칭, 원자량, 화합물의

▶ 노년의 멘델레예프
멘델레예프의 『유기화학 교과서』는 그를 거장의 자리에 올려놓은 저서이다. 오랜 기간의 피로가 쌓여 시력도 거의 잃은 칠순이었지만 이 책을 쓰기 위해 거의 2개월 동안 책상 앞을 떠나지 않았다. 매일 새벽부터 오후 5시 30분까지, 또 저녁식사 후 늦은 밤까지 그의 연구는 끊임없이 계속되었다. 결국 그는 책상 앞에서 죽음을 맞이했고 마지막 순간까지 그는 손에 연필을 꼭 쥐고 있었다고 한다. 그는 천재이기에 앞서 연구에 모든 열정을 불사른 연구자였다. 사진은 노년임에도 불구하고 연구에 몰두하고 있는 멘델레예프의 모습이다.

▶ **애스턴의 질량분석기**

영국의 물리학자 애스턴(Francis William Aston)은 동위원소와 질량분석에 대한 연구를 오랫동안 진행해 왔다. 초점 성능이 뛰어난 질량분석기를 최초로 개발하여 많은 원소에 대해 동위원소와 존재비를 측정했다. 이로써 동위원소의 존재를 확인했을 뿐만 아니라 멘델레예프 주기율표의 정확도도 입증해 주었다.

화학식 그리고 주요성질에 대해 적어 넣고 이를 체계적으로 정리하는 작업을 했다. 먼저 카드를 3조로 나누고 원소의 원자량에 따라 배열해 보았지만 이렇다 할 결과를 얻지 못했다. 그래서 다시 카드를 몇 개의 항으로 나눈 뒤, 성질이 비슷한 원소끼리 가로로 배열했더니 마침내 원소 간의 연관성이 눈에 보이기 시작했다. 원자량에 따라 배열한 각 항 원소의 성질이 윗줄에서 아랫줄의 방향으로 흐르고 있음을 깨달은 것이다. 예를 들어 아연의 성질은 마

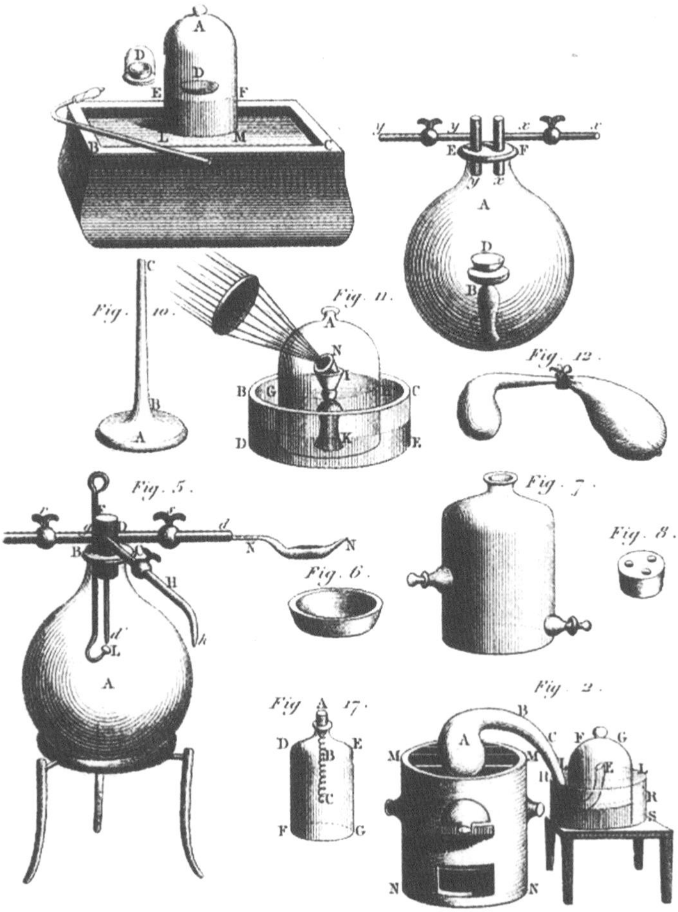

▶ **화학기구**

이 그림은 라부아지에의 『화학이론』에 나오는 화학기구 삽화이다. 멘델레예프의 원소주기율표 역시 이러한 방대한 실험과 분석을 기초로 탄생할 수 있었다.

그네슘과 비슷해 이 둘은 위아래로 이웃한 항에 각각 놓여 있다. 원자량에 근거해 볼 때, 같은 항에 있는 원소 중 아연 옆에 위치할 원소는 당연히 비소이다. 만약 비소를 아연의 바로 뒤쪽에 놓으려면 비소는 알루미늄이 있는 줄로 내려가야 한다. 그러나 이 두 개 원소의 성질은 비슷하지가 않다. 그래서 비소를 한 줄 더 내리면 규소 옆에 가야 하는데 규소의 성질 역시 비소와는 차이가 있다. 그래서 비소는 다시 한 줄 더 내려가서 인의 뒤에 놓이게 되는 것이다.

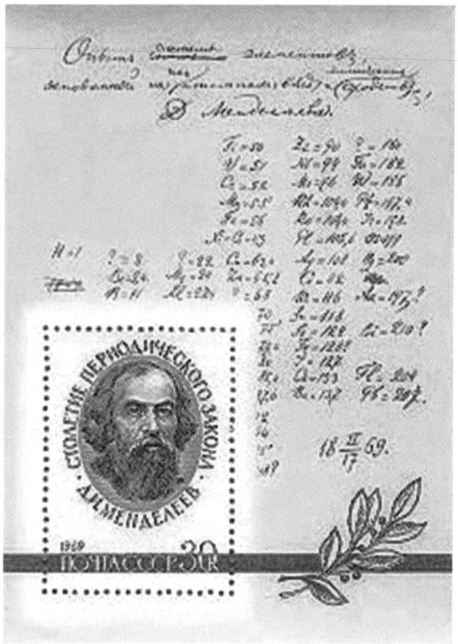

◀ 멘델레예프 기념우표
선인들에게서 얻은 정보와 자료에 각고의 노력을 더해 멘델레예프는 1869년에 최초의 원소주기율표를 만들었다. 그림은 이를 기념하기 위해 1969년에 발행된 기념우표이다.

이러한 원소 배열의 규칙성을 발견한 멘델레예프는 매우 흥분했다. 그러나 아연과 비소 사이에는 여전히 두 개의 자리가 비워져 있었다. 그는 이 자리는 아직 발견되지 않은 원소일 것이며 그들의 성질은 알루미늄과 규소와 매우 비슷할 것이라고 추측했다.

그는 종이 오른쪽 상단에 연필로 "원소의 원자량과 그 화학성질의 유사성에 근거해 나열한 원소표"라고 썼다. 이때가 1869년이었다.

화학원소부호의 간단한 배열에서 일종의 규율을 발견한 그는 원소배열상에 존재하는 문제를 해결하기 위해 부단히 노력했다. 반년의 시간 동안 원소산화물의 조직과 그 성질에 대한 충분한 자료를 모았고 심도 있는 연구와 실험, 검증을 거쳐 일부 원소의 원자량에 대한 해답을 얻을 수 있었다. 그는 원소의 원자량에 근거해 성질이 비슷한 원소끼리 항을 만들어 배열했다. 이 과정을 통해 멘델레예프는 원소가 명확한 규율성을 띠고 있고 원자량의 변화에 따라 원소의 성질도 변한다는 사실을 발견했다.

1871년에 멘델레예프는 주기율에 관한 새 논문을 발표했다. 새 논문에서는 기존의 원소주기율표를 일부 수정했다. 기존의 표에서는 성질이 비슷한 원소조가 가로 배열, 주기율은 수직 배열이었지만 수정한 표에서는 원소조가 수직

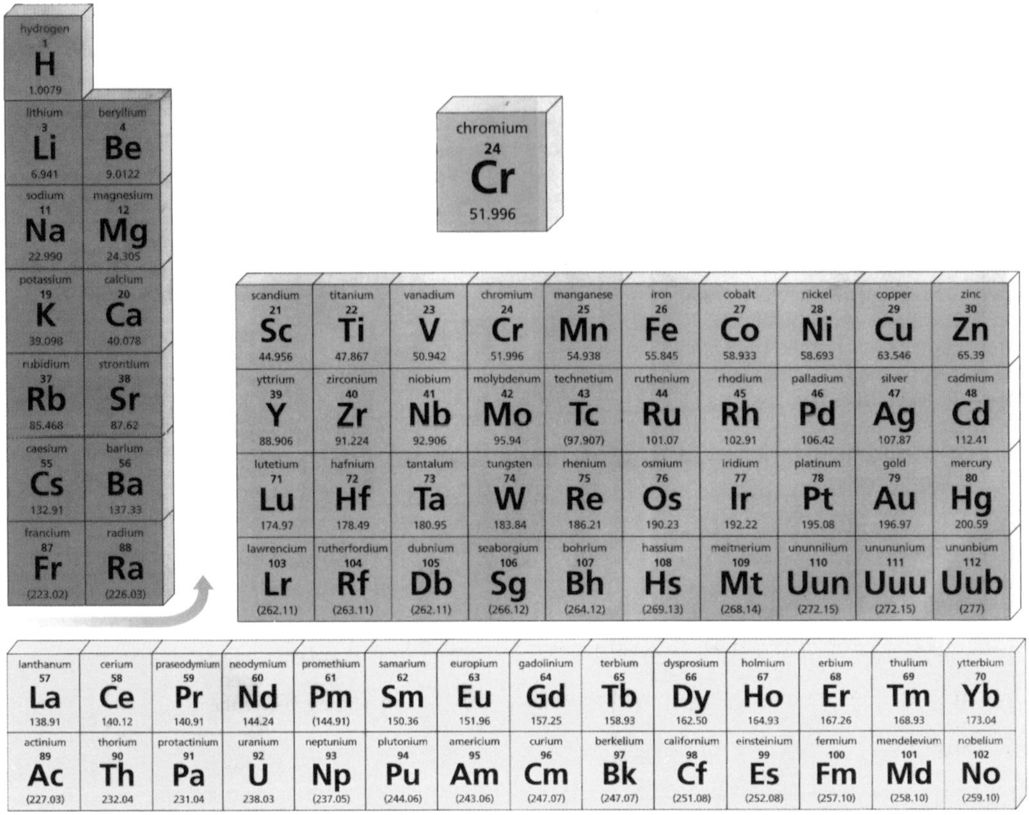

▲ 원소주기율표

멘델레예프는 원소주기를 근거로 만든 첫 번째 원소주기율표에 이미 발견한 63종 원소를 추가하여 원소 체계화의 기초를 확립했다. 표에 빈자리를 남겨두고 붕소, 알루미늄, 규소와 비슷한 미지의 원소 성질을 예견하면서 당시 측정한 어떤 원소의 원자량이 잘못되었다고 지적했다. 얼마 지나지 않아 그의 예언이 적중했다. 그림은 오늘날 통용되고 있는 원소주기율표이다.

배열, 주기율이 가로배열로 수정되어 각 원소조 화학성질의 주기적 변화가 더욱 명료하게 표현되었다. 뿐만 아니라 당시 정체가 정확히 규명되지 않았던 일부 원소들을 표 왼쪽에 따로 모아 기타 원소조로 구성했다. 이전의 표에서는 아직 밝혀지지 않은 원소의 빈자리가 네 개였는데 새로운 표에서는 여섯 개로 늘어났다. 이렇게 최초의 원소주기율표는 탄생되었다.

그는 자신이 발견한 주기율이 정확하다고 굳게 믿고 있었다. 그래서 주기율에 의거해 일부 원소의 원자량은 잘못 알려져 있다고 지적하고 재측정을 시도했다. 예를 들어, 우라늄의 원자량은 116에 3가원소라고 알려져 있었는데 멘델레예프는 우라늄의 산화물이 크롬, 몰리브덴, 텅스텐의 산화물과 성질이 비슷하다는 것에 근거해 이들을 한 조로 간주하고 우라늄은 6가원소이고 원자량은 약 240일 것이라고 지적했다. 그 후 우라늄의 원자량을 재측정했더니 원자량이 238.07로 나와 그의 판단이 맞다는 것이 입증되었다. 마찬가지로 인듐, 란타늄, 이트륨, 에르븀, 세륨, 토륨의 원자량도 재측정해 주기율표의 정확성을 재차 입증했다.

멘델레예프는 원소주기율에 근거해 당시 밝혀지지 않은 원소들의 존재와 그 성질에 대해서 예언을 했는데 이후 놀랍게도 실제로 실험결과와 맞아떨어지는 일들이 벌어졌다.

1875년 프랑스 화학자 브와보드랑Paul Lecoq de Boisbaudran이 피레네 산맥의 섬아연광을 분석하면서 신원소를 발견하였는데 그는 이를 갈륨이라고 명하고 주요성질에 대해 공표했다. 얼마 후 멘델레예프가 그에게 서신을 보내 갈륨의 비중은 4.7이 아니라 5.9~6.0 사이라고 지적했다. 1876년 9월 브와보드랑이 금속에서 갈륨을 추출해 다시 측정을 했더니 비중이 정확히 5.94현대 측정치로는 5.91로 측정되어 멘델레예프 이론의 명성이 나시 확인되었다.

갈륨은 화학 역사상 처음으로 먼저 예고되고 나중에 발견된 원소로, 멘델레예프 원소주기율의 과학성을 증명해 준 원소이다. 1880년 스웨덴의 닐손Lars Fredrik Nilson이 스칸듐을 발견했고 1885년에는 독일의 클레멘스 윙클러가 게르마늄을 발견했다. 이 두 개의 신원소는 멘델레예프가 예언했던 붕소류, 규소류의 원소와 매우 부합해 원소주기율표의 정확성이 다시 한 번 입증되었다.

멘델레예프는 원소주기율표로 연관이 없어보이던 원소 사이에 상호의존 관계가 존재하고 있다는 사실과 이들로 자연이 구성되어 있음을 세상에 알리는데 큰 공헌을 했다. 이로 인해 이후 신원소의 발견이나 신물질, 신재료 개발에도 믿을 만한 규칙이 확립되었고, 원소와 그 성질에 대한 기본이론이 바탕이 되어 현대화학과 물리학이 발전을 거듭해 나갔다.

4

과학혁명

19세기 이후, 서방 각국의 자본주의 체계가 최종적으로 확립되었다. 경제의 신속한 발전은 사회 발전에서 과학의 역할을 더욱 두드러지게 했으며, 새로운 기술에 대한 요구가 늘어남에 따라 과학은 유일하게 가치 있는 지식의 원천으로, 근대사회 발전에서 지배적인 위치를 확고히 했다. 19세기는 과학의 위력을 보여준 시대이자 과학혁명과 발명의 시대였으며 또한 새롭고도 더욱 수준 높은 현대사회를 위해 기초를 다진 시대였다.

Pyxides venena
usus
Pilulæ sine quibus esse volo
Requies Nicolai æterna
ORVIETAN. quod fefellit magistrum
NINSI.
Sternutatus
ÆLLEBORUS.
Tussis
PIPER INDIC.
Diabete
IRIS.
Morosis
CASTOREUM.
Priapismus
ORCHIS
Diarrhea
IALAPPA.
Sopor
OPIUM.
Vomitus.
IPECACOANNA
Spiritus
Olea
Flores
aquæ
Herbæ
Extract
Ligna
Folia
Cortices
ELIXIR SALUTIS
TERIACA COELESTIS
NON OMNIBUS * SAT SAP.

01 19세기 과학의 3대 발견

중국

청나라 강희제 때 『강희기가격물론』 출판. 일찍이 멸종되었던 매머드에 대해 기록

1742년 사념조 『거전편』에 인위선택에 관해 기록

1853년 장복희와 영국인 조셉 에드킨스 근대 최초의 광학 번역서인 『광론』 공동 번역

영국

1727년 헤일스 『식물정역학』 출판. 1733년 『동물정역학』 출판. 역학실험법을 생리학에 포함시킴

1831년 브라운 세포핵 최초 발견

1850년 윌리엄 톰슨(캘빈 남작) 열역학 제2법칙 완성

1858년 다윈과 월리스 각각 자연선택을 제시. 생물종의 진화는 자연선택을 토대로 진화됐다고 주장

1859년 다윈 『종의 기원』 발표. 진화론의 기초를 닦음

1863년 헉슬리 인간이 유인원에서 진화됐다는 관점을 논증

1867년 맥스웰 입자운동의 통제에 의해 열역학 제2법칙을 위배하는 가상실험 가능 주장

1871년 『인류의 유래 및 성 선택』 발표. 인간이 유인원에서 기인한다는 것을 입증

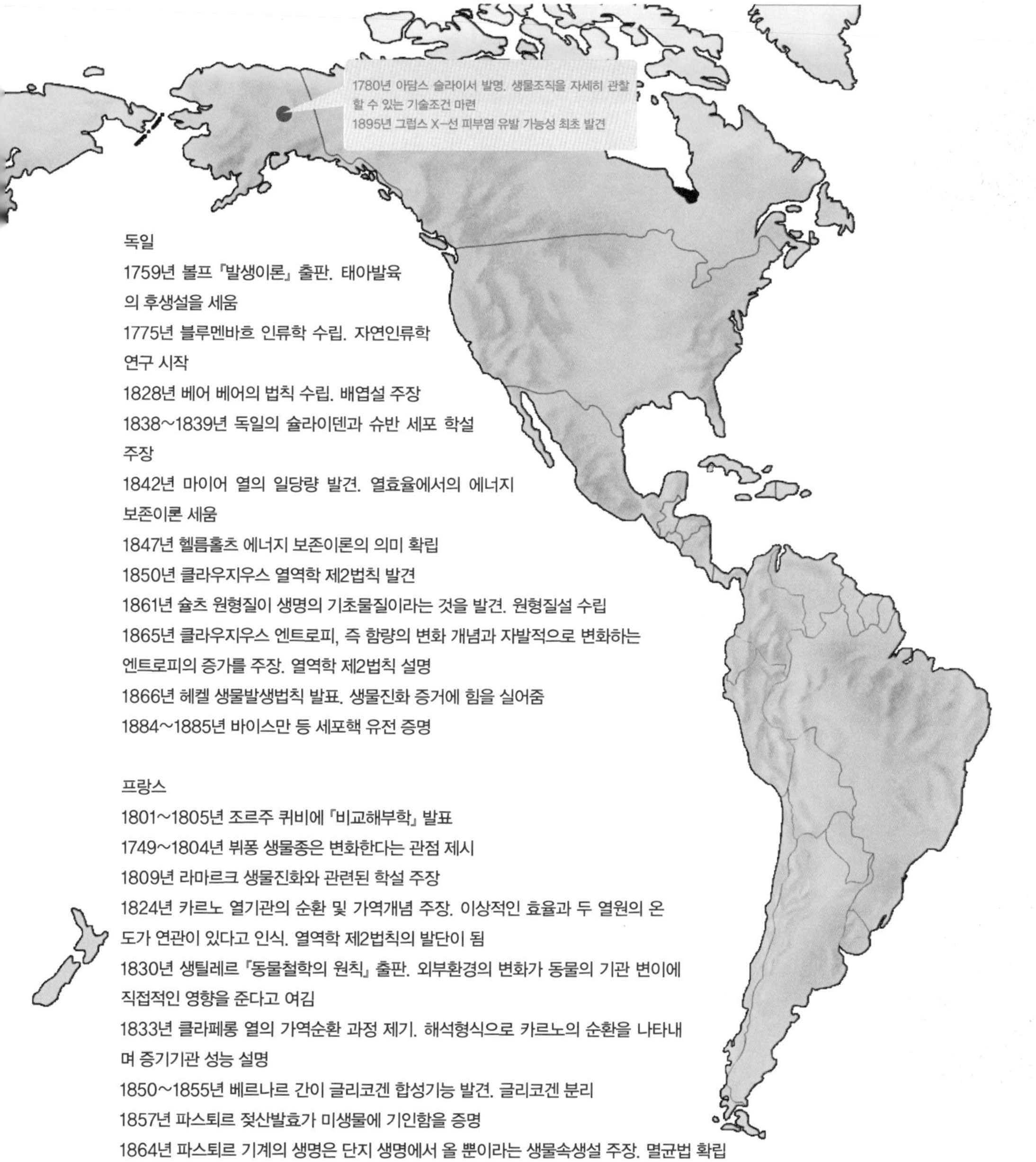

독일

1759년 볼프 『발생이론』 출판. 태아발육의 후생설을 세움
1775년 블루멘바흐 인류학 수립. 자연인류학 연구 시작
1828년 베어 베어의 법칙 수립. 배엽설 주장
1838~1839년 독일의 슐라이덴과 슈반 세포 학설 주장
1842년 마이어 열의 일당량 발견. 열효율에서의 에너지 보존이론 세움
1847년 헬름홀츠 에너지 보존이론의 의미 확립
1850년 클라우지우스 열역학 제2법칙 발견
1861년 슐츠 원형질이 생명의 기초물질이라는 것을 발견. 원형질설 수립
1865년 클라우지우스 엔트로피, 즉 함량의 변화 개념과 자발적으로 변화하는 엔트로피의 증가를 주장. 열역학 제2법칙 설명
1866년 헤켈 생물발생법칙 발표. 생물진화 증거에 힘을 실어줌
1884~1885년 바이스만 등 세포핵 유전 증명

프랑스

1801~1805년 조르주 퀴비에 『비교해부학』 발표
1749~1804년 뷔퐁 생물종은 변화한다는 관점 제시
1809년 라마르크 생물진화와 관련된 학설 주장
1824년 카르노 열기관의 순환 및 가역개념 주장. 이상적인 효율과 두 열원의 온도가 연관이 있다고 인식. 열역학 제2법칙의 발단이 됨
1830년 생틸레르 『동물철학의 원칙』 출판. 외부환경의 변화가 동물의 기관 변이에 직접적인 영향을 준다고 여김
1833년 클라페롱 열의 가역순환 과정 제기. 해석형식으로 카르노의 순환을 나타내며 증기기관 성능 설명
1850~1855년 베르나르 간이 글리코겐 합성기능 발견. 글리코겐 분리
1857년 파스퇴르 젖산발효가 미생물에 기인함을 증명
1864년 파스퇴르 기계의 생명은 단지 생명에서 올 뿐이라는 생물속생설 주장. 멸균법 확립
1881년 파스퇴르 면역학 창립

19세기는 과학기술 발전사에서 중요한 시기로, 현대과학의 중요 분야가 모두 이 시기에 기초를 다졌다. 19세기의 과학기술 연구 분야는 거시적인 부분에서 미시적인 부분까지, 생물에서 자연까지 매우 광범위했으며 큰 성과를 이루었다. 과학연구의 새로운 성과는 과학영역을 개척했다는 사실뿐만 아니라 17, 18세기의 '경전'이라고 할 만한 이론들에 도전장을 내밀어 자연계에 대한 인식을 더욱 심화시켰다는 데 있다. 다시 말해, 19세기는 과학의 위력을 보여준 시대이자 과학혁명과 발명의 시대이며, 아울러 새롭고도 더욱 수준 높은 현대과학을 위한 기초를 다진 시대였다.

진화론 : 창조론

▲ 〈창조의 날〉
다윈의 혁명은 과학의 위대한 혁명에서 유일한 생명학적 혁명으로, 인간의 사상에서 르네상스시기 과학의 부흥 이후 어떠한 과학의 진보보다도 더욱 위대한 변화를 이끌어냈다. 과학에서 사람들이 보통 열거하는 위대한 혁명은 대개 자연과학자들의 이름과 맞물려 있었다. 그러나 다윈의 혁명은 인류가 스스로 도취되었던 자아이미지에 심각한 타격을 주었다. 그 밖의 나머지 두 개의 혁명은 코페르니쿠스와 프로이트에 의한 혁명이다. 그림은 『성경』 가운데 하느님이 세상을 창조하는 것을 묘사한 것으로, 발전하는 과학의 이미지와 점차 대립되었다.

18세기 이전, 『성경』 및 『성경』에서 전하는 창조론혹은 창세론이 서양의 학계, 지식층 및 모든 서양문화에서 지배적인 위치를 차지하고 있었다.

창조론은 지구와 만물이 대략 6,000년 전, 즉 BC 4004년 10월 26일 오전 9시에 창조되었으며, 하느님이 세상을 창조한 이후에 지구상의 생명에 어떠한 변화도 없었다고 여겼다. 당시 대부분의 사람들은 하느님이 목적을 가지고 세상을 창조했고 하느님에 의해 만들어진 법칙은 하느님만이 주관할 수 있으며 하느님의 법칙은 조화롭고 합리적이고 완벽한 데다 영원히 변하지 않는 것이라고 굳게 믿고 있었다. 더욱이 그 시대에 유명한 학자들이 『성경』의 글자를 그대로 해석하는 것을 당연하게 생각했기 때문에, 누군가가 만약 『성경』에 반대하거나 『성경』의 말씀과 어긋나면 커다란 반역이라고 여겨 교회의 엄중한 형벌에 처해졌다. 이 때문에 최초로 혈액순환을 연구한 스페인 의사 세르베투스와 태양중심설을 퍼뜨린 이탈리아의 철학자 브루노는 각각 화형에 처해졌다. 유명한 생물학자인 린네 또한 『성경』의 창조론을 절대적으로 믿고 있었다.

린네Carl von Linne는 스웨덴의 식물학자로, 가장 처음 생물 종을 정의하는 원칙을 구상하고 통일된 생물 명명체계를 만든 사람이다.

▲ 〈하느님이 아담을 창조하다〉
영국 화가인 블레이크의 작품으로, 하느님이 세찬 기세로 혼돈의 대지에 인류를 창조하는 모습을 묘사한 것이다. 하느님의 손이 아담을 건드림과 동시에 그에게 완전한 생명을 주었다. 아담을 휘감고 있는 뱀은 미래의 타락을 상징하고 있다.

17세기 이후 과학기술의 발전으로 박물학자들이 수많은 동식물과 화석 등의 표본을 채집했고, 1600년경 사람들은 약 6,000종의 식물이 있다는 것을 알게 되었다. 그리고 1700년경 식물학자들이 또다시 12,000개의 새로운 종을 발견했다. 18세기에 이르러 생물 종에 대한 과학적 분류가 빠르게 변화되었다. 린네는 바로 이러한 새로운 과학의 발전시기에 나타난 대표적인 인물이었다.

원예를 즐기는 시골 목사인 아버지의 영향을 받은 린네는 식물을 매우 좋아하여 여덟 살 때 이미 '어린 식물학자'라는 별명을 얻게 되었다. 초등학교 때 린네는 나무와 꽃, 풀에만 관심을 가지고 대부분의 시간을 야외에서 식물표본 채집이나 식물학자의 책을 읽는 데 보냈기 때문에 학업성적이 그리 뛰어난 편은 아니었다.

1727년부터 린네는 룬드와 웁살라 대학에 들어가 박물학 및 식물표본 채취와 제조에 관한 지식 및 방법을 체계적으로 배웠다. 1732년 그는 탐험대를 따라 스웨덴 북부 라플란드에 도착하여 연구를 했다. 이곳에서 그는 100여 종의 새로운 식물을 발견하였으며 꽤 많은 귀중한 자료를 수집하였다. 1735년 그는 유럽 각국을 여행하면서 유명한 식물학자들을 알게 되었고 스웨덴에는 없는 식물표본들을 손에 넣을 수 있었다. 유럽 각국을 여행한 3년은 린네의 학술적 사상이 성숙되고 그의 재능이 드러나기 시작한 시기였다. 1735년 14페이지 분량의 『자연의 체계』가 출판됐는데, 그 유명한 '식물 24강'이 이때 처음 발표되었다. 린네가 내놓은 분류체계는 찾기가 편리해

▶ 〈천지창조〉 (위)
이 그림은 미켈란젤로의 작품으로, 하느님이 구름 속에 앉아서 땅으로부터 솟아오르자 순식간에 대지와 하늘이 캄캄한 밤에서 낮으로 바뀌고 어둠은 빛으로 변해 만물에 생기가 가득하다. 이는 창조론이 예술 분야에 반영된 것으로, 수세기 동안 많은 사람들이 하느님이 세상을 창조했다고 믿고 있었다. 따라서 19세기의 생물학이 영원할 것 같았던 경전을 깨뜨리려고 시도했을 때 자연히 다양한 반대에 부딪히게 되었다.

▶ 구제원 옆 식물원 (중간)
1741년 린네는 웁살라 대학의 임상의학 교수를 맡게 되었지만 1년이 채 되지 않아 식물학 교수로 가게 되었다. 그가 대학 식물원 책임자가 되었을 때 이미 이곳에는 약 3,000종의 식물이 있었다. 린네가 이끄는 가운데 웁살라 대학은 당시 세계 식물학계의 중심이 되었으며, 그는 대학 옆에 박물관을 세워 채집한 식물표본을 제공했다. 그림은 당시 린네가 학생들을 데리고 식물과 약초를 재배하는 광경이다.

▶ 린네의 저서를 구경하는 사람들 (아래)
일찍이 『식물의 종』과 『자연의 체계』에서 린네는 두 개의 라틴어 단어를 사용해 생물 종(種)의 이름을 구성하는 방식으로 생물에 대한 '이명법'을 만들었다. 첫 번째가 속명(屬名), 두 번째가 종명(種名)으로, 이 두 개의 라틴어가 조합되어 학명이 되며 뒤에는 명명한 사람의 이름도 명시하도록 했다. 이 분류법과 명명법은 이미 알고 있는 각종 생물을 체계적으로 배열할 수 있게 만듦으로써 어지럽게 흐트러진 이전 생물학의 분류 명명을 바로잡았다. 그림은 사람들이 함께 모여 린네가 출판한 최신 저서를 보고 있는 모습이다.

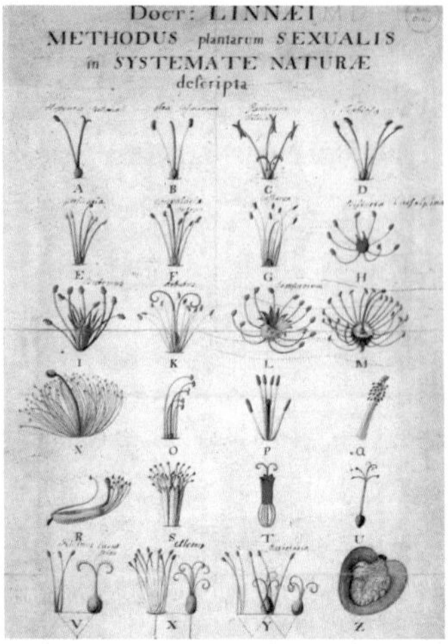

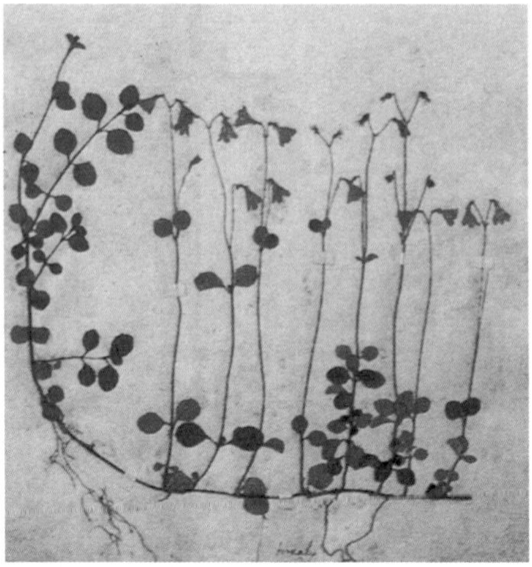

◀ 린네의 식물표본
린네는 고생도 마다않고 황량한 라플란드를 탐험하면서 식물표본을 채집하여 『자연의 체계』를 지었다. 린네의 식물체계에서 그는 꽃의 구조를 연구 토대로 삼았는데 식물학의 급속한 발전과 식물의 대량 출현에 따라 이 연구는 식물학자들이 식물을 분리하는 데 많은 편의를 제공해 주었다.

▲ 식물 꽃술
린네는 모든 식물을 꽃의 꽃술로 분류할 수 있다는 것을 발견하고는 가장 먼저 각기 다른 수술의 수량에 따라 식물군을 세우면서 그것을 강(綱)이라고 불렀다. 그 다음에 강을 각기 다른 암술의 수량에 따라 구분하여 목(目)이라 하고, 목은 류(類) 혹은 속(屬)을 포함하고 있는데 이런 식으로 내려가면 바로 종(種)이다.

당시 학계의 큰 호응을 받았다. 그리고 그는 근대 식물분류학의 기초를 다진 『식물의 종』을 1746년에 시작하고 6년 만에 완성하여 1753년에 출판했다.

『자연의 체계』는 린네가 사람을 분류체계로 삼은 대표작으로, 여러 번의 인쇄를 거치는 과정에서 계속 보충하고 수정하여 1758년에 간행된 제10판에서는 1,384페이지에 달하는 대작으로 변신했다. 이 책에서 그는 처음으로 동물분류에 '이명법'을 사용했으며, 이것이 근대 동물분류의 시발점이 되었다. 린네는 동물계를 포유류, 조류, 양서류, 어류, 곤충류, 연충류 등 6강으로 나누고 계(界) 밑으로 강, 목, 속, 종을 두었다. 린네의 일생에서 가장 큰 업적은 생물분류에 대한 이명법을 확립한 것이다. 식물의 이름을 두 부분으로 나누어 전자를 속명(屬名)이라 하여 명사를 쓰고, 후자를 종명(種名)이라 하여 형용사를 썼다. 린네는 정확성, 간략성은 물론 자료 정리와 교류에도 편리하도록 학명을 정할 때 12자로 제한했다. 각국 생물학자들이 린네의 식물분류법과 이명법을 받아들이면서 어지럽게 분산되어 있던 식물체계가 질서를 찾게 되었고 분류학의 발전이 크게 앞당겨졌다.

▶ 『자연의 체계』
근현대 생물분류법의 창시자인 린네의 가장 유명한 책인 『자연의 체계』이다. 그의 체계는 주로 꽃의 구조를 토대로 진행되었으며, 이 체계의 확립으로 학자들이 식물을 신속하게 분류할 수 있게 되었다.

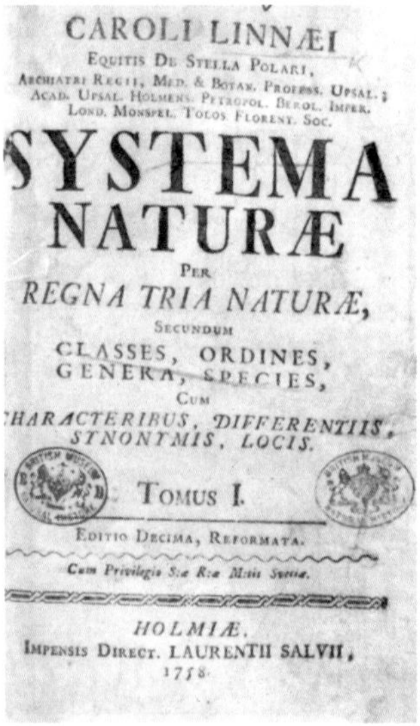
CAROLI LINNÆI
EQUITIS DE STELLA POLARI,
ARCHIATRI REGII, MED. & BOTAN. PROFESS. UPSAL.; ACAD. UPSAL. HOLMENS. PETROPOL. BEROL. IMPER. LOND. MONSPEL. TOLOS. FLORENT. SOC.
SYSTEMA NATURÆ
PER
REGNA TRIA NATURÆ,
SECUNDUM
CLASSES, ORDINES, GENERA, SPECIES,
CUM
CHARACTERIBUS, DIFFERENTIIS, SYNONYMIS, LOCIS.
TOMUS I.
EDITIO DECIMA, REFORMATA.
Cum Privilegio S:æ R:æ M:tis Svecia.
HOLMIÆ,
IMPENSIS DIRECT. LAURENTII SALVII,
1758.

종교의 영향을 받은 린네는 하느님이 만물을 창조했다고 믿었으며 오랫동안 종(種)은 변하지 않는다는 생각을 가지고 있었다. 그는 수술의 수에 근거하여 식물군을 구분했으며 수술이 같은 식물을 같은 군에 집어넣었다. 그리고 수술과 암술의 유형, 크기, 수량 및 상호배열 등의 특징에 따라 린네는 식물을 24강, 116목, 1,000여 속과 10,000여 종으로 나누었다. 그는 『자연의 체계』에서 '종(種)의 불변' 이라는 관점에 관해 전문적으로 서술했다. 하지만 오랜 연구로 종의 숫자가 점차 많아지는 것을 보게 되었고, 노년에 이르러서는 '종의 불변' 에 대한 그의 신념이 흔들리게 되었다. 결국 1776년에 출판된 『자연의 체계』 제12판에서 린네는 "종(種)은 변할 리가 없다"는 부분을 삭제했다.

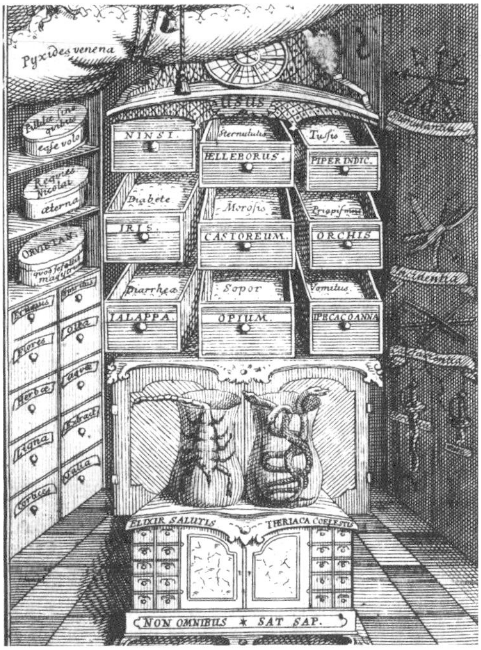

◀ **동식물의 분류**
진화에 대한 린네의 생각이 당시 인정을 받지 못했기 때문에 분류학에서의 영향이 그리 크지 않았다. 1859년 다윈의 『종의 기원』이 출판된 후에야 비로소 진화사상이 분류학에서 관철되었고 분류연구의 관계를 분명히 함으로써 계통분류학이 탄생하게 되었다. 분류체계는 대개 종(種), 속(屬), 과(科), 목(目), 강(綱), 문(門), 계(界)를 포함하고 있다. 연구가 활발해짐에 따라 분류도 끊임없이 증가했다. 그림은 분류학의 이미지를 그린 것이다.

18세기 생물학의 발전은 린네와 관련이 크다. 스웨덴 정부는 뛰어난 과학자 린네를 기념하기 위해 잇따라 린네 박물관과 린네 식물원을 세웠으며 1917년에는 스웨덴 린네학회를 건립했다.

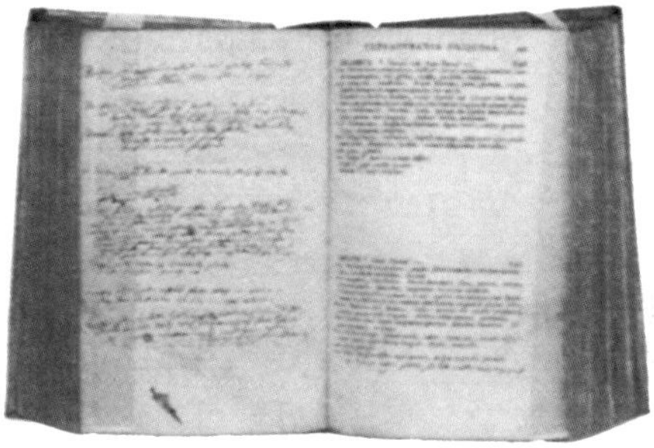

◀ **『식물철학』**
이 책에서 린네는 식물의 유성생식을 증명했으며 꽃의 암술과 수술의 상황을 토대로 식물을 분류했다. 하지만 그가 분류한 자연의 체계는 창조설에 근거한 것이었다.

진화론의 선구자들

▲ 뷔퐁

식물학과 동물학의 계몽시대, 프랑스 이성주의 사상가는 생명의 종(種)과 관련해 생명이 어떻게 자연적으로 발생하는가에 대한 근거를 찾고 있었다. 당시 박물학자였던 뷔퐁은 이 사상에 권위를 부여했다. 뷔퐁의 입장은 영국 과학자 존 니덤의 실험작업에 기인했다. 1748년 존 니덤은 이미 현미경으로 동식물의 자연생식을 관찰했었다. 이로 인해 창조설이 배격되고 자연스럽게 나타난 종(種)이론이 뷔퐁의 확고한 이론이 된 것이었다.

진화론의 선구자는 프랑스 박물학자인 뷔퐁Georges Louis Leclerc de Buffon이다. 뷔퐁은 폭넓고도 구체적인 진화 학설을 내놓은 첫 박물학자였다. 청년시절 뷔퐁은 영국해협을 건너 영국으로 가 그곳에서 영국의 학술적 분위기에 심취되었으며 위대한 과학자 뉴턴의 이론에 탄복하게 되었다. 귀국 후 그는 영국 학자의 책을 프랑스어로 번역하는 일과 연구를 같이 병행하면서 과학논문을 발표했다. 1739년 그는 왕립과학아카데미 협력회원 직함을 받아 왕립식물원 원장에 임명되었다. 이때부터 그의 연구방향은 동식물과 지구의 진화로 바뀌었다.

다양한 취미, 깊이 파고드는 연구태도 그리고 우아하면서도 아름다운 문장은 뷔퐁의 장점이자 그가 44권이라는 방대한 양의 『박물지Histoire naturelle, générale et particulière』를 완성하게 된 밑받침이었다. 이 책에는 지구, 조류, 광물, 난생동물 등에 대한 그의 해박한 지식과 함께 무척추동물 외에 식물계와 동물계의 모든 자연사를 담고 있었다. 백과사전 형식의 『박물지』는 후대 연구자들에게 풍부한 자료를 제공해 주었으며 사람의 마음을 움직이는 글솜씨로 생물학 분야에 대한 프랑스 국민들의 흥미를 불러일으켰다.

뷔퐁은 신학을 과학연구 밖으로 배척시켰다. 종합적인 자료를 토대로 그는 『성경』에서 말하는 것처럼 지구의 나이가 불과 몇 천 년의 역사라는 것은 불가능하다고 했다. 그는 지구 나이가 최소한 10만 년 이상일 것이라고 생각했다. 그는 대담하게 인간이 동물의 일원이라고 주장하기도 했다. 종교적 교리를 인용한 것이 아니라 모두가 실질적인 증거를 토대로 한 것이라고 밝혔다. 종교의 속박을 벗어나야 생물학의 발전이 가능

◀ 뷔퐁 눈에 비친 네 발 동물

이것은 뷔퐁이 저술한 『사족수(L'histoire naturelle des quadrupedes ovipares et des serpens)』 중의 삽화로, 남아메리카에 사는 작은 육식 포유동물을 표현한 것이다. 뷔퐁은 자연사를 진정한 과학의 한 분야로 만들었다. 뷔퐁 이전의 자연주의자들은 동물을 분류하기에만 급급했으나 그는 동물의 묘사에 집중했다. 이 책에서 그는 동물들을 자세하게 분석했을 뿐만 아니라 동물들의 습성과 생활방식도 묘사하고 동물생태와 자연환경학적 시각에서 설명했다.

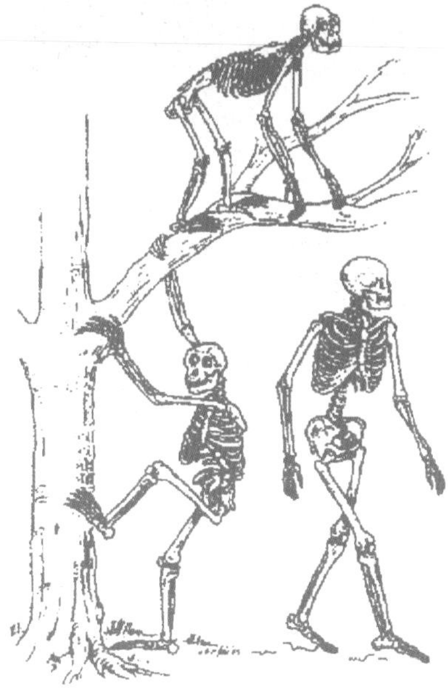

▲ 진화론 주장한 라마르크

진화론에서 라마르크는 종(種)은 변화 가능한 것이며 종의 안정성은 상대적인 의미를 가질 뿐이라고 주장했다. 환경의 변화가 일어난 후 새로운 환경에 적응하기 위해 생물의 어떤 생활습성은 그에 상응하여 변화하며 자주 사용하는 기관은 커지고 잘 사용하지 않는 기관은 점차 퇴화한다. 즉, 새로운 환경에 완전히 적응하는 과정에서 생물은 새로운 종으로 변한다. 따라서 유인원에서 인간으로 변하게 된 것은 바로 나무 위주의 생활에서 땅 위주의 생활변화에 적응하기 위해서였다.

HISTOIRE
NATURELLE.

PREMIER DISCOURS.

De la manière d'étudier & de traiter l'Hiſtoire Naturelle.

L'HISTOIRE Naturelle priſe dans toute ſon étendue, eſt une Hiſtoire immenſe; elle embraſſe tous les objets que nous préſente l'Univers. Cette multitude prodigieuſe de Quadrupèdes, d'Oiſeaux, de Poiſſons, d'Inſectes, de Plantes, de Minéraux, &c. offre à la curioſité de l'eſprit humain un vaſte ſpectacle, dont l'enſemble eſt ſi grand, qu'il paroît & qu'il eſt en effet inépuiſable

A ij

◀ 『자연의 시대』 삽화

뷔퐁은 지구와 지구의 생명방식은 오랜 발전 과정을 거쳐 형성된 것이라고 보았다. "시간은 언제나 대자연의 지배를 받으며 구속되지 않는 힘을 대표하고 있다. 대자연은 바로 이를 이용해 최소 그리고 최고의 임무를 완성한 것이다." 이 관점은 그의 책 『자연의 시대』에 매우 상세하게 설명되어 있으며 그림은 이 책의 머리말 부분이다.

하다.

그의 책으로 인해 뷔퐁은 유럽 주요국가의 과학아카데미 회원으로 받아들여졌으며 프랑스 국왕인 루이 15세는 그에게 '뷔퐁백작'의 작위를 내렸다.

1788년 뷔퐁은 린네가 죽은 지 10주년 되는 해이자 프랑스 대혁명이 일어나기 1년 전 파리에서 숨을 거두었다. 혁명 때, 뷔퐁의 무덤이 파손되었고 그의 아들도 단두대의 이슬로 사라졌지만 과학은 꿋꿋하게 앞으로 나아갔으며 진화론 역시 라마르크에 의해 발견되었다.

라마르크Jean-Baptiste Lamarck는 프랑스의 박물학자이다. 그는 생물학의 선구자 중 한사람으로, 생물학이란 단어는 그가 처음 사용했다. 또한 라마르크는 최초로 생물진화설을 주장한 진화론의 제창자 및 선구자였다. 주요저서로는 『프랑스 식물지Flore française』, 『무척추동물의 체계Système des animaux sans vertèbres, ou table général des classes』, 『동물철학Philosophie zoologique』 등이 있다.

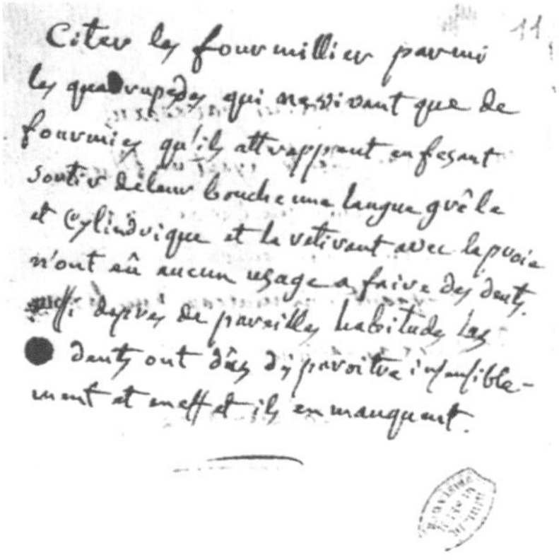
Citer les fourmilliers parmi les quadrupèdes qui ne vivant que de fourmies qu'ils attrapent en fesant sortir de leur bouche une langue grêle et cylindrique et la retirant avec la proie n'ont eû aucun usage a faire des dents. ainsi depuis de pareilles habitudes les dents ont dû disparoître insensiblement et en effet ils en manquent.

▲ **라마르크와 변화설**

라마르크는 동물 몸에 필수기관의 생성이 필요하다고 생각했다. 자주 사용되는 기관은 점차 강해질 것이고 사용하지 않거나 사용빈도가 낮은 기관은 퇴화하거나 없어질 것이다. 그림 속의 라마르크의 친필 원고에서 그는 개미핥기의 이빨을 예를 들어 위의 관점을 증명했다.

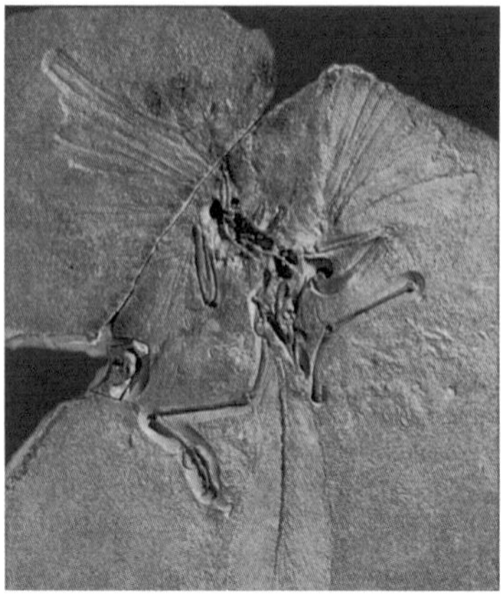

▲ **시조새 화석**

1861년에 발견된 시조새 화석이다. 진화론 학자의 눈에 이 화석은 파충류에서 조류로 넘어가는 희귀한 흔적으로, 형체는 새지만 골격의 특징은 공룡과도 흡사하다. 다윈의 『종의 기원』 제9장에서 이 발견을 거론했는데, 라마르크 역시 이것을 과도기현상의 완벽한 보존으로 보았다.

라마르크는 1768년 루소와 알게 되었다. 루소는 취미가 다양했던 청년인 라마르크를 오로지 생물학 연구에만 몰두하도록 만들었다. 후에 라마르크는 동물학도 연구하였으며, 1793년에는 파리 박물관 무척추동물학 교수로 초빙되었다. 그리고 1801년에는 『무척추동물의 체계』를 완성했는데 이 책에서 그는 무척추동물을 열 개의 강(綱)으로 나누었고 무척추동물학의 창시자가 되었다. 1809년 라마르크는 『동물철학』을 출판했다. 이때 이미 그의 나이 65세였지만 그는 혼신의 힘을 다해 연구와

◀ **라마르크 조각상**

라마르크는 생물진화설을 그의 작품에 명확히 제시한 첫 번째 박물학자였다. 그는 식물학자, 동물학자, 기상학자 그리고 어느 의미상으로는 철학자이기도 했으며 더욱이 '생물학'이란 단어를 만든 창시자였다. 라마르크는 시간적, 환경적 영향으로 생물체에 새로운 요구가 나타나 생활습관이 변하고 자신의 생존능력을 높이게 되자 생리기능도 그에 따라 변화했다고 보았다.

저작에 몰두하여 1817년 마침내 『무척추동물 자연사Histoire naturelle des animaux sans vertèbres』를 완성했다.

『무척추동물의 체계』, 『동물철학』은 과학사에서 중요한 위치를 차지하고 있다. 라마르크는 『동물철학』에서 진화설을 설명하였는데, 여기에는 가변이론, 진화등급설 및 진화의 힘과 구조원리 세 가지를 포함하고 있다. 가변이론에서는 생물은 변화가 가능하고 점차 진화하는데 가장 단순한 생물들이 자연발생을 통해 생성무생명물질에서 직접 생성된 다음 다른 유형의 단순한 생명이 아주 오랜 세월의 진화를 거쳐 점차 여러 복잡한 생명으로 변화된다고 보았다. 진화등급설은 자연계의 생물이 하등생물에서 고등생물로, 단순생물에서 복잡한 생물로 가는 일련의 등급을 가리킨다. 생물이 하나의 등급에서 더욱 높은 등급으로 끊임없이 천천히 변화발전하는 것이다. 즉, 진화는 단순하고 불완전한 낮은 등급에서 비교적 복잡하고 완전한 높은 등급으로 변화하는 진보된 과정인 것이다. 생물진화는 갈래도 없고종의 번식 없음 생물의 멸종도 없다. 진화의 힘과 구조원리에 대해 라마르크는 생물은 구조를 끊임없이 복잡하게 하고 성(性)을 완전하게 하는 선천적인 경향과 환경변화에 대한 반응능력생물 자체의 '필요'로 변이을 가지고 있다고 보았다. 그래서 그는 '용불용설'과 '획득성 유전생물이 후천적

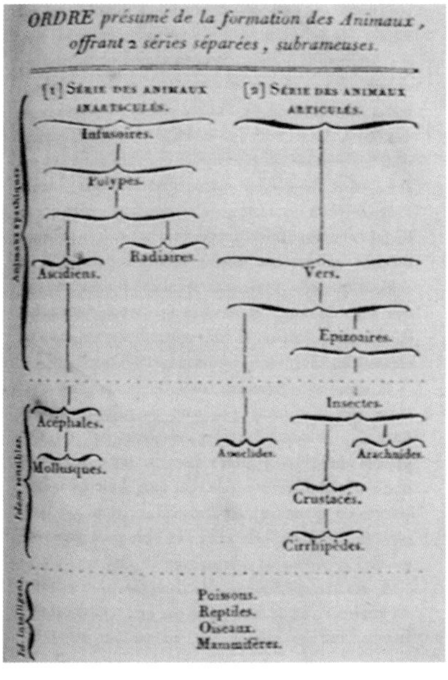

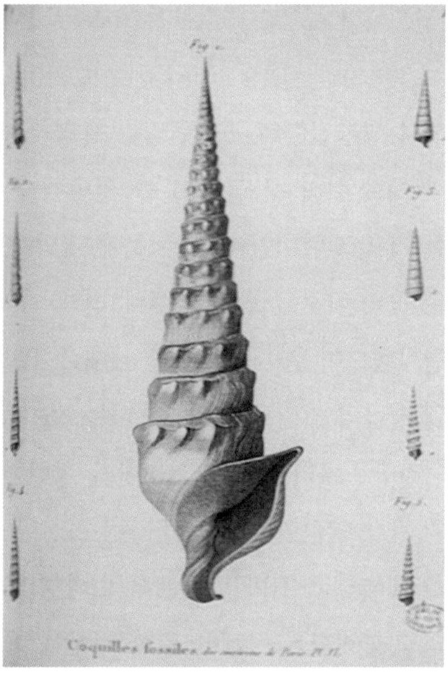

◀ **라마르크의 발견**
왼쪽 그림은 라마르크가 1815년 출판한 『무척추동물지』에 나오는 동물분류도이다. 1820년 그는 또한 『인류실제 지식의 분석체계』에서 이 그림을 수정 보완했으며, 후에 이 나무형 구조는 대부분의 진화론자들이 사용하게 되었다. 오른쪽의 그림은 복족류 화석으로 라마르크가 만각류와 갑각류 동물을 발견한 지 30년 후 다윈도 이를 증명했다.

▲ **진화론의 새로운 견해**

1860년대부터 『성경』 학자들은 사람들에게 「창세기」에서의 서술을 진짜 역사가 아닌 종교 신화로만 보도록 했다. 그들은 하느님이 6일 내에 세상과 모든 생명을 창조할 수 없으며, 생명의 탄생에 또 다른 가능성이 있어야 한다는 것을 깨닫기 시작했다. 그러나 진화론의 출현은 인류 기원에 대한 전통적인 신앙과 종의 불변설을 완전히 무너뜨렸다. 진화론은 인류를 동물과 똑같이 대했으며 생물의 출현과 진화에서 하느님의 힘을 제외시켰다. 그림은 진화론이라는 생물관에 대해 생동적으로 묘사한 것이다.

으로 얻은 진보적인 형질이 후대에게 유전될 수 있음'이라는 기존에 있던 두 개의 관점을 합해서 생물진화의 구조원리를 설명하는 데 사용했다. 라마르크는 기린을 진화의 예로 삼아 '용불용설'을 설명했다. 원래 기린은 목이 길지 않았는데 건조한 기후로 말미암아 낮은 곳에서 먹을 것을 찾지 못하게 되자 기린의 목이 높은 곳의 나뭇잎을 먹기 위해 뻗게 되었고 세월이 흘러감에 따라 기린의 목이 변화됐으며 한 세대 또 한 세대로 유전되면서 기린의 목이 점점 길어져 마침내 지금의 기린으로 진화됐다는 것이었다.

라마르크의 학설은 진화론을 향한 중대한 첫 발걸음이었다. 그는 자연발생의 가장 단순한 생물에서 가장 복잡한 생물인간을 포함로 발전되었다는 진화사상을 내놓았고 진화 과정에서의 환경과 생물습성의 작용을 인식하였으며 다윈의 과학진화론 탄생을 위한 기반을 마련했다. 라마르크의 『동물철학』과 다윈의 『종의 기원』은 현대 진화론의 양대 원천으로 불린다.

라마르크의 진화론은 프랑스 진화사상에 있어 최고의 절정을 이루었지만 그의 사상은 사람들에게 널리 받아들여지지 못했고, 심지어는 욕설과 공격을 받기도 했다. 거기에는 라마르크가 자신의 학설을 충분히 증명하지 못했다는 이유 외에도 조르주 퀴비에의 강력한 반대에 부딪쳤기 때문이었다.

조르주 퀴비에Georges Cuvier는 프랑스의 동물학자로, 격변설의 대표인물이다. 퀴비에는 프랑스 대혁명, 집정, 제정, 왕정시기를 거치면서 과학자, 사회활동가, 정치가 등 여러 신분을 동시에 겸하며 살았다. 퀴비에는 여러 번 프랑스 정부 관료직을 맡았으며 과학적으로 놀랄 만한 성과를 이루었다. 그가 남긴 유산은 경전이라고 할 수 있는 비교해부학, 고생물학, 동물분류학 및 과학조직 각 분야의 책들이었다. 퀴비에가 지은 수많은 책들과 방대한 수집 자료는 보기 드문 것이었으며 그 영향은 세계에 미쳤다. 당시 사람들은 그를 '제2의 아리스토텔레스'라고 불렀다.

18세기 말에서 19세기 초, 각 시대 지층에서 여러 형태의 화석이 대량 발견되었는데 화석은 현대 생물과 비슷한 듯하면서도 달라서 지구상에 생존했으나 현재는 존재하지 않은 수많은 종(種)이 있었다는 것을 분명히 알 수 있었다.

▼ 〈인간의 낙원〉

『구약성경』의 「창세기」에 의하면 하느님이 6일하고도 마지막 하루, 자신의 모습을 본따 인간을 창조하고 동물도 창조했다. 그리고 하느님은 인간을 에덴동산에 머물게 하여 그곳을 관리하고 지키게 했다. 하지만 이러한 관점은 19세기의 동식물학자들이 보기에 현실과 완전히 어긋나는 것이었다.

그러나 『성경』으로는 이들 종의 멸종을 설명할 수 없었기 때문에 성경에 위배되지 않으면서도 고생물학적 발견을 설명하기 위해 격변론(激變論)이 나타났다. 격변론의 관점에 따르면, 지구상의 대부분의 변화는 갑작스럽고 빠르게 그리고 재난적인 성격을 띠며 발생했다는 것이었다. 퀴비에는 지질변화의 모든 과정에서 지구상의 바닷물이 말라 육지로 되고, 또 육지가 산이 되거나 반대로 육지가 가라앉아 바다가 되거나 혹은 화산 폭발, 홍수범람, 갑작스런 기후변화 등과 같이 불쑥 찾아온 재난적인 성격의 변화가 자주 발생했다고 생각했다. 홍수가 범람했을 때 수많은 생물들이 심각한 재해를 입었고 매번 심각한 재난적인 성격의 변화를 거치면서 거의 모든 생물이 멸종됐으며, 이렇게 멸종된 생물이 지층에 쌓여 화석으로 변해 보존되었다. 이때, 창조주는 또 다시 새로운 종을 창조해 냈고 지구는 다시 활력을 얻었지만 새로운 종과 멸종된 종에는 차이가 있었다. 이처럼 순환과 회복이 되풀이되면서 각 지층이 구성됐다는 것이었다.

비록 격변설이 프랑스 학계에서 지배적인 위치에 있었지만 퀴비에의 이론

▼ 19세기의 과학사상

다윈 이전에 과학계에서는 이미 화석이 생물체의 흔적이라는 것을 알고 있었다. 게다가 예전의 종(種)이 현재는 존재하지 않고 멸종됐다는 것은 생물계의 구성이 변화했다는 것을 말해주고 있었다. 화석의 기록에서 수많은 종이 지리적 시간에 따라 점차 변화가 일어났다는 것을 나타내고 있으며 어떤 때는 두 개의 군집 사이에서 과도기적 형태에 있는 화석을 발견할 수 있었다. 화석 기록에서 각각의 주요 생물군집이 동시에 출현한 것이 아니라 순서가 있었으며, 게다가 이러한 순서는 기존 생물의 순서와도 맞아떨어졌다. 그림은 19세기 사람들이 지하에 매장돼 있던 거대생물인 공룡화석을 발견한 것을 나타내는데 공룡화석은 진화론과 생물기원설에 믿을 만한 근거를 제공해 주었다.

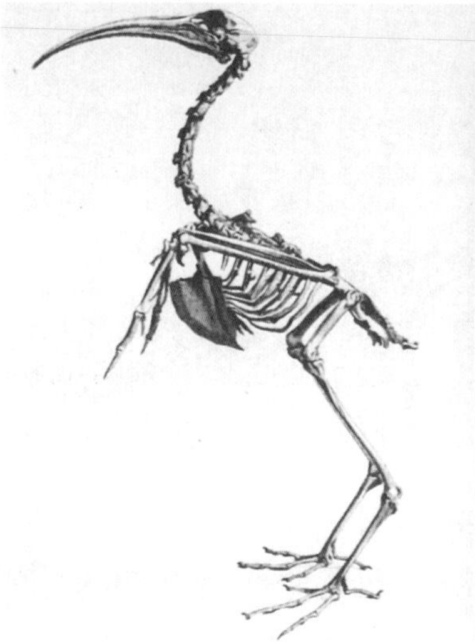

◀ **조르주 퀴비에**
프랑스 동물학자 조르주 퀴비에는 비교해부학과 고생물학의 창시자이다. 그는 '기관의 상호관련법칙'을 주장했는데 동물의 신체는 통일된 완성체로, 신체 각 부분의 구조가 그에 따른 관련성이 있다고 생각했다. 예를 들어 소, 양 등의 반추동물은 거친 식물섬유를 잘게 부수는 이빨이 있기 때문에 그에 맞게 씹는 근육, 위아래 턱뼈와 관절, 소화기관이 있으며 방어와 도망을 편리하게 하기 위해 그에 맞는 뿔과 사지를 갖추고 있는 것이다. 이러한 상호관련법칙의 응용은 당시 동물학연구를 크게 발전시켜 하나의 완전한 독립적인 연구체계로 만들었다.

▲ **따오기의 골격**
17세기 말부터 자연과학자들은 화석이 죽은 식물과 동물을 나타내며, 그중 일부는 기존의 동식물과 매우 비슷하다는 것을 알게 되었다. 화석 문제를 종의 다양성 논쟁으로 끌어들인 사람이 바로 프랑스의 동물학자 퀴비에였다. 그는 동물화석과 골격을 연구하면서 물질 자체는 완벽한 방향으로 발전하며 주변의 환경에 적응하기 위해 노력한다는 것을 이해하게 되었다. 퀴비에가 화석을 수집한 최초의 사람은 아니었지만 나무늘보와 맘모스와 같은 화석을 완벽하게 복원한 최초의 사람이었다. 그림 속의 따오기 골격은 바로 퀴비에가 수집하고 조립하여 완성한 것이다.

은 생물학자, 특히 진화설을 주장한 라마르크와 생틸레르의 비판을 받게 되었다. 1830년 생틸레르와 퀴비에가 함께 프랑스 과학아카데미 회의에서 격렬한 논쟁을 벌였는데 양측의 변론은 6주 동안이나 계속되었다. 이처럼 격렬하면서도 긴 변론은 과학 역사에서 거의 찾아볼 수가 없었다. 이들의 변론은 프랑스 및 유럽 사람들의 관심까지 불러일으켰다. 이 논쟁은 퀴비에에 대한 종교계의 지지와 생틸레르의 부족한 이론으로 인해 결국 퀴비에의 승리로 돌아갔다. 변론에서 퀴비에는 자신의 학술적 관점을 철저하고 자세하게 밝히고 라마르크와 생틸레르의 이론을 강력히 반대하면서 격변론을 고집스럽게 밀고 나갔기 때문에 '생물학의 독재자'라고 불리게 되었다.

그 밖에도 격변론이 지질학 이론에서 어느 정도 위치를 차지할 수 있었던 것은 지질의 변천을 설명하는 데도 이용되었기 때문이었다. 하지만 격변론이 생물계에서 승리를 거두었을 때 영국의 지질학자인 라이엘Charles Lyell은 라마르크의 생물진화론의 영향을 받아 '점변론(漸變論)'을 주장했다. 라이엘은 지

▲ **진화론을 반대하는 목소리**
19세기 다윈이 진화론을 제기한 이후, 줄곧 진화론을 반대하는 사람들이 나타났다. 윌리엄 톰슨과 줄은 서로 협력하여 기체냉각을 연구한 열역학이론의 대표적 인물들이었다. 그들은 열역학의 연구 성과를 통해 라이엘과 다윈의 관점을 반박했으며 진화가 일어나기에는 지구의 나이가 적다고 생각했다. 그림은 온도연구 과정에서 톰슨과 줄이 만든 지층구조와 온도분석도이다.

표는 변화하며 점차 깎여 진흙과 모래, 돌을 형성하는데 이것들이 물에 의해 바다로 들어가 층층이 쌓이게 됐다고 보았다. 1830년, 라이엘은 『지질학 원리』에서 지질의 점변론적 사상을 내놓았다. 그는 지층의 형성과 변이는 끊임없이 나타나며 지구표면의 모든 변화는 천천히, 점진적으로 생긴다고 보았다. 그리고 자연계 자체의 원인으로서 지구표층의 운동변화를 설명했다. 이러한 관점은 지질학 분야에서 지질이 영원불변하다는 생각을 깨뜨렸으며 지질학을 처음으로 객관적으로 설명한 것이었다. 점변론은 사람들의 큰 호응을 받아 지질학과 생물학 분야에서 지배적인 위치를 차지하는 사상이 되었다. 하지만 19세기 말, 찰스 로버트 다윈Charles Robert Darwin의 진화설이 확립되자 격변론은 점차 과학영역에서 물러나게 되었다.

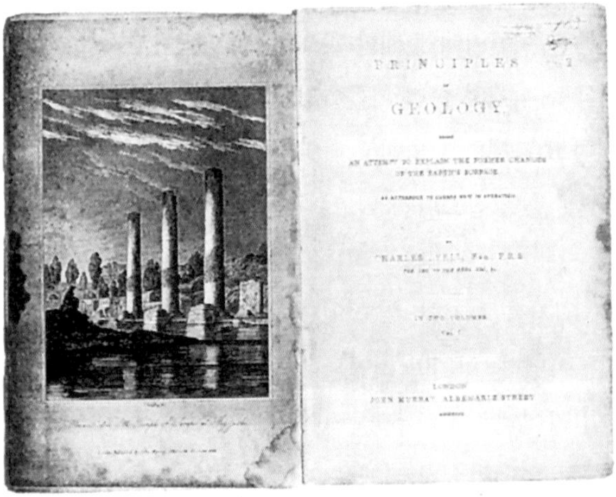

◀ **『지질학 원리』**
찰스 라이엘의 『지질학 원리』는 1832년에 출판되었으며 다윈은 몬테비데오에 체류할 때 이 책을 접하게 되었다. 다윈은 이 책을 본 후 지질학 발전의 공을 라이엘에게 돌리며 어느 지질학자보다도 위대하다고 칭찬을 아끼지 않았다. 이 책으로 말미암아 다윈은 라이엘의 사상적 관점이 그가 알고 있는 다른 어떤 것보다도 훨씬 뛰어나다고 믿게 되었다. 이 그림은 『지질학 원리』의 표지와 속표지이다.

지각퇴적층표

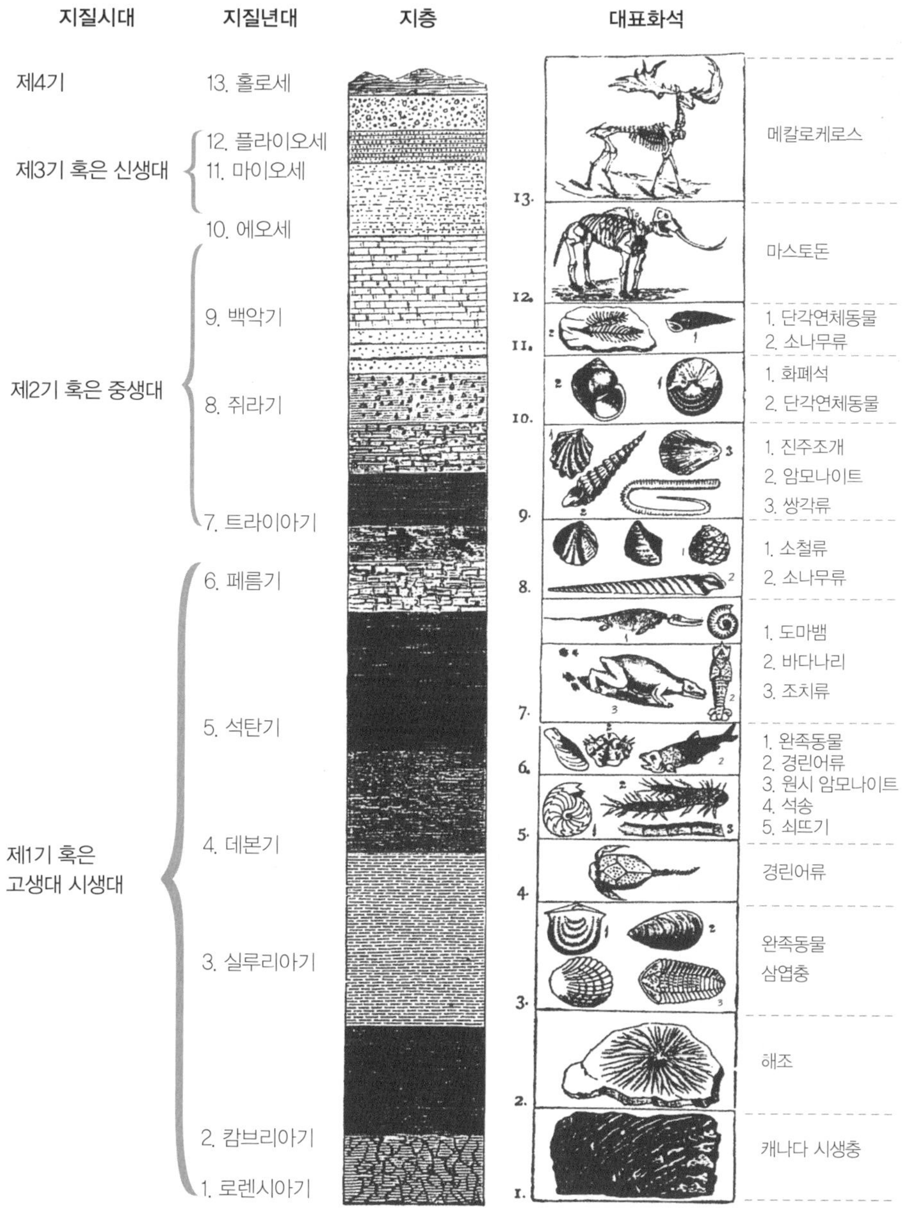

▲ **암석층의 각종 화석**

영국에서 퀴비에와 같은 시기에 살았던 윌리엄 스미스가 자신의 저서 『조직화된 화석으로 밝혀낸 지층』에서 층서학적 원리에 대해 정확하게 설명을 했다. 그는 어느 한 유형의 화석이 항상 일정한 암석층에 나타나기 때문에 화석의 종류와 지층은 같은 시대라고 분석했다. 이 관점은 후에 '매장 순서'로 불리며, 고생물학의 기본원칙 중 하나가 되었다. 그림은 이 책의 삽화 중 하나로 다른 지층과 생물화석 사이의 관계를 소개하고 있다.

▲ 알프레드 러셀 월리스

다윈과 마찬가지로 월리스 역시 생물의 지리적 분포특징을 관찰했으며 생물진화의 문제를 생각했다. 그런데 월리스는 가난한 집안 출신에다 기독교에 반대하는 입장이라 다윈처럼 상류층 인사들의 관심을 받을 수 없었다. 그래서 월리스는 자연선택을 입증하는 논문을 써서 다윈의 의견을 구한 것이었다. 결국, 다윈은 자신의 원고를 한 편의 논문으로 압축시켜 1859년 린네학회 학회지에 월리스의 논문과 동시에 발표하지만, 이 두 편의 논문은 큰 호응을 일으키지 못했다. 이후에 다윈이 『종의 기원』을 발표하자 비로소 월리스의 논문은 과학계 전반에 큰 반향을 불러일으켰다.

생물진화론의 창시자 다윈

거의 한 세기 동안 분분했던 진화사상이 결국 다윈의 손에서 거대하고도 설득력 있는 체계로 만들어지면서 생물진화론이 본격적으로 확립되었다.

생물진화론의 창립자인 찰스 다윈은 영국의 의사 집안에서 태어나 16세 때 에든버러 대학에 진학하여 의학을 공부했다. 하지만 그는 의학과 해부학에 흥미를 느끼지 못했고, 얼마 후 케임브리지 대학에 들어가 신학을 공부하였다. 케임브리지 대학에서 당시 저명한 식물학자인 헨슬로John Henslow와 지질학자인 세지윅Adam Sedgwick을 알게 되어 식물학과 지질학연구에 관한 과학수업을 받았다. 1831년 여름, 헨슬로의 추천으로 다윈은 아무런 보수도 받지 못하는 박물학자 신분으로 영국 해군 탐사선 비글호에 동승하여 지구조사에 참여하게

▼ 비글호의 설계도

다윈이 비글호에 발을 들여놓았을 때만 해도 그는 『성경』을 논하는 정통 기독교도였고, 선원들은 그의 독실함을 곧잘 놀림거리로 삼았다. 하지만 그가 영국으로 돌아왔을 때, 그는 『구약성경』이 단지 틀림없는 '가상세계사' 일 뿐, 힌두교의 성서보다도 타당성이 없다고 보았다. 그는 기독교 신앙을 완전히 버리고 점점 하느님의 존재를 믿지 않는 회의론자 혹은 이성주의자가 되었다. 1837년, 비글호 항해가 끝난 1년 뒤에 다윈은 남몰래 진화론을 연구하기 시작했다. 그림은 다윈이 탔던 비글호 선체의 구조도이다.

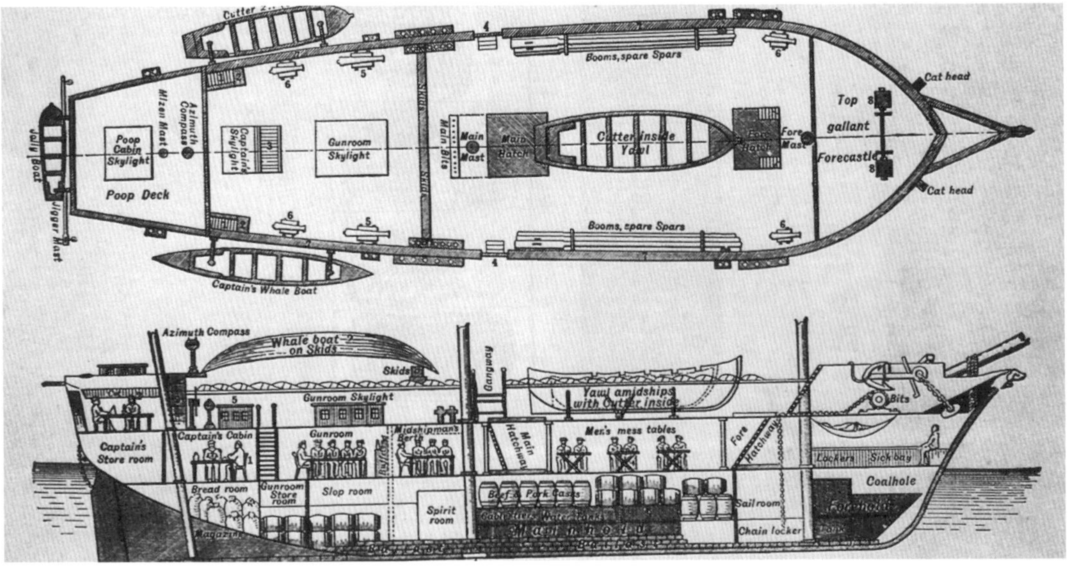

되었는데, 서양 과학사상 가장 가치 있는 항해라고 할 수 있었다.

1831년 다윈은 비글호를 타고 바다로 나갔다. 그 후 5년 동안 비글호는 천천히 남아메리카 해안을 돌면서 사람의 흔적이라고는 찾아볼 수 없는 갈라파고스 제도콜론 제도 외에도 태평양, 인도양, 남대서양의 섬들을 방문했다. 긴 항해 중 다윈은 자연이 남긴 기이한 흔적들을 수없이 보았고 대량의 화석을 발견했으며 셀 수 없이 많은 식물과 동물을 관찰할 수 있었다. 또한 그는 관찰한 모든 것을 자세하게 일기로 남겼다. 그의 일기는 그가 후에 작업을 하는 데 밑바탕이 됐을 뿐만 아니라 많은 중요한 결론을 도출해 내고 자신의 학설이 널리 받아들여지는 데 필요한 증거가 되었다.

1836년 고향으로 돌아온 다윈은 20여 년 동안 여러 논문들을 발표하면서 영국 주요 생물학자 중의 한 사람으로서 명성을 쌓게 되었다. 다윈은 일찍이 1837년에 동식물의 종류가 불변하는 것이 아니라 지질사의 과정에서 진화한다고 확신했다. 그러나 당시 그는 진화의 원인이 무엇인지 알지 못했다. 1838년 맬서스의 『인구론』은 그가 생존경쟁을 통해 자연선택을 한다는 생각을 가지는 데 중요한 깨우침을 주었다. 자연선택론을 체계적으로 설명한 후 다윈은 다시 한 번 오랜 시간 동안 그의 가설을 위해 열심히 증거를 수집하고 증명하려고 애썼다.

1842년에 학설의 개요를 쓴 다윈은 1858년 7월, 마침 논문을 수정 · 보충하고 있던 차에 알프레드 러셀 월리스Alfred Russel Wallace에게서 진화론에 대해 약술한 친필원고를 받았다. 그런데 그 원고의 요섬이 다윈의 생각과 완전히 일맥상통하는 것이었다. 월리스는 혼자 힘으로 자신의 학설을 내놓은 것이었고, 원고를 다윈에게 보낸 것은 발표하기 전에 명망 있는 과학자의 의견을 들어보고 평가를 구하기 위해서였다. 그리하여 월리스의 논문과 다윈의 개요는

▲ **적자생존설**
1830년대 다윈이 갈라파고스 제도를 조사할 때 열세 종류의 갈라파고스핀치를 관찰했다. 그런데 갈라파고스핀치 종마다 서식지가 달랐고 부리 모양과 크기도 서로 달랐다. 새들의 주된 먹이가 달랐기 때문에 부리 모양이 각기 달랐던 것이었다. 1838년 맬서스의 『인구론』에서 깨우침을 얻은 다윈은 갈라파고스핀치를 생각하게 되었다. 그는 섬에 모여 거주하는 첫 번째 무리의 핀치들이 일찍이 대량으로 번식했으나 먹이가 충분치 않아 많은 새들이 굶어죽었을 것이며, 또 다른 새들의 부리 모양이 변한 것은 자연진화 가운데 곤충 등을 잡아먹는 데 적응하기 위한 것이었지만 이 새들이 또 대량으로 번식하게 되자 먹이가 부족했을 것이라고 가정했다. 결국 계속되는 변이와 도태로 갈라파고스 제도에 여러 종류의 새가 나타나게 됐다는 것이다. 이것이 바로 적자생존설이다.

▶ **대자연의 욕망**
자연선택은 자연계의 원리로, 변화에 잘 적응하고 강한 동식물만이 생존해 나간다. 다윈은 세계를 돌아다닌 후 이러한 진리를 발견했다. 자연선택은 바로 모든 대자연의 조화와 공존을 위해서였다. 그림은 인간, 동식물이 조화롭게 공존하는 장면을 그린 것이다.

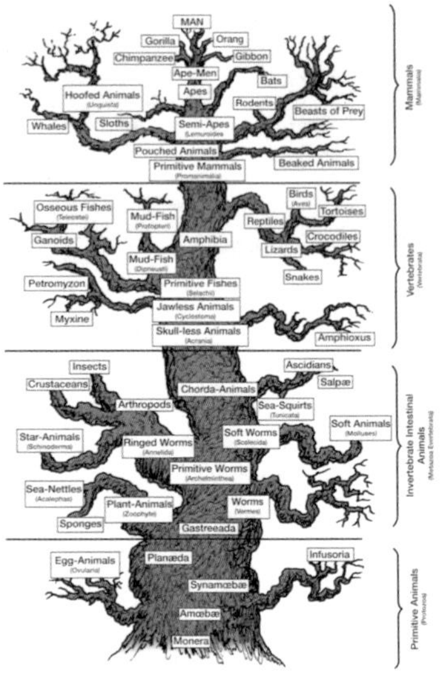

▲ **인류학의 계보나무**
1859년 다윈의 『종의 기원』이 출판된 후, 어마어마한 영향력을 발휘하여 무려 55개의 언어로 번역되어 출간되었다. 그리고 전 세계에 완전히 새로운 생명과학관념을 불어넣었다. 독일에서는 헤켈이 막 걸음을 뗀 다윈주의를 정치와 사회 분야에 응용하여 독일 사회 다윈주의의 탄생을 이끌었다. 그림은 헤켈의 인류학 계보나무(『인류의 발생』)이다.

◀ **자연선택**
이것은 자연선택 현상을 나타낸 작품이다. 이 그림은 사람들에게 땅이 가물어 나무 꼭대기의 잎만 남았을 때 변이가 일어날 수 있음을 연상케 한다. 기린의 변이가 바로 그러한 경우이다. 오랜 세월을 거쳐 적응을 하기 위해 진화가 일어난다.

그 다음달 공동논문으로 과학단체에 넘겨졌다.

그러나 예상과는 달리 이 논문은 그리 큰 주목을 받지 못했다. 하지만 그 이듬해 다윈이 발표한 『종의 기원』은 큰 반향을 일으켰다. 사실 『자연선택에 기초한 종의 기원』약칭 『종의 기원』처럼 과학계 안팎으로 폭넓으면서도 치열한 논쟁을 일으킨 과학논문은 없을 것이다. 1871년에도 여전히 논쟁이 격렬히 진행되는 가운데 다윈은 『인간의 유래와 성 선택』을 발표했다. 이 책은 인류가 유인원과 같은 동물에서 진화되었다고 주장함으로써 치열한 논쟁에 더욱 부채질을 가했다.

건강상의 이유도 있었지만, 진화론 지지자 중 다윈의 학설에 있어 힘 있는 변론자이자 옹호자인 토머스 헉슬리Thomas Henry Huxley가 있었던 까닭에 다윈은 그의 학설과 관련된 공개 변론에 참석하지 않았다. 1882년 다윈이 휴식을 취하고 있을 때 수많은 과학자들이 그의 학설이 기본적으로 정확하다는 것을 인정했다.

◀ **〈다윈 교수〉**
다윈의 진화론이 발표된 후 당시 학계에서는 큰 소동이 일어났다. 반대파인 옥스퍼드 주교가 자신의 선조가 유인원이기를 원하는 사람은 없다고 주장하자, 지지파인 헉슬리는 그의 말을 비꼬며 부끄러운 것은 유인원과 같은 선조가 있다는 것이 아니라 당신과 같이 오만한 태도로 자신의 선조를 대하는 것이라고 응수했다. 그림은 이 변론을 반영하는 삽화로, 다윈이 유인원으로 변해버렸다.

다윈은 종의 진화설의 창시자는 아니었지만, 그의 업적은 자연선택이라는 진화가능성을 주장했을 뿐만 아니라 그 가설을 지지하는 사람들에게 믿음을 줄 수 있는 충분한 증거를 제시했다는 데 있다.

인류 사상에 끼친 다윈의 영향은 지대했다. 순수과학에서 보면 다윈은 모든 생물학에 혁명을 일으킨 것이었다. 자연선택은 분명 매우 광범위한 이론이었으며 사람들은 자연선택을 인류학, 사회학, 정치학, 경제학과 같은 다른 분야에까지 응용하려고 시도했다.

▲『종의 기원』
1842년에 초고를 쓰기 시작하여 20여 년의 연구를 통해 완성된 과학 대작 『종의 기원』은 1859년 11월에 드디어 출판되었다. 이 책에서 그는 진화론의 사상을 적극 주장하였고, 종(種)은 끊임없이 변화하며 낮은 등급에서 높은 등급으로, 단순한 진화 과정에서 복잡한 진화 과정으로 나아간다고 설명했다. 다윈은 생물학을 처음으로 과학영역으로 끌어들였으며 완전히 새로운 진화사상으로 창조론과 만물불변설을 뒤엎었다. 그림은 『종의 기원』의 인쇄판이다.

다윈 학설이 과학적 혹은 사회학적인 의미보다 더욱 중요한 것은 아마도 종교사상에 대한 그의 학설이 가진 영향일 것이다. 다윈이 생존했던 시대 그리고 그로부터 오랜 시간 동안 많은 독실한 기독교도들은 다윈의 학설이 종교 신앙을 차츰 무너뜨리게 될 것이라고 생각했다. 비록 다른 여러 요인들이 종교에 대한 열정을 식히는 데 어느 정도 역할을 하긴 했지만 그들의 이런 걱정이 전혀 일리가 없는 것은 아니었다.

심지어 비종교적 관점에서 봤을 때, 다윈의 학설은 세계를 인식하는 사람들

▼ 인류진화도
인류가 직립보행을 시작한 이후 생활은 빠르게 나아졌다. 두 손이 자유로워진 것은 인류발전사의 중대한 비약이었다. 이로써 인류는 도구를 만들고 추위를 덜어줄 옷을 제작할 수 있게 되었으며 지적 능력도 노동력에 따라 향상되었다. 인류의 지혜가 있었기 때문에 결국 오늘날의 문명이 있게 된 것이다.

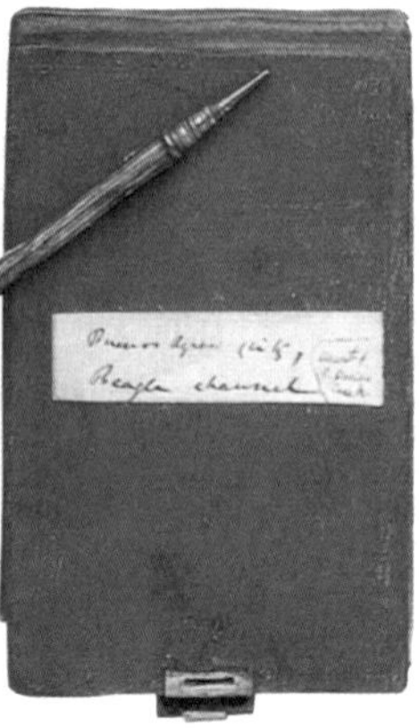

▶ **비글호의 『항해일기』**
다윈이 탑승한 비글호는 길이 30m, 넓이 8m, 세 개의 돛이 달린 해군 탐사선으로 열 개의 포문이 있으며 74명을 태울 수 있었다. 다윈은 이 항해에서 발생한 모든 사건과 관찰한 내용을 일일이 공책에 기록했는데 이것이 그 유명한 『항해일기』로 나중에 귀중한 자료가 된다.

의 방법에도 큰 변화를 일으켰다. 완전체인 인류는 더 이상 예전에 생각했던 것처럼 자연체계의 중심 위치에 있는 것이 아니며 우리들은 지금 어쩔 수 없이 자신을 수많은 종(種)들 중의 하나라고 보고 있지만 언젠가 무언가가 자신을 대신할 수도 있다는 것을 인정하게 될 것이다.

인류 기원의 전체적 해석에 관해 진화론이 얻은 성공으로 사람들이 과학에 관한 모든 물질적 문제에 대답할 수 있다는 신념을 크게 향상시켰다.

다윈이 없었어도 누군가가 그의 학설을 제기했을 것이다. 사실 윌리스의 경우만 하더라도 그와 비슷한 상황이 일어날 수 있을 것이라는 것을 잘 설명해 준다. 하지만 다윈의 논문은 생물학과 인류학에 혁명을 일으켰고 인류가 세계 중심적인 위치에 있다는 우리들의 생각은 이로 인해 바뀌게 되었다.

▲ **다양한 생물계**
진화론에서는 세상의 모든 생물은 같은 조상에 의해 진화되었는데 자연환경의 변화와 적자생존법칙에 따라 오늘날 각양각색의 생물계가 형성되었다고 밝히고 있다. 산속 얼룩말의 무늬와 아프리카 얼룩말의 무늬는 다르다. 다윈은 이것이 유전현상에 속한다고 생각했다. 서로 다른 품종을 선택하고 엄격히 감독하여 기른 쇼트혼으로 종의 개선과 진화는 가능하며 지속적이라는 것을 증명했던 이러한 예들이 자연조건과 객관적인 외부조건의 작용으로 생물계가 더욱 다양해질 것임을 설명하고 있다.

▲ **생물의 진화**
통상적으로 생물계의 진화이론을 가리켜 진화론이라 하며, 예전에는 '천연론(天演論)'으로도 불렸다. 진화론이란 말은 프랑스의 박물학자인 라마르크가 처음 제기했으며, 영국의 박물학자 다윈의 『종의 기원』은 진화론의 과학적 기초를 다졌다. 다윈은 생물진화의 주요역량은 자연선택이라고 보았다. 생명의 기원, 종(種)의 분화와 형성 등 진화이론연구에 있어 현대 생물과학 분야는 크게 발전했다. 현대 생물과학에서는 생물은 최초에 무생물에서 진화되어 나오며, 지금 생존하고 있는 여러 생물은 하나의 조상을 가지는데 진화하는 과정에서 변이, 유전, 자연선택에 의해 하등생물에서 고등생물로, 단순생물에서 복잡한 생물로 바뀌고 종류도 많아지게 되었다고 보았다.

세포에서 진화의 메커니즘을 밝히다 : 신다윈주의

1866년 오스트리아의 생물학자 멘델Gregor Johann Mendel은 세포 유전의 분리법칙과 독립법칙을 내놓아 세포 차원에서 생물의 진화를 밝혔다. 신다윈주의는 바로 이러한 상황에서 형성된 것이다.

종질론(種質論) 혹은 생식질의 연속성 방법은 독일 생물학자인 바이스만August Weismann이 1885년에 발표한 논문에서 가장 먼저 주장했다. 그는 생물세포는 체세포와 생식세포로 나뉘며 생식질은 연속성을 가지는데 생물은 바로 이 생식질의 연속성으로 후대로 이어 내려온다고 보았다. 그는 자유선택의 메커니즘은 생물개체, 기관과 생식질 사이에 모두 존재하지만 생물진화로 말하자면, 생식질 사이의 선택만이 가장 주된 것이며 생식질 변이에 대한 선택은 생물진화의 중요한 요소라고 생각했다.

돌연변이설은 네덜란드의 식물학자 드 브리스Hugo de Vries가 1901년에 주장했다. 드 브리스는 식물의 변이에 대한 장기적인 관찰을 통해 새로운 생물종은 갑작스런 변이를 통해 형성된 것이라고 생각했다. 이러한 변이는 바로 돌

▲ 멘델
멘델은 일찍이 수만 종 식물의 번식결과를 연구했다. 그는 완두콩을 선택해 연구했는데 완두콩의 줄기, 꽃, 콩꼬투리, 씨, 떡잎을 관찰대상으로 삼았다. 1865년 봄, 자연역사 학회 강연 중 멘델은 식물 번식 통제에 관한 8년간의 연구결과를 보고했다. 이 강연과 그 이후 그의 글은 당시에는 관심을 받지 못했지만 30년 후 사람들은 그의 책에 대한 가치를 새롭게 조명하여 멘델이 현대 유전학에 대한 기반을 다졌다고 보았다.

멘델의 완두콩

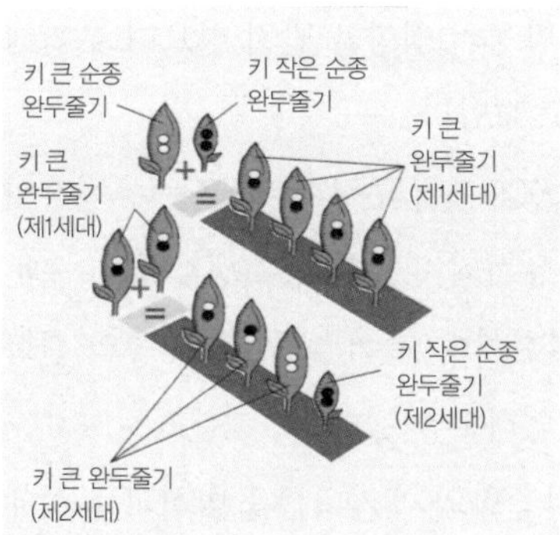

순종의 완두를 교배하자 모든 교배종 줄기가 키 큰 성질을 나타냈지만 이것을 다시 교배하자 후대 가운데 4분의 1이 두 개의 열성유전자를 가져 키 작은 줄기가 되었다.

유전

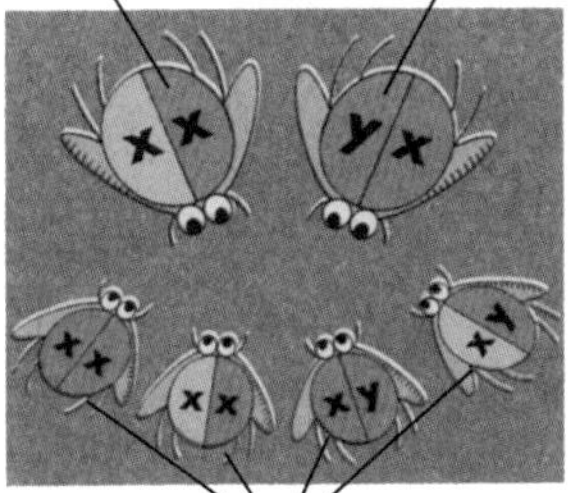

◀ 멘델의 완두콩 실험 (왼쪽)
멘델은 실험 중에 순종 완두콩을 교배했는데 교배한 모든 식물은 우성형질을 나타냈다. 하지만 교배종을 다시 교배한 후, 후대 가운데 4분의 1이 두 개의 열성유전자를 가져 키 작은 줄기로 변했다. 이로써 아들 세대의 유전형질은 부모 세대로부터 오며 아들 세대는 자신의 유전형질을 자신의 세대에 혼합시키는 것이 아니라 다음 세대에게 전해준다는 멘델의 유전개념이 증명되었다.

◀ 유전 역할에서의 성별 유전 (오른쪽)
성별 유전은 유전 역할의 간단한 예증이다. 암컷 체내에는 두 개의 X염색체가 있고, 수컷에는 한 개의 X염색체와 한 개의 Y염색체가 있다. 부모 세대마다 자신의 염색체를 후대에 전할 때 후대는 XX 아니면 XY염색체를 받게 된다. 즉, 후대의 성별은 수컷 아니면 암컷인 것이다.

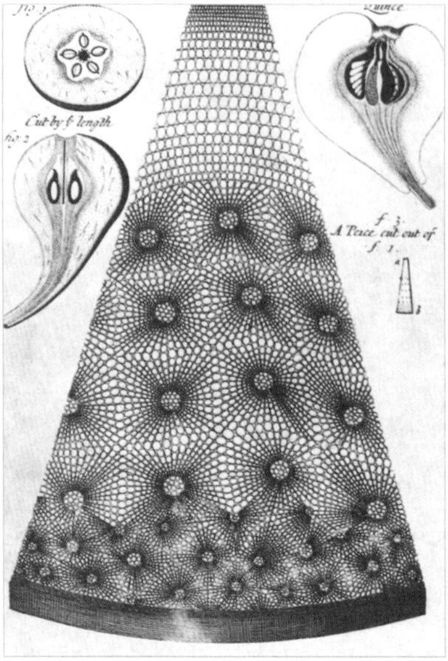

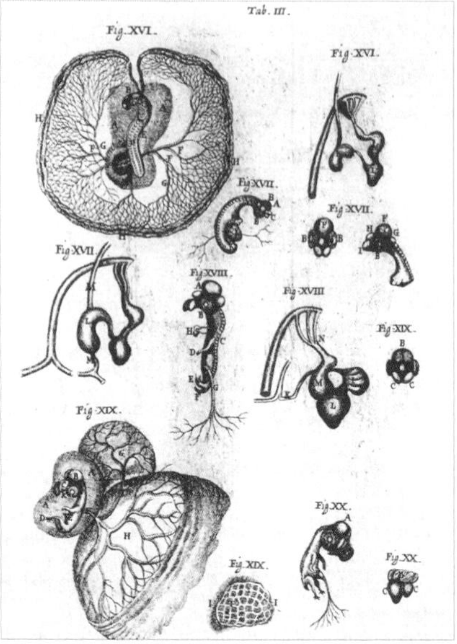

▶ 19세기의 세포학

1839년, 독일의 동물학자 슈반이 『동식물의 구조와 성장일치에 관한 현미경적 연구』라는 책을 출간하여 세포설을 체계적으로 설명했다. 같은 시기에 살았던 또 다른 생물학자가 이미 1년 전 식물의 세포설을 제기했었지만 슈반은 이 관점을 동물에까지 확대하여 확실하게 설명했다. 슈반은 모든 생물은 세포 혹은 세포산물로 구성되며 모든 세포의 생명활동은 모든 생물의 생명활동에 속한다고 단언했다. 세포설이 제기된 지 얼마 되지 않았지만 그의 주장은 사람들에게 널리 받아들여졌다. 그림은 슈반이 1840년대에 그린 세포 그림이다.

연적 변이로 환경의 영향과는 상관이 없었다. 각 종(種)마다 상대적으로 휴지기와 돌연변이기가 있었으며 돌연변이기에 새로운 종을 형성했다. 또한 환경 변화가 생물진화와 종의 형성에 주는 역할이 매우 미미하기 때문에 종의 형성에 대한 자연선택의 역할도 보잘것없었다.

▶ 변이된 초파리

정상적인 초파리는 태아발육 단계일 때 한 부분은 분화되어 머리가 되고 다른 부분은 배가 된다. 그러나 유전자 돌연변이로 두 개의 가슴을 가진 초파리는 태아의 두 부분이 모두 가슴 부위로 분화되었고 날개도 더 생겼다. 슈반의 이론에 따르면 이러한 돌연변이는 환경적 영향을 받지 않았으며 우연성을 가지고 있는 셈이다. 하지만 현대과학이 발달함에 따라 과학자들이 외부환경의 변화와 관련한 유전자 돌연변이 가능성에 대해 증명했다.

드 브리스는 돌연변이의 메커니즘이 염색체 구조와 수량의 변화라고 생각했고 그는 염색체 돌연변이를 생물진화의 중요한 요소라고 주장했다. 그는 돌연변이는 환경의 영향을 받지 않으며 우연에 의해 일어난다고 보았다.

순계설(純系說)은 덴마크 학자 요한센이 1909년에 주장했다. 그는 유전자의 변이는 유전자형 변이이며 표현형 변이는 유전되지 않는다고 생각했다. 그는 순계개체 간의 차이는 유전될 수 없는 표현형이며, 순계 내 선택은 종의 진화에 아무런 의미가 없고 잡종선택이 효과가 있다고 여겼다.

신다윈주의는 생명의 세포 측면에서 생물진화의 메커니즘을 밝힘과 동시에 격변적 진화개념이 다윈주의 진화론의 중요한 절충안임을 주장했다.

에너지 보존 : 열소설과 열운동설

'열소설(熱素說)'은 '연소설(燃素說)'과 마찬가지로 열현상으로 설명할 수 있다. 예를 들면, 온도가 다른 두 개의 물체가 접촉했을 때 두 물체는 온도가 똑같이 된다. 이것은 열이 고온 물체에서 저온 물체로 흘러가기 때문이다. 물체가 고체에서 액체로, 액체에서 기체로 변하는 것은 잠열(潛熱)이 열을 흡수했기 때문이다. 이렇듯 열의 본질을 열소설로 설명할 수 있는 듯했다. 때문에 이 학설은 당시 저명한 과학자들에게 받아들여졌고 18세기 열역학에서 중요한 위치를 차지하는 이론이 되었다.

◀ 데이비

데이비는 19세기 초, 영국에서 가장 주목을 받은 화학자이다. 그는 열은 일종의 운동형식이라는 것을 실험으로 증명하였고 아산화질소에 마취작용이 있다는 것을 발견했다. 그리고 전기를 화학연구에 처음 사용했으며 일곱 개의 원소를 발견했다. 특히 그가 후에 유명한 전기학자가 된 패러데이를 발굴해 낸 것은 과학적으로 가장 큰 공적이라고 할 수 있다.

어떠한 학설과 이론일지라도 실험검증을 피할 수 없다. 1797년 럼퍼드 Benjamin Thompson Rumford는 드릴로 포신을 뚫을 때 포신과 쇠 부스러기의 온도가 동시에 상승되며 드릴이 무딜수록 열이 커진다는 사실을 발견했다. 그는 커팅할 수 없을 정도로 무딘 드릴로 20시간 45분 동안 계속해서 뚫어 18파운드의 물을 비점에 이르게 했다. 그러나 열소설로는 갑자기 증가한 이 열이 어

◀ 드릴

'열소설'이 마찰로 인한 열을 설명할 수 없는 것에 관해 많은 과학자들이 마찰실험을 했는데, 그중에서 가장 유명한 것이 럼퍼드가 드릴로 포신을 뚫는 실험이었다.

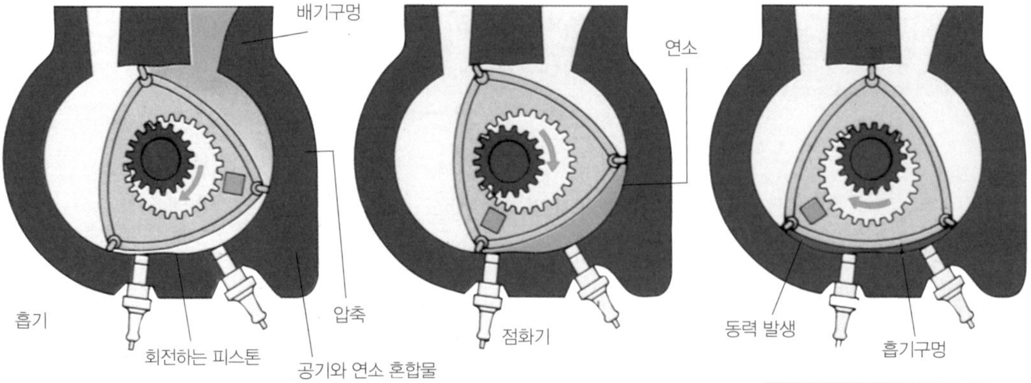

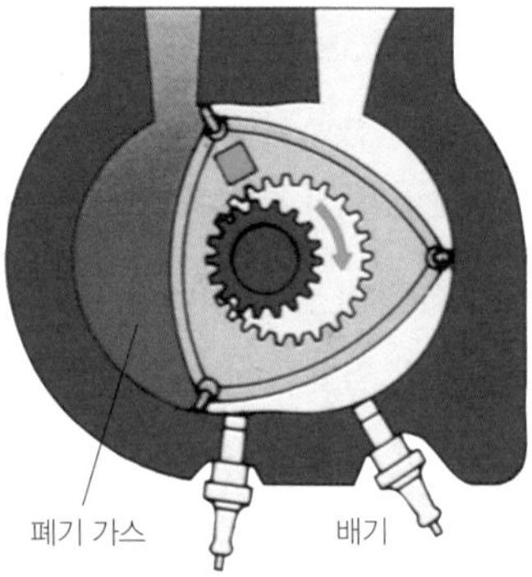

▲ **반켈의 4행정 엔진**

내연기관은 일종의 동력기계로 연료를 기기 내부에서 연소시킴으로써 방출되는 열에너지를 직접 동력으로 바꾸게 하는 열기관이다. 반켈 엔진은 내연기관의 하나로, 대부분의 내연기관과 마찬가지로 4행정, 즉 연료 및 공기흡입, 유기 혼합물 압축, 점화하여 동력생산, 연소 후 기체배출로 이루어져 있다. 그림은 반켈의 4행정 엔진에 대한 설명도이다.

▼ **데이비가 발명한 탄광안전등**

산업혁명 때의 주요 에너지는 석탄이었다. 당시 탄광장비는 열악하여 자주 가스폭발이 일어났다. 데이비는 조밀하게 짠 쇠그물을 덮은 등불을 발명하여 가스폭발이 일어나지 않게 했다. 그가 발명한 탄광안전등은 1930년대까지 사용되었다(후에 전등이 이를 대신했다).

디에서 왔는지 설명할 길이 없었다. 1798~1799년, 영국의 화학자 데이비 Humphry Davy가 두 개의 얼음조각을 진공 속에서 마찰시키니 주위의 온도가 얼음보다 낮아졌고 얼음이 녹아 물이 됐을 때 그 비열(比熱)이 얼음보다 높다는 사실을 발견했다. 얼음보다 높은 열은 또한 어디서 온 것일까? 이러한 현상들에 대해 열소설은 많은 억지 이유를 만들어 허점을 메우려고 했다.

19세기 이후, '열운동설' 이 점차 많은 사람들의 관심을 받게 되었으며 어떤 사람은 실험으로 증명하기도 했다. 1827년 스코틀랜드의 식물학자 브라운 Robert Brown은 현미경을 통해 물속에 아주 작은 입자가 불규칙적으로 운동하는 것을 보았고, 이로 인해 물질분자의 불규칙운동을 입증했다. 영국의 화학자이자 물리학자 크룩스Sir William Crookes는 일찍이 유명한 실험을 한 적이 있었다. 그는 풍차 날개의 한 면을 까맣게 칠해 고도진공관의 회전축에 안장하고 그것을 태양광 속에 놓았더니 밝은 면의 방향만을 향해서 회전한다는 사실을 발견했다. 크룩스는 이에 대해 검은 면이 열에너지를 많이 흡수하여 열운동을 하

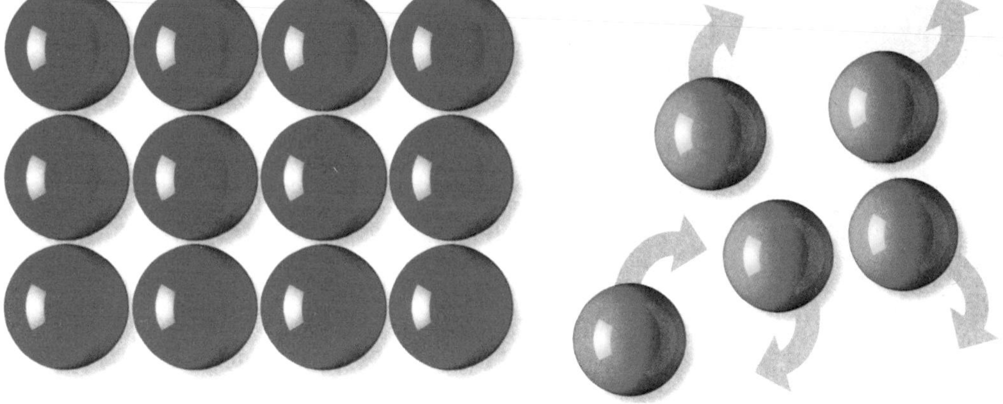

▲ 미립자 운동
브라운이 관찰한 미립자의 불규칙적인 운동은 미립자들이 여러 방향에서 온 액체 혹은 기체분자와 이리저리 부딪쳐서 일어난 것으로, 물질분자가 언제나 열운동에 놓여 있다는 것을 간접적으로 나타낸다. 그림은 고체에서 서로 붙어 있는 입자와 기체에서 불규칙 운동을 하는 입자를 각각 구별하여 나타낸 것이다.

게 된 분자가 비교적 빠른 속도로 날개에 부딪쳐 검은 면을 뒤로 밀게 했다고 설명했다. 이것은 열의 본질은 물질분자의 불규칙적인 운동이라는 결론에 한층 힘을 실어준 것이었다.

'열운동설'은 마찰로 열이 생기는 것처럼 '열소설'로 설명할 수 없었던 현상을 비교적 잘 설명해 주었으며 열의 본질에 대한 사람들의 이해를 높였다. 그러나 문제는 여기서 해결된 것이 아니었다. 사람들은 열의 본질이 분자의 기계적 운동인 것을 보고 이를 유일한 특징으로 삼았지만, 열복사를 간과해 단지 통계만을 사용해 열학(熱學)의 거시적인 물리량을 그와 대응하는 대량의 분자들의 불규칙운동의 통계평균치로 결론을 냈다. 하지만 거시물체운동을 묘사한 역학법칙을 미시입자운동으로 확장했을 경우에는 이를 설명할 방법이 없기 때문에 분자운동론은 또다시 새로운 문제에 봉착하게 되었다. 열복사현상을 예로 들면, 열복사 에너지는 파장분포에 따르며 온도에 따라 변화되는데 분자운동론은 이러한 열복사현상을 설명할 수 없었다. 열복사 문제의 해결은 20세기에 양자역학에 의해 완성되었다.

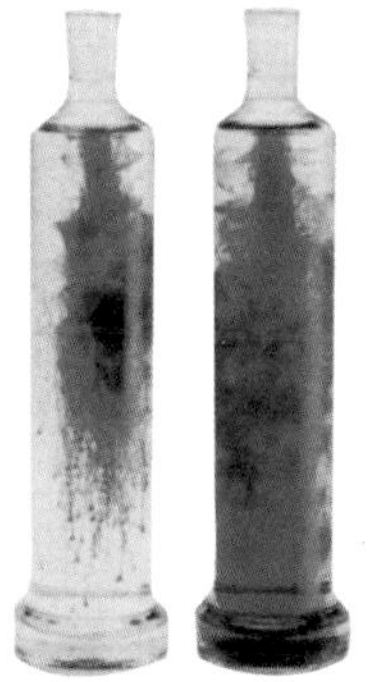

▲ 브라운 운동의 실험
찬 물과 뜨거운 물을 담은 각각의 물잔 속에 똑같은 양의 과망간산칼륨 가루를 소량 집어넣으면 뜨거운 물 속의 과망간산칼륨 가루가 빠르게 퍼져 물이 자줏빛으로 변하는 것을 발견할 수 있다. 이 실험으로 분자운동은 멈추지 않으며 운동속도는 온도와 관련이 있다는 사실을 입증했다.

에너지 보존 : 열역학의 수립

▲ 카르노
카르노는 프랑스의 뛰어난 물리학자이자 군사기술자로 열역학의 창시자 중 한 사람이었다. 같은 시대의 과학자들이 기계의 세부적인 개선을 위한 연구에만 매달리고 있을 때 그는 홀로 이론적인 측면에서 열기관의 작동원리를 연구했다. 그가 죽은 후, 사람들은 그의 공책에서 동력은 일종의 에너지이며 생성되지도 소멸되지도 않지만 전환될 수는 있다는 기록을 발견했다. 이것이 바로 에너지 보존법칙의 최초의 묘사였다.

열의 본질에 대해 본격적인 연구를 한 첫 번째 사람은 프랑스의 물리학자이자 엔지니어인 카르노Nicolas Léonard Sadi Carnot였다.

카르노는 1796년에 파리에서 태어났으며 그의 아버지는 프랑스 장군이자 정치활동가로 수학과 물리학 방면에 깊은 조예를 지니고 있었다. 카르노는 어린 시절 아버지의 영향을 받아 1812년 프랑스 파리의 이공(理工)학교에 들어갔다. 기초이론 학습을 중요시하면서 학생의 실질적인 문제해결 능력을 기르는 데 역점을 두었던 파리의 이공학교는 19세기 프랑스 고등교육과 과학연구의 중심이었다. 카르노는 바로 이곳에서 기초를 튼튼히 쌓았다.

1814년 10월, 18세밖에 되지 않은 카르노는 학교를 졸업하고 이어서 메스 공병학교에 들어가 더욱 깊이 있는 공부를 하게 됐다. 1816년 공병학교를 졸업한 카르노는 군대에 입대하여 소위에 임명되었다. 1820년, 카르노는 군대를 나와 파리로 돌아왔다. 그리고 파리 대학, 아카데미프

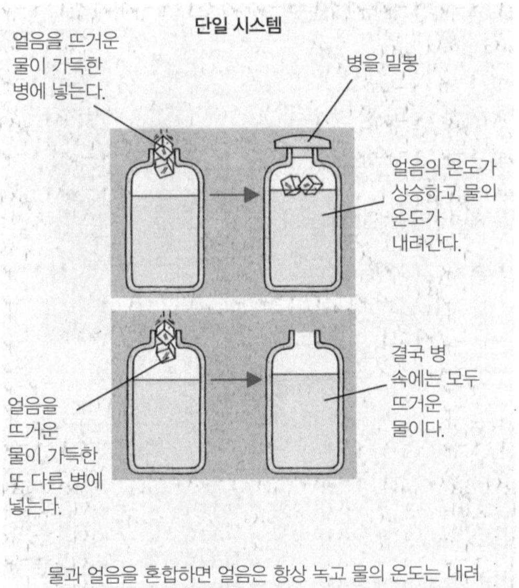

물과 얼음을 혼합하면 얼음은 항상 녹고 물의 온도는 내려간다. 더 많은 얼음 조각이 생기거나 혹은 남아 있는 물의 온도가 상승하는 일은 일어날 수 없다.

▶ 에너지 보존
에너지 보존법칙에서는 "자연계의 모든 물질은 에너지를 가지고 있으며 에너지는 만들어질 수도 소멸될 수도 없다. 다만 하나의 형식에서 또 다른 하나의 형식으로 전환되거나 하나의 물체에서 또 다른 물체로 전해질 수 있을 뿐이다. 에너지의 전환과 전달 과정에서 에너지의 전체 양은 불변한다"고 지적했다. 그림에서처럼 궁수가 활을 쏠 때 에너지 전환이 일어나지만 총 에너지량은 변하지 않는다.

◀ 열역학 실험
얼음 조각을 뜨거운 물에 넣자 모든 시스템에 일정한 순서로 열에너지 전달이 일어났다. 열에너지가 뜨거운 물에서 얼음으로 옮겨 가 얼음의 온도는 상승하고 물의 온도는 낮아져 결국 따뜻한 물로 되었다. 남은 물의 온도가 상승하거나 혹은 얼음이 더 만들어지는 상황은 일어나지 않는다.

랑세즈, 광업학교 및 파리 국립공예박물관에서 차례로 물리학, 수학, 정치경제학을 배웠다.

당시 프랑스에 증기기관이 65대나 있었기 때문에 카르노는 증기기관연구를 더욱 깊게 할 수 있었다. 그는 외국에서 수입한 증기기관, 특히 영국에서 제조된 증기기관이 성능 면에서 프랑스 제품을 월등히 앞서는 사실을 발견했다. 그는 와트James Watt의 증기기관을 연구하는 과정에서 증기기관의 열효율 문제, 즉 열에너지와 기계에너지의 전환 문제에 가장 큰 관심을 가졌다. 그는 증기기관이 열에너지를 기계에너지로 바꾸는 과정에서 열에너지를 제거하여 기계에너지로 바꾸는 주요과정 외에도 많은 보조과정이 있다는 것을 발견했다. 그리고 바로 이런 보조과정이 열에너지 전환에 대한 심층적인 연구를 방해하고 있었다. 그리하여 카르노는 추상적인 수리분석 방법으로 열에너지와 기계에너지의 전환을 집중연구하기로 결정했다. 이런 과학적인 방법을 활용해 그는 이상적인 열기관이론을 내놓았고, 이 이론을 토대로 이상적인 열기관을 구상했다.

1824년, 카르노는 그가 발표한 「열의 운동능력과 그 능력을 개선시킬 수 있는 기계에 관한 고찰」이라는 글에서 그의 이상적인 열기관이론을 설명했다. 그는 이 논문에서 열기관은 온도차가 있는 두 개의 열원 사이에서만 작동을 할 수 있다고 명확히 제시했다. 열이 고온에서 폭포처럼 저온으로 흘러가면 열기관이 가동할 수 있으며, 열기관의 효율과 가동매체는 관계가 없고 주로 두 열원 사이의 온도차에 의해 결정된다는 것이다. 카르노의 이러한 이론결과는 사실상 후에 사람들이 열은 고온에서 저온으로 바뀌는 과정에서만 작용한다고 결론 낸 열역학 제2법칙을 포함하고 있었다. 다만 카르노가 당시 "열소설"을 여전히 믿고 있었기 때문에 그가 발견한 일정한 법칙에 대해 잘못된 이론 해석을 했던 것이었다.

카르노는 또한 열기관작업에 좋은 최고의 물질은 일정한 온도 범위 내에서 팽창정도가 가장 큰 물질이라고 주장했다. 즉, 열기관 작업물질로 기체가 고체나 액체보다 훨씬 이점을 가지고 있다는 것이

▲ 에너지 전달
그림은 볼링공이 레인을 따라 굴러가 핀을 넘어뜨리는 과정으로, 에너지가 한 물체에서 또 다른 물체로 전달되어 전이가 발생하지만 에너지는 전달되는 과정에서 그 양이 항상 일정하다는 것을 입증한다.

▲ 내연기관차
내연기관차는 내연기관을 원동력으로 전동장비를 통해 바퀴를 움직이는 기관차이다. 기관차가 사용하는 내연기관의 종류에 따라 디젤기관차와 가스터빈기관차로 나눌 수 있다. 디젤기관차를 예로 들면, 디젤기관 연료의 열에너지를 동력으로 전환하여 전동장비로 보내면 기관차가 움직이게 되는 것이다. 그림은 영국 철로 20급의 전기가 디젤기관 내연기관차로 전달되는 장면이다.

끊임없이 가속하는 분자

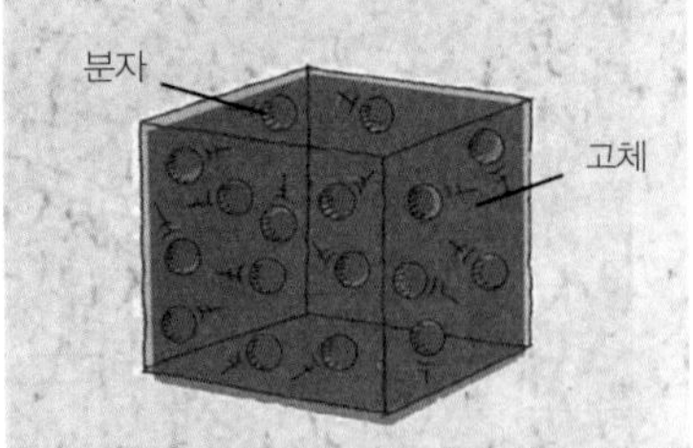

고체, 액체, 기체가 모두 똑같은 분자를 가지고 있지만 분자의 운행속도는 다르다. 고체(얼음) 속에서 전자기가 분자를 단단히 같이 붙잡아두기 때문에 분자의 운행속도는 그리 빠르지 않다.

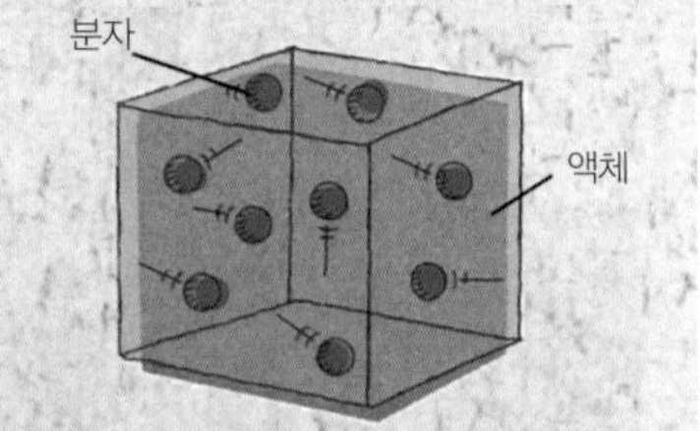

에너지는 열에너지 형식으로 조직에 들어가는데 분자는 에너지의 운동속도에 따라 빨라져 분자끼리 빠르게 이리저리 움직이는 가운데 변화가 일어난다. 그리하여 고체상태의 얼음이 액체상태의 물로 변하는 것이다.

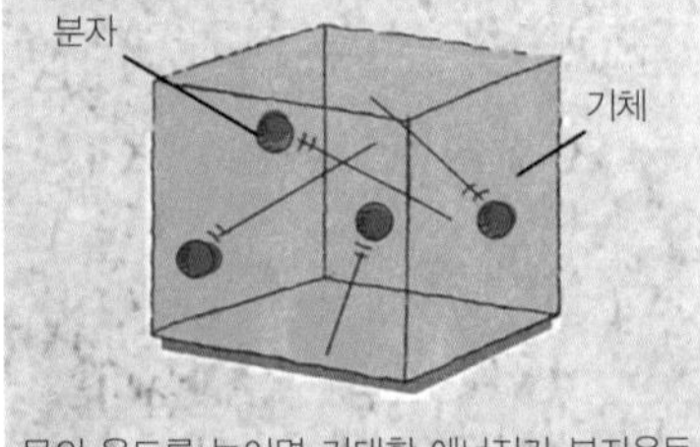

물의 온도를 높이면 거대한 에너지가 분자운동을 점점 빠르게 하여 결국 더 이상 영향을 주지 않으며 심지어 분자가 공중에서 흩어져버릴 수 있다.

▲ **에너지 보존법칙**
그림에서는 고체, 액체, 기체분자가 고정된 공간 안에서 열에너지를 흡수한 이후의 운동상황을 나타내고 있다. 세 개의 공간 안에 있는 분자가 열에너지를 흡수하게 되면 분자의 운동속도가 빨라지는데 온도가 높을수록 분자의 운동속도도 빨라진다. 에너지 보존법칙에 따르면 다른 형식의 에너지는 서로 전환될 수 있으며 열의 전달을 통해 분자의 내부에너지가 운동에너지로 전환될 수 있다.

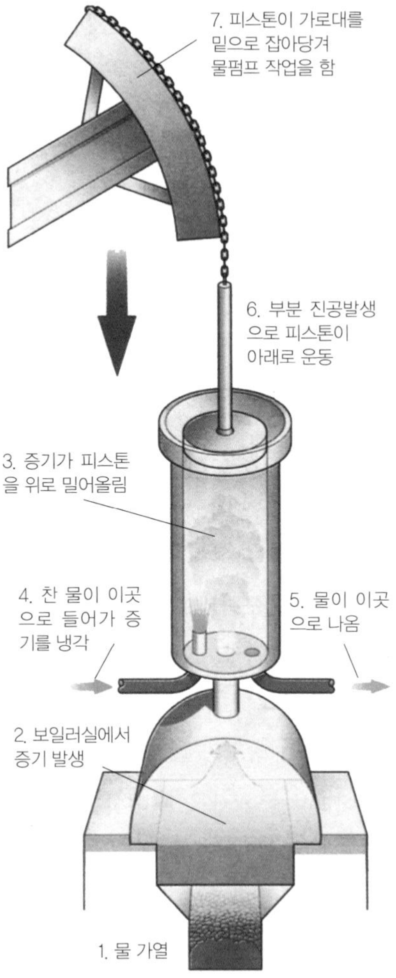

▲ **뉴커먼 엔진의 세부도**
뉴커먼(Thomas Newcomen)이 설계한 엔진에서 물이 가열되어 증기를 발생한다. 이러한 증기는 피스톤의 실린더로 들어가고 증기의 팽창에 따라 피스톤을 위로 밀어올린다. 그리고 실린더에 찬 공기의 주입으로 증기는 냉각되어 물로 응결되면 실린더 안에 부분 진공이 형성되고 공기의 압력하에 피스톤이 아래로 움직이는 것이다.

었다. 열기관 작업물질로 기체가 이점이 있다는 것은 지금까지 보편적으로 사용되는 내연기관의 발전을 예고한 것이었다.

열기관이론을 내놓은 후, 카르노는 이론연구 작업을 계속해서 진행했다. 이후, 그는 점차 열운동설을 믿게 되었고, 열운동설은 그에게 열에너지와 기계에너지 사이의 전환에 대해 새로운 인식을 가지게 했다. 1830년, 카르노는 논문초고 한 편에서 열운동설을 도입했다. 이후, 그는 또한 열운동설을 바탕으로 한 열에너지와 기계에너지 사이의 전환에 관한 그의 연구를 토대로 열의 일당량 개념을 내놓았다. 아울러 그는 열의 일당량에 관한 초보적인 측정도 했다. 비록 그가 측정한 열 일당량의 데이터가 정확하지는 않았지만 이것은 열의 일당량을 최초로 측정한 것이었다. 마침 1830년에 쓴 논문초고에서 카르노는 "열은 다름 아닌 동력에너지이다. 혹은 형태운동을 바꾸었다고도 할 수 있다. 그것은 일종의

▲ **'태평양 유니온호' 내연기관차**
'태평양 유니온호'와 같은 초기 내연기관차의 제조비용은 증기기관보다 비쌌지만 높은 효율을 가지고 있었으며 운행비용이 경제적이었다.

◀ **와트가 개선한 증기기관** (왼쪽)
카르노시대의 증기기관은 이미 광범위하게 사용되고 있었지만 효율이 매우 떨어졌다. 하지만 과학자와 엔지니어들이 증기기관의 효율이라는 개념을 정확히 이해하지 못했기 때문에 증기기관의 효율을 향상시키는 근본적인 방법을 찾지 못했다. 1824년 카르노가 열기관 설계에 관해 지침서 의미를 가진 카르노의 정리(定理)를 내놓아 열기관의 효율을 향상시키는 효과적인 방법을 제시하였으며 열역학의 불가역성을 밝혀 후세 사람들에게 열역학 제2법칙의 선구자로 인식되었다.

운동이다"라고 주장했다. 또한 그는 "동력에너지은 자연계의 불변량(不變量)이다. 정확히 말해 동력은 만들어질 수도 소멸될 수도 없다. 사실 동력은 형식을 바꿀 뿐이다. 즉, 어떤 때는 하나의 운동을 일으키고 어떤 때는 또 다른 운동을 일으키지만 결코 소멸되지는 않는다"라고 말했다. 카르노의 이러한 논리적 설명은 이미 열역학 제2법칙의 발견에 가까이 다가선 것으로, 사실상 열역학 제2법칙을 발견한 셈이었다. 카르노는 이러한 발견을 토대로 이상적인 열기관의 열순환이론 및 고압축형의 자연연소 열기관의 구상을 내놓아 열역학의 이론적 기반을 마련했다. 그의 열역학에 관한 성과는 또한 에너지 보존과 전환법칙의 발견에 이론적 밑받침이 되었다.

1832년 6월, 카르노는 불행히도 성홍열에 걸리고 연이어 내막염을 앓게 되면서 결국 유행성 콜레라에 감염되었다. 연이은 심각한 질병으로 인해 그해 8월 24일 세상을 떠났고, 그의 유고(遺稿)는 1878년에서야 공개 발표되었다.

에너지 보존 및 에너지 소모법칙

▲ 줄
영국의 물리학자인 줄은 처음에 전기학과 자기학을 연구했다. 후에 열과 일의 전환에 관한 실험연구로 방향을 바꾸었고, 에너지 보존과 전환법칙을 확립한 사람 중 한 사람이 되었다.

18세기 말과 19세기 초, 각종 자연현상 사이의 연관성이 계속해서 발견되었다. 럼퍼드와 데이비는 마찰실험으로 열소설(熱素說)을 부정했으며 물체의 내부에너지 변화와 기계운동을 관련짓기 시작했다. 1800년 볼타전지를 발명한 지 얼마 안 되어 전류의 열반응, 자기반응 그리고 기타 전자기 현상들이 발견되었다. 또한 이 시기에 전류의 화학반응도 발견되어 전기도금에 쓰였다. 생물학계에서는 동물의 체온유지와 기계적 활동을 하는 에너지가 섭취하는 음식의 화학에너지와 관련이 있다는 것을 증명했다. 이러한 자연과학의 성과들이 에너지 보존법칙을 세우는 데 필요한 발판을 마련했다.

에너지 보존법칙은 최종적으로 19세기 중엽 마이어Julius Robert von Mayer와 줄James Prescott Joule에 의해 완성되었다.

로베르트 마이어는 독일의 하일브론에서 태어났으며 그의 아버지는 약제사였다. 1838년 마이어는 튀빙겐 대학교에서 학위를 받고 함부르크에서 본격적으로 의사생활을 했다.

1840년에서 1841년 초, 마이어는 몇 개월 동안 외항선의 의사로 일을 했다.

▶ 풍차발전
풍차발전은 풍력을 이용한 에너지를 기계에너지로 변환하여 다시 그것을 전기에너지로 변환하는 것으로, 에너지 보존과 전환법칙을 이용한 것이었다.

비록 외항선에서의 생활은 길지 않았지만 선상생활은 그의 시야를 넓히고 과학적인 연상을 불러일으켰다. 이 시기가 그에게 매우 중요했던 이유는 그가 물리학적인 성과를 내고 의학의 길에서 에너지 보존이라는 결론을 도출해 내게 된 시발점이 바로 이 시기였기 때문이다.

외항선이 열대해역을 지나갈 때 많은 선원들이 폐렴을 앓게 되었는데, 마이어는 환자의 정맥혈 색이 유럽에서 보았던 환자의 정맥혈 색보다 더 붉다는 사실을 발견했다. 마이어가 병에 걸린 선원의 피를 뽑았을 때 그는 그들의 정맥혈이 온대지역 사람들의 정맥혈처럼 검붉지 않고 동맥혈처럼 선홍색이라는 것을 발견했다. 현지 의사는 마이어에게 그런 현상이 열대지역에서는 흔하다고 알려주었다. 비가 내릴 때면 바닷물이 비교적 따뜻하다는 선원들의 말도 듣게 되었다. 이러한 현상에 마이어는 생각에 잠기지 않을 수 없었다. 대학시절 마이어는 일찍이 라부아지에의 산화설 및 기타 새로운 화학이론을 연구한 적이 있었다. 라부아지에의 산화설에서 얻은 깨우침으로 마이어는 음식물에 함유되어 있는 화학에너지가 기계에너지와 같이 열로 바뀔 수 있을 것이라고 생각했다. 열대의 고온환경에서 유기체는 음식물 흡수에서 소량의 열에너지만을 필요로 하기 때문에 유기체의 음식물의 연소과정이 약해졌고 이 때문에

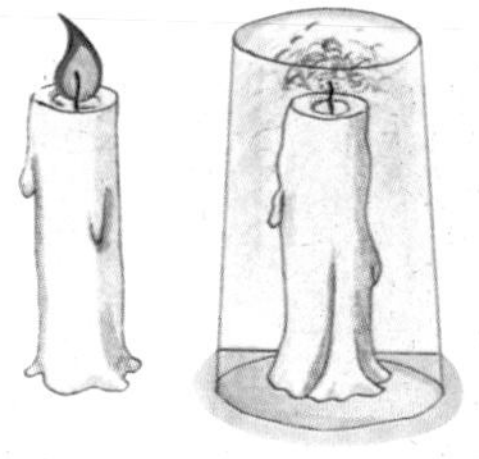

▲ **연소**
에너지에는 여러 형식이 있으며 정도는 다르나 서로 전환될 수 있다. 일상생활에서 가장 흔히 볼 수 있는 형식이 화학에너지의 열에너지로의 전환이다. 연소를 예로 들면, 연소는 가연체와 공기 중의 산소가 발생하는 발광, 발열의 격렬한 산화반응이다. 공기 중에 타고 있는 초는 산소와 서로 격리된 공간에서는 바로 불이 꺼져버린다.

▼ **연소 에너지**
마이어는 에너지전환 개념을 생물학현상에 응용한 첫 번째 사람이다. 그는 유추방식으로 인체의 근육활동을 분석했는데 운동신경은 배의 키잡이와 같은 제어역할을 하고 있으며, 신진대사는 배의 석탄과 같이 에너지를 제공한다고 주장했다. 하지만 안타깝게도 그의 주장은 당시 과학계의 주목을 받지 못했다.

▼ **산소아세틸렌 불꽃**
산소아세틸렌 불꽃이 철판을 절단하는 광경이다. 이러한 불꽃은 금속을 용접하는 데 사용되며 금속의 산화를 일으키지 않는다.

▲ **유성**

유성은 우주공간의 먼지알갱이가 지구의 대기로 들어오면서 대기와 마찰하여 대량의 열을 발생함으로써 먼지알갱이가 가스화되는 것이다. 이 과정에서 발광과 고온이 나타날 수 있다.

▲ **지구 에너지의 근원 태양에너지**

『생물운동 및 물질대사』에서 마이어는 태양에너지를 지구에너지의 근원이라고 하며 유기계와 무기계의 통일성을 입증했다. 식물은 태양에너지를 흡수하여 화학에너지로 변환시킨다. 동물은 식물을 섭취하고 산화를 통해 화학에너지를 열과 기계에너지로 전환할 수 있다. 하지만 근육은 에너지를 전환하는 도구일 뿐이며 근육 자체는 운동 중에 소모되지 않는다.

정맥혈에 비교적 많은 산소가 남아 있게 된 것이었다. 그 밖에도 그는 빗물이 내려 얻은 활력(活力) 역시 열을 생기게 할 수 있다고 생각했다. 마이어는 체내의 열이 음식물의 전환에서 오는 화학에너지라는 것 외에 인체를 움직이는 힘도 같은 에너지원에서 온다고 보았다. 이렇게 봤을 때 열에너지, 화학에너지, 기계에너지는 모두 등가를 이루며 서로 전환될 수 있다. 이리하여 마이어는 화학자들이 일반적으로 생각하는, 물질은 파괴될 수 없다는 기본규칙을 힘에 응용하여 힘도 물질과 똑같이 파괴될 수 없다고 주장했다.

업무 이외의 시간에 마이어는 외항선에서 발견한 것을 계속해서 연구하였고, 실험을 통해 열의 일당량을 추산했다. 비록 마이어가 추산한 열의 일당량 데이터가 정확하지는 않았지만 이 일은 그가 이미 초보적인 에너지 보존과 전환법칙을 발견했다는 것을 말해준다.

마이어는 에너지법칙에 관한 최초의 발견으로 「힘의 양적, 질적 규정에 관하여」라는 제목의 논문을 썼다.

마이어는 후에 또 「무생물계에서의 힘의 고찰」이라는 논문을 써서 「화학과 약학연감」에 발표했다. 이 논문에서 마이어는 "무(無)에는 유(有)가 생기지 않고 유(有)에는 무(無)가 변하지 않는다", "원인은 결과와 같다"는 철학적 관념에서 출발하여 물리적, 화학적 과정에서의 힘 보존사상을 전했다.

◀ **폭발**
가연체가 불을 만나 작은 공간에서 타오르기 시작했을 때 빠르게 팽창한 기체는 쉽게 폭발을 일으킨다.

1845년, 마이어는 또한 「생물운동 및 물질대사」를 발표해 그의 관점을 한 단계 발전시켰다. 논문에서 마이어는 에너지 전환과 관련된 상호관계를 설명했다. 그는 기계에너지의 소모는 열, 자기, 전기, 화학적 반응을 일으킬 수 있다고 주장하였으며 전기와 생물학적인 과정을 고려했다. 이러한 마이어의 새로운 관점은 이미 그 시대 물리학계의 수준을 뛰어넘는 것이었다.

두 번째 논문에서 마이어는 힘의 전환과 보존법칙이 우주지배적인 보편법칙이라는 것을 가장 먼저 확신하였고, 몇 가지 다른 형식의 힘을 구체적으로 더 조사했다.

첫째, 운동력이다. 즉, '운동의 활력' 으로, 사실상 운동에너지를 말한다. 마이어는 탄성충돌을 예로 들어 탄성충돌에서 이러한 힘의 운동에너지는 보존된다고 주장했다.

둘째, 낙하력이다. 즉, 중력위치에너지를 말한다. 마이어는 "낙하력의 크기는 중량과 고도의 곱셈으로 측정한다"고 제시했다.

▼ **변성암**
변성암은 온도와 압력의 변화가 지각 내부의 암석에 작용하여 형성된 것이다. 부드러운 점토와 같은 광물이 셰일과 슬레이트로 변할 수 있다. 큰 지각변동도 대규모의 광역변성을 일으킬 수 있으며 화성암(고온의 마그마가 액체냉각 중에 여러 광물로 결정화 되는데 광물이 다시 밀착되어 화성암으로 된다)의 침투로 변성작용이 일어날 수도 있다.

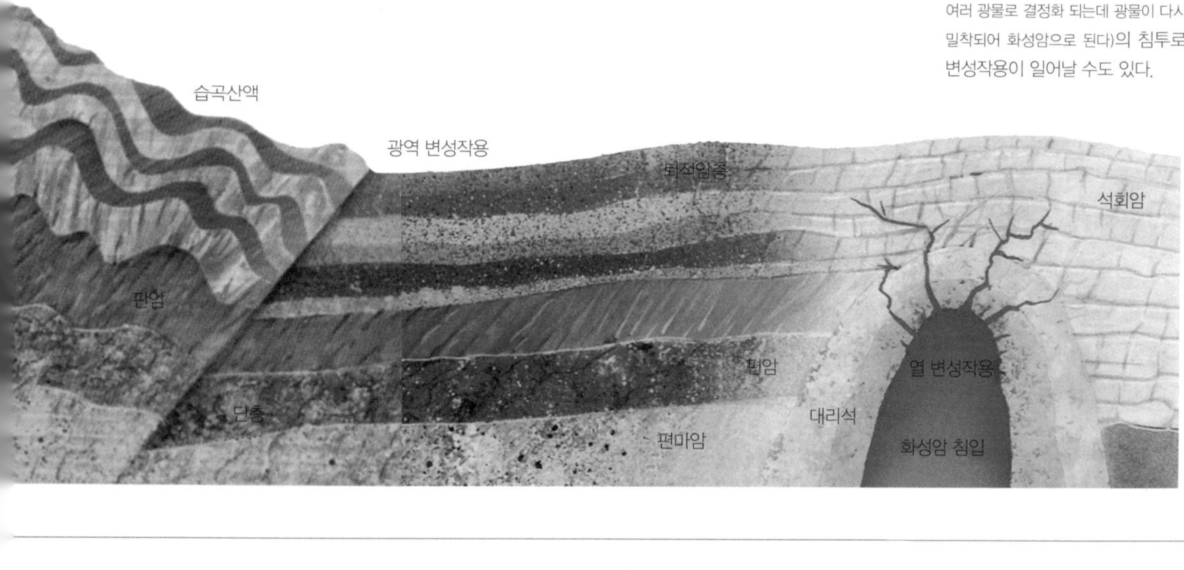

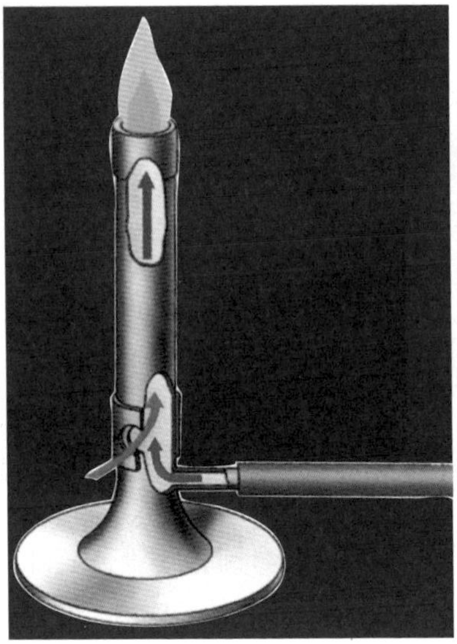

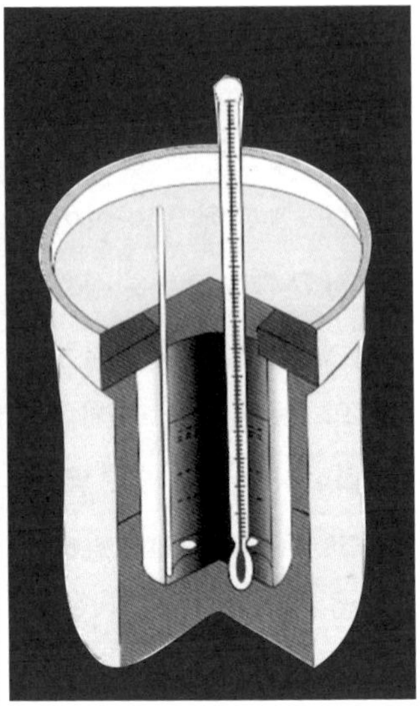

▶ 분젠 버너 (왼쪽)
분젠 버너는 독일의 화학자 분젠이 1850년에 발명한 중요한 실험기구로 실험실에서 자주 사용하는 가열기구이다. 그 온도와 불꽃의 강도는 공기공급량으로 조절할 수 있다.

▶ 열 계량기의 내부구조 (오른쪽)
열 계량기는 열량 등을 측정하는 기구로 '칼로리메타' 라고도 한다. 열 계량기는 열량, 비열, 잠열(용해열, 기화열, 승화열), 화학반응열 및 화로와 알코올램프 불꽃의 온도 등을 측정하는 데 쓰인다.

셋째, 열에너지이다. '열에너지는 운동으로 변환될 수 있는 힘' 이며 증기기관차의 예가 그것이다. 마이어는 일찍이 열의 일당량을 계산한 적이 있었다. 그의 출발점은 기체의 온도가 확실한 변화를 일으켰을 때 정압 과정에서 흡수하는 열량이 등적 과정에서 흡수하는 열량보다 크다는 것이다.

넷째, 전력이다. 전기쟁반의 예를 통해 마이어는 전기쟁반에서 '전기를 향한 기계반응의 변환' 이 발생했다고 주장했다. 그는 또한 영구자석체에서 마찰로 쇠막대기에 자성이 생기는 현상에 대한 설명을 들어 자성도 기계반응의 소모로 생길 수 있다고 주장했다.

다섯째, 화학력이다. 마이어는 물체가 땅에 떨어질 때 '낙하력' 이 열로 변환될 수 있고, 화학반응에서도 열이 생길 수 있는데 화학상태의 차이도 일종의 힘이라고 주장했다.

▼ 열복사 (왼쪽)
물질의 접촉에 의지하지 않고 열원 자체의 온도 작용으로 외부로 에너지를 내보내는 열전달 방식을 '열복사' 라고 한다. 열복사는 열을 빛의 속도로 진공을 통과시켜 한 물체에서 또 다른 물체로 전해지게 할 수 있다. 태양 역시 열복사 방식으로 지구에 열을 가져다준다.

▼ 열전도 (오른쪽)
열전도는 물체 내부 분자의 미시적 운동에 의한 열전달 방식이자 고체 내부에서 열이 전도되는 주된 방식이기도 하다. 금속은 열전도율이 강하기 때문에 취사도구에 금속재질이 많이 쓰이며, 나무는 열전도율이 낮기 때문에 취사도구의 손잡이로 많이 쓰인다.

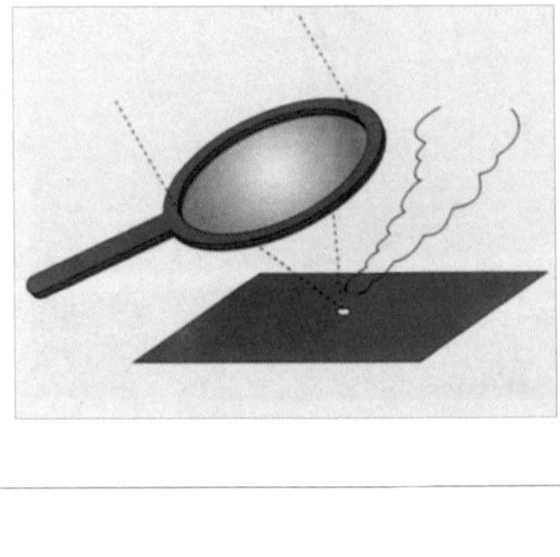

당시 물리학에서는 형이상학적 자연관이 지배적이었기 때문에 마이어는 에너지 보존과 전환을 연구하는 과정과 논문 발표 이후에 수많은 조롱과 거칠고 모욕적인 중상모략을 받게 되었다. 게다가 설상가상으로 두 아이의 사망까지 겹쳐 결국 마이어

◀ **마그네슘** (왼쪽)
마그네슘은 화학적 속성과 성질을 가진 은백색의 금속 원소이다. 마그네슘이 공기 중에 노출되면 표면에 회색빛의 산화물이 형성되며 내열성을 가지고 있다. 마그네슘이 공기 중에서 연소되면 그림에서처럼 강렬한 밝은 빛을 낸다. 따라서 마그네슘은 불꽃 제조와 조명탄에 쓰인다.

◀ **단열층** (오른쪽)
우주선이 대기층으로 진입할 때 우주선의 표면은 고온에 노출되게 된다. 이때 우주선 표면의 단열층이 열을 차단한다. 그림은 화로에서 단열층 처리된 우주선 끝부분의 내열성을 측정하는 것이다.

는 1849년 건물에서 뛰어내려 자살을 시도했다. 비록 죽지는 않았지만 이후 평생 장애인으로 살아야 했다.

1851년 가을, 마이어는 뇌염에 걸려 정신병원에 들어가게 되었다가 1862년 겨우 회복되어 활동을 하게 되었고 그의 성과도 점차 사회적으로 인정을 받게 되었다. 1871년 마이어는 줄보다 1년 늦게 영국왕립학회의 코플리상을 수상했으며, 이후 튀빙겐 대학에서 명예철학박사 및 바이에른과 이탈리아 토리노 과학아카데미 회원의 칭호를 얻었다.

1878년 3월 20일, 에너지 보존사상을 가장 먼저 논술했던 마이어는 하일브론에서 세상을 떠났다.

에너지 보존 발견에 중대한 공헌을 한 사람은 영국의 물리학자 줄이다. 줄은 1840년부터 1878년까지 거의 40년 동안 전류의 열반응을 연구했으며 압축공기의 온도 및 전기, 화학 그리고 기계작용 간의 관계에 대해 400여 차례나 실험을 했다. 그리고 각종 방법으로 열과 일 사이의 당량관계를 측정하여 에너지 보존법칙 발견을 위해 튼튼한 실험적 기초를 닦았다.

1847년 줄이 그의 에너지 관점을 발표했을 때 독일 학자 헬름홀츠Hermann Ludwig Ferdinand von Helmholtz가 베를린에서 똑같은 주제의 논문을 발표하고 있었다. 논문에서 헬름홀츠는 화학에너지, 기계에너지, 전자에너지, 태양에너지 등 각기 다른 형식 에너지의 전환과 보존을 분석했으며, 영구기관을 제조하는 것은 불가능하다는 점과 성공적으로 연관시켰다. 헬름홀츠는 영원한 추진력

▲ **캘빈 남작**
캘빈 남작은 적극적이고 열정이 가득한 과학자로, 일찍이 줄과 함께 열과 일 사이의 상관성을 연구했다.

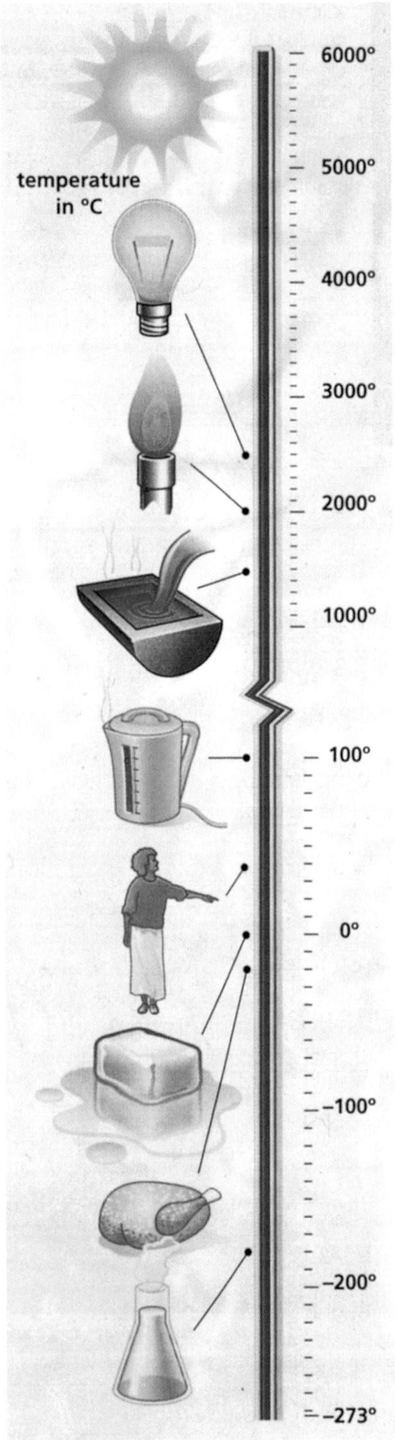

◀ **각기 다른 온도**
온도는 분자의 평형기능을 나타내는 징표로, 한 시스템이 다른 시스템과 열평형을 이루도록 물리량을 결정한다. 온도가 낮을 때 분자, 원자의 진동속도는 매우 느리고 분자 간의 거리는 조금 크다. 이때 물질은 액체로 된다. 온도가 끊임없이 상승함에 따라 분자운동도 격렬해지며 분자 간의 거리도 크게 변하는데 이때 물질은 기체로 된다. 모든 세계는 바로 각기 다른 분자, 원자가 각각 다른 온도에서 변화하여 나온 것이다. 그림은 절대온도인 0℃에서 태양 표면의 온도까지를 나타내고 있다.

을 만들어내는 것은 불가능하며 기계는 단지 에너지를 전환할 수 있을 뿐, 에너지를 창조하거나 소멸시킬 수 없다고 생각했다. 헬름홀츠는 논문에서 에너지 보존법칙에 대해 분명하고 전면적이면서도 간략하게 설명을 하여 이 법칙은 사람들의 큰 호응을 받게 되었다.

19세기 중엽, 그들 외에 몇몇 사람들이 에너지 보존에 관한 연구에 주력했다. 그들은 서로 다른 시각에서 출발하여 독립적으로 연구를 했지만 거의 동시에 이 위대한 법칙을 발견했다. 에너지 보존법칙의 발견은 과학 발전의 필연적인 결과였으며, 이 당시 에너지 전환과 보존법칙이 과학계에서 보편적으로 인정을 받게 되었다. 이 원리에서는 다음과 같이 말하고 있다. 자연계의 모든 물질은 에너지를 가지고 있으며 각기 다른 운동형식에 대응한다. 그리고 에너지도 기계운동의 운동에너지와 위치에너지, 열운동의 내부에너지, 전자운동의 전자에너지, 화학

▶ **에너지 법칙**
클라우지우스의 이론에서 모든 우주는 물리법칙에 따라 기능을 하는 기계로 볼 수 있다. 이 기계 가운데 모든 에너지가 반복적인 전환에서 일정한 수를 유지한다. 어떠한 형식의 물리적 활동도 열, 일, 화학반응, 복사, 전기처럼 다른 형식으로 전환될 수 있다.

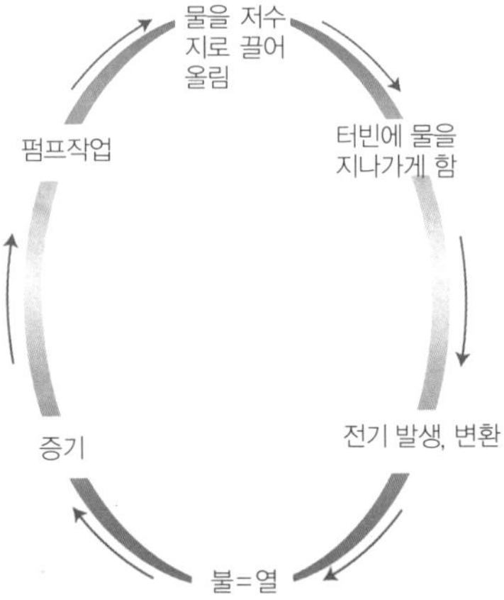

운동의 화학에너지처럼 다른 형식을 가지고 있으며 각각 여러 운동형식의 특정한 상태의 매개변수로 나타난다. 운동형식이 변화하거나 운동량이 전이됐을 때 에너지도 하나의 형식에서 또 다른 형식으로 전환하고 하나의 체계에서 또 다른 체계로 전이되며 전환과 전이에서의 총에너지는 변하지 않는다.

열역학 제2법칙 발견을 위한 준비작업은 카르노에 의해 완성되었다. 카르노가 비록 열역학 제2법칙의 문을 열었지만 열소설의 영향에 얽매여 결국 그는 이를 뛰어넘지 못했다. 카르노가 닦은 기초 위에 열역학 제2법칙은 캘빈과 클라우지우스에 의해 발견되었다.

윌리엄 톰슨캘빈 남작은 영국의 물리학자로, 초기에는 열소설을 신봉하고 에너지 보존을 반대했다가 1851년에 입장을 바꾸어 열역학 제2법칙을 내놓았다.

열역학 제2법칙에서 캘빈은 "단일 열원에서 열량을 흡수하여 이것을 쓸모있는 일로 변하게 하면서 다른 영향을 일어나지 않게 하는 것은 불가능하다"라고 했다.

캘빈은 고체의 열전도에서 소모되는 열은 소실되지 않고 물체입자 운동에너지로 전환되며, 이 열은 스스로 복원할 수 없고 변환 · 분산되지만 없어지지 않는다는 에너지 분산개념을 내놓았다.

◀ **염전**
액체의 온도가 상승하면 분자의 운동속도는 빨라지고 액체상태에서 벗어난다. 바닷물 속의 물분자가 햇빛에서 충분한 에너지를 얻었을 때 증발이 일어나는 것과 같다. 그림은 전통적인 소금제조 방식으로 바닷물을 염전에 끌어들여 햇볕을 쬐게 하는 것이다.

캘빈은 열역학의 두 가지 법칙이 에너지의 불멸성과 분산성을 나타내며 이 두 가지의 법칙이 일치한다고 생각했다. 그는 에너지 분산원리를 내놓고 자연 과정에서 진행되는 방향적 특징을 지적하여 에너지의 개념을 한층 더 발전시키고 물질세계에 대한 인식을 넓혔다.

열역학 제2법칙에 관해 체계적인 연구를 한 인물이면서 열역학과 기체분자 운동이론의 제창자 중 하나는 독일의 물리학자 클라우지우스Rudolf Julius Emanuel Clausius이다.

클라우지우스는 자녀가 많은 교사 집안에서 태어났으며 일찍이 역사 과목에 흥미를 보였지만 수학과 물리 분야에서 재능을 발휘하기로 결심했다. 1847년 클라우지우스는 할레 대학에서 수학, 물리 전공의 박사학위를 받았다.

원래는 캘빈이 카르노의 정리(定理)에서 열역학 제2법칙을 도출해 낼 수도 있었지만 그는 열소설에 얽매이는 바람에 가장 먼저 열역학 제2법칙을 발견할 기회를 놓쳐버렸다.

캘빈이 곤혹스러워할 때쯤에 클라우지우스가 1850년에 「물리학과 화학연감」에 먼저 「열의 동력 및 이에 따른 열 본성에 관한 법칙에 관하여」를 발표했고, 카르노 정리를 자세히 분석하여 열과 일 사이의 전환관계를 정확하게 인

▶ 열공급 시스템
열공급 시스템은 사람들의 생활공간을 따뜻하게 해준다. 비록 시스템마다 세부적으로는 다르지만 작동원리는 똑같다. 그림은 로마 사람들이 세운 구들이다. 이것은 마룻바닥 밑에 설치되어 있는 가열 시스템으로, 화로를 통해 공기가 가열되면 마룻바닥 밑에 위치한 원형 기둥, 아치형 문과 중간이 뚫린 벽을 통해 열이 올라가 위쪽에 있는 방이 따뜻해진다.

식했다. 그는 카르노 사이클에서 "일부 열은 사용되고 나머지 일부 열은 뜨거운 물체에서 차가운 물체로 옮겨가는데 이 두 과정은 동시에 발생하며, 이 두 부분의 열과 여기서 일어나는 일은 분명한 관계가 있다"라고 증명했다.

클라우지우스는 "만약 두 종류의 물질이 있다고 가정한다면 그중 한 물질은 일정량의 열을 전이하는 가운데 또 다른 물질이 더 많은 일을 하게 만들 수 있다. 하지만 사실은 똑같다. 일정량의 일을 만들려면 A에서 B로 전이하는 데 매우 적은 열이 필요할 뿐이다. 그렇다면 이 두 물질을 바꿔 앞에서 말한 과정에서 앞의 물질이 일을 만들고 반대로 나머지 물질이 소모하도록 할 수 있다. 과정이 막바지에 이르면 두 개의 물질은 모두 원래상태로 돌아간다. 그러나 생성된 일은 소모된 일과 비슷하다. 따라서 이전의 이론에 근거하여 열은 증가하지도 감소하지도 않는 것이다. 유

◀ ▲ 에너지 보존법칙의 보급
자연계의 모든 물질은 에너지를 가지고 있는데 에너지는 생성될 수도 소멸될 수도 없다. 에너지는 다만 어느 한 형식에서 또 다른 형식으로 전환될 수 있을 뿐이다. 이 두 그림에 나오는 스카이다이버와 경사가 진 나무판에서 자전거를 타는 아이는 모두 일정한 위치에너지를 가지고 있다. 높은 곳에서 낙하하거나 자전거를 타고 내려올 때 위치에너지는 운동에너지로 전환되어 속도가 점점 빨라지게 된다.

일하게 변하는 것은 열의 분포이다. B에서 A로 전이하는 것이 A에서 B로 전이하는 것보다 더 많은 열을 필요로 하기 때문에 계속 전이하다 보면 모든 열이 B에서 A로 옮겨 가버리게 된다. 이 두 과정을 바꿔서 반복하면 아마 소모하는 힘이 필요없거나 혹은 다른 어떠한 변화가 생겨 열을 마음대로 차가운 물체에서 뜨거운 물체로 옮겨가게 할 수 있을 것이다. 하지만 이것은 열의 다른 관계가 맞지 않는 것이다. 왜냐하면 열은 온도차의 균형을 맞추기 위해 언제나 뜨거운 물체에서 차가운 물체로 옮겨가기 때문이다"라고 발전된 논리를 증명했다.

이렇게 하여 클라우지우스는 카르노 정리를 열역학 제1법칙과 나란히 열역학 제2법칙으로 변모시켰다.

1854년 클라우지우스는 「열의 기계론 중 두 번째 기초이론의 또 다른 형식」이란 논문을 발표하면서 "열은 결코 차가운 물체에서 뜨거운 물체로 옮겨갈 수가 없다. 두 개의 다른 온도를 가진 물체 사이의 열교환에 관한 여러 기정사실들이 이 점을 증명했다. 열은 온도차의 균형을 이루려고 서로 반대되는 방향, 즉 따뜻한 물체에서 찬 물체로 옮겨갈 수 있을 뿐이다. 따라서 더 이상 이에 대해 설명할 필요가 없으며 이 원리의 정확성도 굳이 증명하지 않아도 밝혀질 것이다"라고 확실히 밝혔다.

1865년, 클라우지우스는 「열의 역학적 이론에 관한 두 가지 기본법칙」에서 불가역 과정을 설명하기 위해 새로운 함수인 엔트로피를 도입하여 독립적인 체계의 엔트로피 증가원리를 도출해 냈다. 클라우지우스는 우주에너지는 일정한 수이며 우주의 엔트로피는 극대값이라고 주장했다. 클라우지우스의 말에 따르면 열은 자발적으로 저온의 물체에서 고온의 물체로 옮겨 갈 수 없다는 것이다. 이것은 열역학 제2법칙을 정량(定量) 방식으로 나타낸 것으로, 그 영향과 작용이 여러 분야에 골고루 미쳤다.

나중에 클라우지우스는 열역학 제2법칙을 모든 우주에까지 확장시켰다. 클라우지우스는 우주의 엔트로피는 항상 극대값을 꾀하며 극대값에 도달했을 때 변화를 하지 않게 된 우주는 죽음에 처해져 더 이상 여러 생명이 존재하지 않을 것이며 균형이 이루어진 가운데 우주는 사망할 것이라고 보았다. 따라서 클라우지우스는 여기서 우주의 '열사망론' 을 도출해 냈다.

맥스웰의 도깨비 실험

◀ 맥스웰
맥스웰은 19세기 영국의 위대한 물리학자이자 수학자였다. 그는 주로 전자이론, 분자물리학, 통계물리학, 광학, 역학, 탄성이론을 연구했다. 특히 전기학, 자기학, 광학을 통합한 그의 전자기장 이론은 19세기 물리학 발전에 있어 최고의 성과라고 할 수 있다.

클라우지우스의 학설은 오랫동안 학계의 논쟁을 불러일으켰다. 왜냐하면 열역학 제2법칙이 거역할 수 없는 과학법칙이긴 하였지만 이 법칙을 모든 우주에 적용하는 것이 과연 타당한가에 관해서 결론을 내릴 수가 없었고, 또 열역학 제2법칙을 모든 우주에 적용할 수 없다는 충분한 증거도 없었기 때문이었다. 그 외에 열역학 제2법칙이 제시하는 우주의 그림이 진화론과는 반대라는 점도 논쟁거리였다. 열역학 제2법칙에서는 엔트로피의 증가상태를 밝혀 세계가 스스로 무질서를 향해 가고 있다고 주장하였지만, 진화론에서는 생물이 단순한 생물에서 복잡한 생물로, 하등생물에서 고등생물로 진화하는 과정이라고 했기 때문에 물리법칙과 생물법칙이 완전히 상반되게 나타난 것이다.

'열사망론' 을 반박하기 위해 일부 과학자들은 온갖 방법을 생각해 열역학 제2법칙과 진화론 사이의 모순을 풀려고 했다. 그중에서 가장 유명한 것이 맥스웰James Clerk Maxwell의 '도깨비 실험' 이다.

1867년, 맥스웰은 외부에서 시스템에 일을 주입하지 않은 상황에서 뜨거운 물체가 차가운 물체에서 열을 얻을 수 있는 방법을 상상해 냈다. 맥스웰은 칸

▼ 빛의 전파
맥스웰은 생전에 빛의 전파를 풀어내는 역학원리를 찾는 데 주력했는데, 특히 톱니바퀴와 전동시스템의 모형을 빌렸다. 그림은 그의 제자 휘스턴이 만든 모형이다.

막이로 용기를 A와 B 두 부분으로 나누고, A에 있는 기체의 온도가 B에 있는 기체의 온도보다 높으며 단일분자를 볼 수 있는 매우 작은 생물이 있다고 상상했다. 후에 윌리엄 톰슨이 '도깨비' 라는 말로 이 작은 생물을 표현하였고, 나중에 사람들이 또 이것을 '맥스웰의 도깨비' 라고 불렀다. 이 도깨비는 칸막이의 작은 구멍을 열고 닫을 수 있으며 분자가 이 구멍을 통해 마음대로 A에서 B로 옮겨갈 수 있도록 한다. 또한 도깨비가 B에서 속도가 빠른 분자만을 골라 A에 넣고 느린 분자는 B에 넣는다. 그러면 A의 에너지는 증가하고 B의 에너지는 감소하게 되어 뜨거운 물체는 더욱 뜨겁게 변하게 되고 찬 물체는 더욱 차갑게 변하게 된다. 이렇게 일이 소모되지 않는 상황에서 예민한 관찰력과 함께 작은 구멍을 익숙하게 다루는 도깨비만이 에너지를 찬 물체에서 뜨거운 물체로 옮길 수 있다. 사실 '맥스웰의 도깨비' 는 분산구조의 초기 모형이라고 할 수 있다.

1877년 볼츠만Ludwig Boltzmann이 엔트로피와 체계적인 열역학 확률에 관한 관계를 발견했다. 1906년 네른스트Walter Herrmann Nernst가 '네른스트의 열원리' 를 내놓았다. 플랑크Max Karl Ernst Ludwig Planck는 네른스트의 연구를 바탕으로 통계이론을 이해하여 각종 물질의 완벽한 결정체는 절대 0도일 때 엔트로피가 0으로 되는 순간이라고 주장했는데, 이것이 바로 열역학 제3법칙이다.

세 가지 열역학 법칙은 열역학의 기본법칙으로 불렸으며 이때부터 열역학의 기초가 확립되었다.

▲ 줄

클라우지우스의 열역학 시스템연구는 줄이 확립한 열의 일당량에서 출발한 것으로, 그는 열역학적 에너지 보존법칙을 열역학 제1법칙으로 결론 내리고, 열기관이 일을 하는 과정에서 일부 열은 소모되고 나머지 열은 뜨거운 물체에서 찬 물체로 옮겨간다고 주장했다. 줄의 연구는 클라우지우스의 이론적 발견에 밑받침이 되었다.

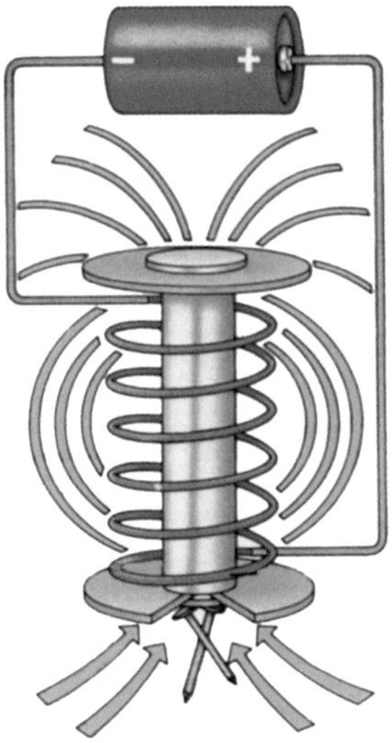

▲ 전자기장 이론

전자기장 이론은 맥스웰의 주요업적 가운데 하나이다. 그림은 전류가 코일을 통과해 자기장을 일으키는 것을 나타낸다. 맥스웰, 클라우지우스, 볼츠만은 또한 기체동력 이론의 주요 창시자이다. 클라우지우스는 일찍이 기체 속의 분자가 똑같은 크기의 속도로 여러 방향으로 마구 운동하면서 벽에 부딪히면 기체압력이 팽창할 것이라는 가정하에 이상적인 기체압력 팽창공식을 처음으로 도출해 냈다.

생명과학 : 세포설 확립

◀ 로버트 브라운
스코틀랜드의 식물분류학자 브라운은 액체 혹은 기체에 떠 있는 미립자의 멈추지 않는 불규칙운동인 브라운운동을 처음으로 발견했다.

17세기에 물리학자 훅Robert Hooke이 현미경을 통해 코르크 프레파라트가 벌집형의 작은 구조로 되어 있다는 것을 알게 되었고 이 작은 구조를 '세포'라고 이름을 지었다. 이것이 바로 세포라는 단어의 첫 등장이다. 18세기, 생물의 미세연구는 새로운 성과를 얻지 못했다. 당시 생물학자들이 분류학에 크게 관심을 가지고 있어서 생물의 미세부분에 관한 실험은 소홀히 했었기 때문이다. 18세기 말과 19세기 초, 수많은 과학자들이 동·식물계 조직의 기본단위를 찾으려고 시

▼ 식물세포와 동물세포의 구조
세포는 모든 유기체의 구성 및 성장의 기초가 되며 모든 유기체는 단일한 세포로 생명을 시작해 다른 세포의 형성으로 성장한다. 동물학자 슈반은 일찍이 동물세포가 모든 측면에서 식물세포와 비슷하다는 것을 발견하고는 "세포는 유기체이다. 동식물체는 모두 이러한 유기체의 집합체로 일정한 규칙에 따라 동식물 체내에 배열된 것이다"라고 말했다. 이것은 동식물의 세계를 가르는 거대한 장막을 넘어뜨린 것으로, 동물과 식물 사이에 다리를 놓아 후에 통일적인 세포설 수립을 위한 기반을 마련해 주었다.

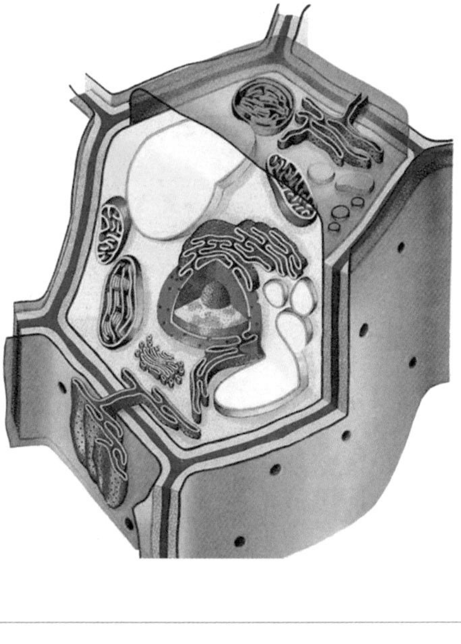

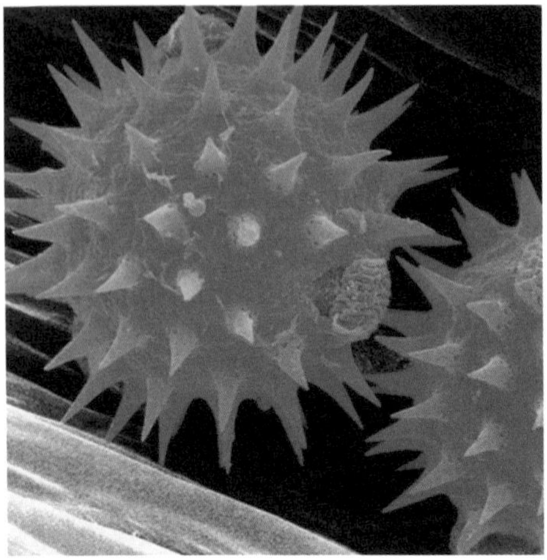

▲ **꽃가루 알갱이**

19세기 초, 많은 유럽 사람들이 식물학에 대해 깊은 흥미를 느끼고 있었는데 로버트 브라운 역시 그 중 한 사람이었다. 1827년 브라운은 식물의 꽃가루 알갱이가 물속에 떨어졌을 때의 운동을 관찰하고는 이에 대해 연구를 했다. 1828년 6월에서 8월, 브라운은 「식물 꽃가루 속의 미립자에 관하여」, 「유기물과 무기물 활성분자의 보편적인 존재에 관하여」라는 두 편의 글을 연이어 발표하여 그의 중대한 발견을 세상에 알렸다. 그리하여 물속에 있는 꽃가루 알갱이의 이러한 불규칙 운동을 사람들은 '브라운운동'이라고 불렀다.

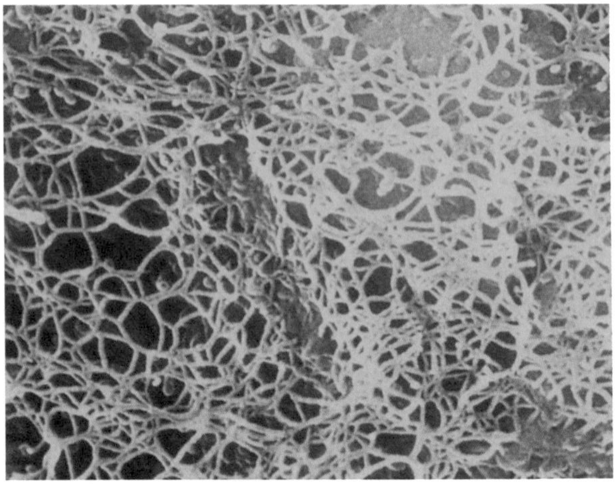

▲ **섬유소**

식물세포 가운데 섬유소는 펙틴(pectin), 반섬유소, 리그닌(lignin), 엑스텐신(extensin) 등으로 구성된 기본물질에 둘러싸여 있다. 섬유소와 기본물질이 붙어서 세포벽의 항장력과 기계적 성능을 강하게 한다. 그림은 섬유소로 구성된 미세섬유에서 섬유가 복잡하게 얽혀 있는 모습을 확대한 것이다.

도했다. 19세기, 현미경 해상도가 향상됨으로써 동식물의 미세조직 관찰을 위한 환경이 마련되었다. 1860년대에 이르러 일부 과학자들이 현미경을 통해 세포의 세포질, 세포핵, 세포벽 및 세포질의 활동을 관찰하였으며 동물 체내에도 세포질이 있다는 것을 발견했다. 이 시기의 작업은 세포설을 세우기 위한 환경을 마련해 주었다.

세포의 존재는 이미 모두가 다 아는 사실이었지만 세포 내부 및 기능 그리고 생물체 내에서의 세포 위치에 대해서는 정확히 몰랐다. 세포설은 결국 독일의 식물학자 슐라이덴Matthias Jakob Schleiden과 동물학자 슈반Ambrose Hubert Theodor Schwann에 의해 완성되었다.

M. J. 슐라이덴은 세포설의 창시자로, 이론적인 방법으로 동·식물학의 발전을 위하여 중대한 기여를 했다.

그는 1840년 함부르크의 의사 집안에서 태어나 베를린 대학교와 예나 대

◀ **슈반**

19세기 독일의 유명한 동물학자 슈반은 세포설을 제창한 사람 중 한 명으로 일반적으로 현대조직학(동식물 조직구조의 연구)의 창시자로 알려져 있다. 1939년 슈반은 「동식물 구조와 성장 일치성에 관한 현미경적 연구」에서 동물과 식물이 모두 세포로 구성되었다는 세포설을 주장했다. 이는 생물학 발전에 가장 중요한 공헌이었다.

학교에서 의학과 식물학을 공부했다.

슐라이덴은 일찍이 린네의 식물분류학을 맹렬히 비난한 적이 있었다. 그는 식물학은 식물의 형태뿐만 아니라 식물의 활동규칙에까지 훨씬 폭넓은 과학을 포함해야 한다고 생각했다. 아울러 슐라이덴은 생물적, 화학적 시각에서 식물의 생리적 메커니즘을 이해해야 한다고 생각하였기 때문에 식물의 생리적 메커니즘에 관한 활력론vitalism의 해석 또한 반대했다.

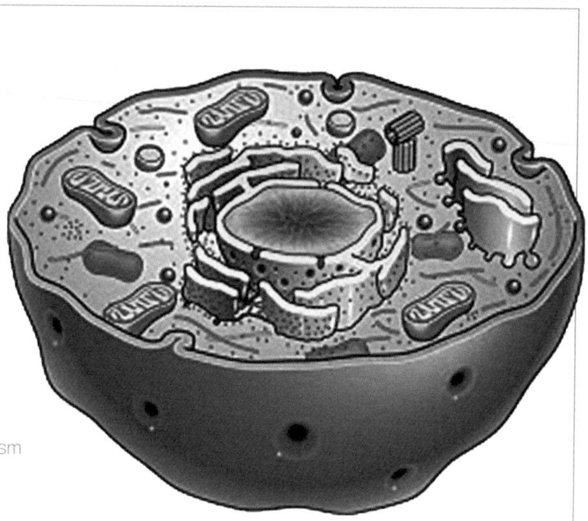

▲ 세포막
세포막은 세포표면에 있는 얇은 막으로 때로는 세포외막 혹은 원형질막이라고도 부르며 주로 60~80퍼센트의 단백질, 20~40퍼센트의 리포이드(lipoid), 약 5퍼센트의 탄수화합물로 되어 있다. 세포막은 세포를 둘러싸고 있으며 세포가 안정적으로 정상적인 생명활동을 유지할 수 있게 한다. 그 외에 세포에 필요한 영양분의 흡수 및 대사물의 배출을 도와준다.

1838년, 슐라이덴은 잡지 「해부학 및 생리학 문헌」에 「식물 발생학의 기여」라는 글을 발표했다. 이 글에서 그는 세포는 생물의 기본단위이며 세포핵은 '식물에 보편적으로 존재하는 기본구조'로 세포핵은 세포형성발생 과정에서 매우 중요한 역할을 한다고 확고하게 주장했다. 그는 또한 여기서 '세포핵'이라는 말을 처음으로 내놓았다. 슐라이덴은 고등식물이든 하등식물이든, 단순하든 복잡하든 모두 세포로 구성되어 있으며 식물체의 모든 세포는 한쪽은 독립적으로 자체 발전하여 생활하며, 또 다른 한쪽은 부속적으로 식물 전체의 구성부분으로 생활하고 있기 때문에 식물의 생명은 세포생명활동의 표현형태라고 할 수 있다고 주장했다. 그가 이러한 관점을 주장한 주요 근거는 식물의 세포가 서로 비슷한 세포핵과 세포벽을 가지고 있는 것을 발견했기 때문이었다.

▼ 인류세포의 유성생식
인체에는 성인의 경우 대략 100조 개의 세포가 있는데, 모두 수정란이 끊임없이 분열하여 된 것이다. 하지만 세포분열은 슐라이덴이 강조한 것과는 전혀 다르게 염색체 복제를 거쳐 수많은 간접분열을 통해서 생기는 것이다.

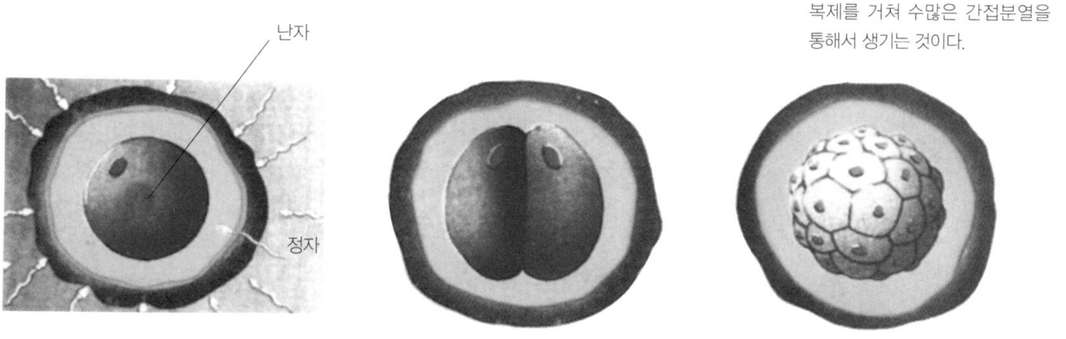

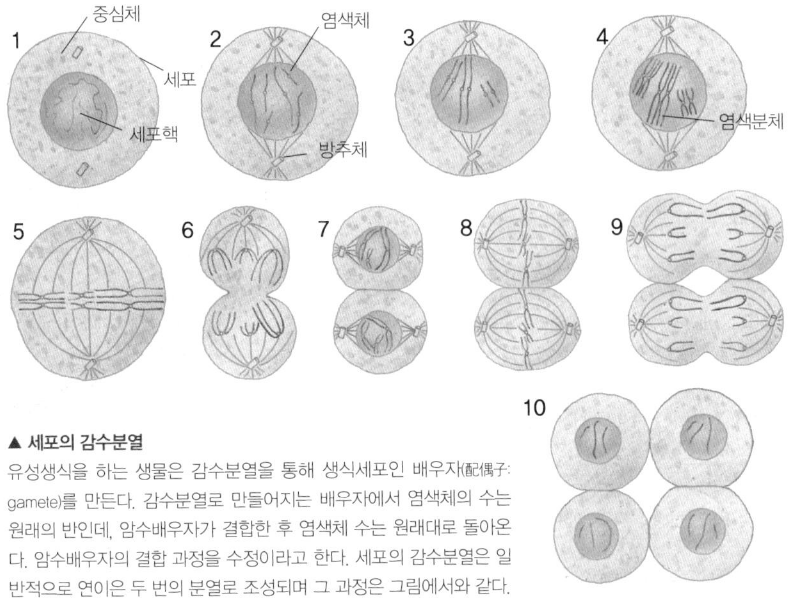

▲ 세포의 감수분열

유성생식을 하는 생물은 감수분열을 통해 생식세포인 배우자(配偶子: gamete)를 만든다. 감수분열로 만들어지는 배우자에서 염색체의 수는 원래의 반인데, 암수배우자가 결합한 후 염색체 수는 원래대로 돌아온다. 암수배우자의 결합 과정을 수정이라고 한다. 세포의 감수분열은 일반적으로 연이은 두 번의 분열로 조성되며 그 과정은 그림에서와 같다.

하지만 슐라이덴은 세포형성에서 세포핵의 작용을 지나치게 강조하고 생명활동의 생리화학 과정을 단순하게 이해한 까닭에 잘못된 세포형성이론을 주장하게 되었다. 그는 세포에는 점액을 가진 기본물질이 있는데 이러한 물질들은 다만 단순한 생리 과정결정 과정만으로도 세포를 형성할 수 있다고 주장했다. 그는 세포핵이 어느 정도로 자라면 세포핵 주변에 작은 기포가 형성되고 이 기포가 모세포에서 점차 자라 딸세포를 만드는데, 딸세포의 부피가 모세포의 세포핵 부피보다 커질 때 딸세포는 모세포에서 분리되어 완전한 새로운 세포가 된다고 주장했다.

19세기 중반 이후, 세포의 유사분열과 감수분열의 발견으로 슐라이덴의 세포형성이론은 완전히 수정되었다.

1837년, 슐라이덴은 슈반과 서로 알게 되었고 1838년 10월, 슐라이덴은 식물세포형성에 관한 자신의 이론을 슈반에게 알려주었다. 슐라이덴과 슈반의 관계는 생물학사에서 커다란 행운이라고 할 수 있으며, 이로 인해 세포설이 식물과학에서 동물과학으로 빠르게 영역을 넓혀갈 수 있었다.

슈반은 독일 라인강 유역의 금세공인의 아들로 당시 독일 생리학의 권위자 J. 뮐러의 문하생이었다. 그는 신경초와 펩신의 발견에 중요한 기여를 하였으며 엄격한 발효실험으로 자연발생설에 도전장을 내밀었다.

1838년 슈반은 동물세포의 형성에서 시작하여 슐라이덴의 세포설과 세포 형성이론을 밝혔다. 그가 가장 먼저 고른 재료는 식물의 세포벽과 비슷한 동물의 척색(脊索)세포와 연골세포였다. 후에 그는 다른 여러 동물세포도 연구했다. 당시의 환경조건에서 동물세포를 관찰한다는 것은 식물세포를 관찰하는 것보다 훨씬 복잡했었다. 슈반은 이 연구로 수많은 동물의 조직에서 세포핵이 존재한다는 것을 발견했다.

1839년 슈반은 자신이 발표한 「동식물의 구조와 성장 일치에 관한 현미경적 연구」에서 동물과학의 측면에서 도출해 낸 세포설을 주장했다. 슈반은 세포는 동물의 기본단위를 구성하며 동물세포의 기본구성은 대개 똑같은데, 비록 동물세포의 생리적 의미가 일치하지는 않지만 각종 세포의 형성은 비슷하다고 주장했다. 슈반이 1839년에 발표한 글의 주된 목적은 동물과 식물 사이에 본질적인 관계가 있다는 것을 증명하고자 함이었다. 슈반은 동물의 척색세포와 연골세포에 대한 연구를 들어 "이들

◀ **훅이 제작한 현미경**
현미경은 완전히 새로운 세상을 가져왔다. 사람들은 처음으로 수백 개의 '새로운' 작은 동물과 식물 및 인체에서 식물섬유에 이르기까지 여러 가지 내부구조를 보았다. 그림은 17세기 영국의 과학자 로버트 훅이 제작한 현미경이다.

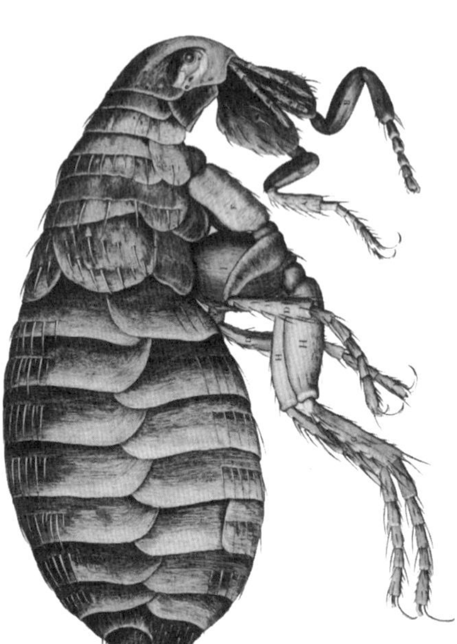

◀ **현미경으로 본 벼룩**
로버트 훅의 저서 『현미경』에 140배나 확대 가능한 복식현미경을 소개했는데 이것은 그가 제작한 것이다. 이 책에는 그 밖에도 수많은 동식물의 미세관찰 그림이 있는데, 이 그림들은 상당히 아름답고도 정확했다. 이것은 훅의 책에 실려 있는 유명한 곤충 그림으로 현미경으로 확대한 벼룩이다.

의 구조와 형성에서 가장 중요한 현상은 식물의 대응과정과 서로 일치했다는 것이다"라고 주장했다. 식물세포와 동물세포가 세포막, 세포의 함유물 그리고 세포핵을 가지고 있었기 때문에 같다고 한 것이다.

슈반의 또 다른 중요한 연구는 동물조직이 세포에서 왔다는 것을 증명하는 것이었다. 이것은 매우 어려운 작업으로 먼저 동물의 조직, 특히 당시의 미세기술로는 분명히 분별할 수 없었던 동물조직이 세포로 구성되어 있다는 것을 증명해야 했다. 하지만 슈반은 세포의 존재를 입증하였고 이 연구는 비교적 합리적인 방향으로 순조롭게 나아갔다. 아쉬운 것은 슈반의 세포형성이론이 대부분 슐라이덴을 답습하여 변화가 없었다는 점이다.

그 외에 슈반은 세포설을 조직학에 응용하여 다섯 가지의 조직이 있다고 주장했다.

비록 슈반의 조직학 이론에 부족한 점들이 있긴 하지만 세포연구에 대한 튼튼한 기초가 있었기 때문에 프랑스 비샤의 조직학 이론보다는 한 단계 앞서 있었다.

슈반의 세포설은 슐라이덴의 세포설보다 더욱 상세하고 정교하였기 때문에 슈반의 논문으로 인해 세포설의 일반적인 효과성 및 조직학, 해부학 그리고 생리학에 대한 세포설의 특별한 의미가 더욱 분명해졌다.

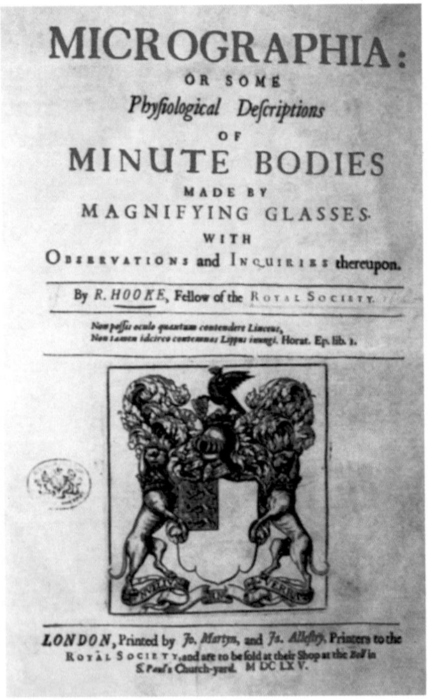

MICROGRAPHIA:
OR SOME
Physiological Descriptions
OF
MINUTE BODIES
MADE BY
MAGNIFYING GLASSES.
WITH
OBSERVATIONS and INQUIRIES thereupon.

By *R. HOOKE*, Fellow of the ROYAL SOCIETY.

Non possis oculo quantum contendere Linceus,
Non tamen idcirco contemnas Lippus inungi. Horat. Ep. lib. 1.

LONDON, Printed by *Jo. Martyn*, and *Ja. Allestry*, Printers to the ROYAL SOCIETY, and are to be sold at their Shop at the *Bell* in S. *Paul's* Church-yard. M DC LX V.

◀ **『현미경』**
로버트 훅은 일찍이 자신이 설계, 제작한 현미경으로 코르크 프레파라트를 관찰하여 뜻밖에도 코르크가 원래는 수많은 벌집형태의 작은 방으로 구성되었다는 것을 발견했다. 1665년 자신의 저서 『현미경』에서 그의 중대한 발견을 상세히 기록했으며 이 작은 방들을 '세포'라고 이름 지었다. 그림은 『현미경』의 속표지이다.

식물세포

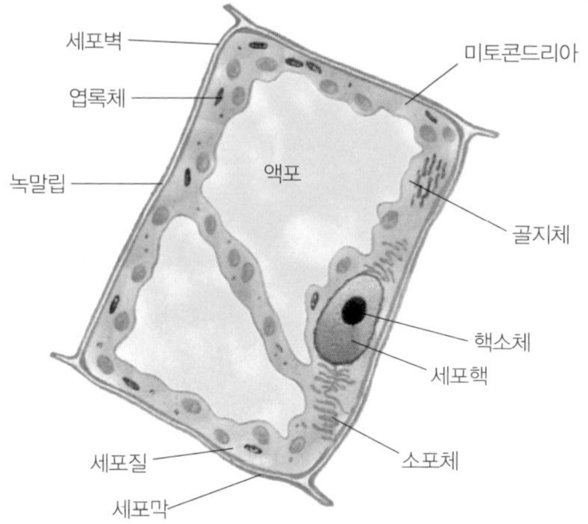

◀ **식물세포**
식물세포와 동물세포의 다른 점은 주로 구조상에 커다란 차이가 있다는 것이다. 액포, 엽록체와 세포벽은 식물세포가 동물세포와 구별되는 세 가지 구조적 특징이다. 그림은 식물세포를 나타낸 것이다.

슈반과 슐라이덴의 세포설은 다음과 같이 정리할 수 있다.

1. 어떠한 세포라도 다른 세포에서 만들어질 수 있다.
2. 세포는 유기체를 구성하는 기본단위이다.
3. 동물과 식물의 세포는 대개 서로 비슷하다.

세포설이 일단 확립되자 생물학의 발전을 크게 앞당겼으며 세포설은 다윈의 진화론, 멘델의 유전학과 함께 현대생물학의 3대 초석으로 불리었다. 하지만 사실 세포학은 진화론과 유전학의 초석이라고 말할 수 있다. 엥겔스는 세포설, 진화론, 에너지 보존과 전환법칙을 19세기 3대 과학발견으로 꼽았다.

이후 세포설의 바탕 위에 사람들은 더욱 심층적으로 생물계를 연구했으며 모든 세포가 완전한 개체로 자라게 만드는 잠재적인 능력을 가지고 있다는 것을 발견했다. 이 이론에 따라 사람들은 조직배양, 복제기술 등 첨단과학의 생물적 기술로 발전시켰다.

02 19세기 전자기학과 광학의 발전

중국

BC 480~380년 무렵 『묵경』에 소공성상 실험에 관한 내용 기재. 광학에 관한 지식의 최초 기록

1845년 추백기 자신의 광학저서 『격술보』에서 렌즈와 렌즈의 초점공식을 제시

1864년 정복광 렌즈 제작

1898년 미국인 허셀과 주보침 『광학게요』 공동 번역. 중국에서 최초로 X-선 소개

영국

1801년 토마스 영 광파의 간섭개념을 통해 뉴턴링과 회전현상 해석. 최초로 근거리 광파 파장 측정 성공. 시각이론 제시. 인간의 눈 망막은 세 가지의 신경섬유가 있어 빨강, 파랑, 노랑에 민감함을 발견

1809년 데이비드 두 개의 탄소봉 사이에서 큰 전류로 인한 전기가 흘러나오면서 궁형의 강한 빛이 발생한다는 것을 발견. 훗날 이를 강한 광원에 응용

1816년 브루스터 유리가 변형하면 빛의 복굴절현상 발생 발견. 광탄성학 시작

1831년 패러데이 전자기학 연구 시작. 같은 해 전자기 유도 발견. 이에 상응되는 이론 제시

1831년 패러데이 전자기 유도현상 발견

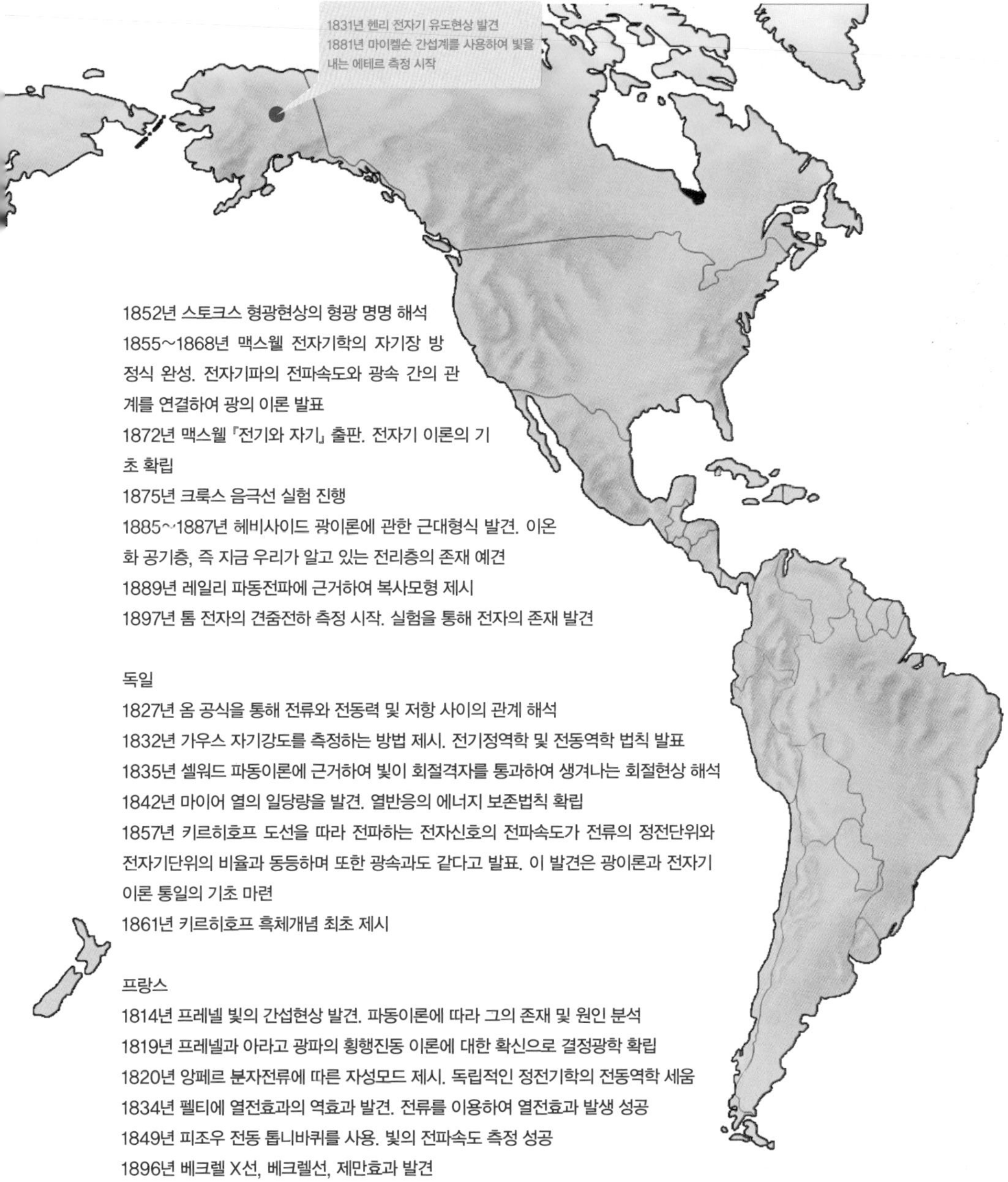

1852년 스토크스 형광현상의 형광 명명 해석
1855~1868년 맥스웰 전자기학의 자기장 방정식 완성. 전자기파의 전파속도와 광속 간의 관계를 연결하여 광의 이론 발표
1872년 맥스웰 『전기와 자기』 출판. 전자기 이론의 기초 확립
1875년 크룩스 음극선 실험 진행
1885~1887년 헤비사이드 광이론에 관한 근대형식 발견. 이온화 공기층, 즉 지금 우리가 알고 있는 전리층의 존재 예견
1889년 레일리 파동전파에 근거하여 복사모형 제시
1897년 톰 전자의 견줌전하 측정 시작. 실험을 통해 전자의 존재 발견

독일
1827년 옴 공식을 통해 전류와 전동력 및 저항 사이의 관계 해석
1832년 가우스 자기강도를 측정하는 방법 제시. 전기정역학 및 전동역학 법칙 발표
1835년 셸워드 파동이론에 근거하여 빛이 회절격자를 통과하여 생겨나는 회절현상 해석
1842년 마이어 열의 일당량을 발견. 열반응의 에너지 보존법칙 확립
1857년 키르히호프 도선을 따라 전파하는 전자신호의 전파속도가 전류의 정전단위와 전자기단위의 비율과 동등하며 또한 광속과도 같다고 발표. 이 발견은 광이론과 전자기 이론 통일의 기초 마련
1861년 키르히호프 흑체개념 최초 제시

프랑스
1814년 프레넬 빛의 간섭현상 발견. 파동이론에 따라 그의 존재 및 원인 분석
1819년 프레넬과 아라고 광파의 횡행진동 이론에 대한 확신으로 결정광학 확립
1820년 앙페르 분자전류에 따른 자성모드 제시. 독립적인 정전기학의 전동역학 세움
1834년 펠티에 열전효과의 역효과 발견. 전류를 이용하여 열전효과 발생 성공
1849년 피조우 전동 톱니바퀴를 사용. 빛의 전파속도 측정 성공
1896년 베크렐 X선, 베크렐선, 제만효과 발견

19세기는 과학의 세기이다. 자연과학의 비약적인 발전은 고전과학 발전을 최고의 단계까지 이끌어냈다. 엄격하고 믿음직한 지식체계는 그 당시 사람들에게 더 이상 실증할 필요조차 없을 정도였다. 그러나 자연에 대한 인류의 연구에는 마침표가 없다. 자연과학의 신비는 과학자들의 호기심을 자아냈고 비밀의 수수께끼를 풀기 위해 그들은 끊임없이 앞을 향해 발전해 나갔다. 19세기의 수많은 과학성과 가운데 가장 위대한 발견으로 전자기학과 광학을 꼽는 것은 결코 무리가 아니다.

전자기학

▲ 외르스테드
신학계에서 놀라운 업적을 이룬 외르스테드를 기념하기 위해 세계는 1934년부터 그의 이름을 자기장의 세기를 나타내는 단위 '에르스텟(Oe)'으로 지정했다. 1937년 미국 물리교사협회(AApT)에서 미국 최고의 물리교사에게 수여하는 '외르스테드 메달'을 신설했다.

전류의 자기작용 연구 및 발견

옛사람들은 일찌감치 자기현상을 발견해 이와 관련된 많은 자료들을 남겨놓았다. 고대 중국에서는 자기현상에 대해 다음과 같이 서술했다. "자석에서 철을 정련한 것이므로 자석은 철의 어머니이다. 따라서 자석(慈石)자애로운 돌, 자석(磁石)의 첫 글자를 바꾼 것임은 아들(子)을 끌어당길 수 있다." 진(秦)나라와 진한(秦漢)시기의 고서에서는 자석(磁石)으로, 당(唐)시대부터는 자(磁)로 기록되어 있다. 유럽에서는 16세기 말 영국의 윌리엄 길버트가 처음으로 자석에 대한 연구를 시작했다. 고대 그리스인은 광물 호박을 마찰하면 전기가 발생한다는 사실을 알고 있었으며, 윌리엄 길버트는 호박 외에 유리, 봉랍, 유황, 보석 등도 마찰하면 종이나 볏짚 등을 빨아들일 수 있다는 것을 발견했다. 그는 전기와 자기는 서로 다른 성질을 가지고 있다고 주장했다. 자기력은 천연자석 또는 철에만

▼ 외르스테드의 발견
바늘 방향의 변화가 외르스테드의 위대한 발견을 낳은 것이다. 그림과 같이 나침반 바늘을 전류가 흐르는 도선 가까이에 놓으면 바늘이 돌아가면서 전류방향의 수직방향을 가리키게 된다. 이러한 현상을 목격한 외르스테드는 전자기장, 즉 흐르는 도선에 의하여 자기가 만들어진다는 사실을 발견했다.

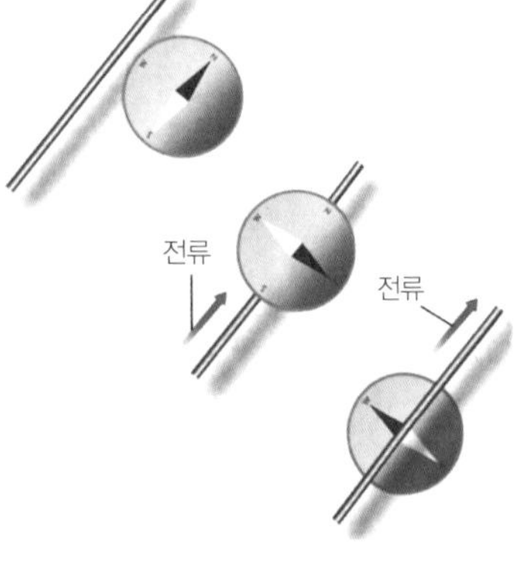

▼ 위대한 발견
외르스테드의 위대한 발견은 유럽의 물리학계에 큰 반향을 불러일으켰다. 그림은 외르스테드가 동료들에게 실험결과를 보여주는 모습이다.

반응을 보이고 특정방향으로만 이동하는 반면 전기는 다양한 재료에 반응을 보이며 특정방향 없이 이동한다고 했다. 그의 잘못된 연구로 200년간 많은 연구자들은 전기와 자기와의 관계에 대해 새로운 발견이 있었음에도 불구하고 간과했다.

외르스테드

1820년대 덴마크의 물리학자이자 코펜하겐 대학교 물리학 교수 한스 크리스티안 외르스테드Hans Christian Oersted가 진부한 고정관념을 깨고 전자기학 발전의 문을 열었다.

외르스테드는 1777년 약사 집안에서 태어나 1974년 코펜하겐 대학교에 입학하여 1799년 박사학위를 받았다. 1801년부터 1803년까지 3년간 독일, 프랑스 등 여러 나라를 방문하며 많은 물리학자 및 화학자들과 친분을 쌓기 시작했다. 1806년에 코펜하겐 대학교 물리학 교수가 되고 1815년에 덴마크왕립학회 상무비서직을 역임했다. 1820년 전류의 자기작용을 발견한 외르스테드는 영국왕립학회에서 수여하는 최고의 상인 코플리상을 받았다.

독일의 자연철학주의자였던 외르스테드는 전기와 자기 사이에 어떤 관련이 있을 것이라는 굳건한 신념을 가지고 있었다. 1807년부터 외르스테드는 전기와 자기와의 관계를 연구하기 시작했고 1820년 4월에 실험을 통해 전류가 흐르는 도선이 자극에 따라 회전한다는 사실을 발견했다. 다시 말해, 자석이 전류가 흐르는 고정된 도선을 따라 회전한다는 것이다. 이러한 획기적인 사실이 발견된 1820년 7월 21일은 역사에 기록되었다. 이는 전자기학 발전의 서막을 열었을 뿐만 아니라 전자기학을 새로운 시대로 이끌게 되었다. 같은 날 외르스테드는 「전류가 자침에 미치는 영향에 관한 실험」이라는 논문을 발표했다. 이 논문에서 그는 "전류에서 발생한 자기장 방향은 전류의 수직방향으로 이동한다. 모든 비자성체는 전

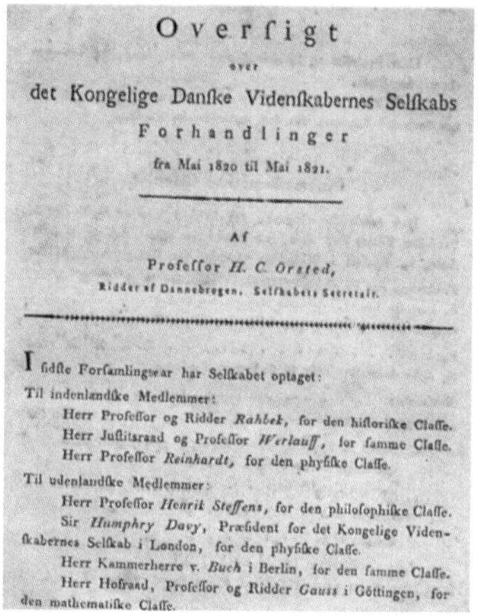

Overſigt

over

det Kongelige Danſke Videnſkabernes Selſkabs

Forhandlinger

fra Mai 1820 til Mai 1821.

Af

Profeſſor H. C. Ørsted,

Ridder af Dannebrogen. Selſkabets Secretair.

I ſidſte Forſamlingsaar har Selſkabet optaget:

Til indenlandſke Medlemmer:

Herr Profeſſor og Ridder *Rahbek*, for den hiſtoriſke Claſſe.
Herr Juſtitsraad og Profeſſor *Werlauff*, for ſamme Claſſe.
Herr Profeſſor *Reinhardt*, for den phyſiſke Claſſe.

Til udenlandſke Medlemmer:

Herr Profeſſor *Henrik Steffens*, for den philoſophiſke Claſſe.
Sir *Humphry Davy*, Præſident for det Kongelige Videnſkabernes Selſkab i London, for den phyſiſke Claſſe.
Herr Kammerherre v. *Buch* i Berlin, for den ſamme Claſſe.
Herr Hofraad, Profeſſor og Ridder *Gauss* i Göttingen, for den mathematiſke Claſſe.

▲ 외르스테드 논문
전기와 자기와의 관계를 발견한 외르스테드는 실험을 통해 나침반 바늘을 전류가 흐르는 곳에 가까이 놓으면 바늘이 편향되는 새로운 사실을 발견하게 됐다. 이 그림은 외르스테드가 그의 발견을 발표한 논문이다.

▲ 외르스테드 바늘
전류의 자기작용은 과학 역사상 가장 위대한 발견으로 평가된다. 이 발견의 가치와 중요성을 인지한 과학자들은 이에 큰 관심을 보이며 저마다 이 놀라운 현상을 재확인하려는 다양한 실험을 반복하게 되었다. 이 그림은 1828년 실험에 사용된 외르스테드 바늘이다.

류의 자기효과를 뚫을 수 있지만 자성체는 이를 저항한다. 따라서 서로 충돌하는 힘으로 밀고 당기는 운동을 하게 된다"라고 했다. 외르스테드의 발견은 많은 과학자들의 이목을 집중시켰는데 그 대표적 인물이 프랑스의 물리학자 앙페르이다. 그는 1825년 자기화된 미립자 속에 흐르는 작은 비저항 원형전류로 물질의 자성을 설명하는 가설을 세웠다.

앙페르

▶ 앙페르
프랑스의 물리학자 앙페르의 주요 업적은 전자기 작용에 관한 연구다. 이 밖에 수학 및 화학 분야에서도 큰 업적을 남겼다. 맥스웰은 앙페르의 업적을 '과학 역사상 최고의 성과'라고 극찬했으며 그에게 '전기학의 뉴턴'이라는 별명을 붙여주었다.

1775년 프랑스 리옹의 부유한 집안의 아들로 태어난 앙페르Andre-Marie Ampere는 어려서부터 수학에 천부적인 재능을 가지고 있었다. 그의 아버지는 J. J. 루소의 교육이념을 바탕으로 앙페르에게 많은 책을 선물하였고 또 독학의 길로 갈 수 있도록 인도했다. 아버지의 도움으로 많은 책을 접한 그는 다양한 지식과 정보를 고루 섭렵할 수 있었고, 그 가운데 외르스테드가 발견한 전류의 자기작용은 앙페르의 흥미를 유발시켰다.

앙페르는 전력을 다해 연구에 몰두했고 프랑스 과학원에 자침 회전방향과 전류방향의 관계는 오른손에 의해 결정된다는 오른손 법칙을 보고했다. 이것

▶ 앙페르의 법칙
오른손 나사법칙이라고도 하는 앙페르 법칙은 도선을 오른손으로 쥐고 쭉 뻗은 엄지손가락을 전류의 방향으로 향하게 하면 나머지 네 손가락이 감기는 방향이 자기장의 방향이 된다.

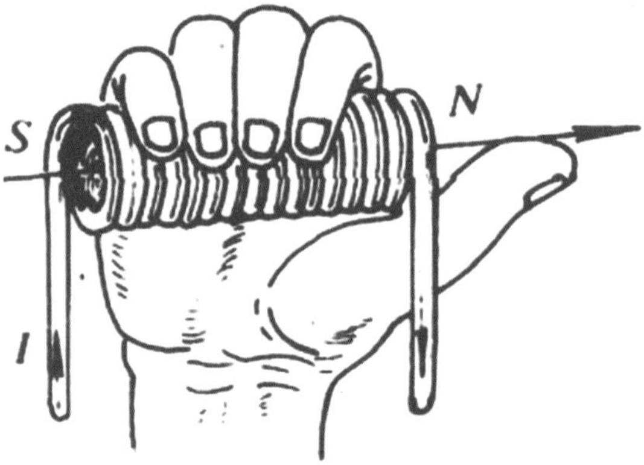

이 바로 지금 우리가 알고 있는 유명한 앙페르의 법칙이다. 이 밖에 그는 전류방향이 같은 두 개의 평행 도선 사이에는 상호 끌어 당기는 힘이 작용한다는 것을 밝혀냈으며, 또한 전류방향이 다른 두 개의 평행 도선은 상호작용이 없다는 것을 실험으로 밝혀냈다. 두 개의 전류자극 사이에 발생하는 자극 간의 힘은 거리의 제곱에 반비례한다는 앙페르의 법칙은 전기역학의 확립에 중요한 토대가 되었다.

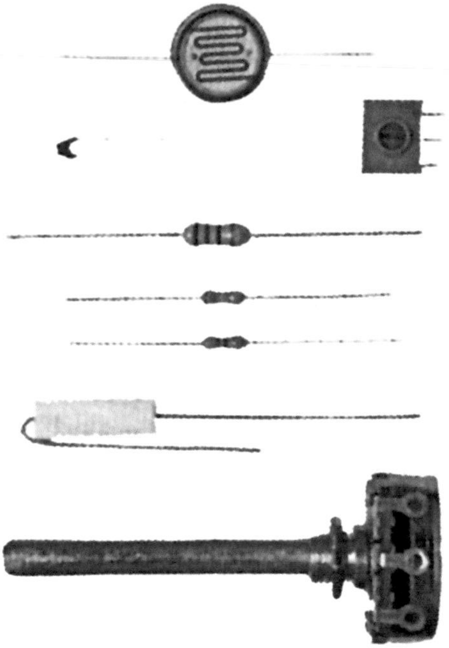

◀ **저항기**
저항은 전자회로에 사용되는 기본 부품 중 하나이다. 저항의 기본특성은 직류든 교류든 같은 저항값을 갖고 있다는 것이다. 저항의 변화는 옴의 법칙에서 제시된 수학적 표현으로 서술할 수 있다. 물리학자 옴은 1826년 전기학의 주요 법칙인 '옴의 법칙'을 발견했다. 옴의 법칙과 공식은 전기학 계산에 큰 편리함을 가져다주었다. 그가 물리학에 공헌한 것을 기념하기 위해 저항의 단위에 그의 이름을 붙여 옴(Ω)이라고 부르고 있다.

1821년 앙페르는 자성체를 구성하는 분자의 내부에는 작은 원형회로로 구성되는 전류가 흐르고 있다는 '분자 전류설'을 세웠다. 분자의 내부에서 전류가 흐르게 되면 각 분자는 소형 자성체로 형성되며 양측은 두 개의 자극으로 나뉘게 된다. 일반적으로 자석분자의 분자전류방향은 무질서하고 상호 발생하는 자기장을 상쇄 소멸하며 자기력이 외부로 표출되지 않는다. 외부 자기장이 존재할 때 대부분의 분자전류방향이 일치하며 분자 간의 인접한 전류작용은 소멸되지만 표면의 전류작용은 소멸되지 않아 이들의 효과가 거시적인 스케일을 지니고 있다. 앙페르의 분자전류 가설은 당시 물질구성에 대한 빈약한 지식으로는 증명할 수 없어 많은 억측을 불러 일으켰다. 오늘날 사람들은 물질은 분자로, 분자는 원자로 구성되어 있다는 것을 알고 있다. 원자 속에는 핵을 중심으로 회전하는 전자가 있다는 것을 앙페르는 분자전류 가설에서 밝혔다. 이는 물질자성을 이해하는 데 결정적이고 중요한 근거가 되었다.

앙페르는 전기를 연구하는 이론을 '전기역학'이라고 명명했다. 1827년 앙페르는 그가 연구한 전자기 현상을 『전기역학 실험보고집』에 수록하였고 이 책은 전자기학 역사에서 중요한 저서로 평가 받고 있다.

전기역학 연구에 중요한 공헌을 한 앙페르의 위대한 업적을 기리기 위해 그의 성을 따서 전류의 단위를 암페어A라고 부르고 있다. 이 밖에 앙페르는 검전기 기술 발전에서도 빼놓을 수 없는 일등공신이다. 그는 자동으로 회전하는 자침으로 전류를 측정하는 기계를 발명하였고 지금은 이를 전류계라고 부른다. 앙페르는 비록 연구기간이 짧았지만 독창적이면서도 투철한 분석력으로 전류가 흐르는 도선의 전류 자기작용을 논술했다. 따라서 그를 전기역학의 아버지라 해도 전혀 손색이 없다.

옴

▲ 옴

옴은 실험을 통해 전류공식을 발견했고 사람들은 이를 옴의 법칙이라고 명명했다. 옴은 자신의 저서에서 저항과 도체의 길이는 정비례하고 저항과 도체의 단면적과 전도성은 반비례한다는 사실을 증명했다. 전류가 안정적일 때 도체 표면에만 전하가 분포할 뿐만 아니라 도체의 전체 단면에 분포된다.

독일의 물리학자 옴Georg Simon Ohm은 프랑스의 수학자 푸리에가 1822년에 발표한 "열전도 과정에서 열유량과 두 점 간의 온도는 정비례한다"는 연구를 계기로 이에 큰 관심을 갖게 되어 전기회로의 전압, 전류 및 저항 사이의 관계를 연구하게 되었다. 많은 과학적 실험과 이론을 증거로 그는 "도체에 흐르는 전류는 도체에 가해진 전압에 정비례하고 도체의 저항에는 반비례한다"라는 결론을 얻을 수 있었다. 이것이 널리 알려진 옴의 법칙이다. 1826년에 그는 실험 결과를 발표하고 그 이듬해에 『갈바니 회로Die galvanische Kette mathematisch bearbeitet』를 출판하여 옴의 법칙을 이론적으로 유도하는 데 성공했다. 그의 연구는 사람들의 이목을 집중시켰으며 1841년 런던왕립학회에서 수여하는 최고의 상인 코플리상을 받았다. 마침내 그의 연구가 대중들로부터 인정을 받게 된 것이다.

전자기 유도 법칙의 발견 : 패러데이

외르스테드의 실험결과가 영국으로 전해진 뒤 영국 물리학계에 큰 반향을 불러일으켰다. 청년 과학자 패러데이Michael Faraday는 자기로부터 전류를 일으킬

▲ **과학탐구**
19세기 많은 과학자와 과학분석가들은 과학은 지속적이면서도 끝없는 탐구라고 여겼다. 이 그림과 같이 과학이 보여주는 거대한 힘은 사람들의 시선을 사로잡는다. 19세기의 과학은 인류 지식을 쌓아가는 원동력과 같은 존재였다.

▲ **프랭클린**
프랭클린은 번개와 전기의 방전은 동일한 것이라는 가설을 증명하기 위해 여러 번의 실험을 진행한 과학자이다. 예술가들은 그림을 통해서 프랭클린의 실험을 사람들에게 전달했다. 프랭클린은 천둥과 번개가 동시에 가해질 때 열쇠와 연줄을 이용해 천둥과 번개 속에서 흐르는 전류를 축전기에 저장했다.

수 있다는 것을 증명하기 위해 무한대로 실험을 반복했다. 그는 런던 근교의 가난한 가정에서 태어나 어려서부터 총명하고 공부도 잘했다. 그는 일찍이 인쇄소 직공으로 일하면서 많은 책을 읽게 되었다. 오로지 과학에 대한 열정 하나로 과학자의 꿈을 키우게 되었고 영국의 화학자 데이비를 스승으로 섬기며 과학의 길을 걷게 되었다.

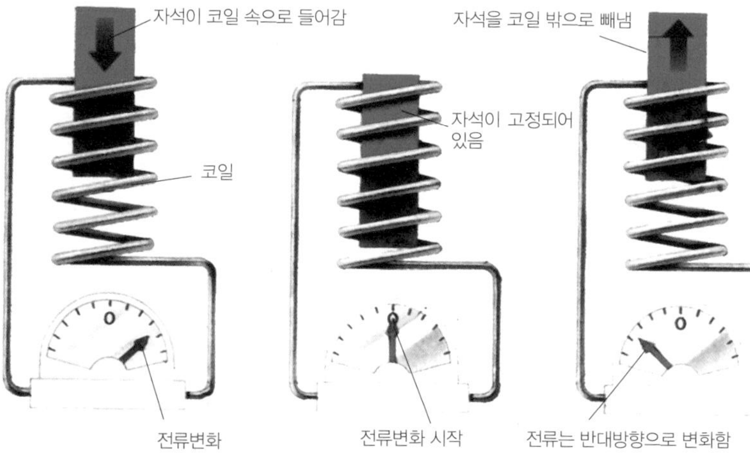

◀ **전자기 현상**
1831년 영국의 물리학자 패러데이가 많은 실험과 연구를 통해 전자유도현상을 발견했다. 연구과정에서 그는 자석 또는 전류가 흐르는 코일을 코일에 가까이하는 상대적인 운동으로 전선 속에 새로운 전류가 흐르게 되는 것을 알게 되었다. 또한 전류는 자석의 운동에 의해 변화한다.

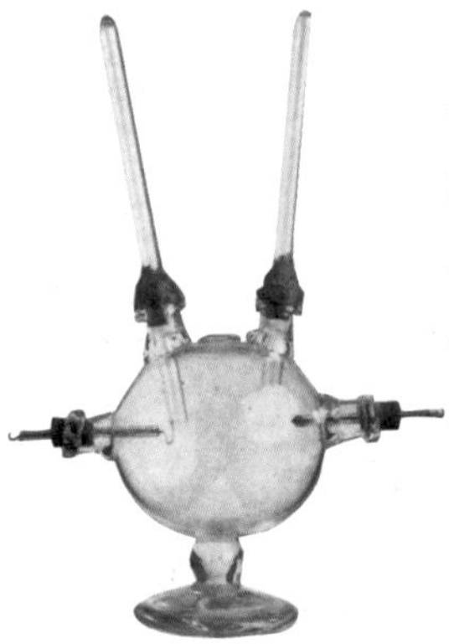

▲ 전압기
패러데이는 전기분해현상을 연구하던 중에 전해조의 전기량과 석출된 물질 사이에는 모종의 관계가 있다는 것을 발견하고 두 개의 전기분해법칙을 세웠다. 패러데이가 발견한 두 개의 법칙은 그의 이름으로 새롭게 명명되었고 이는 전기화학의 기초를 다지는 연구결과였다. 그림 속의 측정기구는 패러데이가 전기분해를 연구할 당시 사용했던 축전기이다.

1831년에 전자기 유도현상을 발견한 패러데이는 자신의 발견을 통해 한 개의 전류에서 또 다른 전류가 발생할 수 있다는 것을 증명했다. 다시 말해 전자기 유도현상은 기계운동과 자기로부터 전류가 발생한다는 것이다. 패러데이는 연구를 통해 금속 코일 속에 전류의 세기가 반응을 보일 때 가까이에 위치한 또 다른 코일에서 극히 짧은 순간이지만 또 다른 전류가 탐지된다는 것을 발견했다. 불변전류 또는 영구자석에 감긴 코일이 제2의 코일 근처에 접근할 때에도 같은 반응을 보인다. 이는 외르스테드가 전동기의 기본원리를 발견한 것과 같이 패러데이 역시 전동기의 기본원리를 발견한 것이다. 1831년 11월 24일 패러데이는 런던왕립학회에 논문을 제출하는 동시에 세상에 위대한 발견을 알리게 되었다. 이 발견은 인류의 가까운 미래에 전기시대를 맞이하게 될 것을 예고했다.

당시 이미 세상에 널리 알려진 전자기 현상을 재해석하고자 패러데이는 자신만의 특징을 살려 세계적 그림이미지로 새롭게 재탄생시켰다. 패러데이는 전자기력을 전달하는 매질로 '장'이라는 개념을, 자기력에는 '역선'이라는 개념을 도입했다. 자기장 속에서 소형 나침반 또는 한 장의 종이 위에 쇠 부스러기를 흩뿌려 놓으면 자석의 한쪽 극에서 다른 쪽 극을 향해 일련의 선이 나타난다. 이렇게 생긴 자기력선은 반대의 전하 또는 서로 다른 쪽의 극을 연결하

▶ 전자기 유도의 원리 (왼쪽)
유도전류는 도체가 자기력선을 절단함에 따라 발생된다. 전류방향은 자기력선의 절단방향에 따라 결정되며 폐회로의 코일을 통과하는 자기력선으로 인해 전류가 흐르게 된다.

▶ 이폴리트 픽시의 발전기 (오른쪽)
1832년 프랑스의 과학자 이폴리트 픽시가 패러데이의 전자기 유도 법칙을 근거로 전자기 기계를 발명했다. 이 기계는 회전하는 막대자석과 고정된 유도코일을 이용해 전류를 흐르게 한다.

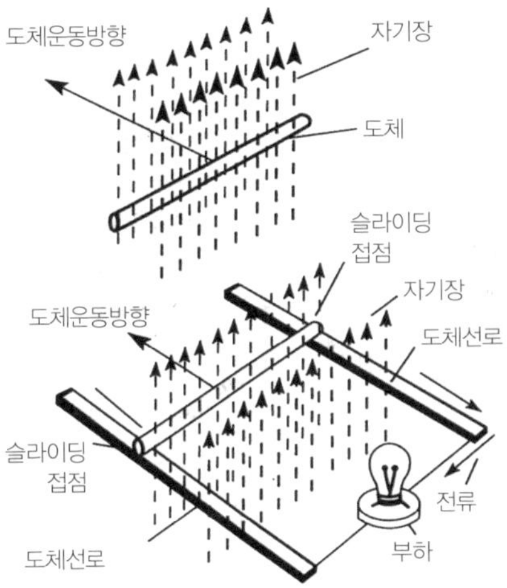

여 규칙적인 원의 형태로 자기력이 작용한다. 이것이 바로 자기력선의 형태이다. 패러데이는 「자기력선의 물리적 특성」이라는 논문에서 '장'과 '역선'의 특징개념을 응용하여 전자기 유도 법칙을 세웠다. '장'과 '자기력선'의 개념은 오늘날까지도 물리학 교육에 널리 이용되고 있다.

패러데이의 끊임없는 노력으로 1840년대 말부터 새로운 연구결과들이 속속 발표되었고 1837년에는 축전기를 발명하기에 이르렀다. 지금 우리가 알고 있는 유명한 패러데이 효과는 1945년 그의 연구에서 우연히 발견된 자력의 선광원리를 바탕으로 정리된 것이다. 이 밖에 반자성현상도 발견했다.

그는 1867년 8월 25일 런던에서 생을 마감하고 하이게이트 묘지에 안장됐다. 그를 기념하기 위해 그의 이름을 사용하여 전하량의 단위를 '패러데이F'로 정했다.

전자기 이론의 창시자 : 맥스웰

패러데이의 혁명적인 성과는 전자기학의 물리적 개념의 토대가 되었다. 하지만 물리는 수학을 응용해서 과학을 다루는 학문으로, 패러데이의 발견이 세상에 알려지기 전에는 전자기 개념은 단지 이론적 토대만 존재했을 뿐이었다. 그러나 수리학 천재 맥스웰의 출현으로 상황은 달라졌다.

맥스웰James Clerk Maxwell은 영국의 물리학자이다. 에든버러의 명문가에서 태어난 그는 어려서부터 수리에 천부적인 재능을 보였다. 1847년 에든버러 대학에서 수학과 물리학을 공부하였고 3년 뒤 케

▲ 맥스웰
과학 역사상의 수많은 중요이론은 실제로 수많은 사람들이 희생을 무릅쓰고 연구 및 노력한 결과물이다. 외르스테드와 앙페르가 발견한 전자기 효과에서부터 페러데이의 실험검증, 나아가 이론의 성립까지 반세기가 넘는 시간이 필요했다. 이것들을 완벽한 이론으로 정리한 사람은 바로 영국의 유명 수학 및 물리학자 제임스 클러크 맥스웰이다.

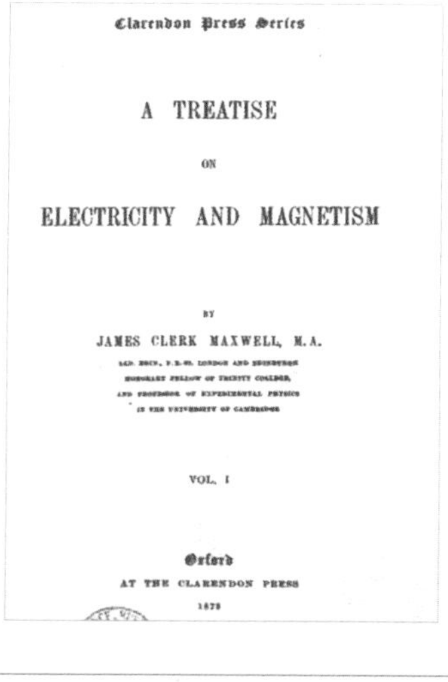

Clarendon Press Series

A TREATISE

ON

ELECTRICITY AND MAGNETISM

BY

JAMES CLERK MAXWELL, M.A.

VOL. I

Oxford

AT THE CLARENDON PRESS

1873

▶ 전자기학의 발전
앙페르가 모든 자기현상은 전류와 관계가 있다는 가설을 세운 것에 이어 패러데이는 전자기 유도 법칙을 발견했다. 맥스웰은 앙페르와 페러데이의 발견에 근거하여 전기와 자기의 상호작용을 통해 전자기파의 존재를 예언했다. 이는 전자기의 이론적 기초를 확립하는 중요성과이다. 그림은 1873년 맥스웰이 발표한 전기와 자기에 대한 연구를 주제로 한 논문 표지이다.

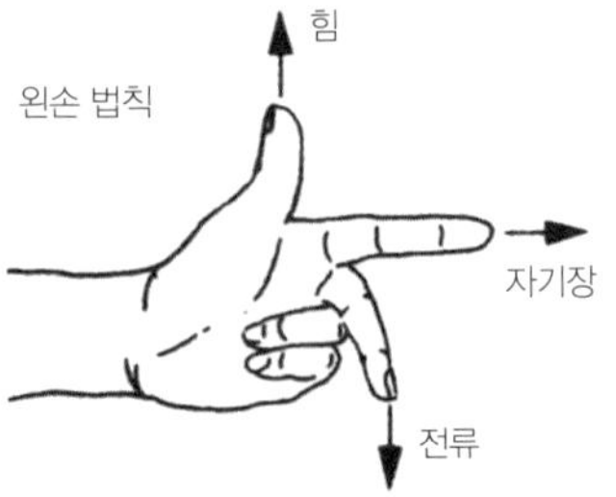

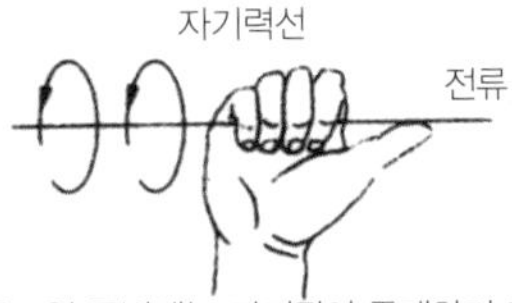

전류코일 주변에는 자기장이 존재하며 자기력선은 코일을 둘러싼 밀폐형 원에 존재한다. 만약 오른손 엄지손가락을 전류의 방향으로 향하게 하면 나머지 네 손가락이 감기는 방향이 자기장의 방향이 된다.

만약 유도코일을 원형으로 접는다면 자기력선은 같은 방향으로 원을 구성하게 된다.

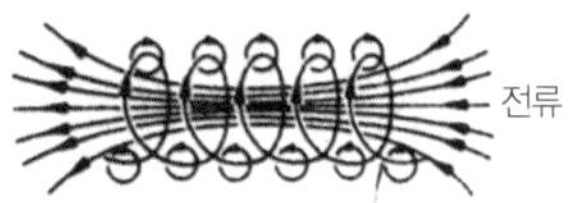

만약 유도코일을 여러 개의 원형으로 접는다면 자기장의 형태는 막대자석 모양의 자기장을 구성하게 된다.

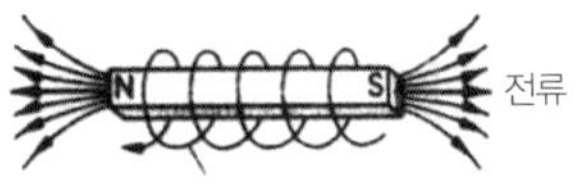

철의 성분 또는 비슷한 성질을 가진 재질을 중심에 넣으면 자석이 된다. 전류의 스위치로 자기장을 컨트롤할 수 있다.

임브리지의 트리니티 대학에 입학하여 수학물리학을 전공했다. 맥스웰은 1856년 애버딘의 매리셜 대학의 교수로 임명되었고 1860년에는 런던왕립학회로 복귀하였으며 1871년에는 케임브리지 대학 실험물리학 교수가 되었다. 맥스웰은 평생 많은 과학적 성과를 거두었으며 그중에서도 전자기학 이론에 가장 큰 공헌을 했다.

1855년에 발표한 「패러데이의 역선에 관해서」라는 논문은 물리학계의 비상한 관심을 이끌어냈다. 1862년에 발표한 「물리적 역선에 관해서」라는 논문에서는 전자기장 이론을 수학적으로 완벽하게 정리했다. 더 이상 개념에만 치우치지 않고 전자기를 수리적으로 해석하는 데 힘을 기울였다. 1864년 맥스웰 방정식을 기술한 「전자기장의 동역학적 이론」이라는 논문에서 전자기파라는 가설을 제시했다. 그는 논문에 "빛은 전기와 자기현상을 일으키는 매질의 횡적인 파동으로 만들어진다"라는 이론을 기재했다. 맥스웰은 전자기파의 전파속도는 광속과 같고, 또한 그 속도는 매질의 유전율 제곱근과 정비례한다고 주장했다. 투명한 물질 속에서의 빛의 속도는 굴절률에 의해 결정되므로 매질의 유전율은 굴절률의 제곱과 같다. 훗날 이와 같은 과학적 예견은 연구를 통해 증명되었다.

맥스웰은 평생 자신이 세운 이론에서 비롯된 예견을 실험으로 증명하지 않았다. 그는 전자기를 확정적으로 해석하지 않고 모형 또는 가설의 전기미립자 및 전자의 개념만으로 해석했다. 그는 노년에 전자기학의 이론을 정리하는 데만 주력했다. 1873년에 출판된 저서 『전자기학』은 19세기 이후의 전자기학 성과를 총정리한 과학의 고전이다.

맥스웰은 1879년 11월 5일, 48세의 젊은 나이에 세상을 떠났

◀ 전자기 원리 그림

이 그림은 왼손 법칙 원리, 오른손 법칙 원리, 전류에서 자기가 발생하는 원리의 순으로 나열되어 있다.

다. 그가 세상을 떠날 당시에는 전자기파가 실험실에서 발견되지 않았지만 정보통신이 보편화된 지금은 전송매체로 널리 활용되고 있다.

전자기파의 발견 : 헤르츠

전자기파를 발견한 사람은 독일의 물리학자 하인리히 루돌프 헤르츠Heinrich Rudolf Hertz이다. 더블린에 위치한 트리니티 대학의 자연철학교수 피츠제럴드George Francis Fitzgerald는 1883년에 빛이 전자기파라는 가설을 제안했다. 피츠제럴드는 만약 맥스웰의 이론이 정확하다면 순수전기학의 방법으로 전기회로에 흐르는 전류를 주기적으로 변화시켜 전자기 복사를 방출할 수 있다고 주장했다.

이 가설을 근거로 헤르츠는 1886년 전자기파를 측정하는 기구를 발명했다. 그는 실험을 통해 한 개의 도선회로를 운동 중인 자기유도선에 가까이하면 회로 양측의 미세틈새 사이에서 전기 스파크가 튀게 된다는 것을 증명했다. 또한 이때 복사가 전류로 변환되어 전기 스파크를 통해 간극으로 방전된다. 그는 간단한 기구를 사용해서 복사가 빛과 흡사한 특성을 지니고 있다는 것을 증명했다. 1888년 1월에 그는 「동전기적 효과의 전파속도에 관한 연구」를 발표했고 이를 통해 전자기파는 빛과 똑같은 특성을

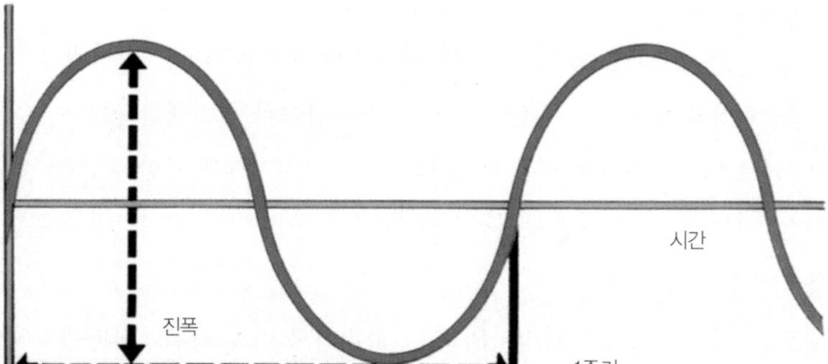

◀ 헤르츠와 주파수
주파수는 시간단위당 하나의 과정 속에서 반복운동이 일어난 횟수를 뜻하며 이는 파형의 운동을 나타내기도 한다. 주파수의 단위는 헤르츠의 이름을 따서 헤르츠라고 한다. 1헤르츠는 초당 1주기 또는 진동횟수를 뜻한다. 주파수와 파장은 밀접한 관계가 있으며 두 개의 곱이 전파의 속도가 된다.

▶ 전자기 지구

전자기장이 자연생태계에 존재하는 객관적 물질이라는 것은 다 아는 사실이다. 즉, 우리가 살아가는 지구는 하나의 거대한 전자기장을 발생하고 있다. 지구의 철 핵심은 액체로 구성되어 있다. 지구핵의 회전속도가 빠르게 돌아갈 때 자성을 지니게 되는 소용돌이 액체에서 원형전류가 발생하여 지구를 둘러싸는 자기장이 형성된다.

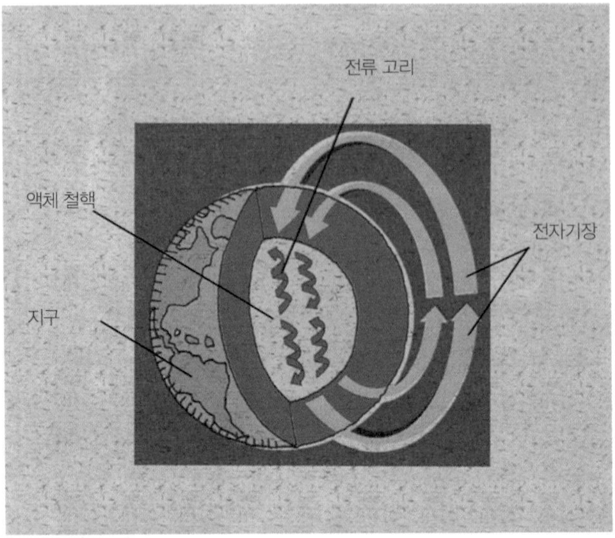

▶ 해저 자기 무늬

지구의 암석은 암석으로 만들어지는 과정에서 지구 자기장의 자기화 영향을 받아 약한 자성을 지니게 된다. 지구 자기장의 방향이 바뀌어도 온도만 일정기준 이상으로 올라가지 않는다면 암석의 자기화는 변화가 없다. 제2차 세계대전 이후 과학자들은 높은 감도를 지닌 자기 탐지기구를 사용하여 두 차례의 실험을 진행했다. 그 결과 해저에 자기력선의 무늬가 존재한다는 것을 발견했다.

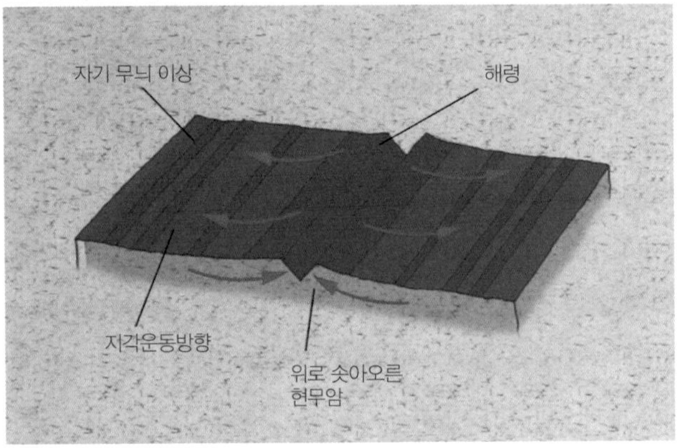

지니고 있다는 것을 증명했다.

헤르츠는 전자기파가 실험실의 벽에서 반사되며 길소나이트의 삼각프리즘에서 굴절된다는 것을 실험으로 밝혔다. 이 밖에 전자기파는 광파와 같이 회절, 편광현상을 일으키고 직선의 전파속도는 광속과 정비례한다는 것을 증명했다. 헤르츠의 이러한 발견은 맥스웰의 빛의 전자기설에 관한 예견을 입증한 셈이다. 그의 발견은 훗날 무선방송과 레이더 등을 발전시키는 데 튼튼한 기초를 닦아놓은 것이다.

헤르츠의 발견 이후 이탈리아의 청년 물리학자 마르코니가 전파에 의한 무선통신을 발명했다.

빛의 본질

파동설과 입자설

▲ 하위헌스(호이겐스)
네덜란드의 물리학자, 천문학자, 수학자인 하위헌스는 추시계의 발명, 천문기구의 설계, 탄성체의 충돌 그리고 빛의 파동이론 등 다양한 분야에서 위대한 성과를 거두었다. 그는 1678년 파리 과학원에 보낸 편지와 1690년 발표한 「빛의 이론」에서 빛의 파동원리, 즉 하위헌스의 원리를 발표했다. 그는 자신이 발표한 원리를 기초로 빛의 반사와 굴절의 법칙을 추론했다.

천문학과 해부학 등 관련 학문 분야의 노력과 광학기구의 발명 및 제작에 따라 17세기말 광학은 이미 물리학에서 중요한 자리매김을 하였을 뿐만 아니라 물리학에 널리 응용되는 분야가 됐다. 기하광학의 발전에 따라 물리광학의 연구가 이루어지기 시작했다.

1663년 영국의 과학자 로버트 보일은 물체의 색은 물체 자체의 성질을 나타내는 것이 아니라 빛이 물체에 비춰지면서 생거난 효과라고 발표했다. 그가 최초로 거론한 비눗방울과 유리구의 색 줄무늬는 향후 연구의 밑바탕이 되었다. 얼마 후 영국의 물리학자 로버트 훅은 비눗방울 박막의 색에 관한 연구에서 "빛은 가상 매질인 에테르의 진동에 의해 전파되는 파이다"라는 가설을 세웠다. 그러나 위대한 물리학자 뉴턴은 1672년 자신의 논문 「빛과 색의 신이론」에서 빛의 분산에 관한 실험결과를 서술했다. 태양빛이 작은 구멍을 통해 어두운 공간 속에 놓인 프리즘에 비추면 맞은편 벽에 색 스펙트럼이 생겨난다는 것이다. 뉴턴은 빛의 복합과 분해는 각기 다른 색의 입자가 혼합, 분해되는 원리와 같다고 발표했다.

◀ 빛과 현상
우리가 객관적인 세계에서 다양한 색채와 순간적으로 변하는 모든 변화의 모습을 볼 수 있는 것은 물체가 쏘고, 반사하고 또는 분산시키는 빛을 우리의 눈이 받아들이기 때문이다. 예를 들어, 거울 앞에 놓인 물체의 이미지가 거울 속에서 보이는 것은 거울 앞의 물체가 쏘거나 반사하는 빛이 거울 면을 통해 반사되어 우리 눈에 들어오기 때문이다.

▶ 뉴턴의 입자설
뉴턴은 1704년에 출판된 『광학』에서 빛은 미세한 입자로 구성되어 있고 발광체에서 입자형식으로 복사된다는 것을 주장했다. 이를 입자설이라고 한다.

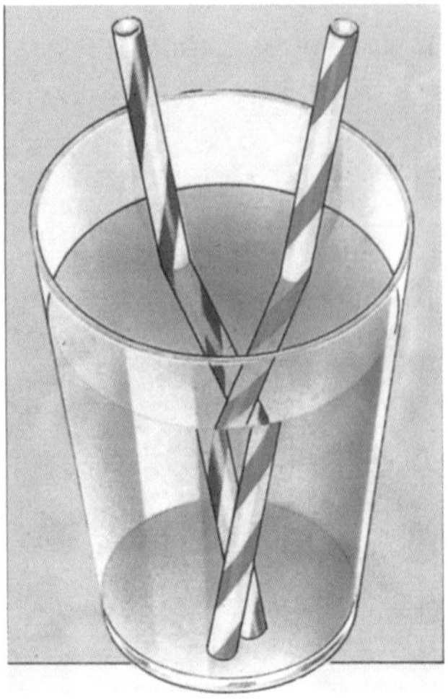

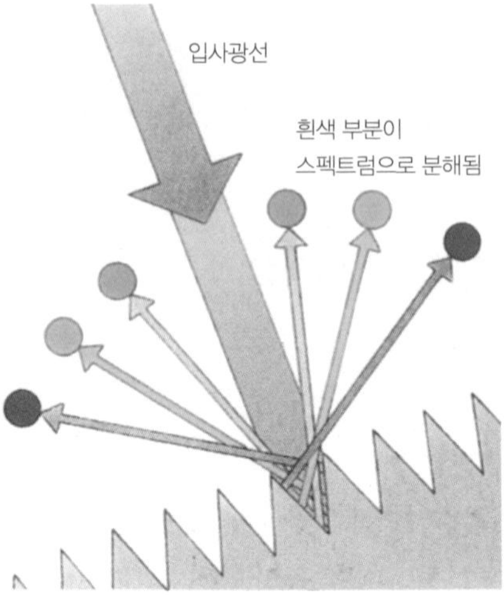

▲ 비눗방울 박막의 색(왼쪽)
빛에너지는 비눗방울의 박막에서 찬란한 색을 띠게 된다. 비눗방울이 바람에 날리는 것에 따라 일곱 가지 색상을 지닌 수막이 하늘을 떠다니면서 천천히 사라진다. 비눗방울의 박막은 인간의 눈으로 식별할 수 있는 가장 얇은 물질 중 하나이다. 비눗방울의 박막 면에 비추는 화려한 색상들은 사람들에게는 기쁨을 안겨주고, 물리학자들에게는 광파의 파장을 계산하는 것을 돕는다. 이 밖에 부드러운 박막의 장력을 연구하여 분자력 작용에 관한 법칙도 연구할 수 있다.

▲ 굴절(가운데)
굴절은 파동의 속도가 달라지는 경계면에서 파동의 방향이 바뀌게 되는 현상을 말한다. 빛이 공기를 통해 물 또는 유리를 통과할 때 이러한 변화가 생긴다. 그림을 보면 물이 담긴 유리컵에 두 개의 스트로가 있다. 측면에서 유리컵을 봤을 때 스트로가 마치 비틀어진 것처럼 보인다. 그러나 유리컵 위쪽에서 아래로 보면 이러한 현상이 사라진다. 그 이유는 바로 유리컵 속에서의 빛의 속도가 공기 속의 빛의 속도보다 느리기에 굴절현상이 일어난 것이다.

▲ 불규칙 표면에서의 빛의 반사(오른쪽)
입사광선이 미세한 물체 표면 또는 불규칙형태 사이에서 왕복반사할 때 물체에서 일곱 가지 색상의 빛이 비치게 된다.

그는 논문에서 입자설에 의거해 빛의 색을 논했다. 파동설과 입자설의 논쟁은 '빛의 색'으로 인해 불거졌고 로버트 훅과 뉴턴은 빛이 입자인가 파동인가를 놓고 길고도 격렬한 논쟁을 벌였다.

파동설을 지지한 네덜란드의 물리학자이자 천문학자인 동시에 수학자인 하위헌스는 로버트 훅의 주장을 계승하여 다시 한 번 파동설을 완벽하게 재확립했다. 하위헌스는 1666년부터 광학연구를 시작했다. 파리 과학원의 연구원으로 재직하는 동안 그는 영국으로 유학을 다녀왔고 영국에 머무는 동안 케임브리지에서 뉴턴을 만났다. 두 사람은 빛의 본성을 주제로 서로의 의견을 나누었지만 하위헌스의 관점이 파동설 쪽으로 기울어지면서 두 사람의 관점이 엇갈리게 된다. 이를 계기로 하위헌스는 물리광학연구에 더욱 열정을 갖고 매진하게 되었다. 파리로 돌아온 후 하위헌스는 뉴턴의 광학실험과 그리말디 실험을 다시 반복해서 연구하였지만 입자설로 설명되지 않는 부분이 너무 많다는 결론을 내렸다. 그리하여 그는 보다 완벽한 파동설을 내세웠던 것이다.

하위헌스는 빛은 역학적 파동이라고 역설했다. 즉, 광파는 매질인 에테르의 진동에 의해 전파되고 파의 각 지점이 매질의 진동을 일으키는 파원이라는 것이다. 이 이론에 근거하여 하위헌스는 빛의 반사법칙과 굴절법칙을 증명하였고 보다 완벽하게 빛의 회절 및 복굴절 현상과 유명한 '뉴턴의 원 무늬'를 해석했다. 1678년 하위헌스는 파리 과학원에 「빛에 관한 논고」라는 제목으로 광학 논문을 제출했다.

「빛에 관한 논고」에서 빛의 파동설을 주장한 하위헌스는 같은 해에 입자설을 반박하는 연설을 하였고 1690년에 이 논문이 정식 출판되었다.

하위헌스가 파동설 홍보에 적극 나서는 동안 뉴턴의 입자설은 점차 그 이론을 확립해 나가고 있었다. 뉴턴은 자신의 유명한 저서 『광학』을 업그레이드하여 재편집했다. 뉴턴은 『광학』에서 두 가지 이론을 내세워 하위헌스를 반박했다. 첫째, 빛이 만약 파동으로 생겨나는 것이라면 음파와 같이 장애물을 피해 그림자가 생길 수 없다는 것이다. 둘째, 빙주석의 복굴절현상에 의하면 빛은

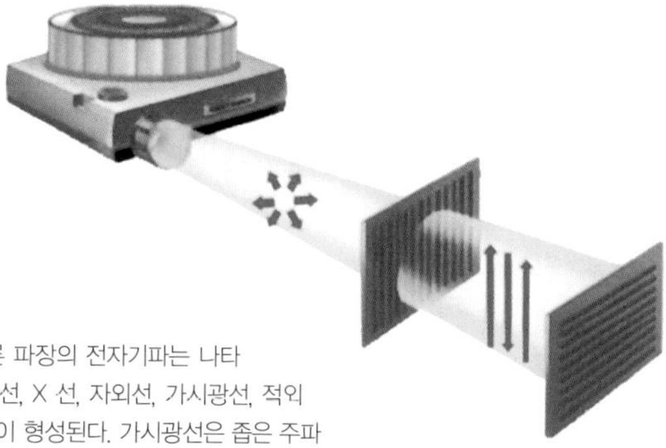

▶ **빛의 특성**

전자기파는 입자흐름의 성질을 가지고 있다. 굴절과 반사를 만나지 않으면 직선운동으로 계속 이어진다. 빛이 극성을 지닌 여과지를 통과할 때에는 전자기파의 특성을 나타낸다. 일반적인 빛은 여러 방향으로 진동하는 파가 포함되지만 극성을 지닌 여과지에서는 수평 또는 수직방향으로 빈틈을 통과하며 빛이 투시될 때는 어두워진다. 이는 일부 진동방향의 파만 통과 가능하며 일부 진동방향의 파는 저지된다는 뜻이다.

▼ **전자기파 스펙트럼**

천체에서 발생한 전자기 복사에는 파장과 주파수를 지니고 있다. 서로 다른 파장의 전자기파는 나타내는 특색도 확연한 차이가 따른다. 전자기파는 그 파장에 따라 순시대로 γ선, X 선, 자외선, 가시광선, 적외선, 무선파(극초단파, 단파, 중파, 장파. 초장파 등)로 나누어져 전자기파 스펙트럼이 형성된다. 가시광선은 좁은 주파수의 구간이다. 과학자들은 '빛' 이라는 글자로 전자기파 스펙트럼의 가시광선을 표기한다.

▲ **산란**
산란은 빛이 매질 속에서 전파될 때 일부 광선이 원의 중심방향에서 멀어지면서 분사 전파되는 현상을 뜻한다. 예를 들어, 태양빛과 공기 속에서 육안으로 식별 불가능한 공기분자가 충돌했을 때 서로 다른 방향으로 분산되는 것을 산란현상이라고 한다. 산란은 파란색으로 발생하기에 맑은 하늘의 색깔이 파란색인 것이다.

모든 각에서 서로 다른 성질을 나타내므로 파동설로는 이를 설명할 수 없다는 것이다. 뉴턴은 자신의 물질 입자설을 전체 자연계로 확대시켰을 뿐만 아니라 자신의 입자역학체계와 통합하여 입자설을 뒷받침했다.

하위헌스의 파동설은 이를 확증할 완벽도가 떨어졌고 18세기 전반에는 당대 최고의 과학자 뉴턴의 입자설이 우세했다. 따라서 어느 누구도 감히 입자설에 도전하는 자가 없었고 빛의 본성을 연구하는 자도 많지 않았다.

19세기 파동설의 부활

18세기 말 독일의 자연철학에 영향을 받게 되면서 비로소 사람들의 사고가 개방되었다. 영국의 유명 물리학자 토마스 영Thomas Young은 뉴턴의 광학이론에 의문을 갖기 시작했고 1800년에 자신의 실험결과를 정리하여 논문 「빛과 소

▼ **파장**
뉴턴은 최초로 빛의 색채론을 발표한 사람이다. 그는 실험을 통해 태양빛은 여러 가지의 색상이 혼합 구성되어 있다는 것을 실증하였고 또한 빛의 색은 빛의 파장에 의해 결정된다는 것을 밝혀냈다. 파장이 다른 빛이 인간의 눈 망막에 비춰지면서 대뇌에 서로 다른 느낌을 전달하게 되는데 이때 생겨나는 감각이 바로 색각이다. 사람들은 자신의 색각으로 사물의 색상을 식별하게 되는 것이다.

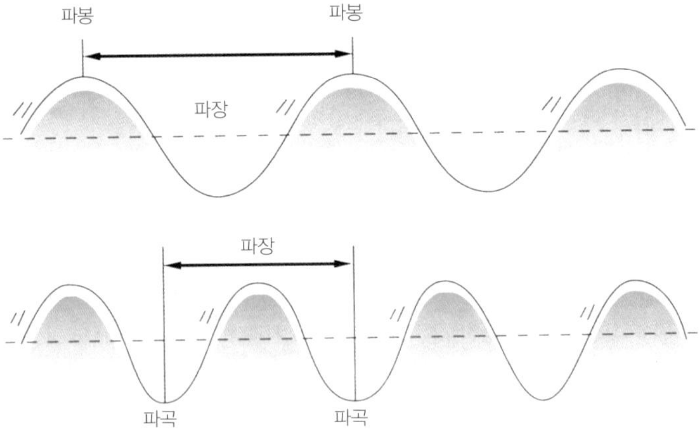

표면파의 설명도

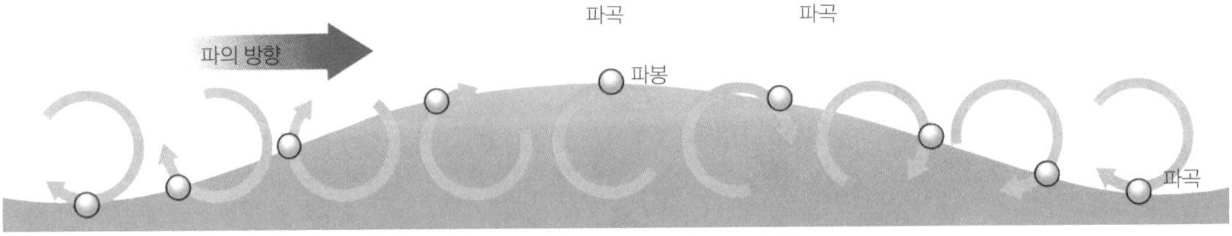

리에 관한 실험과 문제점」을 완성했다. 토마스 영은 논문을 통해 빛과 소리를 비교분석한 결과 빛은 에테르를 매질로 전파되는 탄성진동이며 또한 종파의 형식으로 전파된다는 주장을 밝혔다. 이 밖에 그는 빛의 각기 다른 색은 소리의 각기 다른 주파수와 같은 원리라고 주장했다. 파동설은 100년의 침묵을 깨고 다시 부활하였고 광학계에 새로운 바람을 일으켰다.

1801년에 토마스 영은 두 개의 겹치는 빛의 간섭효과 실험을 진행했다. 실험에 사용된 화이트 스크린 명암 사이에 생겨난 흑백무늬는 빛의 간섭현상을 나타내며 "빛은 파동이다"라는 주장을 증명했다. 토마스 영은 같은 해 영국왕립학회의 「철학회보The Philosophical Transactions」에 논문을 발표하였고 그는 논문에서 '뉴턴의 원 무늬' 실험과 자신의 실험을 재해석하여 최초로 빛의 간섭 개념과 법칙을 제창했다. 토마스 영은 1803년 논문 「물리광학에 관한 실험과 계산」을 발표했다. 그는 빛의 간섭법칙에 근거하여 빛의 회절현상을 보다 더

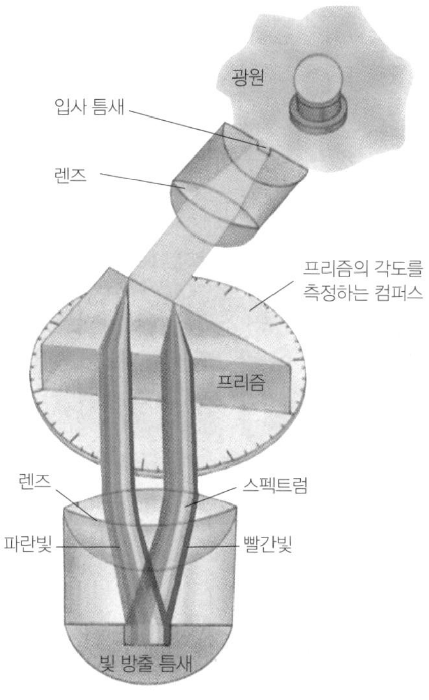

◀ 스펙트럼학
분광기를 이용하여 물질과 복사의 과학을 분석하는 것을 '스펙트럼학'이라고 한다. 유리 프리즘을 통해 빛을 스펙트럼으로 분산하는 것은 분광기의 분석형식 중 하나이다. 그림과 같이 빛이 프리즘을 통과한 뒤 여러 가지 색의 스펙트럼으로 분산되는 것을 가시 스펙트럼이라고 한다.

▼ 물체의 색상 (아래 왼쪽)
물체마다 특정한 색상을 가지고 있는 것은 스펙트럼의 일부분만 반사되고 다른 빛을 흡수하였기 때문이다. 예를 들어, 식물의 잎이 초록색으로 보이는 것은 잎이 스펙트럼의 초록색 부분을 흡수하지 않아서이다.

▼ 빛의 삼색 (아래 오른쪽)
빨강, 노랑, 파랑 삼색을 'tricolor'라고 부른다. 삼색의 빛은 서로 다른 강도하에서 스펙트럼의 다양한 색상으로 혼합될 수 있다. 하지만 이 세 가지의 원색으로 혼합될 수 있는 빛은 없다. 그림을 보면 삼색이 혼합되어 흰색으로 바뀐 것을 알 수 있다.

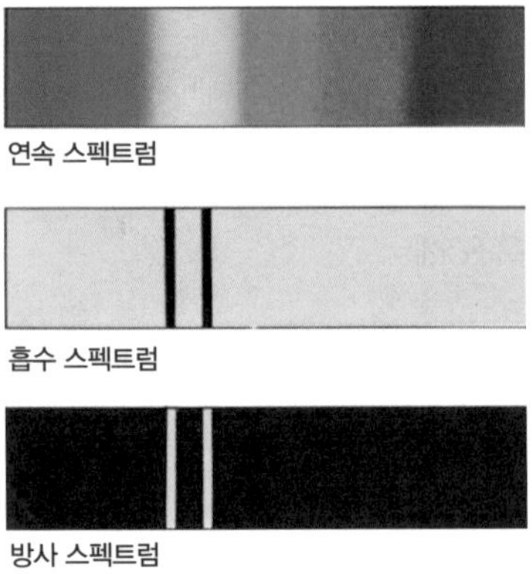

▲ 스펙트럼
스펙트럼은 서로 다른 파장과 주파수의 전자기 복사에서 형성되는 것이다. 흡수 스펙트럼과 방사 스펙트럼을 이용해서 서로 다른 물질의 파장을 찾아낼 수 있다. 흡수 스펙트럼에서는 물질이 특정 파장의 에너지를 흡수하여 출현한 스펙트럼이 특정 파장의 물질에서 검은 선이 나타난다. 방사 스펙트럼에서는 물질이 열로 인해 빛을 방사하면 다양한 색상의 스펙트럼선이 나타난다.

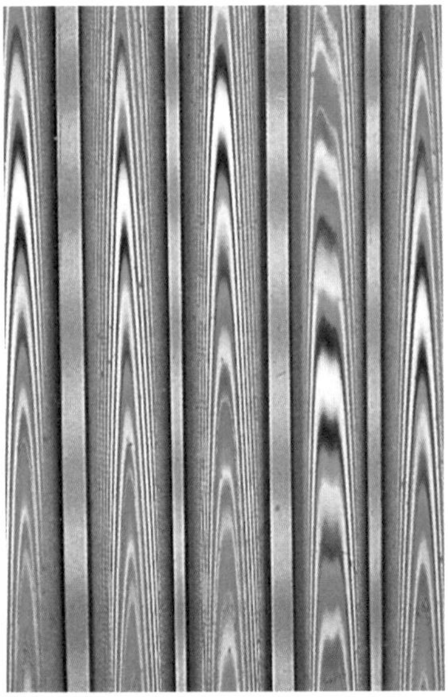

▲ 편광
파의 진동방향이 한쪽 방향으로만 생기는 경우를 편광이라고 한다. 편광은 섬유장력을 여러 줄기의 무지개 빛으로 표현할 수 있다. 이 그림은 칫솔모의 확대 이미지이다.

상세하게 재해석하였고 회절은 직사광과 반사광의 간섭으로 인해 형성된다고 주장했다. 비록 이러한 해석이 완벽하다 할 수 없지만 그의 주장이 파동설의 발전에 큰 영향을 미쳤다는 것은 의심할 여지가 없다. 그는 1807년 『자연철학강의』에서 체계적으로 빛의 파동설의 기본원리를 서술했다.

1809년 프랑스 물리학자 말뤼스Etienne Louis Malus는 실험을 통해 빛의 편광현상을 발견했다. 빛의 간단굴절에서의 편광을 연구하던 중 그는 빛이 굴절할 때 부분적으로 편광현상을 일으킨다는 것을 발견했다. 과거 하위헌스는 빛은 종파의 형식으로 전파되고 횡파의 형식으로 전파되었을 때에는 편광이 일어날 수 없다는 이론을 내세웠다. 따라서 말뤼스가 발견한 편광현상은 파동설을 반대하는 유력한 증거가 되었다. 이러한 상황 속에서 토마스 영은 광학을 심층연구하기 시작했고 1817년에 하위헌스의 "빛은 종파의 형식으로 전파된다"라는 이론을 버리고 "빛은 횡파의 형식으로 전파된다"라는 가설을 세웠다. 이로써 빛의 편광현상을 해석하는 데 보다 더 효율적으로 접근할 수 있었다.

프랑스 물리학자 프레넬Augustin Jean Fresnel은 토마스 영의 이론을 모른 채 자신만의 빛의 파동설을 내세웠다. 1815년 그는 프랑스 과학원에 광학에 관한 첫 번째 논문을 제출하였고 논문의 실험 내용과 이론이 확실하여 프랑스 물리학계의 인정을 빨리 받을 수 있었다. 1819년에 그는 아라고François Arago와 함께 토마스 영의 "빛은 횡파의 형식으로 전파된다"는 주장을 연구와 실험을 통해 입증했다. 결국 그들의 노력으로 입자설이 광학의 주류를 이루던 상황을 타파하게 된 것이다. 파동설을 근거로 진행된 광학실험은 19세기의 물리광학계의 발전을 이룩하는 데 크게 기여했다.

스펙트럼 연구

빛의 파동설이 확립되면서 물리광학의 스펙트럼 연구가 잇따랐고 스펙트럼은 19세기 물리광학의 새로운 성과로 여겨졌다. 1814년에 독일의 물리학자 프라운호퍼Joseph von Fraunhofer는 스펙트럼학에 큰 업적을 남겼다. 1814년에서부터 1815년까지 프라운호퍼는 뮌헨 과학원에 자신이 직접 편집제작한 태양의 스펙트럼 그림을 선보였다. 그림 속에는 무수한 검은 선이 있고 이 중 여덟 개의 검은 선은 비교적 뚜렷하게 그려져 있으며 이것은 A~H까지의 알파벳으로 표기되어 있다프라운호퍼 선이라고도 한다.

프라운호퍼선은 향후 스펙트럼의 정확도를 높이는 데 기여를 했을 뿐만 아니라 견실한 기초가 되어주었다. 프라운호퍼는 1821년 최초로 회절격자를 굴절장치로 사용해 태양빛을 한층 더 정확한 스펙트럼으로 형성했다. 또한 그는 회절격자를 사용해 태양 스펙트럼선의 파장을 측정했다.

1859년에 독일의 물리학자 키르히호프Gustav Robert Kirchhoff는 태양 스펙트럼

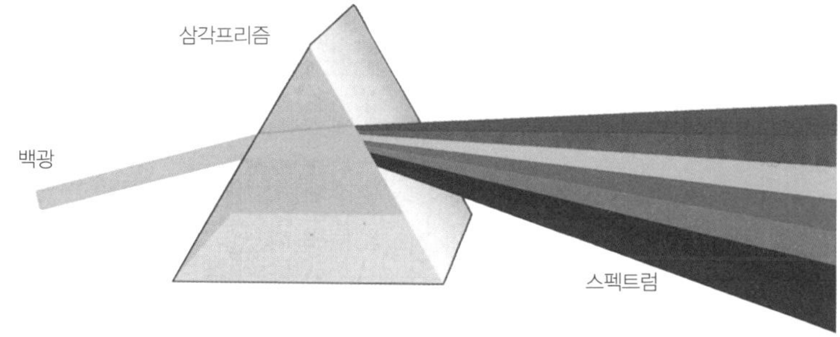

◀ **빛의 산란**
복색광을 삼각프리즘 등 분광기를 통하여 분산하게 하면 단색광으로 바뀌는 현상을 빛의 산란이라고 한다. 산란현상은 서로 다른 파장의 서로 다른 굴절각도로 인해 발생하는 것이다. 이중 단파장의 빛의 굴절각도가 비교적 크기 때문에 복색광이 매질에 투입될 때 굴절로 인해 산란현상이 일어난다. 예를 들어, 흰색은 각기 다른 색상과 각기 다른 파장의 빛이 조합된 것이다. 삼각프리즘을 통해 분해시키면 일곱 가지 무지개 빛깔로 바뀐다.

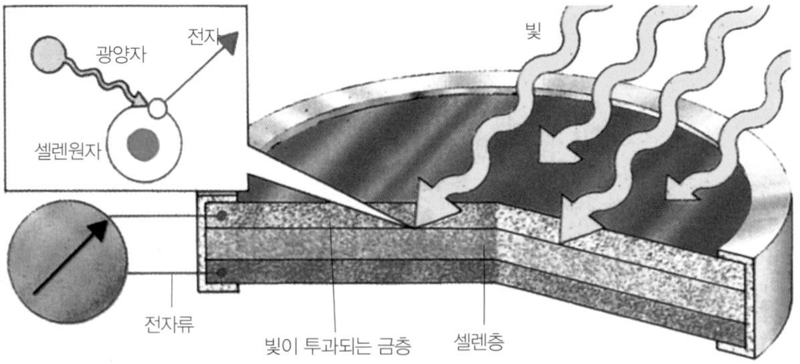

◀ **광전지**
광전지는 빛에너지로 전류를 흐르게 하는 장치이다. 그림은 반금속 원소 셀렌을 사용해서 만든 광전지이다. 빛(광양자)의 조사를 받아 전자를 방출하고 흐르는 전자를 통해 전류를 생성한다.

에 있는 검은 선의 의미를 해석했고 검은 선은 각종 단순물질의 특징적인 스펙트럼선이라는 것을 발견했다. 이를 토대로 키르히호프는 스펙트럼을 분석하는 방법을 창조했고 이러한 중요한 분석법은 향후 근대 원자물리학과 천체물리학의 실험연구에 광범위하게 응용됐다.

1880년대 스펙트럼학은 이미 발전에 발전을 거듭했고 대량의 데이터와 자료를 누적했다. 20세기 물리학자에게 주어진 임무는 이 광범위하고 복잡한 자료들을 정리해 그 속에서 하나의 통일된 법칙을 찾아내는 것이었다. 또한 스펙트럼이 형성된 원인, 즉 스펙트럼과 물질과의 관계에 대해 이론적인 해석이 절실이 필요했다.

광속측정

물리광학 역사상 광속측정은 광학실험을 촉진했을 뿐만 아니라 광속이 무한한 것이라는 기존의 관념을 깼다. 입자설과 파동설의 끝없는 논쟁에 설득력 있는 증거를 제공하였고 아인슈타인의 상대성이론을 발전시키는 데 큰 힘을 실었다.

광속의 문제에 관해서 17세기의 케플러와 데카르트는 "빛의 전파는 시간이 필요 없다" 즉, "순간적으로 진행되는 것이라 측정이 불가능하다"는 주장을 제기했다. 반대로 갈릴레이는 광속의 전파속도는 빠르나 측정 가능하다는 주장을 제기했다. 1607년에 갈릴레이는 최초로 광속측정 실험을 진행한 사람이다. 그러나 광속의 전파속도가 너무 빠르기에 당시의 실험법으로는 결과를 얻어낼 수 없었지만 갈릴레오의 실험은 인류 역사상 광속연구의 서막을 연 위대한 연구이다.

1676년에 덴마크 천문학자 뢰머Olaus Roemer는 천문관측 분야에서 최초로 효율적인 광속측정법을 제시한 사람이다. 하위헌스는 뢰머가 제시한 데이터와 지구의 반경을 계산해 최초로 초속 214,000킬로미터란 광속을 측정해 냈다. 비록 잘못된 수치이지만 그에게는 파동설을 연구하는 데 큰 힘이 되어준 측정결과이다. 여기서 중요한 것은 이 결과의 오류는 방법에서 비롯된 것이 아니라 뢰머가 빛이 지구에 도달하는 시간을 잘못 추정하여 생긴 것이다. 현대에 이르러 뢰머의 방법은 몇 차례의 교정작업을 거쳐 결과 초속 298,000킬로미터로 수정되었다. 이는 현대적 실험을 통해 얻은 비교적 정확한 수치이다.

1849년 프랑스 물리학자 피조Armand Hippolyte Louis Fizeau는 최초로 지상 실험 장치를 제작하여 빛의 속력을 측정했다. 그는 회전하는 톱니바퀴를 사용하여 실험실에서 빛의 속력을 측정했고 초속 315,000킬로미터의 결과를 얻었다.

이 수치는 실험실에서 측정한 광속이어서 정확도가 떨어진다. 1850년에 프랑스의 물리학자 푸코Jean Bernard Léon Foucault는 피조의 방법 대신 회전하는 거울을 이용하여 광속을 측정했다. 그가 얻은 광속은 초속 298,000킬로미터이고 현대 실험에서 얻은 수치와 매우 흡사하다. 이 밖에 푸코는 물속에서의 광속도 측정했다. 그는 물속에서의 광속과 진공에서의 광속을 비교 분석한 뒤 빛이 공기를 통해 물속으로 입사할 때의 굴절률을 측정해 냈다. 이 실험은 입자설이 파동설에 밀려난 직후 다시 한 번 입자설을 반박하는 증거로 입자설에 마지막 타격을 가한 셈이다.

광속측정이 불가능한 상황에서 비교적 정확한 광속을 측정해내는 데 총 3백여 년의 시간이 필요했다. 3백여 년의 세월에서 얻은 모든 성과는 기하광학과 물리광학의 발전에 큰 기여를 했다. 특히 입자설과 파동설의 오랜 논쟁을 광속의 측정을 통해 유명한 과학적 이론에 반박할 수 있는 증거를 제공해 주었다.

03 19세기 천문학의 발전

중국

1809년 서조준 『고후몽구』에 천문, 지리, 측정기구 관련 내용 기재

1811년 허종언 『감지수재집』에 천왕성에 대해 거론

1836년 고관광 『회회역해』 완성

1845년 경징, 주경여 공동 집필한 『의상고성속편』 중국 학자가 펴낸 천문학 저서

1851년 태평천국 새로운 역법 『천력』 반포

1897년 왕도 근대천문학의 계산법으로 『춘추』에 기재된 일식 기록 고증. 노나라 역법 새로이 제정

영국

1800년 허셸 태양 스펙트럼 중의 불가시광선 '적외선' 발견

1845년 프랑스 르베리에 불규칙적인 천왕성의 운동에 근거하여 새로운 혜성 존재 발견

1850년 월로스 성운이 소용돌이 구조를 갖추고 있다는 사실 발견

1857년 포그슨 천체의 광도와 광도계급 간의 기본적인 관계식 만듦

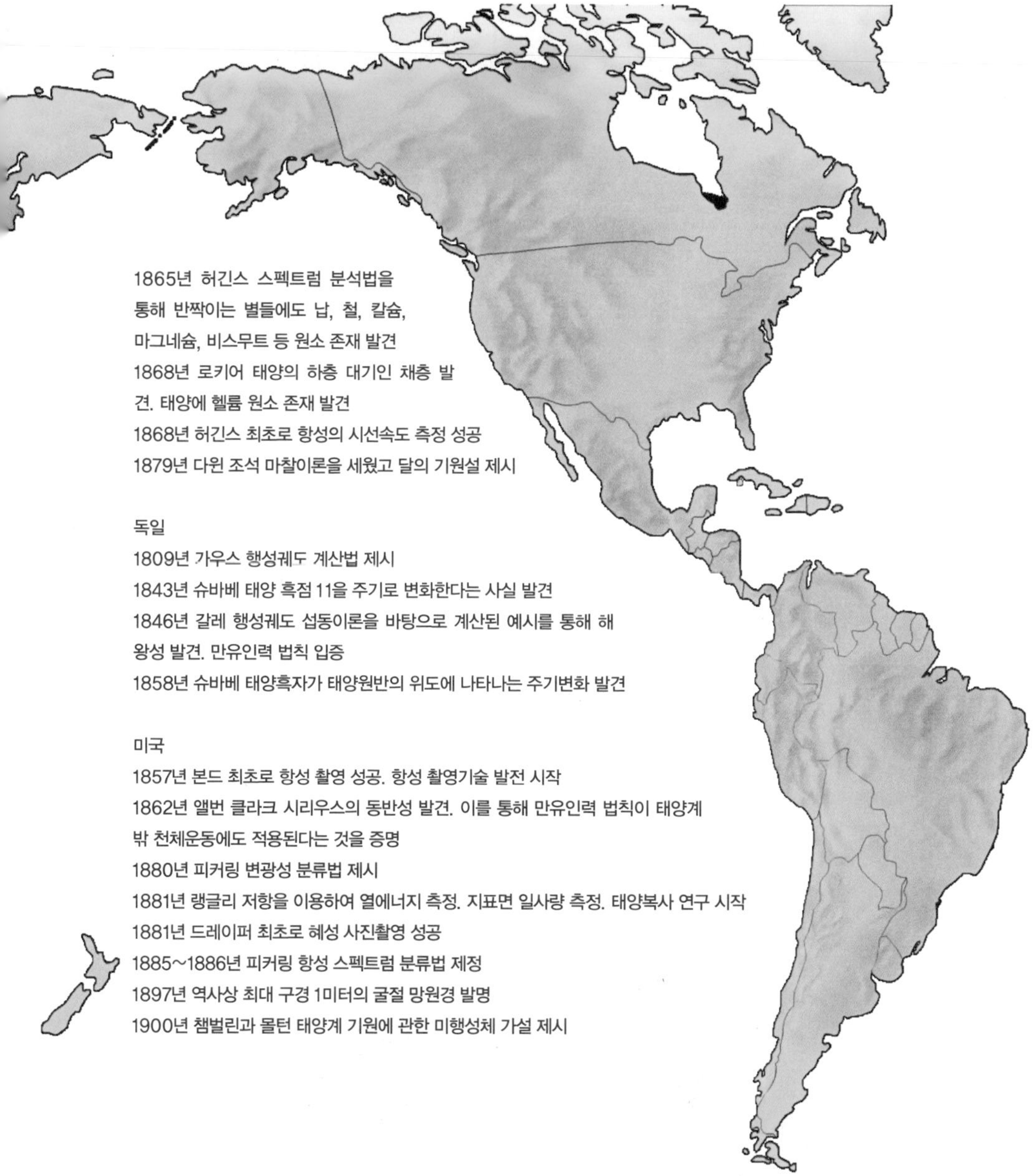

1865년 허긴스 스펙트럼 분석법을 통해 반짝이는 별들에도 납, 철, 칼슘, 마그네슘, 비스무트 등 원소 존재 발견

1868년 로키어 태양의 하층 대기인 채층 발견. 태양에 헬륨 원소 존재 발견

1868년 허긴스 최초로 항성의 시선속도 측정 성공

1879년 다윈 조석 마찰이론을 세웠고 달의 기원설 제시

독일

1809년 가우스 행성궤도 계산법 제시

1843년 슈바베 태양 흑점 11을 주기로 변화한다는 사실 발견

1846년 갈레 행성궤도 섭동이론을 바탕으로 계산된 예시를 통해 해왕성 발견. 만유인력 법칙 입증

1858년 슈바베 태양흑자가 태양원반의 위도에 나타나는 주기변화 발견

미국

1857년 본드 최초로 항성 촬영 성공. 항성 촬영기술 발전 시작

1862년 앨번 클라크 시리우스의 동반성 발견. 이를 통해 만유인력 법칙이 태양계 밖 천체운동에도 적용된다는 것을 증명

1880년 피커링 변광성 분류법 제시

1881년 랭글리 저항을 이용하여 열에너지 측정. 지표면 일사량 측정. 태양복사 연구 시작

1881년 드레이퍼 최초로 혜성 사진촬영 성공

1885~1886년 피커링 항성 스펙트럼 분류법 제정

1897년 역사상 최대 구경 1미터의 굴절 망원경 발명

1900년 챔벌린과 몰턴 태양계 기원에 관한 미행성체 가설 제시

18세기에서부터 19세기 초반까지는 근대 천문학이 발전을 거듭해 나가는 시기였다. 1846년 해왕성이 발견됨에 따라 천체역학은 전례 없는 영광과 명예를 얻을 수 있었지만 천체 본질에 대한 인류의 이해도는 여전히 지극히 낮은 수준에 머물러 있었다. 천체역학으로도 이를 해석할 수 없을 정도로 수준이 낮았다. 19세기 중엽 물리학의 발전에 따라 천체물리학이 발전의 씨앗을 뿌리고 싹을 틔우기 시작했다. 그 당시 천체역학은 단순히 천체의 밝기를 측정하고 천체의 스펙트럼을 분석할 정도의 수준에밖에 이르지 못했다. 천체물리학의 탄생은 현대천문학의 기점이자 천체측정학을 새로운 단계로 발전시키는 데 크게 이바지한 일등공신이다.

항성의 거리

▲ 브래들리

코페르니쿠스가 지동설을 예견한 뒤 많은 과학자들이 관측을 통해 지구 공전 사실을 증명하고자 했다. 이중 한 사람이 바로 브래들리이다. 목사이자 천문학자인 브래들리는 영국 그리니치 천문대의 제3대 대장을 역임했다.

코페르니쿠스가 지동설을 제기한 뒤 많은 사람들이 항성의 연주시차 관측을 통해 코페르니쿠스 지동설의 정확도를 확인하고자 했다. 19세기에 몇몇의 천문학자가 항성의 연주시차 관측에 성공하였고 이 덕분에 항성거리를 측정하는 방법을 알게 되었을 뿐만 아니라 코페르니쿠스의 학설을 과학사에 길이 남을 수 있도록 해주었다.

사람들은 뉴턴과 케플러 법칙을 통해 행성의 운동을 완벽하게 해석할 수 있지만 코페르니쿠스의 이론에는 여전히 풀리지 않는 숙제가 남아 있었다. 바로 항성의 연주시차였다. 시차는 관측자의 거리가 서로 다른 두 개의 위치기선이라고도 함에서 본 천체의 방향과 각도이다. 연주시차는 지구가 태양을 중심으로 공전운동을 함에 따라 생기는 시차이다. 코페르니쿠스가 지동설을 제시한 뒤 많은 사람들이 항성의 연주시차를 관측하고자 했지만 모두 실패로 돌아갔다.

▶ 티코 브라헤의 우라니보르그 천문대

덴마크 벤섬에 위치한 우라니보르그 천문대에는 당시 최첨단의 천문기구들이 갖춰져 있었다. 티코 브라헤는 이곳에 정확도가 높은 천문관측자료를 많이 모아두었으며 이는 향후 케플러가 행성운동 법칙을 연구하는 데 튼튼한 밑받침이 되었다.

▲ **우주성단**

성단은 중력으로 서로 묶여 있는 항성들의 집단이다. 수많은 별들이 상호간의 인력작용으로 무리를 만들게 되는 것이다. 성단은 별들이 모여 있는 형태와 별의 수량에 따라 산개성단과 구상성단으로 구분된다.

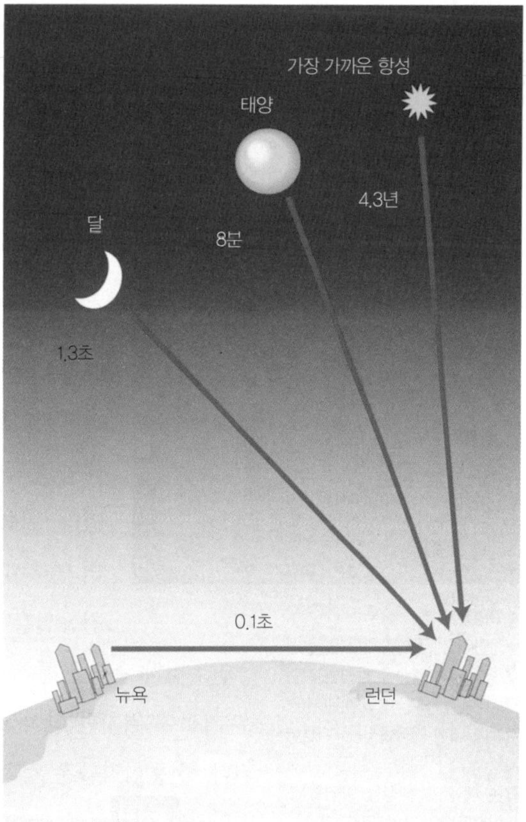

▲ **광행차**

지구의 공전운동에 따라 광행차 현상이 일어난다. 변위는 관측자의 평균속도 그리고 광속과 관계가 있다. 천문거리는 일반적으로 광년으로 표기하고 측정법은 1년을 초단위로 환산하여 광속과 곱하면 된다. 그림은 빛이 각지에서 출발해 런던으로 도착하는 데 필요한 시간을 측정한 것이다. 반대로 런던의 한 지점에서 달, 태양을 관찰할 때에는 지구 공전운동으로 인하여 광행차 현상이 일어난다.

심지어 일부 천문학자들은 코페르니쿠스의 지동설을 의심하기 시작했고 이중 한 사람이 바로 유명한 천문학자 티코이다. 뉴턴 이후 150년간 많은 천문학자들이 노력해서 항성의 연주시차를 연구했지만 19세기 초에 이르러서야 성공을 거두게 된다. 18세기 영국의 천문학자 브래들리James Bradley가 연주시차를 관측하는 과정에서 뜻밖의 발견을 하는데 그것이 바로 광행차이다. 광행차의 발견은 연주시차와 같이 지구가 태양을 따라 돌고 있다는 사실을 증명해 주는 매우 중요한 발견이다.

또한 실제 관측을 통해서 사람들은 광행차 변위를 분리할 수 있어 정확하게 연주시차가 일으키는 편차현상을 관측할 수 있다. 광행차의 관측결과에 따르면 항성의 자체 운동상황과 관측자가 위치하고 있는 지구의 운동상황과 관계없이 모든 항성의 별빛은 똑같은 속도로 관측자에게 다가온다. 이 법칙의 본질은 200년 뒤 아인슈타인이 발표한 특수상대성이론으로 완벽하게 해석되었다. 광행차의 정밀도는 10킬로미터 떨어진 곳에서 한 개의 미터자를 보는 것과 같다. 하지만 이것만으로 연주시차 관측을 해석하기에는 부족하기 짝이 없다.

1834년 러시아의 천문학자 스트루베Pyotr Berngardovich Struve는 새로 제작한

▲ **허셸**
윌리엄 허셸은 태양계의 일곱 번째 행성인 천왕성을 발견한 사람이고 사람들이 알고 있던 과거 태양계에 대한 인식을 바꾼 사람이기도 하다. 천왕성의 발견 외에도 그는 네 개의 위성을 발견했다. 항성천문학의 아버지라고 불리는 그는 평생 항성계수에 관한 연구를 진행해 왔다.

천문망원경을 이용해 3년간 관측을 진행했고 그 결과 직녀성은 0.25"의 연주시차를 가지고 있다는 사실을 발견했다. 이 밖에 백조자리 61호성은 0.35"의 연주시차를 가지고 있다는 것을 독일의 천문학자 베셀Friedrich Wilhelm Bessel이 밝혀냈고 센터우루스자리 알파별은 0.91"의 연주시차를 가지고 있다는 것을 영국의 천문학자 헨더슨Thomas Henderson이 밝혔다. 이 수치는 현대에 측정된 수치보다 정확도는 낮아도 당시 상황으로서는 대단한 발견이 아닐 수 없다.

연주시차 측정 성공으로 처음으로 코페르니쿠스의 지구가 태양을 중심으로 공전운동을 한다는 지동설이 실제로 입증되었다. 만약 프톨레마이오스의 천동설이 정확하다면 모든 항성의 연주시차는 0일 것이다. 많은 항성의 연주시차가 측정된 뒤 천동설은 과학계에서 철저하게 외면당했다.

연주시차 측정을 통해 사람들은 놀라운 사실을 발견했다. 지구와 가장 가까운 거리에 위치한 항성도 그 거리가 지구에서 태양까지의 272,000배 가까이 된다. 천문학자들은 정확한 실험과 수학적 연산을 기초로 항성 간의 거리를 명확하게 이해하게 되었다. 이는 천문학 발전사에 획기적인 이정표를 남겼다.

1781년 영국의 천문학자 허셸F. W. Herschel이 천왕성을 발견한 뒤 많은 사람들이 망원경을 천왕성에 맞추기 시작했다.

얼마 지나지 않아 천왕성의 운동법칙이 계산되었다. 천왕성은 태양을 중심으로 공전하는 행성이며 태양으로부터 29억 킬로미터 떨어져 있고 초속 7킬로미터의 속도로 공전한다. 천왕성의 궤도 반경은 지구보다 19배나 크며 운동속도는 지구보다 느리다. 천왕성의 공전주기는 84년 9개월이므로 지구에서 84년이란 긴 세월을 보내야 천왕성은 겨우 1년이 된다.

이러한 발견이 있은 뒤부터 기괴한 일들이 연속으로 일어났다. 이 발견으로부터 1,800년이 지난 뒤 천왕성의 운동속도가 갑자기 빨라졌고 1830년경에는 원래보다 더 느린 속도로 떨어진 것이다. 1800년에서부터 1810년까지 10년간 천왕성이 이동한 거리가 1830년에서부터 1840년까지 10년간 이동한 거리보다 더 길다. 심지어 이 기간 동안 천왕성은 사람들이 계산한 궤도에서 벗어나

◀ **망원경** (위 아래 사진 모두)
윌리엄 허셀은 천문역사상 망원경 제작 수가 가장 많은 사람이다. 그는 자신을 위해 만든 두 개의 망원경으로 천왕성과 토성의 첫 번째 별 '엔셀라두스'를 발견했다. 위의 것은 전체 길이가 2.1미터, 구경이 15센티미터이며 아래 것은 전체 길이가 12.2미터, 구경이 1.5미터이다.

태양과의 거리가 더욱더 멀어졌다. 이러한 상황은 다른 행성에서도 발생한다. 한 개의 행성이 다른 행성과의 거리가 가까워질 때 서로 인력작용을 일으켜 사람들이 계산한 궤도에서 벗어날 수 있다. 두 개의 행성이 거리가 가까워질 때 궤도가 짧은 행성의 속도가 점점 빨라진다. 반대로 두 개의 행성이 거리가 멀어질 때 궤도가 짧은 행성의 속도가 점점 느려진다. 사람들은 뉴턴의 이론에서 비롯된 오류인지 아니면 다른 천체의 인력작용이 천왕성에 영향을 미친 것인지에 대해 고민하게 됐다.

새로운 행성은 천왕성보다 더 멀리 있을 뿐만 아니라 천왕성보다 더 어두울 것이다. 망망대해 우주에서 망원경만으로는 영원히 새로운 행성을 찾아낼 수 없다. 따라서 사람들은 천왕성의 운동속도와 궤도의 변화에 근거하여 새로운 행성의 위치를 계산해 내기로 했다. 계산을 통해 위치를 추적하는 것은 결코 쉬운 일이 아니다. 반드시 수많은 복잡한 물리 및 수학공식이 필요했다.

1845년에 26세의 영국 케임브리지 대학 연구생 애덤스John Couch Adams가 계산을 통해 천왕성궤도 바깥쪽에 대행성이 존재한다는 것을 밝혔다. 또한 미지의 대행성이 인력작용을 일으켜 이론적 계산과 실제 관측의 위치가 어긋나는 것을 예견했다. 그는 계산을 통해 미지의 대행성의 위치를 파악했고 향후 그의 예견은 많은 천문학자들의 관심을 끌었다.

1846년 9월 28일 독일의 베를린 천문대 소속의 갈레Johann Gottfried Galle 박사는 프랑스의 청년 수학자 르베리에Urbain-Jean-Joseph Le Verrier에게서 한 통의 편지를 받았다. 밤에 망원경으로 하늘의 한곳을 바라봐달라는 내용이었다. 르베리에는 그곳에 새로운 행성이 있다는 것을 예견했고 그 행성은 바로 지금 우리가 알고 있는 태양계의 여덟 번째 행성이다. 갈레 박사는 정밀하게 그려진 항성도를 펼쳐 당일 저녁부터 행성

◀ **천왕성**
천왕성은 기타 행성의 미세한 인력으로 인해 운행궤도와 이론적 위치가 어긋나 있다. 궤도의 변화로 천왕성과 지구 간의 거리가 본래의 31.4억 킬로미터에서 25.9억 킬로미터로 변경되었다. 이러한 상황은 지속적으로 발생할 것으로 예측되고 있다. 과학자들은 향후 10년 안에 천왕성의 인력 증가로 지구에 지진의 위협을 가져다줄 것이라고 예언했다.

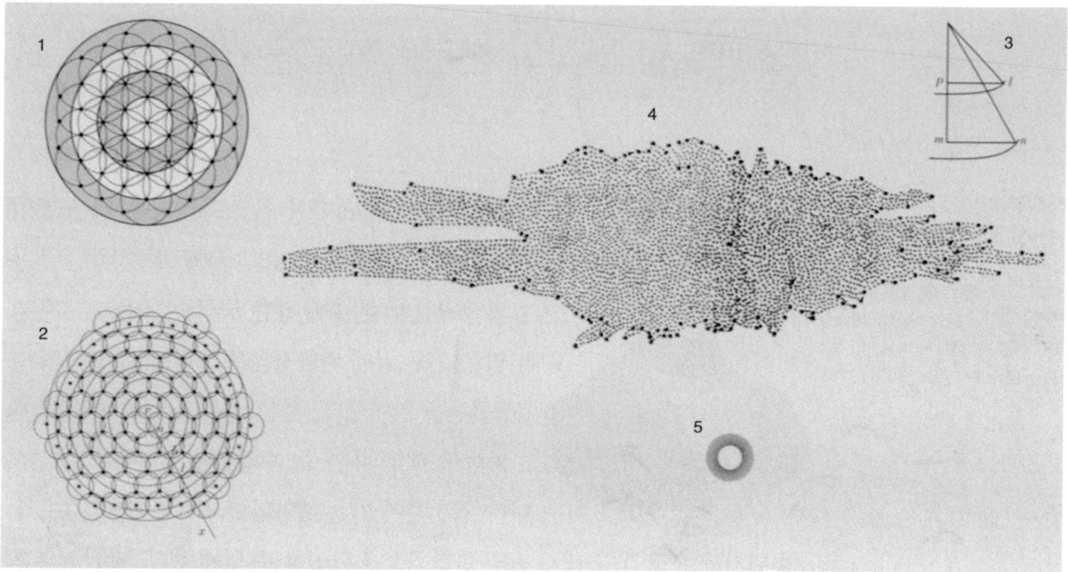

▲ **허셀이 제시한 은하계의 모형**
천문학에 있어 허셀의 가장 큰 업적은 은하계 구조연구이다. 그는 매일 단조롭고 지루하기 짝이 없는 항성계 수를 연구해 왔고 총 117,600개의 항성을 세었다. 그는 수많은 항성들을 이용해 은하계 구조도를 그려냈으며 처음으로 은하계의 크고 작은 형태와 별의 수를 확립했다. 그림 속 원형접시 형태를 갖추고 있는 것이 허셀이 제시한 은하계의 모형이다. 이 그림은 1811년 영국왕립학회 회보에 실렸다.

을 찾기 시작했다. 30분 동안 관측을 한 뒤 그는 망원경을 르베리에가 제시한 방향으로 돌렸고 그때 빛이 매우 약한 별을 발견하게 됐다. 24시간의 관측을 통해 이 별은 지속적으로 이동하고 있고 과거에 본 적이 없는 행성이란 것을 알게 되었다. 결국 르베리에의 예언이 적중했고 그의 예언을 통해 새로운 행성을 발견하게 되었다. 새로 발견된 행성은 바로 태양계의 여덟 번째 행성인 해왕성이다.

갈레 박사가 최초로 해왕성을 발견했다고 하지만 해왕성 발견의 진정한 일등공신은 그 위치를 계산한 사람이다. 따라서 사람들은 해왕성의 발견 공로를 갈레 박사와 르베리에 두 사람 모두에게 돌렸다. 그들의 계산으로 태양계의 반경은 또 다시 바깥으로 16억 킬로미터 확대되었다. 해왕성은 최초로 예언에 따라 발견한 새로운 행성이다. 이 발견이 관측천문학에 있어 가장 감격스러운 발견이라 할 수 있는 이유는 관측천문학자가 우연히 발견한 것이 아니라 수학자의 계산으로 찾아낸 행성이기 때문이다.

스펙트럼 분석의 천문학적 응용

▶ **키르히호프**
키르히호프는 열역학 측면에서 빛의 복사 및 흡수에 관한 연구를 진행했다. 그는 복사, 흡수, 흑체 등의 개념을 물리학에 접목시켰으며 새로운 학문 분야를 개척해냈다. 그것이 바로 스펙트럼의 분석이다.

태양물리학은 천체물리학이 최초로 성과를 거둔 분야이다. 천문학자들은 줄곧 태양 스펙트럼을 뚫는 검은 선의 발생원인과 본질에 관한 궁금증이 풀리길 바랐다. 많은 연구 끝에 과학자들은 드디어 검은 선의 발생원인을 알아냈다. 검은 선은 태양의 연속 스펙트럼이 태양 대기 속 수증기를 흡수함으로 인해 나타나는 것이었다. 태양의 스펙트럼 속에 검은 선의 위치를 통해 태양 대기 속의 화학원소를 확인할 수 있게 된다. 망원경의 혁명이 일어나기 전에 사람들은 천체의 총 밝기로 그 밝기, 위치와 운동을 추측할 수 있었다. 사람들은 처음으로 천체의 빛을 분석할 수 있게 되었고 또한 이를 통해 많은 정보를 얻을 수 있었다. 그중 하나가 바로 화학성분이다.

▶ **초기에 촬영한 달 사진**
이 사진은 19세기 중엽 드라루가 런던 교외의 천문대에서 반사망원경으로 촬영한 것이다. 사람들은 달을 집중적으로 연구하면 달의 스펙트럼을 쉽게 분석할 수 있을 것이라고 믿었다. 하지만 그들은 달은 자체적으로 빛을 낼 수 없다는 사실을 잊고 있었던 것이다. 달은 태양의 빛을 반사하는 것이므로 지구에서 분광기를 이용해 달의 스펙트럼을 관측해도 달이 아니라 태양의 스펙트럼이다.

▲ 태양 스펙트럼

태양의 스펙트림은 대양 복사의 파장 분포상황과 파장의 길이에 따라 무선파, 적외선, 가시광선, 자외선, 복사선 등 몇 개의 스펙트럼 구역으로 나누어진다. 일반적으로 빨주노초파남보 일곱 가지 색상을 가시광선 구역이라고 한다.

과학자들은 태양의 스펙트럼 속에서 많은 스펙트럼선을 빨리 판별할 수 있었다. 태양 속에는 지구상에서 쉽게 접할 수 있는 납, 철, 칼슘, 니켈 등 원소가 존재하므로 지구에 존재하는 원소들이 우주에도 존재한다는 것을 밝혀냈다. 이후 태양의 스펙트럼에 관한 연구가 발전을 거듭했고 나아가 해질 무렵 지구 대기 기체의 흡수로 인해 생겨나는 스펙트럼의 검은 띠를 발견했다.

과학자들은 체계적으로 태양 속 여러 개의 스펙트럼을 연구하기 시작했고 그 결과 흑점의 스펙트럼에는 광구보다 강한 흡수선이 있다는 것을 발견했다. 이는 흑점 구역의 온도가 광구의 온도보다 낮다는 것을 증명하기도 했다. 과학자들은 태양의 스펙트럼 속 천 개의 스펙트럼선의 파장과 상세한 스펙트럼 그림을 발표했다. 이 밖에 태양의 스펙트럼 속 자외부에서부터 적외부까지 14만 개 스펙트럼선의 정확한 파장과 태양빛의 강도를 기록했다.

독일의 물리학자 키르히호프는 1861년에 출판된 『태양의 스펙트럼에 관한 연구』에서 태양 속의 금속은 기체상태이므로 태양의 대기는 고온이라고 주장했다. 또한 광구 속에서 방출된 스펙트럼은 흡수의 상태로 출현하므로 온도가 태양보다 더 높다고 주장했다. 따라서 태양의 온도는 외부층이 낮고 안쪽

◀ 탈보트

본래 직업이 사진사였던 탈보트(William Henri Fox Talbot)가 프리즘으로 화학물질의 연소를 분석할 수 있는 이유를 밝혀냈다. 그는 화학물질이 연소할 때 프리즘을 통해 화염의 스펙트럼을 관찰하면 연료 속에 포함된 물질을 알아낼 수 있다고 입증했다. 이 방법을 사용하지 않을 경우 직접 수차례의 화학분석을 해야 하는 번거로움이 따른다.

▲ **분광기 전망도**

스펙트럼의 기능은 마치 사람의 지문과 같다. 모든 원자가 자기만의 특징을 지닌 스펙트럼선을 가지고 있다. 스펙트럼을 분석하는 기구는 분광기이며 분석을 통해 물질과 화학성분을 파악할 수 있다. 분광기는 콜리메이터, 삼각프리즘, 망원경으로 구성되어 있다.

으로 향할수록 온도가 높아지며 태양 흑점은 온도가 비교적 낮은 곳에 위치한다. 1865년에 프랑스의 천문학자 세키에르브 파예는 태양에 관한 새로운 이론을 발표했다. 그의 주장에 따르면 태양은 하나의 기체로, 대류의 방식으로 열을 안쪽에서 바깥쪽으로 배출한다. 파예의 이론은 향후 태양을 연구하는 데 탄탄한 기반이 되었고 근대 태양이론에 새로운 길을 개척했다.

▶ **허긴스**

영국의 천문학자 윌리엄 허긴스는 시리우스의 적색이동을 근거하여 물체가 관측자의 시선방향에서 멀어지는 속도를 측정해 냈다.

그 당시 스펙트럼의 분석이 항성물리의 특징을 이해하는 데 큰 도움이 됐다. 1863년에 영국의 천문학자 허긴스William Huggins는 많은 반짝이는 별들이 지구상에 존재하는 원소와 같은 스펙트럼선을 지니고 있다고 밝혔다. 이는 항성을 구성하는 일부 화학성분이 지구에 존재하는 원소와 같다는 것을 증명한다.

이 밖에 허긴스는 스펙트럼의 연구를 통해 항성의 운행속도를 알아냈다. 이는 천체물리학 초기에 도플러 효과를 기초로 한 중대한 연구성과가 아닐 수 없다.

◀ **도플러**
도플러는 오스트리아의 물리학자 겸 수학자이다. 그는 연구를 통해 파형의 형식으로 전파되는 모든 고정원의 주파수는 상대적 운동에 따라 달라진다는 유명한 도플러 효과를 제시했다. 이 원리에 근거하여 많은 과학자들이 태양 이외의 일부 항성의 질량과 행싱게의 자전속도를 알게 되었다.

1842년에 오스트리아의 물리학자 도플러Christian Johann Doppler는 훗날 도플러 효과라 불리는 음향현상을 발견했다. 그는 기적소리가 울리는 기차가 관측자 주변을 지나갈 때 기적소리가 높은 주파수에서 낮은 주파수로 바뀐다는 사실을 발견했다. 소리의 높낮이는 물체가 진동하는 횟수에 의해 결정되기 때문에 진동수가 많으면 소리가 높게 들리고 반대로 진동수가 적으면 소리가 낮게 들리는 것이다. 파동성을 지닌 빛

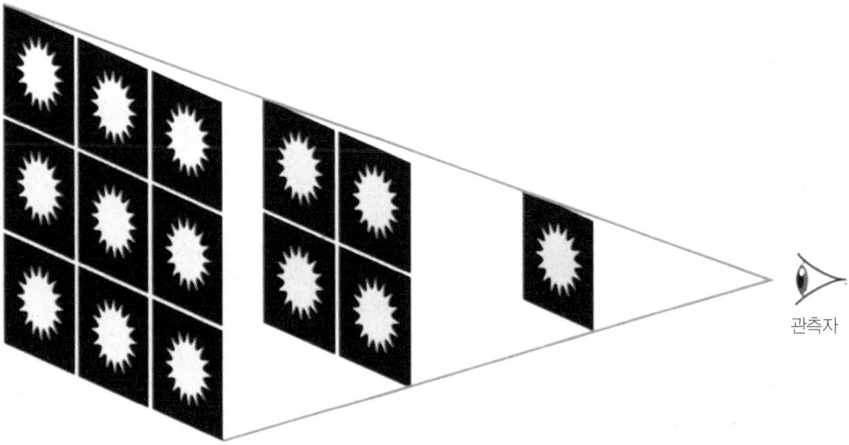

▲ **아오르보스의 잘못된 주장**
하늘에 균일하게 분포되어 있는 여러 항성계와 별들은 이토록 반짝이고 아름다운데 왜 하늘은 어두운 것일까? 아오르보스는 하늘에 빛을 흡수하는 먼지가 존재한다는 주장을 내세웠다. 훗날 천문학자들의 연구 끝에 밤하늘이 어두운 것은 외층공간에 존재하는 항성체의 빛이 지구에 전달되지 못하기 때문이라는 결론을 내렸다.

도 이러한 효과를 일으킬 수 있으며 이를 도플러-피조 효과라 부른다. 프랑스의 물리학자 피조는 1848년에 독립적으로 항성의 파장위치가 변경될 수 있다는 것을 해석하였고 도플러-피조 효과로 항성들의 상대적 속도를 측정하는 방법을 제시했다. 사람들은 광파 주파수의 변화가 생길 때 색깔의 변화로 광파 주파수의 변화를 알 수 있다. 이것은 광파와 음파의 명확한 차이점이다. 만약 항성과 지구 간 거리가 점점 멀어진다면 빛의 스펙트럼은 붉은색 방향으로 이동하게 되는데 이를 적색이동이라고 한다. 만약 항성과 지구 간 거리가 점점 가까워지면 빛의 스펙트럼은 보라색 방향으로 이동하게 되는데 이를 남색이동이라고 한다.

도플러-피조 효과는 사람들에게 지구와 멀리 떨어져 있는 천체의 운동에 관한 연구를 가능하게 만들어준 중요한 계기가 되었고 지구로 전달된 빛의 스펙트럼을 분석하면 그 결과를 쉽게 얻을 수 있다. 영국의 천문학자 허긴스는 도플러-피조 효과의 방법을 응용하여 1868년에 시리우스의 시선속도물체가 관측자의 시선방향에서 멀어지는 속도 초당 29를 측정해 냈다.

▼ 도플러 효과

도플러 효과는 소리와 빛에서 다르게 표현된다. 소리는 음조의 높낮이에서, 빛은 색깔의 변화에서 알 수 있다. 그림을 보면 빛이 관측자에게서 멀어질 때 운동 중인 광파는 길게 늘어진다. 반대로 빛이 관측자에게로 가까워질 때 운동 중인 광파는 압축된 듯 짧아진다. 이 두 개의 현상은 각각 '적색이동', '남색이동'이라 불리며 이는 우주가 팽창한다는 것을 증명하기도 한다.

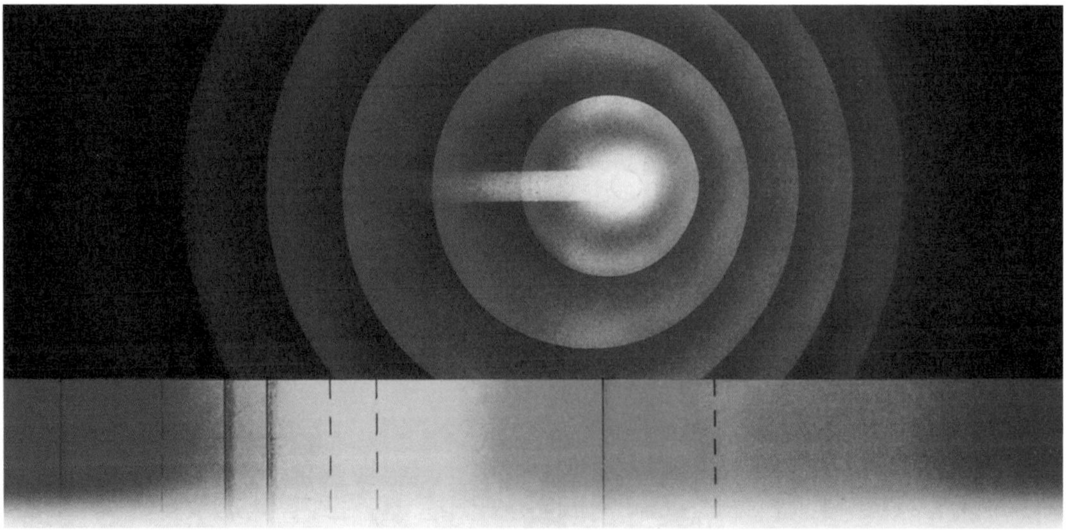

스펙트럼 분석의 발견에는 촬영의 기술도 한몫 거들었다. 프랑스인 다게르 Louis Jacques Mande Daguerre가 1830년에 최초로 발명한 다게레오타입 Daguerreotype을 사진촬영기술에 도입했다. 촬영기술은 매우 빠른 속도로 천문학의 중요한 도구로 자리잡았다. 다게르의 은판사진법은 감도가 조금 떨어지긴 했지만 1840년대에 많은 천문학자들은 이 방법으로 달을 촬영했다.

이중 본드가 촬영한 달의 사진이 1851년 런던에서 개최된 박람회에 전시되면서 큰 호응을 얻었다. 천문학자들은 태양을 촬영하기 시작했고 1860년에 이탈리아의 천문학자 세키는 최초로 일식사진을 촬영하는 데 성공했다. 1870년에는 일식사진을 통해 코로나와 프로미넌스가 달이 아닌 태양의 일부분이라는 것이 증명되었다. 1850년대부터 천문학자들은 멀리 떨어져 있는 항성을 촬영하기 시작했다. 그 후부터 우주관측에 촬영기술이 육안보다 더 중요한 방법으로 인식되었다.

04 운수기계 혁명

중국

BC 26세기 태호 수레 최초 발명

약 BC 22세기 살이 없는 바퀴와 각종 살이 있는 수레바퀴 발명

약 BC 17세기 이륜차, 독목주, 뗏목 등 운송수단 잇따라 발명

BC 559년 초강왕 자신이 보유한 군함으로 중국 최초의 수군 확립

BC 379년 『고공기』에 수레바퀴 제작에 관한 기록 기재. 진시황이 중국을 통일한 뒤 '수레와 바퀴의 폭을 같게 하는 차동궤' 실행. 병마용을 통해 당시의 군용차, 황제가 타는 수레 등의 실물 확인 가능. 한나라에는 이미 각종의 군사함정과 망루가 있는 병선 사용. 군함 중에도 방향제어장치 키의 손잡이와 속도를 가속화할 수 있는 고효율의 노가 설계, 장착. 동한과 삼국시기 포원이 특수한 일륜차 '목우'를 발명. 군대 식량 운송수단으로 사용

25~220년 기리고차 발명. 감속작용 전동바퀴가 장착된 이 차는 근대의 이정표이자 감속장치의 선구

삼국시대 마균 나침반이 설계되어 있는 지남차 발명. 이 차에 전동바퀴와 전동크러치 장치 장착. 이로써 전동구조의 바퀴가 상당한 발전을 이룩한 것을 알 수 있음

300~400년 진나라에 나침반이 설계되어 있는 배 '지남선' 발명. 최초로 발명된 항해 나침반

589년 수나라 장군 양소가 오아 군함 발명. 총 5층, 높이가 10장, 좌우로 여섯 개의 돛대가 있고 높이는 5장, 총 800명의 군사 탑승 가능

남조와 제조 때 조충지 하루에 백 리까지 갈 수 있는 천리선 발명. 남양 때의 제후 경군중이 160개의 노가 장착된 쾌속정 발명. 인력의 힘으로 구동되는 쾌속정임

명나라 초 정화가 서양으로 떠날 때 탑승한 배는 고대 최대 원양함선으로 길이는 약 137미터, 돛은 12개, 방향제어장치 키의 손잡이 무려 11미터에 이름

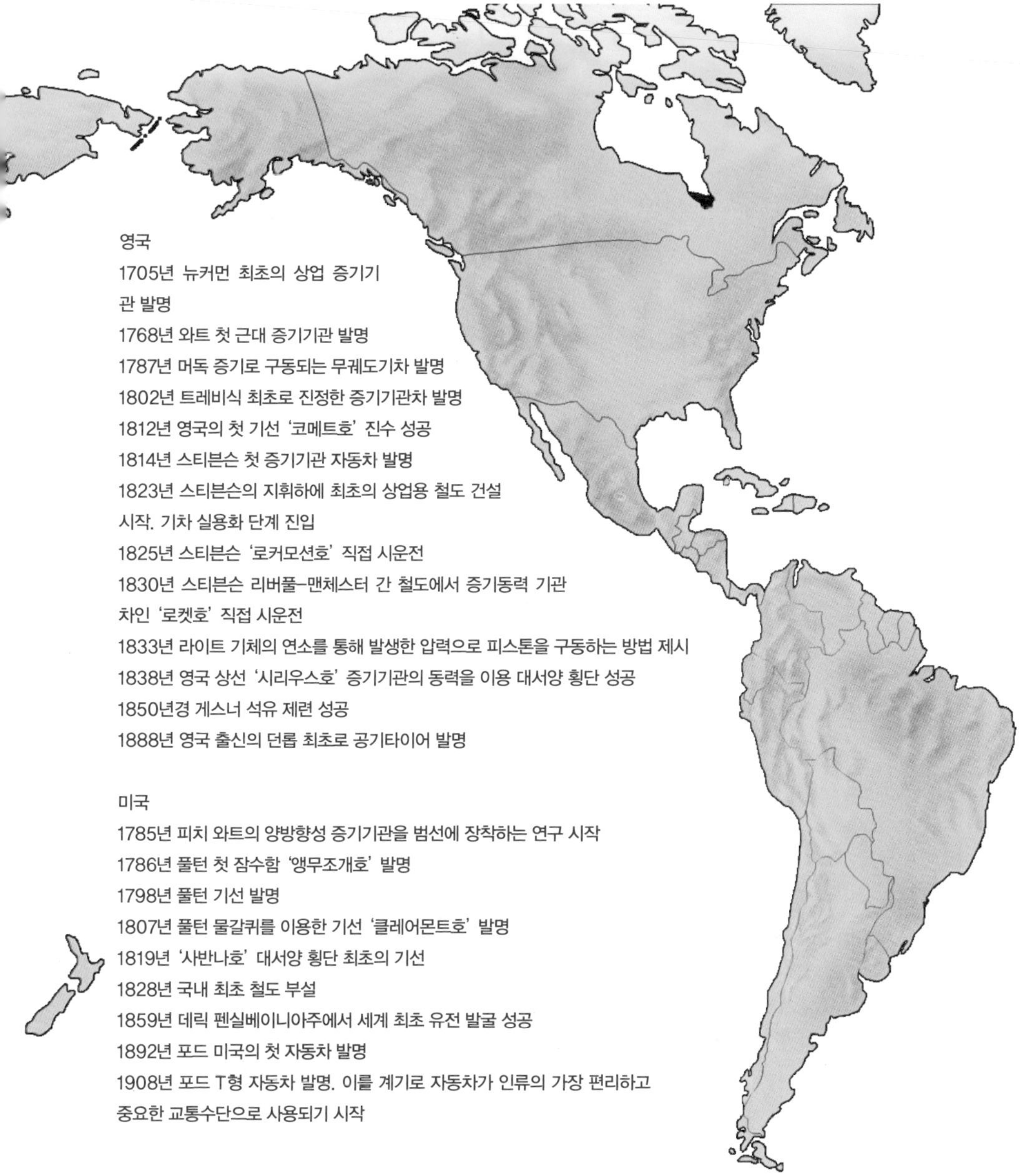

영국

1705년 뉴커먼 최초의 상업 증기기관 발명

1768년 와트 첫 근대 증기기관 발명

1787년 머독 증기로 구동되는 무궤도기차 발명

1802년 트레비식 최초로 진정한 증기기관차 발명

1812년 영국의 첫 기선 '코메트호' 진수 성공

1814년 스티븐슨 첫 증기기관 자동차 발명

1823년 스티븐슨의 지휘하에 최초의 상업용 철도 건설 시작. 기차 실용화 단계 진입

1825년 스티븐슨 '로커모션호' 직접 시운전

1830년 스티븐슨 리버풀–맨체스터 간 철도에서 증기동력 기관차인 '로켓호' 직접 시운전

1833년 라이트 기체의 연소를 통해 발생한 압력으로 피스톤을 구동하는 방법 제시

1838년 영국 상선 '시리우스호' 증기기관의 동력을 이용 대서양 횡단 성공

1850년경 게스너 석유 제련 성공

1888년 영국 출신의 던롭 최초로 공기타이어 발명

미국

1785년 피치 와트의 양방향성 증기기관을 범선에 장착하는 연구 시작

1786년 풀턴 첫 잠수함 '앵무조개호' 발명

1798년 풀턴 기선 발명

1807년 풀턴 물갈퀴를 이용한 기선 '클레어몬트호' 발명

1819년 '사반나호' 대서양 횡단 최초의 기선

1828년 국내 최초 철도 부설

1859년 데릭 펜실베이니아주에서 세계 최초 유전 발굴 성공

1892년 포드 미국의 첫 자동차 발명

1908년 포드 T형 자동차 발명. 이를 계기로 자동차가 인류의 가장 편리하고 중요한 교통수단으로 사용되기 시작

18세기 중엽 영국에서 제1차 산업혁명이 일어났다. 와트가 발명한 증기기관차의 탄생으로 세계 산업구도와 발전속도에 커다란 변화가 생겨난 것이다. 증기기관이 사용된 뒤 방직, 석탄, 강철 등의 생산량이 열 배 이상으로 증가했다. 시장상품의 급증으로 사회경제는 활기가 넘쳤고 교통운송의 발전 역시 새로운 시대적 요구에 부응하게 된 것이다. 증기동력의 사용은 운송기계 분야에 큰 변화를 몰고 왔을 뿐만 아니라 문명사회가 새로운 세계로 발전해 나갈 수 있는 원동력이 되었다.

풀턴의 어리석은 발명품

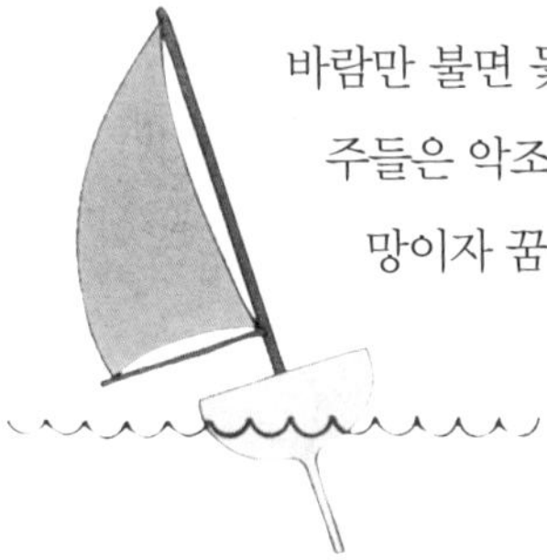

▶ **돛**
돛은 배를 움직이게 한다. 바람의 힘을 이용하여 배가 앞으로 나아갈 수 있게 도와주는 돛은 옛날 고대 노동자들이 발명한 최고의 발명품이다.

바람만 불면 돛단배는 빠른 속도로 항해할 수 있다. 18세기 선주들은 악조건의 날씨에도 항행이 가능한 배를 갖는 것이 희망이자 꿈이었다.

최초로 증기선을 발명한 사람은 미국의 발명가 피치John Fitch이다. 어려서부터 학교 교육을 받아본 적이 없지만 시계수리공과 측량기사로 일하고 각지를 돌아다니며 독학을 했다. 많은 노력을 기울인 결과 1787년에 카누의 형식을 이용해 노 젓는 배를 발명하는 데 성공했다. 이 배는 좌우 양측에 각각 세 개가 하나로 구성된 긴 노가 있고 증기를 이용해 노를 젓는 원리이다.

▶ **쾌속범선**
쾌속범선은 19세기에 발명되었으며 주로 상선으로 많이 사용되었다. 긴 유선형의 선체를 가지고 있고 배에 여러 개의 돛이 달려 있다.

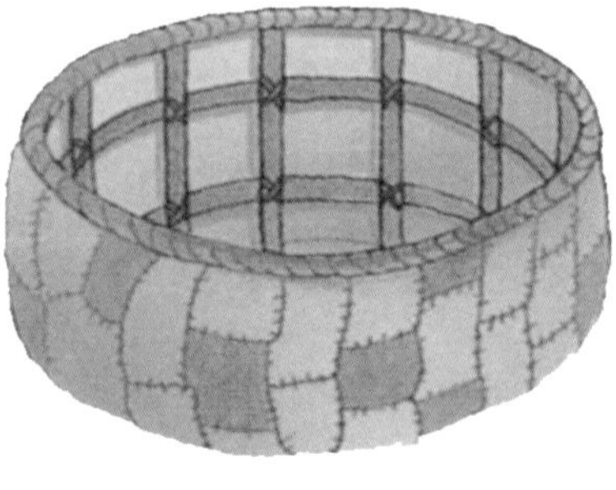

▶ **가죽뗏목**
최초의 배는 카누(통나무 중간에 공간을 만들어서 제작된 배)와 가죽뗏목(동물의 가죽으로 제작된 배)에 노를 사용하는 것이다.

▶ **돛단배**

돛단배 자체에는 동력이 없어 반드시 바람의 힘을 이용해야만 배가 앞으로 나아갈 수 있다. 따라서 선체를 구성할 때는 돛을 크고 넓게 제작하여 바람의 힘을 받을 수 있도록 설계한다. 바람이 돛을 움직이면 배는 바람의 직각방향으로 이동하게 된다.

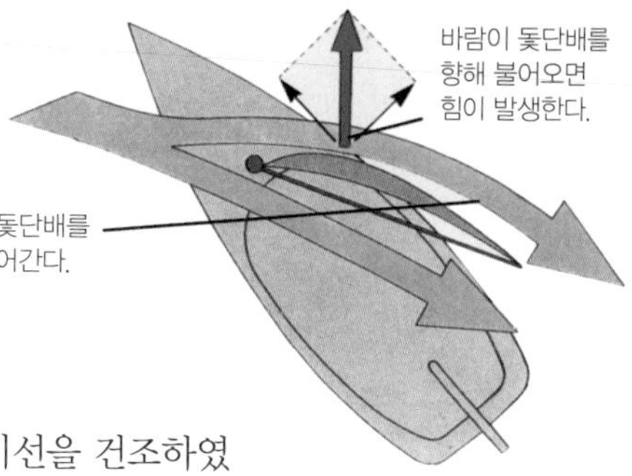

피치는 수차례의 개조를 거듭한 끝에 새로운 대형 증기선을 건조하였다. 1790년 이 배의 평균속도는 시속 12킬로미터였다. 그는 증기선에 많은 승객들을 태우고 필라델피아와 베링턴 사이를 오가는 왕복운행을 했다. 그러나 얼마 지나지 않아 정기노선은 적자로 부득이하게 운항을 중지하게 됐고 투자자들은 증기선의 미래에 대한 전망을 비관적으로 여기면서 결국 투자금을 철수해 갔다. 그는 빈곤한 생활 속에서도 연구를 게을리 하지 않았다. 그러나 큰 성과를 거두지 못한 좌절감에 수면제를 먹고 자살로 생을 마감했다. 증기선의 발전에 진정한 영향력을 발휘한 사람은 미국의 엔지니어 풀턴Robert Fulton이다.

펜실베니아주 리틀 브리튼에서 태어난 풀턴은 어려서 아버지를 잃고 14세 때 공기총 제작기술을 배웠다. 17세에 집을 떠나 필라델피아에서 그림을 배우면서 기계공장에서 기계도면 제작 아르바이트를 하였고, 20세에 영국 런던에 도착한 그는 그림을 통해 증기기관을 발명한 와트를 만나게 됐다.

풀턴의 최고 업적은 기선제작이다. 풀턴의 발명이 있기까지 많은 사람들이 증기를 동력으로 하는 배를 제작하려 했지만 성공한 사람이 없었다. 1793년

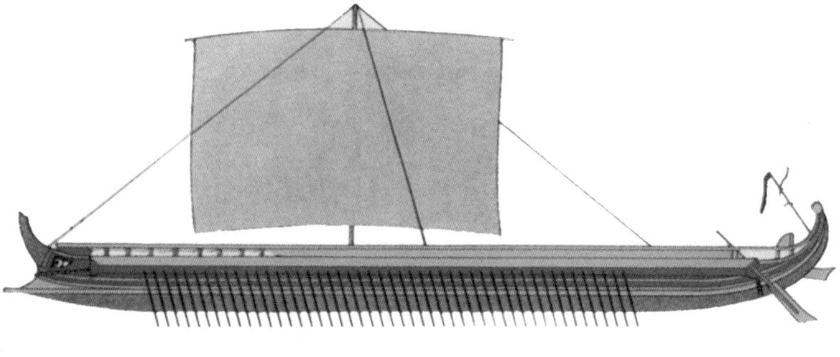

◀ **3단 노의 갤리선**

그림은 그리스인이 BC 650년에 발명한 3단 노의 갤리선이다. 배의 돛과 여러 단의 노가 배의 항행속도를 높이는 데 큰 역할을 한다. 로마인은 이와 똑같은 배를 건조하여 군함과 상선으로 많이 사용했다.

▲ 세계 최초의 기선
풀턴이 세계 최초로 발명한 기선 '클레어몬트호'의 모형이다. 이 배의 주요부분은 모두 철판으로 제작되었으며 와트의 증기기관을 동력으로 하고 나선추진기를 사용했다. 클레어몬트호의 발명과 개조를 통해 세계를 왕복하는 시간이 점점 감소하여 대서양을 건너는 데 72일 소요되던 것이 15일로 줄어들었다.

에 파리로 건너온 그는 모형실험에서 설계제조까지 9년이란 세월을 힘들게 보냈다. 그러던 1803년에 드디어 첫 기선이 완성되었지만 아쉽게도 센강에서 시험항해를 하던 중 폭풍으로 배가 부서지고 말았다.

풀턴은 좌절하지 않고 실패의 원인이 된 여러 기술적 문제를 해결하는 데 더욱 노력을 기울였다. 그는 배 톤수와 동력 크기의 비율, 선체 길이와 넓이의 비율, 그리고 외륜수차의 크기 등 문제를 헤아릴 수 없을 정도로 자주 실험하고 연구했다. 매번 실험에서 얻은 데이터를 상세히 기록하여 표로 분석한 결과 증기기관의 동력부족이 기선의 항행속도에 직접적 영향을 미치는 원인이라는 것을 밝혀냈다. 그는 와트 등 지인들에게 편지를 보내 17.6킬로와트의 실린더, 피스톤과 피스톤로드, 밸브, 공기펌프, 집광기 등 증기기관의 부품과 설비를 제공해 줄 것을 부탁했다. 나머지 다른 부품은 자신이 스스로 제작했고 1805년 3월 풀턴은 기선에 적합한 증기기관을 발명하기에 이르렀다.

얼마 있지 않아 풀턴은 미국으로 돌아갔다. 2년 뒤 그는 길이 46미터, 넓이 4미터, 흘수 0.6미터, 선두와 선미의 각이 60도인 새로운 기선 '클레어몬트호'을 건조하는 데 성공하였고 이 배에 자신이 제작한 증기기관을 설치했다. '클레어몬트호'가 건조된 후 이 배를 '풀턴의 어리석은 발명품'이라고 놀려대는 등 많은 사람들의 비난과 조롱이 끊이지 않았다.

1807년 8월 9일 '클레어몬트호'의 첫 시험항해가 진행되었다. 시험항해한 결과 항행속도는 시속 1.6킬로미터로 여전히 느렸다. 풀턴은 개조작업에 들어갔고 본래 넓이 약 20센티미터, 반경 약 90센티미터 외륜수차를 대형 외륜수차로 교환하여 항행속도를 시속 4.8킬로미터로 높이는 데 성공했다. 하지만 여전히 이에 만족하지 않고 집광기 냉각장치의 워터펌프를 개선하여 항행속도를 다시 한 번 시속 6.4킬로미터까지 높였

◀ **배의 제작**
배의 제작과 발전에 있어 19세기에는 큰 변화가 따랐다. 조선의 주 자재가 목재에서 금속으로, 돛에서 기계동력으로 바뀐 것이다. 오늘날에는 보통 강판으로 용접하여 만드는데 노동자들이 배의 각 부분을 제작한 뒤 조합을 한다.

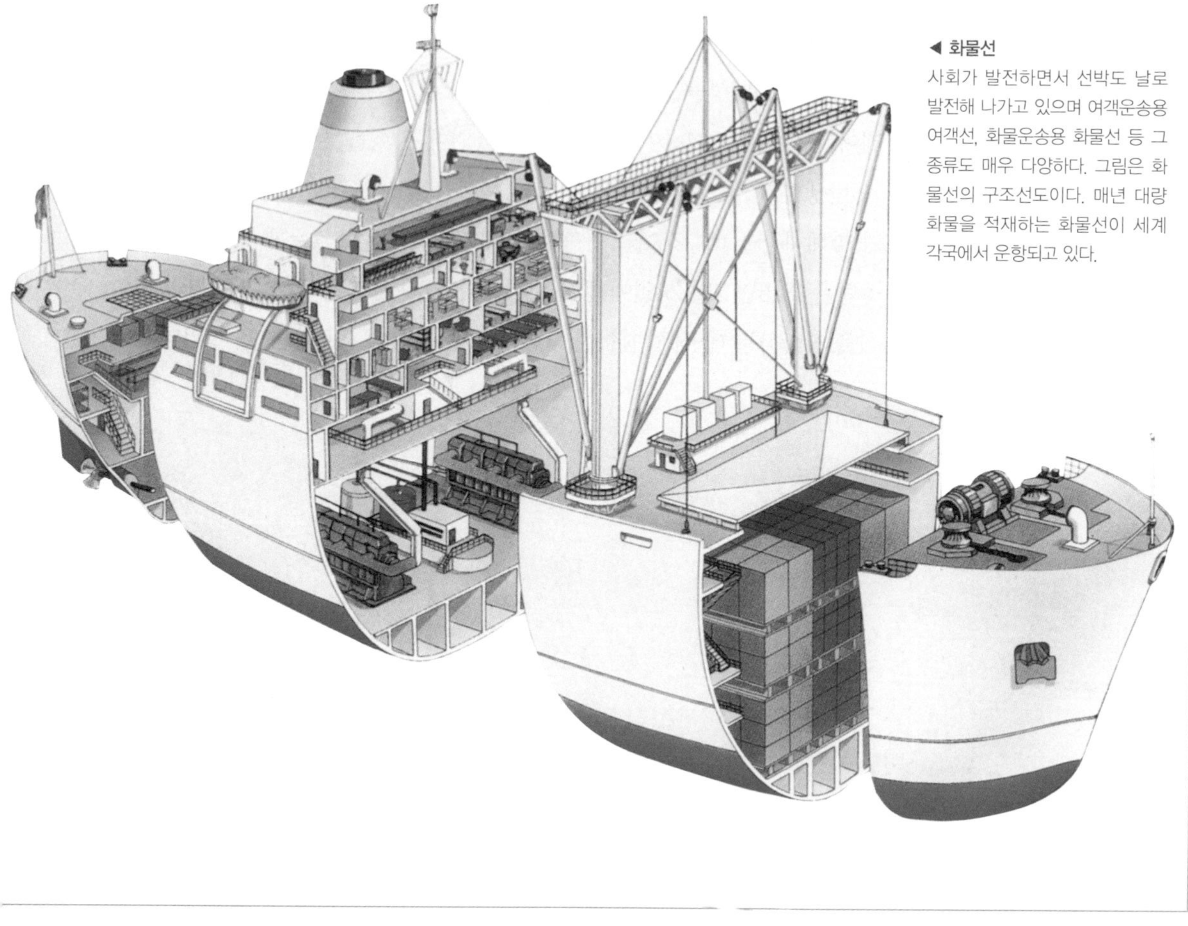

◀ **화물선**
사회가 발전하면서 선박도 날로 발전해 나가고 있으며 여객운송용 여객선, 화물운송용 화물선 등 그 종류도 매우 다양하다. 그림은 화물선의 구조선도이다. 매년 대량 화물을 적재하는 화물선이 세계 각국에서 운항되고 있다.

다. 이리하여 '클레어몬트호'는 마침내 실용기준에 부합한 기선으로 완성되었다.

1807년 8월 17일은 인류의 항해사에 있어 역사적으로 중요한 의미를 가지는 날이다. 이날은 '클레어몬트호'가 허드슨강에서 최초로 원양항행한 날이기 때문이다. 이날 오전 수없이 많은 인파들이 허드슨강에 모여들었다. 수십 명의 승객이 기선에 탑승하였고 이들은 클레어몬트호의 첫 승객이라는 영광을 안았다.

기선은 10시 정각 뉴욕에서 출발했다. 풀턴은 자신이 직접 설계 제작한 클레어몬트호를 운전하고 목적지 올바니를 향했다. 기선의 기관실에서는 기계 소리가 울려 퍼지고 연통에서는 진한 연기가 뿜어져 나왔으며 물보라가 휘몰아쳤다. 다음날 저녁 무렵 클레어몬트호는 무사히 올바니에 도착했고 성공적으로 첫 원양항행을 마쳤다. 사람들이 놀려대던 '풀턴의 어리석은 발명품'이 보란 듯이 성공을 거둔 것이다.

첫 시험항해가 성공을 거두자 뉴욕–올바니 간 정기노선이 바로 개통되었다. 클레어몬트호는 32시간이라는 짧은 시간 안에 항행을 끝마쳤다. 클레어몬트호가 탄생하기 전 순풍일 때의 범선 항해시간은 48시간이었으니 클레어몬트호가 항해시간을 16시간이나 단축하는 비약적인 발전을 거두게 된 것이다.

풀턴은 1815년 2월 23일에 생을 마감했다. 평생을 기선 발명에 바쳐 17척의 기선을 제작하는 데 직접 참여한 그는 인류 수운사에 새로운 장을 열었다.

철도와 기차

▲ 트레비식

독학으로 엔지니어링 관련 지식을 공부한 영국인 리처드 트레비식은 최초로 와트의 엔진을 연구한 사람이다. 또 최초로 고압 엔진에 관심을 가진 사람이자 레일 운행이 가능한 기관차를 발명한 사람이기도 하다.

철도 레일은 마찰력이 크지 않기 때문에 여성 또는 남자아이가 1톤 정도의 화물차를 충분히 끌어당길 수 있다. 다시 말하면, 보통 22마리의 말이 도로에서 할 수 있는 일을 철도에서는 한 마리가 할 수 있다는 뜻이다. 기차가 발명되기 전에 사람들은 철도 레일을 깔아 운송작업을 하였다. 19세기 초 와트의 증기기관이 세상에 알려진 지 20여 년의 세월이 흘렀고 많은 사람들은 이것이 각종 기계의 동력으로 응용되기를 바라며 연구에 몰두했다. 1804년 영국인 리처드 트레비식Richard Trevithick이 최초로 레일에서 운행 가능한 철도증기기관을 발명했다. 그가 발명한 기관차의 보일러 압력은 0.294Mpa3.0kg/cm²였고 보일러 내에는 실린더가 평행으로 놓여 있었다. 기관차에는 한 쌍의 동륜바퀴가 있고 기어로 전동되며 바퀴 배열은 0-2-0였다. 기관차에 대형 톱니바퀴가 내장되어 있어 이 톱니바퀴의 회전하는 관성의 동력으로 피스톤 실린더의 왕복운동을 유지한다. 무게 4.5톤, 시속 8킬로미터인 기관차는 10톤의 화물, 5칸의 차를 견인할 수 있으며 승객 70명까지 탑승할 수 있었다. 다른 위대한 발명가들과 마찬가지로 트레비식도 많은 문제점에 직면하게 되었다.

▼ '로켓호' 기관차

19세기 사람들은 말을 대신할 수 있는 운송차량 '증기기관차'를 열망했다. 그림은 스티븐슨이 설계 제작한 증기기관차 '로켓호'이다.

▲ **트레비식이 제작한 증기기관차**
19세기 초 증기기관이 널리 이용되자 석탄의 수요가 급증했다. 1804년 트레비식은 석탄을 운송하기 위한 기관차를 최초로 설계했다.

▲ **초기의 증기펌프**
초기 증기동력기술의 발전은 기술 자체의 발전을 가속화시켰을 뿐만 아니라 전체 과학 발전에도 긍정적인 영향을 주었다. 증기펌프는 최초의 증기운동 기계로서 실험과학의 산물이라 칭할 수 있지만 실상은 동력장치와 배수장치를 조합해 놓은 것일 뿐이다.

동력이 부족하고 차축과 철도 레일이 쉽게 끊어지고 갈라지며 진동이 너무 큰 것이 최대의 문제점이었다. 그러나 이 사실은 두 가지의 현상을 반증해 주었다. 첫째는 매끄러운 철을 소재로 한 기관차 동륜은 매끄러운 철도 레일에서 운행이 가능하며 공전하지 않는다는 것이고, 둘째는 기관차가 차체보다 무게가 더 나가는 물건들을 전동할 수 있다는 것이다.

1814년 레일과 증기기관 연구에 몰두한 영국인 스티븐슨George Stephenson은 30톤의 화물을 적재할 수 있고 언덕까지 오를 수 있는 기차를 발명했다. 이후 동종업계의 경쟁에서 최후의 승자가 되어 '기차의 아버지' 라는 별명을 갖게 되었다. '로켓호' 기관차는 수평식으로 설계된 여러 개의 연관을 사용한 보일러를 응용했다. 열전도 범위가 넓고 증기가 빠르게 생성되는 것이 장점이었다. 보일러통과 화실이 한데 모여 있고 보일러 압력은 0.345Mpa3.5kg/cm², 두 개의 실린더는 수평선으로 35도의 각으로 보일러 양측에 안착되어 있었다. 기관차 앞부분에 안착된 동륜은 차축 좌우 한 개씩 안착된 크랭크가 직각을 이루어 기관차 동륜 크랭크가 어느 위치에 놓여 있어도 힘을 발휘할 수 있도록 설계되어 있고 바퀴 배열은 0-1-1이다.

증기는 연통을 통해 뿜어져 나오고 통풍을 유도하는 방식으로 연소를 촉진한다. '로켓호' 의 무게는 4톤이며 적재량은 차체 무게 3배에 달하는 객차를 실어 옮길 수 있을 정도이다. '로켓호' 는 최초로 현대 기관차의 구조적 특징을 갖춘 기관차이다. 이때부터 사람들은 기차를 앞날이 밝은 교통운송수단으로 인식하기 시작했다. 이후 기차가 운송

▶ **증기시대의 도래**
초기의 증기펌프에서부터 와트가 제작한 증기기관까지 인류는 증기동력 기술의 큰 매력에 빠져들었다. 인류의 기술혁명은 증기가 우는 소리와 함께 새로운 발전을 거듭했다.

수단의 하나로 인식되고 사용됐지만 철도 위에는 여전히 마차들로 북적거렸다. 마주들은 '철마', 즉 기차가 자신들의 밥벌이를 가로챌까 두려워 기차의 사용을 적극 반대하고 나섰다.

1821년 영국은 스톡턴-달링턴 간 철도를 부설하여 석탄개발 추진계획을 세웠다. 그러나 철도를 부설하는 목적은 말의 차량운송을 편리하게 하기 위해서였다. 이 사실을 알게 된 스티븐슨은 철도부설계획을 발표한 피스를 만나기 위해 달링턴으로 곧장 출발하였고, 피스를 만나서 증기기관차의 장점과 매력을 설명했다. 결국 피스는 스티븐슨에게 기관차 한 대를 의뢰했다.

1825년 9월 스톡턴-달링턴 간 철도가 성공적으로 부설되었다. 스티븐슨은 자신이 개조한 새로운 증기기관차 '로커모션호'를 선보이고 직접 운전에 나섰다. '로커모션호'는 총 30여 칸의 객차가 있고 탑승 가능인원은 450명으로 시속 18킬로미터의 속도로 달링턴과 스톡턴을 왕복했다. 철도운송업은 이렇게 시작되었다.

스티븐슨은 달링턴-스톡턴을 왕복하는 여객운송을 시작하는 동시에 리버풀-맨체스터 간 철도부설 사업을 맡게 되었다. 그는 새로 부설될 철도에 운행할 기관차로 '로커모션호'보다 한층 더 효율적이고 빠른 기관차를 발명하길

▲ 와트
증기기관차는 사회가 발전하면서 필요에 의해 발명되었다. 자연과학의 성과는 증기기관차 발명의 이론적 바탕이 되었고 기관차와 관련된 생산기술의 발전은 증기기관차의 발명기술을 축적해 둔 것이라 해도 과언이 아니다. 증기기관차를 발명한 외트의 명성과 증기기관차는 점차 전 세계를 향해 널리 퍼져나갔다.

▼ 증기시대에 대한 환상 (왼쪽)
증기기관차의 출현으로 동력을 대규모 제조하거나 이용하는 문제를 처음으로 해결하였다. 그림에서 알 수 있듯이 18세기의 사람들은 와트가 설계한 증기기관차에 커다란 기대를 가지고 있었다.

▼ 지하철 (오른쪽)
증기기관차가 발전하면서 문제점도 하나씩 제기되기 시작했다. 기관차에서 배출하는 짙은 연기는 도시를 오염시킬 뿐만 아니라 도시의 각종 교통수단을 혼잡하게 만들었다. 결국 교통체증으로 인해 기관차를 운행할 수 없는 지경에까지 이르렀다. 이를 해결하기 위해 고가철도 또는 지하철도를 건설하자는 제안이 나왔다. 1836년 런던에 지하철이 최초로 개통되었다. 인구가 밀집된 도시에서 지하철은 단연 가장 편리하고 빠른 교통수단으로 자리 잡았다.

▲ 스티븐슨
영국 철도기관차의 주요 발명가인 스티븐슨은 평생 증기기관차 연구에만 열중했고 철도기술은 날로 발전해나갔다. 스티븐슨은 철도기차 발명에 빛나는 업적을 세웠다.

원했다. 그는 아들과 함께 기관차 개조에 박차를 가했다.

1829년 10월 리버풀-맨체스터 간 철도가 준공되었다. 그는 증기기관차의 장점과 매력을 홍보하기 위해 새로 부설된 철도에서 증기기관차 경주를 펼치기로 했다. 이 경주는 레인힐에서 개최되었고 총 다섯 대의 증기기관차가 출전했다. 경기가 시작되고 얼마 지나지 않아서 한 기관차의 증기보일러가 깨질 위험이 있어 그 자리에서 경주를 포기하고 멈춰 섰다. 또 한 대는 44킬로미터 정도를 달린 뒤 실린더가 파손되면서 경기를 포기했다.

17톤 화물을 적재한 기관차, 즉 스티븐슨 부자가 제작한 기관차만이 평균 시속 22킬로미터, 최고시속 58킬로미터로 경주를 마무리했다. 리버풀-맨체스터 간 철도는 세계 최초의 증기기관차 운송철도이다.

이후 증기기관차는 간단한 구조, 저렴한 가격, 실용적이면서 빠르고 안전한 것을 장점으로 영국, 유럽, 북미에서 널리 이용되었다. 100여 년간 철로 견인동력의 독점적인 지위를 차지하는 황금기를 누렸고 스티븐슨의 이름과 그가 발명한 획일적인 운송도구 '증기기관차'는 많은 과학기술역사서에 기록되었다. 기차의 기적소리와 함께 1차 산업혁명을 승리로 장식했다.

▼ 증기기관차
증기기관차는 증기기관을 이용하여 연료(석탄)의 열에너지를 기계에너지로 변환시키면서 기관차를 움직이게 하는 원리이다. 증기기관차의 출현은 세계 산업 기술혁명의 새로운 이정표를 세웠다. 그러나 시대가 계속 발전함에 따라 증기기관차는 더 이상 운송업계의 주인공으로 남지 못하고 결국 내연기관차와 전기기관차로 대체되었다. 그림의 증기기관차는 이미 오래 전 역사의 무대에서 사라진 것들이다.

▼ 기차철도
진정한 의미에서의 철도는 19세기 초에 부설되었고 증기기관차가 운행되면서 알려졌다. 1825년 영국에 세계 최초의 철도가 개통되었고, 1930년 후반에 광범위한 철도망이 유럽, 북미 등지에 확산됐다. 아래 그림은 1830년에 개통된 리버풀-맨체스터 간 철도에 정차한 기관차가 물을 보충하는 모습을 그린 것이다.

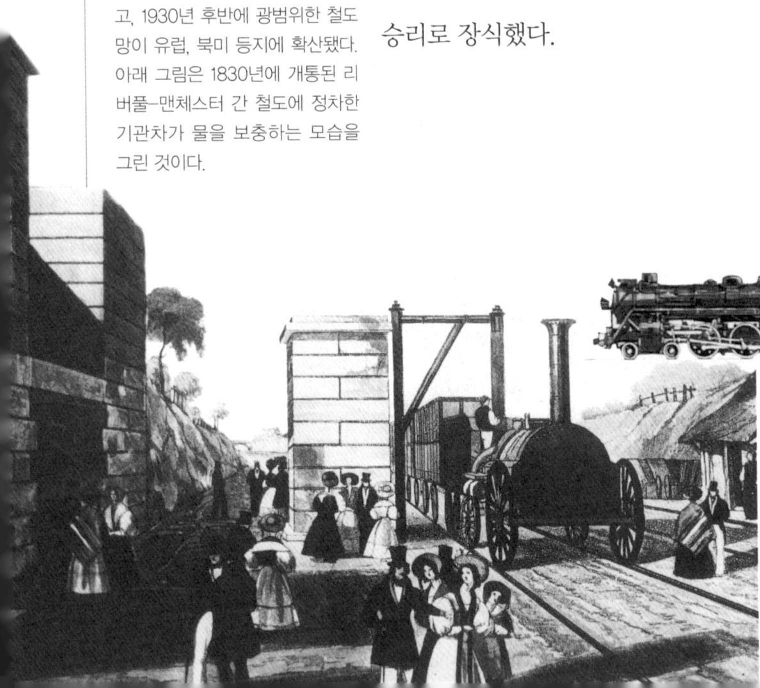

동력기의 새로운 혁명

▲ **와트의 양방향성 증기엔진**
증기엔진은 내연기관과 외연기관 두 단계의 발전을 거쳤다. 와트가 발명한 증기엔진은 전형적인 외연기관으로, 외연기관은 연료가 엔진 외부에서 연소한 뒤 엔진을 통해 열에너지를 기계에너지로 전환하는 방법을 사용한 것이다. 그림은 약 1800년경 와트가 설계한 양방향성 증기엔진이다.

열역학과 열학의 연구를 통해 증기기관차의 효율을 한층 더 높이는 데 성공을 거두었지만 증기기관의 자체 문제는 극복하기 어려웠다. 증기기관의 보일러가 중압을 견뎌내기 위해서는 반드시 견실한 재료로 제작해야 하기 때문에 증기기관이 육중해질 수밖에 없었다. 또한 증기기관은 조종하기가 복잡하고, 보일러의 연소는 경험 있는 사람이 전문적으로 관리해야 하며 증기기관의 시동이 늦게 걸린다고 해서 마음대로 정지시켜서는 안 된다. 증기기관의 보일러는 폭발할 위험도 컸다. 여러 가지 단점 중에서도 가장 큰 단점은 증기기관의 열효율이 떨어진다는 것이다. 열효율은 평균 5~8퍼센트에 지나지 않고 좋을 때도 10~13퍼센트에 그친다. 증기기관과 실린더는 분리 설계되어 보일러에서 연소된 열에너지를 1차적으로 증기기관에 전달하고 2차적으로 기계에너지로 전환한다. 따라서 외부 연소의 열손실이 비교적 크게 나타나 증기기관의 효율을 높이기가 어렵다.

증기기관이 발전하는 동안 일부 사람들은 외연을 내연의 방식으로 전환하는 방법에 대한 연구를 진행하고 있었다. 다시 말해, 증기를 매질로 삼지 않고 연소 후에 발생한 석탄가스로 피스톤의 운동을 진행시키는 것이다. 증기기관과 실린더를 하나로 조합하면 내연기관이 된다.

1794년 영국의 엔지니어 스트리트는 와트의 증기기관차를 연구하던 중 와트의 이론적 기초를 바탕으로 육중한 내연기관을 발명했다. 이 기계는 인력으로 공기를 실린더로 압축 전송한 다음 액체의 테레빈유 또는 수이트를 분사하여 점화해야 한다.

◀ **증기엔진의 응용**
과학기술의 발달로 사람들은 다양한 종류의 엔진을 연구하기 시작했다. 모든 엔진은 반드시 연료연소를 통해야만 동력을 생산할 수 있고, 이후 엔진은 교통 및 산업 분야에 광범위하게 응용되었다.

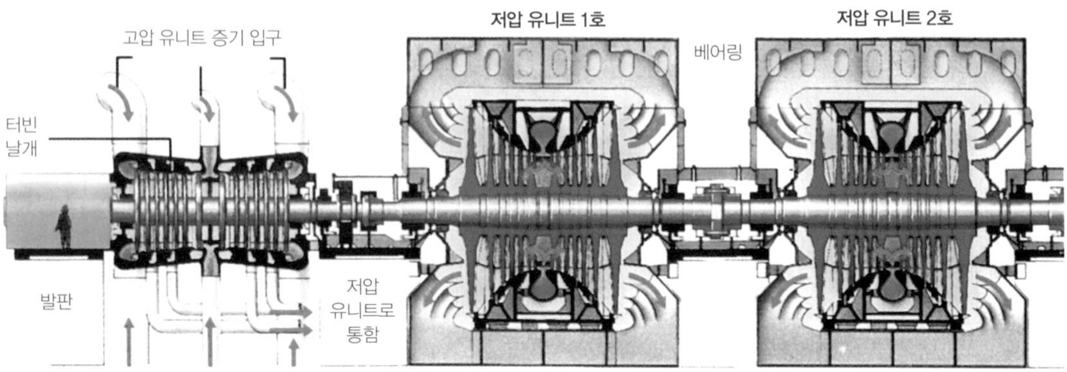

▲ **증기터빈**
증기터빈의 운동원리를 간단하게 설명하자면 증기를 증기터빈 기관차의 날개 부분에 분사한 뒤 날개를 전동시켜 기관차를 움직이게 하는 것을 뜻한다. 과열된 증기가 증기터빈 기관차 내의 노즐에서 분사될 때 부피가 급격하게 팽창되며 단위면적당 압력이 저하되면서 속도가 빨라진다. 이 과정에서 증기의 내부에너지가 증기의 동력에너지로 변환되는 것이다. 증기가 날개에 분사되어 날개의 운동을 일으키면 증기의 동력에너지가 또다시 크랭크축을 회전시키는 기계에너지로 변환된다.

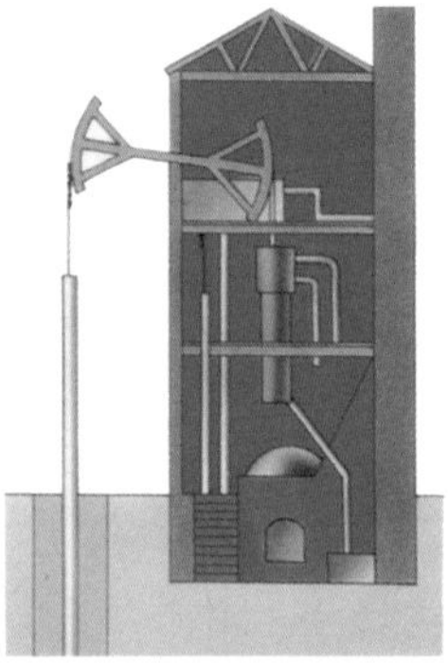

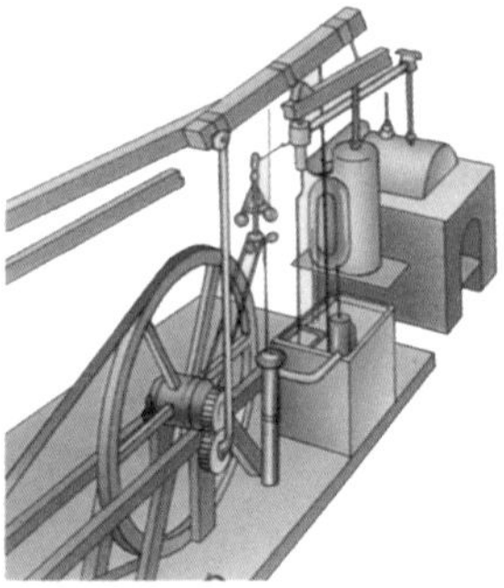

◀ **초기의 엔진**
엔진은 영국에서 최초로 만들어졌다. 따라서 엔진의 개념은 영어에서 나온 말이며 '동력을 생산하는 기계장치'라는 뜻을 지니고 있다. 그림은 위에서부터 1712년 뉴커먼 엔진, 1780년대의 와트 엔진, 1883년의 다임러 엔진이다.

1860년 프랑스 엔지니어 르느와르Jean Joseph Etienne Lenoir가 폭발식 내연기관을 발명하는 데 성공했다. 한 대의 복동 실린더를 사용한 엔진으로 석탄가스를 연료로 하고 행정 전반에 피스톤이 석탄가스와 공기의 혼합기체를 흡입하여 전기불꽃에 의해 기계를 점화하는 것이다. 그 다음 팽창된 기체가 동력이 되어 피스톤운동을 일으켜 행정 후반작업을 마무리한다. 나머지 반의 실린더 역시 같은 과정의 행정을 거쳐 피스톤을 제자리로 돌아오게 한다. 이 내연기관의 열효율이 4퍼센트에 지나지 않고 전기불꽃 역시 불안정하지만 최초로 다른 기계를 연동시킨 동력기계이다. 이후 유럽, 미국 신문 및 간행물의 잇따른 보도로 내연기관의 발전을 가속화하는 계기가 되었다.

르느와르가 발명한 내연기관은 내연기관에 관한 이론을 연구하도록 흥미를 이끌어냈다. 그는 열역학을 연구하던 중 내연기관의

▲ **소형 비행기**
19세기 중반 많은 엔지니어들이 열역학 이론을 바탕으로 내연기관을 연구, 제작하기 시작했다. 내연기관은 발명된 이후 지속적으로 개신되고 발전했으며, 현재는 비교적 완벽한 기계로 탈바꿈했다. 세계의 각종 자동차, 트랙터, 농업기기, 공사기계, 소형 이동발전소, 군용차 등이 모두 내연기관 동력으로 설계되어 있다. 해상상선, 내수선박, 일반 선박, 일부 소형 비행기 역시 내연기관을 동력으로 사용하고 있으며 세계 각종 동력기계 가운데 최고의 점유율을 차지한다.

▲ **발전기**
과학과 기술의 결합은 사회에 혁신적인 발전을 일으켰고 생활방식에도 커다란 변화를 가져왔다. 19세기 많은 새로운 기계들이 발전을 거듭했고 이러한 기계들은 사람들이 자연력과 과학법칙의 모델을 이해하는 데 큰 도움을 주었다. 나아가 과학법칙을 응용한 훌륭한 기계들이 발명되었다. 그림은 19세기 말 베를린이 발명한 발전기이다.

기본원리를 다루면서 압축점화의 가능성을 제기한 바 있다.

1862년 프랑스 엔지니어 알퐁스 보 드 로샤Alphonse Beau de Rochas는 내연기관 이론을 발표하면서 높은 효율과 최적의 경제성능을 갖출 수 있는 방법을 제시했다. 그는 우수한 성능을 갖춘 내연기관을 제작하기 위해서는 반드시 기체를 빠른 속도로 최대한 팽창시켜야 한다고 강조했다. 또한 팽창된 압력을 초기상태와 같은 최고의 상태로 유지해야 하는데, 만약 이러한 조건에 부합되지 않을 경우 대량의 기체를 낭비하게 된다고 설명했다.

이러한 방법을 기초로 드 로샤는 피스톤운동의 4행정을 제안했다.

1. 흡입행정 : 피스톤이 하강하면서 실린더가 진공을 형성하게 되며 오일가스 연료를 흡입한다.
2. 압축행정 : 피스톤이 상승하면서 흡입된 실린더의 오일가스를 압축한다.
3. 팽창행정 : 피스톤이 정상까지 상승하면서 오일가스에 전기불꽃으로 점화, 폭발시켜 그 가스의 압력으로 피스톤이 내려가면서 동력을 발생시킨다.
4. 배기행정 : 피스톤이 재차 상승함으로써 연소를 끝낸 기체를 실린더로 배출하여 다시 첫 행정의 시작단계로 돌아간다.

이 엔진이 바로 4행정 내연기관이다. 기체의 낭비를 최대로 줄이는 최고의

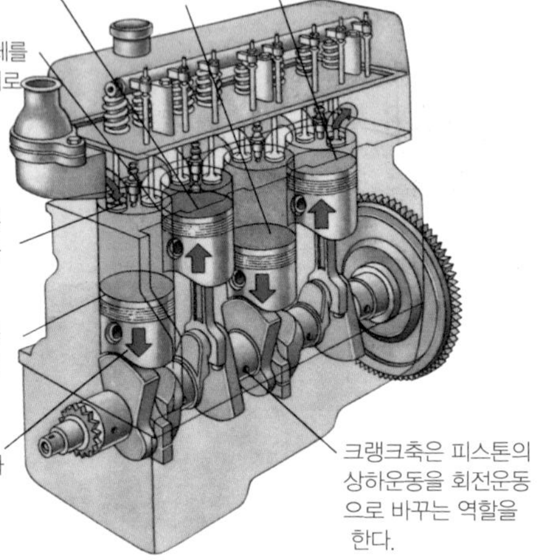

▲ 4행정 엔진
4행정이란 엔진의 흡입, 압축, 팽창, 배기 등 네 개의 과정을 뜻하며 크랭크축에서 두 바퀴를 회전한 후 피스톤이 네 개 행정에 따라 순환하면 한 번의 운동이 끝나는 것이다. 현재 대부분의 자동차가 4행정 엔진을 사용하고 있으며 모든 피스톤이 한 번 순환하는 데 네 개의 동작을 거치게 된다.

내연기관이었으며 이후 나타난 내연기관 모두 이 원리를 응용한 것이다.

드 로샤가 제시한 4행정은 내연기관 이론만을 중시한 것으로, 실제로 내연기관을 제작하지는 않았다.

당시 독일의 발명가 오토Nikolaus August Otto 역시 증기기관보다는 뛰어난 성능을 갖춘 내연기관을 발명하고자 심혈을 기울였지만 큰 성과를 거두지 못했다. 우연한 기회에 드 로샤의 논문을 읽게 된 오토는 그의 이론을 바탕으로 연구, 제작에 들어갔다.

1876년 오토는 성공적으로 4행정 내연기관을 제작하고 특허권도 획득하게 되었다. 오토의 발명을 시작으로 내연기관 연구에 새로운 장이 열리게 되었으며 사람들은 내연기관 발명의 일등공신으로 오토를 꼽고 모든 공을 오토에게 돌렸다.

오토의 내연기관은 부피가 작고 가벼우며 석탄가스의 소모율이 적으면서

▼ 증기기관차의 단면도
증기기관차는 그림과 같이 보일러, 증기기관, 프레임, 탄수차 네 개의 부분으로 구성되어 있으며 보일러에는 또 노상, 실린더 블록, 연실 세 개의 부분으로 구성되어 있다. 노상은 화실의 제약을 받으며 화실의 도움으로 제역할을 하게 된다. 실린더 블록은 제어기능이 있어 기체가 내부에서 순환하는 데 이용되고, 연실은 실린더에서 팽창한 증기를 배출하면서 기체를 통풍시키는 데 사용된다.

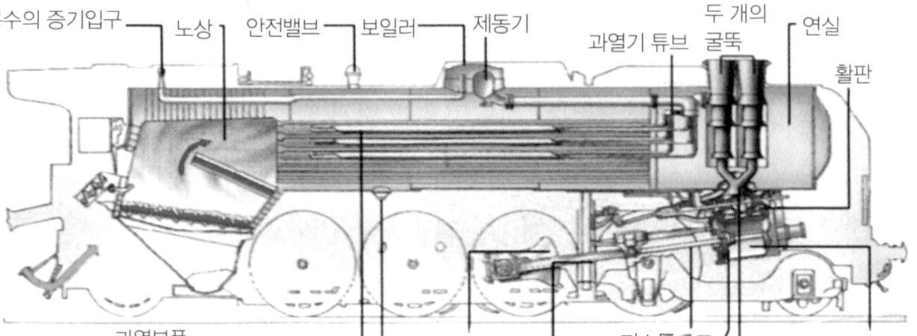

출력이 비교적 높았다. 1878년 파리국제박람회에 참가한 오토의 내연기관은 사람들로부터 높은 평가를 받았다. 그 후 점차 많은 공장에서 본래의 증기기관을 내연기관으로 대체하기 시작했으며 내연기관의 역사는 이때부터 새로 시작되었다.

그러나 오토의 석탄가스 내연기관을 사용하기에는 여전히 불편한 점이 많아 선박이나 자동차와 같은 운송기계의 동력으로 사용되지 못했다.

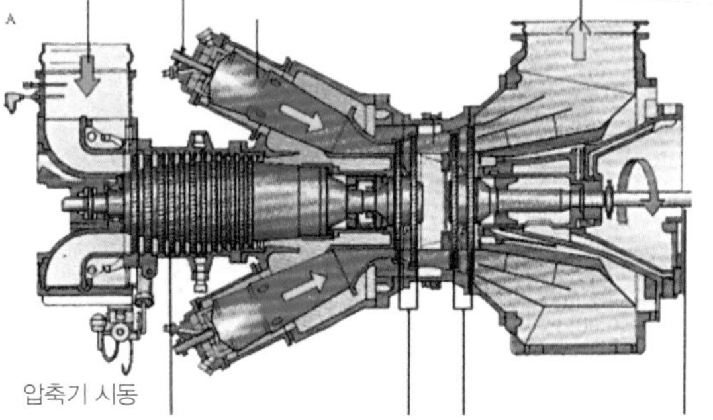

▲ **가스터빈**
가스터빈은 혼합가스를 연소하여 발생하는 높은 온도와 압력으로 가스터빈을 움직여 동력을 발생시키는 엔진이다. 이는 화실, 공기압축기, 터빈장치로 구성되어 있으며 그림은 가스터빈의 작동원리를 그린 것이다. 공기압축기로 공기를 압축한 뒤 화실로 배송하여 다른 연료들과 혼합, 연소시킨다. 이때 고온의 고압기체가 대량 발생하면서 밀폐된 터빈장치에 배송, 팽창하여 날개를 운전시켜 크랭크축을 회전한다. 가스터빈은 비행기, 기차, 고속외항선에 주로 사용된다.

1859년 미국 펜실베이니아주에서 세계 최초의 유전이 발굴되었다. 그 후 석유 생산량이 증가하여 휘발유, 등유, 경유가 새롭게 응용되는 연료로 떠오르기 시작했다. 1883년 독일의 엔지니어 다임러Gottlieb Wilhelm Daimler는 휘발유 내연기관을, 1885년 영국의 플레이스트만은 등유 내연기관을, 1892년 독일의 디젤이 자동 점화되는 경유 내연기관을 잇달아 발명하는 데 성공을 거두었다. 디젤이 발명한 내연기관은 압축 과정을 증가하여 열효율이 27~32퍼센트에 달했다. 마력이 높고 가벼우며 효율도 높은 신식 동력기계 '경유 내연기관'으로 증기기관을 대체하게 되었으며 얼마 있지 않아 산업의 새로운 동력기계로 자리 잡았다.

내연기관의 무게가 가벼워지고 마력이 높아지면서 하늘을 날고픈 인류의 꿈이 드디어 현실화되었다. 1903년 미국의 엔지니어 라이트 형제가 8마력의 휘발유 내연기관을 엔진으로 사용하여 세계 최초의 비행기를 발명하게 된 것이다. 이 비행기는 59초간 하늘을 비행하는 데 성공하였다. 이로써 비행기는 항공운송시대라는 새로운 장르를 열었다.

내연기관의 발명은 다시 한 번 동력기계의 새로운 혁명을 일으켰다. 내연기관은 효율이 높은 데다 종류도 다양하고 용도가 광범위하다. 이는 교통운송의 혁명을 일으켰고 자동차와 비행기 제조업의 발전을 가속화했으며 농업생산기계의 보편화를 이끌어냈다.

자동차의 발전

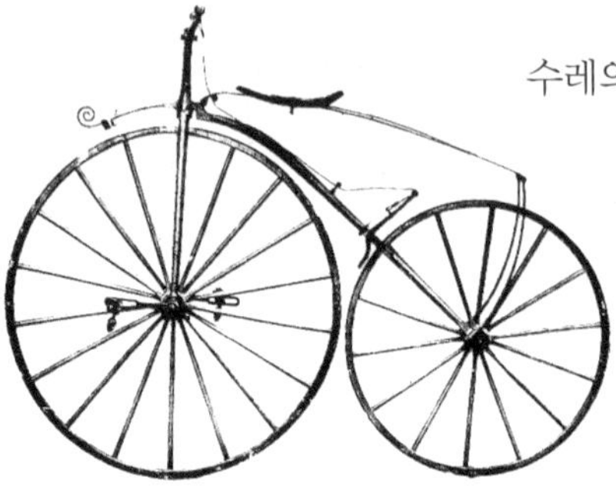

▶ 미쇼의 자전거

1861년, 프랑스의 대장장이 미쇼와 그의 아들이 페달로 바퀴를 돌리는 자전거를 개발했다. 손잡이와 두 개의 바퀴가 있는 나무자전거로 앞바퀴의 페달을 밟고 운전해야 한다. 사람들은 이 자전거를 타고 유럽을 돌아다녔다.

수레의 역사는 아주 오래되었다. 중국의 전설에 의하면 수레는 황제(黃帝)가 발명한 것으로 전해진다. 『고문사고(古文史考)』에 기록된 내용에 따르면 황제는 수레를 즐겨 탔고 무거운 짐을 싣고 먼 곳까지 다녔으며 소호(少昊)는 소가 끄는 수레를, 대우(大禹)는 말이 끄는 수레를 탔다고 한다. 15세기 유럽의 다빈치는 태엽을 이용한 동력의 자전거를 구상하고 설계도를 유물로 남겼다. 1649년 독일의 시계제조자가 다빈치의 설계도를 바탕으로 세계 최초의 자전거를 만들었다. 이 자전거는 추시계와 같이 태엽을 동력으로 사용한 것으로 시속이 1.5킬로미터밖에 되지 않았다. 하지만 이 발

▼ 벤츠의 자동차

수레는 유구한 역사를 지니고 있지만 자동차의 역사는 19세기부터 시작된다. 1886년 독일인 벤츠가 내연기관을 이용한 삼륜차를 개발하였는데 이것이 세계 최초의 '자동차'이다. 그 후 사람들은 벤츠에게 '자동차의 아버지'라는 별명을 붙였다. 그림은 나날이 발전하는 벤츠의 자동차들이다. 그림1은 목재의 솔리드 타이어를 사용했고 외형상 사륜마차의 틀을 벗어나지 못했다. 그림2는 고무 재질의 공기타이어를 사용했다. 그림3은 자동차의 발전이 상당한 수준에 이른 것으로 오늘날의 자동차의 모습을 갖추고 있다.

그림1

그림2

그림3

명은 프랑스 군사당국의 관심을 불러 일으켰다. 그들은 고속자전거를 발명하면 화포를 끄는 말을 대체할 수 있고, 포병의 기동성을 보다 높일 수 있을 것이라고 믿었다. 따라서 그들은 즉각 육군포병대위 니콜라스 조셉 퀴뇨에게 명을 내려 자전거 연구에 매진토록 했다. 그리하여 그는 1771년 증기기관을 동력으로 하는 자전거를 발명하는 데 성공했다. 그가 만든 증기자전거는 길이 7.2미터, 넓이 2.3미터인 목재구조의 삼륜차로 시속 9.5킬로미터였다. 이는 최초로 증기기관을 차에 응용한 것이며 이로부터 육로운송의 새로운 발전이 시작되었다. 증기기관의 사용은 자연을 거스르지 않고서 얻은 대단한 성과였지만 효율은 여전히 미비하였다.

▲ 칼 벤츠
기관사 집안에서 태어난 독일의 엔지니어 칼 벤츠는 1878년부터 신형 내연기관을 연구하기 시작하여 1879년 최초로 점화 플러그를 통해 점화되는 내연기관을 발명했다. 1882년 그는 엔진을 삼륜차에 장착하는 시도를 했고 1885년 그가 연구 제작한 심륜치가 성공적으로 탄생되었다. 1886년에 특허를 획득했다.

외연기관, 즉 보일러와 실린더가 분리되어 연료가 실린더 밖에서 연소되면서 발생한 증기가 실린더에 이입되어 실린더가 동작을 하게 된다. 따라서 증기기관 내부에서 점화, 연소되지 않는 이상 증기기관의 효율을 대폭 향상시키는 것은 불가능했다. 이 사실을 깨달은 사람들은 보일러와 실린더를 하나로 합체하는 내연기관 제작에 매진하기 시작했다. 1794년 실험을 통해 내부연소의 실현 가능성을 확보했다. 1862년 프랑스의 과학자 알퐁스 보 드 로샤는 내연기관의 이론을 만들었고 내부연소를 실현하기 위해서는 반드시 점화하기 전에 고압을 확보하여 연료가스를 신속하게 최대치까지 팽창시켜야 한다고 주장했다. 이와 함께 그는 내연기관의 피스톤의 구체적인 운동 순서를 제시했다. 1854년 독일의 엔지니어 오토는 내연기관을 발명하고자 했지만 큰 성과를 거두지 못했다. 1876년 우연한 기회에 드 로샤의 논문을 읽게 된 오토는 그가 제안한 4행정 논리에 동조하여

▶ 세계 최초의 삼륜 자동차
획기적인 의미를 가지는 발명품 자동차는 인류의 보행 방식을 바꾸었을 뿐만 아니라 개인 교통운송의 시대를 열었다. 1886년 1월 29일 독일 엔지니어 칼 벤츠는 자신이 발명한 자동차에 대해 특허를 신청했고 같은 해 10월, 자신이 발명한 삼륜 자동차가 독일특허권(특허번호: 37435a)을 획득했다. 그림은 세계가 공인한 세계 최초의 자동차 '삼륜 자동차' 이다.

▲ **헨리 포드**
헨리 포드는 세계 사람들에게 '포드'라는 자동차 브랜드를 남겼을 뿐만 아니라 포기란 없다는 창업 정신을 보여주었다. 그가 설립한 포드자동차는 세계 최대규모의 자동차회사 중 하나로, T자형 자동차의 판매량은 1500만 대를 넘어섰고 지금까지도 세계기록으로 남아 있다. 포드는 사람들로부터 '세상에 자동차 바퀴를 달아준 사람'으로 칭송받고 있다.

드 로샤의 이론을 바탕으로 연구, 제작에 들어갔다. 연말 무렵 성공적으로 석탄가스를 연료로 하는 4행정 내연기관을 제작해 냈다. 그의 첫 번째 발견에서 플라이휠의 관성을 바탕으로 4행정의 순환을 자동반복 시키는 데 성공했다. 열효율이 14퍼센트까지 향상된 그의 발명품 4행정 내연기관은 드 로샤의 4행정 이론을 따른 결과물이다. 자동차의 심장인 내연기관의 출현은 자동차를 제작할 수 있다는 가능성을 안겨준 큰 업적이다. 오토는 드 로샤의 이론을 현실화해 휘발유를 연료로 하는 4행정 피스톤 내연기관을 발명하는 데 성공했고 사람들부터 내연기관의 발명가라는 칭송을 받았다. 이 엔진은 흡입, 압축, 팽창, 배기 등 4개 행정의 순환으로 이루어진다. 사람들은 오토의 발명을 기념하기 위해 이 순환을 오토사이클이라고 명명했다.

오토는 실험과 연구를 꾸준히 진행해 나갔고 내연기관의 성능을 보다 더 안정적이고 완벽하게 업그레이드하는 데 주력했다. 1880년 기계출력이 기존의 4마력에서 20마력까지 향상되었다. 내연기관이 발명된 후 독일의 발명가 다임러가 신형 자동차를 발명할 수 있다는 가능성을 확보한 뒤 연기와 스팀을 내뿜는 증기자동차 연구를 시작했다.

그러나 내연기관을 자동차에 장착하려면 장착하기 전에 반드시 부피를 최소화해야 했다. 엔진 연구에 주력해 온 다임러는 4년간의 노력 끝에 소형 엔진을 발명했고 1883년에 고효율의 휘발유 내연기관을 제작했다. 1885년 8월 그는 내연기관을 바퀴가 두 개인 자동차에 장착시켰고 세계 최초의 오토바이

◀ **포드 A형 자동차**
1903년에서 1908년까지 헨리 포드는 회사 소속의 엔지니어와 함께 19종 모델의 자동차를 연구 개발했으며 모델명을 알파벳순으로 A에서부터 S까지로 명명했다. 이 중 몇 개의 모델은 시험용 차종이어서 시중에 판매되지 않은 것도 있다. 19가지 모델의 자동차들은 향후 T형 자동차를 개발하는 기술적 토대가 되었다. 그림은 1903년 출시한 포드 A형 자동차이다.

를 발명하는 데 성공했다. 다임러의 내연기관은 과거에 사용하던 연료를 휘발유로 대체하여 내연기관의 소형화와 고속화를 실현했고 엔진의 회전속도는 분당 200회에서 900회로 향상되었다. 업그레이드된 내연기관은 빠른 속도로 교통운송수단으로 이용됐고 자동차산업 발전을 주도하였다.

19세기 중반 휘발유를 연료로 하는 내연기관의 발명이 성공을 거두게 되면서 많은 사람들이 이를 마차에 적용할 방법을 구상하기 시작했다. 자동차를 움직일 수 있는 '말이 필요 없는 마차'를 원했던 것이다. 1886년 독일의 벤츠와 다임러가 최초로 자동차를 발명한 뒤 영국, 프랑스, 미국 등에서도 잇따라 자동차를 발명하게 되면서 세계적으로 발명의 붐을 일으켰다. 벤츠의 공로를 기념하기 위해서 사람들은 그를 '자동차의 아버지'라고 부른다.

▲ **다임러**
독일의 엔지니어이자 발명가인 다임러는 자동차의 선구자 중 한 사람이다. 최초로 오토바이를 발명하기도 했다.

1879년 독일의 엔지니어 칼 벤츠는 최초로 2행정 엔진을 장착한 자동차를 시운전하는 데 성공했다. 1883년 10월 그는 '벤츠자동차와 석탄가스 엔진공장'을 설립하고 1885년 만하임에서 첫 벤츠 특허 자동차를 발명하게 되었다. 이 자동차는 자전거 형태의 삼륜차로 휘발유를 연료로 사용하고 0.9마력의 힘을 내는 1기통 2행정 엔진을 장착하였으며 불꽃 점화, 냉각수 순환, 강관 프레임, 강판 용수철로 된 서스펜션 포크, 뒷바퀴로 앞바퀴의 방향 바꾸기, 제동 손잡이 등 오늘날 자동차의 기본적인 특성을 갖추고 있다. 1883년 윌리엄과 공동으로 최초로 고속 휘발유 엔진을 발명한 다임러는 윌리엄의 도움으로

◀ **포드가 생산한 첫 4륜 자동차**
헨리 포드는 세계 자동차 산업 발전에 큰 공을 세운 사람이자 자동차산업 발전의 선구자이고 포드 자동차산업의 창시자이다. 그는 '일반 대중들에게 알맞은 자동차'를 제작하겠다는 이념을 바탕으로 끊임없는 노력을 펼쳐왔다. 그의 노력으로 사치품의 일종인 자동차를 대중의 생활에 보급하는 데 성공했고 지금은 대중이 즐겨 사용하는 교통수단으로 발전하게 된 것이다. 그림은 포드가 자신이 최초로 생산한 4륜 자동차에 타고 있는 모습이다.

▶ **포드 T형 자동차의 탄생**
1908년 포드 자동차회사를 설립한 헨리 포드는 세계 최초로 일반인들이 부담 없이 즐겨 탈 수 있는 'T형 자동차'를 생산하게 되었다. T형 자동차는 저렴한 가격, 손쉬운 관리로 폭발적인 인기를 누렸다. 포드를 성공에 이르게 한 일등공신 T형 자동차는 대중들의 교통수단으로 사람들의 생활방식, 사고방식, 오락방식에 변화를 가져다주었다. T형 자동차는 자동차산업의 혁명을 이끈 발명품이다.

1896년 칸슈타트에서 세계 첫 네 바퀴가 달린 '말이 필요 없는 마차'를 발명하는 데 성공했다.

이 차는 미국에서 구매해 온 네 개의 바퀴가 달린 '마차'에 그들이 제작한 출력 1.1마력, 회전속도 분당 650회의 엔진을 장착했다. 그 당시 시속 18킬로미터의 '숨막히는 속도'로 슈투트가르트에서 칸슈타트까지 운전하면서 세계 첫 휘발유 엔진을 사용한 4륜 자동차가 탄생하게 된 것이다. 당시 벤츠가 발명한 자동차는 오늘날 자동차의 모습을 완벽하게 갖추지 못했다. 그의 바퀴는 여전히 목재를 사용했고 전통제작 방법으로 바퀴 주변에 금속을 한 층 감는 것으로는 자동차 속도를 크게 향상하는 데 한계가 있었다. 1845년에 영국의 엔지니어 톰슨이 바퀴 주변에 고무관을 씌우는 좋은 아이디어를 생각해 냈지만 1895년에 이르러서야 타이어를 자동차에 장착하는 데 성공함으로써 오늘날의 자동차의 모습을 갖추게 되었다.

위와 같은 이유로 사람들은 1886년을 자동차의 원년으로 삼기도 하고, 일부 학자들은 칼 벤츠의 삼륜 자동차가 제작된 1885년을 자동차 탄생의 해로 삼기도 한다. 또한 벤츠와 다임러는 자동차산업의 시조가 되었다.

세계 자동차산업이 처음 형성된 곳은 미국이다. 헨리 포드Henry Ford는 미국 자동차산업의 선구자로 1883년 자동차 제조업에 종사하기 시작했다. 1903년 그는 포드 자동차회사를 설립하고, 간단한 구조, 뛰어난 성능을 갖춘 실용적이면서도 저렴한 자동차를 개발하기 위해 적극적으로 연구하기 시작했다. 1908년 10월 정식으로 T형 자동차 생산에 들어갔다. T형 자동차의 마력은 25이며 4개의 실린더를 사용한 4행정 휘발유 자동차이다. 1913년 그는 세계 최초로 자동차 장비 생산라인을 구축했고 대량생산관리 방식을 실행했다. 아울러 자동차를 시리즈로 생산하고 부품을 표준화했다. 1914년 포드 자동차의 연 생산량은 30만 대, 1926년에는 200만 대에 달했다. 또한 자동차 가격도 최초 850달러에서 1923년에는 265달러로 대폭 하향 조정했다.

포드는 오늘날의 자동차의 구조적 틀을 갖췄을 뿐만 아니라 자동차산업을 대량생산이라는 새로운 체제로 만들었다. 바꾸어 말해서 포드의 T형 자동차

▼ 제트엔진

휘발유 제트엔진은 자동차 배기를 정화하는 기능을 갖추고 있는 연료절약형 기술적 장치이다. 이는 연료분사장치로 휘발유를 분사하는 형식을 통해 고속으로 실린더와 에어 튜브에 삽입하여 실린더에 흡입된 공기와 혼합되면서 전기불꽃으로 점화, 팽창시켜 피스톤을 하강하게 만든다. 그림은 제트엔진 및 제트시스템의 구조도이다.

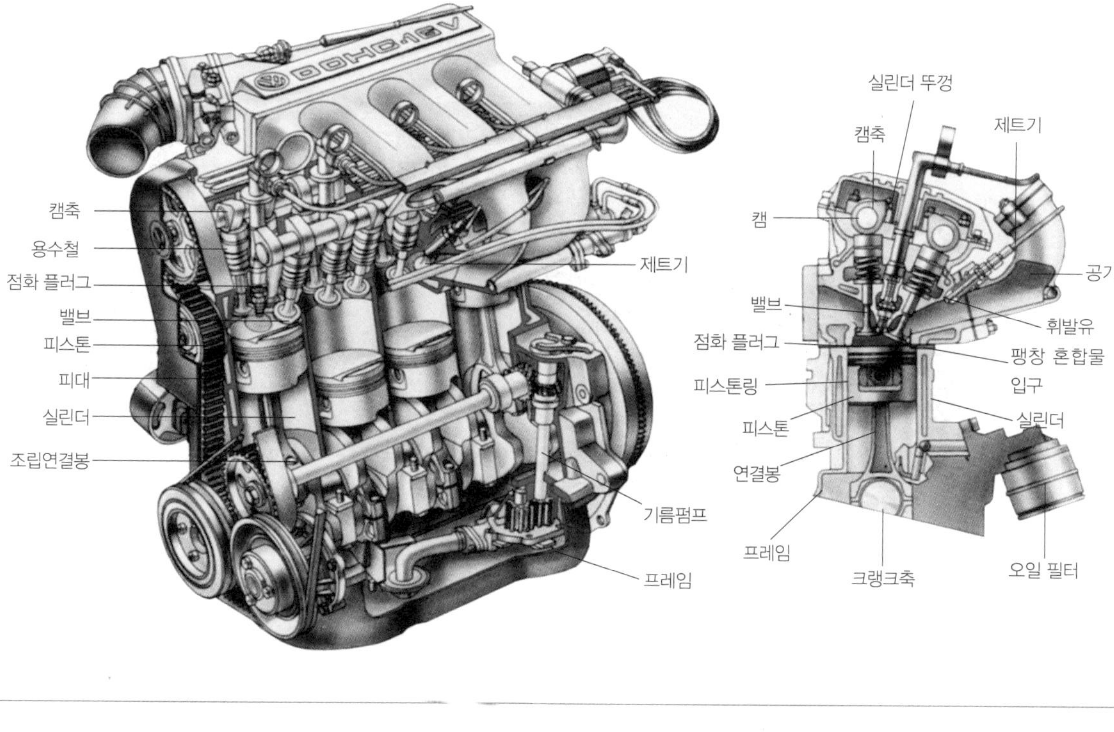

를 시작으로 인류는 진정으로 자동차시대로 접어든 것이다. 사람들은 포드 자동차회사가 자동차 현대화의 선구적 역할을 하고 있다고 높이 평가했다.

아주 짧은 시간에 자동차는 실험적 발명에서 관련산업이 가장 넓고 산업기술의 파급효과가 가장 큰 종합산업으로 발전했다. 자동차산업의 발전은 자동차업계 자체 기술적 발전으로 인한 성과이다. 또한 자동차산업의 발전은 자동차산업의 기술투자능력의 응용 여부와 세계 자동차시장의 공급규모에 의해 결정된다. 이 밖에도 세계 경제발전, 인류의 환경적 요구, 에너지와 원자재 공급, 국가 정책 및 예상치 못한 변화 등의 영향을 받는다. 인류는 제1차 세계대전에서 자동차 운송의 유연성을 확인했다. 전쟁에 투입될 많은 군용 트럭의 운전기사를 육성함과 동시에 자동차 기계기술을 습득하는 사람이 나날이 증가하면서 종전 후 자동차산업은 눈부신 발전을 이룩했다. 미국의 자동차 제조업체와 부품 공급업계가 급격히 늘어나는 수요에 때맞춰 공급하지 못하는 상황까지 빚어지게 되면서 자동차 가격은 전쟁 전에 비해 몇 배나 뛰어올랐

▼ 자동차 구조도

자동차가 발명된 초기에는 내연기관을 자동차의 동력으로 사용해 무게가 가볍고 출력이 높으며 시동이 빨리 걸리는 장점이 있었다. 또한 이에 사용되는 연료는 휴대가 편리하고 열효율이 높으며 경제성이 뛰어났다. 세월이 점차 흐르면서 과학기술도 날로 발전해 나갔다. 현재 내연기관의 구조는 매우 합리적이고 성능 또한 뛰어나다. 지금도 자동차는 하루가 멀다고 빠르게 발전하고 있지만 여전히 내연기관이 주요동력으로 사용되고 있다.

다. 그러나 얼마 지나지 않아 경제 불황으로 자동차 수요가 급격히 줄어들었다. 제2차 세계대전 뒤 영국의 자동차 수요량은 제1차 세계대전 종료 후보다 높았고 공급이 수요를 따라가지 못해 생산되는 즉시 바로 판매되는 상황이 속출되었다. 종전 후 미국 산업은 날로 번창해 갔고 자동차생산 분야에서 당당히 세계 최고의 사리를 거머쥐었다. 자동차, 강철, 건축 3대 산업을 '3대 지주' 라고 부르면서 자동차산업은 미국 산업의 자부심이 되었다.

여러 시대의 수많은 과학자들은 교통운송수단의 발명 및 혁신에 주력했고 이에 기선, 기차, 자동차 등이 각지로 운행되어 세계 경제를 하나로 연결시켜 주었다. 기차, 자동차, 기선의 우렁찬 출발 소리와 함께 기계생산을 주요상징으로 하는 산업생산체계도 본격적으로 형성되었다.

미래 자동차시장을 선점하기 위해 오늘날 많은 회사들은 소형 컴퓨터, 무선전자통신, 위성 네비게이션 등의 선진기술, 장비, 방법, 자재를 자동차업계에 광범위하게 응용하는 데 주력하고 있다. 따라서 오늘날 자동차의 발전방향은 자동화, 전자화이다. 위성 네비게이션은 위성교통 통신정보를 받아 자동차의 현재 위치를 확인할 수 있도록 해줄 뿐만 아니라 상세한 교통지도와 함께 목적지 노선을 제공해 준다. 자동차의 레이더시스템은 장애물의 거리와 크기를 운전자에게 전달하고 편리한 주차를 위해 정보를 제공하며, 음성감지시스템은 그림, 표 또는 음성으로 운전자에게 자동차 각 부위의 상황을 알려준다. 따라서 '음성' 이 전달하는 상황에 따라 운전만 하면 되기 때문에 매우 편리하다. 미래 자동차는 에너지 소모량 또는 폐기 배출, 소음, 오염 등과 같은 공해를 대폭 줄일 수 있다. 자동차의 안전성과 편리성은 날로 향상되고 있으며 오일쇼크와 같은 위기가 닥친다 해도 자동차산업은 크게 영향을 받지 않을 것이다. 자동차는 현재 세계에서 가장 중요한 교통수단이고 앞으로도 계속해서 주요 교통수단이 될 것이며 그 어떤 교통수단도 자동차를 대신할 수 없을 것이다.

5

과학기술의 고속 발전

20세기의 과학기술은 내용도 더욱 풍부해지고 이론도 더욱 심오해졌다. 과학 분야에 역사상 유례 없는 영향력이 아주 큰 사건과 발명이 인류 역사의 발전을 크게 가속화시켰을 뿐만 아니라 인류 사회의 생활과 문명 수준을 향상시켰다. 이 시기의 과학기술 성과는 양적인 면과 질적인 면에서 인류 역사가 생긴 이래 그 동안의 모든 성과물을 합한 것보다 뛰어났으며, 서양문화 발전의 주춧돌이 되었다.

E=m

01 20세기 과학혁명

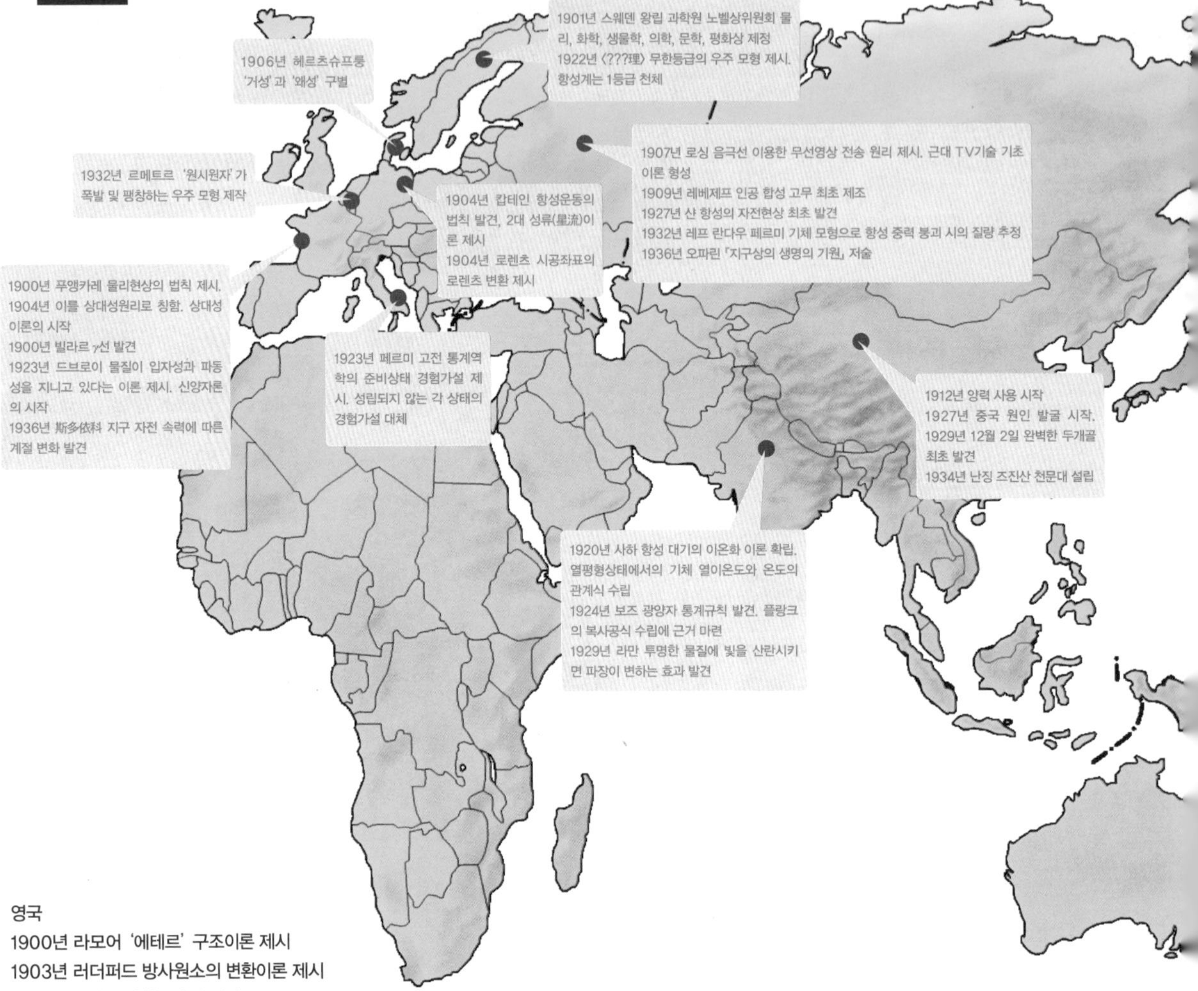

영국

1900년 라모어 '에테르' 구조이론 제시
1903년 러더퍼드 방사원소의 변환이론 제시
1910년 소디 동위원소가설 제시
1925년 애덤스 천랑성 반성의 스펙트럼의 중력과 적색이동 발견. 백색왜성의 고밀도 물질 존재 증명
1927년 애스턴 동위원소의 질량 정수법칙 이탈 지적. 원자에너지 방출 가능성 제시
1929년 진스 만유인력의 불안정이론 제시
1929년 플레밍 살균작용이 있는 페니실린 발견
1932년 채드윅 인공 핵반응실험에서 중성자 발견

미국

1900년 기브스 고전 통계역학의 체계적인 기초이론 정립
1905년 아인슈타인 광양자 가설로 광전효과 설명
1905년 아인슈타인 특수상대성이론 제시
1906년 새빈 초기 건축 음향학이론 정립
1906년 페선던 무선전파 변조로 음악 · 음성 수신 및 발신 최초 실현. 무선전화의 탄생
1908년 헤일 태양 흑점 주위의 자장 발견
1912년 슬라이퍼 도플러 효과에 근거해 와상 성운속도 최초 측정

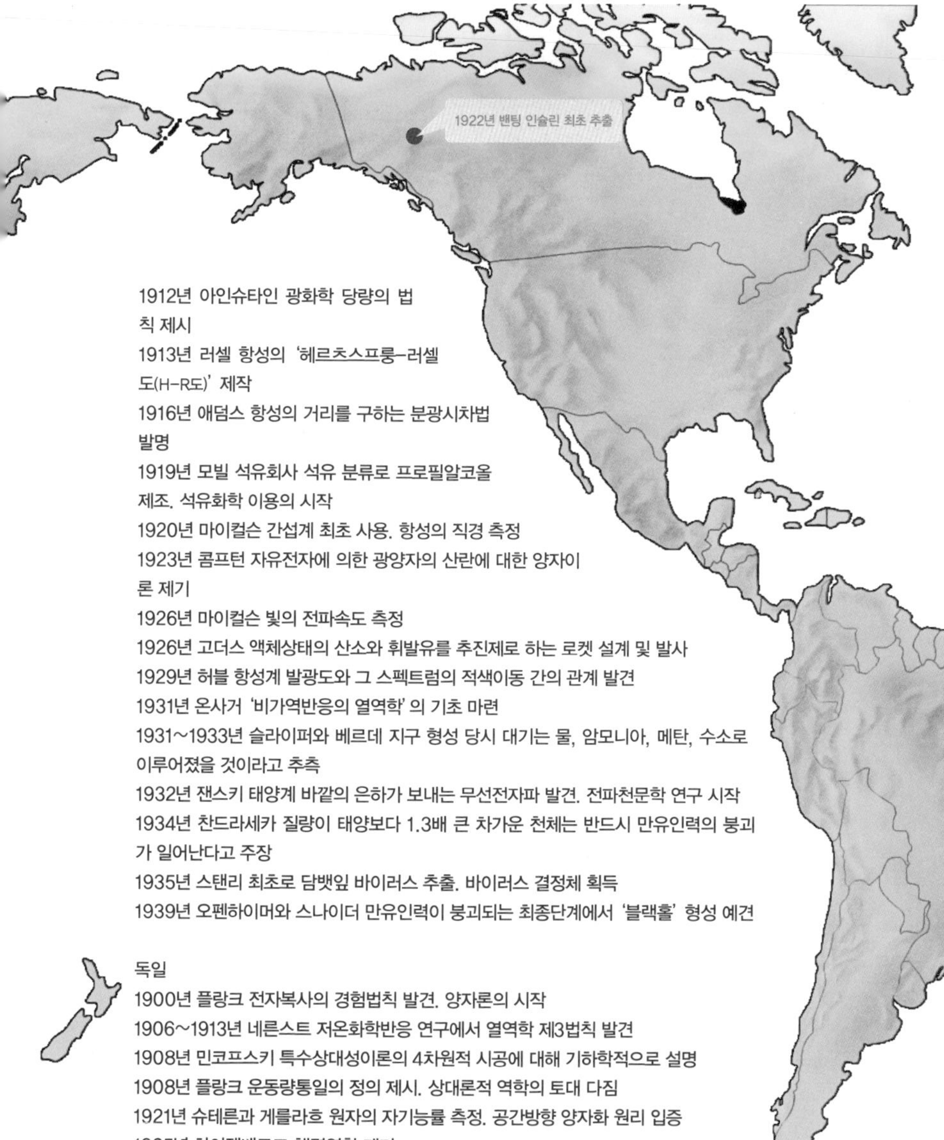

1912년 아인슈타인 광화학 당량의 법칙 제시
1913년 러셀 항성의 '헤르츠스프룽–러셀도(H–R도)' 제작
1916년 애덤스 항성의 거리를 구하는 분광시차법 발명
1919년 모빌 석유회사 석유 분류로 프로필알코올 제조. 석유화학 이용의 시작
1920년 마이컬슨 간섭계 최초 사용. 항성의 직경 측정
1923년 콤프턴 자유전자에 의한 광양자의 산란에 대한 양자이론 제기
1926년 마이컬슨 빛의 전파속도 측정
1926년 고더스 액체상태의 산소와 휘발유를 추진제로 하는 로켓 설계 및 발사
1929년 허블 항성계 발광도와 그 스펙트럼의 적색이동 간의 관계 발견
1931년 온사거 '비가역반응의 열역학'의 기초 마련
1931~1933년 슬라이퍼와 베르데 지구 형성 당시 대기는 물, 암모니아, 메탄, 수소로 이루어졌을 것이라고 추측
1932년 잰스키 태양계 바깥의 은하가 보내는 무선전자파 발견. 전파천문학 연구 시작
1934년 찬드라세카 질량이 태양보다 1.3배 큰 차가운 천체는 반드시 만유인력의 붕괴가 일어난다고 주장
1935년 스탠리 최초로 담뱃잎 바이러스 추출. 바이러스 결정체 획득
1939년 오펜하이머와 스나이더 만유인력이 붕괴되는 최종단계에서 '블랙홀' 형성 예견

독일
1900년 플랑크 전자복사의 경험법칙 발견. 양자론의 시작
1906~1913년 네른스트 저온화학반응 연구에서 열역학 제3법칙 발견
1908년 민코프스키 특수상대성이론의 4차원적 시공에 대해 기하학적으로 설명
1908년 플랑크 운동량통일의 정의 제시. 상대론적 역학의 토대 다짐
1921년 슈테른과 게를라흐 원자의 자기능률 측정. 공간방향 양자화 원리 입증
1925년 하이젠베르크 행렬역학 제기
1929년 하이젠베르크 전자장을 동력학의 일부로 간주. 전자와 전자장 상호작용의 상대론적 양자역학 제기. 양자장이론의 시초

19세기는 과학 발전의 전성기였다. 물리과학 분야에서 뉴턴의 역학을 대표로 한 고전물리학은 전체 물리세계를 지배하였고 세포설과 생물진화론은 생명과학 분야를 통일했다. 이러한 놀라운 업적으로 19세기 사람들은 고전과학이 이미 완벽한 수준에 이르렀다고 생각했다. 따라서 과학에 대한 더욱 깊은 연구의 필요성을 느끼지 못했다. 그러나 인류의 진보는 낡은 지식체계에서 새로운 문제를 발견하고 이를 수정해 자연과학의 새 질서에 적합한 새로운 원리를 정립해 나가는 과정이다. 신구가 서로 맞물려 과학적인 위기가 닥쳐오자 20세기는 격정적인 과학혁명의 무대가 되었고 과학자들은 또다시 탐구와 연구에 열중하기 시작했다.

세기의 획을 그은 위대한 발견

X-선

▶ 뢴트겐의 X-선 발견
뢴트겐은 1885년의 한 실험에서 렌즈를 투과할 때 반사나 굴절작용이 발생하지 않는 특이한 광선을 발견했다. 더 특이한 점은 이 광선이 고체를 투과한다는 것이다. 하지만 이 광선에 대한 정확한 설명을 할 수가 없었기에 뢴트겐은 이를 X-선이라 칭했다. 이 발견으로 들썩이던 당시 과학계에는 X-선 연구 붐이 일어나기도 했다.

1895년 11월 8일 독일의 물리학자 뢴트겐Wilhelm Conrad Rntgen은 음극선 연구를 하던 중 우연히 백금시안화바륨 형광판에 섬광이 나타나는 것을 보고 방전관과 형광판 사이의 물질에 따라 나타나는 효과도 다르다는 것을 발견했다. 그는 이것이 지금까지 관찰되지 않은 특수한 물질이며 매우 강력한 투과력을 가지고 있음을 감지했다. 이것이 바로 X-선의 발견이다. 1895년 말, 그는 「새 종류의 광선에 대하여On A

▶ X-선의 응용
그림은 X-선 수화물 스캐너이다. 주로 공항에서 승객의 수화물 중 위험물질 휴대 여부를 검사하기 위해 사용된다. 수화물이 컨베이어벨트에 실려 스캐너를 통과할 때 X-선이 수화물을 투과하면 컴퓨터와 모니터가 연결되어 모니터가 보낸 신호를 영상으로 전환한다. 총과 같은 금속물체는 X-선이 투과되지 않기 때문에 스크린에 나타나게 된다.

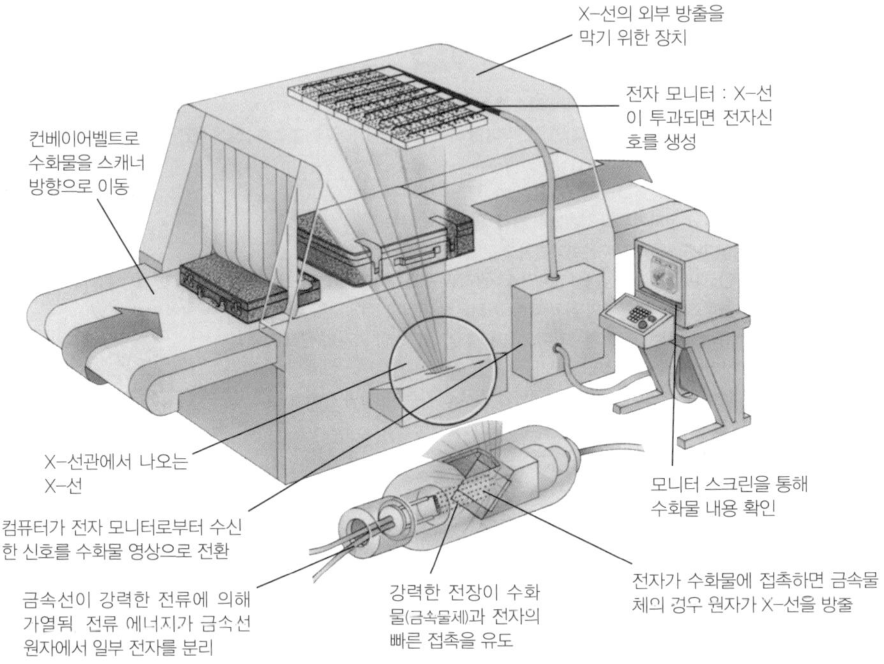

New Kind Of Rays」라는 논문을 발표했다. 여기서 그는 자신이 발견한 새로운 이 광선을 'X-선'이라고 명했다. 그러나 당시에는 이 광선의 본질에 대해서 명확하게 파악하지 못했다. 이후의 연구 과정에서 과학자들은 X-선이 가지고 있는 강력한 투과력으로 인체의 골격이나 얇은 금속이 가지고 있는 결함 등을 발견할 수 있어 의료 및 금속 검사 방면에 큰 응용가치가 있음을 깨달았다. X-선은 인체투시, 부상검사 이외에 금속결함 검사에도 사용할 수 있어 공업기술 발전의 원동력이 되었다. 이 발견으로 많은 과학자들이 X-선과 음극선 연구를 활발하게 진행했고 이로써 현대물리학의 새로운 역사가 쓰여지게 되었다.

방사선

뢴트겐과 푸앵카레Jules-Henri Poincaré의 X-선 발견의 영향을 받은 프랑스의 물리학자 베크렐Antoinc Henri Becquerel은 형광물질을 이용해 X-선을 찾는 연구를 시작했다. 실험 과정에서 그는 검은색 종이로 싼 감광반 안에 우라닐기, 황산, 칼리암염 등이 함께 들어 있으면 빛을 발한다는 것을 우연히 발견했다. 이 빛이 칼리암염이 방출한 미지의 복사선이라고 추측했다. 같은 해 5월 순수 우라늄 금속판도 이런 복사선을 방출한다는 것을 발견해 마침내 천연방사선의 존재를 확인했다. 그의 발견은 퀴리 부인Maria Curie의 물질 방사성 연구에도 영향을 미쳤다. 퀴리 부인은 「방사성 물질에 관한 연구」라는 제목으로 박사논문을 발표했고 '방사성'이라는 단어가 이 논문에서 처음으로 사용되었다.

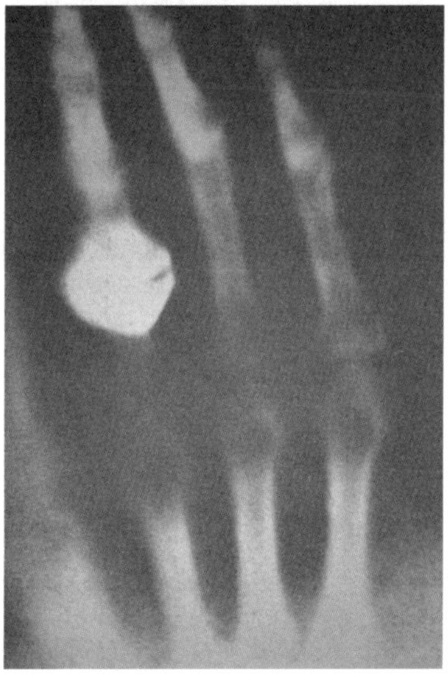

◀ X-선 사진
X-선을 사용해 사진을 찍으면 일반사진에서는 나타나지 않는 부분까지 찍을 수 있다. 이 사진은 X-선의 이런 노출을 이용해 찍은 뢴트겐 부인의 손 사진이다. 사진에서 그녀의 손가락뼈와 손가락에 끼워진 반지를 볼 수 있다.

1898년 4월 12일, 퀴리 부부는 토

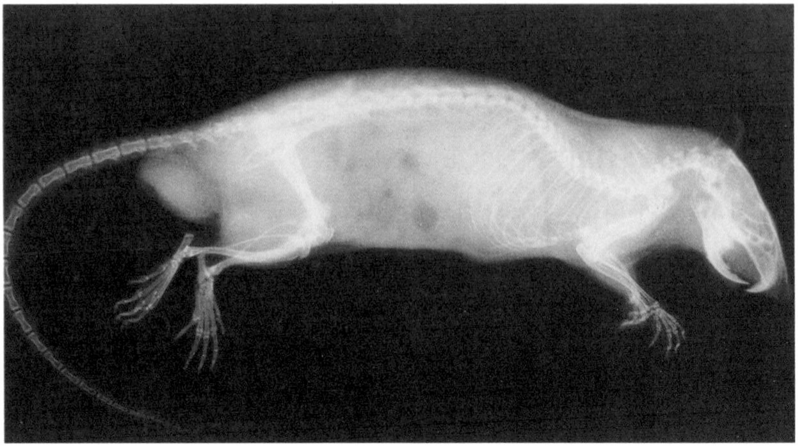

▲ **쥐의 X-선 사진**

X-선이 발견된 후 병원 외과에서는 X-선을 사용하여 사진을 찍었다. 그림은 쥐의 X-선 사진이다. 초기의 X-선 사진은 의학계와 물리학계에 센세이션을 불러일으켰다.

▶ **음극선관**

음극선관의 양쪽 끝에 각각 양전기와 음전기를 달아서 전류가 흐르게 하면 음극은 전류를 발생한다. 영국의 물리학자 크룩스(William Crookes)는 음극선의 정체를 밝히기 위해 여러 형태의 음극선관을 만들었다. 제일 밑의 그림에서 십자 모양의 운모 조각이 선관 안에서 투영되고 있다. 이로 인해 크룩스는 음극선은 직선운동을 한다는 것을 발견했다. 그러나 뢴트겐은 음극선관에서의 기체 방전 현상에 대한 실험을 하다가 우연히 X-선을 발견하였다.

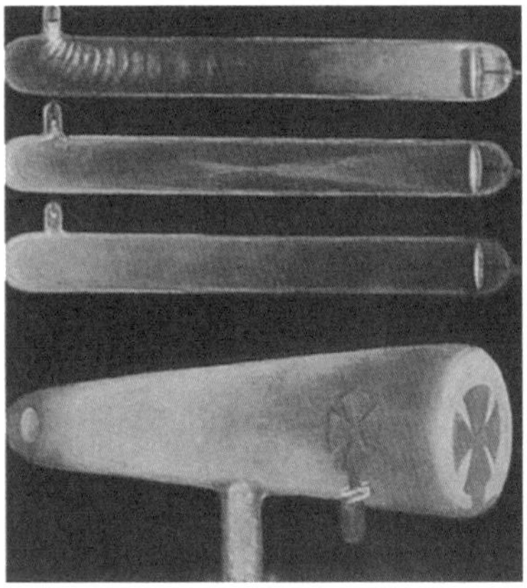

륨도 우라늄과 마찬가지로 방사성을 가지고 있으며 이로써 방사성은 일부 원소만이 가진 특이현상이 아님을 주장했다. 1898년 7월 18일, 퀴리 부부는 우라늄보다 400배 강한 방사성을 가진 신물질 '폴로늄'을 발견했다. 같은 해 12월 26일에는 우라늄보다 방사성이 900배나 강한 '라듐'을 발견하였는데 이듬해 방사성 수치를 7,500배로 수정하고 얼마 지나지 않아 다시 10만 배로 수정했다. 퀴리 부부는 라듐의 원자량을 정확히 측정하기 위해 3년의 시간을 들여 0.12그램의 순수 라듐을 추출했고 원자량이 225임을 밝혔다. 방사성은 우라늄에 비해 200만여 배나 강했다.

방사성의 발견으로 1903년 베크렐과 퀴리 부부는 노벨 물리학상을 공동 수상했다. 하지만 장기간의 실험을 거치면서 방사선에 무방비로 노출되어 있었던 퀴리 부인은 불행히도 백혈병을 얻어 1934년 7월 4일에 프랑스에서 숨을 거두었다.

전자

뢴트겐이 X-선을 발견한 후 영국의 물리학자 J. J. 톰슨Joseph John Thomson은 X-선이라는 새로운 발견을 눈여겨보고 이를 기체연구에 재빨리 응용했다. 전장과 자장의 운동에서 음극선은 모두 휘어지며 이는 음전기 입자의 움직임과 같다는 것을 발견했다. 이로 인해 뢴트겐은 음극선이 가지고 있는 입자성에 대해 더욱 깊이 이해하게 되었다. 이후 톰슨이 이런 입자 흐름의 질량과 전하

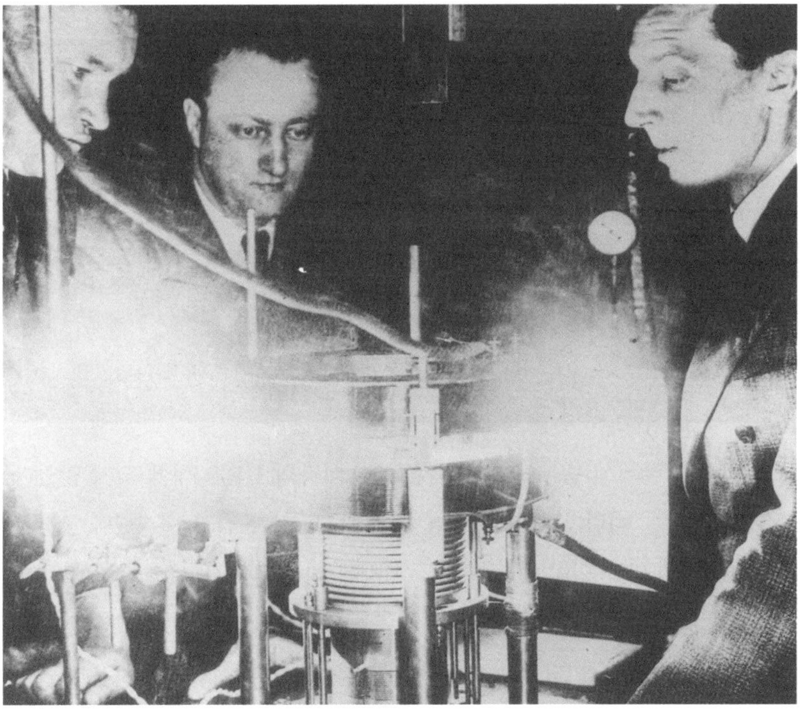

▲ **순수한 열정의 과학자**
방사선의 위험에 대해 미처 알지 못했던 시절, 많은 과학자들은 어떠한 안전시설도 없는 실험실에서 연구를 진행했다. 그림은 과학자 피에르 퀴리(Pierre Curie)가 무방비 상태에서 실험을 하고 있는 장면이다. 퀴리 부인은 오랜 연구기간 동안 라듐에 노출되어 병으로 사망했다.

▶ 실험 중인 퀴리 부인
퀴리 부인은 끈기를 발휘하여 마침내 수만 톤에 달하는 광석 찌꺼기에서 방사성 금속 라듐을 성공적으로 추출해 냈다.

간의 비율을 측정해 냈는데 그 비율은 수소입자의 1/1000밖에 되지 않았다. 뢴트겐은 이를 '미립자' 라고 칭했고 후에 다시 '전자' 라고 변경했다. 전자란 전하의 최소단위를 의미한다. 톰슨은 전자에 대해 원자보다 더 작고 모든 화학원자의 공동성분이라고 설명했다.

X-선과 방사성 그리고 전자의 발견은 양자역학이론 성립의 새로운 길을 열어주었다.

양자역학

양자역학의 시작

흑체복사Black-body Radiation를 연구하는 과정에서 사람들은 빈Wilhelm Wien의 복사법칙이 장파 파동구간에서는 적용되지 않으며 레일리John William Strutt Rayleigh가 제기한 복사법칙 또한 특수한 상황에서만 적용된다고 인식했다. 1900년, 독일 물리학자인 플랑크Max Karl Ernst Ludwig Planck는 광자학설양자가설을 주장했다. 물질에서 나오는 빛은 연속적이 아니라 불연속적인 덩어리인데 이 덩어리를 광자라고 한다. 광자는 정지했을 때 질량이 0인 입자로, 에너지와 운동량을 가진다. 아울러 광자의 에너지와 빛의 진동수는 정비례를 이룬다. 광자는 훗날 양자라고 불린다. 그해 12월 14일, 플랑크는 이 가설을 독일 물리학회에 발표했고 이로써 양자론이 탄생했다. 양자개념의 보편적인 의미를 먼저 깨달은 과학자는 아인슈타인이다. 그는 플랑크의 이론을 기초로 광양자이론을 만들었으며 광전효과에서 나타나는 새로운 현상을 해석했다. 빛에 관한 이론인 입자설과 파동설을 모두 인정한 아인슈타인 덕분에 양자론은 한층 더 발전할 수 있었다.

▲ 보어
원자 모형과 양자역학이론으로 수소의 스펙트럼을, 양자학이론으로 원자구조를 해석한 물리학자이다.

1911년, 뉴질랜드 물리학자인 러더퍼드Rutherford는 유핵원자 모형을 제시했고 이듬해 알파 입자의 산란실험을 통해 이를 입증했다. 그는 1908년에 노벨 화학상을 수상했다. 그러나 전자자기이론에 따르면 러더퍼드의 원자 모형은 불안정한 것이었다. 그 후 덴마크 물리학자 보어Niels Henrik David Bohr가 양자화 원자구조이론을 제시했다. 그는 스펙트럼 분석을 이용해 원자의 내부구조를 연구했으며 원자의 흡수와 방출을 설명하기 위해 러더퍼드의 유핵원자 모형과 플랑크의 양자론을 결합한 '보어이론'을 내놓았다. 그는 원자의 정태가설과 진동수법칙을 수소원자의 스펙트럼으로 해석하는 데 성공했다. 보어이론은 물리학계의 큰 충격을 던져주었으며 양자이론을 크게 발전시키는 계기가 되었다. 하지만 보어의 이론은 당시에 수소원자와 같은 비교적 간단한 상황에서

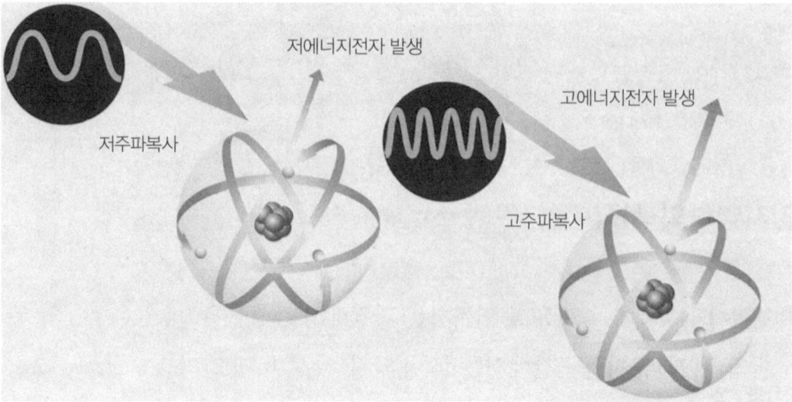

▶ **광전효과**
금속표면에 빛을 비추었을 때 전자가 튀어나오는 현상. 전자가 튀어나오는 속도는 빛의 색깔과 연관이 있으나 빛의 세기와는 무관하다. 아인슈타인은 플랑크의 양자이론을 융합해 빛의 파장을 미세한 빛의 양자(광자)라고 보았는데, 이는 빛의 색깔에 따라 에너지도 각기 다르기 때문이다. 그들이 금속에 부딪힐 경우 광자의 에너지가 커질수록 튀어나오는 전자의 에너지도 커진다.

만 사용되었을 뿐 더욱 많은 전자의 원자스펙트럼은 설명할 수가 없었다.

물질파 연구

1923년, 프랑스 물리학자인 드브로이Louis Victor de Broglie가 물질파 이론을 제시함으로써 양자론의 새로운 장을 마련했다. 드브로이는 전자를 비롯한 모든 입자는 파장을 동반하며 그 파장λ과 입자의 질량m은 속도v와 관련이 있다고 생각했다. 그래서 그것들의 관계를 플랑크 상수h를 이용한 간단한 공식, $\lambda = h/mv$으로 나타냈다. 그는 전자가 빠른 속도로 작은 구멍을 통과할 때도 회절현상이 발생할 것이라고 예언했으며, 그 후 미국의 데이비슨Clinton J. Davisson과 가이거Hans Wilhelm Geiger, 영국의 톰슨Joseph John Thomson과 조지George 등 많은 과학자들이 전자 회절실험을 통해 전자가 파동성을 갖는다는 것을 입증했다. 드브로이가 제시한 물질파이론은 수많은 과학자들의 연구대상이 되었으며 오스트리아 물리학자 슈뢰딩거Erwin Schrodinger는 이 이론을 바탕으로 파동역학을 세웠다.

독일 물리학자 하이젠베르크Werner Karl Heisenberg는 오랫동안의 관찰과 논증 끝에 마침내 「양자론의 운동학과 역학의 형상화 내용」이라는 논문을 발표하며 최초로 '불확정성원리'를 세상에 내놓았다. 이는 양자역학 가운데 매우 중요한 원리이며 물리학뿐만 아니라 철학에도 커다란 영향을 미쳤다.

▼ **원자구조 그림**
1932년 물리학자 채드윅(James Chadwick)은 러더퍼드가 원자구조를 연구할 때 예측한 원자핵 내부의 중성자를 발견함으로써 핵물리학의 신기원을 열었다. 원자의 핵구조에서 중성자는 전기를 띠지 않으며 중성자의 질량과 양성자의 질량은 비슷하다.

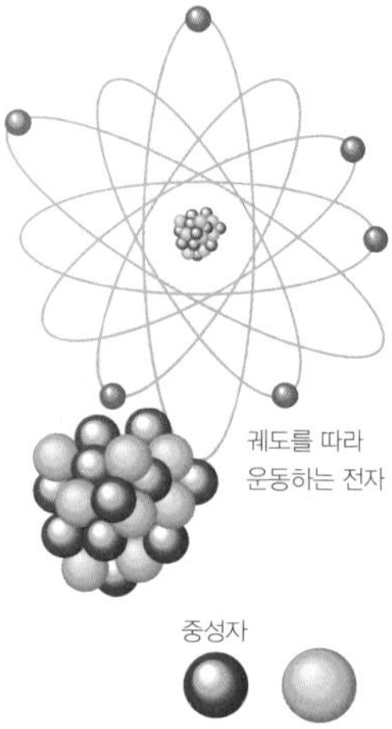

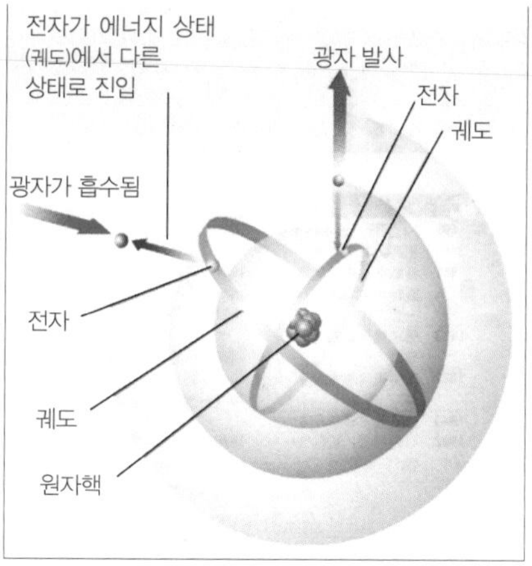

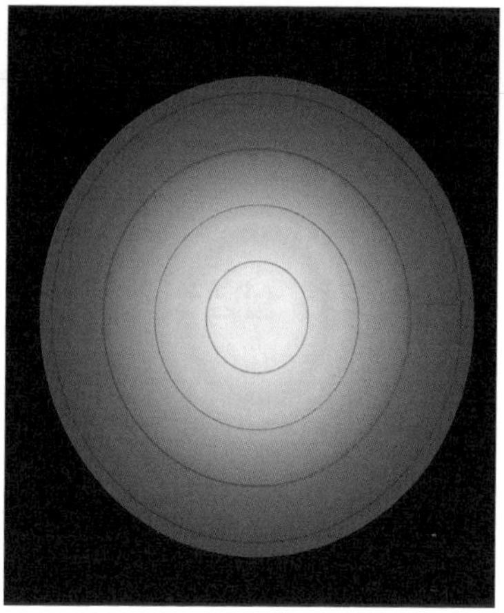

◀ 전자가 원자핵 주위를 도는 핵 운동 (왼쪽)
전자가 원자핵 둘레를 도는 과정에서 광자를 흡수할 때 전자는 원자핵에서 더 먼 고에너지 궤도로 옮겨 가 운행을 하며, 이와 반대로 광자를 내보낼 때는 핵에서 더 가까운 궤도로 옮겨간다. 광자의 에너지는 전자가 움직이는 두 궤도 사이의 에너지 차이와 같다.

◀ 상상의 양자복사 (오른쪽)
플랑크는 어떤 에너지가 내뿜는 빛은 불안정하며 연속적이지 않고 '양자'의 펄스 모양으로 나온다는 이론을 제기했다. 그림에 나타나는 연속되는 펄스 원형은 양자의 방출을 뜻한다. 플랑크가 제시한 양자에너지 계산공식은 E=hν이며, 여기서 h는 플랑크 상수이고 ν는 광선의 진동수를 나타낸다. 이 공식을 이용하면 양자에너지를 계산해 낼 수 있다.

1925년 「역학적 관계에 대한 양자이론의 재해석에 대하여ber quantentheoretische Umdeutung kinematischer und mechanischer Beziehungen」라는 제목의 논문을 발표한 그는 양자파동이론을 해결하는 행렬법을 만들었다. 이후 영국 물리학자 디라크Paul Adrien Maurice Dirac는 행렬역학의 수학형식을 개선해 그것을 하나의 완전한 개념, 논리적인 이론의 체계로 발전시켰다.

▼ 원자 개념의 변천
이 그림은 왼쪽에서 오른쪽으로, 원자개념의 변천을 나타낸 것이다. 왼쪽은 그리스 철학자 데모크리토스가 주장한 입자 관점이고, 가운데는 러더퍼드의 유핵원자 모형이다. 오른쪽 그림은 슈뢰딩거의 양자역학을 묘사한 것으로, 원자 내부의 미세한 입자가 파동운동을 하는 것처럼 보인다.

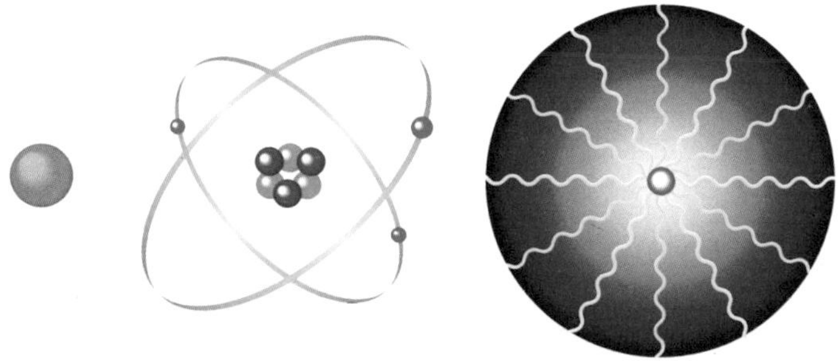

▶ 러더퍼드 (위)
1911년, 러더퍼드는 유핵 원자구조론을 발표했다. 원자는 원자핵과 전자로 구성되어 있으며 원자의 대부분인 양전하와 질량이 모두 원자핵에 집중되어 있고 전자가 핵 주위를 돈다는 이론이었다. 러더퍼드는 원자의 세계가 태양계의 각 행성이 태양을 중심으로 도는 시스템과 같다고 묘사했다.

▶ 슈뢰딩거 (아래)
드브로이는 모든 소립자는 빛처럼 파동-입자의 이중성(wave-particle duality)을 가진다고 주장했다. 이 이론을 바탕으로 슈뢰딩거는 파동역학을 제시했으며 슈뢰딩거 방정식을 만들어 파동함수의 변화규칙을 확립했다.

상대성이론의 탄생

에테르 표류 실험

전통 물리학에서 여러 가지 현상을 통일하는 주요방법은 각 물리현상의 역학 모형을 찾아내는 것이었다. 하지만 역학진동 모형으로 전자현상을 이해하기 위해서는 그 현상이 어떤 물질매개체 사이에서 진동하는 것인지 먼저 알아야 했다. 이에 17세기의 철학자 데카르트Rene Descarte가 최초로 에테르의 개념을 과학에 도입했다. 그는 그리스어 '에테르고대 그리스어로 에테르는 맑은 하늘 또는 상층의 대기를 뜻한다'를 빌려와 에테르로 충만한 우주 모형을 제시했다. 이에 물리학자들은 전자를 전파하는 매개체가 에테르라고 믿어왔다. 그러나 시간이 흐를수록 이 에테르의 물리적 성질이 물리학자들을 곤혹스럽게 만들었다. 그중 '에테르 표류'라는 현상에테르라는 매질 사이를 부유하는 지구는 에테르에 대해 상대운동을 하고 있는데 이러한 상대운동을 에테르 표류라고 불렀다이 제일 골칫거리였다.

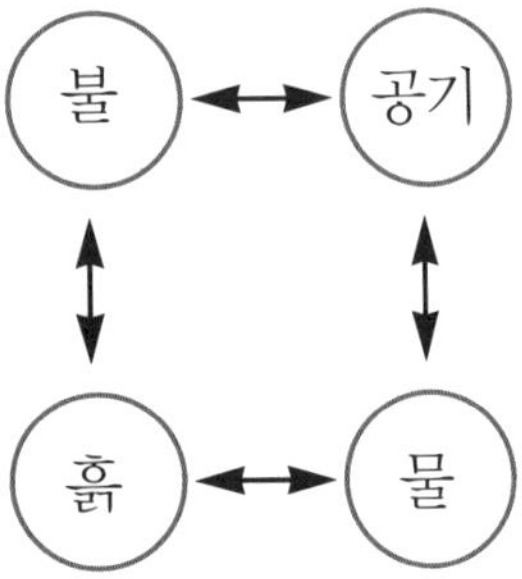

▲ 엠페도클레스의 4원소
'에테르'의 최초 발견자는 고대 그리스의 아리스토텔레스이다. 그는 우주의 아래 세상은 불, 물, 흙, 공기 4원소로 이루어져 있고 위 세상은 여기에 제5원소 '에테르'가 더해진다고 생각했다. 그러나 이 학설은 점점 사람들의 기억 속에서 잊혀져갔다. 그 후 뉴턴이 만유인력에 대한 연구를 하던 중, 만유인력의 전파매질에 관해 구체적인 정의를 내릴 방법이 없었기 때문에 비로소 아리스토텔레스의 '에테르' 개념을 빌어와 다시 쓰기 시작했다.

▼ 양광원에서 방출된 광선의 상호 조화
공기 중 광선의 전파매질은 과연 에테르인가. 이 문제는 많은 과학자들의 관심을 불러일으켰다. 당시 로렌츠는 에테르는 실제로 존재하는 물질이라고 주장했지만 19세기까지도 그 존재는 명확히 입증되지 않았다. 에테르는 지금까지도 그 존재 여부에 대해 결론을 내리지 못하고 있다.

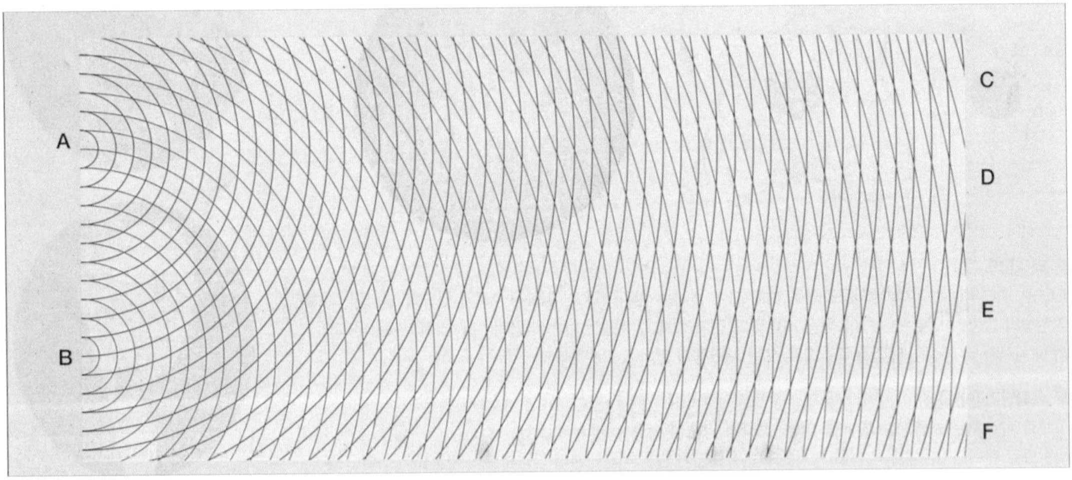

1887년 7월 미국의 물리학자 마이컬슨Albert Abraham Michelson과 E. W. 몰리E.W.Morley는 5일 동안 지구궤도와 정지한 에테르 사이의 상대운동에 대해서 연구했으나 그 결과는 '0' 이었다. 이는 에테르는 근본적으로 없는 물질이라는 것을 설명한다. 이 연구결과로 그들은 매우 실망했지만 결과적으로 이는 과학 역사상 가장 의미 있는 부정적 결과가 되었다. 뉴턴의 고전 물리학이론에 비추어 본다면 이 결론은 터무니없이 황당한 것일 수 있다. 하지만 이 '0' 이라는 결과를 설명하기 위해 1892년 네덜란드의 물리학자 헨드릭 로렌츠Hendrik Antoon Lorentz가 수축가설을 제시했다. 이것이 바로 그 유명한 로렌츠 변환Lorentz transformation이다. 비록 이 변환으로 고전 물리학이 보다 완벽해질 수 있는 근거를 얻게 되었지만, 한편으로는 물리학의 낡은 틀을 대폭 수정하는 역할도 함께 했다. 1895년 상대성이론의 중요한 선구자인 프랑스의 물리학자 푸앵카레가 '에테르 문제' 의 해결을 위한 새로운 방향을 제시했다. 그는 에테르 표류는 어떤 실험으로도 측정이 안 되는 물질의 절대운동이며 실험으로는 물질과 물질의 상대운동에 대한 측정만이 가능하다고 주장했다. 1902년에 발표한

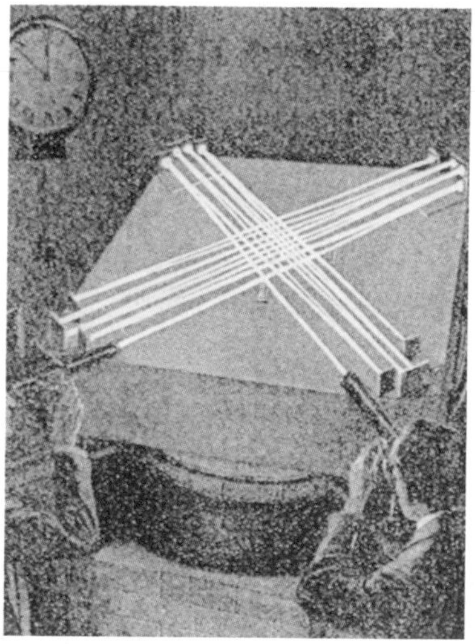

▲ 마이컬슨과 몰리의 실험기구
마이컬슨과 몰리는 '에테르' 는 우주공간의 만유인력, 빛, 전기 등에 대한 전파매질이라고 주장했다. 이에 에테르로 지구운동에 대한 연구를 시도했으나 성공하지 못했다.

◀ 핵폭탄의 전쟁 사용을 반대한 아인슈타인
평화주의자였던 아인슈타인은 미국 대통령 루스벨트에게 핵폭탄을 전쟁에 사용하지 말 것을 간청하는 편지를 여러 차례 보냈다. 일본 히로시마에 첫 번째 핵폭탄이 투하되었을 때 핵폭탄에서 나오는 방사능과 열로 인해 그곳이 초토화되고 수많은 사람들에게 재난을 가져다줄 것을 생각하고, 아인슈타인은 무척 고통스러워했다.

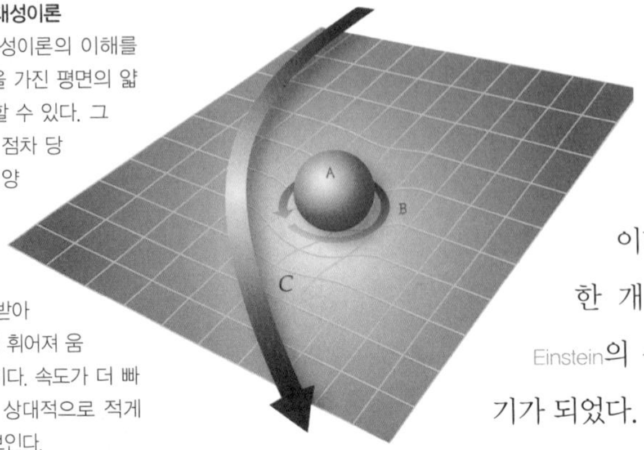

▶ 아인슈타인의 일반상대성이론
아인슈타인의 일반상대성이론의 이해를 돕기 위해 공간을 탄성을 가진 평면의 얇은 조각에 비유해 설명할 수 있다. 그림 속의 A는 태양이다. 점차 당겨지는 주위 공간은 태양 중력을 말한다. 등속 직선운동을 하는 행성이 태양에 가까워지면 태양 중력의 영향을 받아 끌어당겨져 궤도를 따라 휘어져 움직이게 된다. 궤도는 B이다. 속도가 더 빠른 광선인 C는 영향을 상대적으로 적게 받아 미세한 휘어짐만 보인다.

『과학과 가설La Science et l'hypothèse』에서 이 원리를 '상대성원리'라고 칭했다. 로렌츠 변환이나 푸앵카레의 상대운동에 대한 개념은 이후 아인슈타인Albert Einstein의 상대성이론 탄생에 중요한 계기가 되었다.

아인슈타인의 특수상대성이론이 성립된 이후 물리학자들은 마침내 에테르이론에 대한 고민에서 해방될 수 있었다. 사람들은 전자장 자체가 바로 물질이 존재하는 일종의 형식이며, '장(場)'이 진공 속에서 파동으로 퍼져나가는 것이라는 것을 인식하기 시작했다. 이렇게 해서 에테르는 역사의 저편으로 물러나게 되었다.

아인슈타인과 상대성이론

1879년 3월 14일 독일 울름의 유대인 가정에서 과학 역사상 가장 위대한 인물, 아인슈타인이 태어났다. 그는 어릴 적에 다른 아이들과는 달리 호기심이 많으면서도 수줍음을 많이 타는 성격 탓에 3세가 되어서야 겨우 말문이 트였다. 학교에 입학하고 나서도 그의 문학 성적은 거의 낙제 수준이어서 저능아가 아닌가 하고 부모가 의심할 정도였다. "나는 문자를 통해 사고한 적이 거의 없다. 먼저 어떤 생각이 떠오르면 그때서야 문자를 사용해 표현했다." 이는 아인슈타인이 자신은 개념과 그림을 통해 사고하는 습관이 있음을 밝힌 대목이다. 1896년 1월 28일 그는 스위스연방 공과대학에 진학해 수학과 물리학을 공부했다. 이때 그는 물리학에 푹 빠져 있었다. 1900년 대학졸업 후 친구 마르셀 그로스만의 도움으로 그 이듬해에 베른 특허국에서 기술원으로 일했다. 베른 특허국에서 일하는 동안 아인슈타인은 물리학계의 여러 이론을 깊이 탐구하여 자기만의 독특한 물리학적 견해를 형성했다.

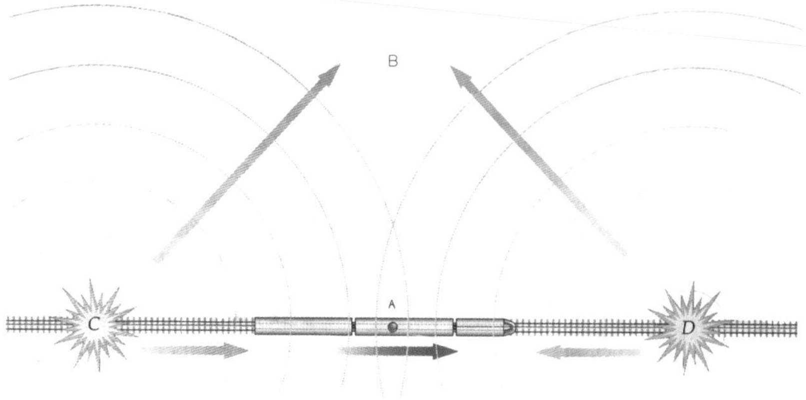

▲ **아인슈타인의 특수상대성이론 실험**
A와 B라는 관찰자가 있다. A는 기차 안에 있고 기차는 같은 속도로 D 지점을 향해 달리고 있다. B는 기차 맞은편에서 A와 마주하고 있다. 이때 두 개의 빛이 동시에 C와 D 양 지점에서 발생하면, 관찰자 B는 양 지점에서 빛이 동시에 발생한 것을 볼 수 있다. 그러나 A는 D지점의 빛을 먼저 보게 된다. 빛의 전파속도는 같은데 반해 기차가 D지점을 향해 달리고 있기 때문에 A는 D지점과 거리적으로 더 가깝다. 그래서 D지점의 빛을 먼저 보게 되는 것이다. 이것이 바로 아인슈타인 특수상대성이론의 광속불변의 원리이다.

◀ **닐스 보어와 아인슈타인**
20세기 물리학계 최고 거장이 함께 찍은 사진이다. 왼쪽은 양자역학의 창시자 닐스 보어이고 오른쪽은 상대성이론과 영원히 그 이름을 같이할 과학자 아인슈타인이다.

1905년 그는 과학 역사상 전례를 찾아볼 수 없는 대단한 기적을 만들었다. 같은 해 그는 독일의 「물리학 연보」에 5편의 논문을 발표했는데 그 중 3편이 인류 과학역사의 새로운 시대를 열었다는 극찬을 받고 있다. 첫 번째 논문은 「빛의 발생과 변화에 관한 과학적 관점에 대하여Über einen die Erzeugung und Verwandlung des Lichtes betreffenden heuristischen Gesichtspunkt」이다. 광전효과에 대한 이 논문으로 아인슈타인은 1921년도 노벨 물리학상

◀ **「타임」지에 실린 아인슈타인**
배경 그림은 그가 제시한 유명한 질량과 에너지에 관한 공식 $E=mc^2$이다. 물질의 전체 에너지는 그 질량이 광속의 제곱으로 곱해진 값과 같다는 것이다. 이 공식은 이후 원자폭탄과 수소폭탄 및 각종 원자에너지 응용의 기초이론으로 활용되었다.

을 수상했다. 브라운운동에 관한 논문 「정지 액체 속에 떠 있는 작은 입자들의 열의 분자운동론에 의한 운동에 대하여Über die von der molekularkinetischen Theorie der Wärme geforderte Bewegung von in ruhenden Flüssigkeiten suspendierten Teilchen」는 꽃가루 입자의 무질서한 운동원리라는 난제를 수학적 관점에서 상세하게 풀이했다.

아인슈타인의 최고 걸작은 바로 세 번째 논문 「운동하는 물체의 전기역학에 대하여Zur Elektrodynamik bewegter Körper」이다. 이 논문에서 그 유명한 상대성이론을 제시했다. 그가 다년간 에테르와 전동역학에 관해 탐구한 결과물이기도 하다. 동시성을 지닌 상대성을 그 해답으로 삼고 새로운 시간과 공간에 대한 이론을 정립했다. 또한 새로운 시공이론을 바탕으로 동체의 전동역학 연구에 완벽한 근거를 제공해 주었다. 이렇게 특수상대성이론이 성립된 이후 에테르는 더 이상 필요없는 존재가 되었다. 하지만 이때의 상대성이론은 아직 그 적용범위가 좁았기 때문에 관성계에만 적용되었다.

특수상대성이론의 기본가설은 다음과 같다. 첫째, 물리학의 모든 법칙은 모든 관성 기준틀에서 동일하게 적용된다는 상대성원리이다. 둘째, 빛의 속력은 광원의 속도와 관계없이 모든 관성 기준틀에서 동일한 값을 갖는다는 광속불변의 원리이다. 이 가설들로 증명된 것이 바로 유명한 길이수축, 시간지연 효과이다. 이는 현재 운동하고 있는 두 개의 기준틀이 있다면 한 기준틀에 속한 관찰자는 다른 기준틀에 속한 물체의 길이가 자기 쪽보다 짧고 그 시간 역시 느리다는 것을 발견할 수 있다는 이론이다. 이렇게 그는 기존의 시공관념을 완전히 무너뜨리고 새로운 상대이론 역학을 수립했다.

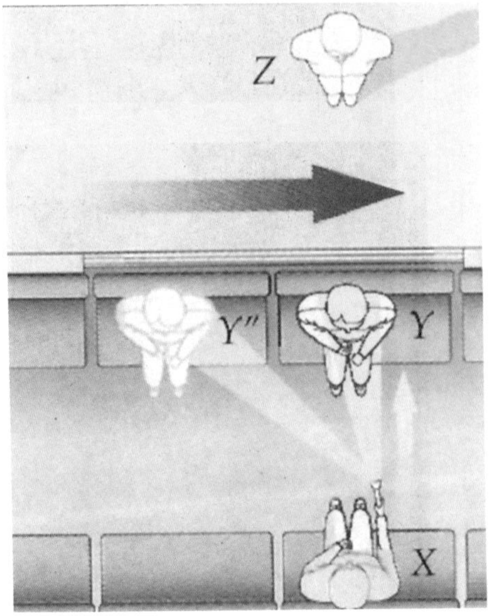

▶ 시간의 상대성에 관한 실험
같은 속도로 오른쪽 방향으로 움직이는 기차에 X와 Y 두 사람이 마주보고 앉아 있다. 이와 동시에 제3자 Z가 기차 바깥의 고정된 위치에서 기차가 지나가는 것을 보고 있다. X가 손전등으로 Y를 비출 때, 기차는 오른쪽 방향으로 이미 얼마간의 거리를 움직인 상태이고 Z가 보고 있는 광속은 X에서 Y로 향하기 때문에 Z의 위치에서 볼 때 광속이 Y까지 도달하는 데 걸리는 시간은 길게 느껴진다. 이에 근거해 아인슈타인은 모든 시간은 운동하는 물체와 연관이 있으며 절대동일한 시간은 존재하지 않는다고 주장했다.

아인슈타인의 이론은 당시의 기존관념을 송두리째 흔들

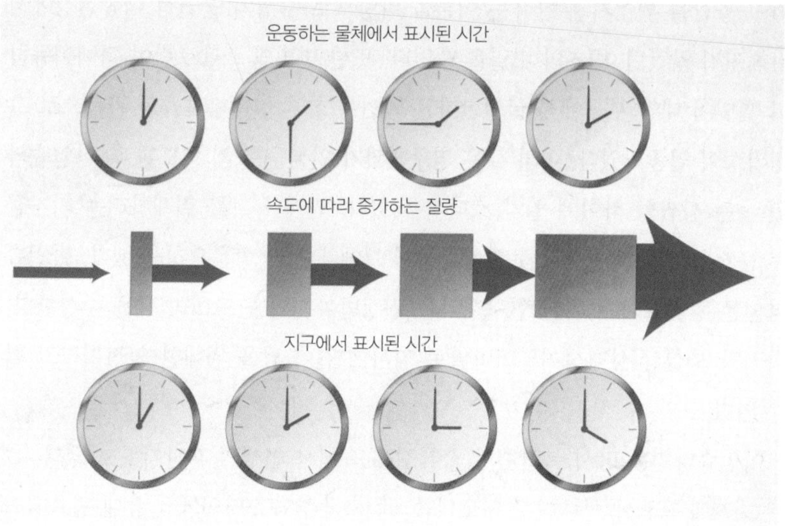

▲ 속도가 광속에 가까워지면 시간도 천천히 흐른다
상대성이론은 한 물체의 운동속도가 광속에 가까워지면 시간이 천천히 흐르며 심지어는 정지할 수도 있다고 설명한다. 이에 과학자들은 어떤 사람의 운동속도가 만약 광속을 초월한다면 시간이 거꾸로 흘러서 시공을 초월해 과거로도 여행할 수 있지 않을까 하는 상상을 했다.

어놓았으나 전 세계의 관심을 받지는 못했다. 독일에서만 큰 반향을 불러일으켰을 뿐이었다. 독일 물리학의 권위자 플랑크는 아인슈타인의 연구성과는 코페르니쿠스와 견줄 만하다며 높이 평가했다. 스위스에서는 냉대를 받은 그였지만 당시 세계 물리학의 중심이었던 독일의 물리학계에서는 이미 유명인이나 다름없었다. 1912년 그는 마침내 대학교수가 되었고 1913년에는 플랑크의 요청으로 윌리엄 왕립 물리연구소의 소장과 베를린 대학의 교수를 역임했다.

1916년 봄, 아인슈타인은 그 동안의 이론을 총정리해 『일반상대성이론의 기초Die Grundlagen der allgemeinen Relativitätstheorie』를 편찬했다. 일반상대성이론은 등가원리, 공변성원리, 마하원리를 포함하며, 그중 등가원리는 일반상대성이론에서 제일 중요한 기본원리이다. 아인슈타인은 물질이 존재함으로써 공간과 시간에 굴곡이 생기며 인력장은 일종의 휘어진 시공이라고 생각했다. 일반상대성이론은 휘어진 시공, 즉 리만공간 이론으로 인력장에 대해 설명했고 인력장의 물리적 법칙을 세웠다. 더 나아가 인력장 방정식을 제시해 일반상대성이론의 이론적 토대를 마련했다. 아이슈타인은 또 일반상대성이론 중 태양중력이 공간을 휘어지게 한다는 이론을 바탕으로 수성의 근일점 이동현상에서 밝혀지지 않았던 43초의 비밀을 풀었다. 또한 별빛의 스펙트럼이 적색이동하고 별빛이 태양 부근에서 굴절한다는 예언은 향후 천문학자들의 관측으로 그 정확성이 입증되었다. 이와 같은 연구성과가 언론을 통해 보도된 후 아인슈타인은 눈 깜짝할 사이에 일약 스타가 되었다. 언제나 그를 취재하려는 기자들로 문전성시를 이루었고 많은 나라들이 그에게 자국 방문요청을 했다. 아인슈타인은 광전효과에 대한 연구성과를 인정받아 1921년도 노벨상을 수상했다. 하지만 사실상 상대성이론이야말로 역사에 길이 남을 위대한 업적이라고 할 수 있다.

아인슈타인은 당시 복잡했던 국제정세 속에서 인생의 후반기를 보냈다. 그는 전쟁과 폭력에 반대하고 시오니즘, 즉 고국 팔레스타인에의 유대 민족국가 건설운동을 지지했다. 1993년에 나치정권이 들어선 독일 당국은 그의 이론 비판, 재산 몰수 및 저서 소각 등으로 아인슈타인을 공격했다. 그해 미국으로 이주해 1940년에 미국 시민이 되었다. 나치정권의 이런 폭력행위를 경험한 후 이 정권이 먼저 원자폭탄을 제조하는 것을 막기 위해당시 두 명의 독일 화학자가 우라늄 핵분열 능력을 보유하고 있다는 사실을 알게 되었음 1939년 루스벨트 대통령에게 독일이 먼저 원자폭탄을 발명할 수도 있다는 내용의 편지를 보냈다. 지금이야말로

▼ 반(反)독일 서적을 소각하는 나치정권
나치정권이 독일을 장악한 후 아인슈타인이나 프로이드(Sigmund Freud) 같은 유대인의 서적은 모두 반독일 서적이라는 이유로 강제소각되었다. 때문에 아인슈타인의 연구활동도 많은 피해를 입었다. 그림은 서적 소각 현장이다.

미국이 원자폭탄 연구에 착수해야 할 시기라고 건의했다. 이것이 미국 '맨해튼계획'의 시초가 되었다. 이 계획에 따라 1945년 미국은 세계 최초로 두 개의 원자폭탄을 만들었고 결국 제2차 세계대전 때 이 원자폭탄 투하로 엄청난 인명피해를 불러일으키며 전쟁을 종결했다. 그러나 아인슈타인은 핵무기가 인류에게 가져온 고통을 눈으로 확인하고는 무척 가슴아파했다. 전쟁이 끝나자 핵폭탄을 없애자는 평화운동에 전념했다.

아인슈타인은 인생의 마지막 10년 동안 당시 물리학의 주류였던 양자역학에서 벗어나 통일장이론 개척에 힘썼다. 통일장이론은 오늘날까지도 풀리지 않은 미지의 분야이다. 1955년 4월 18일, 위대한 물리학자 아인슈타인은 프린스턴의 집에서 사망한다. 그는 부고와 장례식을 하지 말라고 유언했다. 뿐만 아니라 자신의 뇌를 의학연구에 쓸 수 있도록 기증하고 몸은 화장해 유해는 조용히 아무도 모르는 강가에 뿌리고 묘나 비는 세우지 말라고 부탁했다. 그의 화장식이 있는 날에도 그와 가까웠던 지인 열두 명만이 참석하였고 외부에는 시간과 장소를 알리지 않았다.

아인슈타인은 생전에 "나는 자연의 극히 작은 일부분일 뿐이다"라고 말해왔다. 그의 바람대로 마지막에 그는 대자연의 품으로 돌아갔다. 하지만 인펠트Leopold Infeld가 처음 아인슈타인을 만나고 나서 했던 말, "진정한 위대함과 진정한 고결함은 항상 함께 한다"라는 말처럼 아인슈타인의 위대한 업적과 정신은 영원히 인류의 역사 속에서 살아 숨 쉴 것이다.

입자물리학

중성자의 발견

▶ 채드윅
채드윅은 영국 실험물리학자로 러더퍼드의 조수였다. 그는 퀴리 부부가 2차 방사선으로 파라핀을 충돌시켜 양자를 추출했던 실험을 바탕으로 한 연구를 통해 이런 방사선을 구성하는 입자의 질량과 양자는 동일하고 전하를 띠지 않는다는 것을 발견했다. 그는 이 입자를 '중성자'라고 칭했다. 중성자의 발견은 물리학이 핵에너지연구의 단계로 넘어가는 중요한 계기를 만들어주었다.

방사성에 대한 연구가 진행되면서 중성자는 물리학자들에 의해 이미 예견되었던 원자미립자였다. 1928년에 독일의 물리학자 발터 보테Walther Bothe와 그의 제자 베커H. Becker가 베릴륨 원자핵에 대한 충돌실험을 시작했다. 베릴륨 원자핵에 α 입자를 충돌시킨 결과 상당한 투과력을 가진 방사선이 방출되었고 이 방사선은 전기적으로 중성을 띠었다. 이들은 이것이 특수한 γ선일 것이라고 추측했다. 하지만 이때 러더퍼드의 제자 채드윅은 이것이 그간 물리학자들이 그토록 찾아 헤매던 중성자임을 알아챘다. 그는 즉시 실험에 착수하여 한 달 만에 「중

▶ 카벤디시 실험실
카벤디시 실험실은 영국 케임브리지 대학 물리실험실의 이름이다. 이 대학의 교장 윌리암 카벤디시(William Cavendish)가 자비로 1871~1874년에 마련했다. 채드윅은 여기에서 초기 원자구조에 대한 연구를 하였다.

◀ **하이젠베르크**
하이젠베르크는 양자역학의 수립으로 1932년 노벨 물리학상을 수상했다. 양자역학의 가장 큰 성과는 수소의 동소체 발견이다. 같은 해에 그는 또 원자핵이 양성자와 중성자로 구성되어 있다고 주장해 원자핵이 전자와 양성자로 구성되어 있다는 기존의 가설을 누르고 더 많은 인정을 받았다.

성자 존재의 가능성」이라는 논문을 발표했다. 여기서 그는 γ선은 무게가 없고 원자핵의 충돌로는 양성자를 생성할 수 없으며 양성자 질량과 서로 비슷한 입자만이 그런 가능성을 가지고 있다고 설명했다. 그 후 채드윅이 윌슨의 안개상자를 이용해 중성자의 질량을 측정하여 중성자가 확실히 전기적으로 중성을 띤다는 것을 증명했다. 이렇게 발견한 중성자로 채드윅은 그 성과를 인정받아 1935년도 노벨 물리학상을 수상했다. 이후 하이젠베르크가 원자핵은 양성자와 중성자로 구성되어 있다고 주장했다. 이전의 양성자-전자 모형으로는 많은 실험현상들을 설명할 수 없었는데 양성자-중성자 모형은 원자량과 원자번호를 명확하게 규명할 수 있었다. 이 새로운 모형은 빠른 속도로 학자들에게 받아들여졌고 양성자와 중성자는 핵자로 통칭되었다.

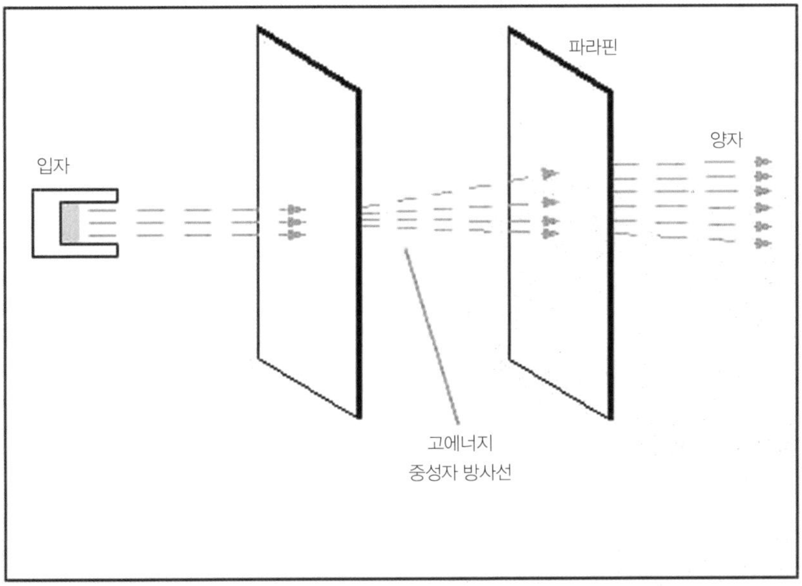

◀ **중성자 측정실험 설명도**
α입자가 붕소와 충돌할 때 발생하는 방사선이 다시 파라핀과 충돌하면 파라핀에서 양자가 추출된다.

◀ **채드윅이 실험에 사용한 파라핀**

과학 역사를 돌이켜 보면 굴러들어온 복을 발로 차는 일이 종종 발생한다. 미세한 차이로 발견의 기회를 놓치게 되는 것이다. 퀴리 부부도 방사선을 파라핀에 충돌시키는 실험에서 우연찮게 중성자를 발견했지만 콤프턴 효과라고만 생각하고 지나쳤다. 하지만 채드윅은 실험을 계속 반복하여 베릴륨으로 생산된 방사선을 수소와 질소에 충돌시켜 수소핵과 질소핵을 얻어냈고 결국 중성자의 존재를 확인하였다.

μ 중간자(뮤온)와 π 중간자(파이온)

1934년 일본의 물리학자 유카와 히데키는 '교환입자' 개념을 제시했다. 그는 전자의 상호작용 특징은 전자장 간의 γ입자 상호교환작용에서 비롯된 것으로, 핵력 역시 이러한 교환으로 형성된다고 밝혔다. 여기서 교환되는 물질이란 새로운 입자로, 그 질량은 전자의 약 200배 가량이며 양성자와 전자 사이에 존재한다. 그래서 이를 중간자라고 부르며 중간자는 핵자 간의 강한 힘을 불러일으키는 입자를 말한다고 예견했다. 이 예견은 1936년 미국의 물리학자 앤더슨Carl David Anderson과 네더마이어Seth Henry Neddermeyer의 우주선(宇宙線)연구 과정에서 입증되었고 중간자 질량은 전자 질량의 207배임이 밝혀졌다. 이것이 바로 향후 μ중간자라고 불리게 되는 입자이다. 1947년 영국의 물리학자 파월Cecil Frank Powell은 마침내 우주선에서 또 다른 중간자를 발견했다. 이 중간자의 질량은 전자의 273배이다. 그는 반복적인 실험을 거쳐 이것이 유카와 히데키가 예언한 중간자임을 확인하고 π중간자라 이름 붙었다. 1949년 42세의 일본

▶ **유카와 히데키**

유카와 히데키는 전자이론의 영향을 받아 핵력의 중간자이론을 펼쳤다. 중간자이론의 성립에서 π중간자의 존재가 입증되기까지의 과정은 인류의 물질에 대한 인식이 원자핵에서 기본입자라는 새로운 영역으로 들어섰음을 잘 보여주고 있다.

물리학자 유카와 히데키는 중간자의 존재에 대한 예언으로 노벨 물리학상을 받는 영광을 안았다.

◀ 앤더슨
양전자의 발견과 우주선 연구는 관련성을 가지고 있다. 당시 많은 물리학자들의 실험결과가 보여주듯이 우주선은 일종의 미립방사선일 가능성이 컸다. 앤더슨은 자장이 강력하게 발생하는 윌슨의 안개상자를 이용해 우주선을 측정했다. 이때 우주선의 입자가 강한 자장을 통과할 때 나타나는 궤도를 관찰하던 중, 방향은 반대이지만 전자궤도와 휘어지는 각도가 동일한 궤도를 발견했다. 바로 폴 디랙이 예언했던 양전자의 존재가 확인되는 순간이었다.

양전자와 중성미자

1928년 폴 디랙Paul Dirac은 상대성이론적 전자운동 방정식을 수립했는데 이때 이론상으로 이미 양전자의 존재에 대해 예견했다. 1932년 미국의 물리학자 앤더슨이 우주선을 연구하던 중 양전자의 존재를 입증했다. 1930년대 과학자들은 실험을 통해 원자핵 붕괴 전후의 에너지가 불일치한다는 것을 발견했다. 스위스의 물리학자 파울리Wolfgang Pauli는 이에 대해 붕괴 과정에서 정지질량이 0이고 전자적으로 중성이며 광양자와는 다른 입자가 방출되기 때문에 에너지 소모가 발생한다는 가설을 세웠다. 이 새로운 입자는 질량이 0이고 전기를 띠지 않기 때문에 그간 관측되지 않았다는 것이다. 1934년 페르미Enrico Fermi가 베타붕괴 이론을 확립하여 중성미자의 존재에 대해 간접적으로 증명했다. 그러나 그 후 오랫동안 중성미자가 직접적으로 관찰되지 않자, 물리학자들은 어떤 방식으로 이를 측정해야 하는지조차 갈피를 잡지 못하고 있었다. 그러던 1962년, 미국 콜롬비아 대학의 레더만Leon Lederman과 슈왈츠Melvin Schwartz, 스타인버거Jack Steinberger 등이 가속장치를 사용하여 중성미자를 마침내 생성해 냈다. 고에너지 실험실의 등장이 중성미자의 관측을 가능케 했고 이로 인해 파울리의 가설도 증명될 수 있었다.

▶ **스타인버거, 슈왈츠, 레더만** (위에서부터)
세 사람이 함께한 최초의 고에너지 중성미자 실험으로 파울리의 가설이 마침내 입증되었다.

쿼크 모형

많은 기본입자가 속속 등장하면서 물리학자들은 양자수의 개념을 도입해 각 기본입자의 특성을 나타냈다. 1961년 미국 물리학자 겔만 Murray Gell-Mann 등 학자들이 기본입자에 대한 '주기율표'를 만들었다. 이 표는 기본입자의 무수한 성질 중 대칭성에 대한 설명을 해주었다. 이 대칭도에 근거해 주기율표에 나타난 빈자리에 대한 예언들은 1964년에 실험을 통해 증명되었다. 1964년 겔만은 기본입자의 구조에 관해 '쿼크 모형'을 제시했다. 쿼크 모형은 세 가지 유형(세 가지의 '냄새'를 가지고 있음)의 쿼크(위쿼크, 아래쿼크, 주변쿼크)와 반쿼크로 이루어져 있다. 모든 하드론(정지질량이 비교적 큰 기본입자)은 세 개의 쿼크로 구성이 가능하고 상호작용을 거치면서 하드론의 생성, 소멸, 전환이 일어나도 쿼크로 다시 구성될 수 있다.

쿼크 모형은 이론물리학자들의 이목을 빠르게 집중시켰고 기본입자를 통일하는 데 큰 효과가 있는 연구성과로 인정받았다. 그러나 한 가지 아쉬운 점은 고에너지 실험에서 쿼크를 단독으로 발견한 적이 없다는 것이다. 이 때문에 일부에서는 쿼크구속설을 제기하기도 했다. 오늘날 많은 물리학자들은 쿼크 간의 상호결합력이 거리의 증가에 따라 급속히 증가하는 경향이 크기 때문에 어쩌면 쿼크는 영원히 모습을 드러내지 않을지도 모른다고 여기고 있다.

전자기 약 상호작용 이론

물리학자들은 원자핵 내 상호작용에 대한 이론 연구를 거쳐 강한 상호작용과 약한 상호작용에 대해 발견했다. 그렇다면 우주의 네 가지

◀ **글래쇼, 와인버그, 살렘** (위에서부터)
세 사람은 글래쇼-와인버그-살렘이론을 공동 수립했다. 이 이론은 일정 온도(약 100GeV 에너지급)에 도달했을 때, 전자력과 약한 상호작용의 수치는 같아지고 더 나아가 약한 상호작용으로 통일된다고 설명하고 있다. 이 이론은 이미 실험을 통해 증명되었나.

상호작용, 즉 만유인력, 전자력, 강한 상호작용과 약한 상호작용 간에는 더욱 심오한 통일성이 존재하지 않을까? 1961~1968년에 미국의 물리학자 글래쇼Sheldon Lee Glashow, 와인버그Steven Weinberg와 파키스탄의 물리학자 살렘A. Salem은 연이어 약한 상호작용과 전자력의 통일 모형을 제시했다. 이 모형은 이미 알려진 여러 기본법칙에 정확성을 부여하였고, 그들은 향후 실험을 통해 모형의 정확성이 입증될 뿐만 아니라 성공한 통일작업이라는 평가를 받을 것이라고 자신했다. 결국 글래쇼, 와인버그, 살렘은 함께 1979년도 노벨 물리학상을 거머쥐었다.

전자기 약 상호작용Electro-Weak interaction은 현재 이미 여러 실험으로 증명되었다. 이는 현존하는 네 가지 기본상호작용에 대해 부분적인 통일을 이루었다. 통일장이론은 아인슈타인이 상대성이론에 이어 일생을 바쳐 연구한 이론이다. 약전통일이론이 아인슈타인이 구상했던 인력장 내의 통일장이론과는 거리가 있지만 자연의 심오한 비밀을 캐고자 하는 인류의 노력에 큰 힘을 실어준 것은 사실이다.

우주에 대한 새로운 인식

팽창하는 우주와 대폭발

▶ 우주팽창
우주에 관한 최근의 연구보고에 따르면, 우주팽창의 속도는 만유인력의 끌어당기는 힘에 의해 느려지고 있는 게 아니라 '우주상수'라는 진공에너지의 힘으로 인해 팽창이 가속화되고 있다고 한다. 이 팽창력의 영향으로 우주의 지평선은 점차 줄어들고 있고 먼 곳의 성운이 이 지평선을 넘어가고 있다. 그림 중 남색 화살표와 붉은색 화살표는 우주가 팽창할수록 지평선의 팽창도 가속화되고 있음을 나타낸다.

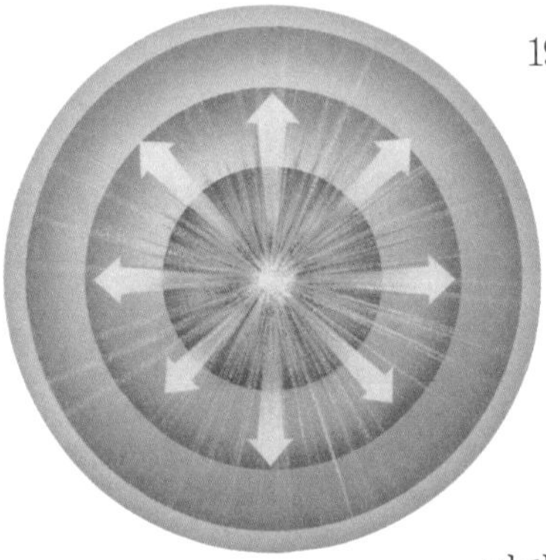

1924년 미국의 천문학자 허블Edwin Powell Hubble은 안드로메다자리의 성운을 관찰하면서 성운이 많은 항성들로 구성되어 있고 그중에는 세페이드 변광성도 포함되어 있어 광도측정으로 성운의 거리를 측정할 수 있다는 것을 처음으로 발견했다. 광도측정은 항성 광도, 거리, 자체 광도 세 가지 요소에 근거한 계산법이다. 그중 항성 광도는 지구에서도 측정이 가능해 항성의 자체 광도값만 안다면 항성의 거리를 계산할 수 있다. 이 방법으로 계산을 해본 결과, 안드로

▶ 우주 관찰 설명도
우주에 대한 탐구는 언제나 활발하게 진행되어 왔다. 과학이 발전함에 따라 우주에 대한 지식과 이해도 몇 차례의 큰 변화를 겪었다. 코페르니쿠스의 이론에서 우주의 중심은 지구에서 태양으로 옮겨졌다. 하지만 그는 우주중심론과 우주유한론을 계속 유지해 왔다. 20세기에 들어와 우주폭발이론이 제기되면서 우주는 또다시 새로운 관점에서 탐구의 대상의 되었다.

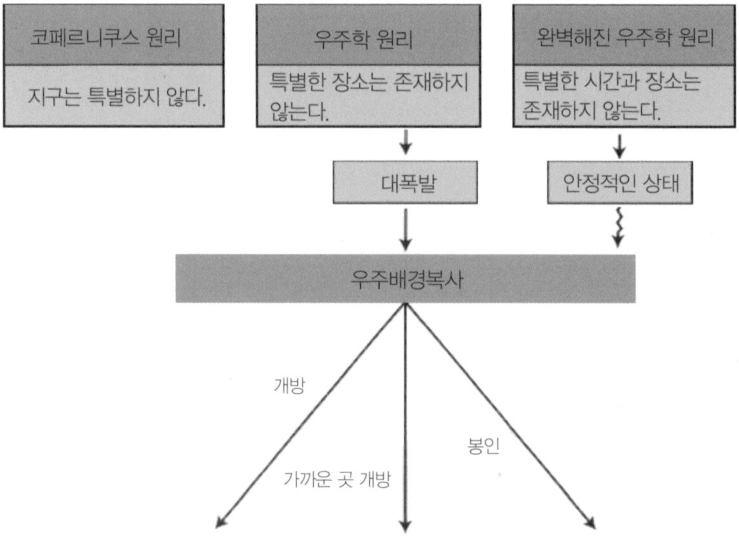

메다자리의 성운은 은하계의 범위를 훨씬 벗어난 70만 광년 바깥에 위치하고 있으며 일부 성운은 더 머나먼 항성계에 속해 있다는 사실을 확인할 수 있다. 이후 허블은 더 먼 곳에 있는 성운의 거리를 측정할 수 있는 새로운 광도측정 기준을 마련했다. 이로써 인류의 시야가 5억 광년 먼 곳까지 넓혀지는 계기가 되었다.

1912년 미국의 천문학자 슬라이퍼Vesto Melvin Slipher는 은하계 바깥 성운의 스펙트럼은 일반적으로 적색이동 현상을 보인다는 것을 발견했다. 도플러 효과에 따르면 항성계는 현재 지구로부터 멀어져가고 있다. 1929년 허블은 슬라이퍼의 발견을 바탕으로 유명한 허블의 법칙을 만들었다. 허블의 법칙이란 항성계의 적색이동의 크기는 그들이 지구로부터 후퇴해 가는 거리와 정비례한다는 것이다. 이 법칙은 우주가 지금 마치 풍선처럼 부풀어오르고 있다는 것을 표현한 것이다.

1948년 미국 팔로마산 천문대는 당시로서는 세계 최고의 광학망원경을 제

▼ 광대한 우주

우주 내부구조가 알려지기 전에 천문학자들이 제일 궁금해하던 것은 바로 우주의 크기였다. 그리고 수많은 천체들이 지구와 떨어져 각자 다른 위치의 우주공간에 어떻게 분포되어 있는가 하는 문제도 궁금증의 하나였다. 이렇게 우주에 대한 탐색은 궁금증을 하나씩 풀어가는 과정이다. 20세기 상반기에 아인슈타인은 우주는 정지되어 있으며 우주공간에서는 어떤 물질의 운동도 일어나지 않는다고 주장했다. 하지만 이후 일반상대성이론에서 우주는 팽창하고 있다며 기존의 이론을 수정했다. 1927년 벨기에의 천문학자 르메트르(Georges Lematre)는 우주는 '원시원자'로부터 기인했으며 불안정하고 계속 팽창하고 있기 때문에 결국은 폭발할 것이라고 주장했다. 허블은 망원경을 이용해 우주 천체가 계속 서로 멀어지고 있음을 확인해 우주대폭발이론을 뒷받침할 근거를 마련했다.

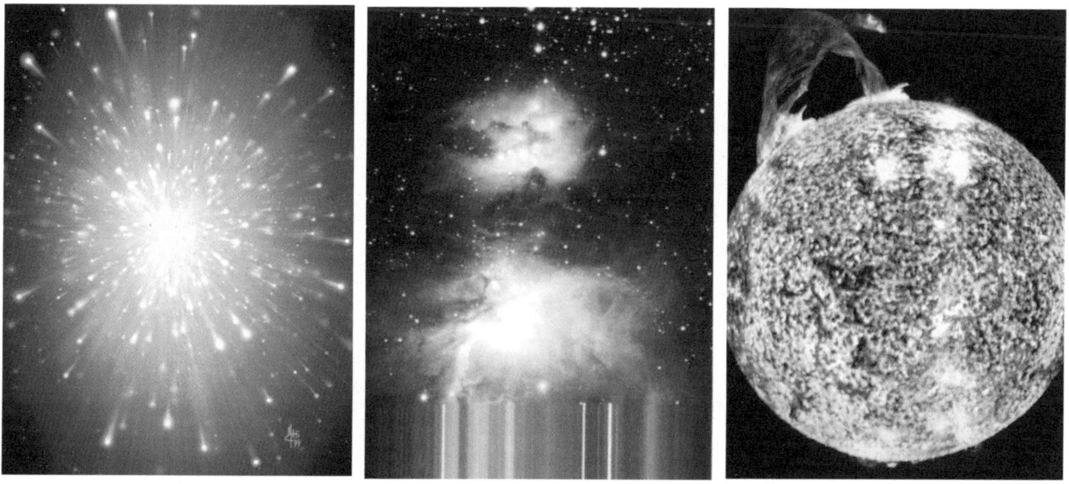

조했다. 천문학자들은 이 새로운 망원경을 이용해 허블의 법칙을 계속 증명해 나갔다. 그러나 이들은 허블 상수에 대해서는 의문을 제기해 연구를 통해 허블 상수는 실제 수치보다 10배 작다는 것을 발견했다. 새롭게 구한 상수에 근거해 볼 때 우주의 나이는 200억 년이 된다. 1940년대 말 러시아 출신의 미국 학자 조지 가모프George Gamow 등의 물리학자들은 우주 빅뱅모델을 제시했다. 우주의 지속적인 팽창운동으로 온도는 계속 하강하고 각 원소들이 형성되기 시작하지만 초기 방사와 물질원소가 분리결합한 후에도 흑체를 계속 가지고 있어서 흑체방사선의 온도는 대략 5K라는 것이 그들이 예언한 빅뱅모델이다. 1960년대에 천문학자들이 우주배경복사 관측에 실제로 성공하면서 우주 빅뱅모델은 사람들의 공감을 얻기 시작했고 우주학계의 기본모델이 되었다.

20세기 4대 우주발견

1. 우주배경복사

1964년 미국 벨 전화실험실의 전파 천문학자 펜지아스Arno A. Penzias와 윌슨Robert W. Wilson은 뉴저지주의 한 산에서 위성과의 교신을 위한 안테나 테스트를 하고 있었다. 지면의 잡음을 제거하기 위해 안테나 수신도를 높였는데 원인이 불분명한 잡음이 좀처럼 없어지지 않고 계속 들려왔다. 매우 안정적으로 들려오던 이 잡음의 전파복사온도는 3.5K였다. 그들은 곧 프린스턴 대학의 한 이론물리학자가 남긴 '우주대폭발이 남긴 전파 잡음 잔여물'이라는 이론에서 영감을 받아 연구 끝에 그들이 현장에서 관측했던 것은 바로 우주배경복사라는 결론을 내렸다. 그들의 연구는 우주기원의 대폭발이론에 실질적인 근거를 마련해주었다.

2. 준성

1963년 천문학자들이 신기한 천체를 하나 발견했다. 부피는 작으나 복사에너지량과 적색이동량이 매우 큰 천체였다. 도플러 효과의 적색이동에 근거해 볼 때, 준성(準星)은 지구로부터 굉장히 멀리 떨어져 있다. 심지어 일부는 몇 백억

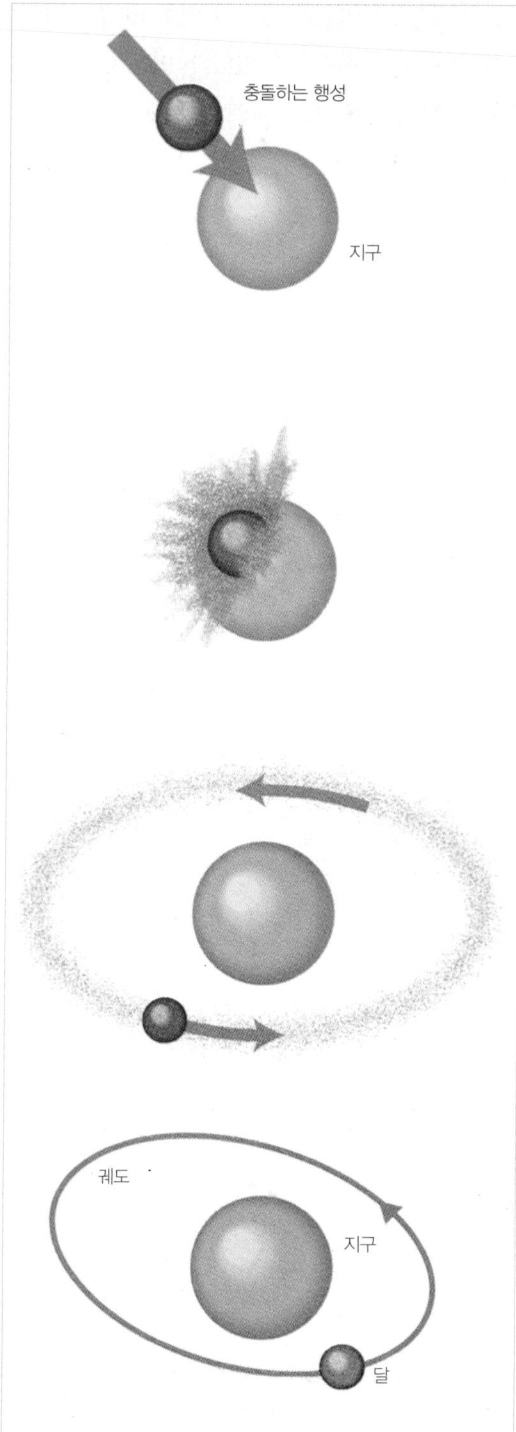

◀ **도달 기원에 관한 설명도**
천문학자들은 태양계 천체의 역사에 대해 끊임없이 탐구해 왔다. 달의 기원에 대한 탐구도 마찬가지인데, 어떤 과학자들은 지구와 어떤 큰 천체가 충돌해서 달이 분열되어 나왔다고 주장하고 또 어떤 과학자들은 달은 태양계 내의 먼 지점에 원래부터 존재하고 있었는데 지구 근처에서 부유하다가 만유인력에 의해 당겨져 왔다고 주장한다. 그림은 첫 번째 이론에 대한 설명이다.

광년이나 떨어져 있을지도 모른다. 그러나 이들은 광도가 매우 커 원거리에 있음에도 불구하고 지구로 거대한 에너지를 복사하고 있었다. 이는 현재 우리가 가지고 있는 물리법칙으로는 설명이 불가능한 문제로 이에 대해 아직까지 여러 의견이 엇갈리고 있다.

3. 펄서

1967년 영국의 천문학자 휴이시Antony Hewish는 고분해 전파망원경으로 1,000개 이상의 전파 은하계에 대해 연구를 진행했다. 우주에서 보내온 듯한 약전파원을 발견한 휴이시는 동료들과 보다 더욱 세밀하게 연구하였다. 그 결과 이 전파원이 내보내는 신호는 펄서맥동전파원의 중복이며 펄서 신호원은 진동하는 중성자별과 초신성이 폭발하고 난 잔여물이라고 결론지었다. 펄서의 발견은 우주의 물리성질을 이해하는 데 매우 큰 역할을 했다.

4. 성간 분자

1963년 전파 천문학자들은 카시오페이아자리에서 수산기분자의 스펙트럼을 발견했다. 1968년에는 사수자리 방향에서 암모니아분자의 전파스펙트럼을 발견했다. 1969년에도 역시 사수자리에서 복수원자를 가진 유기분자, 포름알데히드분자를 발견했다. 포름알데히드분자는 일정한 조건이 갖추어지면 아미노산으로 전환하는 특징이 있다. 아미노산은 생명체를 구성하는 기본요소이기 때문에 이 발견들은 과학계의 이목을 집중시키기에 충분했다. 이는 우주공간에도 생명체가 살기에 알맞은 조건을 갖춘 곳이 있다는 것을 말해주기 때문이다.

20세기의 유전학과 유전자공학

유전학의 발단

▲ 멘델

멘델은 8년이라는 시간을 들여 완두콩 교배에 관한 실험을 진행해오던 중 인간생명의 비밀, 유전학의 독립의 법칙과 분리의 법칙을 발견했다. 이로써 그는 기존의 혼란스러웠던 유전학에 새로운 개념을 제시하게 되었다.

유전학은 생물체의 유전과 변이규칙, 그 물질의 기초에 대해 연구하는 학문이다. 1866년 유전학의 선구자 멘델은 그의 논문 「식물 교배에 관한 실험」에서 생물계에 규칙적인 유전현상이 있음을 처음으로 밝혔다. 그러나 시대의 한 획을 그을 만한 이 논문도 당시에는 사람들의 이목을 끌지 못했다. 1884년 그가 사망한 후, 20세기의 첫 해에 네덜란드의 식물학자 드 브리스와 독일의 식물학자 코렌스C. Correns, 오스트리아의 식물학자 체르마크E.V. Tschermak는 각자 멘델이 35년 전에 이룩했던 연구성과를 재발견하고 검증했다. 더 나아가 이를 종합하여 '분리의 법칙'과 '독립의 법칙'이라는 유명한 유전자법칙을 수립

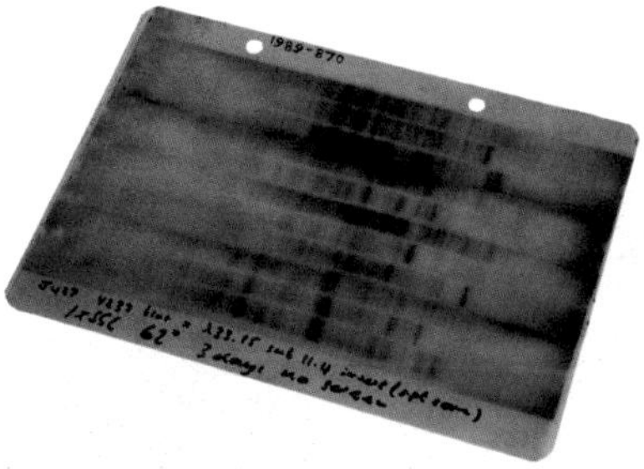

▲ 1984년 최초의 유전자지문도

유전자와 지문은 차이가 있다. 지문은 사람의 신분을 확인하는 데 쓰이지만 유전자는 이것 외에 보다 많은 정보를 가지고 있다. 유전자가 가진 정보는 유전병의 병인분석에도 유용하게 쓰인다.

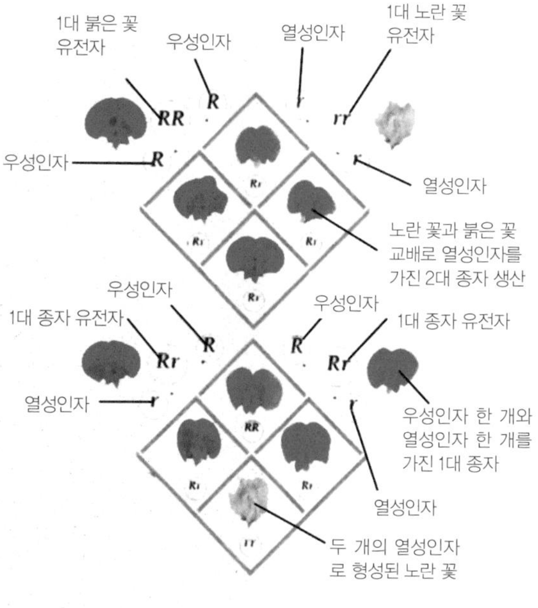

▶ 멘델의 유전법칙 설명도

완두콩의 상대적 형질은(그림에서 꽃의 붉은색은 우성을, 노란색은 열성을 나타낸다) 우성 및 열성인자의 제약을 받게 된다. 1대 종자 두 개를 서로 교배하면, 각 종자 내의 유전자는 분리되어 다른 종자 내의 유전자와 재결합하게 된다. 그림에서 완두콩의 우성인자는 R로, 열성인자는 r로 표시한다. 1대 종자 두 개의 교배로 Rr인자가 생산되었다. 이는 우성인자로 꽃 색깔이 붉은색이다. 아래 그림에서는 1대 종자 두 개의 교배로 RR, Rr, rr이라는 세 가지 유전자가 생산되었다. 여기서 rr만 열성인자로 꽃 색깔이 노란색이다.

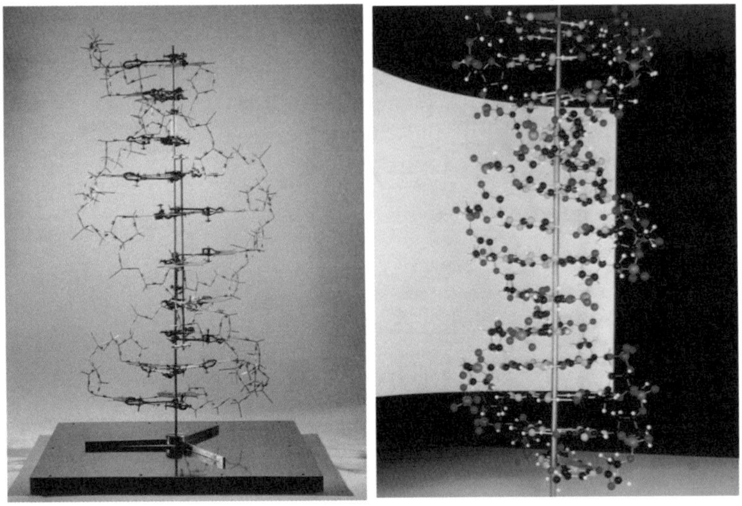

◀ **DNA의 2중 나선구조**
DNA의 2중 나선구조 모델의 제시로 인간 생명유전의 비밀이 드디어 공개되기 시작했다. 2중 나사가 풀어지면서 그중 하나가 주형이 되어 주위 세포의 화학인자를 이용해 한 쌍을 이루는 염기구성의 원칙에 따라 새로운 DNA분자가 만들어진다. 이렇게 만들어진 유전정보는 1대에서 2대로 전해지고 상호간에 일정한 연속성이 유지되는 것이다. 그러나 DNA 복제가 모두 완벽하게 성공하는 것은 아니며 결함으로 변이가 생길 수도 있다.

했다. 유전학의 선구자 멘델의 시대를 초월한 위대한 발견은 35년이라는 시간 만에 드디어 세상에 인정받게 되었고 멘델은 유전학의 창시자라는 칭호를 얻었다.

1906년 영국 런던에서는 제3회 세계 유전학총회가 개최되었다. 의장을 맡았던 영국 캠브리지 대학의 베이트슨William Bateson 교수는 이 총회에서 '유전

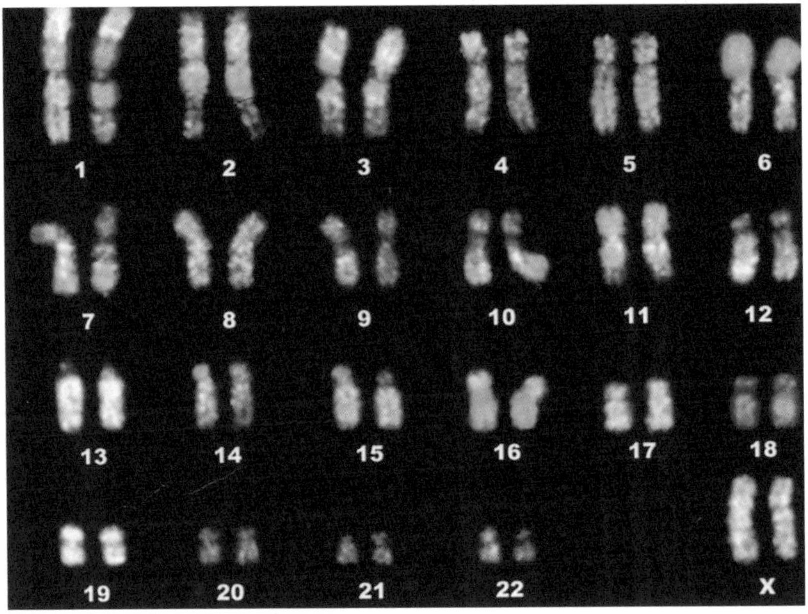

▶ **염색체**
인간의 체세포는 23쌍의 염색체를 가지고 있다. 염색체는 22쌍의 상염색체와 나머지 두 개의 성염색체로 구성되어 있다. 여성의 체세포일 경우, 성염색체는 두 개의 X염색체로 되어 있다. 이들의 크기와 형태는 동일하다. 남성의 성염색체는 X염색체 한 개와 Y염색체 한 개로 구성되어 있다. 남녀의 출생은 이렇게 체내의 성염색체에 의해 결정된다. 그림은 한 여성의 체세포 엄식제 설명노이다.

학' 이라는 용어의 사용을 정식으로 제기했다. 1909년 요한센Wilhelm Ludwig Johannsen은 멘델의 '유전인자' 라는 용어를 '유전자' 로 변경하고 고전유전학에서 가장 중요하게 간주되고 있는 '유전자형' 과 '표현형' 이라는 개념을 정립했다.

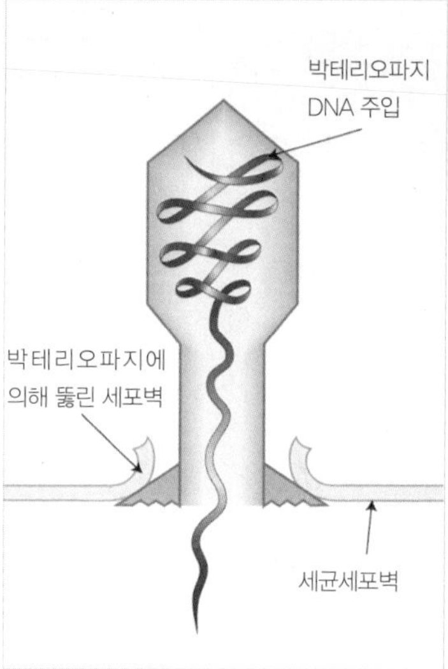

▲ **박테리오파지**
박테리오파지는 일종의 세균으로 대부분 올챙이 모양이지만 원형과 기둥모양도 간혹 있다. 박테리오파지의 복제는 일반생물의 DNA 복제와는 차이가 있다. 박테리오파지는 자신의 RNA 혹은 DNA를 세균체에 주입해 그 안에서 번식해 결국 숙주를 터뜨린다. 이때 자세균이 빠져나와 다른 세포를 감염시키게 된다.

유전자유전 학설

1909년 미국의 유명한 유전학자이자 콜롬비아 대학의 교수였던 모건Thomas Hunt Morgan은 초파리를 대상으로 유전학연구를 진행하여 유전학의 3대 법칙 중 하나인 연쇄와 호환법칙을 발견했다. 1911년 9월 프랑스 파리에서 개최된 제4회 세계 유전학총회에서 모건학파 연구자들은 초파리를 대상으로 한 염색체상의 유전자 위치에 관한 염색체도(圖)를 발표했다. 이것은 특정 유전자를 특정 염색체상의 특정 위치와 연관시킨 최초의 시도였다.

1926년 모건은 유명한 '유전자설' 을 정립했다. 이 학설에 따르면, 유전자는 다음 세대로 전해져 내려가는 유전물질이자 염색체상의 유전단위이며 높은 안정성과 자기복제, 변이발생의 특징을 가지고 있다. 발육 과정에서 일정 유전자가 일정한 조건 아래 일정한 대사 과정을 통제하고 있으며 이로 인해 유전적 특성이 나타난다. 생물진화의 주요 요소로는 유전자와 그 돌연변이가 있다. 유전자설의 성립으로 멘델의 유전 학설은 더욱 빛을 발하게 되었다. 1927년에는 모건의 제자이자 미국의 유전학자인 멀러H. J. Muller가 유전자와 염색체의 돌연변이가 자연적인 발생뿐

◀ **동일한 종(種)이 가지는 개체의 차이성**
동일한 종의 생물은 동일한 생물 유전자를 가진다. 그래서 이들은 같은 형태로 존재한다. 그러나 개체유전자의 차이 때문에 미세한 차이점을 보이기도 한다. 생물 개체의 진화 과정은 사실상 동일한 종의 개체 유전자 중 우성인자가 살아남는 과정이다. 다윈이 진화론에서 제시한 적자생존은 유전자의 이런 특성을 단면적으로 보여준다.

▶ DNA 복제
DNA 복제는 한 개의 DNA를 모델로 해 두 개의 DNA를 만드는 과정이다. DNA는 효소와 에너지의 도움으로 해체, 결합, 복제의 과정을 거치게 된다. 그림은 새로 형성된 DNA분자에서 기존의 사슬과 새로운 사슬을 보여주고 있다.

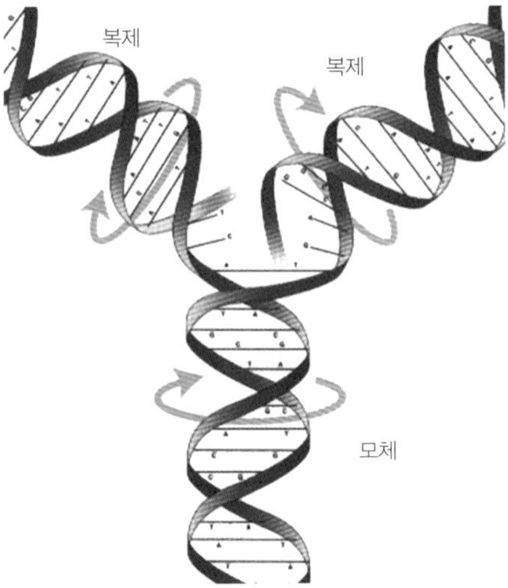

만 아니라 X-선의 영향으로도 대량발생이 가능하다는 것을 발견했다. 그는 X-선은 매우 강력한 유전자 변화제로 유전자의 돌연변이 발생에 큰 영향을 끼친다고 주장했다. 이에 돌연변이이론이 성립되어 유전학이 새로운 단계로 발돋움하게 되었다.

DNA와 유전자공학

1940년대 유전학자들은 생물화학적 방법으로 유전물질의 본질과 기능에 대해 탐구해 많은 성과를 거두었다. 그 예로, 1941년 조지 비들George Wells Beadle은 '1유전자 1효소설'이라는 유명한 학설을 주창했다. 같은 해 토비언 캐스퍼슨Torbjorn O. Caspersson은 정량세포화학법을 이용해 DNA가 세포핵에 존재하고 있다는 사실을 밝혔다. 1944년, 에이버리Oswald Theodore Avery는 순화인자를 폐렴쌍구균으로 전환하는 실험으로 유전물질은 단백질이 아닌 DNA임을 밝혔다.

1950년대에 들어서면서 유전학연구는 눈부시게 발전했다. 1953년에 미국의 과학자 왓슨 크릭 모델Watson Crick model은 영국의 과학자 프란시스 크릭Francis Harry Compton Crick과 함께 DNA분자의 2중 나선구조를 발견했다. 이는

▲ 모건

모건은 유전학에서 염색체이론을 성립한 사람이다. 그는 초파리를 대상으로 유전인자(유전자)가 염색체에 존재한다는 것을 최초로 증명해 유전학 발전의 새로운 길을 개척했다.

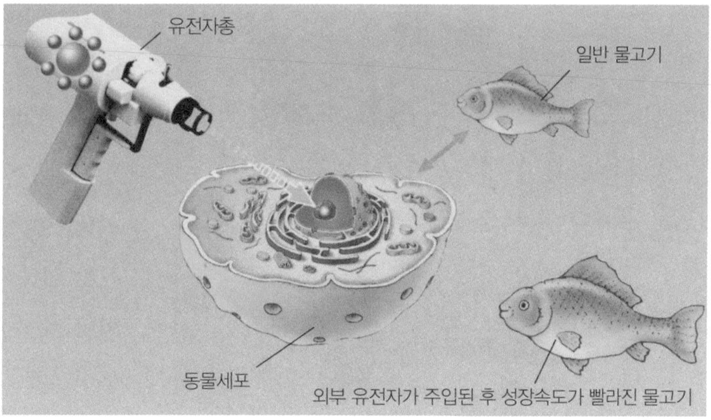

▲ 유전자총

유전자총은 외부 유전자를 다른 세포 안으로 주입시키는 물리적 기술이다. 그림에서는 외부 유전자를 물고기 세포에 주입시켜 유전자를 변화시켰다. 이로 인해 물고기의 성장속도가 매우 빨라졌다.

유전학 연구가 분자유전학의 시대로 진입했음을 시사한다. 이때부터 많은 유전학자들이 DNA를 유전자의 운반체로 간주하기 시작했다. 1958년에 크릭은 생물체 내의 유전정보 흐름에 관한 중요법칙을 제시했다. 1959년 제롬 르죈느Jerome Lejeune는 가장 흔히 발견되는 유전성 질환 중 하나인 다운증후군을 최초로 발견했다. 이 증후군은 환자의 세포 중 염색체 한 개가 더 많아서 생기는 것으로, 일종의 염색체 기형이다. 이 발견으로 유전병연구에 대한 세포유전학 응용의 길이 개척되었다. 그 후 염색체 수 이상으로 생기는 질병이 많이 발견되었고 염색체 질환이라는 새로운 개념이 생겨나게 되었다.

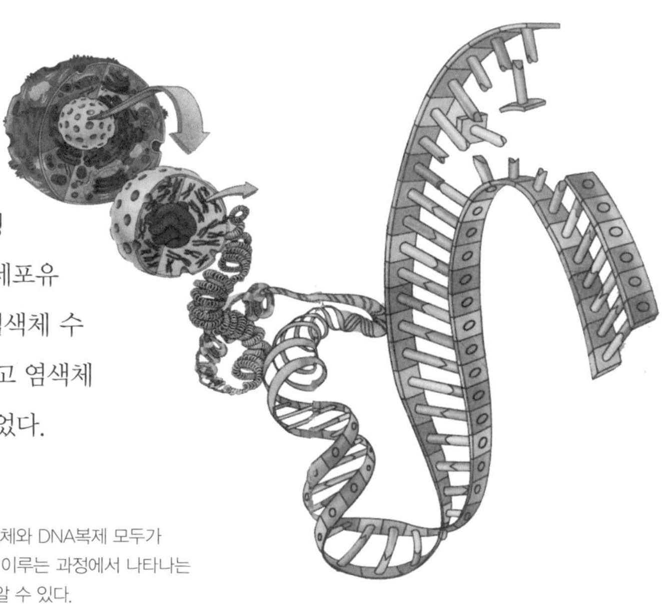

▶ 세포체 내에서의 DNA 복제 과정

이는 세포체 안에서의 DNA 복제 과정이다. 여기서 염색체와 DNA복제 모두가 세포핵 내에서 이루어짐을 확인할 수 있다. 염기가 쌍을 이루는 과정에서 나타나는 색깔로 구아닌, 시토신의 결합과 아데닌, 티민의 결합을 알 수 있다.

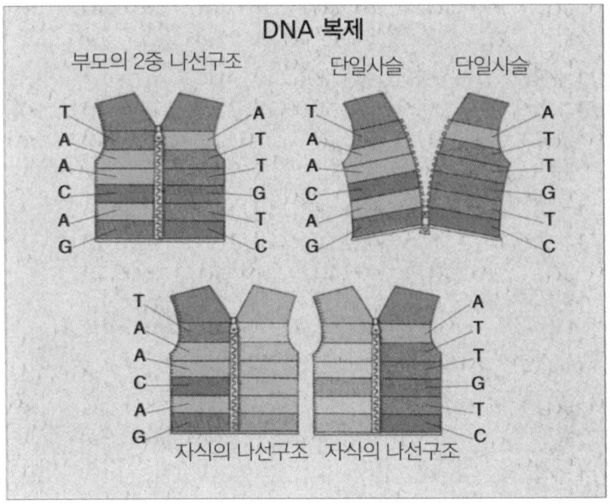

▲ **DNA분자 복제**

DNA분자의 복제는 세포주기에 발생한다. 복제는 세포핵 내에서 A, T, G, C 네 가지의 뉴클레오티드가 주재료가 되어 효소와 에너지의 도움으로 진행된다. 그림은 DNA분자를 지퍼가 달린 옷에 비유해서 DNA 복제의 과정을 설명하고 있다. 세포가 분열되면서 DNA분자가 해체되고 각 연결고리가 여분의 뉴클레오티드를 흡수하여 대응되는 다른 한쪽을 복제한다. 새로운 DNA분자는 이런 과정으로 탄생하게 된다.

1970년대부터 분자유전학 연구가 보다 심화되었다. 유전의 비밀암호를 해독하기 위해 유전공학이 생겨나게 되었다. 1973년 코헨Stanley Cohen 등 유전학자가 제한효소와 유전자 인공분리법으로 DNA분자의 체외 재결합에 성공했다. 이로 인해 인류는 필요에 따라 생물종을 설계하거나 개조할 수 있는 시대, 즉 유전공학시대로 들어서게 되었다. 1980년대에 들어서면서 유전학은 분자생물학과 발육생물학과 함께 결합하여 더욱 심화되었다. 유전자공학을 필두로 하는 유전공학기술의 응용으로 유전학의 기술과 그 방법은 혁명적인 발전을 이루게 되었다. 1982년에 DNA 재결합 기술을 이용해 당뇨병 치료제인 인슐린이 최초로 생산, 출시되었다. 1987년에는 헬러 등 유전학자들이 인간의 46개 염색체에 분포되어 있는 400여 개의 유전자의 상대서열을 측정해 인간게놈지도를 최초로 제작했다. 미국이 '인간게놈프로젝트'를 제시한 것은 1986년이었다. 이 프로젝트의 목표는 15년 계획으로 30억을 투자해 30억 쌍의 염기로 구성된 DNA분자에 포함된 유전자의 수량, 염기 배열순서를 파악하고 상세한 유전자지도를 제작하는 것이다. 2000년 6월까지 미국, 영국, 독일, 프랑스, 일본, 중국 등 6개국 과학자들의 각고의 노력 끝에 인간 유전자지도의 초안이 완성되었다. 이로 인해 인간 유전자조직은 32억 쌍의 염기로 이루어져 있으며 3만~4만 개의 단백질을 부호화하는 유전자를 포함하고 있다는 것을 알게 되었다.

유전자지도의 성공은 생물학의 대발전에 튼튼한 기초를 마련해주었다. 생명본질에 대한 인류의 탐구에 역사적인 발전을 이룬 것이다.

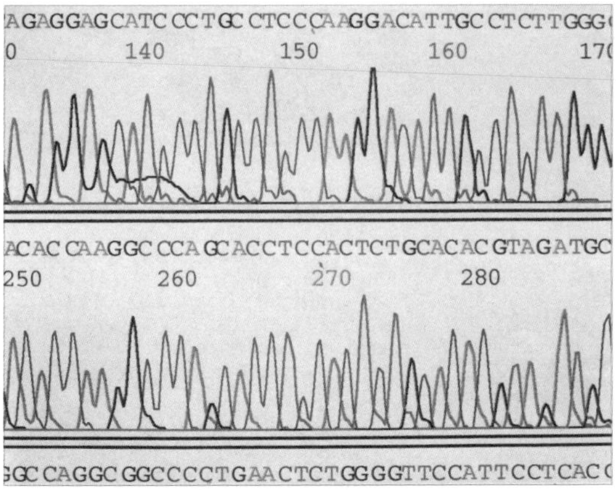

◀ DNA 신호 서열도

DNA분자의 기본단위는 뉴클레오티드이다. 뉴클레오티드를 구성하는 기본효소로는 아데닌, 구아닌, 시토신, 티민 네 가지가 있다(생물학에서는 알파벳 대문자로 각각 A, G, C, T로 표현한다). 자연히 뉴클레오티드의 종류도 네 가지이다. DNA분자의 각 연결고리에 있는 뉴클레오티드에는 일정한 서열이 있다. 생물의 유전정보는 이러한 DNA 뉴클레오티드 서열에 숨겨져 있다.

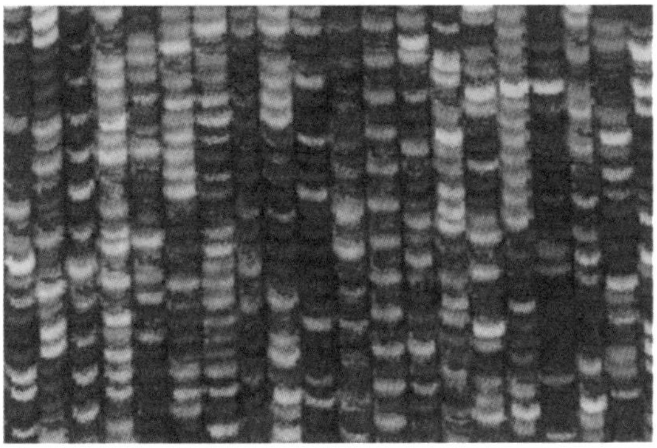

◀ 유전의 비밀암호

이 컴퓨터그래픽 사진은 인접한 유전자의 염기쌍 구조를 보여주고 있다. 이런 염기쌍의 서열이 곧 생물체 유전의 비밀암호이다. 상이한 염기서열은 상이한 유전정보를 가지고 있다.

02 첨단과학의 탄생

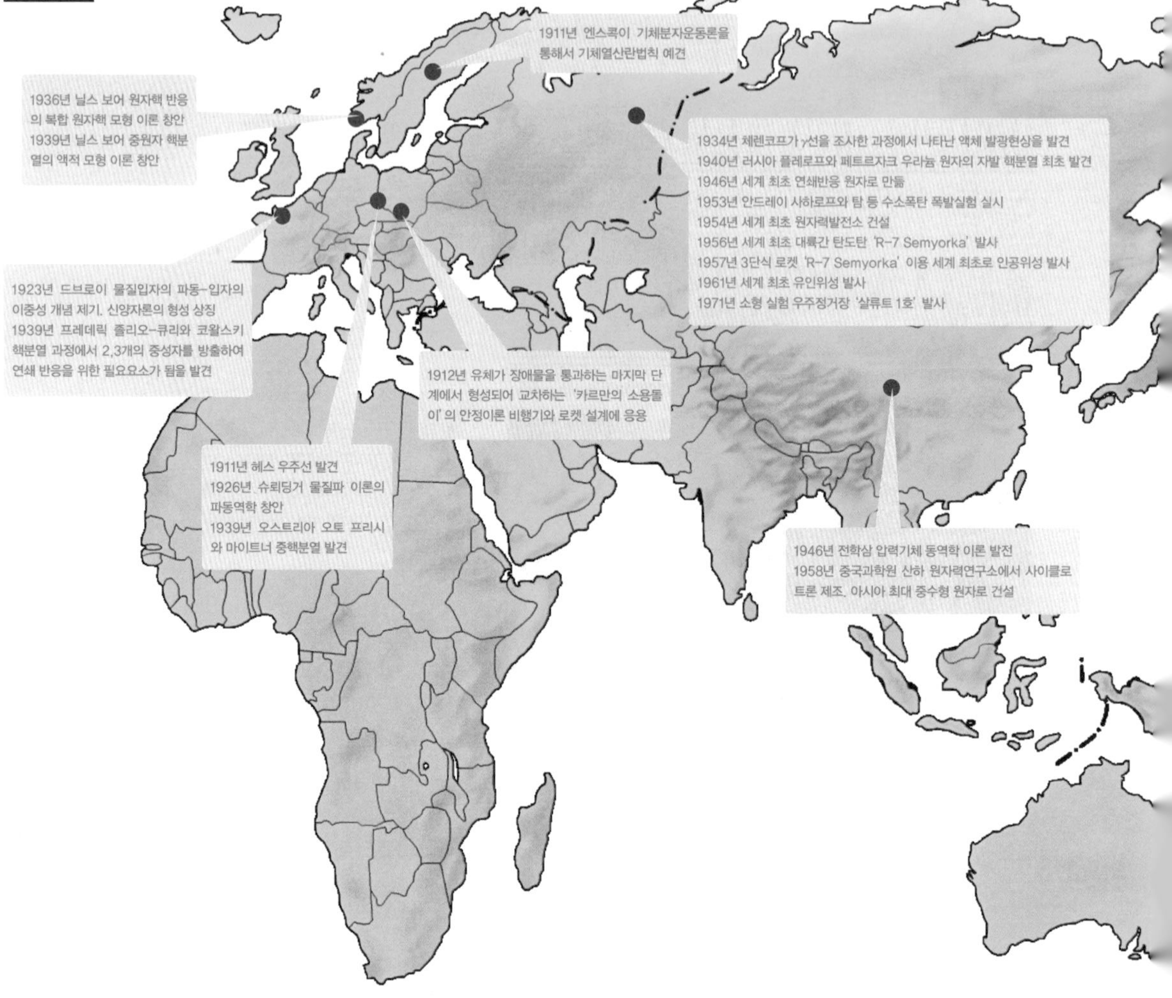

미국

1903년 라이트형제 가솔린 연료 내연기관 제작. 역사상 최초 나선추진기 조종하여 비행에 성공

1906년 드 포리스트 3극 진공관 발명

1925년 즈보리킨 광전관 발명

1926년 고더스 매사추세츠주에서 액체산소와 가솔린을 연료로 이용. 세계 최초 액체연료 로켓 발사

1926년 라디오방송 미국 전역 보급 시작

1928년 즈보리킨 텔레비전 송상용으로 사용하는 광전관 발명

1929년 이브즈 최초로 컬러TV 영상송신 실험

1931년 앤더슨 우주선연구 중 양전자 발견

1934년 페르미 중성미자 개념 도입. 원자력 베타 붕괴의 양자역학이론 제기

1938년 라비와 쿠시 원자선과 분자선 이용. 핵자기공명장치 발명. 핵스핀과 핵자기 모멘트 정확하게 측정

1939년 미국 텔레비전 등장

1942년 페르미, 앤더슨, 진, 실라드, 위그너 등 우라늄 핵분열에서 중성자와 에너지를 방출하는 특징 이용

1945년 모클리 세계 최초로 컴퓨터 제조

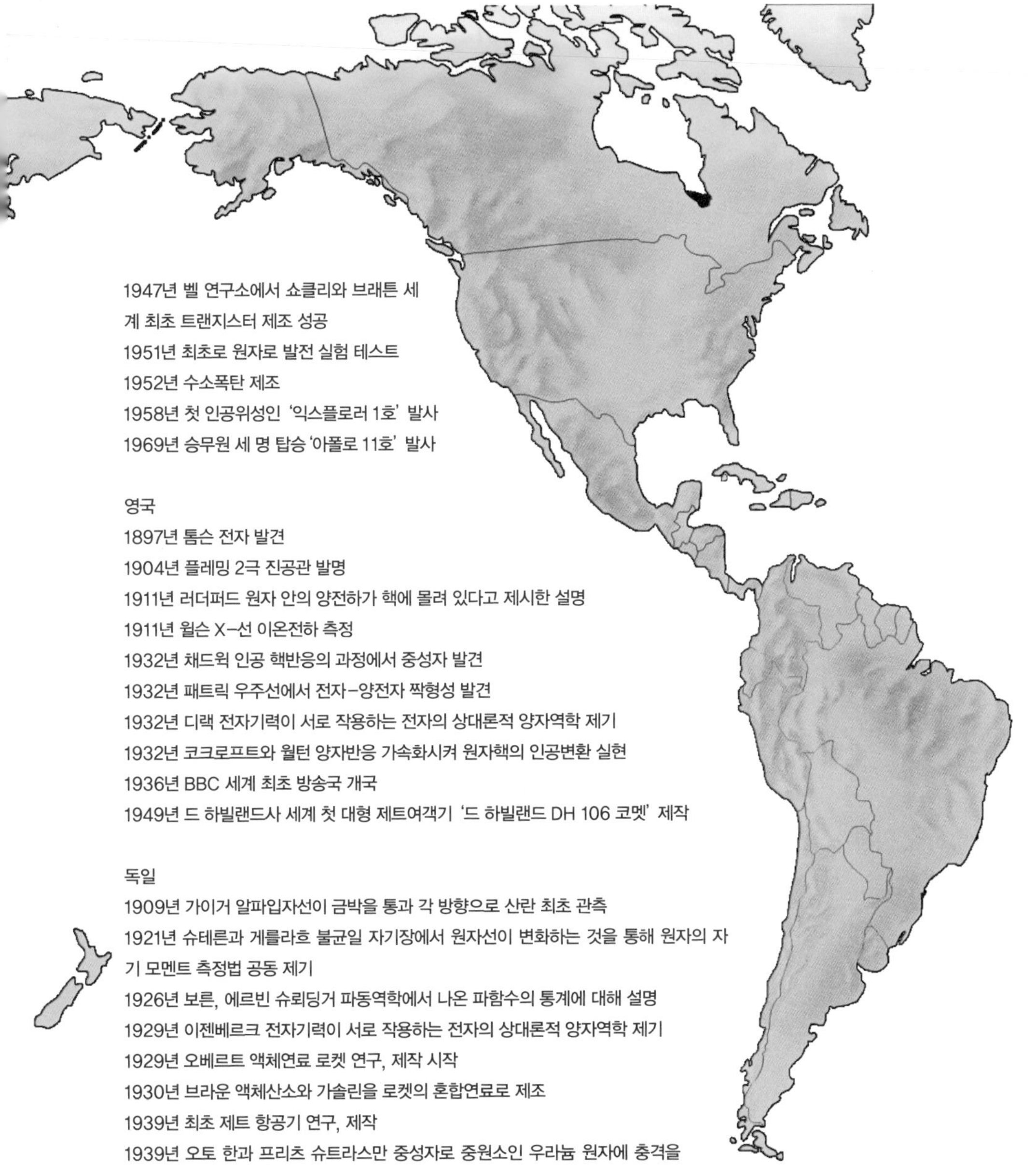

1947년 벨 연구소에서 쇼클리와 브래튼 세계 최초 트랜지스터 제조 성공
1951년 최초로 원자로 발전 실험 테스트
1952년 수소폭탄 제조
1958년 첫 인공위성인 '익스플로러 1호' 발사
1969년 승무원 세 명 탑승 '아폴로 11호' 발사

영국
1897년 톰슨 전자 발견
1904년 플레밍 2극 진공관 발명
1911년 러더퍼드 원자 안의 양전하가 핵에 몰려 있다고 제시한 설명
1911년 윌슨 X-선 이온전하 측정
1932년 채드윅 인공 핵반응의 과정에서 중성자 발견
1932년 패트릭 우주선에서 전자-양전자 짝형성 발견
1932년 디랙 전자기력이 서로 작용하는 전자의 상대론적 양자역학 제기
1932년 코크로프트와 월턴 양자반응 가속화시켜 원자핵의 인공변환 실현
1936년 BBC 세계 최초 방송국 개국
1949년 드 하빌랜드사 세계 첫 대형 제트여객기 '드 하빌랜드 DH 106 코멧' 제작

독일
1909년 가이거 알파입자선이 금박을 통과 각 방향으로 산란 최초 관측
1921년 슈테른과 게를라흐 불균일 자기장에서 원자선이 변화하는 것을 통해 원자의 자기 모멘트 측정법 공동 제기
1926년 보른, 에르빈 슈뢰딩거 파동역학에서 나온 파함수의 통계에 대해 설명
1929년 이젠베르크 전자기력이 서로 작용하는 전자의 상대론적 양자역학 제기
1929년 오베르트 액체연료 로켓 연구, 제작 시작
1930년 브라운 액체산소와 가솔린을 로켓의 혼합연료로 제조
1939년 최초 제트 항공기 연구, 제작
1939년 오토 한과 프리츠 슈트라스만 중성자로 중원소인 우라늄 원자에 충격을 주는 실험을 통해서 중간 질량의 원소생성 발견

자연과학에 대한 인류의 생각이 깊어짐에 따라 20세기에 중대한 과학성과가 나타났다. 그에 상응하는 첨단과학기술이 빠르게 변화하여 인간의 노동생산과 생활에 있어 커다란 역할을 하고 있다. X-선 발명은 의료와 공업에 응용되고 무선전기의 발명은 텔레콤기술을 부추기고, 트랜지스터의 출현은 마이크로 컴퓨터기술을 만들었다. 핵분열 연쇄반응은 현대 핵에너지의 이용을 부추긴다. DNA연구는 유전자 프로젝트를 가능하게 했다. 이 장에서는 이렇게 변화를 거듭해 온 첨단과학기술 및 그로 인해 인류사회에 미친 엄청난 영향을 중점적으로 소개했다.

핵에너지의 이용

원자시대의 시작

▶ **핵융합**
몇 개의 원자핵을 한 개의 원자로 융합하는 과정을 핵융합이라 한다. 그러나 수소의 동위원소인 듀테륨, 트리튬과 같이 원자핵이 가벼워야 핵융합이 일어날 수 있다. 핵융합에너지는 거대한 에너지를 방출한다. 태양 내부에는 수소가 헬륨으로 융합되는 과정이 연속적으로 이루어지는데 태양의 빛과 열이 바로 이 핵융합으로 만들어지는 것이다.

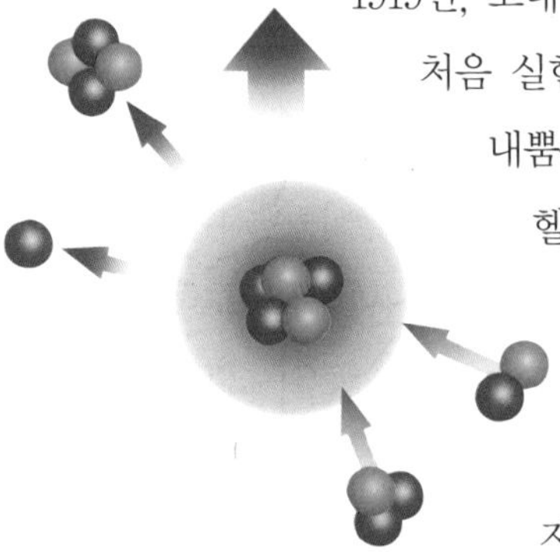

1919년, 고대인이 꿈꿔왔던 연금술이 러더퍼드에 의해 처음 실현되었다. 러더퍼드는 천연방사성 물질이 내뿜은 고속 α입자헬륨핵를 질소핵에 충돌시켜 헬륨핵을 얻었고, 이로써 역사상 처음으로 화학원소를 다른 화학원소로 바꾼 인공변환에 성공했다. 1932년 그의 제자 채드윅이 중성자를 발견했다. 중성자는 전기를 지니지 않아 원자핵 '폭탄'으로 더욱 적합했다. 1934년 1월, 퀴리 부부가 α입자로 안정상태의 원자핵을 충돌시켜 방사성 동위원소를 만들어냈다. 이 실험은 최초로 인공방사성을 만들었다는 데 매우 큰 의미가 있었다. 이런 성과의 기반 위에 많은 물리학자들이 원자핵 충돌에 관한 실험연구에 매진했다.

1934년 페르미가 중성자로 원자핵을 충돌시켜 불과 몇 개월 만에 수십 종의 방사성 동위원소를 발견했다. 페르미와 그의 동료는 중성자원과 충돌한 물체를 다량의 파라핀에 놓아두고 나서 방사성이 곱절로 증가하는 것을 보았다. 페르미는 '저속중성자'로 이 현상을 설명했다. 그는 양성자와 중성자의 질량이 같기 때문에 고속중성자가 정지상태의 양성자와 충돌했을 때 고속중성자가 에너지를 손실하여 저속중성자로 변한 것이라고 생각했다. 저속중성자와 무거운 원자핵의 반응 단면적이 고속중성자보다도 훨씬 크다고 보았다. 이 발견은 핵분열의 연쇄반응과 원자핵 원자로이론 연구를 위한 기반을 마련하였으며, 후에 원자시대의 진정한 출발점으로 사람들에게 인식되었다. 그런데 페르미와 그의 동료가 계속해서 저속중성자를 우라늄에 충돌시켰을 때 뜻밖에도 중성자와 충돌한 우라늄이 바륨, 란타늄 등과 같은 새로운 방사성원소를

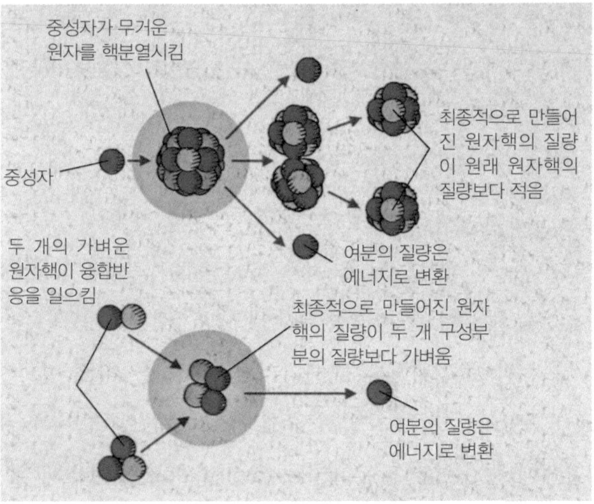

▲ 핵분열 반응

핵분열과 핵융합은 모두 원자핵의 질량을 감소시킨다. 아인슈타인의 질량에너지 방정식에 따르면 잃어버린 질량은 에너지로 변환되는데 크기는 잃어버린 질량에 광속제곱을 곱한 것과 같다는 것을 알 수 있다.

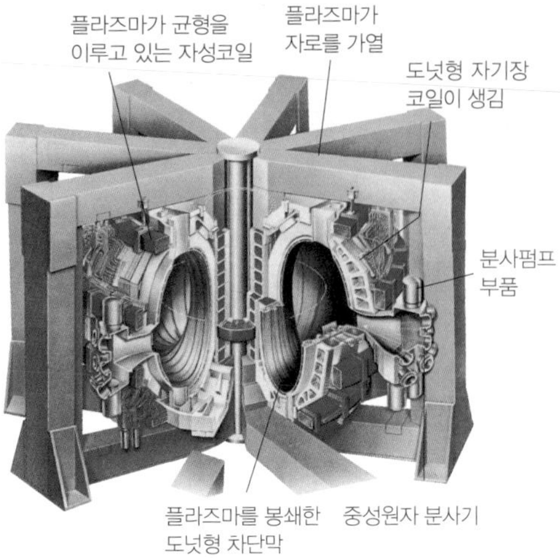

▲ 유럽연합의 핵융합 실험장비

핵융합은 우주행성 중심에서 지속적으로 진행되고 있지만 인위적인 통제로 핵융합을 일으키기는 매우 어렵다. 핵융합을 통제하기 위해 지금까지 연구한 장비가 있는데, 그중 하나가 토카막(Tokamak)이라는 것이다. 토카막은 플라즈마 전류와 도넛형의 코일로 생기는 강한 자기장으로, 고온의 플라즈마 상태의 융합물질을 도넛형 용기 안에 잡아두어 핵융합 반응을 일으키게 한다. 1983년부터 사용된 유럽연합의 핵융합 실험장비가 바로 토카막 플라즈마 자성 봉쇄장비이다.

많이 만들어내는 것이었다.

1940년대에 이르러 오스트리아 여성물리학자인 마이트너Lise Meitner가 이것은 우라늄핵이 중성자를 붙잡아서 분열한 결과라고 주장했다. 마이트너는 이 과정을 '핵분열'이라고 불렀다. 그녀는 "핵분열 과정에서는 질량이 손실되기 마련이며 아인슈타인의 질량에너지 방정식에 따라 핵분열은 대량의 에너지를 방출한다"고 생각했다. 마이트너의 조카가 이를 입증하여 보어에게 전보로 알렸다. 보어가 다시 미국에서 회의를 열고 있던 물리학자들에게 알리자 큰 반향을 불러일으켰다. 이 소식을 들은 페르미는 바로 '우라늄-235핵은 중성자를 붙잡은 후 분열하여 두 개 내지 세 개의 중성자를 만든다. 이러한 중성자는 다른 우라늄핵과 분열한다. 각 우라늄 핵의 분열로 만들어진 두 개 내지 세 개의 중성자들이 다시 새롭게 분열하며, 이렇게 발생한 우라늄 핵분열과 만들어진 중성자가 분열을 계속해 나가게 된다. 순서대로 일어나는 핵분열 과정이 매우 빨라 눈 깜짝할 사이에 거대한 핵에너지가 만들어질 것'이라는 연쇄반응 개념을 내놓았다. 그리하여 핵에너지가 가진 커다란 잠재력은 인류의 자연이용이라는 새로운 페이지를 열게 되었다.

1941년 원자폭탄 전문가인 페르미가 이탈리아에서 미국으로 망명하여 시카

고로 와서 미국의 첫 원자로 건설을 이끌었다. 1942년 원자로가 본격적으로 운행되었고 원자에너지시대의 중요한 이정표라고 할 수 있는 이 성과는 핵에너지 시대의 시작을 알렸다.

맨해튼 계획

제2차 세계대전이 발발하기 전, 물리학계는 핵에너지를 방출하는 이론 및 실험적 근거가 이미 다 준비되었다는 것을 분명히 알고 있었다. 1939년 아인슈타인은 루스벨트 대통령에게 서한으로 독일이 이러한 과학지식을 이용해 원자폭탄을 개발할 수 있음을 경고하고 미국이 원자폭탄 연구를 준비해야 한다고 건의했다. 결국 아인슈타인과 일부 과학자들의 노력으로 '맨해튼 계획'이 완성되었다.

▶ 파인먼
리처드 파인먼(Richard Phillips Feynman)은 미국의 유명한 물리학자로, 1965년 노벨물리학상을 수상했다. 그는 파인먼법칙 그리고 재규격(Renormalization)화 계산방식을 내놓았는데, 이러한 것들이 양자 전동역학과 입자물리학에 빠질 수 없는 것들이다.

'맨해튼 계획'의 최종목표는 전쟁 전에 원자폭탄을 제조하는 것이었다. 물리학자인 로렌스와 콤프턴 등의 추천으로 군사당국은 프리스턴 고등연구소 원장인 오펜하이머를 책임자로 초빙했다. 그리고 원자탄 제조계획을 순조롭게 완성시키기 위해 오

▶ '맨해튼 계획' 기지
1942년 6월 미국 육군이 핵분열 반응을 이용한 원자폭탄 제조를 위해 '맨해튼 계획'을 시작했다. 그림은 맨해튼 계획의 기지인 뉴멕시코주 로스아라모스의 농업학교이다. '맨해튼 계획'을 위해 당시 서방국가(나치 독일은 제외)의 가장 뛰어난 핵 분야의 과학자들이 모였는데 10만 명의 사람들이 이 계획에 참가했다. 3년 동안 20억 달러가 소요되었으며 1945년 7월 16일 세계 최초의 핵폭발이 진행되었다.

펜하이머의 제안에 따라 연구기지를 세웠다. 1942년 뉴멕시코주의 황량한 사막고지대인 로스아라모스에 나중에 세상에 이름을 알린 로스아라모스 실험실을 건설했다. 그 이듬해 페르미를 포함한 첫 번째 과학자팀이 이곳에 들어오게 되었다.

1943년 오펜하이머가 재능과 지혜 그리고 원자탄에 대한 깊은 통찰력으로 로스아라모스 실험실의 책임자로 임명되었다. 그는 당시에 맡은 중책으로 인해 후에 미국 '원자탄의 아버지' 라는 칭호를 받게 되었다. 1945년까지 실험실은 민간인 연구원 2천여 명과 군인 3천여 명으로 늘어나게 되었는데, 그중에는 1천여 명의 과학자들이 포함되어 있었다. 실험실의 모든 사람들의 힘겨운 노력으로 원자폭탄에 관한 수많은 프로젝트 및 기술적 문제가 해결되었다. 1945년 7월 15일 새벽 5시 30분, 세계 최초의 원자폭탄 실험이 성공적으로 이루어졌다. 미국정부는 '맨해튼 계획' 을 위해 22억 달러를 쏟아 부었다. 8월 6

▲ 오펜하이머
미국의 유대인 물리학자이자 '맨해튼 계획' 의 주요책임자 가운데 한 사람으로, 세계에서 최초로 원자폭탄을 제조했다.

▼ 재난 속에 운 좋게 남아 있는 건물
원자폭탄 '리틀보이' 의 위력으로 히로시마의 6제곱킬로미터의 면적이 평지로 변했다. 그림 속의 과학공업 박물관은 원자탄 폭발에서 완전히 무너지지 않은 건물 중 하나이다.

▼ 핵무기
핵무기는 1940년대 전후 과학기술의 발전이 가져다준 결과로, 핵분열 혹은 융합 반응으로 에너지를 방출, 폭발을 일으킬 수 있으며 대규모의 살상파괴효과를 지닌 무기의 총칭이다.

▲ **원자폭탄의 파괴력**
원자폭탄은 가장 일반적인 핵무기이자 제일 먼저 제조된 핵무기이다. 원자폭탄은 원자핵분열 반응으로 방출한 거대한 에너지가 광선복사, 충격파, 조기 핵복사, 방사성 오염 그리고 전자기펄스를 통해 강력한 살상파괴작용을 일으킨다.

일과 9일, 미국은 일본의 히로시마와 나가사키에 각각 원자폭탄을 투하하였고, 14일 일본천황의 무조건적인 항복으로 제2차 세계대전은 마침내 많은 사상자를 내면서 종전되었다. 후에 아인슈타인과 오펜하이머, 페르미 등 많은 과학자들이 원자폭탄으로 인한 인류의 피해를 깨닫고 원자폭탄 사용을 반대하는 입장에 서게 되었다.

인류의 행복

미국의 원자폭탄 제조 성공은 다른 국가들을 자극시켰고, 핵군비경쟁이 시작되었다. 1949년 소련이 핵실험에 성공했고, 1952년 미국이 마샬 군도에서 원자탄의 위력보다 훨씬 강한 수소폭탄을 실험폭발했다. 같은 해 10월 영국이 첫 번째 원자폭탄 제조에 성공했다. 이듬해 8월 소련도 수소폭탄 폭발실험에 성공했다. 프랑스와 중국 역시 잇달아 원자폭탄 제조에 성공했다. 이들 나라의 핵 군사장비로 인해 세계대전 이후 냉전상태가 되었지만 핵무기는 일종의 위협용이었으며 그 누구도 감히 먼저 핵무기를 사용하지 못했다. 그 후 냉전의 종식으로 사람들은 평화에 대한 요구를 강하게 외쳤고 평화와 발전이 세계의 주요의제가 되었으며 원자핵에너지의 평화적 사용이 의사일정에서 제기되기 시작했다.

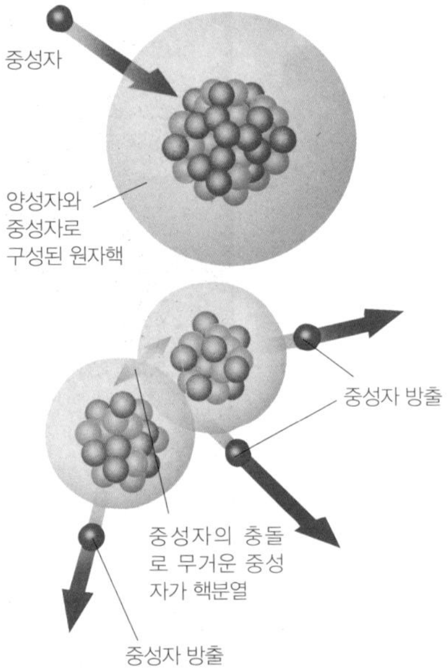

▶ **연쇄반응의 형성**
핵분열 과정에서 중성자가 우라늄 원자핵에 충돌하면 나머지 많은 중성자들이 불안정한 원자핵을 분열시키고 원자핵이 분열하는 과정에서 에너지를 방출한다. 이 과정에서 더욱 많은 중성자가 방출되어 다른 원자핵에 충돌할 때 연쇄반응이 생긴다.

경제가 발전한 일부 국가에서는 빠른 경제발전과 에너지공급의 충돌이 나날이 심해졌다. 게다가 전통적인 에너지공업으로 조성된 환경오염 및

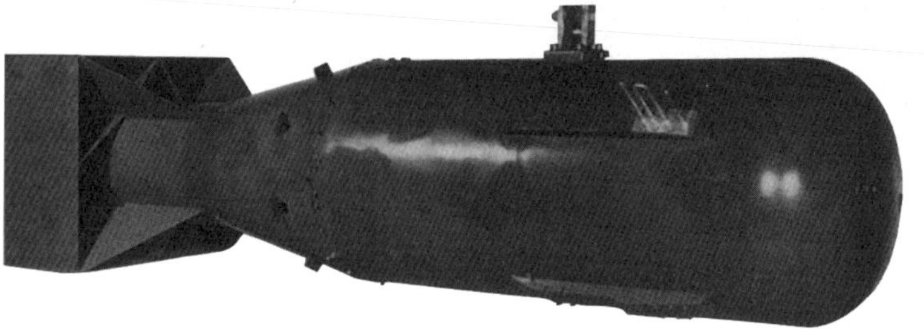

◀ **세상에 처음 출시된 원자폭탄 '리틀보이'**
미국은 세계 최초로 핵무기 폭발 실험을 한 국가이자 유일하게 핵무기를 실전에 도입한 국가이다. 제2차 세계대전 말, 미국은 '리틀보이', '팻 맨'이라고 이름 붙인 원자폭탄을 1945년 8월 6일과 9일, 일본의 히로시마와 나가사키에 각각 투하하여 이 두 도시를 화염과 질풍 속의 폐허로 만들었다. 그림은 '리틀보이'라고 이름 지은 원자폭탄이다.

온실효과가 심각하게 인류의 생존환경을 위협하게 되자 프랑스, 일본, 이탈리아 등 재래식 에너지의 부족에 시달리던 국가들이 원자력발전소를 개발하게 되었다. 뿐만 아니라 석탄, 석유, 수력전기 등의 재래식 에너지가 풍부한 미국, 캐나다 등과 같은 나라들도 원자력발전소를 적극 개발하게 되었다. 1951년부터 미국은 아이다호 국가원자로실험센터에서 핵원자로 발전실험으로 100킬로와트의 전력을 냈으며, 이로써 인류는 핵에너지를 평화적으로 사용하기 위한 첫 걸음을 내딛었다. 1954년 6월 소련이 모스크바 근교 오브닌스크Obninsk에 비록 출력이 5,000킬로와트밖에 되지는 않았지만 세계 최초로 공업 전력망에 전기를 보내는 원자력발전소를 설립했다. 1961년 7월, 미국이 상업용 원자력발전소인 양키 원자력발전소를 설립했다. 이 원자력발전소의 출력은 거의 300메가와트로 발전단가가 킬로와트당 0.92센트밖에 안 되어 원자력발전소의 강한 생명력을 나타내었다. 1995년에 이르러 전 세계에서 가동되는 원자력발전소는 총 438개에 달하며, 그 가운데 미국이 가동하는 원자력발전소가 109개로, 시간당 6,730억 킬로와트의 원자력발전량이라는 최고기록을 세웠다.

다른 에너지와 비교해 원자력발전은 매우 우수하다. 원자력발전은 경제적이고 새롭고 깔끔하지만 핵분열로 원자로에서 만들어진 대량의 핵폐기물이 심각한 방사성오염을 일으킨다. 그러나 인류는 지금까지 핵폐기물의 항구적인 처리

◀ **텔러**
에드워드 텔러(Edward Teller)는 미국의 핵무기 연구에 한평생을 바쳤다. 그는 원자폭탄과 수소폭탄, 핵에너지 및 전략방어체제를 발전시킬 것을 강력히 주장하여 미국의 국방 및 에너지 정책에 큰 영향을 주었다.

법을 찾지 못했고, 갈수록 많아지는 방사성 핵폐기물은 인류 생태환경에 잠재적 위협이 되고 있다. 때문에 지금도 과학자들은 더 강하면서도 깨끗한 핵융합으로 새로운 에너지를 만들고자 연구에 매달리고 있다. 일단 핵융합에너지가 사용되기만 하면 인류는 에너지 위기에서 완전히 벗어날 수 있을 것이다.

▶ 원자로

핵반응은 원자핵 내에서 일어나는데 주로 핵분열과 핵융합 두 가지가 있다. 분열은 원자핵을 분열시키는 것이고 융합은 두 개의 가벼운 원자핵을 한데 모이게 하는 것이다. 핵분열이 핵융합에 비해 위험폐기물을 많이 발생시킨다. 그림은 원자로이다. 핵분열 반응에서 분열한 원자핵은 더 많은 중성자를 방출하고 중성자는 또 더욱 많은 원자핵에 충돌해 분열을 일으킨다. 이로써 중성자를 잡아두어 반응과정을 제어할 수 있다.

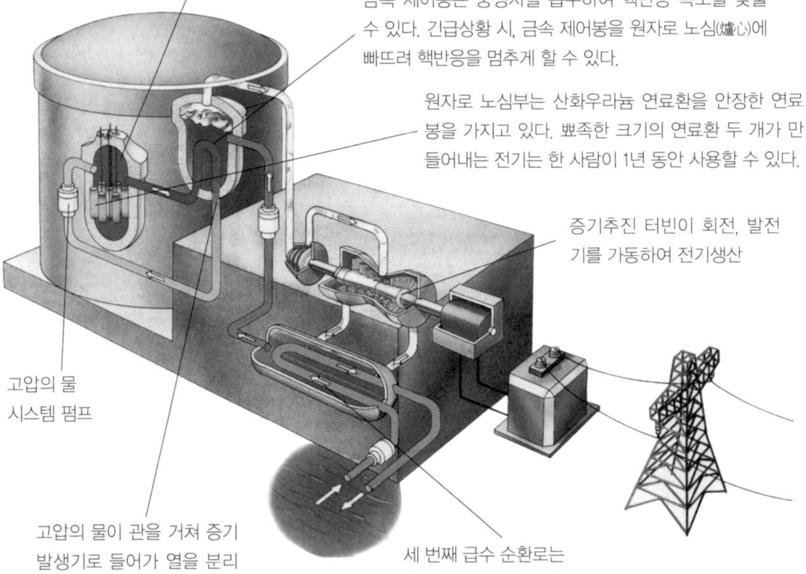

전자정보의 발달

2극관에서 집적회로까지

◀ **조셉 윌슨 스완**
1809년 영국인 험프리 데이비가 전등을 발명했다. 1878년 영국인 조셉 윌슨 스완(Joseph Wilson Swan)이 카본 필라멘트를 사용하여 13.5시간 동안 전등을 밝혔다. 1879년 에디슨이 40시간 동안 유지되는 전등을 발명하여 특허를 신청했다. 그림은 조셉 윌슨 스완이다. 그는 발명가 에디슨과 함께 에디슨-스완 전등회사를 열었다.

1883년, 에디슨이 전등을 연구하는 가운데 금속판과 필라멘트를 전등 속에 봉하고 금속판에 양전기를 가하면 열을 발생하는 필라멘트와 금속판 사이에 전류가 흐르고 반대로 음전기일 때면 전류가 흐르지 않는다는 '에디슨 효과'를 발견했다. 1897년 톰슨이 전자를 발견한 후에야 사람들은 필라멘트가 가열되어 전자를 방출한다는 것을 알게 되었다.

1904년 영국의 발명가인 플레밍John Ambrose Fleming이 처음으로 2극 진공관을 발명했다. 하지만 당시 2극관 내 전류의 크기를 제어할 수가 없어서 전류 신호가 여전히 미약했다. 1906년, 미국의 물리학자 드 포리스트Lee de Forest가

▼ **전화 네트워크**
전화의 발명은 세계 어디서든 실시간 전송을 현실화시켰다. 현대 과학이 발전함에 따라 전화전송방식도 갈수록 다양화되어 컴퓨터로 통제되는 전화교환소가 두 지역에서의 전화를 연결하거나 해저케이블, 무선전파 혹은 통신위성으로 신호를 보내는 것이 편리해졌다.

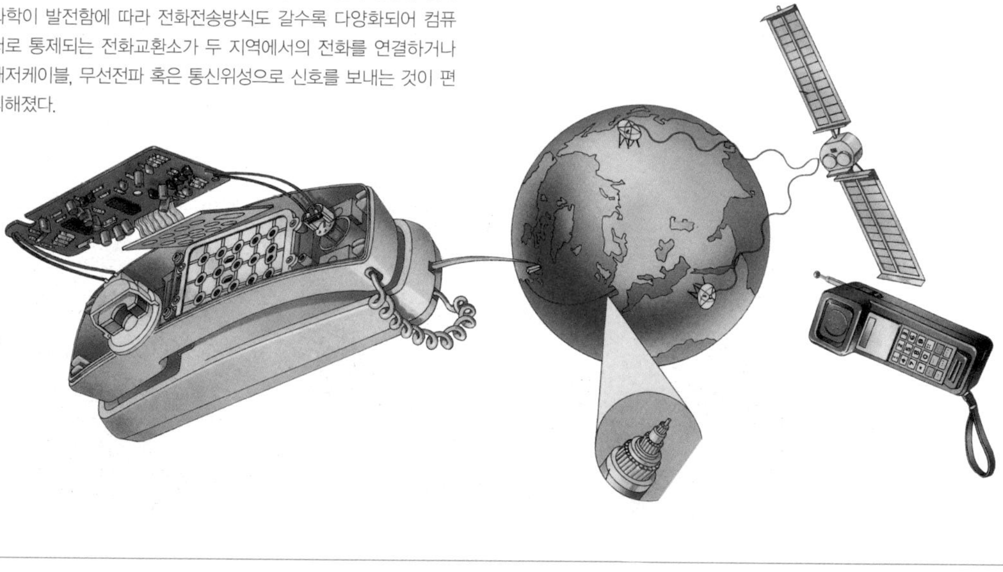

▶ **에디슨과 영사기**
전기의 개발, 전자기계의 제조, 전기에너지 응용의 확대 등의 업적은 에디슨을 세계적으로 유명한 인물로 만들었다. 에디슨은 평생 동안 2천 개에 달하는 발명품을 만들었는데, 영사기도 그중의 하나이다. 1891년 에디슨이 활동 영화 영사기를 발명하였으며 영사기가 내보내는 영상은 아주 작은 구멍을 통해 볼 수 있었다.

2극관을 바탕으로 3극관을 개발했다. 3극관에는 그리드를 넣어 전류의 제어를 가능하게 했다. 이렇게 하여 신호 확대기능이 실현되었다. 3극관의 발명은 무선통신과 라디오방송의 길을 열었다. 1906년 미국의 물리학자인 페선던 Reginald Aubrey Fessenden이 피변조파를 발명하여 고주파 신호에 음성의 진폭을 담아 내보내게 되었다. 같은 해 그는 처음으로 무선라디오방송을 성공하였고, 라디오가 이때 탄생했다. 하지만 최초의 3극관은 진공도가 낮아서 녹음효과가 매우 떨어졌다. 1914년 고진공관이 세상에 나오게 됨으로써 무선라디오방송의 길이 열리게 되었다. 1920년 11월 2일 미국의 웨스팅하우스사가 피츠버

▶ **에디슨이 발명한 전등**
에디슨이 발명한 전등은 6,000여 종의 물질을 램프 심지로 삼아 실험한 후에야 성공한 것이었다.

그에 최초의 라디오방송국을 세우고, 1926년 미국은 전국에 라디오 방송국을 세워 무선라디오 보급을 시작했다.

3극관 이후 4극관, 5극관, 마이크로파관이 연이어 등장했다. 1928년 미국의 발명가 즈보리킨Vladimir Kosma Zworykin이 텔레비전 키네스코프kinescope를 발명하였고, 1939년 텔레비전이 미국에 등장했다. 텔레비전의 등장은 사람들의 일상생활을 더욱 다채롭게 만들었다. 1947년 12월 23일, 미국 벨 전화실험실의 쇼클리William Bradford Shockley와 브래튼Walter Houser Brattain이 최초로 트랜지스터를 성공적으로 개발하고, 1950년 쇼클리 등은 접합형 트랜지스터를 발명했다. 전자관과 비교해 트랜지스터는 작고 가벼운 부피, 낮은 에너지 소모, 긴 수명, 간단한 제조법 그리고 사용 시 예열을 할 필요가 없다는 장점을 가지고 있어서 트랜지스터의 등장은 전자기술의 발전을 크게 앞당겼다.

1950년대, 미국의 엔지니어 킬비Jack S. Kilby가 최초로 집적회로를 발명했다. 집적회로는 반도체결정으로 평면기법을 통해 가공, 제조하는 것으로 회로의 부품, 부속품, 인터커넥터를 기판에 한데 모아 표면 혹은 기판 위에 소형화된 회로 혹은 시스템을 까는 것이다. 기술이 끊임없이 향상됨에 따라 1970년대에는 사람들이 실리콘조각에 10만 개의 트랜지스터를 담은 최대 규모의 집적회로를 만들어낼 수 있었다. 전자부품의 혁신으로 전자제품 생산단가는 급속히 내려가 전자제품의 보급이 크게 늘어났으며 인류는 선자화시대로 들어서게 되었다. 집적회로, 특히 최대 규모의 집적회로의 발전에 따라 새로운 기술 분야인 마이크로전자기술이 생겨나게 되었다. 마이크로전자기술은 기계와 측정설비의 발전을 크게 앞당겼으며, 특히 우주항공, 자동화, 레이저기술 등을 이끌었다. 이외에 마이크로전자기술의 최고 성과라고 불리는 컴퓨터는 후에 네트워크 정보시대에는 없어서는 안 될 하드웨어를 제공했다.

▲ **에디슨의 발명**

에디슨의 발명과 특허 일부는 다른 사람이 원래 발명한 것을 개선한 것이다. 그림 속의 전화는 벨이 발명한 전화를 개선한 것이다. 그러나 축음기, 영사기는 에디슨이 독자적으로 발명한 것이다.

페선던과 무선라디오방송

페선던은 미국의 전자와 무선전자 기술전문가이자 무선라디오방송의 발명가이다. 페선던은 전문적인 교육을 받지 못했지만 일찍이 에디슨의 실험실에서 일을 했고, 몇몇 대학에서 강의를 하기도 했다. 1900년 그는 미국 기상국에서 무선실험을 할 때 무선전파를 이용해 사람의 음성을 전달하려는 생각을 했고, 그 후 몇 년 동안의 노력을 기울여 음성신호를 이용해 고주파에 진폭변조를 한 후 내보내면 수신할 때 원래 신호로 복구하여 무선통화를 할 수 있는 방법을 개발했다. 1906년 말, 그는 이 방식으로 매사추세츠주 해안에서 음성과 음악을 전하는 무선라디오방송 실험에 성공했다. 또한 1907년 그는 통신거리를 320킬로미터까지 연장하여 뉴욕까지 늘렸다. 페선던은 일생 동안 500개의 특허를 획득했다.

즈보리킨과 텔레비전

1884년 독일의 과학자 니프코브Paul Gottlieb Nipkow가 기계영상을 스캐닝디스크에 전송하여, 수십 개의 선으로 구성된 영상테두리에 의해 텔레비전 모니터에 형체가 나타나게 하는 방법을 발명했다. 1923년 미국 국적의 과학자인 즈보리킨이 전자스캐닝 장비를 개발하는 데 성공하면서 현대 텔레비전 촬영의 기반을 마련했다. 1936년 런던에 세계 최초의 영국 방송사BBC가 생겼다.

▶ 무선회로도
무선은 무선전파로 전송하고 정보를 받는 것이다. 무선전파의 파장은 빛의 파장보다 길어야 하기 때문에 보이지 않지만 빛과 매우 비슷한 성질을 가지고 있다. 아래 그림은 간단한 무선회로도로, 안테나에서 오는 무선신호가 코일을 통과해 동조회로에 도달하게 된다.

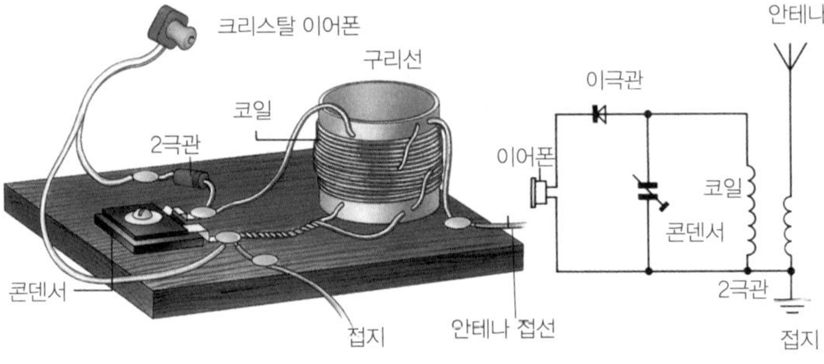

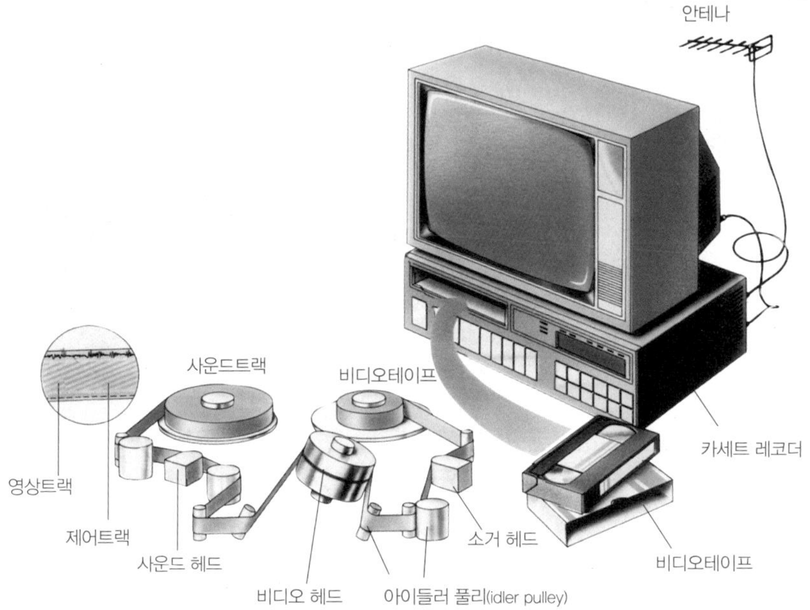

◀ 현대의 텔레비전
전자기술이 텔레비전에 사용되자 텔레비전은 실험실 밖으로 나와 대중들의 생활로 들어오게 되었다. 1933년 즈보리킨이 TV 영상용 비디콘(vidicon)과 키네스코프를 성공적으로 개발하며 TV 촬영과 현상의 전자화 과정을 완성했다. 이로써 현대 TV 시스템의 기본틀이 완성되었다. 오늘날 TV 촬영기와 영상원리 및 기구는 바로 그의 발명을 바탕으로 발전한 것이다.

컴퓨터와 네트워크 정보

인간의 뇌를 대신해 기계가 계산하도록 하려는 생각은 17세기에 이미 등장했었다. 프랑스의 수학자, 물리학자, 철학자인 파스칼Blaise Pascal이 곱셈과 뺄셈을 할 수 있는 수동계산기를 내놓았었다. 이에 대해 파스칼은 『명상록』에서 "계산기가 하는 작업은 동물의 행동보다 더욱 사람의 사고에 가깝다"고 적고 있다. 인류의 발전에 따라 진공관의 등장은 계산기의 제조에 가능성을 부여했다. 제2차 세계대전 시기에 수많은 새로운 형식을 가진 무기의 명중률을 높이기 위해 대량의 복잡한 계산이 필요했다. 1942년 8월, 미국 군대를 위해 일하고 있던 모클리John William Mauchly가 컴퓨터를 시험제작한 '애니악 방식'을 제안하여 군대의 지원을 받았다. 3년간의 노력과 경비 48만 달러가 들어간 후 결국 1945년 세계 최초의 컴퓨터가 만들어졌다. 이 컴퓨터는 당시 가장 좋은

▶ 무선라디오방송의 사용
1906년 미국의 물리학자 페선던이 인류 역사상 최초의 무선방송 세계를 선보였다. 끊임없는 기술의 완성으로 무선라디오방송이 가능해졌고, 무선라디오방송의 광범위한 사용은 통신 역사의 새 장을 열었다. 이 그림은 19세기 사람들의 미래생활에 대한 아름다운 꿈을 나타낸 것으로 남녀주인공이 무선라디오방송으로 뉴스를 듣고 있다.

▶ 인터넷
인터넷의 탄생은 세계 어디에 있든 사람들이 인터넷을 통해 정보를 연구하고 공유할 수 있는 커뮤니케이션의 새로운 시대를 열었다. 그림은 『뉴욕타임즈』 인터넷판의 메인화면이다.

전자계산기보다 천 배나 빨라 컴퓨터의 광활한 발전미래를 제시했다.

1946년, 미국의 수학자 존 폰 노이만John Von Neuman이 '애니악' 컴퓨터에 대해 두 가지 개선점을 내놓았다. 그는 이진법을 십진법으로 바꾸고 프로그램을 저장해 연산하며, 모든 과정을 전자자동제어로 하여 연산속도를 업그레이드시켰다. 이러한 개선은 오늘날과 같은 컴퓨터의 기반이 되었다. 그 당시 컴퓨터는 덩치가 너무 큰 것이 단점이었지만, 1947년 트랜지스터의 등장으로 컴퓨터는 속도나 부피 면에서 크게 개선되었다. 1960년 4월 7일, IBM사의 '360형 컴퓨터'가 제3세대 컴퓨터의 시작을 예고했다. 1968년, 고든 무어Gordon E. Moore와 로버트 노이스Robert Noyce가 인텔사를 창립하고, 1990년대에

◀ **배비지가 발명한 차분기관**
1822년 영국의 수학자인 배비지(Charles Babbage)가 만든 '계산하는 기계'인 차분기관은 항해와 천문계산에 이용되었다. 차분기관은 레지스터로 데이터를 저장한 최초의 계산기로, 초기 프로세서 설계 구상의 싹을 틔웠다.

들어와 인텔사는 계속해서 고성능의 마이크로프로세서를 출시하였는데 통합적으로 펜티엄Pentium이라고 이름 지었다.

컴퓨터의 등장은 새로운 시대를 개척하였으며 인류의 생활에 아주 큰 영향을 끼쳤다. 컴퓨터가 점점 보급됨에 따라 인류는 정보화시대로 접어들었다. 이에 따라 인류 역사의 정보전송의 노력이 뒤따르게 되었는데 바로 인터넷의 부흥이었다. 1991년 스위스의 버너스 리Tim Berners-Lee가 월드와이드웹www을 처음으로 만들었고, 월드와이드웹은 짧은 시간 급속도로 모든 인터넷을 휩쓸었다. 이렇게 하여 새로운 가상세계가 탄생하게 되었다. 네트워크 정보는 사람들이 온라인상에서 학습할 수 있는 새로운 기회를 가져다주었을 뿐만 아니라 새로운 경험의 기회도 가져다주었다. 어디에서 무슨 사건이 발생하든 순식간에 전 세계로 퍼져나가고 만약 누군가 풀기 어려운 문제에 부딪쳤을 때 인터넷에 글을 올리기만 한다면 수많은 사람들이 의견을 달아준다. 네트워크 정보는 그야말로 세계를 진정한 '지구촌'으로 바꾸어놓았다.

인터넷이 발전함에 따라 우리의 생활은 점점 더 폭넓어지고 풍성해질 것이다.

우주로 가다

열기구에서 글라이더까지

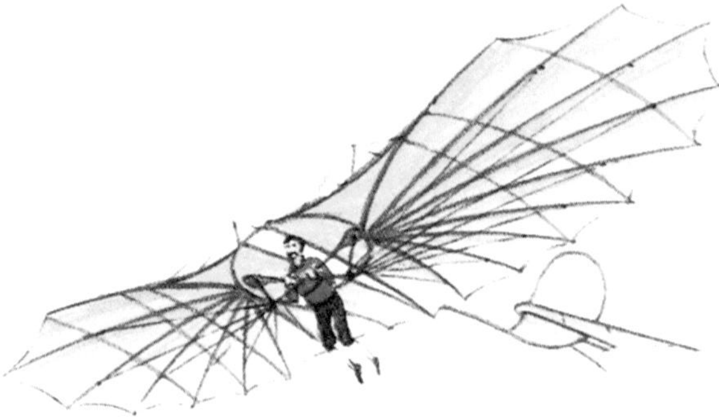

▲ 글라이더
드넓은 파란 하늘을 나는 꿈은 인류의 오랜 바람이었다. 1990년대 독일 엔지니어 오토 릴리엔탈(Otto Lilienthal)이 매달리는 형식의 글라이더를 사용하여 하늘을 날았는데, 이것이 조종사가 조정한 첫 번째 비행이었다.

새처럼 하늘을 나는 것은 아주 오래전부터 인류의 꿈이었다. 수많은 실패를 거듭한 후 인류는 처음으로 열기구를 이용하여 하늘을 나는 데 성공했다. 1783년 프랑스의 몽골피에Montgolfier 형제가 열기구를 1,830미터 상공에 올려 1.6킬로미터를 나는 데 성공함으로써 열기구를 띄운 최초의 사람이 되었다. 1911년에서 1912년 사이, 오스트리아의 물리학자 헤스Victor Francis Hess가 열기구를 5,000미터 상공까지 띄웠다. 하지만 열기구의 단점은 공중에서 계속 열을 가하지 않으면 냉각되어 땅으로 떨어진다는 것이었다. 1766년, 영국의 카벤디시가 수소를 발견하였고 수소가 일반 공기보다 가볍다는 것을 알게 되어 수소기구를 위한 환경을 마련해주었다. 몽골피에 형제의 열기구 시험비행과 동시에 프랑스의 물리학자인 샤를Jacques Alexandre Cesar Charles이 수소를 기구에 넣기로 결정했다. 이틀 후 샤를과 그의 조수는 자체제작한 수소기구에 앉아 파리 상공을 두 시간 넘게 비행했다. 이 소식은 프랑스 전역을 떠들썩하게 만들었고 사람들은 기구에 열광했다. 후에 발명가들이 수소기구에 프로펠러를 달아 공기를 밀어내는 시스템 및 방향조정기를 만들고 원형을 타원으로 고쳐서

▶ 하늘로 오르는 열기구
1783년 11월, 몽골피에 형제가 설계한 열기구가 하늘을 향해 올랐다. 그림은 열기구가 프랑스 파리 시내 중심에 오를 때의 모습이다. 이것은 인류가 맛본 첫 번째 무동력비행이었다.

기구를 비행선으로 변모시켰다.

하지만 열기구든 비행선이든 모두 다 공기의 부력을 이용한 것이었으며, 더 큰 발전을 원한다면 기계비행에 성공해야만 했다. 1853년 영국의 발명가인 케일리George Cayley가 기계비행의 선구자적인 작업을 진행했다. 그는 인공비행기계의 성능을 뜨는 것과 추진으로 나누고 움직이는 날개를 고정시켰다. 수많은 시험 끝에 케일리는 결국 첫 유인글라이더를 제조하여 열 살 된 꼬마를 태워 비행에 성공했다. 이후에 비행 애호가들이 앞다투어 비행기 실험을 했다.

◀ **라이트 형제**
미국의 라이트 형제는 인류 역사상 첫 번째 동력비행기의 설계사였다. 그들은 일찍이 자전거 수리와 제조 일을 하고 있었는데, 1899년 기계비행 실험을 시작했다. 같은 시대 비슷한 실험을 한 다른 사람들과는 달리 라이트 형제는 비행기 제어기술에 더 치중하였고 그들이 세운 제어원리는 오늘날까지 사용되고 있다.

비행기에서 로켓까지

1903년 미국의 비행 애호가인 라이트Wright 형제가 글라이더에 모터를 달아 첫 동력비행기 '플라이어 1호'를 제조했다. 12월 17일, 라이트 형제는 미국 북캐롤라이나주 키티호크에서 그들의 작품 플라이어 1호의 시험비행을 시작했다. 비록 비행 최장시간이 겨우 59초, 비행거리도 260미터였지만 이 시험비행은 "공기보다 무거운 기계는 비행할 수 없다"는 생각을 깨고 인류의 항공과학기술에 새로운 시대를 열었다. 시험비행의 성공은 라이트 형제를 크게 고무시켰고 그들은 계속해서 비행기 성능을 개선하였다. 1908년에 다시 플라이어 1호로 2시간 20분 23초라는 연속비행 신기록을 세워 세계적인 명성을 얻게 되었다. 그리하여 라이트 형제의 플라이어 1호는 세계 최

◀ **최초의 비행기 시험비행에 성공**
1903년 12월 17일, 전 세계는 경이로운 마음으로 라이트 형제를 주시하고 있었다. 이 날, 그들이 제조한 첫 번째 비행기 '플라이어 1호'가 미국 북캐롤라이나주에서 시험비행에 성공했다.

▶ **라이트 형제의 자전거점**
1894년, 라이트 형제는 데이튼 시에 자전거점을 열었고 자전거의 수리 및 제조에 종사했다. 그들의 중요한 연구는 모두 자전거 판매 성수기에 이룬 것이다.

초의 비행기로 알려지게 되었다.

1909년 7월, 프랑스의 블레리오Louis Bleriot가 비행기를 몰고 영국해협 횡단 비행에 성공하자 군사전략가들이 큰 관심을 가졌다. 제1차 세계대전 때 비행기 기술은 전쟁 속에서 크게 발전했다. 1909년, 미국은 군용 비행기를 보유한 첫 번째 국가가 되었고, 전쟁이 발발했을 때 각국은 이미 천 대의 비행기를 가지고 전쟁에 참가했다. 1918년 4월 1일, 영국이 가장 먼저 영국 왕립 공군을 설립했다. 제2차 세계대전 때, 공군은 매우 중요한 역할을 했고 각국은 더 많은 비행기와 조종사를 갖추고 전쟁에 응했다.

1939년, 독일이 가장 먼저 첫 제트기 연구 제조에 성공했다. 1949년 영국의 드 해빌랜드De Havilland사가 첫 대형 제트여객기 '혜성Comet 1호'를 제작했는데, 탑승인원은 두 배에 비행속도는 시속 800킬로미터, 고도는 1만 미터에 달했다. 1960년대 초, 제트기는 제2세대로 넘어갔는데, 제2세대 제트기는 기체가 매끄러워

◀ **라이트 형제의 '플라이어 1호'**
라이트 형제가 제작한 '플라이어 1호'는 세계가 인정한 하늘을 지속적으로 비행할 수 있는 최초의 비행기이다. 플라이어호는 네 번의 시험비행을 거듭하면서 총 98초를 날았다.

지고 날개 면적이 작아졌으며 날개가 얇아서 저항력을 감소시킬 수 있다는 점이 특징이었다.

제3세대 제트기의 동력장비는 주로 추진력의 증가와 유류소모량, 소음, 폐기오염 배출감소 및 수명증가 방향으로 개발하여 이를 만족시킬 수 있는 터보팬이 등장했다. 1947년 10월 14일, 미국의 비행기 설계사인 척 예거Chuck Yeager가 음속장벽을 깨뜨리고 초음속 비행에 성공했다. 그가 설계한 X-1호기는 이후에 우주산업을 위한 기반을 마련하였다. 인류는 이미 대기층 안에 있는 지구의 모든 공간을 장악하는 데 성공했다. 그렇다면 대기층을 넘어 우주공간으로도 날아갈 수 있을까? 1903년 현대 로켓 우주비행기술의 선구자인 러시아 과학자 치올코프스키Konstantin Eduardovich Tsiolkovskii가 「제트장비를 이용한 우주탐사」라는 논문을 발표하여 로켓을 동력으로 한 우주비행의 꿈을

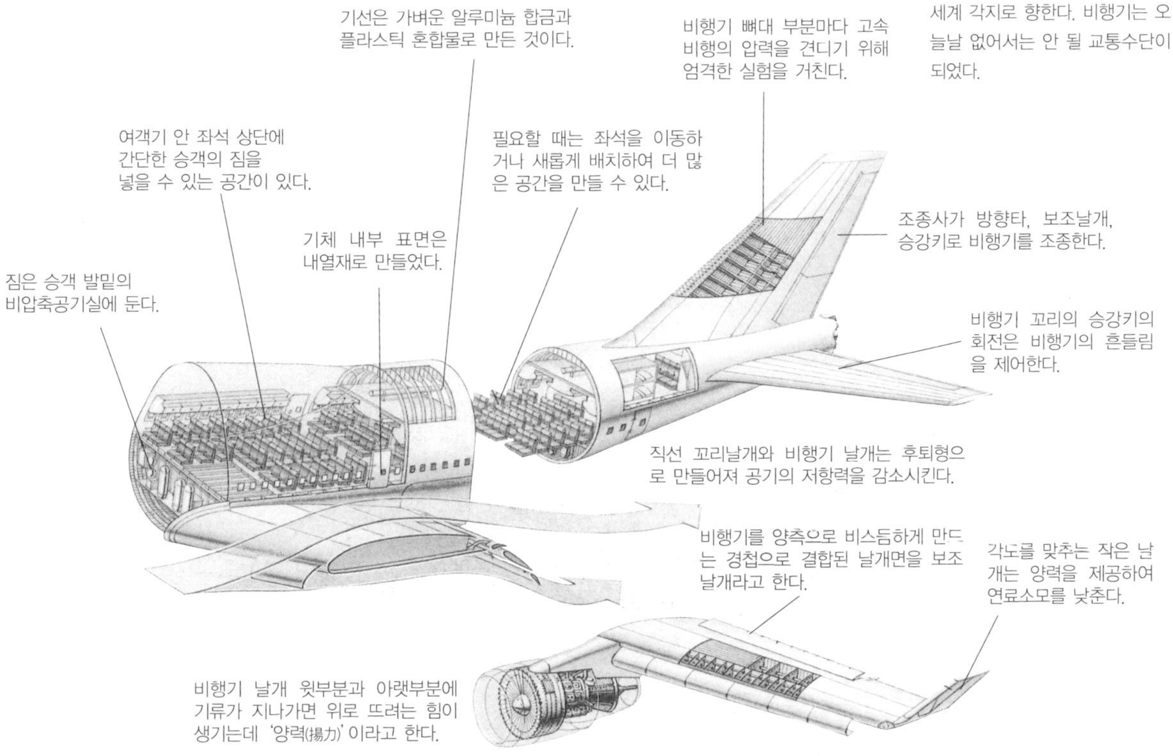

▼ **여객기 구조도**
비행기의 발명은 20세기 인류의 역사를 어느 정도 바꾸었다. 비행기를 발명한 지 얼마 되지 않아 비행기는 여러 분야에 광범위하게 사용되기 시작했다. 매년 셀 수 없이 많은 사람들이 여객기를 타고 세계 각지로 향한다. 비행기는 오늘날 없어서는 안 될 교통수단이 되었다.

▲ **세르게이 코롤료프**
소련 우주항공기술의 개발자이자 창시자로 로켓과 우주비행시스템의 총설계사이다. 그는 8,000킬로미터의 사정거리를 가진 최초 대륙 간 탄도유도탄의 설계자이자 첫 인공위성 탑재로켓의 설계자이며 첫 유인우주선의 총설계사였다. 이 외에도 코롤료프는 최초의 달, 금성, 화성 탐사기처럼 소련의 우주사업을 위해 많은 것을 최초로 개발했다.

처음으로 내놓았다. 치올코프스키는 우주비행 로켓에 반드시 액체연료를 사용해야 한다고 주장한 것 외에도 지구인력을 벗어나려면 반드시 다단식 로켓을 사용해야 한다는 것을 증명했다. 그러나 아쉽게도 의미 있는 그의 구상은 정부의 관심을 끌지 못했다. 그의 묘비에 다음과 같은 말이 새겨져 있다. "인류는 자신을 영원히 지구에 속박할 수는 없다."

1926년 3월 16일, 미국인 고더드Henry Herbert Goddard가 매사추세츠에서 액체산소와 가솔린을 연료로 한 첫 액체 로켓을 성공적으로 발사시켰다. 고더드의 실험에 힘입은 독일의 과학자 오베르트Hermann Julius Oberth가 1929년 액체 로켓의 연구제작에 들어갔다. 1930년, 오베르트의 제자인 브라운Wernher von Braun이 액체산소와 등유를 혼합한 연료로 만든 로켓동력을 발명했다. 그리고 1933년부터 1936년까지 각각 'A-1', 'A-2', 'A-3' 로켓을 만들어냈으며 그 사정거리가 18킬로미터에 달했다. 1942년, 'A-4'의 사정거리는 190킬로미터였다. 제2차 세계대전 때 로켓은 신식대포로 재빨리 전쟁에 투입되었다. 그리고 로켓에 탄두와 성능이 우수한 유도설비를 장착시켜 미사일을 만들었다. 1956년, 코롤료프Sergey Korolyov의 책임하에 소련의 과학자들은 첫 대륙 간 탄도유도탄 '소련 1호'를 성공적으로 발사시켰다. 이는 소련 사람들이 원자폭탄을 세계 어디든지 쏠 수 있다는 것을 의미한다.

전쟁 후, 미소 양국은 치열한 우주쟁탈전을 벌였다. 1957년 10월 4일, 소

▶ **제트추진**
제트추진방식은 비행기의 고속비행을 가능하게 했다. 상공에서 비행을 할 때는 제트엔진이 프로펠러 방식보다 효과적이다.

련은 '소련 1호' 3단 로켓으로 첫 인공위성을 발사하는 데 성공했다. 소련의 발사성공은 미국을 놀라게 했다. 미국의 아이젠하워 대통령은 빠른 시일 내에 소련의 우주기술을 따라잡으리라 결심했다. 1958년 1월 31일, 미국의 첫 인공위성인 '익스플로러 1호'가 로켓에 의해 궤도 위에 올라섰다. 1960년대, 두 초강대국들은 연이어 또다시 일련의 위성과 인공위성을 발사했는데, 우주공간 쟁탈전에서 소련이 줄곧 미국을 앞섰다.

위성의 성공적인 발사로 인류의 원격탐지기술이 1960년대에 활기를 띠며 발전하기 시작했다. 미국의 나사NASA에서 1960년대에 발사한 '님버스', '타이로스' 등의 기상위성과 '제미니', '아폴로' 등의 유인우주선이 카메라로 찍은 세계 첫 지구 위성사진은 우주비행 원격탐지의 새로운 시대를 열었다. 현재 미국의 위성은 지표면의 사람이 들고 있는 물건을 정확히 볼 수 있는 정도이다. 오늘날 위성은 정찰, 통신, 네비게이션, 지표 탐측, 기상, 농업, 천문, 지구자원에서 유적탐사, 재난구조에 이르기까지 여러 분야에 광범위하게 사용되고 있다. 통신위성기술의 보급과 향상, 광섬유기술 및 컴퓨터 네트워크의 발전은 화상회의, 원격교육, 재택구매 등을 가능하게 했다.

'아폴로 계획'과 우주항공산업의 발전

우주로 가는 것은 줄곧 인류의 꿈이었으며 우주선을 귀환시

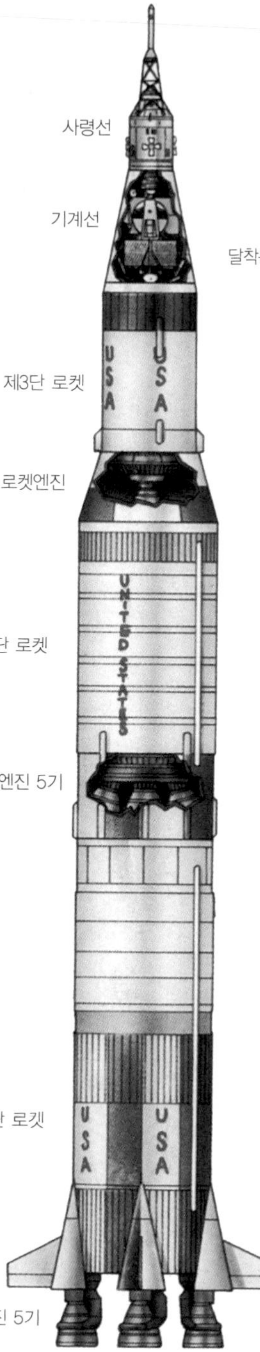

▶ **'새턴 5호' 로켓**
'새턴 5호'는 높이 110미터의 다단분리식 액체연료 로켓으로 되어 있는데, 가장 크고 무거우며 추진력이 가장 센 로켓 발사체이다. 새턴 5호의 발사는 모두 3단계로, 제1단의 연료는 고도로 정제한 등유이고 제2, 제3단의 연료는 액체수소이며 각 단은 모두 액체산소를 산화제로 사용한다.

▶ **미국의 우주비행사 닐 암스트롱**
이것은 암스트롱이 우주복을 입고 달 착륙계획 탐사훈련 시기에 찍은 것이다. 1969년 그는 '아폴로 11호' 달 착륙 계획의 지휘관이 되어 성공적으로 달에 착륙하고서 무사히 귀환하여 달 착륙 역사에 새로운 길을 열었다.

▶ **달을 밟은 첫 번째 발자국**

키는 것은 그 가운데서 매우 중요한 기술로, 우주설비의 사용가치를 높이고 유인우주선을 개발하는 데 매우 큰 의미를 가지고 있었다. 1960년 8월 11일, 미국은 열두 번의 실패를 거쳐 위성에서 쏜 우주선을 처음으로 귀환시켰다. 귀환기술의 발전은 유인우주선을 위한 환경을 마련해주었다. 1961년 4월 21일, 소련이 첫 유인위성을 성공적으로 발사하여 조종사 가가린을 지구궤도에 보냈고, 가가린은 108분간 비행한 후 무사히 귀환했다. 이로써 가가린은 인류 역사상 최초로 우주를 비행한 우주인이 되었다. 가가린이 우주비행을 한 43일 후 미국 케네디 대통령이 공식적으로 "미국은 10년 내에 사람을 달에 보내어 다시 귀환시킬 것이다"라고 선언했다. 이것이 바로 그 유명한 '아폴로 계획' 이다.

'아폴로 계획' 은 '머큐리 계획', '제미니 계획', '새턴 계획' 으로 나뉜다. 1963년 '새턴 1호' 가 사람을 태우고 발사되어 34시간을 비행하면서 지구 주위를 21바퀴 돌았고, 이로써 '새턴 계획' 은 성공적으로 끝났다. 1965년, '제미니 3호' 가 궤도변경 실험을 했으며, 같은 해 '제미니 6호' 와 '제미니 7호' 가 우주합류 실험을 했다. 제미니호는 우주에서 14일을 비행했는데 우주비행사의 건강에는 이상이 없었다. 1965년 4월, 폰 브라운의 지휘하에 '새턴 5호'

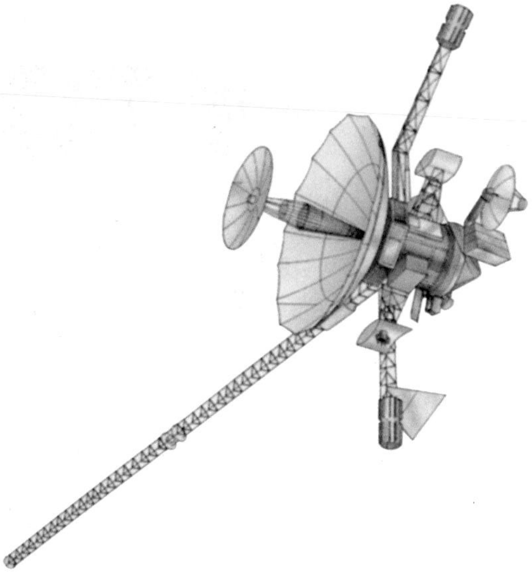

◀ **인공위성의 구조**
인공위성은 구조시스템, 온도제어시스템, 에너지시스템, 추적시스템, 궤도제어시스템 등 여러 시스템으로 구성되어 있다. 귀환위성은 귀환시스템이 추가로 있다.

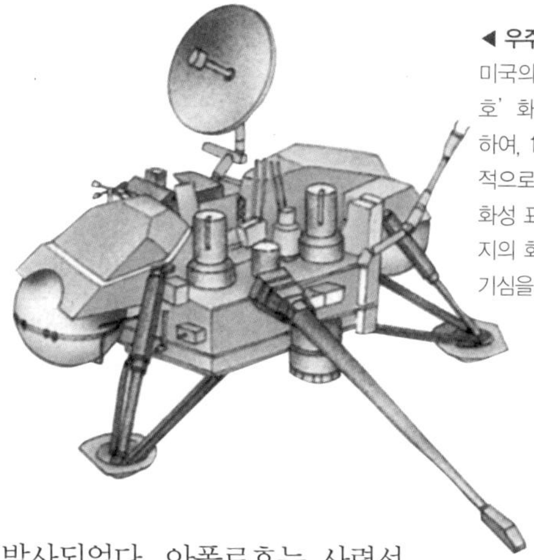

◀ **우주탐사기 '바이킹호'**
미국의 나사에서 1975년 '바이킹호' 화성 착륙 탐사계획을 실행하여, 1976년 '바이킹호'가 성공적으로 화성 표면에 착륙하였고 화성 표면의 영상을 전송하여 미지의 화성생물에 대한 인류의 호기심을 위해 그 막을 올렸다.

로켓이 제작되었다. 앞의 이러한 일들이 모두 '아폴로 계획'의 실현을 위해 기반을 마련해주었다.

1969년 7월 16일 미국 동부 시간으로 9시 32분, '아폴로 11호'가 세 명의 조종사닐 암스트롱, 버즈 올드린, 마이클 콜린스를 태우고 플로리다주의 케네디 우주센터에서 발사되었다. 아폴로호는 사령선, 기계선, 달착륙선의 세 부분으로 구성되어 있다. 사령선은 우주선의 핵심부분으로 마지막에 우주비행사가 지구로 돌아올 수 있게 한다. 기계선에는 주로 연료 및 산소, 음식물, 물과 같은 우주비행사의 생활에 필요한 물품이 실려 있다. 달착륙선은 달착륙 시 모선과 분리되게 하여 우주비행사가 달에 착륙할 수 있게 한다. 7월 20일 미국 동부시간으로 오후 4시 17분 40초, '이글eagle'이라고 이름 붙인 달착륙선이 달 표면의 '고요한 바다' 서남쪽에 안착했다.

우주비행사 닐 암스트롱이 달에 지구인의 첫 발자국을 남겼다. 그는 후에 "그 한 발은 나에게는 겨우 작은 한 발에 불과했지만 인류에게는 크나큰 도약이었다"고 회상했다. 암스트롱과 올드린은 달에 머무는 두 시간 반 동안 60파운드 가량의 달에 있는 운석 및 흙 표본을 채취했다. 그런 다음 그들은 달착륙선을 타고 달을 떠나 우주공간에서 기다리고 있는 콜린스가 조종하는 '콜롬비아호'에 합류하여 지구 귀환을 준비했다. 7월 24일, 사령탑이 다시 대기층으로 진입하여 태평양에 안전하게 착륙했다. 250억 달러가 들어간 '아폴로 계획'의 성공은 20세기 과학 발전이 최고절정에 이르렀음을 여실히 보여주는 역사적인 사건이었다.

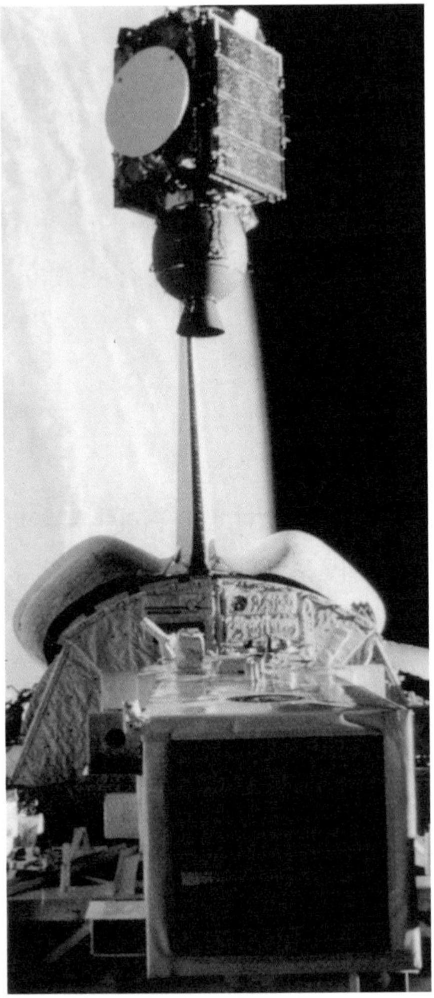
▲ 우주선이 위성을 발사하는 순간

발사계획에 막대한 자금과 대량의 인적, 물적 자원이 들어가기 때문에 사람들은 우주선의 중복사용 문제를 생각하게 되었고 심지어는 우주선을 영원히 우주공간에 놓아 과학자들의 관찰을 위해 사용하게 하려는 생각을 했다. 이러한 생각 끝에 우주정거장과 우주왕복선이 등장했다. 소련은 우주정거장을, 미국은 우주왕복선을 각각 중점적으로 개발했다.

우주정거장은 지구를 돌아 운행하는 반영구적인 스카이랩으로 장시간적인 과학 및 응용연구를 하는 데 사용되었다. 세계 최초의 우주정거장은 '살류트Salyut 1호'로 1971년 4월 19일, 소련이 발사한 실험성격을 가진 소형 우주정거장이었다. 1977년 9월 29일, 소련은 다시 '샬류트 6호'를 발사했는데, 이것이 최초의 정식 우주정거장이라고 할 수 있다. 1986년 2월 20일, 소련의 제3세대 우주정거장인 '미르Mir호'가 성공적으로 발사되었다. 1995년 6월 29일, 미국의 우주왕복선 '아틀란티스호'와 '미르호'가 우주 도킹에 성공하여 궤도정거장이 한순간 거대한 몸집으로 변했다.

그리고 같은 시기에 미국은 우주왕복선의 개발을 중점적으로 연구했다. 우주왕복선은 중복사용이 가능한 신형 우주비행선으로 운반도구와 우주선이 하나로 된 것이었다. 1981년 2월 20일, 미국은 우주왕복선 '콜롬비아호'의 점화실험을 하였으며 발사 전 주된 준비작업을 끝마쳤다. 4월 12일, '콜롬비아호'가 처음으로 상공을 날아 안전하게 땅에 착륙했다. 그리고 몇 번의 수리를 거쳐 또 다시 세 번이나 우주공간에 진입하였고, 콜롬비아호가 반복적으로 우주공간에 진입할 수 있음을 입증했다. 1982년 11월 11일, '콜롬비아호'가 다섯 번째 비행을 마쳤다. 이것은 우주왕복선의 첫 번째 작업비행이었는데 주된 임무는 우주왕복선의 화물선에서 두 개의 통신위성을 보내는 것이었다. 우주왕복선은 오늘날 중요한 우주비행도구가 되었다.

▼ 우주선의 내부

우주선은 인공위성, 고체 로켓 보조탄, 외부연료통의 세 부분으로 구성되어 있으며 일반 로켓처럼 발사되어 지구궤도로 진입한다. 로켓과 다른 점은 중복사용이 가능하며 우주선이 땅에 착륙한 후 연료통만 있으면 다음 발사임무를 할 수 있다는 것이다. 장비 중 고체 로켓 보조탄은 점화가 끝난 뒤 땅에 떨어져 다시 회수하여 사용할 수 있어 발사비용이 낮다. 그림은 우주선 내부구조로 화물선에 인공위성을 탑재하여 지구궤도에 놓는다.

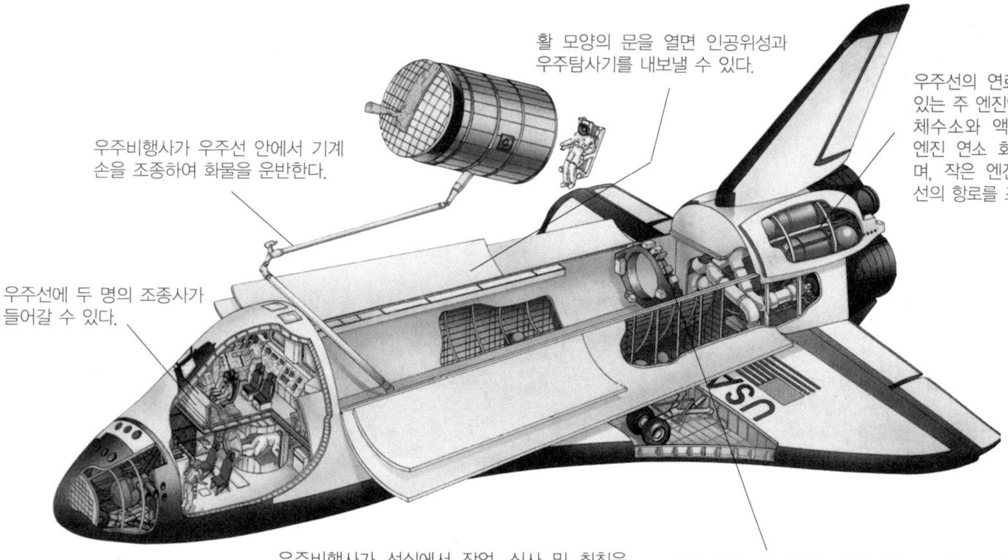

신흥과학의 등장

새로운 시공간 : 스티븐 호킹과 일리야 프리고진

▲ **스티븐 호킹**
몸은 불편했으나 의지가 강했던 호킹은 우주의 기원과 블랙홀을 연구하는 데 줄곧 힘을 쏟았다. 비록 휠체어에서 벗어나지 못했지만 그의 사상은 우주 저 깊은 곳까지 날아갔다.

▲ **별들 중간에 위치한 블랙홀**
많은 사람들이 '블랙홀'이란 말 그대로 검은색의 큰 구멍이라고 생각한다. 하지만 사실은 그렇지 않다. 블랙홀은 밀도가 매우 큰 천체로 블랙홀 주변에는 거대한 중력장이 숨어 있어 블랙홀에 다가가는 어떠한 사물이라도 빨아들이는 힘에 끌려가는데 빛도 예외가 아니다. 블랙홀의 끝과 내부는 밖에서 볼 수 없기 때문에 사람들은 블랙홀의 영향을 받는 주변 물체를 연구함으로써 블랙홀을 간접적으로 이해한다.

스티븐 호킹Stephen William Hawking은 영국의 이론물리학자이자 케임브리지 대학교 응용수학 및 이론물리학과 교수로 일반상대론과 우주론 학자이다. 1970년대 호킹은 펜로즈Roger Penrose와 함께 유명한 특이점 정리를 증명하여 1988년 울프 물리상을 획득했다. 이로써 그는 아인슈타인을 잇는 세계적으로 저명한 과학사상가이자 최고로 뛰어난 이론물리학자라는 찬사를 받게 되었다. 호킹은 루게릭병근위축성 축색경화증을 앓고 있어 20년에 달하는 오랜 기간을 휠체어에서 지냈으며 글을 쓰지도 못하고 발음도 정확하지 않지만 그의 정신은 넓디넓은 시공을 자유롭게 노닐며 우주의 수수께끼를 풀었다. 호킹은 강연에서 청중들에게 광속을 이용해 블랙홀로 들어가 화이트홀에서 우주의 또 다른 곳으로 가는 시공여행 생각에 대해 설명했다.

호킹은 과학책 작가이기도 하다. 그는 전문적인 교육을 받지 못한 사람도 우주의 기원과 운명에 관한 기본사상을 이해할 수 있다고 생각했다. 1988년, 그는 우주론에 관한 책 『시간의 역사A Brief History of Time』에서 독자를 우주공간으로 인도하여 머나먼 은하계, 블랙홀, 쿼크, 대통일이론, 6종의 쿼크, 스핀입자, 반물질, '시간의 화살' 등을 탐구했다. 『시간의 역사』는 10여 개의 언어로

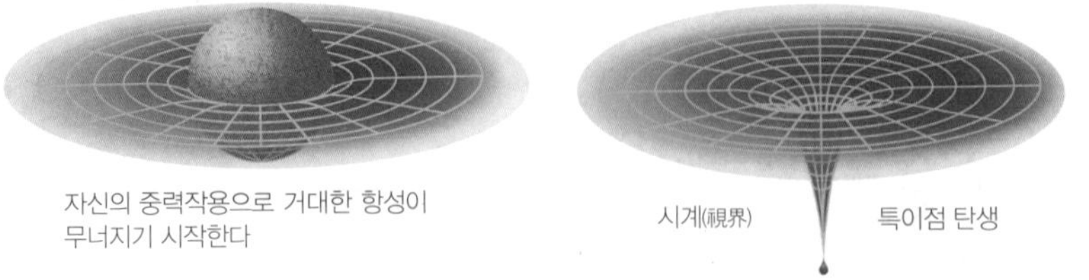

▲ **블랙홀 형성 과정 설명도**
과학적 추측에 따르면 블랙홀은 사망한 항성 혹은 폭발한 기단의 남은 물질이 파괴되어 수축할 때 생기는 것이다. 블랙홀의 생성 과정은 중성자 별과 비슷하다. 자신의 무게작용으로 행성중심이 급속히 수축하여 울퉁불퉁한 공간의 들어간 부분에 폭발하면 결국에는 부피가 0으로 변하고 밀도는 무한대의 점으로 변한다. 그리고 어떠한 물체라도 이 곁을 지나가면 강하게 빨아들이는데 이 점이 바로 수학에서의 '특이점'이다.

전 세계에 발행되었으며 그는 많은 명성을 떨쳤다.

과학에서 시간의 불가역성을 진정으로 제시한 것은 열역학 제2법칙이다. 열역학 제2법칙은 엔트로피 증가원리를 이용해 진화사상을 처음으로 물리학으로 이끌었다. 과학자 프리고진Ilya Prigogine은 열역학 제2법칙을 매우 중요하게 생각했다. 프리고진은 열역학 제2법칙이 제시하는 시간의 불가역성을 바탕으로 멀리 떨어진 평형상태의 불가역 과정을 집중 연구하여 소산구조이론을 내놓았다. 그는 역사적 요소를 물리학과 화학으로 끌어들였고 나아가 물리학, 화학, 기타 분야를 통합하기 시작했다. 따라서 시간은 더 이상 단순한 운동매개변수가 아니라 비평형계에서 진화된 도량이다.

프리고진은 또한 시간개념을 다음과 같이 다른 차원으로 구분했다.

1. 동역학과 관련된 시간 : 수평상의 시간은 가역적이며 운동의 기하학적 매개변수일 뿐이다.

▼ **프리고진** (왼쪽)
프리고진은 1917년 1월 25일 모스크바에서 태어났으며 대학에서 물리학과 화학을 공부했다. 그는 비평형 열역학과 소산구조이론의 창시자로 불가역과정 열역학의 뛰어난 업적으로 1977년 노벨 화학상을 수상했다.

▼ **섀넌** (오른쪽)
'수학시대의 아버지'라고 불리는 섀넌은 정보이론의 제창자 중 한 사람이다. '정보이론'은 새로운 분야로, 바로 수학적인 방법을 이용해 정보의 측정, 전송, 변환, 메모리 등을 연구한다. 일찍이 1940년대에 섀넌은 벨 전화회사에서 일할 때 정보이론에 대한 연구를 시작했다.

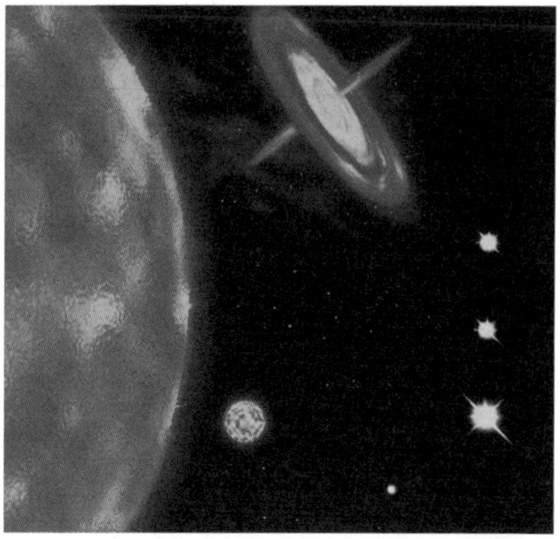

▲ **백색왜성** (위)
항성이 노년기에 들어갔을 때 중력의 수축으로 수소원자가 급격히 변해 열핵반응이 중심의 수소연료를 다 써 버리면 항성은 가장 먼저 붉은색의 원형체로 변하며, 결국에는 또 다시 수축을 하여 백색왜성이 된다.

▲ **'빙 둘러오는 빛'** (아래)
아인슈타인의 일반상대성이론에서는 공간에 중력장이 존재하기 때문에 중력장의 작용으로 공간은 구불구불하게 되는데 블랙홀 주변의 중력장이 매우 커서 이러한 변형도 커진다고 주장한다. 블랙홀에 의해 가로막힌 항성이 내뿜는 빛의 일부분은 블랙홀 속으로 빨려 들어가고 블랙홀에 잡히지 않은 빛은 블랙홀을 돌아서 지구에 도달하게 된다. 그래서 우리들이 블랙홀 뒤쪽의 우주공간을 볼 수 있는 것이다.

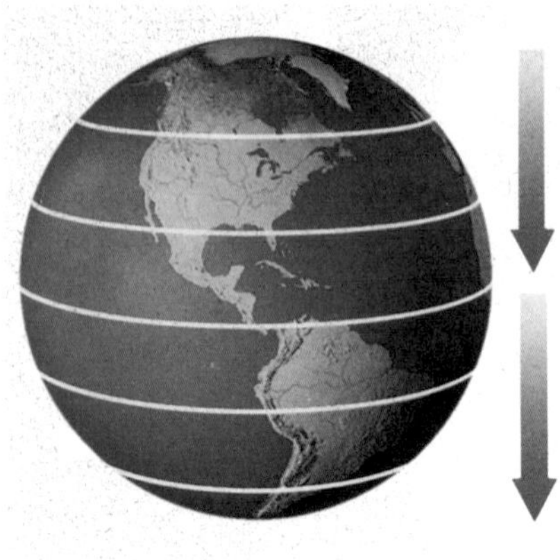

▲ **호킹의 경계 없는 우주이론**
호킹의 경계 없는 우주이론은 시간의 경계개념을 부정했다. 그는 우주의 역사는 지구의 북극에서 남극으로 여행하는 것이라고 생각했다. 지구 표면은 유한하지만 경계가 없는 세계로, 우주의 기원과 지구의 북극은 비슷하며 단지 하나의 점일 뿐 시작점이 아니라는 것이다.

2. 열역학과 관련된 시간 : 수평상의 시간은 불가역과정과 관련이 있으며 시간은 불가역적이다.
3. 소산구조와 관련된 시간 : 수평상의 시간은 '역사', '진화'와 관련이 있으며 일종의 진화적 시간관이다.

프리고진의 시간개념은 시간 흐름에 대한 매우 획기적인 생각이었다. 다시 말해 그는 시간을 다시 발견했다고 할 수 있다.

시스템과학

시스템과학은 20세기 중반 이후에 매우 빠르게 발전한 종합적인 성격의 과학이다. 즉, 체계적인 사상을 중심으로 종합적인 분야의 내용으로 형성된 종합적 성격의 새로운 과학 분야이다. 시스템과학은 통상적으로 제2차 세계대전 후에 일어난 정보이론, 사이버네틱스, 체계이론과 1960년대 말에 등장한 소산구조론, 시너제틱스, 카타스트로피이론, 기계공학, 모호 수학, 물질성분 분석, 팬시스템pan-system 방법론, 시스템역학, 그레이시스템grey system 이론, 시스템공학, 컴퓨터과학, 지식공학, 매스커뮤니케이션 등의 분야를 포함하고 있다.

▶ **디지털컴퓨터**
튜링은 초기 컴퓨터 발전사에 비교적 영향력이 있었던 사람이다. 그는 1937년 '튜링기계'라는 컴퓨터 모델을 제안했다. 그림은 튜링이 설계를 도운 세계 최초의 디지털컴퓨터인 '콜로서스(Colosuss)'로, 부피가 매우 크고 둔하며 십진법을 사용하고 있다. 이 컴퓨터는 1942년 초 독일 해군이 사용하는 복잡한 '로렌츠 암호'를 푸는 데 사용되었다.

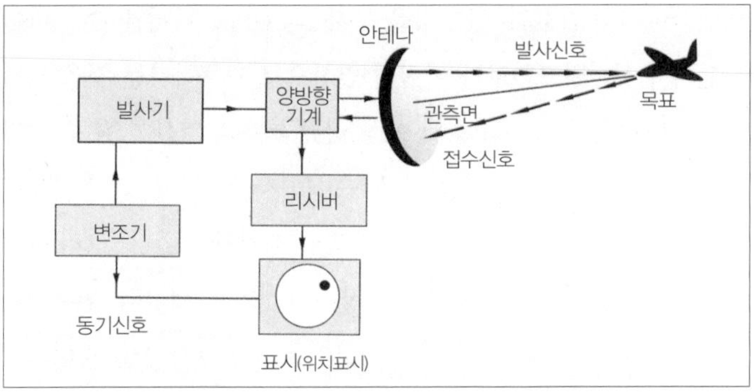

◀ **레이더 사용원리**
제2차 세계대전 시기, 오토파일럿, 레이더추적시스템, 미사일조준시스템 등의 군사장비의 필요에 따라 제어이론이 발전했다. 일찍이 1868년에 맥스웰이 피드백 제어개념을 내놓았던 것을 위너가 권위적인 제어이론으로 점차 발전시켰다. 그림은 레이더 사용원리를 나타내는 것으로 제어시스템을 이용해 목표를 추적할 수 있다.

◀ **위너**
위너는 제어이론의 창시자이다. 그는 제어이론을 통신처리와 연관시켰고 대상을 제어하려면 반드시 대상의 상태, 하달명령 및 명령수행상황 순간을 이해해야 한다고 생각했다.

섀넌과 정보론

미국의 응용수학자 섀넌C.E.Shannon은 정보시대를 창조한 위대한 사람 중 하나이다. 1948년 시대를 가르는 논문 「통신의 수학이론」을 발표하였는데, 이 논문은 정보이론의 탄생을 상징하고 있다. 논문 발표 당시 섀넌은 불과 32세였고 벨 실험실 연구원으로 임명되었다. 논문에서 그는 수량화의 정의와 정확성에 여전히 불분명한 정보개념을 설명하였으며 여러 정보매체 사이에 필연적인 관계, 즉 문자, 전화신호, 무선전파, 영상 등 통신교류방식이 일종의 이진법적인 상용언어인 '비트bit'로 부호화될 수 있다는 것을 지적했다. 그리고 바로 여기서 '비트'라는 말이 처음으로 등장했다. 섀넌이 제시한 이론은 CD기술의 개발과 발전에 직접적인 영향을 주었다.

섀넌은 논리연산에서의 참값과 가짜 값을 숫자 1과 0으로 나타낼 수 있다는 것을 입증하였는데, 이는 링크회로가 이진법 연산으로 가능하다는 것을 의미하고 있었다. 그의 발견은 판단능력이 더 이상 인류 특유의 자산이 될 수 없다는 데 의미가 있다. 이 발견은 인공지능 연구 분야를 자극하였고, 판단 가능한 회로 역시 제2차 세계대전 후 디지털컴퓨터 탄생의 계기가 되었다. 그리고 그의 논문은 '20세기 최고로 위대한 논문'으로 칭송되었으며, 섀넌의 정리는 현대 통신공학의 밑받침이 되었다. 그가 세운 정보이론은 인류가 가장 자랑스러워할 만한 개발 중의 하나로 세상에 대한 인류의 사고에 깊은 영향을 주었다.

위너와 제어이론

위너Norbert Wiener는 미국의 수학자이자 사이버네틱스의 창시자이다. 위너는 화력대피 자동제어장비를 연구하는 과정에서 자동제어 과정의 핵심개념인 '정보'와 '피드백'에 빠져들었고, 결국 사이버네틱스의 기본틀을 만들어냈다. 1948년, 위너의 책 『사이버네틱스Cybernetics』에서 그는 사이버네틱스 분야의 탄생을 선언했다. 위너의 이론은 제어에서 피드백 과정의 역할을 보편화시켰는데, 어떠한 효과적인 행동도 반드시 피드백 정보를 통해 자신이 목표에 도

▶ 버탈란피 (왼쪽)
버탈란피는 체계이론의 창시자이다. 그는 또한 체계이론을 유기체 생물학에서 일반적인 의미와 세계관적인 의미 차원으로 바꾼 일반체계이론을 연구했다.

▶ 세포분열도 (오른쪽)
일반체계이론은 체계의 전체와 일부분, 구조와 기능, 체계와 환경 사이의 상호관계를 연구한다. 버탈란피는 그의 일반체계이론에서 생명시스템은 물리시스템보다 더 욱 복잡한 것으로, 독특한 원칙을 따르며 세포는 체계를 구성하는 단위로 세포 내부에도 복잡한 구조를 가지고 있다고 주장했다.

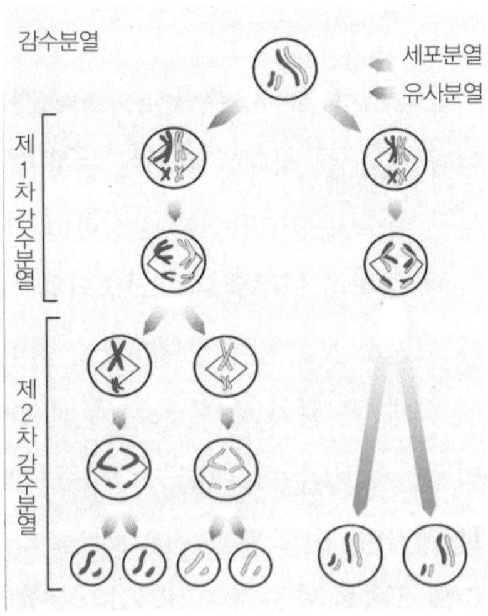

달했는지를 판단한다는 것이었다. 사이버네틱스는 후에 컴퓨터과학, 심리학, 생리해부학, 인류학 그리고 경제학 등의 분야로 발전했다.

위너의 주된 성과는 위너 측도, 바나흐-위너 공간, 포텐셜 이론, 조화해석, 위너-호프 방정식, 위너의 여과이론, 위너의 정보이론, 사이버네틱스 등 여덟 가지이다. 위너는 매우 박학다식한 학자로 철학, 수학, 물리학, 공학에 차례차례 손을 뻗쳤고 마지막에는 생물학에까지 손을 뻗쳤으며, 이 모든 분야에서 풍성한 성과를 거두었다. 위너는 생전에 240편의 논문을 발표했으며 열네 권의 책과 『지난날의 신동』과 『나는 수학자I am a Mathematician』라는 자서전을 남겼다.

▲ 르네 톰
"기하학은 인류의 이성적 활동의 정상적인 발전에서 빠질 수 없는 단계이다." 이것은 카타스트로피 이론의 창시자인 르네가 한 말이다. 20세기 일부 서방국가들이 교과과정 개혁에서 점차 유클리드 기하를 없애자 르네 톰이 이에 대해 강렬히 반대하며 유클리드 기하를 다시 넣도록 요구했다.

버탈란피와 체계이론

버탈란피Ludwig von Berthalanffy는 미국의 이론생물학자이자 일반체계이론의 창시자이다. 버탈란피는 1924년에서 1928년 시리즈로 글을 발표했는데 여기서 체계이론 사상을 논리적으로 설명했다. 그는 생물학에서의 기계이론을 반대하고 생물학의 유기체개념을 강조하며 유기체를 전체적으로 혹은 체계적으로 연구해야 한다고 주장했다. 그는 생물체계 모든 측면에서의 조직적 원리를 발견하는 것이 생물학의 주요역할이라고 생각했다. 1932년 버탈란피는 『이론생물학Theoretical biology』을 발표하였으며, 1934년에는 또 『현대발전이론』을 출판하여 통합성 원칙을 논리적으로 설명했다. 그리고 수학과 모형으로 생물학적 방법과 유기석 체계이론의 개념을 내놓았다.

1937년, 버탈란피는 일반체계이론을 내놓았으며, 1949년에는 『일반

◀ **해석함수와 관련하여 컴퓨터가 반복적으로 그려낸 도형**
카타스트로피 이론은 새롭게 일어난 수학 분파이다. 이 이론은 수학적 방법으로 시스템상태의 불연속적인 변화현상을 연구하여 안정적인 매개변수 범위를 구했다. 매개변수가 이 범위 내에서 변화할 때 시스템 상태가 그에 따라 변화하고, 매개변수치가 정해준 범위를 초과할 때는 시스템의 상태가 갑자기 변했다.

체계이론에 관하여』를 발표했다. 그리고 1955년에 『일반체계이론General system theory』을 출판했다. 그는 총괄적으로 생물의 유기체이론 사상을 흡수, 발전시켜 새로운 유기체이론을 제시했다. 그 주요관점은 세 가지이다. 첫째는 체계적 관점이다. 그는 유기체는 하나의 체계라고 생각했으며, 체계를 상호작용을 하는 온갖 요소들의 복합체로 정의했다. 둘째는 동태적 관점이다. 그는 모든 생명현상 자체가 적극적인 활동상태에 있으며 움직이는 것의 기본적 특징은 바로 조직이라고 생각했다. 때문에 그는 생물체와 환경과의 상호작용에서 생명의 본질을 설명했으며 생명유기체를 동태적인 안정을 유지할 수 있는 체계로 보았다. 셋째는 등급관점이다. 그는 각종 유기체가 엄격한 등급에 따라 구성된 것으로 생물체계는 등급을 나눈 것이라고 생각했다. 살아 있는 분자에서 다세포개체, 다시 초개체의 집합체까지 구조가 분명하고 등급이 엄격하다고 말할 수 있다.

앞에서 말한 버탈란피의 주장은 과학자들의 호응과 함께 지적도 받았다. 체계이론은 제2차 세계대전까지 몇 번의 우여곡절을 겪은 후에야 점차 인정을 받게 되었고 새로운 분야로 체계이론이 자리 잡게 되어 끊임없이 발전했다. 1950년대, 버탈란피는 체계이론을 알리고 발전시키기 위해 힘들게 노력하였고, 1960년대에서 1970년대에 체계이론이 진정으로 사람들의 주목을 받게 되었다.

▲ 지구 단면도

자연계의 운동은 수도 없이 연속적, 평이적, 점진적 변화 등의 과정을 거치는데, 이것을 모두 미적분으로 설명할 수 있다. 그러나 암석이 파열되고 다리가 끊어지는 것, 세포의 분열 등은 일종의 형태적인 형식에서 완전히 또 다른 형식으로 가는 것이어서 미적분으로 설명할 수 없다. 하지만 르네 톰의 카타스트로피 이론은 규칙에 어긋나는 비안정적인 이러한 변화를 설명할 수 있다. 돌연적인 변이는 전혀 징조가 없는 것이 아니며 어떤 변이는 일정한 규칙을 가지고 있다. 돌연적인 변이에 대한 규칙을 파악하는 것은 위험한 사건을 예방하는 데 큰 의미가 있다.

르네 톰과 카타스트로피 이론

르네 톰René Thom은 프랑스 수학자이다. 1950년대 초, 르네 톰은 고차원적인 다양체 분석 문제에 주력하여 '코보디즘cobordism 이론'을 세워서 두 개의 어떠한 다양체도 같은 유형의 충분필요조건에 속한다고 지적함으로써 대략적으로 다양체의 분류작업을 완성했다. 코보디즘 이론은 미분다양체 이론연구에 대한 커다란 성과일 뿐만 아니라 중요한 응용가치가 있었다. 코보디즘 이론에서 창조적인 업적으로 르네 톰은 1958년 필즈상을 받았는데, 이 상은 수학의 최고영예상이라고 할 수 있다.

1960년대 이후 르네 톰은 고차원공간곡면에 대한 연구를 주로 했다. 그는 미분위상을 이용해 곡면의 여러 가지 기이한 점을 분석하여 분류하였고 특이점이론을 발전시키는 데 중요한 성과를 얻어냈다. 1966년부터 르네 톰은 어떻게 하면 수학으로 자연계의 현상을 설명할 수 있을지에 대해서 깊은 흥미가 생겼다. 그는 특이점이론을 활용하여 여러 자연계 사물의 불연속적인 돌연적 변화, 특히 생물학적인 형태의 돌연변이를 연구하여 돌연변이 현상의 설명에 적합한 수학 모형을 세우고 수학 모형들이 가지고 있어야 할 성질을 추론해 냈다. 1968년, 르네 톰은 '이론 생물학을 향해서' 라는 국제회의에서 자신의 관점을 체계적으로 입증하였으며, 그 가운데 사람들이 이해하기 어려운 수학적 부분을 「생물학에서의 위상 모형」이란 제목으로 글을 써서 1969년에 잡지 「토폴로」지에 발표했다. 1972년 그가 쓴 『구조안정성과 형태발생학Structural Stability and Morphogenesis』이란 책이 출판되었다. 이것은 그가 설립한 카타스트로피 이론catastrophy theory이 정식으로 탄생했다는 것을 의미하고 있다. 카타스트로피 이론의 등장은 르네 톰의 명성을 크게 알렸고 그 영향은 빠르게 수학계로 옮겨 가 사회 여러 분야에서 그의 이름을 떨쳤다.

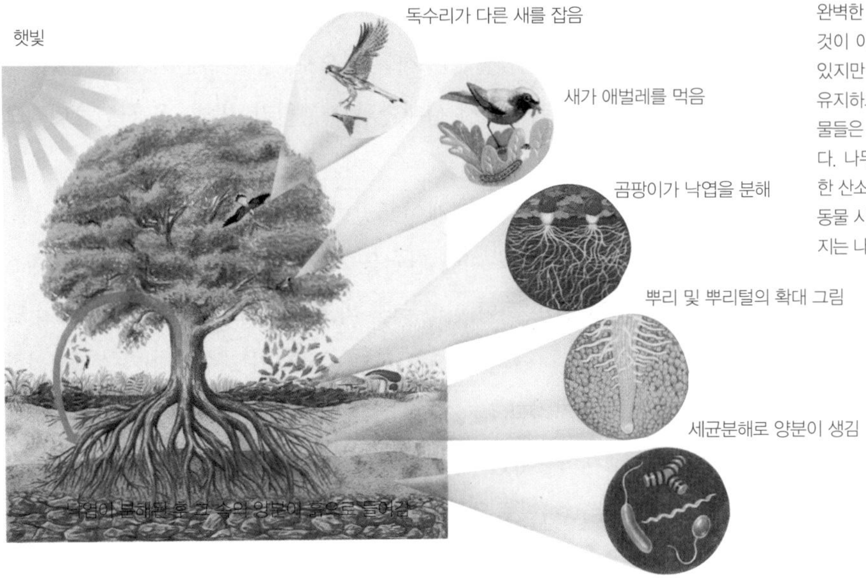

◀ **균형적인 생태**
완벽한 생태균형체계는 멈춰 있는 것이 아니고 언제든지 변화할 수 있지만 생물의 숫자는 어느 선을 유지하고 있다. 생태계의 여러 생물들은 서로 의존하고 영향을 끼친다. 나무는 동물에게 호흡에 필요한 산소와 먹이를 제공하고 사망한 동물 시체가 분해되어 내보낸 에너지는 나무뿌리가 흡수한다.

아이겐과 하이퍼사이클 이론

만프레드 아이겐Manfred Eigen은 독일의 생물물리화학자이다. 아이겐은 분자의 하이퍼사이클hypercycle의 자기조직화 단계는 자연계가 화학적 진화에서 생물학적 진화로 건너가는 것을 이해하는 열쇠라고 생각했다. 그는 물리화학, 생물화학, 생물물리, 분자생물학 등 많은 분야에 걸쳐 연구했다. 아이겐은 쾌속반응을 일으키는 에너지 임펄스energy impulse 기술을 발명하여 큰 성공을 거두었다. 그는 완화법으로 쾌속평형 반응을 연구하여 9~10초 내에 끝나는 쾌속반응에 대해 관찰 및 연구를 하였고 각종 측정기의 도움으로 순식간에 사라지는 기계반응원리를 연구하여 1967년 노벨화학상을 탔다. 1970년대부터 아이겐은 하이퍼사이클 이론을 내놓아 생명기원의 문제를 설명했다.

생태과학

생태학은 생물과 기타 자연환경과의 상호작용법칙을 연구하는 생물학 계통의 분야이다. 생태학은 생물과 자연환경을 전부로 삼아 생태시스템에서의 생물과 환경의 상호관계, 생태시스템의 구조와 기능, 생태시스템의 적절한 변화, 알맞은 통제 및 균형발전법칙을 연구하는 것으로, 생물개체, 개체군, 군집, 생태시스템 등 각기 다른 측면에서 생태학의 기본원리, 방법, 응용을 논리적으로 설명하고 있다.

1866년, 독일의 생물학자 헤켈이 『일반형태학Generelle Morphologie der Organismen』에서 처음 '생태학' 이란 단어를 사용했다. 19세기, 생태학을 대표하는 성격을 가진 두 권의 책이 있었는데, 바로 덴마크 식물학자 바르밍이 발표한 『식물생태학Plantesamfund』과 1898년 본 대학교의 교수 심퍼가 쓴 『생리학적 토대에 따른 식물지리학Pflanzen-Geographie auf physiologischer Grundlage』이다. 1950년대 이후, 생태학은 식물학의 경계를 깨뜨리고 생물학을 넘어 더욱 넓은 영역으로 나아갔고 사람들은 생태학이 생물과 이에 대한 환경과의 관계를 연구하는 과학이라는 것을 알기 시작했다.

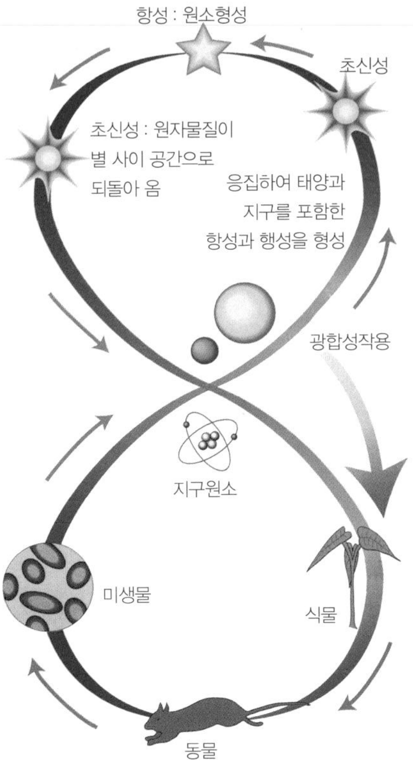

◀ **생태순환**
생태체계는 생물군집과 물리적 환경 두 부분으로 구성되어 있으며 생태체계에서 활약하고 있는 대상은 주로 생산자, 소비자 그리고 분해자이다. 이들은 각자의 무대에서 서로 다른 역할을 하고 있다. 생산자인 녹색식물은 직접 태양에너지를 이용하여 광합성작용을 하여 무기영양소로 유기물을 합성하여 체내에 저장한다. 그리고 소비자는 주로 동물로, 이들은 식물 혹은 동물을 직접 섭취하며 등급의 구분이 있다. 분해자는 미생물로, 미생물은 주로 유기물을 단순한 무기물로 분해하여 다시 생태순환체계로 들어가게 한다.

생물과 생물의 생존환경 사이에서 환경은 생물을 위해 필요한 생존환경을 제공하며 단순한 생물에서 복잡한 생물로, 하등생물에서 고등생물로, 환경은 끊임없이 생물에게 영향을 끼치고 변화시킨다. 또한 생물도 성장 과정에서 주변환경에 반작용을 일으킨다. 이러한 상호관계는 작용과 반작용, 대립과 통일, 상호의존과 제약, 물질순환과 대사 등 여러 측면으로 총괄할 수 있다.

20세기, 생태연구의 대상층이 갈수록 풍부해졌고 사람들이 연구 방법에서 시스템과학의 성과를 끌어들임으로써 시스템생태학이 탄생되었다. 컴퓨터를 이용한 가상 생태시스템은 사람들이 가장 즐겨하는 연구 방법이다. 현대 생태학에는 수많은 하위분야가 있는데 크게 개체군생태학과 군집생태학으로 나눌 수 있다. 개체군생태학은 주로 어느 한 지역에서 한 종류의 생물개체군의 성장, 번식, 활동, 죽음을 연구하며, 군집생태학은 주로 어느 한 지역에서 수많은 여러 생물군집의 성장, 번식, 활동, 죽음을 연구한다. 오늘날 나날이 악화되는 환경과 생태위기의 현실에서 생태학 연구는 인류의 환경보호를 위한 중요한 기초이론 가운데 하나이다.